普通高等教育"十一五"国家级规划教材

面 向 21 世 纪 课 程 教 材

Textbook Series for 21st Century

资源与环境概论

zi yuan yu huan jing gai lun

主　编　王敬国

副主编　张玉龙

中国农业大学出版社

ZHONGGUONONGYEDAXUE CHUBANSHE

内 容 简 介

作为普通高等教育"十一五"国家级规划教材，本书吸收了近年来国内外农业资源与环境及相关学科研究发展的最新成果，按照新的编写大纲对第1版《资源与环境概论》进行了调整、修正和补充。内容主要包括：资源、环境与人类社会发展，生物资源与生态系统，水资源与水环境，土地资源与土地利用，气候资源与气象灾害，矿产资源与矿区生态恢复，农业生态系统物质循环与污染控制，资源与环境管理，可持续发展。该书既可作为高等农林院校本科相关专业的必修课程教材，也可作为从事资源与环境科研、生产、管理人员的参考书。

图书在版编目(CIP)数据

资源与环境概论/王敬国主编. —2版. —北京：中国农业大学出版社，2011.6(2025.5重印)
ISBN 978-7-5655-0337-5

Ⅰ.①资… Ⅱ.①王… Ⅲ.①自然资源—概论 ②环境保护—概论 Ⅳ.①X

中国版本图书馆CIP数据核字(2011)第114478号

书　名 资源与环境概论(第2版)
作　者 王敬国　主编

策划编辑 王笃利　梁爱荣　孙　勇　　**责任编辑** 石　华　王笃利
封面设计 郑　川　李尘工作室　　**责任校对** 王晓凤　陈　莹
出版发行 中国农业大学出版社
社　址 北京市海淀区圆明园西路2号　　**邮政编码** 100193
电　话 发行部 010-62731190，2620　　读者服务部 010-62732336
编辑部 010-62732617，2618　　出　版　部 010-62733440
网　址 http://www.cau.edu.cn/caup　　**e-mail** cbsszs@cau.edu.cn
经　销 新华书店
印　刷 涿州市星河印刷有限公司
版　次 2011年6月第2版　2025年5月第8次印刷
规　格 185 mm×260 mm　16开本　24.25印张　603千字　彩插2
定　价 60.00元

图书如有质量问题本社发行部负责调换

主　　编　王敬国　中国农业大学

副 主 编　张玉龙　沈阳农业大学

参编人员　陈英旭　浙江大学
　　　　　　杨仁斌　湖南农业大学
　　　　　　郑大玮　中国农业大学
　　　　　　冯海艳　中国地质大学(北京)
　　　　　　王方浩　中国农业大学
　　　　　　张　从　中国农业大学

第 1 版编写人员

编 著 者 （按姓氏笔画为序）

王敬国　田光明　朱德举　陈英旭

郑大玮　张　从　张玉龙　杨仁斌

主　　审 毛达如

副 主 审 张凤荣

参 审 人 王宏康　吴连海

前　言

习近平同志在党的二十大报告中指出，中国式现代化是人与自然和谐共生的现代化。人与自然是生命共同体，无止境地向自然索取甚至破坏自然必然会遭到大自然的报复。我们坚持可持续发展，坚持节约优先、保护优先、自然恢复为主的方针，像保护眼睛一样保护自然和生态环境，坚定不移走生产发展、生活富裕、生态良好的文明发展道路，实现中华民族永续发展。

2000 年出版的《资源与环境概论》(第 1 版)是为适应 1998 年高等院校本科生专业目录调整的应急之作。限于时间和编著者对资源与环境科学的理解水平，该版的编写更多地是相关学科内容的一般性介绍。该书交稿后编著者就有了尽快修订的打算。虽然本教材修订被列入了国家"十一五"规划教材，然而由于种种原因，一直拖至今日。

为了适应新的专业规范的需要，我们组织了本书第 2 版的编写工作，编写的指导思想是：以资源合理利用、生态环境保护与可持续发展为主线、以资源系统和环境系统中物质与能量循环为重点，将资源科学与环境科学的各个方面有机地结合起来，系统地阐述资源与环境科学的基本原理，自然资源的现状、发生与发展规律，资源利用与环境之间的关系，人类活动对生态环境的影响；介绍资源环境与经济发展、人类社会以及可持续发展的意义及面临的挑战与发展战略等。强调资源的高效利用和协调好人口、资源与环境的关系，是保持良好生态环境的基础，是实行可持续发展的基本保证。解决资源与环境问题需要有法律、道德、经济、行政和科学与技术等综合措施。然而，对农业资源与环境、资源与环境科学以及相关专业的本科生而言，更重要的要充分理解资源与环境问题的复杂性，解决资源与环境问题既要有宏观的视野，把握问题的实质；也要有从科学和技术角度，分析和解决实际存在的资源与环境问题的能力。

资源科学与环境科学虽然是两个学科，但研究对象趋同，互相交叉。资源科学也强调环境，因为环境问题与资源质量和资源的可持续利用关系十分密切；环境科学包含有资源，它认为资源是环境的一部分。资源科学和环境科学也都是以综合性研究为各自的发展方向。虽然两者的研究对象分别被称为资源系统和环境系统，但客观上均是指地球系统，涉及地球系统各圈层之间的关系。这体现在许多资源与环境问题成为全球性问题的必然性。综合性研究更需要利用数学(含统计学)和信息技术手段，进行归纳、分析和预测。此外，综合性研究也需要经济学的基本理论和研究方法。只有自然科学与社会科学的有机结合，才能在战略层次上认识和解决国家和全球尺度上的资源与环境问题。

全书利用了原教材的大部分素材，按照新的编写大纲进行了提炼和调整，并利用新资料进行了修正。此外，根据新的研究进展和本书的要求补充了部分内容。修订和新编的总文字量超过全书一半以上。本书第 1、2、3、9 和 10 章的整理和补充由王敬国负责，第 4 和 5 章的整合和补充由张玉龙和王敬国负责整理与补充，第 6 章的整合和修改由郑大玮负责，第 7 章由冯海艳编写，第 8 章由王敬国、王方浩整合和补充编写，第 11 章由张玉龙修订、补充。全书由王敬国和张玉龙统稿和修改并广泛征求了意见。全书在编写过程中，中国农业大学和沈阳农业大学的多位教师以及南京农业大学沈其荣教授审看过修订版大纲及部分内容，并提出了许多宝贵的意见。全书由李保国教授主审，参加审稿的人员有：张凤荣、巨晓棠、夏立江、林杉、宇振荣、张俊伶、苏德纯、郭景恒教授等。编著者对各位审稿者的辛勤劳动表示衷心的感谢。

本修订版教材在加强了资源与环境科学的理论部分，资源与环境科学的整体性得到了提升，并利用插入专栏的方式，增加了信息量。编著者希望这本教材能够起到抛砖引玉的作用，进一步促进农业资源与环境学科整合与系统化。

本教材涵盖的范围很广，基本概念众多，因而建议使用该教材的院校根据各自教学计划的特点，在讲授过程中有所侧重。

限于编著者的知识结构和学识水平，本书中一定还有许多不足甚至错误，敬请批评指正。

本书的编辑和出版得到了中国农业大学出版社的大力帮助，促使了这本教材的最终完成。姚婷同志帮助收集了有关资料，并绘制了部分表格。在此一并表示感谢。

编　者

2023 年 7 月于北京

第 1 版前言

气候、土壤、生物、水和矿产等自然资源，既是农业生物生产最基本的物质基础和环境条件，也是人类赖以生存、社会得以安定和经济得以发展的基本保证。随着全球人口数量的急剧增长，人口、资源、环境和粮食之间的矛盾日趋严重，在人口众多的我国尤为突出。我国自然资源的人均占有量较低、资源的时空分布很不平衡。随着经济的高速发展，人们对资源需求量在逐步增加，这必然使资源的短缺程度越来越严重。资源的不合理利用，以及全球变化趋势的出现，将进一步加重资源短缺与人类需求之间的矛盾。此外，随着工业发展和农业集约化程度的提高，各种污染物的排放数量持续增加。

资源的不合理利用和工农业与生活废弃物的增加带来了严重的环境问题，突出表现在污染程度的加剧，特别是难以治理的农业非点源污染物有明显增加的趋势，直接危害着水体的生态平衡和人类的健康；工业的发展，特别是乡镇工业林立导致点源污染范围日益扩大；造纸和制革等小企业的盲目发展导致河流和湖泊的污染，给农业生产和人们的生活带来了严重影响。

资源的短缺与不合理利用以及由此而带来的严重环境问题，迫切需要我国必须实行可持续发展战略，实现资源的优化配置和可持续利用、经济社会与生态环境的协调发展。为此，必须增强全民的资源与环境意识。在发达国家，合理利用资源、保护生态环境已经成为全民的共识和自觉行动。在我国却有很大差距，其关键是缺乏必要的宣传和教育。编写本教材的目的在于使学生了解我国资源与环境的现状、发展趋势与对策，增强他们的资源与环境意识，以便能够将可持续发展的思想渗透到他们专业阶段的学习和今后的工作中，实现资源的合理利用、生态环境的有效保护和农业的可持续发展。

本教材以资源合理配置与有效利用、环境与经济的协调发展、减少资源损失与浪费、保证农业发展的可持续性为主线，将资源科学与环境科学的各个方面有机地联系在一起，系统地介绍了我国自然资源的现状与特征；分析了人类、农业与环境的关系；强调指出了由于资源的不合理利用带来的环境问题及其对策；阐述了全球变化对中国农业的可能影响、可持续发展的意义以及中国农业的可持续发展战略。此外，根据经济社会发展的需要，还对环境与伦理道德的关系、西部地区的资源与环境特征与生态恢复问题进行了论述。本书绪论、第 5 章、第 6 章、第 16 章和第 7 章的第 3 节由中国农业大学王敬国教授编写；第 1 章由中国农业大学朱德举教授编写；第 2 章、第 3 章、第 4 章前 3 节、第 15 章由沈阳农业大学张玉龙教授编写；第 7 章的前 2 节、第 8 章和第 9 章由湖南农业大学杨仁斌教授编写；第 7 章的第 4 节由中国农业大学张从副教授编写；第 10 章、第 11 章和第 12 章由浙江大学陈英旭教授编写；第 13 章由浙江大学陈英旭教授和田光明同志共同完成；第 14 章和第 4 章的第四节由中国农业大学郑大玮教授编写；全书由主编王敬国教授统稿。中国农业大学毛达如教授和张凤荣教授分别担任主审和副主审，参加审稿的有中国农业大学王宏康教授和吴连海教授。此外，郑大玮教授和张从副教授除参编外，还审阅了部分章节。本书的编写得到了中华农业科教基金的资助，中国农业大学出版社对本书的出版付出了大量辛苦的劳动，编著者对此表示深深的谢意。

《资源与环境概论》是高等教育面向 21 世纪教学内容课程体系改革项目(04—20)研究成

果。本书可供大专院校资源与环境专业及相关专业的教师和学生使用,也可作为相关部门的工作人员参考。

资源与环境问题十分错综复杂,我国资源与环境科学工作者为此付出了巨大的艰辛劳动,积累了丰富的资料。然而,作为新兴的交叉学科,资源科学与环境科学涉及的学科领域很广,而由于编著者的学识有限,书中的错误在所难免,恳请广大资源与环境科学工作者和读者,提出宝贵的批评意见。

编 者

2000 年 7 月

目　录

第一章 概 述

除了太阳辐射之外，人类需要的其他资源均来自于地球，地球也是人类生存的环境。随着科技进步，人类或许总有一天将能够开发利用外层空间的资源，整个宇宙将成为我们的环境，但目前人类最关心的仍然是地球及其地球系统。

第一节 地 球 系 统

一、地球是人类共同的家园

1987 年 4 月，世界环境与发展委员会正式出版了一份报告，题目为《我们共同的未来》。该报告，以"可持续发展"为基本纲领，以丰富的资料论述了当今世界环境与发展方面存在的问题，提出了处理这些问题的具体和现实的行动建议。其开篇的观点是"从一个地球到一个世界"，强调人类面临的环境和发展方面的一系列问题，是对全人类的"共同的挑战"，需要各国政府和人民"共同的关切"和"共同的努力"，为了保证"我们共同的未来"（专栏 1 - 1）。

专栏 1 - 1 我们共同的未来

《我们共同的未来》是世界环境与发展委员会起草、并经第 42 届联合国大会辩论通过的关于人类社会未来发展的报告。该报告又称为布伦特兰委员会报告，于 1987 年 4 月正式出版，中译本于 1989 年出版。

1983 年，联合国组建了以时任挪威首相格鲁·布伦特兰为主席的世界环境与发展委员会，为应对地球各种环境问题和为人类社会的发展提出全球的战略计划。

报告由引言和三部分组成。引言的主题是，"从一个地球到一个世界"，三个部分的内容分别："共同的关切"、"共同的挑战"和"共同的努力"。报告涉及人口，粮食，物种和生物多样性，资源，能源，工业和人类居住等方面，以丰富的资料阐述了当今世界面临的环境与发展方面存在的问题，提出了解决这些问题的行动建议，特别是提出了"可持续发展"的概念。该报告对各国政府和非政府组织的政策选择具有重要的指导作用，并且是联合国和各国政府制定《21 世纪日程》和《千年发展目标》的重要参考资料。

地球是人类共同的家园，既为人类生存提供各种环境条件，也是各种自然资源存在基础和根本保证。了解地球，是认识和解决各种资源、环境与发展问题的重要基础。而且更重要的是，随着对自然规律认识和对自然现象解释的不断深入，人们深刻地认识到地球上的各种资源与环境问题的产生和发展不是独立存在或进行的，而是相互联系、相互影响的，并分别提出了资源系统和环境系统的概念。其中两者的内涵相同，均是指各要素及其相互关系的总和，即地球系统，只是研究的角度不同。

要深入认识资源系统和环境系统，就要了解地球的圈层结构和地球系统的组成和过程。

二、地球的圈层结构

地球由大气圈、水圈、岩石圈、土壤圈和生物圈组成。

(1)大气圈　大气层，厚度在 1 000 km 以上，但没有明显的上边界。整个大气层随高度不同表现出不同的特点，分为对流层、平流层、中间层、暖层和散逸层。

(2)水圈　液态和固态水体所覆被的地球空间，上界可达大气对流层顶部，下界至深层地下水的下限。包括大气中的水汽、地表水、土壤水、地下水和生物体内的水。各种水体参加大小水循环，不断交换水量和热量。水圈中大部分水以液态形式储存于海洋、河流、湖泊、水库、沼泽及土壤中；水汽主要存在于大气中；部分水以固态形式存在于极地的广大冰原、冰川、积雪和冻土以及高山冰川和冻土中，这部分又称为冰雪圈。

(3)岩石圈　地球最外层平均厚度约 100 km 的带有一定弹性的坚硬岩石，由地壳和上地幔顶部组成。岩石圈主要有 7 大板块：欧亚板块、太平洋板块、北美洲板块、非洲板块、澳大利亚板块、南美洲板块和南极洲板块。此外，还有一些较小板块镶嵌其间。岩石圈下面是软流圈。

(4)土壤圈　土壤是指覆被地球陆地表面上具有肥力、能够生长植物的疏松层。岩石圈之上的土壤构成了一个覆被于地球陆地表面和浅水水域底部的连续体，称为土壤圈。土壤圈的平均厚度为 5 m，面积约为 1.3×10^8 km^2，相当于陆地总面积减去高山、冰川和地表水域所覆被的面积。

(5)生物圈　又称全球生态系统，是指地球上有生命活动的领域及其居住环境的整体。它包括海平面以上约 10 km 至海平面以下 11 km 处，位于大气圈的下层和岩石圈的上层，覆被了整个土壤圈和水圈。但绝大多数生物通常生存于地球陆地之上和海洋表面之下各约 100 m 厚的范围内。生物圈有多种生态群落与生态系统，包括自然生态系统、人工生态系统和人类生态系统。

三、地球系统与地球过程

地球各个圈层之间相互联系、相互影响。每个圈层在接受其他圈层影响的同时，也对其他圈层产生作用。各个圈层之间以一定方式的相互作用，组成了复杂的子系统。地球系统是这些复杂子系统的集合，而不是单个组成部分的堆积。地球是一个整体，地球各圈层之间相互联系、相互作用，构成了一个极其复杂的地球系统。地球系统由地圈和生物圈组成(图 1 - 1)。

- 地球系统
  - 地圈
    - 物理气候系统
    - 固体地球系统
  - 生物圈
    - 全球生态系统
    - 人类生态系统

图 1 - 1　地球系统的组成

(1)地圈　各种地球物理状态的集合,包括物理气候系统和固体地球系统 2 部分:①物理气候系统,由大气圈和水圈为主体,决定着地球表层水分和能量的交换和分布,形成全球的气候。

②固体地球系统,由岩石圈和土壤圈组成,决定着地壳的生消及运动,形成地球的水陆分布与各种地貌形态。

(2)生物圈　主要包括全球生态系统和人类生态系统,其中人类生态系统是在生物圈内活动的一个独特系统,构建在固体物理系统、物理气候系统和自然生态系统之上,并作为水循环、生物地球化学循环、地球岩石圈和土壤圈物质循环过程的一个中间环节。

地球系统内部各系统都有自己的运动方式,同时又受到其他系统运动的影响(图 1-2)。在人类出现之前,地球系统过程的驱动力主要来自于外部的太阳活动和内部的地壳运动。联结地球系统内部各系统的最重要途径是地球过程,包括岩石圈物质循环、水循环、生物地球化学循环和能量循环等过程。人类利用资源的各种活动,也主要是通过直接或间接地干扰这些过程,从而对全球资源和环境系统产生影响。

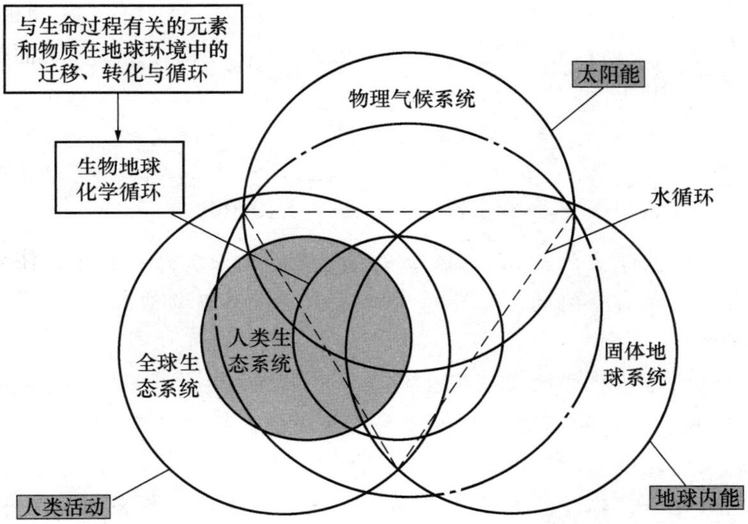

图 1-2　地球系统内部相互关系及驱动因素

资料来源:根据张兰生等(2000)改绘.

在地球系统中,物质循环的物理过程、化学过程和生物学过程相互联系、相互作用,形成了一个有机的整体,构成了物质的生物地球化学循环系统。利用系统的观点,研究物质在水圈、大气圈、土壤圈和生物圈循环过程的学科是生物地球化学(专栏 1-2)。

专栏 1-2　生物地球化学

生物地球化学是研究影响自然环境(大气圈、水圈、岩石圈、生物圈和土壤圈)中化学组分变化的化学、物理、地质和生物学过程及其相互关系的一个交叉学科。侧重于研究化学元素的循环,它们和生物之间的相互作用,以及它们与生命有机体活动联系在一起的在全球生态系统中的时空迁移。重点研究碳、氮、硫、磷等生源要素的循环,即由于生命活动引起它们在环境中的迁移、转化、富集、分散,以及由此产生的生态效应。生物地球化学是地质学及地球化学、生物学、化学和物理学相互交叉的一个学科。它用系统的观点研究地球系统中生物和化学两大基本过程的相互作用，因而是一个系统科学，与系统生态学有密切的联系。物质在各圈层中的循环，构成了一个生物地球化学循环的网络结构。

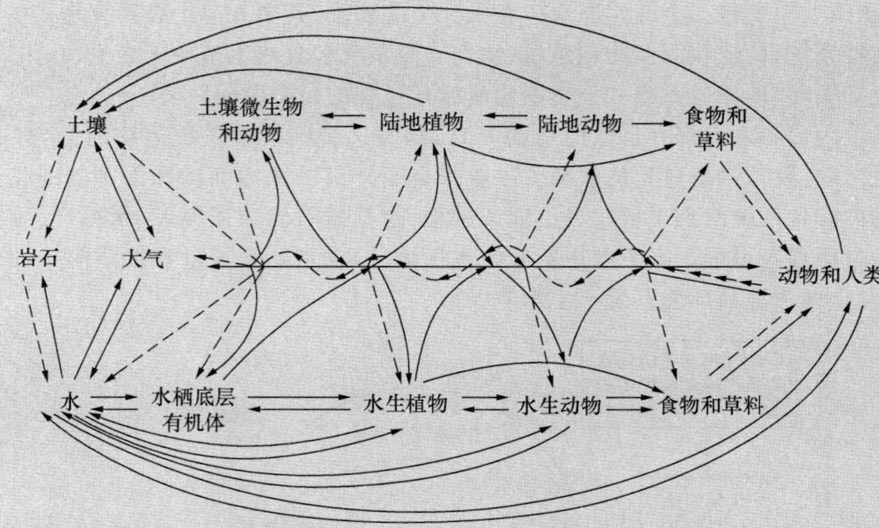

资料来源：BashkinV. P，2009.

这个网络结构与生物循环、地球化学循环和水化学循环的定量评价相结合，就可以计算出不同生态系统的生物地球化学循环速率与吸收系数。在研究全球变化中具有重要意义。

传统的生物地球化学主要研究生源要素的循环，现代生物地球化学扩大了研究领域，重点放在生命活动驱动的或对生命活动有影响的物质化学循环。因而，现代生物地球化学还研究污染物的生物地球循环，并诞生了一个新的分支学科——环境生物地球化学。环境生物地球化学研究地球系统中生物和化学两大基本过程的相互作用，重点研究重金属和有机污染物的生物地球化学循环，以及污染物和碳、氮、硫、磷等元素循环的污染效应等。

总之，作为一个基础学科，生物地球化学在研究地球的资源与环境系统过程方面具有重要作用。

地球系统概念的提出是人们对自然界逐步深入认识的结果。在 1957—1958 年国际地球物理年活动中，不同学科的许多科学家自觉走在一起，对地球上的多种现象进行同时观测，研究它们之间的关系，获得了一系列重大发现。他们初步认识到地球是一个整体，地球上的种种现象是有关联的。这是人类第一次将地球作为一个整体，同时对其各部分进行科学观测和研究。到 20 世纪 70 年代末期，气象学家和大气物理学家建立了“气候系统”的观点和理论。20 世纪 80 年代初期，人们才正式提出了地球系统的概念。一般认为，关于地球系统科学的国际研究，是从 20 世纪 60 年代开始的，起始于 1964—1974 年的第一个关于生态环境的国际研究计划——《国际生物圈计划》(International Biological Program，IBP)。后来还有《人与生物圈计划》(Man and Biosphere，MAB)(1971 年开始)和《国际地圈生物圈计划》(International

Geosphere-Biosphere Programme,IGBP)(1991 年开始)等。

地球系统概念的提出,有助于人们更好地理解自然过程之间的相互联系,解释各种自然现象,深刻理解资源与环境的概念,更好地解决全球和区域性的资源与环境问题。

第二节 资源、环境的概念及相互关系

一、资源的概念与分类

1. 资源的概念

资源的概念最初来源于经济学,是作为人类生产活动的物质基础提出的。如《辞海》将资源定义为:"资源是资财的来源。"马克思和恩格斯曾有"劳动力和土地是形成财富的两个原始要素,是一切财富的源泉","其实劳动和自然界一起才是一切财富的源泉,自然界为劳动提供一切材料,劳动把材料变为财富"。其中的自然界泛指一切自然资源,劳动力则是指社会经济资源,因此,资源应当包括自然资源和以劳动力为代表的社会经济资源 2 个部分。

通常所说的资源一般是指自然资源,如《辞海》中对资源的进一步解释为:"天然存在的自然物,如土地资源、水利资源、生物资源和海洋资源,是生产的原料来源和布局的场所,不包括人为加工制造的原料。"《大英百科全书》也将资源定义为"人类可以利用的自然生成物以及生成这些成分的环境功能。前者包括土地、水、大气、岩石、矿物及其群聚体如森林、草地、矿产和海洋,后者指太阳能、生态系统的环境功能、地球物理化学的循环功能等。"联合国环境规划署将资源定义为"在一定的时间、地点条件下能够产生经济价值的、以提高人类当前和将来福利的自然环境因素和条件的综合。"能带来资财的物质和非物质的资源对人的生存与发展而言,是对人类生产和生活有用的材料,这些材料包括人为的创造物和天然的形成物,前者包括一切社会、经济、技术因素、信息、劳动力等,后者则包括土地、水、生物、空气等自然物。从这个意义上讲,一切对人类生产和生活有用的物质要素和社会经济要素都是资源的范畴。

但自然界存在的自然物及人的创造物是否能够为人类所用,给人类带来财富,取决于技术水平、经济条件和人的需求。古时的洪水猛兽不仅没有给古人带来财富,相反,洪水常常冲毁家园,猛兽会伤人。随着科学技术的进步,人类通过修筑水库等水利设施将洪水蓄积之后用于发电或干旱时灌溉,也可将猛兽转化为观赏动物、驯化为家畜、药用成分、或者作为基因库和生态系统的一个重要组成部分,为人类所用,成为资源。在人类社会的发展过程中,特别是近代经济、技术水平的发展以及人的需求不断提高,人类还通过大量的投入,将原始的自然景观或古人的遗迹(或遗产)辟为修身旅游之地,使之成为旅游资源。自然物或人为创造的东西可否作为资源,为人类生产和生活所利用不是绝对的,取决于科学技术与经济水平和人的需求,是随时间而变化的。总之,自然物质是客观存在的,只是在人类社会发展过程中才逐步被认识到有价值,同时也创造了实现它们价值的技术,从而使之成为创造人类社会财富的源泉——资源。

由此可见,资源是指在一定的技术经济条件下,现实或可预见的将来能作为人类生产和生活所需要的一切物质的和非物质的要素。从这一概念不难看出,资源是动态的,它依赖于人的成就和行为而相应地扩大或缩小,不能同人类的需要和能力相分离,是一个可变的历史范畴,随社会生产力水平、科学技术水平以及人的需求的变化而变化。随着社会发展和科技的进步,

资源的内涵与外延不断深化和扩大，资源科学研究也将日益发展壮大，并逐步成为人类文明发展、支撑可持续发展研究的重要基石。

2. 资源的分类体系

资源类型划分通常是按照资源的形成原因，把资源分为自然资源和社会经济资源 2 个类型(图 1 - 3)。前者是指在一定的技术经济条件下，能作为人类生产和生活所用的一切自然物质和自然能量的总和，通常包括土地资源、气候资源、生物资源、水资源、海洋资源、矿产资源、能源资源、自然的旅游资源等。而后者则是作为人类生产和生活所用的人力(人口、智力、体力等)和劳动成果的总和。自然资源还可以根据它们所特有的可更新性、耗竭性、重复使用性等作进一步的划分。(图 1 - 3)中的再生性资源主要是指各种生物及生物与非生物因素组成的生态系统。再生性资源在正确的管理和维护下，可以不断更新和利用，反之，再生性资源就会退化、解体并有耗竭之忧。非再生性资源中一些非耗竭性金属如黄金、铂等可以重复利用，而另一些非再生性资源如石油、煤炭、天然气等，当它们作为能源利用时，从物质不灭观点看，地球上的元素数量虽没有改变，但它们的物质形式和位置都发生了变化。自然界中还存在一些资源，在目前的生产条件和技术水平下，不会在利用过程中导致明显的消耗，即非耗竭性资源。有人又将非耗竭性资源分为恒定性资源和易误用或污染的资源两大类，前者是指太阳能、潮汐能。风能等；后者是指地表水、大气、自然风光等。

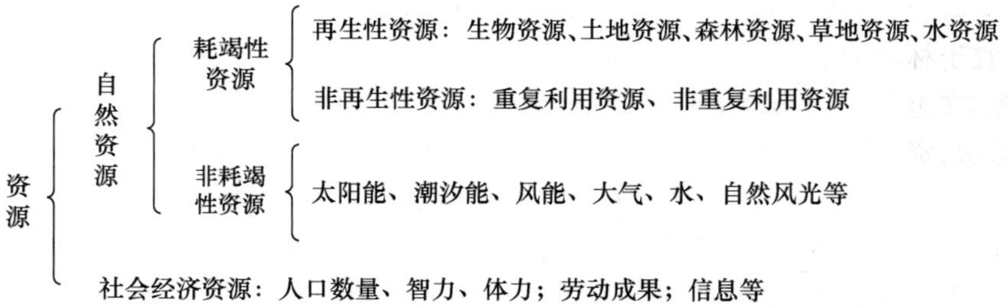

图 1 - 3 资源的分类体系

3. 自然资源的属性

(1)资源在空间上的共生性与整体性 在自然界，气候资源、水资源、生物资源、土地资源、矿产资源等是相互联系、相互制约的一个整体，它们在垂直空间上是共生的。在地球大陆的任意位置，土地资源、矿产资源、水资源、生物资源、气候资源等自然资源有机地组合在一起，彼此间不断地进行物质和能量的交换。人们对某一类资源的合理利用或破坏，都会对其他资源产生有利或不利的影响。如某一特定地区森林生物资源的采伐、草原放牧，就可能造成水土流失与土地沙化等土地退化甚至导致土地资源的荒废，因此，资源的存在与发展表现出明显的整体性。如果脱离对资源的整体性考虑，只顾及某一特定资源合理利用与保护是难以达到目的的。资源的共生性与整体性决定了对资源合理利用管理的综合性。农业生产中是对全部农业资源的利用，即是对土地资源、水资源、生物资源、气候资源的同时利用，各类农业资源对农业生产具有同等重要性。可以断言，单一农业自然资源的农业利用不存在。农业生产是一类生物生产，由于土地利用的排他性，所以农地作为农业生产的同时不能作为非生物生产所用。由于这一原因，常常出现资源整体性与资源管理立法的单一性之间的矛盾。

(2)资源分布的地域性 资源的分布，具有一定的空间范围和分布规律，表现出明显的地域性。气候资源、水资源、生物资源和土地资源的地域性分布规律主要受地带性因素的影响，但同时也受非地带性因素的制约；矿产资源包括化石能源等的地域性分布规律主要受非地带性因素的制约。此外，资源开发利用的社会经济条件和技术工艺水平也具有地区发展的不均衡性，使社会经济资源也表现出一定的区域性特征。由于资源分布的区域性特征，就要求对资源的保护与开发利用要做到因地制宜。

(3)资源的相对有限性与绝对无限性　时间、空间和运动是无限的，物质与能量也是无限的，但在具体的时间与空间范围内，就人与资源的关系而言，资源又是有限的。从哲学观点出发，自然资源是相对有限性与绝对无限性的辩证统一。沿人类历史长河溯源，可以看到，人类不断繁衍，持续消耗更多的资源，而探明的资源储量则不断增加，尤其是新的资源种类不断涌现，这显然应归功于社会发展与科技进步的无限性。资源特别是自然资源的绝对无限性是人类无限生存下去和社会无限发展、进步的重要条件。而资源的有限性则为经济、合理地利用资源，有效地保护和管理资源提供了依据。

(4)资源的多功能性与多用途性　无论是单项自然资源，还是复合性的资源，都具有多功能、多用途甚至具有多效益的特征。诸如土地资源可以用于农业、林业、牧业、渔业、建筑业、交通运输业等；一条河流既是农业灌溉水源，又可作为电力部门的动力源，还可以是交通部门的运输线，当然可以作为工业的水源以及旅游所用等；森林资源的多功能性、多用途性更为明显。自然资源的多用途性，带来了资源利用的复杂性。有的资源如土地资源还具有多宜性，即同一土地既适宜于农业，也适宜于林业等。显然，土地资源适宜的多宜性在经济社会发展中不是都具有同等重要的意义。因此，在土地资源开发、区域规划和地区发展战略研究时，就需全面权衡利弊，特别是面对社会多种需求、资源广泛利用时，对土地资源的多宜性功能抉择就更显重要。

(5)资源系统的全球性　资源的全球性可以说是资源系统的地域性与整体性在全球尺度上的具体体现。首先，全球自然资源是一个整体系统，一个国家或地区的资源利用后果往往会超过其主权范围而波及世界其他地区，如国际河流上游国家水资源的利用对该河流下游国家可利用水资源的影响。其次，全球资源分布的地域性与不平衡性，导致了全球区域性的资源短缺与优势互补问题出现。再次，有些资源是全球性共享资源，诸如公海中的自然资源、南极和北极的资源，以及界河、多国流域和迁移性资源等。在研究资源开发时，除了要立足本国外，也要放眼世界，了解国际上资源的供需状况及发展前景，根据需要，有的资源开发利用必须以国际合作的方式进行。

(6)资源利用的层次性　资源的开发利用具有明显的层次性特征。以生物资源为例，开发利用的可以是一种植物的有用化学成分或植物体的部分，也可以是物种、种群到生态系统。在空间范围上，对资源的开发可以是一个地块、一个小的自然区域(如小流域等)或经济区域，也可以是一个生态系统或大的经济区等，应根据资源开发所处的水平和等级，采取相应的对策。

二、环境的概念及性质

1. 环境的概念

环境是人类生存、繁衍所必需的物质条件的综合体，通常是指人类所赖以生存的地球环境。环境总是相对于某项中心事物(主体)而言，中心事物以外的一切客观事物的总和称之为环境。

生物学家将环境定义为一切生命有机体生存所必需的外部条件的总和，而现代环境科学研究的对象是人类环境。所谓人类环境就是指围绕着人类的自然现象总和，包括空气、水、生物、土壤、岩石、矿物和太阳辐射等自然环境要素。在这里，把环境定义为以人类的群体为主体的客体。人类环境通常指自然环境，简称为环境。自然环境对人的影响是根本性的，它是人类出现前就存在的，是人类目前赖以生存、生活和生产所必需的自然条件和自然资源。

人类在开发利用、干预改造自然环境的过程中构造出的有别于原有环境的新环境称为人工环境，如农田、水库、林场、牧场、城市等。开发利用、干预改造自然的活动，是人类最基本、最主要的生产和消费活动，是人类与自然环境间物质、能量和信息不断交换的过程。资源由自然环境中取出，到再以“三废”形式回到自然环境。正是通过这些活动，原始生物圈导向了智能圈，并在自然环境的基础上创造出了人工环境，并和原有的自然环境融为一体，反过来又成为影响自然环境及人类后续活动的重要因素和约束条件。

广义上讲，人类生存所依赖的环境还应包括社会与文化环境，社会与文化环境是指在自然环境基础上，人类利用科学、技术和社会组织通过长期有意识的社会劳动，加工和改造了自然物质，创造的物质生产体系，积累的物质文化所形成的环境体系，即人们生活的社会、经济制度和上层建筑的环境条件和文化现象等。环境科学所研究的环境，一般是指自然环境，也包括经过人工改造过的环境和建造的设施等。

法律上对环境的定义有所不同，往往把环境中应当保护的环境要素或对象称为环境，实际上包括了自然和人工环境两部分。例如，《中华人民共和国环境保护法》定义的环境“是指影响人类生存和发展的各种天然的和经过人工改造的自然因素的总体，包括大气、水、海洋、土地、矿藏、森林、草原、野生生物、自然遗迹、自然保护区、风景名胜区、城市和乡村等。”这是与人类关系最为密切而必须加以保护的那部分环境。

2. 环境要素

环境是一个非常复杂的系统。按照系统论的观点，人类环境是由若干规模大小不同、复杂程度有别、等级高低有序的子系统构成，各子系统和组成成分之间的相互作用使系统具有整体功能、集体效应和协同作用。对环境目前还没有形成统一的分类方法，一般是按照环境的主体、范围、要素和人类对环境的利用或环境的功能进行分类。按照环境要素分类，自然环境按其主要环境组成要素可分为：大气环境、水环境、土壤环境、生物环境、地质环境等。

环境系统是一个复杂的、有时、空、量、序变化的动态系统和开放系统。系统内外存在着连续不断的、巨大和高速的物质、能量和信息的变化和交换，在一定时空尺度内，若系统的输入和输出处于动态平衡，叫做环境平衡或生态平衡。环境系统的组成和结构越复杂，它的稳定性越大，越容易保持平衡。

3. 环境的特性

人类环境有下述不容忽视的特性。

(1)环境系统的整体性　人类环境是一个整体。地球任何一部分或任何一个系统都是人类环境的组成部分，各部分之间存在着密切的相互联系、相互制约的关系，局部地区的环境污染或破坏总会对其他地区造成影响和危害。人类只有一个地球，并且空间有限，这意味着人类环境的稳定性有限、资源有限、容纳污染物能力有限、对污染物自净能力有限。

(2)环境过程的不可逆性　人类环境系统中的能量流动过程是不可逆的，所以环境一旦遭到破坏，利用物质循环规律可以局部恢复，但不能彻底回到原来状态。

(3)环境污染效应的滞后性　日常的环境污染与环境破坏对人们的影响，其后果的显现要有一个过程，需要经过一段时间。也就是说，各种污染物通常只有积累到一定数量后，才能表现出对生态系统和人类具有显著影响的污染效应。

(4)污染后果的持续性　环境污染不但影响当代人的健康,而且可能造成世世代代的遗传隐患,这就是环境对其遭受的污染和破坏,具有持续反应特性。实践表明,不引人瞩目的环境污染与破坏,经过环境的作用后,其危害性或灾害性,无论从深度和广度,都会明显放大。为此,人们要正确掌握环境的组成和结构、环境的功能和演变规律,那么人类就会受益于自然界,使人口、经济、社会和环境协调发展。

(5)环境承载能力的有限性　环境承载能力又称环境承载力,应该包括自然资源的供给能力和环境的污染承受能力 2 个方面。自然资源的供给能力是指非再生性资源的可得性和再生性资源的可持续供应能力 2 部分。环境承载力又常常特指环境的污染承受能力,即自然环境对污染物的消纳能力,或污染物的迁移、扩散和转化能力。人类环境是一个具有强大维持其稳定效应的巨大系统,既为人类提供空间和载体,又为人类活动提供资源并容纳废弃物。由于环境系统的组成物质在数量上存在一定的比例关系,在空间上有一定的分布规律,所以对人类活动的支持能力有一定的限度,即存在着一定的阈值,这一阈值就是环境承载力。确切地说,环境承载力就是在某一时期、某种状态或条件下,某地区所能承受的人类活动作用的阈值。对特定区域来说,还包括社会条件的支持能力,为了维护良好的人类环境,人类活动安排必须限制在环境承载力的范围内(专栏 1 - 3)。

专栏 1 - 3　承　载　力

承载力(Carrying capacity)(或译为承载能力或负载力)概念最初应用在生态学的研究中,是指在单位面积上或区域内,在环境容量能够长期保持的前提下,给定的生境内所能容纳某一物种的最大种群数量。后来这一概念也应用于人类生态学,并给出了地球承载力的概念。据估计,根据地球生态系统可提供的食物资源总量,能够承载的人口在 70 多亿到 150 亿之间。如果人类仅仅消耗植物初级生产者的产品,可能会更多。目前,承载力的概念主要还是在生态学上应用,包括应用生态学领域和人类生态学领域。在应用生态学领域,主要是指特定生境或生态系统所能容纳的生物数量,如草原承载力等。在人类生态学领域,是指在可利用资源和环境安全的条件下,某一地区能够支撑的人口数量,主要用于讨论和阐述不断增长的人口及其需求的生态影响和生态限制。

一般来讲,某一特定生境或生态系统的承载能力取决于资源的持续供给能力和生态系统自我恢复的能力。前者包括非再生性资源的可得性和再生性资源的可更新的数量;后者包括环境消纳、分解污染物的能力。

在资源领域,承载力也被常常应用于水资源和土地资源利用方面。资源承载力一般是指水(或土地资源)在不使其环境发生显著变化条件下,最大限度地能够承载的生物数量。或者说是指可持续的资源生产力。保持可持续的资源生产力是人类社会可持续发展的基础。

三、资源与环境概念的异同

对资源和环境定义表面化和机械性地理解,会认为环境应该包括资源。实际上,两者存在着异同之处,包括以下几个方面。

(1)看待事物的角度不同,但对象趋于相同　虽然资源与环境考虑问题均是以人为中心,即是从人的需要出发,看待人类所处在的这个地球,但看待事物的角度有所不同。从环境的角度,地球上所有的生物和非生物物质组成的综合体是人类生存所依赖的环境。而其中的各种生物和非生物物质,被视为各种环境要素。从资源的角度,地球环境中能被人类直接利用、并带来物质财富的各种要素的总和就是自然资源。前者强调的是物质的客观存在;而后者则强调人类直接利用这些资源(环境要素)后,是否能够带来财富,得到肯定回答的就是资源。

环境包括自然条件和自然资源,但环境的外延基本固定。随着科学技术的发展和社会进步,资源的外延在逐渐扩大,原来被认为是自然条件的环境部分,也变为资源。如除了人们通常所说的土地资源、气候资源、水资源、矿产资源、生物资源等各类自然资源之外,各种自然景观(地质地貌类型、各类生态系统等)和人文景观,以及非物质的社会经济条件和人文因素等都被视为资源。而且,各类资源之间存在着复杂的相互联系和相互依存。例如,自然景观不仅是一种旅游资源,而且是保持生态系统与生物多样性,保护水资源、气候资源和土地资源等的重要基础。因而,资源科学也逐渐将各种资源作为一个整体,进行综合性研究。

由此可见,在自然领域,资源和环境的覆被范围趋于相同。由于资源的开发利用与社会经济因素密切相关,在制定资源规划时,社会经济资源应作为重要因素,它是制定环境规划的基本条件。虽然也有社会、经济与文化环境一说,但人们更多地只关注自然环境。

(2)资源侧重利用、环境侧重保护　资源的概念是伴随着人类对自然界的利用而产生的,环境的概念则是在环境问题大量产生之后才得到重视的,目的是尽可能地减少由于资源利用给人类生存和发展带来的各种不利因素,即人类为了自己的长远利益,必须保护其生存环境。从资源利用出发,人们对自然景观进行了许多大规模的实用化改造活动,并建设了大量的生产和生活设施,特别是通过技术进步扩大资源的利用范围。这些生产和生活活动,虽然满足了不断增长的人口对基本生存和生活质量提高的需要,但或多或少地干扰了自然过程,影响了自然生态系统的服务功能,甚至威胁到人类的生存。因而,人们才开始重视环境保护。所有的环境问题的产生基本上都与资源的不适当利用有关,资源利用是本,环境是标,解决环境问题的根本是实现资源的合理配置和高效利用。当然,保护自然生态环境也是为了更好地保护与利用资源,同时利用资源过程中也应当注重环境保护,两者是辩证统一的关系。

(3)资源与环境认识的历史有所不同　人类对资源认识远远早于对环境的认识。自从人类诞生以来,人类社会是伴随着资源的不断开发利用而逐渐发展起来的。伴随着工业革命和技术的不断进步,人类对资源的需求和利用不断增长,逐渐改变了地球环境。而地球环境的改变,深刻地影响着人类的生存和发展。因而,到了近代随着人类与环境之间矛盾的日益突出,人们才开始重视环境。其实,中国古代哲学家孟子就提出过"天人合一"的思想,强调人与自然的和谐,保护自然环境。但是长期以来,这种认识并没有形成社会的主流意识,致使人类对自然环境的破坏日趋严重。而且,在工业革命之后随着技术进步,环境问题也由局部发展到区域乃至全球,成为人类经济与社会可持续发展的重要限制因素。

资源科学的研究工作也早于环境科学。但是,早期的资源科学侧重于对单项资源的研究,只是到了20世纪20—30年代,才提出自然资源整体性的概念并进行了资源地理的研究。而近代环境科学的研究始于1962年,以美国海洋生物学家蕾切尔·卡逊(Rachel carson)《寂静的春天》一书的出版为标志。

(4)资源与环境意识的统一性 资源与环境是矛盾的统一体,协调好两者之间的关系,是人类生存和发展的必然要求。从根本上来看,环境问题的产生,基本上是人们为了满足其无节制的欲望,盲目开发和不合理利用资源造成的。而资源开发引起的环境污染和生态破坏,更进一步加重了人类需求与资源可得性的矛盾。长期的实践表明,只有资源的合理利用和良好生态环境的保持,才能实现人类社会的可持续发展。在可持续发展的思想指导下,人们的资源和环境意识应当统一。

第三节 当代资源与环境问题

资源问题是指人的各种需求与自然资源供给之间的矛盾,而环境问题是指人类和环境之间的相互消极影响。广义上的环境问题,包括在自然和人为两种作用下,地球环境的变化直接或间接影响人类生存和发展的一切客观存在的问题。例如,到达地面的太阳辐射发生的周期性波动,导致地球上气候的周期性变化等。而我们通常所说的环境问题是指由于人类的生产和生活活动,使得自然生态系统失去平衡,反过来影响人类生存和发展的一切问题。这是对环境问题狭义上的理解。环境问题有区域性的,也有跨国界、全球性的。其中,全球变化就是一个全球性的环境问题。

资源问题和环境问题尽管说法不同,看问题的角度不同,但常常反映出的是同一事物。因而可统一称为资源与环境问题。所谓资源与环境问题,是指人与资源、环境之间产生的矛盾,包括资源数量不足、环境污染与资源(与环境)质量下降、生态破坏等。数千年来,人类为了追求更加美好的生活,加速了对自然的干扰过程,从而大大地改变了自然界。然而,在物质文明发展的同时,人与环境的关系也由和谐发展到矛盾的显著激化,表现在人类将经过改造了和使用过的自然物还给了自然界,同时也在利用自然物过程中产生的废弃物排放到环境,当这些废弃物的排放量超过了自然界的自净能力时,就会导致环境污染。工业革命之后,特别是进入20世纪以来,动力使用猛增,工业产品种类和数量的急剧扩大,土地开垦强度和农用化学物质的大量施用,各种严重的区域性、全球性环境问题相继出现。这不仅表现在地球上人满为患,资源短缺,同时还表现为各种自然和环境灾害频繁发生,危害人类的生存、生产和生活。更为可怕的是各种有毒、有害物质随着空气、水体、土壤和食物链进入人体,危害着人类的健康。目前人类面临的主要资源与环境问题包括以下几方面。

一、资源数量不足

地球上自然资源的短缺是多方面的。例如,世界上许多国家水资源供应不足,更多的地方缺水严重,全球适宜耕种的土地面积减少,土地质量下降,不可再生的能源资源和矿产资源消耗过快等。地球上自然资源的数量有限,随着人口数量的进一步增加,必然导致人均资源占有量下降。然而,随着人口进一步增加和生活水平的提高,人均资源的消耗量逐步增加,资源紧缺的矛盾将更加激化。

(1)水资源短缺 水资源通常是指地球上可供人类直接利用,并且能不断更新的天然淡水,主要包括陆地上的地表水和地下水。地球上的淡水总量占全球总储水量中的2.5%,而且其中只有少部分分布在湖泊、河流、土壤和地表以下浅层地下水中,是可更新水资源的主体,也是常说的可利用的水资源量。以冰川、永久积雪和多年冻土的形式储存了全球绝大部分淡水。

其中冰川储水量约世界淡水总量的69%,大都储存在南极和格陵兰地区。

由于水量时空分布的不均衡,许多地区淡水资源缺乏。目前世界上缺水的国家和地区约有43个,占全球陆地面积的60%,20多亿人用水紧张。根据联合国2009年发布的第三个世界水发展报告,全球水资源总量为43 569 km^3,每年的开发利用总量为3 829 km^3,占水资源总量的8.8%。其中,农业灌溉用水占总用水量的70%,为2 663 km^3,加上农作物直接利用的雨水6 400 km^3,总消耗的水量为9 063 km^3。世界人口每年以8 000万的速度增加,净增淡水资源的需求量为64 km^3。随着人们生活水平的不断提高和膳食结构改变,水的需求量更将进一步增加。而且,全球气候变化特别是温度升高,虽然会引起冰川和永久积雪的融化,短时间内淡水供应量增加,但会在更长的时间尺度内导致水资源的短缺。而且降水类型的改变和极端性天气事件的频繁发生,水资源的时空分布将出现更大程度的不均衡,从而导致短缺的矛盾更加激化。

水资源既有绝对短缺,也有相对短缺。绝对短缺表现在水资源总量的不足。相对短缺表现在水资源总量丰富,但由于时空分布不均衡所引起的无法使用而缺水,或由于水体污染导致的无法使用。

(2)土地资源短缺　土地资源是指在当前和可预见未来的技术经济条件下,可为人类利用的土地。地球上29.2%的陆地面积中,76%处于极地和高寒地区、干旱区、陡坡地区和岩石裸露地区,缺少土壤和植被,或者存在影响植物生长的其他限制因子,不适于人类生存,也无法耕种。因而从农业利用的角度来看,地球上可耕种的土地面积极其有限。24%限制因素较少的土地,包括部分森林、草原、湿地、水面、滩涂等占有的面积,加上由于人口相对集中,各种生产、生活和军事等设施大量占用,能够用于耕种的土地数量比例更低。根据联合国粮农组织的统计数据,2008年世界各地区耕地面积平均占全球陆地面积的10.3%,虽然在世界范围内还有较多的耕地后备资源,但土地开垦将必然加重对自然生态系统的破坏,如近年来在亚马孙河流域和南亚地区对热带雨林的破坏等。目前FAO统计的中国耕地面积为108.6万 hm^2,占国土总面积的11.3%,人均不足0.1 hm^2。我国耕地的后备资源严重不足,随着人口的增长和土地退化,人均耕地的数量将会进一步减少。

(3)能源及矿产资源　作为不可再生的石油、煤、天然气等矿物质能源和矿产资源,目前已探明的可开采储量有限,而人类对能源和矿产资源的消耗量在继续增长。在可预见的将来,经济上和技术上可供开采的能源和矿产资源的有限性,与不断增长的人类需要的矛盾将愈来愈突出,终将导致资源的枯竭。能源和矿产资源的开采,已经对土壤和水体造成了严重污染,加重了土地和水资源不足的矛盾。

二、环境污染与资源质量下降

环境污染是指人类活动产生的有害物质或因子进入环境,引起环境系统的结构与功能发生变化,危害人体健康和生物的生命活动的现象。常见的污染现象包括水体、土壤、大气等环境的污染,生活环境中噪声、电磁、光、热等物理性污染,以及固体废弃物和有毒化学品的排放等。环境污染不仅危害人类健康,同时导致资源数量的减少和质量的下降,危及人类社会发展的可持续性。

(1)水体污染　水体污染是指由于大量的污染物进入河流、湖泊、海洋或地下水等水体,其强度长期大于水体的自净能力,水环境质量逐步下降,致使水体的使用价值降低的现象。水体污染进一步加剧水资源不足的矛盾。

水体污染包括地表水体的有机污染、重金属污染和富营养化；地下水体的硝酸盐污染、有机污染重和金属污染。据联合国教科文组织估计，到 2050 年全球由于水体污染而利用受到限制的水资源总量为 18 000 km^3，相当于全球每年可更新水资源量的 1/3。我国水体污染现象也十分严重，多年来 50%的地表水体不符合渔业水质标准，20%～30%的地表水体超过农田灌溉水质标准。水体污染加剧了水资源和渔业资源的短缺。尽管近年来国家投入了大量的人力、物力治理地表水水体污染，但我国水环境严重污染的状况没有得到根本的改变。

我国地下水环境质量状况堪忧。经对北京、辽宁、吉林、上海、江苏、海南、宁夏和广东 8 个省(自治区、直辖市)641 眼井的水质监测，水质适用于各种使用用途的Ⅰ～Ⅱ类监测井占评价监测井总数的 2.3%，适合集中式生活饮用水水源及工农业用水的Ⅲ类监测井占 23.9%，适合除饮用外其他用途的Ⅳ～Ⅴ类监测井占 73.8%。这表明我国的大部分地下水受到不同程度的污染，主要污染指标是总硬度、氨氮、亚硝酸盐氮、硝酸盐氮、铁和锰等。导致水体污染的主要原因是经济发展，包括城市化、工业生产和经济开发活动以及农业的集约化经营。而且，水体污染将在相当长的时间内继续下去。

(2)大气污染　由于人类活动或自然过程将污染物排入大气，并对人和环境产生有害影响的现象称为大气污染。大气污染物包括气溶胶状态污染物(颗粒物)和气体状态污染物。大气中的细颗粒物、硫的氧化物、一氧化碳、光化学氧化剂和重金属均对人体健康产生不利影响。大气污染物可使建筑材料和暴露在空气中的金属制品、皮革和纺织物发生性质的改变。此外，与人类活动大量排放的硫和氮的氧化物有关的大气酸性沉降的产生，严重危害土地、水和海洋环境的质量，减少土地和水资源供应，并对农业生产和生态系统的稳定性产生深远影响。

大气中甲烷、一氧化二氮等微量气体的增加主要来自于人类活动，是导致全球变暖的重要因素。尽管有许多不确定性，但近百年来全球温度的升高，并导致降水类型和降水分布的改变，对水资源量和时空分布已经产生了影响。

(3)土壤污染　对人类及动、植物有害的化学物质经人类活动进入土壤，其积累数量和速度超过土壤净化速度的现象是土壤污染。通过多种途径进入土壤的各种污染物质包括有机污染物、酸性物质、重金属、放射性元素和病原生物。土壤污染改变了土壤的化学组成以及土壤物理、化学和生物学性状，导致土壤质量下降和土地生产力降低。进入土壤中的污染物质一方面可影响植物生长，同时还可以进入可食用部分，危害人体健康。污染物质一旦进入土体，将难以清除。土壤性质的改变，也难以恢复。

我国土壤污染的总体形势相当严峻，已对生态环境、食品安全和农业可持续发展构成威胁。据不完全调查，目前中国受污染的耕地约有 1 000 万 hm^2，污水灌溉污染耕地 200 万 hm^2，固体废弃物堆存占地和毁田 10 万 hm^2，合计约占耕地总面积的 1/10 以上，其中多数集中在经济较发达的地区。土壤污染将进一步加深土地资源不足的矛盾。

(4)海洋污染　海洋污染是指人类活动排放的污染物进入海洋中，破坏海洋生态系统，引起海水质量下降的现象。人为排放的有害物质进入海洋环境而引起的污染，损害生物资源，危害人类健康，妨碍捕鱼和人类在海上的其他活动等。包括石油及其产品、重金属、酸和碱、农药、放射性物质、有机废液和生活污水、热污染和固体废物等。海洋污染物主要来自于陆地，部分来源于航行的船舶如垃圾和废水倾倒、石油泄漏以及核动力舰船的核泄漏等。此外，大气沉降如酸沉降、核污染的粉尘沉降等污染物，以及近海养殖也会污染海洋。

海洋具有巨大的消纳污染物的能力。然而，随着人为活动的加剧，海洋的污染日趋严重，其中最引人瞩目的是海洋石油污染。世界上2/3的石油经海路运输，每年在海运过程中流失的石油估计达150×10^4 t。石油污染直接危害海洋藻类的生长、氧释放量、鱼类的生长和繁殖，并对整个海洋生态系统构成严重威胁。

近海赤潮的发生是另外一个重要污染现象。陆源的氮、磷污染物进入海洋，是导致近海地区富营养化并发生赤潮的主要原因。赤潮频繁发生海域多为受无机氮和磷酸盐污染较重的海域。赤潮的发生导致海洋生物的大量死亡，给海洋渔业资源和旅游资源带来巨大损失。近年来近海赤潮现象在我国频繁发生，全国海域每年发生的赤潮一般在60～80次之间，面积在15 000多km^2左右。

(5)固体废弃物　固体废弃物是指在社会的生产、流通和消费等一系列活动中产生的，在一定时间和地点无法利用而被丢弃的污染环境的固体、半固体废弃物质。固体废弃物包括生活垃圾、城建渣土、粪便、商业固体废弃物、工业固体废弃物和有害废物等。固体废弃物的数量伴随着工业化和城市化进程，大量增加。例如，我国工业固体废弃物由1981年的3.77×10^8 t，增加到2000年的8.87×10^8 t和2009年的2.04×10^9 t，每年增加7.0%以上。近年来，固体废弃物的处理量大量增加，排放量减少。据中国环境状况公报，2008年和2009年的工业固体废弃物的排放量分别为782万t和701万t。

目前，我国城市垃圾人均年产量达到440 kg。城市垃圾总量由1981年的0.31×10^8 t，增加到2001年的1.65×10^8 t，而且每年以8%～10%速度增长，到2010年已经超过3亿t。垃圾的历年堆存量达到60多亿t，全国有200多座城市陷入垃圾的包围之中。固体废弃物的堆积和填埋占用了大量的土地资源，并对水体、土壤和大气环境构成威胁并危害人体健康。其中，垃圾处理场的渗漏是地下水体污染物的主要来源之一。垃圾堆放和填埋后释放的甲烷和一氧化二氮，是大气温室气体的重要来源。此外，在人类的生存环境中还存在着噪声污染、电磁污染、光污染、城市热岛效应等物理性污染。

三、景观破碎化与生态破坏

一个地区内地形、地貌、水文、植被等要素的综合体现为景观。其中，植被是指全球或某一地区所有植物群落的总称。由于人类的活动，逐渐将完整的自然景观隔离成景观碎片，就是景观破坏，同时也导致生态的破坏。景观破碎和生态破坏的最典型的特征之一是植被破坏，并导致部分生物物种的灭绝和生物多样性下降、水土流失和土地荒漠化。全球大面积的土地荒漠化，土地资源和生物资源数量的减少，并严重影响了人类的生存环境。生态破坏又称环境破坏。

(1)植被破坏　植被是生态系统的基础，为动物和微生物提供食物和栖息环境，为人类提供食物和多种物质材料。植被还可以调节气候，储存有机物质和矿质营养元素，净化水和空气，既是重要的环境要素，又是宝贵的自然资源。然而，长期以来人类大量地砍伐森林和开垦土地，使得占地球陆地表面45%的森林缩小了1/3。人类干扰活动之前，全球约有森林面积60亿hm^2，到1954年减少到40亿hm^2，以后也有大幅度减少。近30年来，世界森林，特别是热带森林减少的速度明显加快，平均每年减少800万hm^2。而且，许多地区的天然林基本消失，现有森林多为次生林，森林资源的质量在下降。由于森林的砍伐速度大大超过了其生长速度，世界上几个古代文明的摇篮，大都变为林木稀少之地，甚至沦为半荒漠和荒漠。

与此同时，草原植被的破坏也非常严重。土地开垦和超载放牧导致草场退化和草场生产力下降，甚至导致大面积的土壤侵蚀和荒漠化的发生。发生在农牧交错带上的土地退化和荒漠化，主要与农业的土地开垦有关，而干旱和半干旱地区的土地荒漠化，除了自然环境变化因素外，超载放牧是另外一个重要原因。

(2)物种灭绝和生物多样性减少　森林和草地植被的破坏，导致大量的动植物物种的灭绝和生物多样性的减少。动植物栖息地的破坏，使得动植物种群数量减少，众多过去常见的动植物物种变为濒临灭绝的珍稀动植物。据估计，世界上曾有约5亿个物种，目前尚存的约为500万～1 000万个。生物多样性的减少，进一步打破了生态平衡，由此产生了生态系统的恶性循环并最终会导致生态系统的崩溃。

(3)水土流失　水土流失包括风蚀和水蚀两种，主要由植被破坏所引起。在自然条件下，由岩石经物理破碎和化学风化形成土壤，是一个十分漫长的过程。1 cm土壤的形成需要几百年的时间，在高寒和干旱地区，时间会更长。而1 cm土壤的流失则可能在很短的时间内，甚至瞬间完成。因而，可以认为水土流失是生态灾难。

我国是水土流失最严重的国家之一。根据《2009年中国环境状况公报》，现有水土流失面积356.92万km^2，占国土总面积的37.2%。其中水力侵蚀面积161.22万km^2，占国土总面积的16.8%；风力侵蚀195.70万km^2，占国土总面积的20.4%。水土流失最严重的地区是黄土高原和热带、亚热带的山地、丘陵地区。

(4)土地荒漠化　土地荒漠化是一种在人为、自然双重因素作用下的土地质量退化和有效经济用地数量减少的过程。按照1994年《联合国关于在发生严重干旱和/或荒漠化国家特别是在非洲防治荒漠化的公约》的定义，土地荒漠化是指“包括各种气候变异和人类活动在内的种种因素造成的干旱、半干旱和亚湿润干旱地区的土地退化”。土地退化是指“由于使用土地或由于一种营力或数种营力结合致使干旱、半干旱和亚湿润干旱地区雨浇地、水浇地或草原、牧场、森林和林地的生物或经济生产力和复杂性下降或丧失”。土地退化包括风蚀和水蚀致使土壤物质的流失，土壤物理、化学和生物特性或经济特性退化，以及自然植被的长期丧失。

后来，联合国亚太经社理事会结合亚太地区的情况做了补充，认为荒漠化应当包括湿润半湿润地区由于人为活动引起向着类似荒漠景观的环境变化过程。通常所说的土地荒漠化是指土地生产力下降25%以上的土地退化。严重荒漠化和极端荒漠化是指土地生产力降低25%～50%以上。根据联合国粮农组织的估计，全球处于极端干旱环境的土地面积为2 560万km^2，占陆地面积的19%；另有占陆地总面积的45%的土地受到荒漠化威胁，在干旱、半干旱和干的半湿润区分别为7%、20%和18%。我国荒漠化土地的总面积为262.2万km^2，占国土总面积的27.3%。全球或区域性自然环境的变化是导致土地荒漠化主要原因，而人为活动包括过度放牧、森林植被破坏、土地利用方式的改变和不合理利用等进一步加重了土地荒漠化程度。土地荒漠化产生的根本原因是水土流失。近年来，水土流失面积的增加虽然得到了有效控制，但其严重程度没有在根本上改变。

四、全球变化

自地球诞生之日起，地球系统内各个子系统之间物质和能量的交换过程在不断进行着，同时地球表面环境的变化就一直在延续着。近代以来，人为活动的加剧，逐渐加大了对地球系统内物质和能量交换过程的干扰作用，引起地球环境系统的强烈变化，因而也得到人们的日益重视。

全球变化是指地球环境系统的变化，即在自然与人为影响下，由地球环境变化所产生的所有全球问题及其相互作用。

1990年在美国的《全球变化研究议案》中，将全球变化定义为“可能改变地球承载生物能力的全球环境变化（包括气候、土地生产力、海洋和其他水资源、大气化学以及生态系统的改变）”。狭义的全球变化主要是指大气成分的变化导致全球大气环境的变化。广义的全球变化除大气环境变化外，还包括生物多样性减少、土地利用格局与环境质量的改变（水污染、荒漠化、森林退化等）以及人口的急剧增长等。

按照其广义定义，全球变化涉及的内容包括全球气候变化、臭氧层破坏、生物多样性锐减、土地荒漠化等一系列全球性资源与环境问题。

（1）全球气候变化　以全球变暖为主要特征的全球气候变化，是全球变化的核心。全球气候变化是指全球气候平均值和离差值两者中的一个或两者同时随时间出现了统计意义上的显著变化。平均值的升降，表明气候平均状态的变化；离差值增大，表明气候状态不稳定性增加，气候异常愈明显。全球变暖是指地球表面平均温度和地表平均气温的升高。全球变暖的趋势最初由西方科学家基于世界各地大量气象台站的观测资料，于20世纪80年代中期提出的。这种变暖是指地球环境总体而言，实际上温度的变化在全球各地和不同季节表现不同。一般表现为冬季增温大，夏季增温小。就地区而言，北方增温大，南方增温小。亚洲的大部分地区增温小于0.5～1℃。有些地区可能不变或降温，如我国南部的副热带地区，温度却降低了0.5～1℃。

全球变暖的原因有自然因素，也有人为因素，其中人为因素主要是温室气体排放量的增加。大气层具有类似温室的作用。大气中的一些气体组分如水汽、二氧化碳、甲烷、一氧化二氮和氟氯烃物质等具有对辐射选择性吸收的特征。它们对于太阳的短波辐射是近似透明的，但能够部分吸收地球向外发射的长波辐射，吸收的热量用于大气和地表面的再加热，这种作用被称为大气温室效应，在大气温室效应的作用下，地球表面具有适于各种生物生存的温度。但是，如果温室效应被增强的话，就可能引发全球变暖过程。能够产生温室效应的这类气体称为温室气体。尽管大气中这类气体的比例很低，但作用十分显著。

根据政府间气候变化专门委员会（IPCC）2007年发布的第四个气候变化评估报告，工业革命以后，大气中二氧化碳的浓度由1750年的280×10^{-6}增加到2005年的379×10^{-6}（2010年为388×10^{-6}）增长35%。甲烷由715×10^{-9}到$1\,774\times10^{-9}$，一氧化二氮由270×10^{-9}到319×10^{-9}。导致二氧化碳排放量增加的原因主要是化石燃料的燃烧和土地利用变化。甲烷、一氧化二氮的排放均在很大程度上与人类活动，包括农业生产活动有密切关系。其中，大气中甲烷的增加量几乎来源于人类活动，包括农业和化石燃料的利用；向大气排放的一氧化二氮中，超过1/3来自于人类活动，主要是农业活动。

全球气候变化将改变水文循环过程，导致全球绝大部分地区的干旱化。温度上升引起的冰川融化和海平面升高，将对部分沿海地区造成灾难性后果。气候变化还会对森林和草原生态系统、生物物种和人体健康产生各种不利的影响。全球变暖对农业的影响有有利的，也有不利的方面。全球变暖带来的气候变迁使得某些地区的农牧业产量会下降，但可能使另一部分地区农牧业产量增加。全球气候变化为人类及生态系统带来的灾难还有：永久冻土层融化、珊瑚礁死亡、旱涝灾害和极端性天气事件增加等。

（2）臭氧层破坏　臭氧层是指大气平流层中臭氧浓度最大处，是地球的一个保护层，太阳紫外线辐射大部被其吸收,对保护地球生命十分重要。臭氧最小浓度在极地 17 km 的高空。20 世纪 50 年代末到 70 年代就发现臭氧浓度有减少的趋势。1985 年英国南极考察队在南纬 60°地区观测发现臭氧层空洞,引起世界各国极大关注。臭氧层的臭氧浓度减少,使得太阳对地球表面的紫外辐射量增加,对人类和地球生态系统产生破坏作用。

臭氧层的气体非常稀薄、脆弱,人类活动过程排放的微量氟氯碳化合物(氟利昂)和含溴化合物,即可通过催化化学过程破坏臭氧。根据联合国《关于消耗臭氧层的蒙特利尔议定书》,2010 年 1 月 1 日已在全球全面禁止氯氟烃的生产和消费。但是,另一个能够破坏臭氧层的微量气体一氧化二氮的排放量仍在继续增加,并且成为继续破坏臭氧层的主要物质。臭氧层的破坏导致大量对人体、陆生和水生生物有害的 UV-B 区的紫外线到达地球表面,对人类健康和生态系统构成严重威胁。臭氧层破坏还会加速材料的老化,并影响对流层的大气化学过程。

与此同时,全球变化导致极端天气事件的变化和自然灾害发生频度的增加。极端天气事件是一种在特定地区和时间内(1 年内)的罕见事件。极端天气事件的罕见程度一般相当于观测到的概率密度函数的小于第 10 个或第 90 个百分点。极端天气特征因地区而异。极端天气事件包括高温(热浪)和低温(冷浪)事件、强降水和暴雨频率、干旱、热带气旋和沙尘暴等。据 IPCC2007 年的气候变化报告,1950 年以来,热浪和强降水事件发生的数量增加,如 2003 年在欧洲出现的极端炎热夏天,2005 年 7 月在印度孟买出现的暴雨,均是有气象记录以来所没有遇到的。此外热带气旋强度和持续时间增加。所有这些,意味着灾害性天气事件显著增加。

全球变化是迄今为止人类遇到的一个最复杂的地球系统科学问题,问题的复杂性决定了科学研究的艰巨性和科研结果的不确定性。这里既有银河系运动、太阳活动和地球轨道参数的周期性变化,也与人类的活动有关。尽管有不少争议,但近代人类活动深刻地影响地球物理气候系统和生物地球化学循环的可能性,得到了绝大多数科学家的肯定。但在这种影响下全球变化的最终趋势如何,有待于进一步深入研究。

五、全球环境问题

全球环境问题是指虽在地区或区域尺度上发生、但对地球系统产生了重大影响,以及发生在地区或区域性的不良环境变化向全球规模扩展所形成的全球性环境问题。全球环境问题是地球系统变化不良的具体体现,是地球系统各个组成部分的相互作用,以及人类与自然相互作用的结果,包括全球气候变化、臭氧层破坏、大气酸沉降、水体和海洋污染、野生动植物物种减少和生物多样性丧失、热带雨林减少、土地资源退化、污染物越境转(迁)移(专栏 1-4)和国际公害等严重威胁着全人类的生存和发展的环境问题。

专栏 1-4 污染物越境转(迁)移

污染物越境转移和迁移是指污染物通过自然过程和人为手段越过边界从一国管辖地区向另一国管辖地区转移和迁移。包括大气污染物随空气扩散、水污染物随水体流动,以及固体废物从一个国家或者通过第三国向另一国家的转移。

最早注意到污染物越境转移的是欧洲国家。为了控制大气污染物(SO_2 和 NO_x)的互相影响,他们于 1979 年 11 月协商形成了《长程越境空气污染条约》(Convention on Long-Range Transboundary Air Pollution),开始了对 SO_2 和氮氧化物等气态污染物排放进行控制的国际合作行动。该条约于 1983 年 3 月生效。1998 年和 2003 年分别开始控制重金属和持久性有机污染物(POPs)等。目前欧美有 51 个国家签订了该条约。

污染物越境转移特指危险废物从一国管辖地区或通过第三国向另一国管辖地区的人为转移。危险废物在国际间的转移,主要发生在发达国家向发展中国家垃圾输出。发展中国家法律不健全、废弃物处理和处置费用低,因而接受了大量危险废物。1986—1991 年世界上最富有的 10 个国家,把 2×10^8 t 的有害废物投入世界市场,主要流向了不发达国家。1989 年 3 月,联合国环境规划署在瑞士巴塞尔召开了关于控制危险废物越境转移全球公约全权代表会议,通过了《控制危险废物越境转移及其处置巴塞尔公约》,该公约共有 29 条正文和 6 个附件,于 1992 年 5 月生效。

由于经济利益驱动,污染物越境转移仍然是一个全球性环境问题,我国也是受害者。例如,广东沿海的贵屿镇就是世界上重要的电子废弃物终点站之一。天然气和石油管线的泄漏,也是碳、氮、硫和重金属等污染物越境迁移的一种方式。

全球变化与全球环境问题相互作用,并且与人类活动有密切关系(图 1-4)。

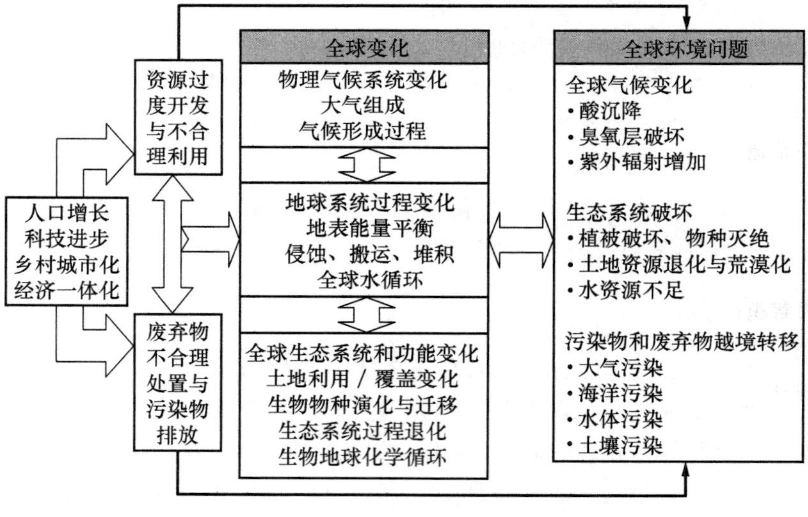

图 1-4 全球变化与全球环境问题关系框图

资料来源:根据于贵瑞(2003)改绘.

第四节 我国自然资源的特征与利用现状

一、我国资源的总体特征

我国是一个资源大国(表 1-1),但同时也是一个资源短缺的国家,合理和循环利用各种资源是控制环境污染的重要基础,资源的总体特征主要表现在以下几个方面。

(1)资源总量大,种类齐全 中国的主要自然资源的总量均居世界前列(表 1-2)。土地面积占世界有人居住土地总面积的 7.2%,次于俄罗斯和加拿大,居世界第 3 位。耕地和园地面积占世界的7.0%,次于俄罗斯、美国、印度,占世界第4位。草地占世界的7.8%,仅次于澳大利亚,居世界第2位。森林和林地面积占世界的3.4%,次于俄罗斯、巴西、加拿大和美国,居世界第5位。河川径流总量占世界的5.6%,次于巴西、俄罗斯、加拿大、美国和印度尼西亚,居世界第6位。可开发的水力资源居世界第1位。矿产资源丰富,种类繁多,其总值次于俄罗斯和美国,居世界第3位。我国主要自然资源的总丰度,仅次于俄罗斯和美国,居世界第3位。

中国物种资源种类繁多,农产品种类多、数量大。全国现有种子植物32 800余种,次于马来西亚和巴西,居世界第3位。在众多的生物物种中,许多种类为中国所特有。中国粮食总产和牲畜总头数均居世界第1位,许多单项产品如棉花、烟叶、油菜籽、蚕茧、猪肉等也居世界首位。

表1-1 我国自然资源(2009年)

类型	单位	资源量
内陆土地面积	万 km^2	960
海域面积	万 km^2	473
土地资源		
耕地面积	万 hm^2	12 172
荒地面积	万 hm^2	10 800
宜农荒地	万 hm^2	3 535
林地面积	万 hm^2	30 590
宜林荒山荒地	万 hm^2	5 471
草地面积	万 hm^2	40 000
可利用草地	万 hm^2	31 333
森林资源		
活立木总蓄积量	亿 m^3	149
森林面积	万 hm^2	19 545
森林蓄积量	亿 m^3	137
森林覆被率	%	20
水资源		
水资源总量	亿 m^3	24 180
地表径流	亿 m^3	23 125
地下(浅层)水量	亿 m^3	7 267
水力资源蕴藏量	亿 kW	7
可开发量	亿 kW	4
海洋资源		
海洋能源理论蕴藏量	亿 kW	6
海岸带面积	万 km^2	28
滩涂面积	万 km^2	2
海水可养殖面积	万 hm^2	260
浅海滩涂可养殖面积	万 hm^2	242

续表 1-1

类型	单位	资源量
矿产资源		
煤	亿 t	3 190
铁矿石	亿 t	2 132
磷矿石	亿 t	32
钾盐	亿 t	4
盐	亿 t	1 731

资料来源:中国统计年鉴.

表 1-2 中国资源在世界上的位置

国家	土地面积/万 km^2	耕地面积/万 hm^2	森林面积/万 hm^2	草地面积/万 hm^2	水资源量/(亿 m^3/a)
俄罗斯	1 709.8	12 165	80 897	9 205	45 080
加拿大	998.5	4 510	31 013	1 545	29 020
中国	960.0	10 864	20 133	40 000	28 400
美国	983.2	17 050	30 326	23 800	30 690
巴西	851.5	6 100	52 391	19 600	82 330
澳大利亚	774.1	4 402	15 115	37 291	4 920
印度	328.7	15 815	6 814	1 039	19 110
阿根廷	278.0	3 200	2 988	9 985	8 140
世界总计	13 459.3 *	138 052	404 422	335 694	410 220
中国在世界上的地位	4	4	5	1	5

资料来源:FAO 的 2010 年统计资料(统计的年份为 2008 年)。* 指有人口定居的各大洲面积,如包括尚无定居人口的南极洲,世界陆地面积为 14 950 万 km^2.

(2)人均资源量低,生存空间狭小　我国人口众多,人均资源占有量低,是资源相对紧缺的国家(表 1-3)。中国人均国土面积 0.8 hm^2,为世界人均 2.77 hm^2 的 29%,而且,国土面积的 2/3 是山地和丘陵。干旱和半干旱地区约占国土面积的 1/2,因此,东半部湿润和半湿润地区集中了全国人口的 90%,特别是在沿海和平原地区,人口密度更大,生存空间狭小。而且,由于经济发展的不平衡,劳动力和人口仍呈向东部转移的趋势。

表 1-3 我国各类资源的人均量与世界平均水平的比较

资源种类	人均量/hm^2	占世界人均量的比例/%
耕地	0.08	39.5
草地	0.30	59.8
森林	0.15	25.0
水资源	2 128 m^3	32.2

资料来源:根据 FAO 的 2010 年统计资料(统计的年份为 2008 年)计算.

在各类自然资源中,中国人均耕地面积太少与淡水供应不足,已成为约束性的两个稀缺资源。随着人口数量的增加,我国人均资源的占有量还会进一步下降。如果人口继续增加到

15亿，在土地荒漠化受到有效控制和降水量基本不变的前提下，人均耕地面积将下降至0.081 hm^2，人均水资源下降至不足1 800 m^3。人口多、耕地少、供水不足是中国的基本国情。而且人均矿产资源占有量为世界平均水平的59%，石油、钾盐等矿产缺口较大。

(3)资源质量相差悬殊，低劣资源比重偏大　中国的耕地资源中，基本无限制因素的土地约占40%，而有各种限制因素(水土流失、风沙、盐碱、洪涝灾害、干旱等)的土地和中低产田占60%。草地资源主要分布在西半部的干旱、半干旱地区和高寒地区，质量普遍较差，中下等草地占87%。林地质量虽然较好，一等有林地占65%，但部分林地质量较差，而且林地中中幼龄林比重大。中国的矿产资源一般表现为富矿少、贫矿多，综合组分多，单一整装矿少。例如，磷矿中品位大于30%(P_2O_5)的富矿仅占全国磷矿总储量的7.1%，小于12%(P_2O_5)的贫矿占19%。此外，中国矿产一般埋藏较深，可供露天开采的大型和巨型矿产极少。

(4)资源的时空分布不平衡　受成因和地理分异规律的制约，资源具有区域性分布的特征。中国各类资源分布上的差异及其组合特点，很大程度上影响资源的开发利用。中国南方水资源总量占全国81%，耕地只占全国耕地面积35.9%。北方地区耕地资源占全国耕地总面积64.1%，水资源仅占全国水资源总量19%。在北方的华北地区，耕地资源占全国耕地总面积38.5%，水资源仅占7.5%。降水时间上的分布也不平衡，我国北方地区的降水主要集中在夏季，绝大多数年份春季干旱严重，而在降水集中的季节，发生洪涝灾害的可能性较大。

(5)资源开发强度大，后备资源不足　由于人口多，中国的各类资源在经济技术所能及的范围内都得到了开发利用，后备资源明显不足。目前，已基本没有适宜开发种植农作物的后备资源，宜农耕地处于“饱和”和“过饱和”状态。这是在黄土高原、风沙地带和西南山区，在不适宜农作的陡坡地种植，造成水土流失。草地资源面临着超载放牧，土地沙化的危险。森林资源仍然面临采大于育，采育失调的问题。华北平原对地下水的超量开采，已经导致“大漏斗”的发生和增大。

二、我国资源开发状况与利用中的主要问题

新中国成立以来，国家投入了大量的人力、物力和财力，调查各类自然资源的数量和质量，开发土、水、森林、草地和各种矿产资源，并在治理大江大湖等方面都取得了巨大的成就。经过近50年普查、详查等调查工作，已基本摸清了矿产、土地、森林、草地和水资源等的家底。对水土资源的开发，包括水资源开发和水利建设、开垦耕地、人工林建设、水产开发等，保证了农业的稳定发展。矿产资源的开发，促进了能源和原材料工业的发展。中国在资源开发利用方面取得很大成绩的同时，也出现了一些问题，主要包括以下几点。

(1)资源利用率低，浪费依然严重　中国长期以来走的是一条资源消耗型的经济发展道路，资源的利用率和回收率低。近年来国家采取了一系列措施，提高资源的利用效率，但由于各种原因，虽取得一定进展，但与发达国家相比还有较大的差距。例如，中国工业万元产值取水量为91 m^3，是发达国家的5～10倍。发达国家炼1 t钢用水3～5 t，而我国则为70 t以上。农业用水效率低，1 m^3 的水平均只能生产1 kg左右的粮食，低于发达国家水平。2006年中国的碳排放总量接近美国，虽然我们的人均 CO_2 排放量仅为1.18 t，远低于美国的人均5.26 t；但每1 000美元GDP的碳排放量则为0.17 t，高于美国0.14 t①。说明中国的能源利用效率

① Gurner K. R. China at the carbon crossroad. Nature, 2009, 458: 97-99.

显著低于美国。

(2)粗放经营　生产率低　在矿产资源开发中的乱采、乱挖现象还是比较普遍，农业生产中的大水漫灌等粗放经营方式，造成资源浪费。此外，林业、粮食和牧业生产中产量较低，也与这种粗放经营方式有关。

(3)资源数量减少，质量退化严重　中国耕地资源总量持续下降。根据《中国统计年鉴》2000 年我国耕地的资源量为 1.30 亿 hm^2，到 2010 年减少为 1.22 亿 hm^2，10 年间净减少耕地 832 万 hm^2。根据《中国 21 世纪议程》，1994 年之前的 10 年间，全国耕地平均每年净减少 36 万 hm^2。进入 21 世纪以来，耕地减少的速度明显加快，特别是前三年，净减少耕地 664 万 hm^2。近年来由于国家采取了严厉的措施，耕地减少的趋势得到的明显遏制，土地质量下降严重，导致土地质量下降的主要原因是土地荒漠化。例如，我国 90% 的草地存在不同程度退化，虽然草地退化在局部得到了有效控制，但总体上仍在恶化，退化面积每年仍以约 200 万 hm^2 的速度增加。近年来，全国水土流失的面积基本上保持在 350 多万 km^2 左右。

(4)环境污染依然严重，资源质量降低　近年来国家开始从严控制“两高一资”(高耗能、高污染、资源性)、产能过剩和重复建设项目，对化学需氧量和二氧化硫排放量进行总量控制，加强了重点流域水污染防治工作和重金属污染综合整治。污染减排取得明显成效，部分环境质量指标持续好转，有效地遏制了环境污染的进一步恶化。但我国环境污染的形势依然十分严峻，主要表现在地表水污染依然较重，七大水系总体为轻度污染，湖泊富营养化问题突出；近岸海域总体为轻度污染；酸雨分布区域仍保持稳定，酸雨发生面积约 120 万 km^2，重酸雨发生面积约 6 万 km^2。环境污染对水资源质量和土地资源质量的影响没有消除。

第五节　资源与环境意识

资源与环境问题既有全球性的，也有区域性和局部地区的。而且资源与环境问题的形成和日趋严重是一个长期积累、自然与各种人为因素相互作用的复杂过程。解决资源与环境问题既需要从宏观角度观察问题，把握其实质，又要在微观上分析其产生的机理及影响因素，用科学的态度找出解决的办法。

一、资源与环境的全球观

许多资源与环境问题是全球性的，如全球气候变化、臭氧层破坏、酸雨、土地荒漠化、海洋污染等。其中有些问题的产生可能是局部的，随着时间的推移，污染物质的数量积累和污染范围的扩大，或通过地球系统中的大气环流、海洋环流和物质循环过程，逐渐演变成全球性问题。例如，酸雨的发生开始于工业化国家，随着第三世界国家的工业化进程，酸雨的范围逐渐扩大，以至于成为全球问题。而且，导致酸雨产生的化学物质也由以二氧化硫为主，扩大到现在包括二氧化硫、氮氧化物和氨等在内的多种物质。海洋石油污染开始时只是局部的，随着石油泄漏事故的频繁发生，加上绝大部分海洋的公海性质和海洋环流的作用，逐渐演化为全球性问题。

地球系统内的物质与能量循环过程将全球联系为一个整体，在物质与能量的循环过程中，某一个环节在多处出现问题，将有可能对全球产生影响，即局部问题有可能演变为地区或全球性问题。因此，观察和研究某些资源与环境问题，也必须有全球观点，解决这些问题，需要有广泛的国际合作。

二、资源与环境的整体观

各种资源之间、资源与环境之间相互作用，形成了一个相互联系、相互影响的有机整体，这是因为地球系统中各个圈层之间通过物理过程、化学过程和生物过程不断进行着物质与能量的转换与交换，这些物理过程、化学过程和生物过程相互作用形成了一个有机联系的整体。一种类型的过程或现象的发生或改变，必将影响其他过程或导致其他现象的发生，甚至导致一系列生态环境问题。例如，开发矿产资源的采矿活动不仅会引起的塌陷和尾矿的堆积，改变一个地区的地貌景观，还需要占用土地并对周边地区的土壤性质产生影响，此外，还对水文循环、水体质量、生物群落和生态系统产生一系列的影响。林地和草地的大面积开垦，导致水土流失、河道淤积、土地荒漠化，进一步影响水分循环、气候变化和大气颗粒物含量增加，危害人类健康。

资源与环境问题在时间尺度和空间尺度上表现不同，其影响也有大有小，但资源与环境问题之间存在着时空联系。时间尺度是指一个过程或一种现象所持续的时间长度，空间尺度是指一个过程或一个现象发生的空间规模。由土地不合理利用导致的土地荒漠化主要发生在生态脆弱地区，其发生的时间尺度和空间尺度远小于其影响的时间长短和空间范围。水土流失的发生时间很短，但对发生地区环境的影响可能是长期的，而且影响的范围也是很大的。

三、资源与环境的伦理观

自古以来，无论是中国或是在西方，在处理人与自然的关系(又称人地关系)上，占统治地位的主导思想是人类中心主义。犹太教和基督教中根深蒂固的思想是：地球是上帝为人类创造的。在我国的《易经》的观念中，人居于宇宙的中心，是宇宙的主体。这种思想往往把人与自然对立起来，强调人统治自然和人对自然的主宰作用。

作为有社会意识的存在物，人类能够制造工具、进行社会分工、具有高级的思维活动，等等。这些都表明，人类不是一般的自然物和生物体，在人与自然的关系中，人类是主体，自然是客体。然而，人类又是自然的一部分，是整个地球自然生态系统的一个组成部分。作为地球上有生命的自然物，人类必须遵循自然规律和生物学规律。人与自然存在着一种既对立又统一的辩证关系。人类以自身的需要为目的，可以利用和开发自然资源。但是，人类对自然的利用和改造不可能是无限制的，应以自然环境所能够承受的能力为最高限度。同时，不仅要考虑满足当代人的需要，也要考虑人类未来对资源与环境的需要。

人类需要从伦理学角度，调整人与自然的关系，承认自然界的价值，尊重自然界的权利，这也是人类自身的根本利益所在。首先，要尊重和善待自然，包括尊重地球上的各种生命，尊重自然的和谐与稳定，顺应自然生活。其次，要关心个人，更要关心整个人类，从人类的整体利益出发，谋求在自然环境上的社会正义、公正和权利平等。再者，要既着眼当前，又思虑未来，要充分意识到人类对后代所承担的责任和道德义务。

四、资源与环境的可持续观

资源的开发利用在促进经济和社会的发展、改善人类生活质量的同时，也带来了一些严重问题，主要表现在资源的不断耗竭和生态环境的日趋恶化。《中国环境保护 21 世纪议程》指出："长期以来，中国主要沿用以大量消耗资源和粗放经营为特征的传统发展战略，重发展速度和数量，轻发展效益和质量；重外延扩大再生产，轻内涵扩大再生产；对自然资源重开发轻保护。这种发展战略违背经济和自然规律，造成环境污染和生态破坏，成为制约经济、社会发展的重要因素”，“从现实和国情出发，中国必须坚持环境与经济协调发展，走可持续发展的道路。”

可持续发展的目标是发展，关键是可持续性。可持续性经济和社会发展的目标确定为满足人的基本需要，尤其是先考虑摆脱贫困。但是，发展要以生物圈的承受能力为限度，通过技术进步和管理对发展进行协调和制约，以求得与生态环境保护相适应。可持续发展的基础是资源与环境。可持续发展的实质，就是协调好人口、资源、环境与发展的关系，为子孙后代开创一个能够持续发展的基础。资源的可持续利用、人口的可持续发展和保持良好的生态环境是实现经济和社会可持续发展的基本保证。保证资源的可持续利用，首先，需要有效地控制人口增长，提高人口质量。其次，对可耗竭资源，在不同时期应合理配置有限的资源，并尽可能地使用再生性资源替代耗竭性资源。再次，对再生性资源，要确定资源的最佳收获期和最大可持续收获量，或通过控制使用率和收获率，实现最大可持续收获量。最后，对各种污染源，要通过科学与技术进步、资源的高效利用、推广清洁生产和进行环境监测等进行有效的污染控制，保证生态环境安全。

实行可持续发展战略，要求资源与环境科学在研究资源的发生、演化规律及时空规律性，人类社会发展与资源和环境的关系和发展规律，人类活动对资源与环境的影响基础上，探讨资源的优化配置和合理使用，保持良好生态环境的途径，以实现资源的可持续利用以及经济和社会的可持续发展。

五、增强全民的资源与环境意识

在发达国家，合理利用资源、保护生态环境已经成为全民的共识和自觉行动。在我国，实行可持续发展战略将是一项长期的任务，也需要全民参与。为此，必须增强全民的资源与环境意识，从战略的高度提高对资源与环境问题重要性和迫切性的认识，牢固树立可持续发展的思想，并将其渗透到各项研究和实际工作中。面对日益严重的资源与环境方面的问题，对农业院校的学生来说，增强资源与环境意识尤为重要。这是因为农业是国民经济的基础，农业生产对各类资源包括土地、水、生物、气候和矿产资源的依赖性极大，资源浪费也十分严重，提高资源利用效率的潜力也很大。而且，农业资源的不合理利用和农业废弃物的增加带来的环境问题比较严重，突出表现为面源污染程度的加重。而工业的发展，特别是乡镇工业林立导致点源污染范围日益扩大。所有这些，已经给农业生产和人们的生活带来了严重影响，对农业的可持续发展构成严重威胁。

第六节　资源科学与环境科学的研究内容、方法与发展趋势

一、资源科学的研究内容

资源科学是研究资源的形成、演化、数量、质量特征与时空分布和开发、利用、保育及其与人类社会和自然环境之间相互发展关系的科学。

20 世纪的 60—70 年代之前，资源科学的研究内容侧重于各单项资源、特别是单项自然资

源的研究。尽管20—30年代已有关于自然资源的整体概念,但把资源作为整体的综合性研究则是在20世纪60—70年代之后才得到重视。作为一门自然科学、社会科学与工程技术科学相结合的综合性学科,资源科学不仅研究人类与资源之间、不同种类的资源之间、资源与环境之间的相互作用、相互促进、相互制约的对立统一关系,揭示社会经济发展与资源、环境保护之间协调发展的基本规律;而且研究资源的形成环境、资源化过程及资源的时空规律性,探讨资源的再度利用与替代途径,研究资源开发、利用中的物质循环与能量流动规律,探索它们对人类活动的影响与作用机理等。资源科学的理论基础包括能量转化与守恒定律、物质循环原理、地域分异规律原理、因地制宜原理、自然节律原理、生态平衡原理、系统论原理、价值规律原理等。资源科学的主要研究内容包括以下几个方面。

(1)资源的发生、演化规律及时空规律性　这是一项基础性工作,强调资源的整体功能。在人类改造自然的过程中,为使资源向有利于人类的方向发展,就必须了解资源的变化过程,包括资源属性、资源结构的形式与演化机理等。

(2)资源各要素之间、各类资源之间的相互作用机制与平衡机理　水资源各要素之间,要探讨地表水与地下水的相互转换机制与平衡机理。资源利用中,要研究光、温、水等气候要素之间的平衡等。还有,在研究资源类别之间的相互作用机制与平衡原理时,所探讨的资源利用中水、土地资源之间的平衡;研究区域内农、林、牧用地平衡与草、畜平衡等。

(3)资源特征及其与人类社会发展的关系　研究资源对社会经济发展的保证程度与潜力,核心是人口、资源、环境与发展的关系。具体研究包括资源开发利用与环境的关系,即资源开发与再生、污染物排放与环境容量的关系等;从资源的数量与质量评价入手,分析人口与资源间的相互关系特别是平衡关系,即社会对资源的需求与资源供给的关系,探讨资源可持续利用途径等。

(4)人类活动对资源的影响　人类自诞生起,就开始了自然资源的开发利用,特别是在当今科技发展较快、经济增长迅速、人口不断增加的条件下,人口以及人类活动对自然资源的压力越来越大,人类活动已成为影响资源的一个重要营力,人类活动开发利用资源的失误会严重危及资源的稳定性。因此,深入开展人类活动对资源影响的研究已经成为资源科学研究的一项重要内容。

(5)区域资源开发与经济发展之间的关系　资源是以一定的质和量分布在一定的区域的,资源科学研究离不开具体的时间与空间尺度。探讨区域资源的种类构成、质量特征与经济发展的关系,将区域资源优势转变为经济优势,寻求资源互补,解决区域性资源短缺问题都是区域资源研究的内容。

(6)新技术、新方法在资源科学研究与资源开发利用中的实践与应用　自1972年第一颗人造资源卫星发射以来,航天、航空遥感技术已成功地成为资源科学研究的一个重要手段。计算机技术的发展,应用计算机技术又促进了资源数据库与资源信息系统的建立,自动化制图与系统分析方法得到了广泛的应用。所以,研究新技术、新方法在资源科学研究与资源开发利用中的应用成为资源科学研究的一项重要内容。

二、资源科学的研究方法

资源科学的研究方法,随时代发展而不断的丰富。以土地资源的研究为例,在20世纪30年代美国为防止土地退化(水土流失)开展了土地潜力评价,并由此创立了广为应用的土地潜力评价方法。20世纪50年代以后，由于计算机技术和信息科学等的发展，诱发了为土地资源利用管理决策服务的土地信息系统研究，也由此形成了研究土地资源问题的土地信息系统技术。进入20世纪70年代以后，由于遥感技术的出现，使过去传统的认识土地资源的土地资源调查方法得到了极大的改进，从而在土地资源调查领域内节省了大量的人力、财力，并使遥感技术成了土地资源调查中的一种基本方法等。

1. 资源科学研究中的哲学方法论

资源科学研究方法的基础是哲学方法，这是资源科学的高度综合性和复杂性所决定的。资源问题涉及人口及其发展、自然环境、科学技术、经济等诸多方面的因素，直接关系到经济与社会的进一步发展。要客观地处理资源这一与社会经济发展紧密相关的复杂系统问题，因此，哲学中的唯物辩证法就成为资源科学研究的基础方法论。这一哲学方法论在资源问题研究方面的具体应用包括以下几点。

(1)实证法　实证法的目标是要反映"客观性"，旨在寻求事物及事物之间的相互关系、发展过程及内部规律的客观表达。在资源科学领域内该方法主要用于探讨所研究的资源与人之间的相互关系及其随时间的变化和空间上的分异规律，也可用于资源的质量、数量或资源利用在时间和空间上的变化等。

(2)形式法　形式法的目标是表达"直观性"，是用一些制图语言、数学语言等消除由于概念不严格，外延不明确引起的混乱，是对实证法和规范法的补充。在资源科学领域内，该方法用于表达资源分布规律的调查技术，资源开发利用的数学模型建立等。

2. 资源研究中的综合性技术方法

(1)综合集成方法　资源问题中不确定性、任一性、随机性以及不可控性的因素太多，并且相互作用和影响关系十分复杂，而且在这样一个复杂巨系统中的"人"，又是最为活跃、最具有主观能动性，对资源的开发、利用、保护的活动也最有目的性的重要因素。为了认识和解决开放的复杂巨系统问题，根据具体情况和目标要求，将定性分析与定量分析、科学理论与经验知识以及专家学者与决策人员等相结合，把行之有效的现代科学方法、手段或技术等，科学地和合理地有机结合起来，以使开放的巨大系统发挥出全新的系统功能，并能满意地处理实际问题的一种崭新方法。

综合集成方法在资源研究领域的有效应用在于能在较全面、较深入和广泛的定性研究和分析基础上，确定整体的框架并有一个总体的把握。从而可进行定量的分析，求得社会效益、经济效益和环境效益三统一的资源利用方向和结构的多种方案，作出将资源配置到不断发展变化的国民经济各部门的决策，其目标是使资源与人之间的矛盾关系趋向和谐，社会经济能够可持续地得到发展。

(2)比较法　比较法是对彼此有联系的事物加以对照，从而确定它们相同与相异的思维方法。由于目的不同，在资源研究领域内所采用的具体比较方法也不同，主要的比较法种类有：①纵向比较与横向比较。②择同比较与择异比较。③定性比较与定量比较。④静态比较与动态比较。⑤直接比较与间接比较。此外，依比较事物的范围差异，还有单项比较与综合比较、微观比较与宏观比较等。应当强调的是，以上所介绍的比较方法在具体的资源研究工作中，往往是交叉使用的。

(3)信息系统技术　信息系统是一个根据一定的目的收集信息数据(资料)，通过信息技术对数据进行加工处理、分析解释，最后输出适用的，并满足一定目的的系统。这一方法主要由连续的信息采集方法、信息贮存整理方法、信息加工分析方法和信息输出方法等组成。它是在信息论、系统论、计算机技术、数据库技术、应用数学方法等多种理论与技术支持下的现代技术集合体。信息系统技术在过去30年内在资源科学领域内应用十分广泛，所建立的系统有土地资源信息系统、气候资源信息系统、矿产资源信息系统等。

3. 资源学研究中的专门化技术

(1)调查法 资源调查是对所研究事物的实际考察方法，是一种传统的研究方法。在资源科学研究中该方法主要用于资源调查。调查的形式多样，主要有：实地考察、访问、收集资料、建立实验或监测站点和遥感调查等。

(2)区划法 由于自然环境各要素具有地域分异规律，资源分布具有明显的地域特征，资源区划就是为揭示这些客观存在而对区域进行的逐级划分，即在区域上划分资源类型。资源区划一般要在资源分类基础上进行。所谓资源分类是按照资源类型的相似性和差异性程度逐级进行归并和类群归并。无论是资源分类或者是资源区划，均需按照一定的原则和等级系统，选取一定的指标体系进行自上而下的划分。资源分类和资源区划有单项和综合两类。常用的方法有归纳法、聚类分析方法、主因子分析方法和最优分割法等。

(3)评价法 资源评价是从人类利用的角度，在一定用途条件下，对事物进行质量好坏鉴定或分等定级的方法。评价法的一般做法是，先确定评价工作的目标，并整理已有的资料数据。然后，根据当地社会经济状况及经济发展的要求，拟定资源利用方案。在对每种资源特性与质量进行深入调查的基础上，并根据所收集资料，对资源按照优劣程度划分等级。比较划分结果与利用上的要求，判断两者是否相宜，以确定有无改变利用方式的需要。同时还要对各种利用方式进行经济与社会效益和环境影响方面的分析。最后，对评价划分的各等级资源的利用方式进行规划。

(4)规划法 资源规划是根据需要与可能及未来发展的目标要求，对事物利用的各种方案进行优化的过程，以使各种资源的利用达到经济、社会、环境效益综合最优的结果。这一方法在资源科学领域内主要用于资源开发利用的规划。

(5)预测法 资源预测是对资源系统的演化或变化趋势作出符合客观规律的预测与判断，从而使人类能够有意识地进行控制和管理。资源预测多采用模型预测的方法包括：在大量实验基础上建立机制模型的方法；根据数理统计学原理，在大量数据资料的基础上建立回归模型的方法；以及根据系统动力学原理，利用数学、物理方法研制建立系统类模型(线性系统预测模型、非线性系统预测模型、灰色系统预测模型等)的方法。

(6)决策法 资源决策是对资源利用方式的选择和确定过程，涉及资源开发方案的选择、开发时序的确定、区域开发、产业结构、经济结构、生态环境保护、人口发展等一系列对策。是应用性极强的研究方法。常用的决策方法有风险决策、专家系统等。

三、资源科学的发展趋势

目前，不断出现的各种重大全球环境问题，都与资源的分配和利用有关。随着建立全球生态、经济新秩序的呼声日益高涨，资源和资源利用问题成为全球的热点问题。资源科学研究的视野扩大到全球，资源的可持续利用成为研究的重点。此外，资源的有限性和资源的有效管理也受到的极大关注。现代资源科学研究的趋势表现在以下几点。

①注重资源全球整体化研究，强调人类对资源的共享和资源在国家间的合理配置。

②进行资源—生态—社会经济复合系统综合研究，强调资源的承载力、资源的优化配置、资源的产业化，确定区域资源开发战略和经济发展模式。

③资源价值论、资源核算论的研究日趋活跃。

④深入开展资源管理方面的研究，内容涉及自然保护、资源经济管理、社会需求管理等。资源管理的研究方向有资源制度论、资源立法等。

四、环境科学的主要内容

环境科学是研究人类与环境相互关系，寻找人类与环境协同演化、可持续发展的途径与方法的学科。环境科学是以人类环境和环境系统为对象，重点研究环境在人类活动的干预下所发生的变化和为了保持这个系统的稳定性所应采取的对策和措施。在宏观上，环境科学研究人类与环境之间的相互关系，揭示经济社会发展和环境发展相协调的基本规律；在微观上，环境科学研究环境中的物质，主要是人类排放的污染物质在环境中和生命有机体内的迁移、转化和积累的过程，以及它们对生命的影响及作用机理。环境科学是一门综合性很强的新兴学科，涉及自然科学、工程技术科学和社会科学的许多部门。

(1)环境科学的研究内容　主要包括：探索全球范围内环境结构、功能及其演化规律；揭示人类活动同环境和生态的相互作用机制和关系；探讨环境变化对地球生命支持系统的影响及效应；揭示环境污染物在环境中的迁移转化及其对人类和生物的毒理作用和影响；研究环境保护和污染治理技术及管理措施；探讨人类社会经济发展与环境和谐相处的理论和方法等。

(2)环境科学任务的核心　探讨人类与环境的辩证关系及其发展规律。在自然环境的客观属性和人类的主观要求之间，在自然环境的客观发展过程与人类的有目的的活动之间，存在着相互矛盾、对立统一的关系，环境科学就是要揭露这一矛盾的实质，研究人类与环境之间的辩证关系，掌握其发展规律，调控人类与环境的物质与能量交换过程，寻求解决矛盾的途径和方法，从而促进人类经济社会与环境的协调发展。

(3)环境科学的分支学科　它有许多分支学科，属于自然科学方面的有环境物理学、环境化学、环境生物学、环境气象学、环境地学、环境生态学(污染生态学)、环境毒理学、环境医学、大气环境学、土壤环境学、水体环境学、区域环境学等。属于工程技术科学方面的有环境工程学，包括环境保护工程、大气污染防治工程、水污染防治工程、固体污染防治工程、环境规划等。属于社会科学方面的有环境法学、环境经济学(生态经济学、资源经济学)、环境伦理学、环境管理学等。还有一些综合环境学方面的学科分支如农业环境学(专栏 1-5)、环境质量评价学、环境学方法论等。

作为一门新兴的学科，环境科学还正处在蓬勃发展之中。到目前为止，学术界对环境科学的学科体系尚未有一致的看法，主要是由于它与现有学科体系中的许多学科交叉，使得环境科学的主干分支学科，同时又被认为是原有学科的分支学科，相对独立性较差。例如，环境化学与大气化学、水化学、地球化学和土壤化学的交叉；环境生物学与植物学、微生物学、动物学、环境医学的交叉；环境生态学和环境毒理学与生态学(包括生态毒理学、污染生态学)和公共卫生学的交叉；只有环境工程、环境监测、环境规划和环境管理相对独立。而且，鉴于环境问题的复杂性，自然科学、社会科学和工程技术科学都在积极参加对环境的研究，并不断形成相互渗透、相互交叉的综合性分支学科。

专栏 1-5 农业环境学

农业环境学是以农业生物-环境系统为对象,研究农业生物与农业环境之间相互作用规律和相互依存关系的一门新的分支学科。农业环境学的重点是研究污染物质在土壤-植物-动物系统中的迁移、转化和积累的规律以及对农业生物的影响与作用机理,探讨农业环境与农业生物生产之间的发展规律,寻求农业环境与农业经济发展相协调的途径。农业环境学具有多学科交叉和综合性强的特征,从农业科学派生出来,同时又是环境科学的一个重要分支学科,是随着环境科学的兴起与发展而发展起来的,同时它也是在农业环境受到一定程度的污染与农业生态受到一定程度破坏之后,而农业又面临着人类日益增长的对高质量农产品需要的情况下发展起来的,并正处在逐步完善的过程。

农业环境学的研究内容十分丰富,宏观上的研究包括农业环境立法、农业环境经济、农业环境管理、农业环境规划、农业环境监测、农业环境质量评价等,微观研究领域包括环境土壤学、农田污染生态学、农用水污染与防治、农田大气污染与防治、农用化学物质污染与防治、环境变化对农业的影响及其对策、废弃物的农业综合利用与资源化、区域农业环境保护与生态农业建设、农业非点源污染物的排放机理与污染控制、农业环境污染的生物修复等。近年来,一些高新技术,如电子技术、遥感技术、信息技术引入农业环境学的研究,促进了环境信息技术的发展,并成为一个分支学科。此外,生物技术也被用于环境学方面的研究工作。

五、环境科学的研究方法

环境科学的研究方法包括以下几点。

①运用、移植和综合其他学科的研究方法,如数学、统计学、化学分析、区划和规划等的研究方法在环境科学方面的应用。

②利用新技术,如系统分析、遥感和信息技术等。

③将其他学科的理论转化为方法论,例如,生态学的许多基本理论就被转化为环境科学方法论,用于环境质量和环境影响评价等方面。

六、环境科学的发展趋势

环境科学起源于 20 世纪 50—60 年代。环境科学的发展经历了 2 个阶段,第一阶段是直接运用地质学、生物学、化学、物理学、公共卫生学和工程技术科学的原理和方法,阐明环境污染的程度、危害和机制,探索相应的治理措施和方法,并产生了环境地学、环境生物学、环境化学、环境物理学、环境医学和环境工程学等分支学科。第二阶段是进一步把社会和环境的协调演化作为研究对象,综合考虑人、经济、资源与环境等主要因素的制约关系,从多层次上探讨人与环境协调演化的具体途径。产生了环境质量学说,包括了污染物质的迁移转化规律,环境污染的生态效应和社会效应,环境质量标准和评价等。在这一阶段,还产生了环境经济学、环境管理学、环境法学和环境伦理学等。

20 世纪 90 年代以来,环境科学在生态学的基本原理和研究方法基础上,进一步深入探讨资源的循环利用,控制产品生产过程中的环境影响和实现可持续发展的新模式。面对全球变化和全球性环境问题,环境科学研究的时空尺度进一步放大,综合性和独立性更强。

思考题

1. 简述地球系统的概念及组成。
2. 比较资源概念和环境概念的异同。
3. 当前人类面临的主要资源与环境问题。
4. 分析并阐述我国资源的特征与利用现状。
5. 简述全球环境问题。
6. 资源科学与环境科学的发展趋势是什么?

参考文献

[1] Bashkin V. N. Modern Biogeochemistry: Environmental Risk Assessment. 2 版. 鞠美庭等译. 北京:化学工业出版社,2009.
[2] FAO. Land Resource Potential and Constrains at Regional and Country level, World Soil Resource Report 90. 2000.
[3] 国家环保局. 中国环境保护 21 世纪议程. 北京:中国环境科学出版社,1995.
[4] 国家环保部. 中国环境状况公报,1987—2009.
[5] 黄文秀,等. 农业自然资源. 北京:科学出版社,1998.
[6] IPCC. Climate Change: 2007, The Fourth Assessment Report on Climate Change, 2007.
[7] 雷毅. 生态伦理学. 西安:陕西人民教育出版社,2000.
[8] Population Reference Bureau. World Population Highlight, Population Bulletin. 2008.
[9] 钱易,唐孝炎. 环境保护与可持续发展. 北京:高等教育出版社,2000.
[10] The United Nations. World Water Development Report 3. UNESCO Publishing, 2009.
[11] 温刚,严中伟,叶笃正. 全球环境变化——我国未来(20～50 年)生存环境变化趋势的预测及研究. 长沙:湖南科学技术出版社,1997.
[12] 延军平,黄春长,陈瑛. 跨世纪全球环境问题及行为对策. 北京:科学出版社,1999.
[13] 张兰生,等. 全球变化. 北京:高等教育出版社,2000.
[14] 中国 21 世纪议程——中国 21 世纪人口、环境与发展白皮书. 北京:中国环境科学出版社,1994.
[15] 中国环境与发展国际合作委员会,中共中央党校国际战略研究所. 中国环境与发展:世纪挑战与战略抉择. 北京:中国环境科学出版社,2008.
[16] 中国自然资源丛书编撰委员会. 中国自然资源丛书:综合卷. 北京:中国环境科学出版社,1995.

第二章　资源、环境与人类社会发展

迄今为止，在漫无边际的宇宙空间中，只发现地球上存在着生命形式。地球是个庞然大物，半径就有 6 300 多 km。生命有机体在地球上的范围基本上限制于高度不超过 10 km 的大陆表面与大气层和深度不超过 11 km 的海洋。然而，正是在这层很薄的地球表面，提供了一切生命体生存、发育、繁殖所需要的各种条件，包括阳光、空气、水、土地和适宜的气候等各种环境条件和自然资源，这些构成了我们人类生存的地球环境。

地球从开始形成发展到现在，经历了 46 亿年极其漫长的历史岁月，她不仅创造了千姿百态的自然景观，而且地球环境经过逐渐演化，变得适宜于各式各样的生物生存，并形成了不同的生物群落和生态系统，并为人类提供着丰富的自然资源。

与漫长的地球历史相比，人类出现在这个星球上的时间很短，不足 200 万年，而且，从农耕文明开始的人类文明史，也只有几千年的时间，如果从新石器时代算起，最多也只有 1 万多年。但伴随着人类的进化和人类社会的发展，以及自然资源需求和利用范围的不断扩大，对地球产生了的前所未有的影响。特别是工业革命发展和各种技术进步，极大地提高了人类利用自然资源和改造自然环境的能力。现代人类活动对地球环境产生的深刻影响，引起了一系列资源与环境问题，甚至威胁到人类社会的可持续发展。

第一节　地球环境的演化与资源形成

现在我们生存的地球，经过了长期演化过程，由约 46 亿年前的星云状物质，逐步演变为一个具有圈层分化，以及生命必需的阳光、水、大气、土壤等适宜生物生存的常温环境。在地球形成和演化过程中，逐渐形成了各种类型的自然资源。随着生物的不断进化和地球环境的改变，出现了各类生态系统。

一、地球形成与地球系统的环境变化

1. 地球形成

根据相关理论假说，宇宙起源于一次大爆炸(Big Bang)，从一个超热、超高密度并聚集了宇宙全部能量的点，以突然爆发的形式以光速向宇宙空间扩张。最近认为，这次大爆炸发生在距今 137 亿年，随后这一过程一直持续着，宇宙也在不断扩张。

大爆炸产生的星云中主要含有氢和氦两种元素。以这两种元素为基础，通过一系列核聚变和裂变过程，形成了 92 种天然元素。科学界推测，在核聚变和裂变过程中，还可能短暂出现过其他元素，如锝(Tc)、钷(Pm)、镎(Np)、钚(Pu)、锔(Cm)甚至镅(Am)等目前自然界不存在的“人工元素”。

太阳系形成较晚，其年龄大约相当于宇宙的 1/3。大爆炸产生的星云中的气体先聚集成一个旋转球。旋转过程中，在引力和离心力共同作用下，形成了一个盘状结构(图 2 - 1)。中间的球体随着密度的不断增加，在气体压缩下温度升高，最终演化为一个巨高密度和温度高达百

万摄氏度的原恒星(Protostar)。在太阳系,原恒星最终成为太阳。

距今45.4亿年前,某个环绕太阳的天体通过不断地从与其交叉的轨道上捕获其他星际尘埃而增生,最终形成地球。在地球形成很短时间内(约 1 000 万年),一个大小与火星相近的天体撞击地球,导致约占地球1/10质量的物质与地球分离,形成月球和地-月系统。地球在遭受天体碰撞、产生月球的同时,其自转轴也由原来的垂直于行星公转轨道,改变为20°的倾斜。这一事件对地球自身的影响是:月球成为地球最大的潮汐引力场和地球上的气候形成了季节性变化。

图 2-1　模拟的盘状星云图

资料来源　威基百科网站(http://en.wikipedia.org/wiki/History_of_the_Earth)

2. 地球环境的变化

在近46亿年的地质历史中(图2-2),地球环境不断发生变化。虽然人类无法完全再现地球环境的演化历史,但通过地层学、古生物学和地磁学等研究方法,人们还是追踪到了环境变化的轮廓。

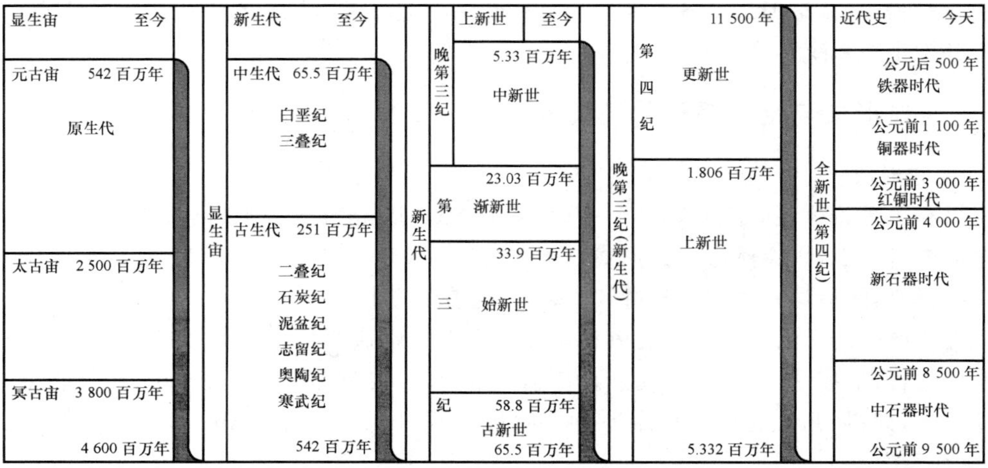

图 2-2　地质年代简图

资料来源:威基百科网站(http://en.wikipedia.org/wiki/geological_time_scale)

(1)岩石圈形成　生命出现之前的地球是无机自然环境的冥古宙，距今 46 亿～38 亿年前。目前地球上尚存的冥古宙时期的地质证据非常少。只是发现部分有 40 亿年历史的最古老岩石，以及某些岩石中有 44 亿年历史的零星锆石。因而，岩石圈的形成过程更多地是推测的。

原始地壳以及原始水圈、大气圈均在地球上生命出现之前形成。原始地球在捕捉邻近的天体物质不断增生的过程中，由地球重力引起的向心力导致物质向地球中心聚集，并压缩产生热量。处于熔融状态的铁等比重较大的元素不断向地球中心富集，导致地球物质发生分异，形成富铁的地核，上部较轻的物质形成地幔，表层冷却形成地壳。储存在地球内部由压缩和结晶等作用产生的热量，成为地球内部能量的一个重要来源。地核外核结晶过程释放的能量，向地幔传递，驱动了外核的对流并导致地球磁场的形成。此时，强烈的岩浆活动和频繁的天体撞击，使得原始地壳不断地形成和被破坏，因而，这一时期的岩石证据很少。

地球上的圈层形成后，外部撞击和内部的地壳运动，不断对地球环境进行改造。其中一系列重大变化发生在距今 20 亿年前后。首先大陆壳不断增生、固化，形成了刚性的板块，即现代意义的板块运动出现。

自诞生以来，地球内部一直进行着各种运动，包括海底扩张、大陆漂移、火山爆发等地球内部能量驱动的地壳运动。海底扩张和大陆漂移影响到地球的海陆分布，如在地球历史上曾经出现过几次联合超级大陆，又称联合古陆(专栏 2 - 1)。

专栏 2 - 1　联合古陆

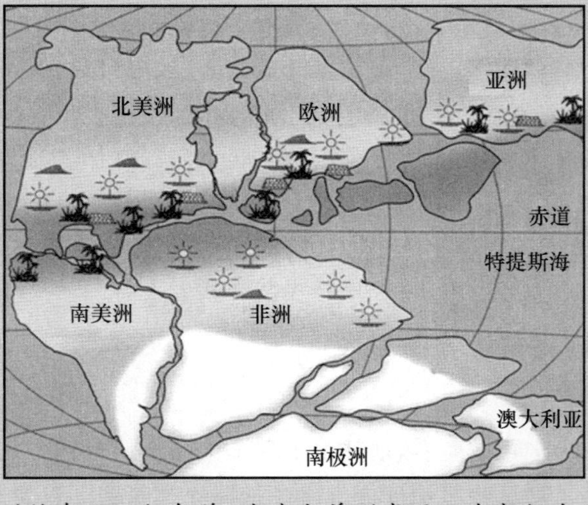

地质学家推测约在 2.5 亿年前，地球上曾形成了一个超级大陆，称之为联合古陆(Pangaea)或泛大陆。南极及其附近地方为冰原，赤道两边为热带地区分布着大量的沼泽地，两者之间的地带为沙漠。环绕这个大陆的海洋称为泛大洋或古太平洋(Panthalassa)。据认为，在这之前直到 20 亿年前，地球上曾出现过 3 次这种类型的大陆。联合古陆的形成和解体，是在板块运动的作用下大陆漂移的结果，大约 5 亿年 1 个周期。

自距今 6 500 万年开始，地球进入现代自然地理环境时期，其特征为海陆分布和大地格局的现代化和多样化。现代洋底的一半是这一时期形成的，大西洋和印度洋盆地宽度增大，太平洋宽度缩小；非洲、印度和欧亚板块碰撞，阿尔卑斯、喜马拉雅山和太平洋东岸山脉强烈隆起，陆地表面高低起伏加大。发生在新生代的上述地壳运动，对现代地球环境产生了巨大影响，包括区域性气候改变、生态环境的分隔以及气候和植被垂直地带性的出现。

在陆地表面发生变化的同时，板块运动造成的海底扩张引起海底地貌形态变化、从而引起大洋环流形式改变

(2)大气圈形成　地球内部气体的逸出形成了原始的大气圈。原始大气中的主要组分是 H_2、CO 和 CH_4，为第一代大气。现代大气中的惰性气体，可能是原始大气的残留物质。最晚在地球形成 1 亿年之后，就开始第二代大气的形成过程。在地球的排气作用下，与 CO_2、H_2O 和 N_2 等现代火山喷发物的成分接近的气体组分，从地幔释放进入大气。至少在 40 亿年前，大气圈已经富含 CO_2 和 H_2O，因而地球上开始产生降水、温室效应等现象。第三代大气的形成是以光合生物出现之后，由还原性大气逐渐过渡到氧化性大气。大气中所增加的氧主要来源于光合生物，少部分来源于大气中水的光解。在距今 25 亿年前之后，具有光合作用的原核生物蓝细菌(蓝绿藻)大量繁殖，开始释放氧。在距今 23 亿～24 亿年前，大气性质发生了显著变化，开始具有弱氧化的性质。在距今 18 亿年前，大气中氧进一步增加，从而出现了具有氧化性质的第三代大气。直到距今 7 亿年前，大气中氧的浓度约为现代的氧分压的 10%，二氧化碳分压是现代的 10 倍。在距今 4 亿～2.25 亿年前，更多的光合生物出现使得大气中自由氧含量继续大量增加，并形成了臭氧层。在这之后，全球气候也开始出现冷暖交替的旋回性变化。

(3)水圈形成　水汽凝结形成水体，因而海洋的出现可能与大气圈同时形成，演化过程同步。水主要来源于水汽的凝结，少部分来源于彗星的撞击。最初的海洋呈还原性质，只有到后来的距今 24 亿～20 亿年前的“成铁时期”之后，光合生物出现、大气中的氧显著增加后，海水中才出现自由氧。氧被海洋的 Fe^{2+} 吸收后，形成 Fe_2O_3，即开始了地球的成铁时期。当时太阳辐射比现代低 20%～30%，温度可能在冰点以下。

此后，由于地质构造运动和地球环境的气候周期性变化，海洋面积和冰雪圈的范围也在不断变化。现代的海陆分布格局形成于第三纪(距今 6 500 万年)以后。

二、地球生命的进化与生物圈形成

1. 生命进化过程

一般认为，在距今 38 亿年前左右，地球上出现了生命。但直到 4 亿年前，生命一直主要在海洋生存。因而地质学又把这一时期称为古海洋自然环境时期。古海洋自然环境时期又分 3 个时期：无生命系统向有生命系统的转变时期(距今 38 亿～20 亿年前)、生命可栖息环境的形成(距今 20 亿～6 亿年前)、海洋生命的繁盛(距今 6 亿～4 亿年前)。在这一时期之前，为生命的化学进化阶段(距今 40 亿～38 亿年前)，无机物在强紫外光、黏土矿物或硫化铁等催化作用下形成了有机物，为生命的出现提供了物质基础。

细胞进化阶段发生在距今 38 亿～7 亿年前。最早出现的生命是以硫化物作为电子供体的光合原核生物，后来出现了蓝细菌(蓝绿藻)。其间，真核生物(原生动物)起源于距今 20 亿～19 亿年前。从距今 7 亿年前开始，地球进入多细胞复杂生命进化阶段。完全依靠氧生

活的好气性微生物，在距今 17 亿～15 亿年前开始广泛分布。

在多细胞复杂生命进化阶段（距今 7 亿～2.25 亿年前），先后出现了多细胞软体动物、无脊椎动物（距今 5.7 亿～5.4 亿年前）、维管植物（距今 4.3 亿年前）、海洋脊椎动物（距今 4 亿年前）、陆地脊椎动物（距今 3.5 亿～3 亿年前）。在距今 4 亿～2.25 亿年前之间，生物界出现了无脊椎动物、脊椎动物和植物三足鼎立的局面。此后有被子植物和哺乳动物（距今 2 亿～1.4 亿年前）。

生命由海洋向陆地发展也发生在这一时期。4 亿年前，首先出现陆地植物；3 亿年前出现昆虫。随后爬行动物和两栖动物登上陆地。陆地面积扩大海洋面积缩小促进了陆地生命的发展。

距今 2.25 亿～0.65 亿年前之间的开始阶段，裸子植物迅速繁殖，成为主导植物。联合古陆在此阶段的初期发展到顶峰，随后开始解体。在这一时期的后期被子植物取代裸子植物逐渐发展为主导植物，并在白垩纪晚期占到了 90%；昆虫繁盛，鸟类和哺乳类动物相继出现；脊椎动物中的爬行动物取代两栖类动物，并达到了极盛。此时物种多样性极为丰富。

现代生命的出现从距今 6 500 万年前开始。在第三纪中期被子植物从湿热的热带环境扩展到寒冷的极区；哺乳动物迅速发展，灵长目等高等动物出现。人类的祖先在距今 200 万年左右出现。

2. 生命大爆发与生物灭绝

生物进化往往以生命大爆发的方式出现，如寒武纪的生命大爆发。在距今 6 亿年前，出现了寒武纪生命大爆发，在几百万年的时间内，在海洋中出现了大量的无脊椎动物，包括各种节肢动物、软体动物、腕足动物和环节动物等绝大多数无脊椎动物门。此后，地球上的植物还出现了三次繁殖高峰：距今 3.6 亿～2.5 亿年前石炭 - 二叠纪的蕨类植物；距今 2 亿～0.65 亿年的侏罗 - 白垩纪的裸子植物，以及距今 0.65 亿年前开始的早第三纪的种子植物大繁殖时期等。

地球生命演变过程中还伴随着许多生命大灭绝事件。距今 7 亿年前以来，地球上的生命出现了 7 次重大灭绝事件，分别出现在震旦纪、寒武纪末期、奥陶纪末期、泥盆纪末期、二叠纪 -三叠纪之交、三叠纪末期和白垩纪末期。其中，距今约 2.5 亿年的二叠纪末期，地球上发生了历史上最严重的一次生物大灭绝，导致超过 95%的地球生物灭绝。6 500 万年前的白垩纪末期发生的生物大灭绝，损失了至少 1/3 的物种。据认为，这是地球上第二大的生命大灭绝事件，导致了恐龙时代的终结。

导致生命灭绝的主要因素是大冰期、大规模火山活动或者天体的大范围撞击事件的发生等。据认为，震旦纪和奥陶纪末的大冰期，是导致生物灭绝的主要因素。二叠纪末的生物大灭绝是由大规模火山爆发引起的，白垩纪的恐龙大灭绝就与小行星撞击地球和大规模火山活动有关。

3. 生态系统演化

生态系统首先在海洋形成。距今 6 亿年前，在海洋形成了植物 - 食草动物 - 食肉动物的食物链结构。从距今 4 亿年前古生代开始，生物向陆地扩展。高等植物出现后，植物发生地理分区现象，如热带、亚热带植物地理区，温带地理区系，湿凉气候环境下的冈瓦纳植物区系等。可是，由于气候地带分异小，植物地带类型相对简单。

此后直到新生代（距今 6 500 万年前）开始，伴随着一系列的板块运动、造山运动、高原隆起和大洋环流改变等，全球气候的变暖、变干，极地出现冰盖，赤道和极地间温度梯度增大。气候带的复杂多样性，导致生物多样性增强和各类生态系统的产生。植被除了水平地带性地理分区，还出现垂直地带性分布。

4. 生命活动对地球环境的影响

生命出现以后，对地球环境产生了很大影响。首先光合生物的出现，使得大气环境由还原性转化为氧化性，并出现了能够保护地球生命的臭氧层。其次，生命活动还影响着地球上的物质循环，使得地球的物理和化学环境更适宜生物生长、繁殖。特别是陆地生命发展以后，将地球的风化壳，演化为具有肥力和生产力的土壤。现代大气圈的成分与土壤圈的形成是地球生物与环境之间相互作用的结果，这也是盖亚学说的基本内容(专栏 2-2)。

专栏 2-2　盖亚(Gaia)学说

Gaia，希腊神话中的大地之神、众神之母。盖亚学说由英国气象学家詹姆斯·洛夫洛克(James Lovelock)于 20 世纪 60 年代在美国宇航局(NASA)提出。他认为，地球上生命体和非生命体物质构成了一个互相作用的复杂系统。整个地球是一个生命体，森林是毛发，河流是血脉，肌肉则为土地。地球生命的自我调节作用，使得其气候和生物地球化学环境适合于生物的生存。其基本含义包括以下几点。

①地球上的各种生物有效地调节着大气的温度和化学成分。

②地球上的各种生物体影响其生存环境，而环境又反过来影响着生物进化过程，两者共同进化。

③各种生物与自然界之间主要由负反馈环连接，从而保持地球生态的稳定状态。

④大气能保持在稳定状态不仅取决于生物圈，而且在一定意义上是为了生物圈。

⑤各种生物调节其生存的物质环境是为了创造各类生物优化的生存条件。

三、自然资源的发育与形成

在地球环境演化的同时，各种自然资源逐渐形成。例如，生物资源、水资源、气候资源、土地资源和矿产资源等。其中水资源是地球固有的，只是空间分布在不断变化，生物资源来源于生命的形成、进化及其与环境相互作用形成的生态系统；气候资源是生物与地球环境相互作用的结果。

1. 土壤圈的形成

具有生产力的土地，则是随着土壤的发育而逐渐形成的。土壤是母质、气候、生物、地形、时间 5 大成土因素综合作用下的产物，是经由岩石风化过程和生物因素主导作用下的成土过程所形成的。并在地球陆地表面逐渐形成了一个连续的、具有肥力的疏松物质表层—土壤圈。虽然地球上大规模的有机质积累发生在 5 亿年前的寒武纪，但陆地表面最原始的土壤形成，则可能始于陆地上出现藻类、苔藓等具有光合作用的植物以及光合细菌与真菌的共生体—地衣之后，这大约发生在 3.9 亿年前的泥盆纪初期。以后随着陆地植物的不断进化、演替和扩展，土壤形成的规模扩大和土层增厚。现在地球表面发现的古土壤，主要是第四纪形成的，只有少量是第三纪形成的。例如，分布于我国华北与西北地区的离石黄土，形成于第四纪更新世期；稍晚一点的马兰黄土形成于更新世晚期，也在华北地区有分布。这些古土壤作为典型风积沉积物，在更新统的地层中出现。而在山西发现的保德红土，则是第三纪形成的古土壤。更早的古土壤，基本上已经石化。

在现代的植被和气候条件下，形成表层15～20 cm厚的土层，至少需要几千年。在人的生命周期内，土壤是可循环利用但不可再生的资源。

2. 矿产资源的形成

矿产资源是地质构造运动、地球化学等过程引起的物质分异过程产生的，有明显的区域性特征。其中的金属和非金属矿产由构造成矿，变质成矿或者表生成矿等过程形成。尽管早期有石油的非生物源学说，但现在一般认为石油和煤等能源矿产是生物起源的，形成的最初原料是植物（包括藻类），天然气（煤矿瓦斯）则是石油和煤的伴生产物。它们被称为化石燃料（fossil fuel）。石油主要来源于浮游植物和藻类，煤来源于陆地植物残体厌氧分解形成的泥炭。上述物质经过地质过程的搬运、沉积，并在高温和高压下发生动力变质等作用，形成了化石能源。地质学的研究表明，聚煤时期主要在石炭、二叠、侏罗、白垩和第三纪系地层中，石油和天然气则集中于侏罗和白垩系地层中，这与全球植物的三次繁殖高峰有密切关系。

第二节　资源、环境与人类发展

一、人类社会发展阶段与资源利用

1. 人类进化的阶段

由灵长类哺乳动物进化形成的人类，发生在第三纪到第四纪的过渡时期，大约有200万年的历史。其进化过程经历了下述阶段。

（1）早期猿人阶段（200万～175万年前）　在东非坦桑尼亚出现的能人（*Homo hails*）可能是早期的直立猿人（*Homo erectus*）。

（2）晚期猿人阶段（100万年前）　直立猿人从非洲迁移扩散到中国、爪哇等地，最著名的代表是北京猿人和爪哇猿人。早期人类迁徙的活动，是寻找食物资源的生存需要。在以采集野果为主要生存手段的原始人类，需要更大的土地面积去满足种群数量增长的要求。

（3）早期智人阶段（50万年前）　智人（*Homo sapiens*）在非洲出现并迁移到欧洲。

（4）晚期智人（新人）阶段（25万～35 000年前）　现代人（*Homo sapiens*）在非洲南部出现。大约5万年前，现代人类在中东地区有分布；到35 000年前，到达欧洲出现克罗麦昂人（Cro-Magnon）。

（5）更新世晚期（3万～2万年前）　现代人类通过白令陆桥进入北美洲并向南迁移。进入全新世后，现代人的分布到除南极洲以外的各个大陆，并且成为唯一生存至今的人科动物（*Hominids*）。

人类起源于非洲的观点得到了普遍赞同，而且利用现代生物技术进行的人类遗传学分析，支持这一观点。但是，迁移到其他地方的晚期直立猿人与当地现代人之间是否存在联系，需要更多的地质和考古证据支持。

2. 人类与资源的开发利用

资源可得性与人类的关系十分密切，资源的开发利用促进了人类社会发展。人类社会发展水平又决定了人类从环境中索取的资源种类、数量和范围。原始社会时期，人类利用的资源是用简单旧石器工具获取的野生动植物。以后，随着农牧业的兴起和引水灌溉，土地和水才成为资源。自然资源的种类、范围和价值，均随着人类社会的发展而不断增加(表2-1)。工业革命之后，随着经济技术水平的提高，资源得到了广泛地开发和全面地利用。

表2-1 人类社会发展的不同阶段对资源的利用状况

年代	资源利用阶段	资源利用的特征
旧石器时代(始于距今250万年前)	原始人类采集和狩猎	以采集和狩猎方式获取动植物资源用于食物。
新石器时代晚期(距今1.5万年左右)	栽培和驯化动植物	捕猎动物，进行驯化和饲养，靠天养畜；选择适应性较强的植物进行种植，土地的利用方式为撂荒式耕种
青铜、铁器时代(奴隶社会)	全面开发利用农业自然资源	农、林、牧、副、渔业资源的全面开发，兴修水利工程，发展灌溉技术；开始植树，发展种植园；开发森林资源，用于建筑；土地利用方式为农田基本固定，轮歇耕种方式；畜牧业已成规模
奴隶社会到封建社会的过渡时期	资源深入开发和传统农业奠基	铁农具和畜力应用；大型水利工程(如都江堰和郑国渠等)出现；多粪肥田、精耕细作和轮作制的出现；保护资源意识的萌发，初步产生农业生产要因地制宜、合理布局的思想
封建社会时期	传统农业的发展，资源利用的深入	大规模屯垦和大范围水利工程建设；耕作制度的完善，包括干旱条件下的耕作栽培技术和轮作复种技术的采用；作物和家畜优良品种的引进；多种土地利用方式如圩田、梯田、涂田、架田、沙田等出现；稻麦两熟制等多熟制的采用，连作、间作与套种的推广，土地利用率提高，面积继续扩大；种植油料和纤维植物
工业革命以后	现代农业的发展，从掠夺性资源经营到协调发展的探索	小农经济的手工方式向近代科学技术应用的方式过渡，经验农学向实验农学的过渡，小商品生产到大商品生产的过渡；农业自然资源开发的速度加快，以高度集中、高度专业化、高劳动生产率为重要标志的集约化农业(石油农业)的出现；资源的滥用与破坏，资源状况的恶化，生态平衡的破坏；开始对资源持续利用、生产持续发展和人与自然协调道路的探索

地球上人类的出现和人类社会的发展，通过人类对资源的开发和利用的范围和深度的不断加强，逐渐对自然界产生了深刻影响。在这种影响下，几十亿年来一直是自发演变的自然界，开始进入“自为”发展的新阶段。由于原始人类社会受各种条件限制，人口数量长期处于一个很低的水平上，人类利用资源的数量较少，种类有限，对生存环境的影响也很小。例如，原始社会时期人类利用的资源只是用简单旧石器工具获取的野生动植物。随着农牧业的兴起和引水灌溉，土地和水才成为资源，由于土地的开垦，使得人类对环境的影响增大。

二、现代人类社会对资源的依赖性

世界上任何一个国家或地区，社会经济的发展都离不开其自身所拥有的各种资源。从某种意义上说，人类社会发展史就是一部人类不断进步和逐步深化地开发利用资源的历史。尽管随着科学技术的发展，人类对资源的开发利用效率已有很大提高，但这绝非意味着对资源的依赖程度的降低；随着地球上人口的快速增加，未来对资源的数量和质量的需求必然也会提出更高的要求，我国也不例外。如土地资源的开发利用不仅保障了城乡建设用地的需求，更重要的是解决了占世界近 1/4 人口的粮食供给。矿产资源为我国的经济和发展提供了大部分的一次性能源、工业原材料和农业生产资料，保证了经济的发展和社会的稳定。

鉴于我国人口众多和资源人均占有量明显不足的特殊国情，我国的社会经济发展对资源的依赖程度，在今后相当长时间内仍会十分突出，而且会越来越大。

1. 资源是经济发展的基础

众所周知，土地、资本、劳动力是经济发展的“三个最为基本的要素”，离开了其中的任何一个，都不能进行经济活动，也就是说，土地、资本、劳动力都是经济发展的基础。在这 3 类资源中，资本和劳动力都是外在的属于社会经济资源，只有土地是物质资源，是最为基本的。离开了土地，人类就不能进行生产活动，无法生存，人也就不能存在。土地是一切财富的本源，离开土地的财富创造是不可能实现的。

2. 资源是农业发展的基础

农业生产是人类生存和发展的最基本活动形式。从原始人狩猎、采集野果、钻木取火，到现代社会的农作物栽培、饲养禽畜及渔业养殖等，都为人类的生存提供了必需的生活条件；而农业生产所依赖的物质基础，就是与农业有关的资源，如气候资源、土地资源、水资源、森林资源和草地资源等。随着社会的发展和生产水平的提高，农产品不断增多，于是人类社会不再满足于农产品的初级生产，而是运用当代社会所提供的技术和先进的机械，对初级产品进行再加工。这样，就产生了与农产品有关的相关产业，如食品工业、纺织工业和轻化工业等。由此可见，资源在农业生产发展中占有十分重要的地位。

(1)气候资源　它对农业生产最明显、最直接的影响是农作物的熟制，而农作物的熟制在很大程度上又表现在农作物复种指数的高低上。如我国北方气候较为寒冷，在东北只能一年一熟，处于南方的广西、广东等地可以一年三熟。1952—1990 年，全国农作物的复种指数平均提高了 24.2 个百分点，其中固然有农业科技进步的贡献，但我国相对优越的气候光热资源是其重要的基础条件。

(2)土地　它是其他任何生产资料所不能代替的基本生产资料。从农业生产角度来说，土地资源中的耕地尤为重要，它不仅是人类的“生命线”，而且所生产的各类农产品也是食品、轻纺等工业生产的重要原料。随着农产品深度加工和精细加工技术的不断改进，土地所生产的农产品在社会经济发展中的作用将越来越重要。

(3)水资源　它对于发展农业生产来说也是必不可少的条件。农业增产除采取增施肥料、改良品种等措施外，发展灌溉是重要途径之一。尤其在我国西北干旱和半干旱地区，水资源对于发展农业生产更有举足轻重的作用。

(4)物种资源　生物资源中的物种资源与农业生产的关系。考古资料证明，8 000～7 000 年前，我国就有了原始农业，人们将部分野生动、植物驯化成了家畜和农作物。距今 4 000 年前，原始农业已分布于全国各地，在河南新郑裴李岗、河北武安磁山、甘肃秦安大地湾等新石器时代的遗址中，都发现了猪、羊、犬、鸡等家畜的遗骸。在磁山遗址中，还发现了大量的粮食(粟)堆积，大地湾遗址中则发现了糜子和油菜籽。距今 6 000～5 000 年前，黄河流域的原始农业有了进一步发展，在西安半坡遗址中，出土的粮食作物有黍、粟、糜、大麻籽等。约在 7 000

年前，长江下游出现了水田农业，浙江的余姚河姆度遗址和桐乡罗家角遗址，都发现了距今7 000余年的稻谷及猪、水牛等家畜的遗骸。5 000～4 000年前，水田农业已扩展到了整个长江流域。在这里列举这些考古发现，目的并非说明我国农业的发展进程，而在于说明野生动、植物物种的驯化与我国农业生产发展的关系。可以清楚地看出，正是先人不断地将野生动、植物驯化，才使我国逐步脱离采集、狩猎阶段而过渡到原始农业和现代农业的。这也从一个侧面说明，生物物种资源的保护对发展农业生产的重要性。

3. 资源是城镇建设和工业发展的基础

(1)土地资源　城镇建设和工业发展与资源的关系也很密切。城镇建设的用地一般不仅要求比较平坦，有较大面积，而且要求有较好的土质和地基承载力。此外，还要求尽可能避开冲沟、滑坡、崩塌和地震等地质地貌灾害区域。对于工业生产而言，任何类型的工业生产活动都必须具备符合一定区位条件、特点及相应面积的土地作为其场所。

(2)水资源　它对于城镇建设和工业发展也是一个关键因素。世界上现有城镇绝大多数位于江河之畔。这除了考虑交通运输便利之外，主要是为了方便取得水源，同时也是出于方便城市排水和排污的考虑。工业企业对于水资源的依赖性也很大，钢铁、化工、冶炼、造纸、纺织等大耗水工业企业更是如此。

(3)矿产和能源资源　这种资源对于工矿企业的发展有直接的影响，无论是机械制造、金属冶炼，还是化工生产、轻纺电子，可以说任何工业门类都离不开矿产和能源资源。而且，随着社会生产力的发展，工业生产对矿产和能源资源的依赖程度将有增无减。目前，石油及金属和非金属等已成为工业化和现代化所不可缺少的重要物质。此外，矿产和能源资源的开发利用程度，在某种意义上也反映了我国工业化的进展程度。

(4)海洋资源　它在工业生产中的利用价值正在日益明显地表现出来。我国已从传统、单一的海水制盐发展到以海盐为原料的盐化工工业。而且，我国近海的丰富石油、天然气资源，也已成为我国经济发展的重要资源。此外，含有重金属、贵金属、稀土金属、放射性元素等的沿海滨海砂矿，对于我国工业发展来说也是具有重要价值的潜在资源。

4. 资源是社会发展的基础

(1)气候资源　无论是光照、热量还是降水，都是人类生存所不可缺少的。一年四季的气候(光照、热量还有降水等)变化，一日之内的阴晴风雨，都与人们的日常生活有关。大量的研究成果都表明，天气变化与人体健康和人的心情等也有密切关系。如我国人们冬季到南方避寒，夏季到北方或高山胜地避暑，这说明气候对人的生活的影响。此外，气候资源还通过影响农作物的生长发育间接地影响到人们的生活，如我国秦岭、淮河以南的水热条件较好，水稻是农作物中的大宗作物；而北方地区因热量条件较差，又缺少水分，因此，作物主要以麦类为主。我国广大地区人们的生活习惯也与这种气候情况相适应，所谓的“南方人爱吃大米，北方人爱吃面”的生活习惯是受气候资源影响的真实反映。

(2)土地资源　土地资源也与人们的日常生活息息相关，不仅为人们的生活和生产活动提供了场所和空间，而且因其为农作物的生长提供了基础，因而已成为人类生存和发展的必要条件。

(3)水资源　人们的日常生活包括各种日常洗涤都离不开水。此外，人们从水路出行或观光旅游也离不开江河湖海等水体。

(4)生物资源　自从远古以来，植物资源就已成为人类最基本的食物来源。当今十余种粮食植物，只是许多可食植物中的很少一部分。此外，无论是棉花、麻等植物纤维，还是动物皮毛，都与老百姓的日常生活有关。近年来，虽然人工合成纤维和人造皮毛的使用日益广泛，但仍未显著降低天然纤维和皮毛在人们日常生活中的地位。反之，随着人们生活水平的不断提高和加工技术的不断改进，动、植物产品及其副产品在人民日常生活中的地位正在变得越来越重要。

(5)矿产和能源资源　随着社会生产力的发展和人民生活水平的不断提高，人们对矿产和能源资源的需求程度正在日益增加。例如，人们日常生活所不可缺少的电和燃料，几乎全部来源于矿产和能源资源。用于居住和办公的各类建筑物也大多与矿产资源有直接或间接的关系，甚至连人们身上所佩戴的珠宝首饰也直接取自矿产资源，人们的衣食住行无不与矿产资源有联系。

(6)海洋资源　海洋和海水养殖所提供的丰富、高质量的蛋白质，正成为人们日益重要的营养来源，与人民日常生活的关系正变得越来越重要。同时，海水中的众多化学物质也正成为制造新一代药品的重要原料。此外，海滨沐浴、海洋娱乐(驶帆、钓鱼、潜水等)、水下观光等也已成为人民越来越喜爱的活动。从某种意义上说，广阔和丰富的海洋资源，将成为对未来社会发展和人民生存最有潜力的一种资源。

三、环境的服务功能及其价值

地球环境通过为人类提供各种服务来支持人类生命活动的需要。这种服务功能主要是指生态系统的服务功能。自然生态系统及其物种组成支撑人类的生命，满足人类的要求，包括生物多样性和“生态系统产物”的生产，诸如，各种食物、海产品、牧草、木材、生物质燃料、纤维、药材、工业原料等。同时生态系统又具有实际的生命支撑功能，如污染物降解和环境清洁、物质循环及更新等功能，以及许多无形的对人类的福利，如美感等。

生态系统服务功能除提供产品外，还有调节大气的组成、调节气候、缓解自然和人为的扰动作用、调节水分在时间和空间上的分布和持续供水能力、控制土壤侵蚀、参与土壤形成、促进养分物质的循环、分解和净化废弃物、控制有害生物、提供基因资源以及娱乐和文化功能等。

环境服务功能表明，环境对人类具有使用价值。正是基于环境对人类的这种使用价值，环境经济学(生态经济学)家开展了生态环境价值评估技术方面的工作，如参考生态服务系统“替代物”的市场价，为生态系统服务功能赋值。以此为基础，诞生了新的分支学科环境经济学，或称生态经济学。

另外，有些环境生态服务还具有显著的非使用价值，即环境不基于人类对它的使用而显示出的价值，如某一生态系统的存在和过程对其他生态系统的影响等。环境的总价值是其使用价值和非使用价值的总和。但是，对非使用价值的估算往往非常困难。

第三节　资源与环境问题的成因与污染效应

人类与资源与环境之间的矛盾可以说自人类诞生以来就有。随着人口数量的增加，供采集的食物不足；地球环境的周期性变化，某一时期的有些地方不再适合人类居住。原始人类为解决人与自然矛盾的主要途径就是迁徙，以寻找更多的食物和更适宜的环境。后来的工具的发明和火的利用，乃至后来的农耕文明，也主要是增加食物的来源。

在社会生产力水平较低的时期，人类社会与资源、环境矛盾的产生主要还是与地球环境的周期性变化有关。只有在工业革命之后，资源与环境问题才变得日益突出，以至于成为当今世界上人类面临的最重要的问题之一。当代的资源与环境问题主要是人类活动所造成的，包括人口的过度增长,人类对资源与环境利用不当,以及人类社会发展与自然不协调等。

一、人口增长与环境容量

1. 人口快速增长对资源与环境的压力

在人类影响环境的诸因素中,人口是最主要的、最根本的因素。从距今1万年开始至19世纪的工业革命时期,从原始农业到传统农业的大发展,人类和环境的关系基本上是和谐的。公元前5 000年,世界人口仅为2 000万人,公元元年时达到1.68亿人,中国人口在公元元年为5 959万人。随着生存条件的改善和生产水平的提高,世界人口增加开始逐渐加快,1650年达5亿人,再到1850年的11.7亿人,中国人口在1840年为4.128亿人。但是在当时的生产条件下,人类对自然环境并没有形成多大的压力。工业革命之后,生产力的解放导致人口增加速度明显加快。1930年,世界人口比1850年翻了一番,达到20亿人。1950年世界人口为25.13亿人,1987年7月11日为世界50亿人口日,1999年10月12日为60亿人口日。1930年后的70年内,世界人口进一步增加到60亿人。2008年为67亿人。1949年中国人口为5.417亿人,1995年2月15日为中国12亿人口日,2008年中国人口达13.247亿人,人口密度为$138/km^2$,是世界人口平均密度的3倍多。到2050年,中国人口将增加到14.370亿人。人口的高速增长,激化了人与自然的矛盾。据预测,到2050年世界人口将增加到90亿人,21世纪末世界人口将达100亿人,在一个很长的时期内,这一矛盾将更为突出。

当今世界人口和资源与环境矛盾之所以成为最突出问题,主要是地球上资源和环境对人口的承载能力有限。地球环境对人口的承载能力,又称人口环境容量,是指一定的生态环境条件下地球对人口的最大抚养能力(负荷能力)。地球环境对人口的容纳能力取决于地球上陆地面积的大小,地球上可供食用的植物初级产品(光合产物)的数量及转化效率,自然资源尤其是不可更新资源的可给性,以及人类对一定的生活水平和环境质量的维持。因而,地球环境的人口承载能力,应当是指在维持一定生活水平和环境质量条件下,所能供养的最高人口数,而不是仅维持生存水平的生物学最高人口数。世界人口生态学界将世界人口容量定义为:在不损害生物圈或不耗尽可合理利用的不可更新资源的条件下,世界资源在长期稳定状态下所能供养的人口数量的大小。

由此可见,人口容量应以不破坏生态环境的平衡与稳定,并保证资源的可持续利用为前提。根据这一观点,全球人口特别是中国人口的数量,或许已经超过了适宜的人口数量范围。随着科技进步,资源的可给性提高,人口容量有可能增加。但是,地球耕地资源的有限性,决定了能够承载的人口数量是有限度的。

从生态学角度分析,地球上植物的总初级生产力按能量计算每年为2.77×10^{21} J,维持正常生存每人每年需能量3.68×10^{9} J。因为地球上除人类外还有众多的动物要从植物中获得能量,并且人们亦不能以所有植物为食物,综合考虑估计人类只能获得植物总初级生产力的1%,适宜养活80亿左右的地球人口。许多学者从不同学科出发,依据不同资料估计,地球陆地表面(不包括海洋),可以养活的人口在70亿~150亿之间。无论如何估计,地球自然资源对人口的供养是有限的。

综合考虑人类对资源的利用和占有及其对生态环境的影响等因素,生态经济学家利用生态足迹的理论计算,地球上已经人满为患(专栏2-3)。

(1)人口、粮食与耕地　随着人口的不断增加,人类对粮食的需求量日益增长。现在世界粮食增长已赶不上人口增长的速度，每年短缺1亿t粮食和0.5亿t蛋白质。世界上已有一些国家的人民处于饥饿和营养不良状态。造成粮食短缺的原因，一是世界上可耕地面积有限，而且分布不均，可开垦的耕地已经很少。二是由于工业、城市和交通等占地不断增加，现有耕地不断缩小。三是连续耕种和水土流失使耕地越来越瘠薄。20世纪50年代我国人均耕地为0.18 hm^2，每公顷耕地平均养活5.5人，现在每公顷耕地平均要养11人。

专栏2-3　生态足迹

生态足迹也称“生态占用”。是指特定数量人群按照某一种生活方式所消费的、自然生态系统提供的各种商品和服务功能，以及在这一过程中所产生的废弃物需要环境（生态系统）吸纳，并以生物生产性土地（或水域）面积来表示的一种可操作的定量方法。

人们消费的资源以及排出的各种废弃物中的大部分，都可以转换成可提供这些功能的生物生产性土地。经过生态足迹的计算，人们可以清楚地了解某个国家或地区使用了多少自然资源，比较生态足迹需求与自然生态系统的承载力（亦称生态足迹供给），就可以定量的判断某一国家或地区目前可持续发展的状态。这种比较是对未来人类生存和社会经济发展做出科学规划和建议的重要基础。

马希斯·威克那格（Wackernagel）等曾对世界上52个国家和地区1997年的生态足迹进行了实证计算，研究表明全球平均人均生态足迹为2.8 hm^2，而可利用生物生产土地面积仅为2 hm^2，全球人均生态赤字0.8 hm^2。在计算的52个国家和地区中35个国家和地区存在生态赤字，只有12个国家和地区的人均生态足迹低于全球人均生态承载力。中国1997年的人均生态足迹为1.2 hm^2，而其人均生态承载力仅为0.8 hm^2，人均生态赤字为0.4 hm^2。因此，从全球范围而言，人类的生态足迹已超过了全球生态承载力的35%，人类现今的消费量已超出自然系统的再生产能力，即人类正在耗尽全球的自然资产存量。

（2）人口、能源与资源　随着人口数量增加和人们生活水平提高，世界能源的消耗速度迅速增长，世界能源生产增长率远远大于人口的增长率。目前世界上消耗最多的能源是石油、煤炭等化石能源。这样一方面可能导致现有能源在短期内枯竭，另一方面又使大气环境污染急剧加重，并带来酸雨、温室效应引起大气变暖等一系列新的环境问题。在工业经济时代，矿产资源的开发利用保证了世界经济的长期发展，进入21世纪的知识经济时代，主要依赖科学技术的进步，经济的发展着眼于富有资源，但矿产资源仍然是世界经济发展的重要基础。在人口增长和经济增长的压力下，全世界矿产资源开采加工已达到非常庞大的规模，矿产资源消耗空前增长的过程中，人类开始面临严重的资源危机，矿产资源的大量开采利用又对生态环境产生了很大的有害影响。例如，随着人口增长和人均消耗量增加，主要矿种铁、铅、铜矿产总消耗量也急剧增加。从我国经济发展趋势来看，人均矿产资源的消耗量还将有相当程度的增长，庞大的人口数量对矿产资源的需求压力潜伏着资源和生态危机。

二、人类活动对地球环境的影响及其机制

200万年以前地球上诞生了人类以来，对地球环境影响逐渐加速。在一个很长的时期内，

人类活动及其影响还是多局限在较小的区域或一个国家内。但随着人类社会经济的发展，特别是国际贸易的开展，这种局限被冲破了。现代人类的活动及其影响在经济全球化等因素的驱动下，扩展到了很大区域甚至全球范围。今天人类创造着前所未有的文明，同时又带来了一系列的环境问题。人类与环境的关系主要是通过人类的生产和消费活动而表现出来的。人类的生产和消费活动也就是人类与环境之间的物质、能量和信息的交换活动。人类通过生产活动从环境中以资源的形式获得物质、能量和信息，通过生产消费与生活消费活动再以“三废”的形式排向环境。因此，无论是人类的生产活动，还是消费活动无不影响环境，其影响的性质、深度和规模则是随着环境条件的不同而不同，随着人类社会的发展而发展。

自然环境是人类赖以生存的物质条件之一。自然环境是按照自己固有的规律发生和发展的。自然环境的客观属性和人类的主观要求之间，自然环境的客观发展过程和人类有目的的活动之间，不可避免地存在矛盾。因而，自然环境不仅是被利用的对象，而且也成为被改造的对象。自然环境正是在人类有目的、有计划地利用和改造过程中，才逐渐转变为更适合于人类活动的生存环境，而新的生存环境又反作用于人类。在不断发展过程中，人类在改造客观世界的同时，也改造着人类自己本身。人类一直经历着“适应环境—改造环境—环境反作用于人类”这样一个循环渐进的过程，人类今天生存的环境也越来越区别于原始的自然环境。从这种意义上讲，人类及其生存环境，正是在劳动和自然环境共同作用下发生和发展起来的。所以，现代人类生存的环境既不是由单纯的自然因素，也不是由单纯的社会因素构成的，而是在自然背景的基础上，经过人的改造和加工，自然的反作用和衍变形成的，它凝聚着自然和社会因素的交互作用，体现着人类利用和改造自然的性质和水平，影响着人类的生产和生活，关系着人类的生存和健康。人类具有改造人类环境的能力，可是如果利用不当的话，也有毁灭人类环境的可能。人类要在自己继承的地球环境内生存下去，就必须了解人类环境的运动变化规律，自觉保护生命维持系统，促进人类环境向前演进，而不是向后退化。只有这样，人类才能生存得更美好。

当今世界人口在继续增长，人们极力追求物质生活水平和精神文明程度的不断提高，科学技术的发展日新月异，人类的生产规模、生产方式正在发生深刻变化，人类改变环境的能力已大大加强，不仅能改变局部的环境，而且也在改变整个地球的状况。新世纪的到来，人类随之进入知识经济时代。即使如此，人类在看得见的将来仍然只能依赖和依托人类环境生产、生活和生存，人类必须充分认识人类环境问题，以人类社会与自然环境和谐发展为目标，以经济、社会和环境之间协调为发展途径。

1. 人类开发利用自然的活动

人类的生存和发展离不开自然环境，在对自然资源的开发和利用过程中，严重地干扰了自然过程，引起了资源系统和环境系统的破坏。

(1)土地利用方式/土地覆被的改变　从农耕文明开始，人类开始了不断改变土地利用方式的活动。随着文明进程，这种改变范围增大、程度增加。从最初一直延伸到当今的毁林毁草开荒，是对土地利用方式改变影响最大的人类活动。其次是木材需求所导致的森林砍伐，是森林植被改变土地覆被的主要原因之一。再者是矿产资源的开发和水利工程建设，除了破坏了土地覆被外，还可能诱发崩塌、滑坡、泥石流等地质灾害的发生，矿产资源的开发引起地面沉降和地下水位下降，大型水库的建设可能诱发地震等。这些灾害性事件的发生，将在更大范围内改变土地利用方式。其他土地利用方式的人类活动还有工业开发、交通设施建设和城乡建筑物等。

(2)污染物排放　污染物的排放引起的生态破坏和人类健康问题是受到广泛关注的环境问题,特别是工业生产和生活过程向大气和水体排放污染物。近几年来,在总量控制的政策措施调控下,主要污染物的排放总量减少,但是我国污染物的排放在总体上仍然很高,绝对量极大(表2-2至表2-5)。城市和工业的点源污染物排放相对容易控制,但农村非点源污染,主要是养殖业的非点源污染,已经成为水体的主要污染源。大气污染和水体污染影响到了生态安全和人类健康,特别是大量的污染物进入土壤,直接或间接地影响人类健康和农业的可持续发展。

表2-2　1990年以来全国废气中主要污染物排放量　万t

年度	二氧化硫排放量			烟尘排放量			工业粉尘
	合计	工业	生活	合计	工业	生活	排放量
1990	1 495	—	—	1 324	—	—	781
1995	—	1 396	—	—	845	—	630
2000	1 995.1	1 612.5	382.6	1 165.4	953.3	212.1	1 092
2001	1 947.8	1 566.6	381.2	1 069.8	851.9	217.9	990.6
2002	1 926.6	1 562	364.6	1 012.7	804.2	208.5	941
2003	2 158.7	1 791.4	367.3	1 048.7	846.2	202.5	1 021
2004	2 254.9	1 891.4	363.5	1 095	886.5	208.5	904.8
2005	2 549.3	2 168.4	380.9	1 182.5	948.9	233.6	911.2
2006	2 588.8	2 237.6	351.2	1 078.4	854.8	223.6	807.5
2007	2 468.1	2 140.0	328.1	986.3	770.8	215.5	699.0
2008	2 321.2	1 991.3	329.9	901.6	670.7	230.9	584.9
2009	2 214.4	1 866.1	348.3	847.2	603.9	243.3	523.6

资料来源:历年中国环境质量状况公报.

表2-3　近年来各类直排入海的污染源排放量

年度	废水量/亿t	化学需氧量/万t	石油类/t	氨氮/t	总磷/t	汞/t	六价铬/t	铅/t	镉/t
2007	41.59	41.49	2 842	50 560	4 812.8	0.23	27.13	14.50	2.24
2008	45.65	31.29	1 864	41 531	4 213	0.25	0.31	2.7	0.16
2009	47.60	27.25	1 412	32 757	3 608	0.331 4	1.26	2.39	2.36

资料来源:历年中国环境质量状况公报.

此外,污染物排放不仅包括对生态系统和人类健康有直接影响的污染物质,还有那些通过影响地球系统而间接影响人类生存环境的,如温室气体和破坏臭氧物质的排放。

(3)生态系统中物质的投入　生态系统中最重要的物质投入是植物养分和农用化学药剂的施用。以商品化生产为重要标志的集约化农业,以收获物移走的形式从种植业生态系统中移出的大量养分,需要用施肥来补充。随着养殖业集约化程度的提高、城市化进程和农产品贸易的国际化趋势等因素,能够收集并归还到种植业体系的这部分被移出养分的比例越来越低,因而也更多地需要依靠制造和施用化学肥料来补充。目前,我国化学肥料为农作物提供的养分量占到养分总投入量的3/4以上。另外,集约化养殖系统也是农业生态系统中养分损失的重要途径和环境污染途径。

表2-4 1990年以来全国废水和主要污染物排放量

年度	废水排放量/亿 t			COD排放量/万 t			氨氮排放量/万 t		
	合计	工业	生活	合计	工业	生活	合计	工业	生活
1990	354	249	105		708				
1995	356.2	222.5	133.7		770				
2000	415.2	194.2	220.9	1 445	704.5	740.5			
2001	433	202.6	230.3	1 404.8	607.5	797.3	125.2	41.3	83.9
2002	439.5	207.2	232.3	1 366.9	584	782.9	128.8	42.1	86.7
2003	460	212.4	247.6	1 333.6	511.9	821.7	129.7	40.4	89.3
2004	482.4	221.1	261.3	1 339.2	509.7	829.5	133	42.2	90.8
2005	524.5	243.1	281.4	1 414.2	554.8	859.4	149.8	52.5	97.3
2006	537.0	239.5	297.5	1 428.2	542.3	885.9	141.3	42.1	99.2
2007	556.7	246.5	310.2	1 381.8	511.1	870.8	132.3	34.0	98.3
2008	572.0	241.9	330.1	1 320.7	457.6	863.1	127.0	29.7	97.3
2009	589.2	234.4	354.8	1 277.5	439.7	837.8	122.6	27.3	95.3

资料来源:历年中国环境质量状况公报.

表2-5 全国工业固体废物产生及处理情况 万 t

年度	产生量		排放量		综合利用量		贮存量		处置量	
	合计	危险废物	合计	危险废物	合计	危险废物	合计	危险废物	合计	危险废物
1990	58 000				17 000		648 000		37 000	
1995	65 000				28 600		664 100		14 300	
2000	81 608	830	3 186	2.6	34 751	408	28 921	276	9 152	179
2001	88 746	952	2 894	2.1	47 290	442	30 183	307	14 491	229
2002	94 509	1 000	2 635	1.7	50 061	392	30 040	383	16 618	242
2003	100 428	1 171	1 941		56 040	425	27 667	423	17 751	375
2004	120 000	963.0	1 792.0		68 000					
2005	134 000		1 654.7		77 000					
2006	152 000		1 303		92 600					
2007	175 767	1 079	1 197	0.074	110 407	650	24 153	154	41 355	346
2008	190 127	1 357.0	782		123 482	819	21 883	196	48 291	389
2009	204 094.2	1 429.8			138 348.6	830.7	20 888.6	218.9	47 513.7	428.2

资料来源:历年中国环境质量状况公报.

此外,种植业和养殖业的集约化还导致更多的化学物质引入生态系统。为了提高动植物生产效率和防治各种病害，各类农用化学药剂，包括动植物生长调节性物质使用频繁，抗生素甚至重金属等物质被加入到饲料中，最终进入生态系统。虽然是否在畜禽饲料中添加激素类物质是一个多年来争论的问题，但是，随着食品安全问题的关注，全球范围内饲料中激素类物质的添加和使用受到了许多控制，由于利益驱动，我国这方面的问题还时有发生。

养分物质和农用化学药剂的人为投入虽然主要发生在农业生态系统，但其通过挥发、淋失等途径进入水体和大气，并通过长距离迁移以及沉淀和沉降过程，食物链的富集与转移，影响到全球生态系统，包括陆地生态系统、水生生态系统和人类生态系统。

2. 受人类干扰与改变的地球过程

人类活动对地球资源和环境系统改变的作用是通过影响地球过程来实现的。这些影响有直接干扰和影响，也有通过对生态系统过程的干扰，间接地影响着地球的资源和环境系统。

(1)水循环与水资源平衡过程　水利工程建设、矿产资源开发等，直接干扰并改变了区域内水循环和水资源平衡。土壤覆被变化通过影响水分蒸发、蒸腾过程和改变水文过程，显著地影响局地水循环过程。其他间接的过程还有污染物和养分物质，通过影响生态系统的稳定性和种群演替特征对其有间接影响。

(2)岩石圈的物质循环过程　各种自然资源的开发活动均对物质侵蚀、搬运和沉积产生影响，特别是植被破坏、水利和矿产资源开发等活动。

(3)物理气候过程　温室气体的排放以及土地利用变化引起的土地覆被的变化(下垫面性质的变化)、水循环和水平衡的变化等均会在不同程度上影响气候过程。

(4)生物生长与发育过程及生态过程　其主要受水、养分有效性以及环境污染的影响。不同的生物由于对环境条件有不同的适应性要求，因而当水分、养分和土壤性质发生变化，污染物进入或水土流失等引起的土壤环境质量发生变化时，生态系统的种群特征，以及食物链和食物网结构将发生变化，甚至发生大范围种群演替和生态破坏。例如，大气酸沉降、氮沉降引起的土壤酸化和“氮饱和”导致的欧美大面积森林死亡等。土地利用方式改变引起的景观破碎化，也导致了生物多样性减少和生态系统结构改变。

(5)生物地球化学循环过程　人类活动对全球生态系统的影响，首先，是改变了碳、氮、磷等生命元素的生物地球化学循环过程，特别是碳、氮循环。生物地球化学过程将全球生态系统紧密联结在一起，一个生态系统的物质循环过程发生改变，将会影响到其他生态系统。以氮为例，种植业生态系统中氮投入量的增加，通过大气、植被、土壤和水体之间的交换过程，对全球碳和磷的生物地球化学循环产生影响(图 2-3)，进一步影响到全球生态系统的稳定性。氮投入的增加，促进了温室气体排放量，影响到全球气候；含氮化合物的沉降及其所带来的酸化效应，威胁着森林生态系统和海洋生态系统的稳定；氮氧化物对臭氧的破坏，给地球生物和人类带来了危害。

其次，进入生态系统的污染物质包括重金属和有机污染物，也参与了生物地球化学循环，植物、微生物和动物对污染物的吸收、转化、富集的作用，可能改变了污染物的形态、化学组成和性质，如有机污染物的降解和去毒作用，从而降低污染物的危害；也可能影响到食物链末端的生物，如持久性有机污染物。而污染物发生的生物地球化学的迁移和分散，则可能在更大的范围内产生影响，如重金属等。从地球化学角度研究生物活动与环境相互影响的科学是目前的研究热点之一，而且诞生了一个新的交叉学科——环境生物地球化学。

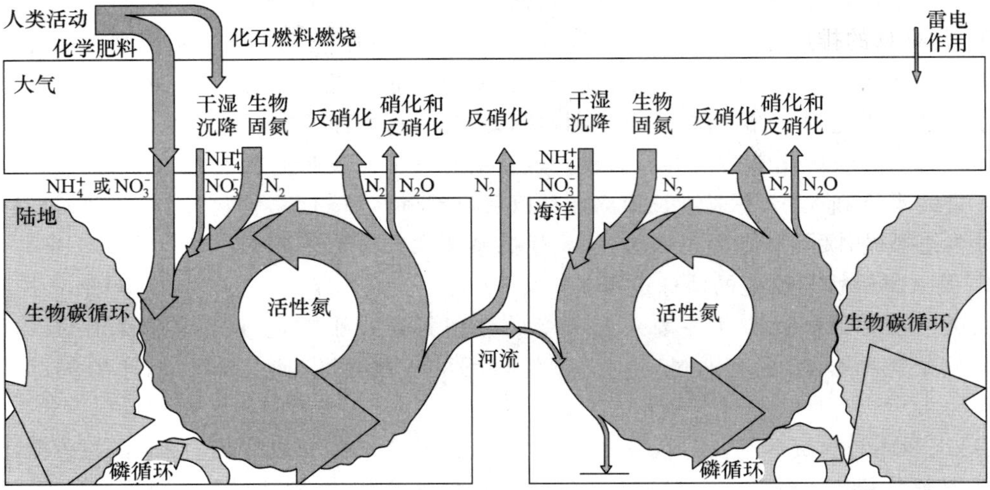

图 2-3 人类活动引起的氮循环量增加对其他生态系统地球化学循环的影响

资料来源：Gruber，Galloway. Nature，2008，471：294.

总之，人类利用和改造自然活动对地球的资源和环境系统进行了过多干扰：①破坏植被、减少了生物多样性并通过污染物的排放等活动，打破了生物圈原有的平衡，改变了生物圈的面貌；②改变了大气的成分，破坏了大气圈碳、氮、氧平衡结构和物理气候系统过程，导致地球变暖和臭氧层的破坏；③改变了水化学组分和水体的分布，影响了水圈的水循环和水资源平衡；④水土流失的加剧，物质搬运、沉积等过程和元素迁移和循环模式的改变，以及土壤污染等，影响了土壤圈的功能发挥。尽管自然系统对这种变化有一定的反馈调节作用，但是当生物圈、大气圈、水圈和土壤圈的变化积累超过其所能承受的程度，地球的资源系统和环境系统就将受到不可逆的破坏。

在一些地区，由于工业废物、废水污染以及环境的恶化引起严重缺水和水环境问题，已经成为工农业生产的重要制约因素。另一方面，人类不适当的干预自然过程，导致了物种的大量灭绝，人类活动已被公认是引起现今物种灭绝的最主要原因。据有关调查，近 400 年被人类消灭的鸟类有 162 种，哺乳动物至少 100 个种灭绝。

3. 资源利用效率与资源环境问题

（1）资源利用不当加重资源短缺的矛盾　资源短缺、资源退化、环境污染、生态破坏和全球变化在很大程度上与资源利用不当有关。在人类活动中资源利用不当非常普遍。例如，矿产资源的滥采滥挖，森林的滥采滥伐，森林土地和草地的盲目开垦，渔业的滥捕滥捞，草场过牧、水资源的盲目利用和过量施肥等，导致了矿产资源的不合理耗竭、水土流失、土地荒漠化、物种减少、水体和土壤污染、温室气体排放增加等，加剧了人与自然的矛盾。而资源的合理开发和高效利用可以缓解资源短缺的矛盾，防止资源退化，减少污染物质的排放和环境污染，维护良好的生态环境，减缓温室效应和全球变暖。

（2）资源低效率利用导致环境污染　由于技术方面的不足和经济上的不可行等原因，使得自然资源利用的层次、深度以及循环利用不够，产生了资源利用效率不高、资源浪费的现象。工业上资源利用效率不高与技术进步、产业的规模化程度、劳动者素质等因素密切相关。以生物为对象的农业生产活动，其水分、养分、土地和气候资源的利用效率，除了与人的因素包括技术和管理水平外，很大程度上取决于生物的种类和基因类型。如果能够更有效地综合利用各种资源，污染物的排放量就会大量减少。“废弃物是放错地方的资源”就是这种观点的表达方式之一。

三、环境污染及其生态效应

人类健康问题的出现通常是由于人类个体与环境间的调整发生失衡所引起。疾病的产生往往不是单一因素引起的，而是包括物理环境因素、生物环境因素和生活习惯等的多种因素共同作用的结果。一般认为，自然状态的水体、土壤和空气是无害的，然而环境一旦破坏或者被污染，导致对生物和人类健康有危害作用的物质进入土壤、水体和空气，从而对人体健康产生危害。

环境污染对生态系统的影响也是多方面的，既有直接的影响，也有间接的作用。直接的影响表现为对植物的毒害作用，间接的包括通过对土、水和气等资源质量的影响，从而影响生态过程和生物多样性。

1. 环境污染

（1）环境污染　有害物质或者因子（如人类活动所排出的能量如热、声、光、电磁波等）进入环境，并在环境中扩散、迁移、转化，使得环境系统的结构和功能发生变化，从而对人类或其他生物的正常生存和发展产生不利影响的现象。通常情况下，环境污染主要是指人类活动导致的环境质量下降。在实际工作中，判断环境是否污染是以环境质量标准为尺度的。

根据污染物排放的集中程度，环境污染分为点源污染、非点源污染和移动源污染。其中，集中于一点或可视为一点排放的污染源，如烟囱、排污管道出口和偶发的污染物泄漏等方式排放污染物的过程称为点源污染。点源污染的污染源比较容易找到，一般认为控制相对容易。非点源污染，又称为面源污染，是指在一定区域内多个污染源所产生的一种污染，如城市和田间的地表径流产生的污染等。由于受土地利用方式、水文、地形的多种自然和人为因素的共同影响，污染源的确定和控制比较困难。汽车、飞机等移动污染源产生的环境污染，称为移动污染，当多个移动污染源点呈线形分布时，其产生的污染为线源污染，如公路等。

（2）环境污染物　即污染物，是指以高于天然浓度和一定滞留期存在于环境中，能够导致大气、水体和土壤环境的正常组成和性质发生改变，即引起污染的物质。这些物质有自然来源的，也有人为源的。我们通常所说的环境污染物，一般是指人类生产和生活活动中产生并释放到环境中的各种化学物质。

根据接受污染物影响的环境要素的不同，污染物可分为大气污染物、水体污染物、土壤污染物等；按污染物的形态，可分为气体污染物（废气）、液体污染物（废水）和固体污染物（垃圾）；按污染物的性质，可分为化学污染物、物理污染物和生物污染物；按污染物在环境中物理、化学性状的变化，可分为一次污染物（或称原生污染物）和二次污染物（又称次生污染物）。

化学污染物又可分为无机污染物和有机污染物。物理污染物又可分为噪声、微波辐射、放射性污染物等。生物污染物可分为病原体、变应原污染物等。此外，为了强调污染物对人体的某些有害作用，还可划分出致畸物、致突变物和致癌物、可吸入颗粒物和恶臭物质等。

按照环境污染物的来源又可分为：①生产性污染物，包括工业生产中产生的废水、废渣和废气和农业生产中使用的农业化学物质，如农药、化肥和农膜，以及处理不当的畜牧场的废弃物；②生活性污染物，如处理不当的粪便、垃圾和污水等；③放射性污染物，如核能工业排放的放射性废弃物，医用、工农业用放射源，核武器的生产、试验和使用导致的污染等（表 2-6）。

表 2-6 各行业的排放的主要污染物

行业	气态污染物	液体污染物	固态污染物	其他
轻纺工业	SO_2、NO_x、臭气(H_2S、甲硫醇等)、烟尘	COD、酚类和有机氯等	工业污泥、废渣	噪声
化工、石化医药	烟气、烟尘、多种有机和无机污染物	COD、铵盐、废碱及其他有毒有害物质多种，以有机污染物为主	废包装材料、工业污泥、废渣	噪声
冶金、机电	烟气(SO_2、As、F、二噁英)、烟尘(含重金属等物质)、粉尘、有机废气(VOC)、酸性和碱性废气	As及多种重金属，COD、酸碱废水、含氨废水	含重金属的工业废渣和污泥、其他废弃的原料和包装材料	噪声、放射性
建材、火电	SO_2、NO_x、氟化物、烟尘、粉尘	盐、pH、悬浮物、COD、Cl^-	粉煤灰、废渣	噪声
输变电、广电、通讯				电磁辐射、噪声
建筑	锅炉废气、烟尘、汽车尾气	生活污水	生活污泥、生活垃圾	光污染、噪声
垃圾填埋场	甲烷、NH_3、H_2S挥发性有机物	渗滤液		
采掘类	SO_2、NO_2、CO、烃类、扬尘、CH_4	悬浮物、COD、石油类、酚类、硫化物、pH	岩屑、废气泥浆、落地油、各类尾矿	噪声、放射性
交通运输	施工期的扬尘，运行期的汽车尾气、交通设施中的锅炉废气、煤烟等	路面和桥面径流、生活污水	建设期间的弃渣、弃土	噪声、危险品运输风险、野生动植物、水土流失、景观破碎化
水电	施工期的扬尘，运行期泄洪雾化	水自净能力减弱、水温降低		噪声、野生动植物、水土流失、地质灾害、局地气候变化、景观破碎化
种植业	甲烷、NH_3、N_2O、农药	氮、磷和农药		
养殖业	甲烷、NH_3、N_2O、H_2S等臭气	COD、悬浮物、氨氮、磷	有机废弃物，有的含有一定量的重金属、激素等	

2. 污染物在环境中的去向

进入环境中的各类污染物根据其本身的理化性状和环境介质的不同而发生迁移、扩散、转化和吸收。

（1）长距离迁移、扩散　在气流和水流的作用下，大气中的气态物质和颗粒物、水中以溶质或悬浮物形式存在的物质可以分别随空气和水迁移，从而发生长距离的扩散。迁移扩散距离的长短与空气动力学和水动力学变化以及颗粒的大小有关。颗粒较小的，如直径小于 10 μm 飘尘，可长期在空气中飘移，影响的范围更大。水中的颗粒物会随着水动力学的变化逐渐发生沉积，其中颗粒较小的可能被运送至湖泊和海洋，分别在湖泊或海洋的河口地区发生沉积。

（2）污染物的沉降和沉积　沉降是指大气污染物随降水（雨、雪、雹、雾等），以及气体和气溶胶在重力和气流作用下，下降到地面（土壤和植物表面）的过程。沉积是指水中悬浮物在水动力学改变后发生的沉降过程，以及溶质在化学环境变化后发生的结晶或沉淀过程等。沉积过程不仅发生在河流和湖泊的底部，以及近海的河口地区，也常常发生在利用污染过的地表水进行灌溉后的农田。

（3）化学降解　污染物在环境中会发生化学降解，这些过程包括大气中的光降解和氧化-还原过程。如氮和硫氧化物在大气中经氧化-还原反应生成相应的硝酸和硫酸的过程。还原态有机物也可发生氧化，如甲烷、含甲基其他化合物和卤烃类化合物等。而有机物在土壤和水环境中也可发生降解，主要以水解和氧化为主。二次污染物的产生来自于一次污染物在环境中的化学和生物降解过程，因为在部分降解的情况下，污染物的毒性没有完全消除，或者降低较小，甚至有些有机化合物经化学和生物转化后，毒性更强。

（4）化学钝化　在土壤和水体中，有机污染物和无机污染物与其他物质发生化学反应形成沉淀或被有机和无机胶体吸附，使得其毒性降低的过程，称之为化学钝化。污染物质的化学钝化可以降低污染物的有效性，并降低其对生物的毒害作用。土壤中常见的化学钝化作用有 pH 值高的土壤上重金属元素发生的沉淀，土壤有机胶体和无机胶体对重金属的配位吸附等。污染物经过钝化而降低毒性的作用一般只是暂时的。

（5）生物吸收　生物根系和地上部分均可以吸收污染物，包括主动吸收和被动吸收两种方式。生物主动吸收又称代谢吸收或主动运输，是细胞利用生物体特有的代谢（呼吸）作用所产生的能量做功而进行的吸收作用。这时细胞可以从低浓度的外界溶液选择吸收元素或化合物累积在高浓度的生物体内。吸收累积强度与生物的特性和被吸收物质的性质有关。水生生物将水体污染物吸收并成百倍或数千、万倍的浓缩，就是依靠这种吸收。使得污染物因为在生物体内浓度大大增高而毒性增强，有些将对生物造成潜在的毒害威胁。此外，高累积植物对重金属的吸收和富集也与这种吸收有关。生物被动吸收又称物理吸收或非代谢吸收。细胞依靠植物的外液与原生质之间的浓度差，通过溶质的扩散作用或随水分吸收而进行的吸收作用，是根外吸收的主要形式。在这种情况下，溶质分子或离子不需要能量供应，由浓度高的外液流向浓度低的细胞内，直到浓度均一为止。污染严重区的生物可能由于这种作用而受到危害。

实践中常用生物吸收系数来定量地反映生物对环境中元素的吸收强度。生物吸收系数是指某元素在有机体（通常是植物）灰分中的含量与该元素在生长这种植物的土壤中（或水体中）的含量比例。并非所有被生物吸收的毒害物质都能够产生毒性，有许多生物特别是植物可以通过区隔化作用将有毒物质闭蓄在特定的细胞器中，或者合成一些特定化合物与有毒的元素结合，降低其毒性，这就是生物钝化作用。

（6）生物降解　复杂的有机污染物质在生物和酶的作用下降解成为低分子量产物的过程。降解过程也是以水解和氧化-还原过程为主，植物、动物和微生物释放到环境中的酶可以催化部分降解反应。而对有机污染物质包括农用化学药剂和石油类污染物等，降解效率最高的是微生物，有些微生物甚至可以将某种污染物作为唯一的碳源。

3. 污染物对生物个体的影响

进入环境中的各类污染物在不同水平上对生态系统中的个体、群体产生影响，并导致生态系统多样性和群落结构的改变。生态毒理学就是研究污染物与生物之间相互作用的一个新兴学科(专栏 2 - 4)。

专栏 2 - 4　生态毒理学

生态毒理学是研究有毒物质对生物种群和生物群落所产生的毒性影响，污染物在环境中的行为及其与环境因子相互作用的学科。生态毒理学的核心部分是生物效应，即有毒、有害物质对生命有机体危害的程度及范围的研究。常用的研究技术方法是生物监测。生态毒理学与环境毒理学的区别在于，作为环境科学和毒理学的一个分支，环境毒理学是从医学及生物学的角度，利用毒理学方法研究环境中有害因素对人体健康影响。但发展趋势是，生态毒理学往往包括了环境毒理学的内容。

生物监测是利用生物个体、种群或群落对环境污染或变化所产生的反应进行定期、定点分析与测定以阐明环境污染状况的环境监测方法。例如，当用于室内空气监测时，生物监测多选用对某种化学物质敏感的植物进行。

许多环境污染物对生物具有致毒作用，称为生物毒性物质，或叫有毒物质。这些物质主要包括：病原微生物、有毒的无机离子(重金属)、有机化合物、有机 - 金属化合物、气体污染物、核辐射物质、热污染、颗粒物、石棉、电磁场和噪声等。有毒物质对动物的致毒作用有急性中毒、慢性中毒和亚急性中毒三种方式。例如，大剂量的重金属导致幼儿急性中毒等。大气污染对呼吸道慢性炎症的影响和重金属及有机化合物在体内的积累产生的慢性影响都属于慢性中毒，长期积累，甚至有致癌、致畸、致突变等的远期危害。

(1)环境污染　在环境污染物中，有些化学物质能够取代生物体内的激素，或干扰生物体内激素的正常产生，这类化合物被称为环境激素。体内自然产生的激素对生物体的一系列功能，从繁殖和生育、体温到生长发育，具有重要的调节作用，维持体内平衡。某些化合物对生物健康的危害如致癌作用，可能与其取代或干扰生物体内的激素作用有关。如有机氯化合物被认为是一种典型的环境激素，在高量时被认为是人体的致癌物，在低量时，会影响人体免疫系统。某些鱼类、鸟类和其他野生动物对有机氯化合物非常敏感，有机氯化合物导致这些生物的生育缺陷和死亡。

有些环境污染物常常引起动物的变态反应，或称为过敏反应。污染物也可以引起细胞膜成分的变化，增加膜的透性，降低了膜的活性，从而改变了细胞的结构。金属污染物往往与生物大分子，包括核酸、酶、辅酶或辅基结合。其中与核酸的结合可能导致发生遗传变异，与蛋白质活性位点的结合导致代谢活动的紊乱等。

(2)复合污染　环境中的有毒有害物质往往不止一种，多种污染物之间的相互作用对动物和人体健康的影响十分复杂。这些相互作用包括：①相加作用，即两种及其以上污染物的毒性是单个物质毒性的简单叠加。②协同作用，两种及其以上污染物的毒性大于单个物质相加的毒性。③拮抗作用，某些污染物的相互作用的毒性低于单个物质相加的毒性。有些原来无毒害作用的物质与某种有毒物质的结合，有可能大大提高有毒物质的毒性。

(3)个体对污染物的反应与响应　环境污染物对动物个体健康的影响程度取决于物质的种类和剂量。一般而言，生物体对化合物的反应曲线表明，超过一定剂量的化合物对生物产生毒害甚至致命的危害，然而在低量时可能产生有益作用。例如，氟在低量时可以促进骨骼生长，防止蛀牙，高量时对人体有毒害。不同的化合物或同一种化合物对不同的生物而言，其对生物产生毒害和致死的剂量不同。由于难以预测生物个体对剂量的反应，因而，习惯上将群体中50%的个体发生死亡时的剂量作为致死剂量(LD_{50})来表征化合物的毒性。表征化合物毒性的指标还有：有效剂量(ED_{50})，即群体中50%的个体对该化合物产生影响时的剂量；致毒剂量(TD_{50})，群体中50%的个体产生毒害作用时的剂量。

环境污染物对植物的影响首先是对吸收的干扰作用。许多重金属和有机污染物能够影响植物根系对养分和水分的吸收，并影响到植物根和叶等的超微结果变化，如细胞核、线粒体和叶绿体等细胞器的结构改变等。对结构的影响进而会抑制光合作用、呼吸作用以及其他生理代谢过程。严重时影响到植物的生长和发育。

与有些耐污染元素胁迫的微生物不同，目前还没有发现完全不吸收污染元素的植物。但是植物个体对环境污染物具有一定的适应性反应和反馈调节作用，常称为植物的抗胁迫反应。根据对污染物质忍耐能力的不同，植物可分为敏感类型和抗性类型。在长期的进化过程中，有不少植物发育了抵抗某种元素毒害的能力。这些机制包括：①少吸收或者不向代谢活性部位运输这些元素。植物通过根系分泌物的作用或氧化作用减少它们的植物有效性，或者将它们束缚在细胞壁上。或者将污染元素的大部分集中在根部，只有少部分向地上部分运输。②利用分室作用，将它们与代谢活跃的部位隔开。具有抗性作用的植物通过分室作用将其贮存在非代谢活性部位。例如许多植物将污染元素以沉淀物(有机酸盐或无机盐)或配位化合物的形式贮存在液泡内；有些植物不让污染元素进入叶绿体等代谢活跃的器官。③形成配位体和其他化合物降低元素的毒性。某些植物将根系吸收并转运到地上部分、并存在于细胞质的污染元素中绝大部分与植物产生的有机酸、氨基酸和多肽等物质结合，成为非毒性的存在形式。④合成不怕污染物干扰的其他专一性酶，以保护正常代谢活动的进行。

4. 污染物对生物群体与生态系统的影响

环境污染物的生态毒理学效应表现出从分子水平到生态系统的过程。首先环境污染物引起生物个体内部发生生物化学的变化，尽管这个阶段的变化往往难以在外观上体现出来。接着会导致生物体的生理变化，进而影响整个生物体的生长和发育。如果多数个体发生了变化，就意味着生物群体数量发生了变化，生物群体的出生率、死亡率和生长速率的改变，影响群体的丰富程度和分布，从而对生态系统中生物群体和群落的变化产生影响，即引起生态系统的多样性和群落组成改变。

生态系统中发生的生物富集或生物浓缩作用，还可以经过食物链进行放大，最终影响到全球包括人类生态系统在内的全球生态系统。例如，一些重金属和难分解的有机化合物(如人工合成的某些农药等)可通过食物链的作用逐级富集和放大，从而威胁人体健康。

(1)生物浓缩　它又称生物富集，指生物有机体通过体表、肠管或鳃将环境中污染物质(某种元素或稳定不易分解的化合物)吸收并蓄积在体内，使体内污染物质的浓度超过环境(如水体或土壤)中相应物质浓度的现象。生物浓缩的程度可用浓缩系数来表示。化学性质稳定的脂溶性物质，某生物摄入速率大于排除速率，浓缩系数较大。生物浓缩可用模型来表示。以水生生物为例，最简单的生物浓缩模型可表达如下：

$$\frac{dc}{dt}=\text{摄取}-\text{排除}=k_uC_w-k_dC$$

式中：C_w 为水中某化学物质浓度，mg m/L；C 为生物体内该化学物质浓度(mg/g)；t 为时间(h)；k_u 为摄取速率常数[mg/(g·h)]；k_d 为每小时排除速率常数。这里假定生物体内该物质全部由水中获得，并与水平物质浓度成正比，有同样的排除速率，且排除速率与体内物质浓度成正比，也没考虑生物个体的生长因素。

生物积累是指生物有机体在生长发育过程中直接从环境介质或从所消耗的食物中摄取并蓄积化学物质的现象。生物积累的程度也是用浓缩系数来表示。生物积累与生物特性、营养等级、食物类型、发育阶段与接触时间、化学物质的性质及浓度有关。以水生生物为例，最简单的生物积累模型可用下式来表达：

$$\frac{dc}{dt}=k_uC_w+\alpha RC_f-k_dC$$

式中：α 为从食物中同化污染物的效率，即吸收污染物量与消化污染物量的比例(mg/mg)；R 为单位体重鱼每天消耗的食物重量[g/(g·d)]；C_f 为食物中某污染物的浓度(g/g)；t 为积累的时间 h；C 为某时剖鱼体内该污染物的浓度(mg/g)；k_u 为鱼从水中摄取该污染物的速率常数[mg/(g·h)]；C_w 为水中某化学物质浓度(mg/mL)；k_d 为每小时排除速率常数[mg/(g·h)]。化学性质稳定的脂溶性污染物如 DDT、PCB 等很容易在生物体内积累。

(2)生物放大　生物有机体内某污染物质的浓度随食物链的延长和营养级的增加而增加的现象。脂溶性和分离系数大的持久性化学物质，生物对其摄取速率大于排除速率，从而可在生物体内蓄积，并通过食物链而逐级富集和放大。许多有机氯杀虫剂和多氯联苯等都有明显的生物放大现象。1967 年伍德韦尔(Woodwell)等发现美国纽约长岛卡门斯河口及邻近地区 DDT 在生物体内的残留与放大现象(表 2-7)。这种生物富集作用，必然会对生态平衡和人体的健康产生影响。

表 2-7　美国纽约长岛卡门斯河口地区生物体中的 DDT 含量

样品名称	DDT 含量(湿重)/(mg/kg)	样品名称	DDT 含量(湿重)/(mg/kg)
水	0.000 05	花鱼将	0.94
浮游生物(多数为浮游动物)	0.040	大西洋颌针鱼	2.07
小虾	0.083	普通海鸥	5.17
大西洋银汉鱼	0.23	银鸥	7.53
泥螺	0.26	鹗、蛋	13.8
硬壳蛤	0.42	环嘴鸥(未成熟)	75.5

第四节　资源与环境问题的人文因素与行为调整

一、资源与环境问题产生的人文社会原因

资源利用不当和生态环境破坏的深层次原因是人文社会方面的。因而，从人文社会方面认识当代的资源与环境问题，将有助于确立正确的人与自然的关系，有目的地开发和利用新技术为资源的高效利用和环境保护服务。人类自诞生之初，更多地是怀着对自然的畏惧心理，为适应自

然而进行着各种努力。后来逐渐抛弃这种畏惧心理，开始了试图控制和征服自然的过程。

自然界有其自身运动规律。许多古代文明的兴盛是人类适应自然的结果，而文明的衰败则与自然环境的变迁密不可分。如玛雅文化和楼兰文化的毁灭，就可能与气候变化有关。古人在长期的实践中对此有深刻的认识，因而提出天人合一、尊重自然的思想。然而，与原始人类不同，现代人类往往以自己已经掌握征服自然的各项先进技术而自豪，从而以自然的主人自居，把自然看成是对手和敌人，以改造自然的名义掠夺自然资源，不顾自然规律地开发和利用自然资源。更不要说尊重自然界的价值和服务功能。以工业革命开始的人类社会的现代化过程，就是在这种人类中心主义的价值观指导下，盲目追求物质生活改善和经济利益的最大化，这是产生资源与环境问题的重要原因。

并非所有的技术进步都对生态环境的破坏有作用。在对自然认识存在偏差和错误的前提下，盲目扩大资源利用范围的技术越进步，对自然界产生的伤害或许越大。事实上，直到人们开始对生态环境进行关注的20世纪60年代中期之前，甚至以后的相当一个时期，人类主导的某些科技进步在客观上的确加速了对自然的掠夺和破坏过程，甚至导致更严重的环境污染。环境保护主义者甚至抱怨说“新技术是一个经济上的胜利——但它也是一个生态学上的失败”。需要指出的是，这并不包括那些提高资源综合利用能力、循环利用和减少单位能耗的技术。

现代人及其人类生态系统是一种客观存在，人类社会不可能按照极端环境主义者的要求而回到原始状态，只能是在充分认识到生物圈与生态环境之间所具有的共生性和整体性，认识人类与环境的相互依赖和相互影响关系，尊重自然，调整自己。

二、人与资源环境之间的经济关系

人与自然环境相互作用，导致形成了一系列环境与社会新的复杂关系。这些关系包括环境与发展、环境与经济、环境与国际关系、环境与伦理道德、环境与人权及法律等。其中人与资源环境之间的经济关系是最重要的驱动力。研究人与资源环境之间经济学联系的分支学科有环境经济学（专栏2-5）和生态经济学（专栏2-6）。

专栏2-5　环境经济学

环境经济学是经济学和环境科学交叉的一个新兴学科，其研究始于20世纪60年代中期，至今只有30多年的历史。与大多数经济学分支一样，环境经济学是也是针对日益突出的资源与环境问题而诞生的。环境经济学主要是从经济学角度，研究环境对经济活动的重要性，经济活动对环境的影响，调整经济与经济活动以适应社会对环境的要求，以及探讨政府对减少环境退化和解决环境问题应当采取的经济政策。环境经济学的基本理论包括以下几点。

（1）经济增长与可持续发展　研究可持续发展的概念和衡量标准，经济增长与可持续发展之间的关系，衡量经济增长的标准。

（2）环境问题的外部性　分析环境问题产生的经济根源，提出解决环境污染这个外部不经济性问题的方法。外部性是一个经济学概念，是指实际经济活动中，生产者和消费者的活动对其他生产者和消费者带来的非市场性的影响。如果这种影响是有益的，则称外部经济性；有害的影响称为外部不经济性。

(3)环境质量公共物品经济学 研究作为公共物品的环境质量与一般商品存在差异,确定其供给与需求,提出资源配置最佳或经济效率最高的环境质量公共物品的供应途径。

环境经济学的主要发展方向是研究经济手段在环境管理中的应用,以及评估环境与自然资源的经济价值。

专栏 2-6 生态经济学

与环境经济学一样,生态经济学也是一个新兴的交叉学科。生态经济学也将肯尼思·艾氏特·博尔丁(Kenneth Ewart Boulding)作为该学科的创始人。但是,与环境经济学不同,生态经济学是从研究生态系统开始的,根据生态学家的研究领域的需要,将生态学原理用于研究人类经济活动与自然生态之间的关系,强调生态的长期健康和可持续利用。而环境经济学是将经济学原理应用于环境领域的研究,更多地侧重于人类经济活动与环境之间相对较短时间的相互关系。在决策上,从传统经济学观点出发,认为有些问题可以留待将来解决。而对生态系统的可持续性造成影响的经济活动,生态经济学则认为应当立即停止。

生态经济学从生态可持续性出发,研究经济发展。将生态系统和经济系统看做是一个有机联系的统一体,把生态经济这个复合系统作为研究对象。它的特点体现在:①综合性,将生态科学、经济科学和技术科学结合在一起,进行研究;②整体性,生态经济系统是一个完整的系统,其中的一个环境发生变化,将引起一系列连锁反应,因而需要运用系统论的思想进行研究;③战略性,从生态系统与经济系统、生态平衡与经济均衡、生态效益与经济效益的相互关系上,从长远效益上进行研究;④实用性,生态经济学将经济建设中的生态问题与经济问题结合起来进行研究,具有较强的实用性。综上所述可见,生态经济学基本上是宏观尺度上的研究。

根据生态系统中的物质循环伴随着能量循环这一原理,生态经济学提出了用于生态经济核算的能值价值理论。能值的定义为:任何资源、产品或劳务形成过程中直接或借鉴应用的某一种能量的总量,即为所具有的能值。生态经济核算就是应用能值将能流、物流和货币流综合起来进行换算。

1. 经济活动与环境问题

各种经济活动都需要原材料、能量等物质条件和工作场所。虽然它们再利用资源的数量和污染物排放的数量有所不同,例如,初级生产部门对自然资源的依赖性更强,它们在开发利用自然资源的过程中,对生态系统的影响更大一些。但以装备制造业为主体的第二产业部门和以服务业为主要特征的第三产业部门,同样需要能源和原材料,而且其中的许多企业向外界排放了大量污染物质。人类活动引起的环境污染、生态破坏等环境状况的恶化的情况表明,人类的物质生产过程中还存在着另外一种成本,即环境成本。

如图 2-4 所示,环境为物质生产部门提供的能量和原材料,经过物质生产过程转化为供消费者使用的产品。最终,这些产品都将以废弃物的形式被释放进入环境。再者,环境还为人类提供各种服务,如呼吸的空气、食物、纤维、建筑材料等都是直接或间接地来自于环境。此外，自然环境还为人类提供了美学上的享受。尽管人类活动涉及太空领域，但地球环境与经济系统的关系基本上仍然是一个封闭体系，除太阳能外，经济活动需要的能源和原材料等物质来自于这个封闭系统的内部，同时，产出的物质也几乎没有离开这个系统。根据热力学第一定律，即质量守恒定律，从环境中进入经济系统的物质和能量，开始会在经济系统本身发生部分积累，其余以废弃物的形式返回环境中。当积累停止时，与进入经济系统数量相同的污染物，将全部被排放进入环境。

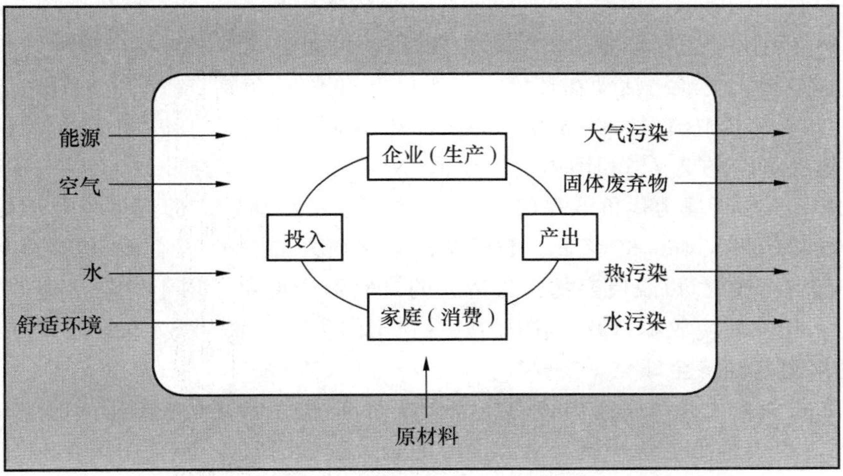

图 2-4 经济系统与环境的关系

资料来源：Tietenberg. Environmental and Natural Resource Economics. 2000.

在经济核算中，大家通常认为对消耗能量和水资源付费是可以接受的，而对生产过程导致的环境成本往往不出现在环境问题制造者的经济核算账上，而是常常被转嫁到周边的个人、社区甚至整个社会和全球，或者转嫁给后代。这种环境成本的外摊，即由外界（全社会）代替废弃物的排放者或环境影响的制造者承担其所应当摊负的环境成本，是难以遏制环境污染的扩大的重要原因之一。此外，资源价格也存在低估的现象，如水资源等。由于环境问题发生而产生的环境代价，对人类经济与社会的可持续发展构成严重威胁。因而，将各种环境代价视为成本的构成因素，把环境成本纳入经济和社会活动的成本核算中，同时纠正自然资源定价过低等问题，十分必要。这样才能对资源利用和环境破坏进行补偿，真正推动可持续发展战略。

从经济学的角度来看，环境是人类的一种特殊的复合型财产，为人类生存和繁衍以及人为的活动提供各种服务功能。与其他财产一样，人们希望防止其不适当的贬值，以保证环境能够不断地提供美学上的和维持生命延续下去的各类服务。超过环境能够消纳能力的过量废弃物的排放，将使得环境这个特殊的财产发生贬值，其服务职能降低。经济系统与环境的关系还服从热力学第二定律，即熵变理论。熵是指没有用于做功的那一部分能量。在能量利用过程中，一种形式的能量是不能完全有效地转化为另一种形式的，能量的消耗是一个不可逆的过程，在转化过程中，一部分能量将损失掉。在一个封闭的体系中，如果没有新型能源的发现，能源总有一天被消耗殆尽。当然，地球系统不是完全封闭的，因为人类可以获得太阳能。无论如何，根据物质生产过程中熵不断增加的原理，物质和能量的100%的回收利用是不可能的。而且对污染的治理也只是改变了特定污染物的存在形式，并没有消除也不可能完全消除污染物的物质实体。

2. 环境服务成本

国民生产总值(GNP)是国民从事经济活动所得到的商品和劳务的货币价值的总和,最初是用来衡量一个国家经济活动强度的指标。后来人均GNP常被用于衡量一个国家的福利水平。然而,根据资源环境经济学和生态经济学的观点,GNP在衡量国民福利水平时是有缺陷的,因为其忽略了自然界所提供的服务对经济生产的贡献,也忽略了环境污染对人类福利水平的降低。例如,森林所能带给人类的效益包括了水土保持、净化空气、提供野生动物的栖息地,以及提供户外游憩场所等。但是GNP只能将砍伐树木的成本以及木材在市场交易之所得列入计算,GNP将用来处理环境事故的活动列入,因而也无法分辨出对社会福利好或坏的成分。

环境成本是指人类经济活动在环境方面所付出的代价,包括自然资源的耗减、生态破坏和污染损失等。1995年中国国民经济运行的全部环境成本约为 2 199.38 亿元,约占当年中国国内生产总值(GDP)的3.7%和国内生产净值(NDP)的4.2%,表明1995年中国国内生产总值的3.7%是以牺牲环境为代价取得的。其中,由于经济活动造成的自然资源耗竭,包括矿产和森林资源耗竭的损失466.69亿元。自然资产退化损失 1 529.30 亿元,包括森林、草场和耕地退化等生态破坏损失,以及废弃物排放造成的自然资产退化。用于污染治理的预防性支出103.54亿元。扣除环境成本,1995年中国的绿色国内生产总值为 57 248.69 亿元。

3. 环境问题与经济全球化

以贸易和投资自由化为基本内容的经济全球化,促进了市场的全球化和全球范围的产业结构调整,同时也表现出生态环境安全方面的问题。这些问题是:包括中国在内的发展中国家资源密集型初级产品的过度出口,将导致本国内掠夺性的资源开发;外商的直接投资过程中,存在着废弃物、有害技术和设备的转移问题,给发展中国家的环境造成危害。因而,随着经济全球化进程,发展中国家的生态环境日益恶化。

环境问题对国际贸易的产生的另外一个负面影响是绿色贸易壁垒的形成。为了保护本国的生态环境,保护消费者的健康和安全,许多发达国家依据国际公约和国内的环保法规,对外国产品的市场准入采取限制。绿色壁垒的主要形式是绿色关税、绿色技术标准、环境标志和绿色卫生检验制度。这一新的非关税贸易壁垒对广大发展中国家具有一定的歧视意义。绿色贸易壁垒对中国国际贸易的影响有:①根据有关国际公约,产品出口受限。例如,根据《保护濒危野生动物物种的国际贸易公约》,中国的一些传统中药材和野生动物制品出口停止;根据保护臭氧层的《蒙特利尔议定书》,中国的一些化工产品被禁止和销售。②传统出口商品受到了环境标志的挑战。如,根据欧洲制定的环保纺织品标准,对我国的纺织品出口必将产生很大影响。③环境污染对我国食品和中药材出口产生影响。例如,许多国家制定了对食品和药品安全卫生检测项目,我国农药残留和重金属含量超标的产品出口受到限制。

4. 管理资源环境的经济学手段

(1)环境价值的评估　环境的服务功能是有价值的。环境经济学认为,环境的使用价值表现在环境物品现在和将来通过服务形式为人类提供福利。例如,保持良好自然环境可以为人们提供美的享受。这种享受不一定需要人们直接接触环境资源,可以通过传媒体现其使用价值。许多环境资源没有市场价格,环境经济学就是要试图对没有市场价格的环境资源,赋予货币价值,并建立环境资源核算的指标体系和核算方法,将环境退化纳入到国民经济核算体系中,在经济增长中考虑环境成本的消耗。

而且,为了实现人类社会的可持续发展,环境经济学还注重研究公平分配发展的效益,需要从经济学角度评估环境费用和效益的经济价值、保护重要的自然资源、避免不可逆转的损害，把可再生资源的利用限制在可持续产出的范围内，以及制定环境物品的“绿色”价格等。全球变化等环境问题涉及地球上的每一个国家，环境经济学必须从经济学角度对国际环境问题，如温室气体排放交易权进行研究。另外，必须进行环境质量的费用效率分析，包括环境污染和生态破坏的经济损失评估，环境质量改善的效益评估，污染控制的费用评估，环境质量影响的剂量反应关系，环境风险分析等。对环境资源的开发项目，在考察其费用和效益时，应考虑其对环境影响的间接费用和间接效益。

(2)管理环境的经济手段　从提高经济效率、促进技术进步出发，环境经济学提出用经济的手段管理环境。这些手段包括征收各种环境税费和可交易的许可证，如对污染税和排污收费的征收，以及排污权交易等。此外，由于公共物品和产权不明晰的资源往往会造成误用，因而，环境经济学十分关注产权管理问题。

三、人与资源环境之间道德关系的调整

人类与资源环境之间的关系也有道德层面的。正确协调这一关系，人类必须从法律和道德上规范自己的行为，特别是必须遵守生态伦理道德，充分认识到为了人类的全体利益和长远利益，个人和社会都有义务保护好自然环境，在建设人类的物质文明和精神文明的同时，还要建设生态文明。环境伦理学就是适应这种要求产生的(专栏 2 - 7)。

专栏 2 - 7　环境伦理学

环境伦理学也称生态伦理学，对其定义，目前还没有完全统一的看法。大多数学者认为，环境伦理学是一门从哲学、社会学、生态学等学科来研究人类与自然生态环境之间相互依赖、相互影响的关系，研究如何以道德规范约束人类的行为，保护自然环境，创造人与自然和谐发展的社会环境与生态环境的一门综合性学科。

“伦理”一词多与“道德”联系，指的是社会道德现象。但它们又有所不同，道德较多的是指人们之间的实际道德关系，伦理则较多的是指有关这些关系的道理。伦理学以道德现象的全部作为自己特定的和唯一的研究客体，已成为一门独立的学科。环境伦理学是伦理学的一个分支。

传统的伦理学研究的是人与人之间的伦理关系，而环境伦理学将人与人之间的关系扩展到人与自然的关系，将伦理道德的范围扩大到人与其他一切生命有机体及其生存环境。这是由于随着生态环境问题的日益严重，人类的伦理道德如果不与生态环境密切联系，不去尊重自然、保护自然，不与自然协调发展，就必然导致遭到大自然的报复，最终失去人类必要的生存环境。环境伦理学的出现和发展是环境科学和伦理学发展的必然产物。

1. 古代的环境伦理观

自从我们的祖先诞生于地球伊始，就对其赖以生存的自然环境形成了初步的观念。这些最原始的观念体现在原始宗教的自然崇拜、图腾崇拜、巫术占卜及古代神话传说之中，表现了人类对自然的敬畏和向往征服自然、驾驭自然的理想。中国古代有许多人与自然的关系有关的神话传说，如盘古开天地、女娲补天、燧人氏钻木取火、神农尝百草、精卫填海、大禹治水等，

都表现了人类不被自然束缚、利用自然和改造自然的理想。

关于人与自然的关系,即"人地关系"或"天人关系",中国古代的哲学家、思想家有许多学说,特别在春秋战国时期,天人之辩成为诸子百家争论的中心。孔子讲:"天何言哉?四时行焉,百物生焉",强调效法自然;子思、孟子提出"天人合一",把"天地人"看成世界上相平行、并列的三个要素。老子说:"人法地,地法天,天法道,道法自然。"崇尚自然规律,认为自然总保持均平调和的状态,人道应取法天道。庄子则认为自然本来是和谐美好的,由于人类的行为,自然的和谐被破坏了,所以应当消除一切人为,回归自然的原始状态。荀子明确主张"天人之分",并提出"制天"、"化物"、"理物"的思想,就是征服和改造自然,包含"人定胜天"的观点。《易传》认为人是自然的产物,是自然的一部分,要根据"天地之宜"安排生产活动,使人与自然相互协调一致,应当"顺乎天而应乎人",达到天人的协调。应当说《易传》实际上是以朴素的方式提出了对天人关系的一个比较全面、辩证的观点。

在西方,古希腊的哲学家德谟克利特(Demokritos)、亚里士多德(Aristotle)等对自然与人的关系都有一定论述与概括。德谟克利特认为物质是由原子构成,一切变化只在原子的聚合与分解。亚里士多德认为自然界是一个活的、不断运动着的物,变化的最终结局是循环,物质世界是人类思想的源泉;柏拉图的思想有所不同,他认为精神与物质世界是相分离的。这一争论始终贯穿于西方思想界对人与自然关系的看法中。文艺复兴时期培根(Francis Bacon)、笛卡尔(Rene Descartes)、牛顿(Isaac Newton)等建立了人与自然相对立的机械论自然观,认为自然界既没有生命也没有理智,是一架机器,它按照可观察的数学规律去运动,人类可以利用自然科学技术等手段去安排自然,以追求和满足其物质利益。这一观点一直到现在还有影响。

2. 自然的权利与价值

(1)自然的权利　它又称生态权利。它指自然界的所有生物,尤其是指野生生物,它们一旦存在,便有按照生态学规律继续存在下去的权利。

环境伦理学所讲的自然的权利,主要是就生物物种的存在而言,并不简单地指生物的个体存在。怎样正确认识这个权利呢?那就是:应当保护生物多样性的存在,保护每个物种的存在。如果对生物个体存在的剥夺,危及某一区域甚至全球范围内该生物物种的存在时,就构成了对生物自然权利的侵犯。这里有一个限度,这个限度就构成了环境伦理学的道德标准,即人类的行为不应当造成生物物种的灭绝,否则,就是对生物自然权利的侵犯,应当受到道德的谴责。这里所讲的生物,既包括目前看来对人类有益的生物,也包括目前看来对人类无益甚至有害的生物。因为所谓有益、无益,有害、无害,都是相对于人类在一个阶段内的认识水平和实践而言的,并可能在一定条件下相互转化。例如,20世纪中期,有一种令人看起来厌恶的名叫蜣螂的昆虫(俗名屎克郎),却在澳洲为处理牛粪、消灭牛蝇,恢复当地的生态平衡和畜牧业生产立了大功,就是一个众所周知的例子。又如在古代,老虎数量很多,经常伤害人畜,因此将打死老虎者视为英雄,将虎皮制裘,虎骨入药。可是到了现在,老虎正成为濒危动物,被列为保护对象,谁再无端打虎,不仅会受到道德的谴责,还会受到法律的制裁。

环境伦理学认为,人类不但要保护其他生物,而且要保护这些生物的生存条件,即空气、阳光、土地、水分等,对这些环境要素的破坏,也是对生命的侵犯。人类对自然的和谐和一切生命的存在都负有道德责任,其中最基本的要求,就是要尊重与维护生物物种的存在权利,并以此作为区别道德上的正当行为与非正当行为的界限。

(2)自然的价值　自然界是有价值的,因而是值得尊重的。这涉及人们的价值观念。但是，长期以来，人们形成了种种错误的价值观，认为大自然包括自然资源和环境是没有价值的，它们是上天对人类的恩赐，是取之不尽用之不竭的，如果其中部分资源有价值，也仅仅因为它们满足了人类的需要，也就是说把人类的需要作为衡量自然界有无价值的唯一尺度。正因为如此，人们可以对自然资源随便利用，任意开发，尽情索取，可以对生态环境任意破坏和污染，造成了如今全球的资源枯竭、生态危机。所以，人们不得不对自己这种价值观进行反思，提出关于自然的价值问题。

自然界有哪些价值呢？美国哲学家罗尔斯顿（Rolston）认为，需要承认自然界的 10 种价值。

①经济价值。自然界的资源是人类开展经济活动的基础。

②生存价值。又称生态价值，是指地球生物圈作为生命维持系统或人类生存系统的价值。

③生命价值。人的生命与其他生命相联系，生命是普遍具有价值的，必须尊重生命，维持种族延续。

④科学价值。自然科学的基本目标是自然界，核心是未开发的自然现象，自然界的发生发展都遵循一定的自然科学规律。

⑤美学价值。自然界是美的，是人类的审美对象，人类精神生活的健康和充实，离不开自然界的完整、有序、和谐。

⑥娱乐价值。自然界为人类提供娱乐、休闲，令人愉快。

⑦多样性与统一性的价值。自然界充分体现了表现形式的多样性和具有内在联系的统一性。

⑧持续稳定性与偶然性的价值。自然价值存在于有序的稳定性和无序的波动性混合之中。

⑨辩证的价值。自然界是一个对立统一体。

⑩精神的价值。自然界产生文学、哲学和宗教，是人类精神最丰富的源泉。

人类衡量自然的价值应当摆脱以人自身利益为尺度的人类中心主义的价值观，而以自然界自身为尺度，承认自然界本身具有内在的价值，从而建立起人与自然的和谐关系，走一条人与自然协同进化的道路。

3. 调整人与资源环境道德关系的必要性

当前世界各国面临的主要任务是和平与发展，发展与建设必须有一个优美的环境和良性的生态系统作为基础，以人与环境的协调和谐为前提。对于这样一个基础，仅靠经济、行政和法律手段是不能完全保证的，还必须辅之以环境伦理道德这种调节手段。只有当人们认识到自己有保护环境、维持生态平衡的责任和义务，并产生一种热爱自然环境的感情后，他们才会积极主动地去保护自然环境和生活环境，这样，全球的环境保护和生态平衡才会得到保障，社会和经济才会有可持续发展的基础。当今世界严峻的形势，使人们希望用新的伦理学思想和道德规范调节人与自然的关系。研究环境伦理学的意义在于以下几点。

（1）人类生存发展的需要　现代工业和科学技术的发展增强了人类改造自然的能力，人们过分迷信自身的能力和“人定胜天”的口号，做许多破坏生态环境从而自毁家园的蠢事，不得不自尝恶果。人类对自然的过度开发和利用，并不表示人的力量的强大，反而证明人类自我控制能力的丧失。生态系统的严重失调，自然资源的减少和枯竭，已严重威胁人的生存。因此，通过对环境伦理学的研究，唤醒人类的生态意识，进一步正确认识人与自然的关系，并制定出人类认同的生态道德原则和道德规范，以约束自己的各种行为，对于保护地球环境，使人类能够继续生存发展，有着十分重要的意义。

（2）人类文明发展的需要　历史表明，人类文明的发展与生态系统的变化是密切相关的。古代埃及、印度、巴比伦、希腊和中国文明的产生、发展及衰亡，都与其依傍的生态环境分不开。例如，古代两河流域的美索不达米亚平原，土地肥沃，绿野无际，农业发达，在这良好的生态环境下，产生了灿烂的巴比伦文明。可是，巴比伦的农民为了扩大耕地，大片砍伐森林，严重破坏了生态环境，使美索不达米亚成为不毛之地，巴比伦文明也失去了生存的基础。再以中国文明中心的转移为例。古代中国西北部（黄河上游），是绿树成荫、林草丰盛之地，以黄河流域为中心，产生了中华民族的古代文明。后来，随着水土流失、泥沙淤塞、生态破坏，中国近代文明的中心移到了长江流域。但是，如果我们不接受历史的教训，按目前情况下去，长江流域的文明也隐伏着衰落的危险。

（3）环境科学和伦理学发展的需要　环境科学是以人与环境的关系为研究对象的自然、工程技术和社会的综合性科学。保护环境不仅需要知识、技术，也需要管理、法律及伦理道德规范。不爱护环境、随意排放污染物的人，并不是因为不懂环境知识，而是他们缺乏环境生态意识和伦理道德，其价值观发生了扭曲。环境伦理学是环境学（生态学）与伦理学的交叉，它既是环境科学的一部分，也是伦理学的一部分。人类经济社会不断发展，伦理道德所涉及的范围也在不断扩大。正如利奥波德在《大地伦理学》一书中指出的："把道德扩展到人类环境，这是进化的可能性，也是生态的必要性。"现代科学一方面向微观方向深入，另一方面也向宏观方向发展，环境科学和伦理学都不例外。随着科学技术的发展和人类社会的进步，人类的伦理道德如果不与生态环境密切联系，生态环境保护和人的生态环境行为如果不用新的伦理道德来规范，都同样是不可思议的。

总之，数百万年以来，人类在生物圈中和大自然中其他事物在一起，没有等级差别，没有谁征服谁，谁主宰谁的问题，人类作为大自然的一员，与其他成员一起，在平等的状况下维持着各自的生存条件和生态系统的生态平衡。但是随着人类社会的发展和科学技术的进步，人类逐渐地把自己从自然界中分离出来，认为自己是"万物之尊"，还要凌驾于万物之上。由于人类的无知、自私、贪婪、短视、恣意妄为，对大自然造成了全球性的破坏，使许多生物灭绝或面临灭绝，使全球气候和臭氧层发生变化，构成对地球的严重威胁。因此，也导致人与自然关系紧张和恶化。怎样才能改善人与自然的关系呢？环境伦理学认为，人类应当回到原来的位置上去，成为自然界中的一个普通成员，与其他生物平等相处。怎样才能使人类回到原来的位置上去呢？这就是环境伦理学所要研究和解决的问题。当务之急，应该建立起来生态伦理、生态道德、生态文明，使人类摆脱"人类中心主义"的阴影，重新调整自己的观念和习惯，懂得只有在总体上协调好人与自然界的相互关系，人类社会才能可持续地发展，才能有光明的前景。

四、调整人与资源环境关系的法律规范

调整人与资源环境之间的关系仅有道德约束是远远不够的。道德约束往往缺乏强制性，更多的是靠人们的自觉行动。由于这种约束与人们对经济利益的追求之间常常会产生矛盾，因而在许多情况下，道德约束就显得有些苍白，有时还有许多随意性。只有制度的建立，将人与资源环境的关系用法律体系固定下来，才能确保对人与资源环境之间关系调整的连续性和规范性。而且，随着法治社会的建立，政府的管理行为也需要在一定法律和法规框架下进行，

有法可依。

法的产生要由国家制定或认可。制定是指国家机关按照一定的程序，制定出具有不同法律效率的文件。制定法一般也叫成文法，是现代国家法的主要表现形式。认可一般是指国家确认社会上的某些规则和习惯具有法律效力，称为习惯法，或不成文法。在当今社会，习惯法已经基本上被成文法所取代。在国家管辖范围内，对全体社会成员具有普遍的约束力。

国际资源与环境法是调整国际法主体在利用、保护和改善资源与环境中所形成的各种国际关系的法律规范的总称。国际资源与环境法虽然是针对国际广泛关注的某一特定资源与环境问题而制定的，但其目的是调整能够独立在国际关系中直接享受权利并直接承担义务的行为者之间在利用、保护和改善资源与环境过程中所产生的各种关系。国际资源与环境法对国际法主体具有约束力，一旦经过国际法主体（国家）的批准和认可，其国内法中与此相矛盾的地方，就要做出相应的调整。经国家批准的国际法同样具有约束力。

资源与环境法律体系是调整在利用、保护和改善资源与环境中人们社会关系的行为规范。规范有 2 类：社会规范和技术规范。社会规范是调整人们社会关系的行为规则，其主要表现形式是法律规范，其他还有道德规范和宗教规范等。资源与环境的法律和法规属于社会规范。技术规范是调整人们在生产劳动中同自然关系的行为规则，包括各类技术标准、规程等。这些技术规范一旦被法律认可，同样具有法律的约束力。

法律规范由行为模式和法律后果两部分构成。人们可以依据法律的授权享受其法律上的权利，承担法律上的义务，包括对允许性的行为和禁止性的行为遵守的义务。并且，需要对自己的行为后果承担法律责任。法律对产生肯定性效果的予以承认，对产生否定性法律后果的予以制裁。

法是由国家强制力保证实施的。法律规范具有强制性，而且是以国家暴力为后盾的国家强制性，这是与其他社会规范的根本区别。而道德规范只能通过社会舆论的力量来调整。因而资源和环境道德规范也只有上升到法律规范，才能有效得到遵守。法律制裁是法律强制性的最直接表现形式，包括司法制裁和行政制裁 2 种。其中司法制裁又分为刑事制裁和民事制裁。法是经国家机关制定或认可的并由国家强制力保证执行的行为规则的总和。也是调整人与资源环境之间关系的最后保证。

思　考　题

1. 简述自然资源的形成过程。
2. 简述自然资源和环境对人类社会发展的重要性。
3. 简述当代资源与环境问题的成因。
4. 简述污染物的来源及去向。
5. 为什么要提倡环境伦理和环境道德？
6. 为什么要用经济和法律手段进行资源与环境管理？

参 考 文 献

[1] 陈南，等. 我们的地球. 广州：广东人民出版社，1999.
[2] 陈英旭. 环境学. 北京：中国环境出版社，2001.

[3] 程序.农业资源与环境学概论:案例教材.北京:中国农业大学出版社,2002.
[4] 何强,等.环境学导论.北京:清华大学出版社,1997.
[5] 何增耀.农业环境保护.上海:上海科学技术出版社,1995.
[6] 黄鼎成.人与自然关系导论.武汉:湖北科学技术出版社,1997.
[7] 金鉴明.环境科学大词典.北京:中国环境科学出版社,1993.
[8] 金瑞林.环境与资源保护法学.北京:高等教育出版社,1999.
[9] Keller B. Environmental Science. 4th edition. NewYork:John Wiley & Sons, Inc, 2003.
[10] 李春秋.生态伦理学.北京:科学出版社,1993.
[11] 雷明.绿色 GDP:中国环境与发展评论.北京:社会科学文献出版社,2001.
[12] 林肇信,等.环境保护概论:修订版. 北京:高等教育出版社,1999.
[13] 马中.环境与资源经济学概论.北京:高等教育出版社,2002.
[14] 钱易,唐孝炎.环境保护与可持续发展.北京:高等教育出版社,2000.
[15] Tietenberg T. Environmental and Natural Economics. 5th Edition. 北京:清华大学出版社,2001.
[16] Walker CH et al. Principles of Ecotoxology. New York: Taylor & Francis, 2001.
[17] Walker C. H. , Hopkin S. P. , Sibly R. M. , Peakall D. B. Principle of Ecotoxicology. 2nd Edition. New York: Taylor & Francis, 2001.
[18] 延军平,等.跨世纪全球性环境问题及行为对策.北京:科学出版社,1999.
[19] 严茂超,等.生态经济学新论.北京:中国致公出版社,2001.
[20] 余谋昌.惩罚中的醒悟.北京:广东教育出版社,1995.
[21] 翟虎渠,等.农业概论.北京:高等教育出版社,1999.
[22] 张兰生,方修琦,任国玉.全球变化.北京:高等教育出版社,2000.
[22] 中国社科院环境与发展研究中心.中国环境与发展评论:第 1 卷.北京:社会科学文献出版社,2001.

第三章　生物资源与生态系统

第一节　基本概念

一、生物资源

1. 生物资源的概念

地球上的植物、动物、微生物等各种具有生命的有机体，构成了一类再生性的自然资源，即生物资源。根据联合国环境与发展大会1992年通过的《生物多样性公约》，生物资源是指对人类具有实际或潜在用途或价值的遗传资源、生物体或其部分、生物群体或生态系统中任何其他生物组成部分。由此可见，地球上所有的植物、动物和微生物等各种具有生命的有机体，都属于生物资源的范畴，因为它们都可能在不同的层次上，具有实际或潜在用途及价值，成为人们利用的对象。

生物资源为人类提供了食物、衣物和住房，是农、林、牧、副、渔业经营的主要对象，同时也是重要的工业原料。生物的多样性还对保护土壤、涵养水源、调节气候和维持生态平衡、保护生态环境、美化和丰富人类的生活具有重要作用。人类社会的持续发展依赖于生物资源的可持续性。

2. 生物资源的分类

生物资源分类的方式有许多种：①按照生物种类，生物资源分为植物资源、动物资源和微生物资源。②按照生态类型，生物资源分为森林生物资源、草原生物资源、沙漠生物资源、湿地生物资源、海洋生物资源、内陆水域生物资源等。③按照利用目的，生物资源可分为食用类生物资源，药用类生物资源、工业用生物资源、保护和改造环境类生物资源、珍贵特产生物资源、有毒生物资源、观赏生物资源、实验动物资源、天敌生物资源等。

3. 生物资源的可更新性

地球上生命有机体的两大基本特征是它的延续性和多样性。生命的延续性是指地球上的生命形式从低级到高级、从原始类型到复杂类型，都具有自我复制、繁衍再生的能力。生命有机体的这种繁衍再生能力表明，生物资源是一类可更新的再生性自然资源，可被人类不断利用。当人们利用了其中的一部分后，生物资源能够通过自我更新而得到恢复。因此，应积极合理地利用生物资源。由于生物本身也会自生自灭，对生物资源不利用或利用不充分，在一定程度上可导致资源的浪费。

但是，生物资源不是取之不尽、用之不竭的，过度利用导致生物资源枯竭的例子不胜枚举。因此，利用生物资源既要有生产的观点，也要有生态的观点，即应了解生物资源种群生长的动态规律，确定适宜的利用数量。

种群生态学的研究表明，种群密度对种群的增长和存活情况具有很大影响。每个特定的种群都有特定的最适密度，密度过高或过低都对种群生长不利。种群密度过高，会影响到生态系统中生物群落的结构，破坏生态平衡；种群密度过低，达到丧失自我调节能力的程度，即低于最小种群时,该种群可能趋于灭亡。介于两者之间,存在着一个恰当的利用水平。在这个水平上,种群能够不断地提供为人们所利用的资源,并维持一个最大的产量水平。这在生态学上,称为最大持续产量原理。但是,最大持续产量并不总是人们追求的主要目标,因为当某一种群的数量或总重量达到最大值时,由于平均个体太小或个体质量不高,经济效益并不是最高。其他种群有可能超过或没有达到最大持续产量,因此可能导致一种物种的过度利用,而另一种则利用不足。为此,有学者提出了最适持续产量的概念。最适持续产量是根据最大持续产量理论和资源经济学原理,由最适产量模型导出的。一般说来,最适持续产量要比最大持续产量低一些。

4. 生物资源的层次性和整体性

人们对生物资源的利用可以是生物体内的某一化学组分,也可以是某个器官、或个体、群体甚至是整个生态系统,体现出生物资源的层次性特征。然而,这些不同层次的生物资源不是孤立存在的,而是相互依存、相互联系形成了一个整体,构成了生物群落乃至生态系统。因而,良好的生物群落和生态系统的保持,是生物资源可持续利用的基础。

二、生态系统

1. 生态系统的概念

地球上的各类生物不是孤立存在的,生物之间、生物与环境之间相互作用、相互依存,构成了一个整体——生物圈,又称为全球生态系统。由于海陆分异和环境条件的不同,地球生物及其生物种群结构在空间分布上有很大的差异,形成了各类生态系统。

生态系统是指在一定空间范围内,生物(植物、动物、微生物)群落与其非生命环境,通过能量流动和物质循环而形成的相互作用、相互依存的动态复合体。生态系统是生命系统中重要的组织层次,也是生物圈的基本结构单位。生态系统由生物群落和无机环境两个部分组成(图3-1)。

- 生态系统
  - 生物群落
    - 生产者:绿色植物
    - 消费者:草食动物、肉食动物
    - 分解者:有机异养型微生物
  - 无机环境
    - 介质:水、空气、土壤
    - 基质:岩石、砂、泥
    - 代谢原料:光能、CO_2、H_2O、O_2、无机和有机营养物质

图3-1 生态系统的构成

2. 生态系统的基本功能

生态系统是一个开放系统,生态系统内各部分之间,生态系统与环境之间,不断进行着物质和能量的交换,包括土壤—生物—大气中的水循环、养分循环、能量流、微量气体产生、输送和转化、有机物及金属元素的分解、积累、传输等微观过程。这些生态过程是生态系统中维持生命的物质循环和能量转换的基础,决定了生态系统的功能、结构、演化以及生物多样性等。能量流动和物质循环紧密联系形成一个整体,成为生态系统的动力,这两种过程再加上信息传递,构成了生态系统的三大功能。

3. 生态系统的整体性

构成生态系统整体性的一个重要特征是食物链和食物网结构。食物链是生态系统中植物

制造的初级能源，通过生物进行一系列运转，形成一种捕食与被捕食的食物营养纽带的连锁关系。1859 年达尔文(Darwin)发现生物之间存在食物关系。1929 年埃尔顿提出了食物链名称。例如，在草原生态系统中，野兔吃青草，狐狸吃野兔，野狼吃狐狸，就构成了“青草→野兔→狐狸→野狼”的食物链。食物链作为生态系统营养结构的基本单元，是系统内物质循环利用，能量转化和信息传递的主要渠道。食物链上每一个环节(食性级)称为营养级。上例中，第Ⅰ营养级为绿色植物，第Ⅱ营养级为植食动物，第Ⅲ营养级为第一级肉食动物，第Ⅳ营养级为第二级肉食动物。一个生态系统中的食物链通常有 4～5 个营养级，达到 7 个营养级的食物链是极为罕见的。依此类推，由于食性不同，食物链常被划分为下列 4 种类型。

(1)捕食性食物链，又称活性食物链　它是以直接消耗活有机体，或其组织和器官为食物的食物链。例如，湖泊中存在的藻类→甲壳类→小鱼→食鱼性鱼类食物链，属捕食性食物链。

(2)腐食性食物链，又称残渣食物链　它是以死有机体或排泄物为食物，通过腐烂、分解，将有机物分解为无机物的食物链。例如，森林中存在的枯枝落叶经蚯蚓变成有机颗粒或碎屑，然后经真菌而成为简单有机物，最后被细菌分解成无机物，属腐食性食物链。

(3)寄生性食物链　它是以寄生的方式取食生物活体的组织或器官而构成的食物链。例如哺乳类或鸟类→跳蚤→原生动物→细菌→过滤性病毒食物链，属寄生性食物链。

(4)混合性食物链，又称杂食性食物链　这种食物链的特点在于构成食物链的多个环节中，既有活性食物链环节，又有腐食食物链环节。例如，草原中存在的植物→草食动物→粪便→蚯蚓→鸟类食物链，属于混合食物链。

自然界还有能捕食动物的植物，如瓶子草、猪笼草、捕蝇草等，它们能捕捉小甲虫、蛾、蜂甚至青蛙。这些植物将捕捉到的动物进行分解，产生氨基酸后再吸收利用，这是一种非常特殊的食物链。

食物网是由多条食物链相连而成的生物间的食物供求网络关系。食物网的形成是由于一种生物常常以多种食物为食，而同一种食物往往被多种生物取食。实际上，生态系统中多数动物的食物不是单一的，生物间是错综复杂的网状食物关系。食物网的存在，一方面使生态系统中的营养关系错综复杂，维持着生态系统的相对平衡；另一方面则推动着生物进化，成为生态系统发展演变的动力之一。

通过食物链之间的相互关系，能量也从一个营养级转向下一个营养级，使能量在生物间发生转移的过程，称为能量流动。例如，绿色植物将太阳能转化为化学能，能量首先传给草食动物，再转移给肉食动物，能量逐级消失，最终能量全部消散归还于环境。低位营养级是高位营养级的营养及能量的供应者，但低位营养级的能量仅有 10%能被上一个营养级利用。因此，在生物数量上高一营养级生物必然会远远少于前一营养级的生物数量，沿食物链递增，生物数量将逐级递减，就形成了自然界的生物数目金字塔，同样，也就形成生物量金字塔和生产力金字塔。

4. 生态系统的维稳机制与动态特征

在与环境相互适应和调节状态下，生态系统呈现出有节奏的相对稳定状态和适应外界变化的弹性。生态系统中的各种生物都具有一定的抵制变化和保持平衡状态的倾向。它们通过营养物质的储存和反馈调节，以及有机物质生产和分解的反馈调节，对生态系统起着稳定的作用。正是物质循环和能量流动的相互作用，使得生态系统处于一种自稳态。也就是说，在一定条件下，生态系统保持着相对的平衡。生态平衡是指生态系统处于成熟期的相对稳定状态，此时，系统中能量和物质的输入和输出接近于相等，即系统中的生产过程与消费和分解过程处于平衡状态。

一般而言，这种自稳态也不是不变的，只是变化的幅度较小而且呈现出节律性的特征而已，如食物丰富程度对动物种群数量的反馈调节作用，正反馈导致种群数量增加，负反馈导致种群数量减少，呈现一种周期性的变化。这种反馈调节作用不仅发生在地上部分生物之间，也可以通过地下部分的反馈调节的生态过程来实现。例如，个体植物可通过调节土壤生物群落来影响相邻个体，对生态系统的稳定性和种群演化产生作用。

总的来说，生态系统中有机生命体是受非生命环境所控制的。依靠生物之间的相互作用而产生的生态系统稳态机制是有限度的。环境条件的变化可能促使系统改变。生态系统往往表现出动态特征，即随着时间的推移而发生变化，特别是在较长时间尺度上的变化。产生这种变化的原因是：①物理环境的长期演变，包括冰期的发生和消退、土壤发育或侵蚀、湖泊的沉积而变浅等；②自然选择引起的生命有机体遗传结构的变化，是指为了适应迅速变化着的物理环境和自然选择压力、或者土壤和气候条件以及其他缓慢但具有方向性的变化，生物种群的遗传结构发生改变；③物理小环境的某种特征的变化，导致一定区域内生命有机体的类型和数量等的变化。

自然因素引起的环境变化其时间尺度一般较长，在人的生命周期内常常感受不到。而人为活动引起的生态环境变化则一般是短时间尺度、容易被感受到的。人为活动对生态系统的干扰作用主要表现在：改变水和植物养分的物质循环；通过对土壤环境、植物生长和生物多样性的影响，干扰以植物初级生产驱动的能量流动和信息传递。这些干扰引起生态系统内部分生物种群的正反馈调节和部分生物种群的负反馈调节，从而导致整个生态系统的改变，甚至崩溃。

5. 景观破碎化对生态系统的影响

生态系统的自稳性或称生态平衡需要生态系统保留一定的空间范围和多样性的景观。人为和自然因素的干扰最常见的另一种现象是景观破碎化。

生态学意义上的景观是指人类尺度上、具有空间可量测性，由不同生态系统类型所组成的异质性地理单元。通常包括在一定区域内由地形、地貌、土壤、水文、植物和动物等所构成的综合体。景观破碎化是指在自然过程或人为活动影响下，连续的整体景观转变为分割和破碎的景观镶嵌体的过程。

人类对自然资源利用的活动对生态系统的显著影响是将生物生存环境的破碎化。例如，部分林地开垦为农田后，会留下面积不等的森林“岛屿”，这种景观破碎化会导致片段生存环境中能量平衡、物质循环的改变，并由此引起生态群落的改变，物种的消失、灭绝和部分生物资源的丧失。

三、生物多样性

生物多样性是指一定时间、空间（或地区）内所有生物物种及其生态系统组成的复杂性和变异性，是生物及其与环境形成的生态复合体以及与此相关的各种生态过程的总和。也就是说，生物多样性包括地球上几百万种动物、植物、微生物及其所拥有的基因，以及它们与生态环境相互作用形成的复杂生态系统。

生物多样性表现在多个层次或水平上，这是由于生命系统是一个等级系统，包括基因、细胞、组织、器官、种群、物种、群落、生态系统和景观等层次或水平，每一个层次都有丰富的变化，即都存在着多样性。

(1)遗传多样性　广义的遗传多样性是指地球上所有生物携带的遗传信息的总和。但作为生物多样性的一个层次，遗传多样性主要还是指种内不同群体之间、或同一群体内不同个体的遗传变异，包括个体外部的表现型性状多样性、细胞染色体多样性和分子多样性。

物种是由个体组成的，除了孤雌生殖、同卵双生子和无性繁殖以外，生物界没有两个个体具有完全一致的基因型或基因组，这也是遗传变异的基本特征。遗传是一个保守的过程，又是一个相对的过程。遗传可以保持物种的基本性状和相对稳定性。但是，遗传过程中会发生遗传物质的改变—突变，包括由染色体数目和结构的改变产生的染色体畸变和基因位点内部核苷酸的改变产生的基因突变。这种突变最终会导致新的物种产生。

遗传多样性的表现是多层次的，表现在外部形态上的如花颜色的不同；表现在细胞染色体上的如染色体数目、结构和分带特征的多态性；表现在分子水平上如酶活性的不同等。然而，那些由于发育或环境变化引起的变化不属于遗传多样性的内容，如真菌随发育阶段的不同而出现的外部形态变化等。

(2)物种多样性　物种多样性是指生物群落中物种的丰富性和异质性，是生物多样性在物种水平上的表现形式。生物科学将物种作为生物种类区分的基本单位。物种是一个群体的概念，是具有高度相似的基因结构和表现属性，并且能够相互交配、繁育的群体。物种多样性包括区域物种多样性和生态多样性，区域物种多样性是指一个区域内物种的总和，生态多样性是指生态学方面的物种分布的均匀程度，反映的是群体结构水平上的多样性。

(3)生态系统多样性　生态系统多样性是指生物圈内无机环境，生物群落和生态过程，以及生态系统内环境条件、生物群落和生态过程变化的多样性。无机环境包括地貌、气候、土壤、水文等要素，是生物群落多样性乃至整个生物多样性形成的基本条件。生态群落的多样性主要指群落的组成、结构和动态(包括演替和波动)方面的多样化。

(4)景观多样性　景观有狭义和广义之分。狭义景观是指由不同生态系统或土地利用类型所组成的异质性地理单元，其范围通常为几平方千米到几百平方千米。广义景观是指从微观到宏观的各个尺度上，为人类或生物所感知，具有异质性的空间单元。每一个景观由特定空间分辨率下能够分辨的最小均质多边形，即景观单元组成。而且，某些景观中还存在着由于环境条件或资源的差异，形成的与周边基质不同的斑块，称之为环境资源斑块。各种景观单元组成与环境资源斑块的空间变异，就构成了多样性的景观。结构、功能和动态是景观三个最主要特征。景观异质性是一个景观结构属性，而且结构对功能和过程将产生重要影响。地球表面的景观多样性是自然界长期演化以及人类与自然相互作用的结果，并由此形成了各种景观，如农业景观、森林景观、草地景观、荒漠景观、城市景观和果园景观等。

第二节　物种多样性与生物资源利用

一、物种多样性

(1)物种数目　地球上生物物种极为丰富，据估计，全世界有 1 300 万～1 400 万物种，但科学描述过的仅有约 175 万种。一般而言，对高等植物和脊椎动物了解的比较清楚。对昆虫、低等无脊椎动物、微生物的了解十分有限。每年有大量的物种被发现和记录。昆虫、低等无脊椎生物，尤其是微生物数量巨大。据研究，从长度 10 m 到长度为 1 cm 的动物，长度每减少 10 倍，物种数目将增加 100 倍。有文献记录的微生物中的细菌和病毒，不到估计物种数目的 1%（表 3-1）。

表 3-1 全球主要类群的物种数目 万

类群	已描述的物种数目	估计可能存在的物种数目	类群	已描述的物种数目	估计可能存在的物种数目
病毒	0.4	40	甲壳动物	4.0	15
细菌	0.4	100	蜘蛛类	7.5	75
真菌	7.2	150	昆虫	95.0	800
原生动物	4.0	20	软体动物	7.0	20
藻类	4.0	40	脊椎动物	4.5	5
高等植物	27.0	32	其他	11.5	25
线虫	2.5	40	总计	175.0	1 362

资料来源：Heywood 等. Global Biodiversity Assessment, Cambridge University Press, 1995.

生物物种在地球上不是均匀分布的，生物多样性特丰富的国家主要集中于部分位于热带、亚热带地区的少数国家，包括巴西、哥伦比亚、厄瓜多尔、秘鲁、墨西哥、扎伊尔、马达加斯加、澳大利亚、中国、印度、印度尼西亚、马来西亚 12 个国家。

(2) 中国的物种多样性　中国幅员辽阔、生态类型众多，分布着丰富的动植物物种资源。中国是世界上植物物种最多的国家之一。根据《中国环境保护 21 世纪议程》，我国有高等植物近 32 800 种。其中种子植物 24 500 余种，裸子植物 236 种，蕨类植物 2 600 余种，苔藓植物 2 100 余种，分别占世界总数的 10%、30%、20%和 5%。其中，植物药材 4 773 种，淀粉原料植物 300 种，纤维原料植物 500 种，油脂植物 800 种，香料植物 350 种，珍贵用材树种 300 种。

中国气候和植被类型的多样化为野生动物的繁衍生息提供了有利的生存环境。中国的动物种类约 10.45 万种，占世界总种数的 10%。其中，兽类 560 种、鸟类 1 186 种、爬行类 320 种、两栖类 210 种、鱼类 2 200 种，分别占世界总种数的 10%、13%、5%、7%、10%。昆虫约 10 万种。其中，动物药材 740 种，有经济价值的野生动物 200 种，其中仅毛皮兽就有 70 多种。中国具有许多稀有动植物属种。其中，种子植物中有 10 个特有科、321 个特有属、约 10 000 个特有种。兽类中有 1 个特有科、8 个特有属、63 个特有种。由于中国大陆受到第四纪冰川影响较小，从而保存下许多古老孑遗种、特有种和老孑属种。特有种和孑遗种中有许多世界著名的珍贵种类，如大熊猫、金丝猴、丹顶鹤、扬子鳄、白鳍豚、银杉、珙桐、桫椤、金花茶等。

二、资源动植物

1. 直接利用的资源动植物

资源动植物是指提供物质原料，满足人们生产和生活需要的被利用动植物。广义的资源植物包括农林栽培和利用的植物在内，有时又特指野生或半野生的原料植物。

中国有数量众多的资源动植物。资源植物主要有：食用类、药用类、工业用、保护与美化环境类、种质资源类和有毒类等资源。资源动物主要有:珍贵特产类、食用类、药用类、工业用、观赏类、实验类、天敌类、有毒类等资源。

(1)珍贵特产类动物　有重要经济价值或学术价值的特产种类,如哺乳动物中的大熊猫、金丝猴、白鳍豚、羚牛、白唇鹿、黑麂、野牦牛、藏羚和台湾猴等,鸟类中的鸳鸯、褐马鸡、蓝马鸡、蓝鹇、红腹棉鸡、黄腹角雉、绿尾红雉、几种长尾雉以及扬子鳄、大鲵等。

(2)食用动植物　主要的食用动物来自于水生动物资源。陆地野生动物中的部分飞禽以及爬行类动物中的龟、鳖、蛇等以及哺乳动物中的部分有蹄类动物,均为重要而广布的食用动物。从野生动物保护出发,许多野生动物不宜再作为食用动物,特别是珍稀动物。

用于食用的植物有直接食用也有间接食用的。间接食用植物指动物生产所需要的植物原料,包括饲料、饵料和蜜源植物等。最重要的食用植物有八类,即淀粉植物、含糖及甜味剂植物、蛋白质植物、油脂植物、维生素植物、食用色素植物、饲料植物、蜜源植物。

(3)药用动植物　动物中能够用作药材的包括:无脊椎动物的石决明、地龙、珍珠、医蛭、蝎等,脊椎动物中的海马、海龙等,药用两栖类的蟾蜍和中国林蛙,爬行类动物的龟板、鳖甲、蛤蚧、蕲蛇和银环蛇等,哺乳动物的麝香、鹿茸及鹿角、水獭肝、熊胆、甲片等。

药用植物包括中草药和植物性农药 2 类。中国中药资源中,药用植物种类最多,是我国药用资源的主体。药用植物资源包括藻类、菌类、地衣类、苔藓类、蕨类及种子植物等达 11 118 种,占中药总数的 87%;近 30 年多来,还从这类资源植物中提取出许多有效的药物。中国中药材(已商品化或普遍使用的中药资源)中野生种类占 80%,栽培种类占 20%。我国中药资源种类最丰富的地区为中南和西南地区,华东和西北中药资源也比较丰富。

植物性农药包括土农药植物和激素植物。土农药植物即指除虫菊、冲天子、鱼藤、百部、无叶假木贼等,约 500 种。从它们中提取的除虫菊素、植物碱、糖甙类物质,有杀虫灭菌或除莠的功能。激素植物露水草(含蜕皮激素)、胜红蓟(含抗保幼激素)等,也可作农药用。近年来植物昆虫激素的发现与利用,为开创第三代农药闯出了新路。

(4)工业用动植物　它包括制裘、制革、香料、脂类、羽绒及其他工业用等 6 类。其中,制裘及制革工业用动物主要是兽类,用于香料工业的动物产品有麝香、灵猫香、龙涎香及河狸香等,脂类工业用动物主要是指鲸类,但目前鲸类属于禁止捕杀的动物。羽绒工业的原料主要来自于家禽的羽毛和羽绒。

工业用植物包括木材、纤维、鞣料、芳香油、胶脂、工业油脂及植物性染料等资源。中国重要的纤维植物有 190 种,主要是禾本科、鸢尾科、香蒲科、龙舌兰科、棕榈科等的单子叶植物及榆、桑、荨麻、锦葵、木棉、罗布麻等。单宁含量高、质量较好的鞣料植物达 300 余种,利用价值大、分布广、蕴藏量高的约有 40 多种,主要有化香树、麻栎、盐肤木、金樱子、常春藤、桃金娘等。中国的种子植物中约有 60 余科含有 350 种芳香植物。用于提取香料、香精的芳香植物主要有珠兰、白兰花、玫瑰、腊梅、茉莉、春兰、山苍子、树兰、百里香等。富含橡胶、硬胶、树脂、水溶性聚糖胶等的植物属胶脂植物。其种类较多,如松科的很多种,豆科的槐、瓜儿豆、金合欢等,杜仲 、多种卫矛、夹竹桃科的鹿角藤、花皮胶、杜仲藤及菊科的橡胶草、银叶菊等。

(5)实验动物　传统实验动物有小白鼠、大白鼠、家兔和豚鼠,近年来,也开发了一些新的实验动物资源,如微型猪等。

(6)观赏动物　包括鱼类中的中国金鱼,鸟类中的各种鹤类、天鹅、红腹锦鸡、绿孔雀、犀鸟、鹭类、相思鸟、画眉与黄鹂等,哺乳类中的各种灵长类(猿和猴)、鹿类、熊类、虎、豹、大熊猫、小熊猫、象等。

(7)天敌动物　天敌动物资源十分广泛，包括食虫昆虫，如捕食性的瓢虫、草蛉、蜘蛛、螨类，各种青蛙和蟾蜍，食鼠的蛇类，食虫鸟类和兽类。猫头鹰类是啮齿动物的天敌，它们在控制害鼠的数量及维持自然生态平衡方面起着十分重要的作用。

其他资源动物还有能够帮助植物传授花粉的媒介昆虫，作为有机污染指示动物的原生动物眼虫，作为经济鱼类饵料的浮游动物和底栖动物，以及作为家禽家畜饲料的海洋动物等。另外，有些动物有毒，它们有各种不同的毒腺或毒器，给人、畜带来一定的危害。常见的有毒蛇、毒虫、毒蝎或毒蜘蛛。人一旦被它们咬伤即中毒。有时，人们误食某些有毒动物，也会引起中毒，甚至危及生命。这些有毒动物具有潜在的利用价值。

(8)保护、美化和改造环境植物　主要包括防风固沙植物；保持水土、改造荒山荒地植物；固氮增肥、改良土壤植物；监测和净化污染环境的植物，如碱蓬(可监测环境中汞的含量)、风眼蓝(能快速富集水中的镉类金属，清除酚类物质)以及一些重金属超积累植物；绿化美化、保护环境植物，包括各类草皮、行道树、观赏花卉、盆景等。

此外，有毒植物也是具有利用和潜在利用价值的资源植物。我国有毒植物约有 1 300 种，分属于 140 个科。毛茛科、杜鹃花科、大戟科、茄科、百合科、豆科等的有毒种最多，约 330 种。毛茛科、杜鹃花科、茄科不仅物种丰富，而且有一些是我国特有的剧毒物种。

2. 动植物种质资源

动植物种质资源实际上是遗传资源。种质是指亲代传递给子代的遗传物质，而携带各种种质的材料称为种质资源。因此，每一生物物种具有不同的遗传特性，都应视为不同的种质。不同科属的高等植物之间可以进行杂交育种，产生优质的后代。长期栽培的作物也因不同程度的特化，具有不同的种质特征。

对种质资源的保护就是保护生物的遗传资源，是发展较快的一种保护措施。这对动植物的遗传育种、生物多样性的保护、科学研究都具有重要意义。对种质资源的有效保护，可以通过对生态环境的保护、建立自然保护区和植物园、建立生物种质库来实现。

三、资源微生物

微生物是一大群小生物的总称，因形体小而得名。广义的微生物是指除高等动植物以外的所有生物，种类繁多，主要包括病毒、单细胞原核生物(古细菌、细菌和放线菌)、真菌、藻类、原生动物等。

1. 微生物的资源价值

微生物具有资源价值，主要体现在：①参与生态系统中的物质和能量循环过程，如微生物在碳、氮、磷、硫等元素循环、能量转化过程，保护生态平衡方面起着其他生物所不能代替的作用；②是最丰富的遗传基因库 微生物数量巨大、种类繁多、生理和生态类型多样、具有许多独特的代谢类型，而且易发生遗传变异，遗传资源极为丰富；③有实际或潜在的用途或价值在农牧业、发酵、食品、石化、医药、冶金、环保、轻纺等行业，具有巨大的经济和社会效益。在生物工程的转基因方面，微生物具有特别重要的作用。

2. 微生物资源的利用

(1)食用菌　这是可供人类食用的大型真菌，包括通常称为“蘑”、“菇”、“菌”、“耳”、“蕈”等。目前中国已报道的食用菌有 720 多种。天然食用菌在我国各地均有大量分布，绝大多数食用菌生长在林区，少量在草原。我国人工栽培的食用菌有近50种，部分已形成大规模商业性栽培。中国食用菌的年总产量已达70万～80万t，是世界上最大的生产国和出口国。

(2)药用真菌　我国传统的药用植物中包括了许多药用真菌。我国传统药典已记载及试验有药效的真菌有380余种，计有50个科、137个属。较重要的药用真菌有虫草、竹黄、茯苓、灵芝、云芝等，许多食用菌具有药用功能。

(3)毒菌　我国毒菌分布广泛，现有191种，分属于26个科、58个属。其中担子菌180种，子囊菌11种。对人体危害严重的40种，致死的近30种。毒菌的毒素在生物防治、药用等方面具有重要的利用价值。

(4)菌根真菌　能够与植物根系形成共生体的真菌被称为菌根真菌，包括外生菌根真菌、内生菌根真菌、兰科菌根真菌等。我国已查明的外生菌根真菌有362种，记录的内生菌根真菌有30多个种。菌根真菌与植物根系共生形成的菌根能够促进根系对水分、养分等的吸收，并增加植物的抗逆性。与天麻根系等兰科植物形成菌根的真菌称为兰科菌根真菌，没有菌根的形成，这类植物就无法完成其生命周期。

(5)微生物生物活性物质　是指具有抗菌活性、生物活性或生理活性的微生物产物，既包括通常说的抗生素，也包括各种抗病毒、抗肿瘤、抗心血管疾病等的物质。抗生素中有青霉素、链霉素、氯霉素、金霉素、红霉素、螺旋霉素等，目前抗生素已近万种之多。世界上开发新生物活性物质的目标集中在以下几个方面：①抗肿瘤物质。②抗耐药性金黄色葡萄球菌、大肠杆菌和结核杆菌物质。③抗绿脓杆菌和变形杆菌物质。④抗病毒物质。⑤抗心血管疾病物质。非抗生素的生物活性物质，如特异性酶抑制剂发展很快，1981—1984年间各国报道的抗感染、抗肿瘤以外的生物活性物质共257种；1985—1988年报道的数目上升到604种。到目前为止，已报道的有1 000多种，其中30种左右已得到应用。这些突破性进展，带动了一个新的研究领域——微生物药物学的形成。

(6)微生物酶　酶是活细胞产生的一种生物催化剂。用微生物来生产酶，其生产能力一般都远远超过动植物，品种更易多样化，产量和质量更容易提高，产酶过程更便于人工控制。目前，很大一部分酶产品来源于各种类群的微生物。

(7)农用微生物制剂　农用微生物制剂是指一类含有活微生物的特定生物制品，这些微生物制品可以与饼类、糟类、秸秆和青饲料等有机物质分类混合，在一定条件下进行发酵、干燥后制成饲料。用于饲料生产的微生物主要有乳酸杆菌、粪链球菌、双歧杆菌、酵母菌、芽胞杆菌，以及能够分解纤维素和木质素的放线菌和真菌等。微生物制剂加入秸秆后可不同程度地提高秸秆的营养价值、秸秆的适口性以及秸秆的消化率。微生物制剂也可以施用于大田作物，进行生物防治、提高养分的活化能力或直接促进植物生长和发育，包括菌制剂、植物促生菌制剂和微生物肥料制剂等。其中，除固氮微生物制剂外，其他用于制作肥料微生物，施入土壤后一般并不直接提供养分，只是具有增加养分植物有效性的作用。用于田间接种的微生物制剂有细菌、真菌、放线菌制剂等。微生物制剂田间的实际应用效果有时并不太稳定。

(8)湿法冶金　微生物湿法冶金是指利用氧化细菌对还原态硫和铁的氧化能力，通过对它们的氧化，将需要提炼的存在于硫化物矿石中的金属浸出的过程。此类微生物主要是氧化亚铁硫杆菌、氧化硫杆菌和硫化叶菌，生产上主要应用于铜、金、铀等金属的浸出。

(9)生物净化作用　所谓生物净化是指通过生物对污染物的分解和利用，消除环境中有机和无机污染物的过程。微生物在被污染土壤和水体的生物净化方面起着其他生物所不能代替的作用，特别是水体中的氮、土壤和水体中的有机污染物以及砷、硒和汞等无机污染物。这方面的研究工作发展很快，是环境微生物（专栏 3-1）的重要研究内容之一。

专栏 3-1　环境微生物学

环境微生物学既是微生物学的一个分支学科，也是环境生物学的主要分支学科。其中，环境生物学是环境科学的分支学科，主要研究生物与受人类干预的环境之间相互作用的规律及其机理；重要研究领域包括污染生态、生态毒理、生物净化与自然保护。环境微生物学还与环境医学、微生物生态学等学科交叉。

环境微生物学研究人类生存环境与微生物之间相互关系的学科，着重研究微生物对人类环境产生的有利和有害影响及其作用规律。内容包括：自然环境中微生物对不同生态环境及环境质量的影响；各种污染环境中微生物对人体健康的影响；微生物降解和转化污染物的规律及其应用；应用微生物作为环境检测的指标和手段。

环境微生物学自 20 世纪 60 年代建立后，一直是一个发展较快的分支学科，其主要发展方向在污染物生物净化和污染环境生物修复的机理和应用方面。其他重点研究方向包括极端环境微生物资源、微生物碳氮转化的环境效应等。

（10）生物质能源　近年来发现，藻类中的一些个体较小的微藻（microphytes 或者称 microalgae）富含烃类和植物性油脂类化合物，占其生物量的 40%～60%，最高可达 70%。这些化合物能够用于生产生物柴油、生物丁醇、生物汽油、航空煤油、乙醇、甲烷等生物质燃料。生长在水生环境下的藻类种类繁多，作为光合生物需要的营养物质较为简单，繁殖很快。藻类中的微藻光合作用效率非常高，可直接利用阳光、二氧化碳以及氮、磷等简单营养物质快速生长，合成油脂、蛋白、多糖、色素等物质。例如，螺旋藻就是富含蛋白质的微藻，其蛋白质含量在 55%～70%之间，而且含有一些对人体有益的活性物质如 γ-亚麻酸、多种维生素等。

3. 微生物资源保护

微生物资源分布极为广泛，对其的保护目前仅限于在菌种保藏中心对具有特种用途的部分微生物菌种的保藏，或者分散保存在各个研究和生产单位。对广大微生物资源的保护，也只能通过对生态环境的有效保护来实现。

第三节　生态系统的服务功能与资源特性

一、生态系统与物种多样性

1. 生态系统类型

根据大环境条件的不同，生态系统通常分为陆地生态系统和水生生态系统。其中水生生态系统可根据水体化学性质，分为海洋生态系统和淡水生态系统。根据水体物理性质的不同，淡水生态系统又进一步分为流水生态系统和净水生态系统。根据生物群落的特点，陆地生态系统分为森林生态系统、草地生态系统、荒漠生态系统等。根据植被分类特征，又可以进一步进行分类。生态系统还可以按人类的影响程度分为自然生态系统和人工生态系统。

由于地貌、气候、土壤、水文等生境条件的多样化，以及人为活动的影响，我国生态系统类型复杂多样。根据《中国环境保护21世纪议程》,仅陆地生态系统就有27个大类、460个类型。其中,森林有16个大类、185个类型;草地有4个大类、56个类型;荒漠有7个大类、79个类型;湿地和淡水水域有5个大类。

2. 生态系统的物种多样性

一个稳定的生态系统需要有三大生物功能群:生产者、消费者和分解者。即使是对简单的生态系统,如种植业生态系统而言,物种的多样性或许对该生态系统的功能也有影响。对一个复杂的自然生态系统而言,为了维持一个生态系统的正常功能,物种的多样性是必不可少的。基因和物种多样性是构成生态系统多样性的基础,而生态系统多样性是基因和物种多样性得以维持的基本保证。基因和物种多样性只有在特定的生态系统得以维持,才能得到有效保护。

一般用生物群落的多样性来反映生态系统的多样性水平。表征生物群落多样性的指标通常是物种丰富度。物种丰富度的测量方法有2种:①测定单位面积中的物种数目,即物种密度。例如,此方法用于植物多样性研究时,一般用每平方米中的物种数目表示。②测定一定数量的个体或生物量中的物种数目,即数量丰度。例如,此方法用于水域物种多样性研究时,100条水生生物中物种的数目。

二、生态系统服务

1. 生态系统服务的概念及范围

生态系统是生命支持系统,是人类经济社会赖以生存发展的基础。生态系统既是自然资源也是人类生存的环境。生态系统的资源与环境价值统一体现在生态系统服务的功能上。所谓生态系统服务是指人类直接或间接从生态系统得到的利益,主要包括向人类的经济社会系统输入有用物质和能量、接受和转化来自经济社会系统的废弃物,以及直接向人类社会成员提供服务(如人们普遍享用洁净空气、水等舒适性资源)。

根据联合国2004年发布的《千年生态系统评估综合报告》(Millennium Ecosystem Assessment),生态系统服务有以下几点。

(1)提供产品功能 各类生态系统为人类提供的产品包括食物、纤维、燃料、淡水、生化物质、基因资源、装饰和美化环境的产品等。表现为生态系统的直接利用价值。

全世界估计有8万余种陆生植物,而现在仅有150余种被大面积种植,作为食品。世界上90%食物来源于20个物种。目前人类所需的粮食的75%是来自小麦、水稻、玉米、马铃薯、大麦、甘薯和木薯。这7种作物前三种又占总产量的70%以上。各种家禽、家畜、鱼类、海产为人类提供必要的蛋白质。各种蔬菜水果菌类均为人类日常生活所必需。药物也是与人类生存有关的物品,大部分是依靠植物动物和微生物入药,而且一直沿用至医药事业发达的今天。时至今日科学家还不断在生物中筛选药物的有效成分。世界卫生组织统计表明,发展中国家有80%的人口依靠传统的药物进行治疗,发达国家有40%的药物来源于自然资源,或依靠从大自然发现的化合物进行化学合成。相当多的动物已经作为主要的药物,如水蛭素是珍贵的抗凝剂,蜂毒治疗关节炎,某些毒蛇能控制高血压。

微生物与人类生活和健康关系极为密切。目前,开发利用的微生物仅是很少一部分,尚有更多微生物种有待研究和开发。我国是栽培大型真菌的大国,早就应用茯苓、猴头、灵芝、冬虫夏草等入药。抗生素就是由微生物产生的化学物质,在医药上起到不可估量的作用。

生物多样性还为人类提供多种多样的工业原料,如木材、纤维、橡胶、造纸原料、天然淀粉、油脂等等。煤、原油、天然气也都是由森林储藏了几百万年前的太阳能所供给。现代工业生产还需要开发更多可更新的生物资源，以提供各种工业生产中必需的原材料和新型的能源。

(2)调节服务功能　生态系统的调节服务功能包括保持大气质量、调节气候和水文状况、控制水土流失、水体净化和污染物降解、人类疾病控制、植物授粉和灾害防治等。例如，生态系统对大气候及局部气候均有调节作用，包括对温度、降水和气流的影响。

在稳定水文方面，集水区内发育良好的植被具有调节径流的作用。植物根系深入土壤，使土壤对雨水更具有渗透性。有植被地段比裸地的径流较为缓慢和均匀。一般在森林覆被地区雨季可减弱洪水，干季在河流中仍有流水。例如，马来西亚森林集水区内，每单位面积径流在高峰期大约相当于橡胶园油棕园内径流量的50%，在径流的低峰期约为种植园的1倍。

①生态系统有保护土壤，防止水土流失的作用。凡有发育良好植被的地段，由于植被和枯枝落叶层的覆被，可以减少雨水对土壤的直接冲击，保护土壤减少侵蚀，保持土地生产力，并能防止塌方，保护海岸和河岸，并能防止湖泊、河流和水库的淤积。

在维持进化过程方面，生态系统的功能包括传粉、基因流、异花受精的繁殖功能，以及生物之间、生物与环境之间的相互作用，对于维持进化过程和环境效益有重要意义。

②生态系统对污染物质吸收和分解作用。某些生物对污染物质有抗性，它们能吸收和分解污染物。另一些生物对有机废物农药以及空气和水的污染物有降解作用。还有些生物对污染物敏感因而对环境污染具有指示意义。

(3)文化服务功能　生态系统的文化服务功能包括对文化多样性、知识体系、精神价值、教育、美学、社会关系、文化遗产、休闲和旅游等的影响。

(4)支持服务功能　它指对所有其他生态系统服务的影响，包括土壤形成、初级生产力和养分循环等方面。土壤的形成是在一定的气候、地形条件下，生物与母质长期相互作用的结果，是重要的生态过程之一。初级生产力是指植物群落在单位时间、单位面积上所产生有机物质的总量。植物通过光合作用固定太阳能，使光能通过绿色植物进入食物链，由此形成的初级生产的产品为地球上所有其他物种包括人类提供生命维持系统。

生态系统中的植物群落还通过贮存必需的营养元素并促进元素循环。生物从土壤、大气、降水中获得必需的营养元素，构成生物体。生态系统的所有生物体内都贮存着各种营养元素，并通过元素循环促使生物与非生物环境之间的元素交换，维持生态过程。

生态系统的服务功能是随着生态经济学等相关学科的发展而提出的，以便于人们从经济学角度，对生态系统服务价值进行量化评价。但是，与传统经济学意义上的服务不同，生态系统服务只有一小部分能够进入市场被买卖，大多数生态系统服务是公共品或准公共品，无法进入市场。但是生态系统服务功能一旦受到破坏，其恢复或补偿需要花费一定的代价。

2. 生物多样性与生态系统服务

生物多样性直接或间接地影响着生态系统服务的功能发挥，关系到人类的福祉(图3-2)。而且，生物多样性还与生态过程及全球变化之间存在着复杂的互馈作用。

三、主要生态系统的生物资源分布与服务功能

1. 森林生态系统

森林是指以乔木(包括竹子)为主体的、具有一定面积和密度的植物群落，并与周围环境构成了有机的统一体。森林是陆地生态系统的主体，起着调节气候、涵养水源、保持水土、防止风

沙、美化环境的作用,并为众多的野生动植物和微生物提供主要的栖息地。在中国森林中有许多珍贵树种和世界上的稀有树种,有十分丰富的经济林木资源,有多种林副产品。野生动物资源也极为丰富,我国兽类共有400多种,鸟类1 100多种,它们中间的绝大部分栖息在森林中。森林生态系统的保护在生物多样性保护方面具有特殊的地位。

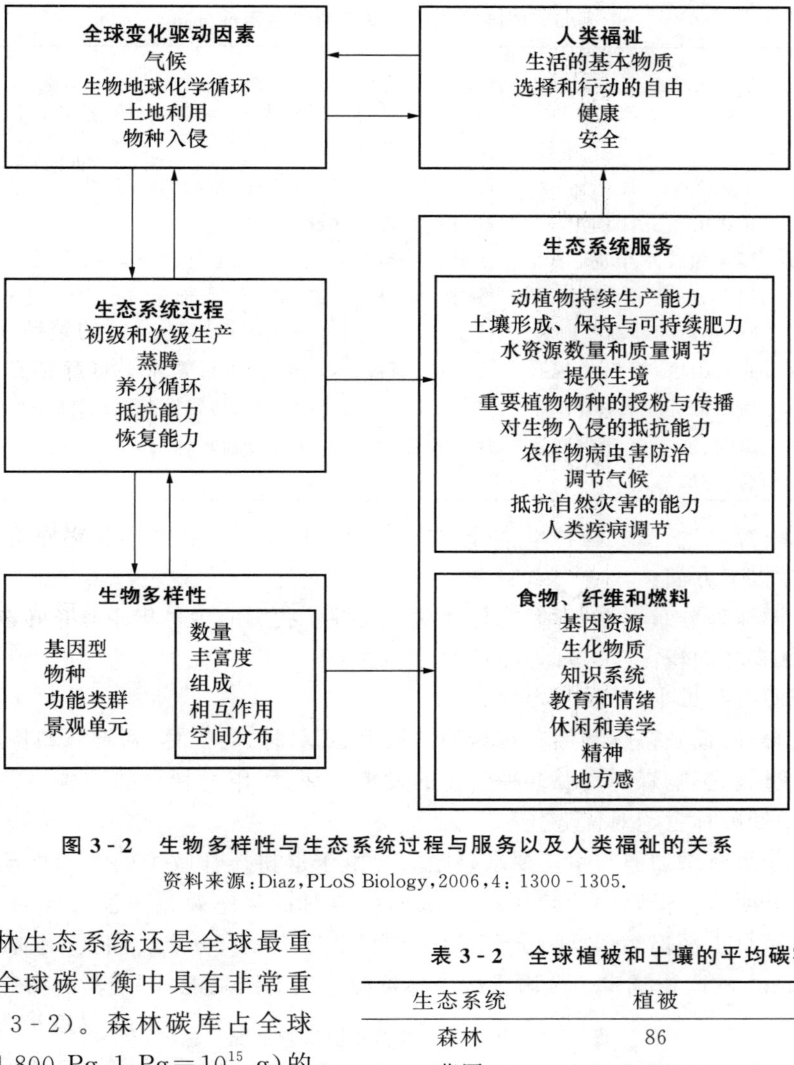

图 3-2　生物多样性与生态系统过程与服务以及人类福祉的关系

资料来源:Diaz,PLoS Biology,2006,4: 1300-1305.

此外,森林生态系统还是全球最重要的碳汇,在全球碳平衡中具有非常重要的地位(表 3-2)。森林碳库占全球陆地总碳库(1 800 Pg,1 Pg$=10^{15}$ g)的77%,草地12.7%。森林地上植被碳库(483 Pg)占全球地上总碳库(562 Pg)的86%,草地15.5%。每年森林植被的净光合固定的碳量以热带地区最高,为450～1 600 g/hm^2。温带和寒温带森林则分别为270～1 125 g/hm^2 和180～900 g/hm^2。

表 3-2　全球植被和土壤的平均碳密度　t/hm^2

生态系统	植被	土壤
森林	86	189
草原	21	116
农田	5	95

资料来源:陈泮勤等.2004.

中国陆地生态系统总体上是碳汇,其中贡献最大的森林生态系统,植树造林和林木生长每年固定的碳量,相当于我国碳排放的13.5%～15%。

在我国青海南部、甘肃南部、四川西部、云南西北部、西藏东部和南部等地有森林的垂直分布带，主要树种为高山针叶林、高山松、铁杉、云杉、冷杉、四川红杉、香果树、连香树、水青树碑等。按地域及用途，中国林区又分为东北林区、黄土高原林区、华北防护林用材林区、西南高山峡谷防护林用材林区、南方用材林经济林区、华南热带林保护区。我国森林生物资源的地带性分布汇总见(表 3-3)。

表 3-3 中国的森林生物资源的地带性分布

森林带	分布地区	主要树种
寒温带针叶林带	大兴安岭北部地区	兴安落叶松、樟子松、桦木、栎类、山杨、红松、柳、云杉、冷杉、黄波罗、楸、椴、榆等
温带针叶与落叶混交林带	小兴安岭、张广才岭、完达山、长白山地区	红松、冷杉、云杉、落叶松、紫杉、沙松、桦、椴、水曲柳、黄菠萝、楸、榆、大青杨、槭树等。
暖温带落叶阔叶林带	辽东和胶东半岛、华北和黄土高原、渭河平原、甘肃的绿洲盆地等	云杉、冷杉、华山松、太白落叶松、桦木、栎类、油松、侧柏、杨、椴、柳、桑、核桃、枣、栗、花椒、柿子、槐、赤松、泡桐等
亚热带常绿阔叶林带	武夷山区、秦巴山地和川黔湘鄂经济林区	壳斗科、樟科、木兰科、山茶科等常绿阔叶树种组成的常绿阔叶林，以及人工栽培的杉木、马尾松、毛竹、栎类以及油茶、油桐等
热带雨林、季雨林带	滇南、海南岛和南海诸岛、台湾等地	热带雨林、季雨林和常绿阔叶林

我国森林资源总量可观、物种丰富，但在分布、数量、质量及其结构状况方面仍有诸多的问题，主要表现在以下方面。

①森林资源地理分布不均衡、影响总体功能发挥。我国的森林集中分布在东北林区、西南和南方林区，其森林面积占全国森林面积的 81.0%。

②人均资源占有量少、承受压力大。

③结构欠合理，危及持续利用。在林种结构上，用材林、防护林、薪炭林和特用林的面积比中用材林比重过大，影响森林资源多种效益的发挥。而且，用材林林龄结构中，成熟林的面积结构比较低，中幼龄林占绝对优势。

④森林面积虽有增加但与生态要求差距大。由于退耕还林政策的大力推动，近年来森林覆被率增加十分明显。但以中幼龄林为主的地区，森林的生态效益还没有得到发挥。而且我国的森林覆被率总水平仍然偏低，低于世界平均水平近 7 个百分点。而且，有林地面积每年仍以每年 74 万 hm^2 的面积减少。全国历次森林资源清查的结果汇总见(表 3-4)。

表 3-4 全国 7 次森林资源清查情况汇总

年份	林业用地面积/万 hm^2	活立木总蓄积/亿 m^3	森林面积/万 hm^2	森林蓄积/亿 m^3	森林覆被率/%	年消耗量/亿 m^3
1973—1976	25 760	95.32	12 186	86.56	13.7	1.96
1977—1981	26 713	102.61	11 528	90.28	13.0	2.94
1984—1988	26 743	105.72	13 465	91.41	12.98	3.44
1989—1993	26 289	117.85	13 370	101.37	13.92	3.20
1994—1998	26 329	124.88	15 894	112.67	16.55	3.71
1999—2003	—	136.18	17 491	124.56	18.21	—
2004—2008	—	149.13	19 545	137.21	20.36	3.79

资料来源：历年中国环境状况公报.

⑤天然林资源减少，森林质量下降。近年森林资源总量在增加，但天然林却在不断被砍伐破坏而减少，全国森林资源质量亦呈下降趋势。1998年以后，我国以保护生态公益林为目的，禁止天然林采伐，总体状况尚好，但局部砍伐的事件常有发生。

⑥森林生态系统退化、生态失衡。例如，在横断山区由于对原始林区开发中，忽视了生态环境的保护，森林资源急剧减少。解放初期川西地区的森林覆被率在40%以上，到20世纪70年代末只剩下14%。森林减少，生态系统退化，生物种减少，许多生物基因资源丧失。

此外，外来生物入侵，也给森林生态系统的生物多样性带来一定影响。

2. 热带雨林生态系统

热带雨林地处热带地区，主要分布在赤道周围的33个国家，占地球陆地面积7%，但拥有地球上50%以上的物种。是全世界最关注的环境区域。热带雨林只分布在中美洲、非洲、亚洲的一些国家和地区。

我国的雨林主要分布于台湾、广东、广西、海南和云南的南部，属雨林分布的北部边缘地区，是在热带季风气候条件下发育成的。分布区热量充足，降水丰富，大气湿度高，年降水量为1 320～1 600 mm，但降水年中分配不均，85%集中在雨季，干湿季分明。由于有明显的干季，云南南部的雨林表现了某些偏旱的特征，如滴水叶尖不发达，以小型叶为主，多革质化，以及木本附生植物较少等。

热带雨林生态系统对地球和人类有多方面的重要服务功能，最主要的有以下几点。

①它为地球半数以上的生物物种提供了栖息和生存地，因此是地球上生物多样性最丰富的地区，是最重要的生物遗传资源库。

②它为人类提供了丰富的原料，如巧克力、坚果、水果、胶类、咖啡、木料、橡胶、天然杀虫药、纤维和燃料。

③它是一座天然药库。从医疗手术中使用的麻醉剂，到避孕药丸，再到治疗高血压、白血病、帕金森病、恶性淋巴肉芽肿病、多发性硬化症等难症和绝症的药物，热带植物给人们提供了药效很好的成分，已用于临床。医学界的科学工作者认为，人类还会在热带植物中发现更多的治疗疑难病症的药物成分。

④它可以大量吸收地球大气层中的二氧化碳，因而能够帮助减少地球上的温室效应，具有维护地球气候平衡的功能。

⑤它能大量吸收降雨，储存淡水资源，防止水土流失，防止洪水的发生。

⑥它为地球上近1亿人口提供着生活资源和生存基础。

热带雨林地区目前仍是土地利用/土地覆被变化问题最突出的地区。近年来受到全球关注的主要生态环境事件就包括东南亚、拉丁美洲和非洲等地区部分热带国家的毁林开荒。

3. 草地生态系统

草地是指草本和木本饲用植物所着生的土地，有天然草本植被着生的称为草原。草原是内陆半干旱到半湿润气候条件下特有的自然生态类型，处于湿润森林区与干旱荒漠区之间。这里降水不足以维持森林的发育，却足以支持耐旱的多年生草本植物，尤其是禾草类的繁茂生长。

草地是重要的畜牧业基地，同时对维持地球生态平衡起着重要作用。根据地理位置的不同，中国草地可概括为：北方草原、南方草山草坡、滩涂草地3部分。考虑到自然条件、植被类型等因素，我国草原又进一步分为，草甸草原类、干旱草原类、山地草丛类、荒漠草原类、疏林草原类、灌丛草原类、沼泽草甸类等。实际上，荒漠草原可归入沙漠生态系统，疏林草原和灌丛草原为森林生态系统，沼泽草甸为湿地生态系统。

中国是世界上天然牧草种类最多的国家，人工也育成了许多优良的栽培牧草品种，有种类繁多的野生动物，包括黄羊、野马、野驴、羚羊、白唇鹿等，以及许多名贵药材和蘑菇、发菜等草原的特产。草原境内还有众多的河湖、沼塘，但其生态类型分别属于淡水生态系统和湿地生态系统。

据估计，中国草原上各类饲用植物有 2 500 余种，构成草原植被的主要是禾本科、豆科、菊科、藜科和莎草科五大科牧草，不少种还是我国所特有的，如沙生冰草、小尖隐子草、三刺草和青海固沙草等。在豆科饲用植物中，灌木锦鸡儿属世界上共有 60 种，中国就占 5/6，居世界首位。我国的禾本科牧草有 190 多个属，1 150 种。它们适应性强，分布广，在草甸草原的草种中占 90%，在干草原中占 70%。中国草原饲用植物根系一般粗壮发达，枝叶繁茂，青嫩多汁，营养丰富，生长力十分旺盛，再生力强。草原有丰富的中草药材资源和食用菌资源，是药用植物和蘑菇生产的主要基地之一。

在草原动物中，牲畜是数量多、分布广、经济价值最高的动物。目前，草原畜牧业区主要放养大牲畜，在全国天然草原上牧养的各类牲畜约占全国牲畜总头数的 35%，其中羊占 80%，骆驼占 75%，马占 50%，牛占 20%。草原的野生动物也比较丰富。其中，种类最多、数量最大的是善于奔跑的蹄类及地下穴居的啮齿动物。此外，还有大量的鸟类、昆虫以及捕猎其他动物的食肉猛兽、猛禽等。

中国草原的不合理开发和利用，已经对野生动植物的栖息地构成了严重威胁。这些不合理开发和利用包括森林植被的破坏、森林到干旱草原过渡地带盲目开荒、草原超载放牧等。由此导致草原质量下降、草地退化和沙化。处于农牧交错带的生态脆弱带，问题尤其突出。

目前，我国的草原生态退化的问题仍然十分突出，90%的可利用草原均有不同程度的退化，而且每年还以 200 万 hm^2 速度增加。经过多年治理，局部虽有改善，但总体状况仍在恶化。草地沙化、鼠害严重，草地质量和生态承载力均在下降。这既与我国北方地区近几十年来降水量减少有关，又受到载畜量过高的影响。

我国天然草地的面积占国土面积的 41.7%，是面积最大的陆地生态系统。全球范围内处在温带的草原生态系统是最重要的碳汇之一。草原土壤不仅贮存着大量的土壤有机碳，而且还是最主要的无机碳库。全球 950 Pg 的土壤无机碳主要贮存在温带草原土壤中。然而，由于我国草地退化和质量下降，草地作为碳汇的作用不太显著。

4. 沙漠生态系统

中国是世界上沙漠最多的国家之一，沙漠呈一条弧形带绵亘西北、华北和东北。这一弧形沙漠带南北宽 600 km，东西长 4 000 km，面积约 7.1 万 km^2。中国沙漠总面积为 13.1 万 km^2，约占全国国土总面积的 13.6%。

沙漠地区自然条件严酷，能适应的动、植物种类虽远比其他自然地带要少，但由于沙漠地域广阔，总的来说，野生动植物资源还是比较多的。沙漠中野生植物资源有 1 000 种左右，以耐旱、耐盐的沙生植物为主，包括不少经济价值较高的用材林，如胡杨林分布在新疆的塔克拉玛干沙漠的塔里木河、叶尔羌河、和田河和克里雅河等河流两岸以及沙漠的边缘地带。梭梭林分布更为广泛，以准噶尔盆地最为集中。此外还有沙枣、各种牧草、各种药用植物和纤维植物等。为了适应沙漠地区气候干旱，温度高，多风沙，土壤含盐量高。沙漠植物与其他地区的植物相比较，在外部形态、内部结构以及生理作用等都很不相同，主要表现在：多数多年生沙生植物有强大的根系，以增加对沙土中水分的吸取；沙漠植物叶子的缩得很小，大多变成棒状或刺状，甚至无叶，用嫩枝进行光合作用，以减少水分的消耗；许多沙生植物枝干表面变成白色或灰白色，以抵抗夏天强烈的太阳光照射，免受沙面高温的炙灼，如沙拐枣等；有很多沙漠植物的分蘖性强，侧枝韧性大，能抗风沙的袭击和沙埋；许多沙生植物是含有高浓度盐分的多汁植物，可从盐度高的土壤中吸收水分，如碱蓬、盐爪爪等。沙漠中动物稀少，野生动物有不少穴居的啮齿动物和小的爬行动物，善跑的有足类食草动物如骆驼、野马和野驴等，沙鸡、地鸦等鸟类和其他沙漠特产动物。

由于生境恶劣，沙漠生物在生物多样性方面具有特殊性，沙漠生物种类往往是特有的。作为重要的植物种质资源，沙漠野生植物在抗逆育种方面具有特别重要的意义。沙漠的绿洲植物在维持沙漠生态系统的生态平衡方面起着关键作用，因此保护绿洲生物资源尤为重要，特别是对沙漠木本植物的保护，其生态学价值远比木材利用重要。此外，近年来的盲目开垦和水源的大量利用，对绿洲构成了威胁。

5. 湿地生态系统①

湿地是陆地和水系之间的过渡地带，1971 年的《国际重要湿地特别是水禽栖息地公约》，又称《拉姆萨尔公约》对湿地的解释是："沼泽地、湿原、泥炭地或水域，该水域无论是天然的或是人工的，永久的和暂时的，其水体是静止的或流动的，是淡水、咸水或半咸水，包括低潮时水深不超过 6 m 的海域。"按此解释，湿地的范围非常广，包括沼泽、海涂及部分浅海海域、大面积的淡水水域和稻田等。

沼泽是陆地上有薄层积水或间隙性积水，生长有沼生和湿生植物的土壤过湿地段，发生在排水不良的平原洼地、山间谷地、河流源头、湖泊边缘等地形部位。沼泽中生长着茂密的纤维植物，蕴藏着丰富的资源，部分沼泽地也是很好的牧场。沼泽具有调节径流、湿润气候、净化环境等功能，是生态平衡的重要因素。

滩涂主要是指沿海滩涂，即涨潮时被水淹没、退潮时露出水面的软底质的广大潮间平地。海涂是我国重要的水产养殖基地，有些海涂也可以开发为农田。

中国湿地的植物主要有牧草、药用植物、芦苇、红树、藻类，以及一些旱生型植物。其中牧草以莎草科植物为主，饲用价值低于禾本科为主的草甸和草原植被，但适口性好、营养成分高、植物的覆被度高，而且返青早、生长期长，也是较好的牧草资源。沼泽和沼泽化草甸上生长的中草药材，有 250 多种，有不少是沼泽或沼泽化生境中的特有种。此外，沼泽中的一些植物却具有旱生型形态结构，如在发育成熟的泥炭藓沼泽中常常生长着狭叶杜香、越橘柳、甸杜等灌丛，草本沼泽中的乌拉苔草、毛果苔草等。沼泽中还有一些特殊的植物类型，如食虫植物。这些植物都长有特殊的捕虫"器官"，消化后可为其提供矿质养分。在海涂生态系统中，生于海岸河口沼泽地的红树是一种特殊的喜热树种，是常绿灌木或小乔木，在淡水或咸水中均可生殖。湿地生态系统还有众多藻类资源，仅海涂就有 350 多种。

湿地生态系统中比较重要的动物是鸟类。多水和过湿的自然环境，使得动物种群比较贫乏，但鸟类品种繁多，因为水草丛生的沼泽环境，为各种鸟类提供了丰富的食物来源和营巢、避

① 本节为了叙述方便，采用狭义的湿地定义，即只包括沼泽、滩涂。其他分别划入海洋生态系统、淡水生态系统和种植业生态系统.

敌的良好条件。潮间带海涂的软体动物有500多种,甲壳动物有300多种。

湿地是生态系统的一个重要组成部分,在保持生态平衡方面具有不可替代的重要作用。然而,由于盲目排水开荒、围湖造田、滩涂的不合理开发和水资源的不合理利用,致使我国的湿地面积,主要是沼泽面积大量减少,对湿地生物特别是鸟类构成了严重威胁。所有这些已经引起中国政府的重视,我国于1992年加入《关于特别是作为水禽栖息的国际重要湿地公约》,承诺对湿地进行保护。我国湿地面积(不包括水稻田)3 848万 hm^2,居亚洲第1位,世界第4位,目前只有40%的湿地得到有效保护。

6. 淡水生态系统

中国是世界上内陆水域最多的国家之一。江河、湖泊、水库、池塘等内陆水域的总面积2 000万 hm^2。全国湖泊可分为5大湖区:东北湖区,面积43.4万 hm^2,多数为浅水型;青藏高原湖区,总面积365.6万 hm^2,多数为咸水湖或盐湖;东部平原湖区,为5大淡水湖所在地,总面积243.3万 hm^2,是渔业资源丰富的地区;蒙新高原湖区,总面积86.7万 hm^2,多数为半咸水湖;云贵高原湖区 总面积11.0万 hm^2。

中国庞大的内陆水域中蕴藏着丰富的生物资源,包括各种水生动物、水生植物和浮游生物。这些水体生物类群组成了复杂的食物网,对维持水体生态平衡起着关键作用。

中国是鲤科等许多淡水鱼类的起源中心,淡水鱼资源极为丰富。内陆水域共有鱼类800多种,隶属19目、53科、240属,以鲤形目的鲤科占优势。不入海的纯淡水鱼709种、58个亚种,入海回游性淡水鱼64种,主要经济鱼类有60余种。由于我国大部分国土位于北温带,所以内陆水域中的鱼类以温水性种类为主,典型的南方种和北方种很少。

内陆水域中的浮游动物包括原生动物、轮虫、枝角类和桡足类中的一些种类。其中,原生动物种类最多,轮虫多属小型浮游动物,在我国内陆水域分布的有250种以上。枝角类和桡足类中既有小型的也有大型的浮游动物,内陆水域分布枝角类的有140种,桡足类有200余种。生活于湖底的底栖动物也是一个庞杂的生态类群,种类及生活方复杂多样,包括原生动物、多孔动物、腔肠动物、扁形动物、线形动物、担轮动物、环节动物、软体动物和节肢动物等。

中国淡水中生长的大型水生植物包括蕨类植物和种子植物,有70余种。根据水生植物在水中生长的状态,可分为挺水植物、浮叶植物、漂浮植物和沉水植物4个生态类群:①凡根扎于土中,茎叶挺出水面的为挺水植物,生于湖滩地和沿岸带;②根扎于土中,而茎比较柔软没于水内,叶浮于水面的是浮叶植物,多生长于湖泊的亚沿岸;③茎叶浮于水面,根不扎于泥中,而悬于水内的是漂浮植物,常聚集于挺水植物和浮叶植物群落之间;④根生于湖底,茎叶不露出水面的是沉水植物,主要分布于亚岸带和沿岸带。内陆水域中还有一些浮游植物,以浮游藻类为主。

中国的淡水水生生物资源面临着水域面积减少和环境污染的危害等问题。由于水土流失、围湖造田以及水资源的过度利用导致面积减少,由于水环境污染导致水体的富营养化,以及某些水利工程的建设对鱼类和其他水生生物的生存和繁殖构成威胁。对水生生物资源的有效保护,必须从保护水域面积和水环境质量两方面着手,切实加强管理。

7. 海洋生态系统

中国的4大海区总面积为354.73 km^2,环列于中国大陆东面和南面。地球上许多生物是从海洋中发展起来的,至今仍有80%的动、植物生活在海洋中。中国海域的海洋资源非常富饶。海洋生物约有20万种,按其性质不同分为海洋植物、海洋动物和海洋微生物;依其生活习性又分为浮游生物、游泳生物和底栖生物。

中国海洋蕴藏着多种多样的鱼类和水产经济动、植物资源。其中,中国的海洋鱼类在区系上属热带和亚热带性,寒带性的很少。鱼类有 2 000 种左右。对虾、毛虾、鹰爪虾、海蟹、扇贝、乌贼、海蜇、海参等重要的无脊椎动物资源在我国海域均有大量分布。无脊椎动物的门类很多,经济价值较高的有百余种。

全国沿海海域有近 2 000 种藻类,250 种经济虾类,近 200 种经济蟹类,120 多种棘皮动物,100 多种软体动物以及近 2 000 种鱼类。还有鲸类、鳍足类、爬行类及腔肠动物等。中国海域的无脊椎动物和藻类资源,南海最多,东海次之,黄海再次之,渤海最少。

海洋植物绝大部分属于较低等的藻类植物。褐藻类有 1 500 种左右,常见的褐藻有海带、裙带菜等。红藻的种类约 3 000 种,常见的有紫菜、红蓠、石花菜、鸡毛菜、珊瑚藻、蜈蚣藻,海萝、麒麟菜、叉枝藻、红皮藻、软骨藻、仙菜等。

海洋生物资源面临着水域环境污染和过量捕捞的危害。由于水环境污染导致水体的富营养化和有毒物质的污染,近海赤潮多次发生,对鱼类和其他水生生物的生存和繁殖构成威胁。过度捕捞,对海洋生物资源产生了破坏作用。对海洋水生生物资源的有效保护,应主要从水环境质量改变上入手,并对某些水域实行休渔措施。

作为水圈主体部分的海洋,对全球气候具有重要影响。如影响全球气候的厄尔尼诺、南方涛动、北大西洋暖流、热带气旋生成等的现象均与海洋温度的变化有关。海洋生态系统的物质循环是生物地球化学循环非常重要的一环。每年人为排放的 5.5 Pg 的 CO_2 中,有 2.0 Pg 被海洋吸收,是仅次于大气的第二个碳汇。海洋吸收有物理过程(物理泵),也有生物的作用(生物泵)(图 3-3)。

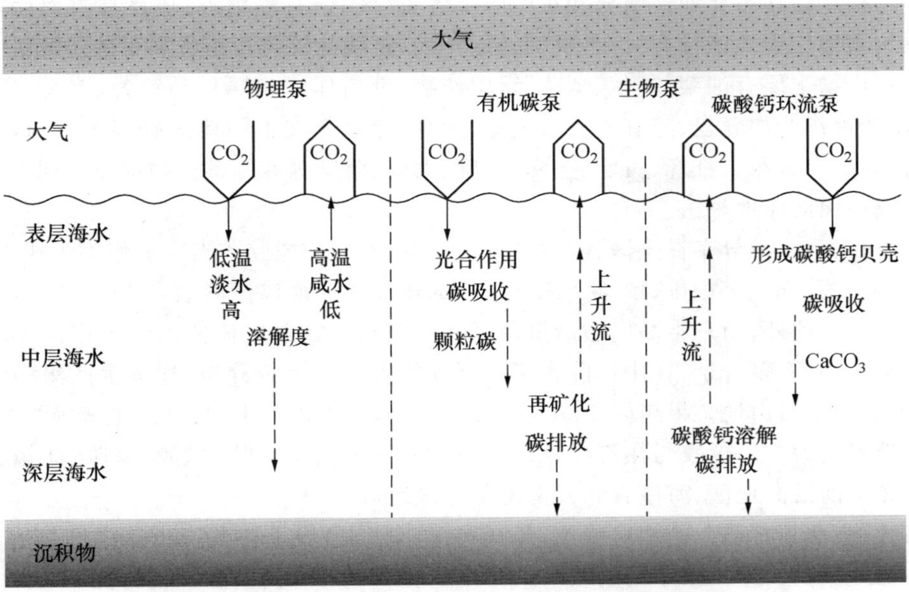

图 3-3　海洋吸收二氧化碳的过程

资料来源:IPCC 2007 第四次评估报告.

8. 种植业生态系统

种植业生态系统是农业生态系统中相对独立的一个子系统，农业生态系统还包括养殖业系统。种植业生态系统是一个半自然半人工的开放生态系统，也是一个为人类提供基本生活必需的初级生产品的生产系统。虽然受人为干扰较多，这个生态系统中生物多样性相对单一，物质和能量的流动也有别于自然生态系统，但仍然具有自然生态系统的某些特征。种植业生态系统又分为农田系统和种植园系统。

(1)农田系统　分布在东北平原、华北平原、秦岭和淮河以南、四川盆地和云贵高原、西北地区、青藏高原区。其中，东北平原以大豆、玉米、春麦为主；华北平原包括整个华北平原和秦淮以北地区，以小麦、玉米为主；西北地区包括内蒙古、新疆、青海、宁夏、甘肃，以小麦、棉花、马铃薯为主。秦淮以北的旱地大田作物占有全国旱地大田作物面积的85%。秦岭和淮河以南地区以水稻为主；四川盆地和云贵高原地区以水稻、小麦为主；秦淮以南地区是水稻集中区域，水稻面积占全国90%以上。青藏高原区的农田主要分布在高原上的盆地及河谷地带，以青稞为主。

中国是世界三大栽培植物起源中心之一，水稻、大豆、谷子、黄麻等20余种作物均起源于中国，并拥有大量栽培植物的野生亲缘种，如野生稻、野生大麦、野生大豆、野生茶叶、野苹果等。中国常见的栽培作物有50多种，果树品种万余个。

当前中国农田系统中栽培作物种类共600多种，居世界首位，包括粮食作物30多种，蔬菜29科209种(包括亚种和变种)，果树37科300余种，牧草26科425种。此外已鉴定药用植物500种，栽培花卉在数千种。其中，玉米、小麦、水稻为我国3大主粮作物，在全国各省(区)皆有适应品种种植。大豆在东南半部各省市自治区均有种植，甘肃、新疆西北部和内蒙古东南部也有分布。棉花除在东北地区南部和东南半部各省(区)皆有种植外，还在甘肃河西古走廊至新疆塔里木盆地广大地区皆有分布，特别是近年来，新疆的棉花种植发展很快。

其他农作物主要有油菜、花生、烟草、绿肥作物、糖料作物、甘薯、马铃薯、粟类、高粱、蔬菜类作物、小杂粮作物如荞麦、芝麻、绿豆、蚕豆、豌豆、赤豆等在不同地区有零星分布，莜麦在山西、内蒙古等地有分布。红麻、黄麻、苎麻、亚麻、大麻、苘麻等麻纤维作物都在不同地区与大田作物轮作或利用河滩地种植。

(2)种植园系统　分布在全国各个农区内，以茶、桑、果、橡胶4类经济作物为代表，总共面积约为1 000万hm^2。茶园140多万hm^2，主要分布在淮河以南各省和陕南、四川、广西、云南、贵州各省区；此外，山东半岛南边沿海地区和西藏东南的西巴霞曲河和卡门河流域一带有分布。蚕桑园71万多hm^2，在中国除青藏高原外的省(区)皆有分布，柞蚕生产集中于辽东半岛、山东半岛和豫西山地。果树园1 000万hm^2以上，北方以苹果、梨、桃、山楂等为主，南方以柑橘和热带水果为主。橡胶与热带经济植物园190多万hm^2，包括橡胶、咖啡、胡椒、油棕、剑麻等分布在东南沿海地区、海南省和云南南部边缘地区。

中国的茶、桑等有悠久的栽培历史，果树种类丰富，世界果树共50科，中国拥有45科81属248种，产量较大、分布较广泛的栽培果树作物有20多种，其中苹果、梨、桃、枣、柿、栗、核桃等在全国各地皆有分布，北方有山楂、葡萄、李、杏等分布，南方有柑橘、枇杷、杨梅、香蕉、荔枝、龙眼、凤梨、椰子等分布。以橡胶为代表的热带作物种植园主要分布在福建、广东和广西沿海、云南南部边缘地区和海南省。除橡胶外，还有多种热带水果、茶叶、咖啡、八角、胡椒、油棕、剑麻、紫胶、草药等。

我国农区还有丰富的养殖业生物资源，饲养的畜禽品种和类群共596个。主要有牛、马、驴、骡、骆驼等大牲畜，以及猪、羊和各类家禽。其中南方农区主要饲养猪、鸡、水牛、鹅、鸭等，北方农区主要饲养猪、鸡、黄牛、马、骡、驴等。

种植系统野生生物种类也很丰富，山地农业区、自然保护区内及周围农区内残留野生生境地带是野生生物相对富集的区域。以农田为重要栖息地的比较稀少的鸟兽类计有14科43种，其中包括世界濒危种朱鹮，国家一类保护动物中华秋沙鸭、二类保护动物游隼、玉带海雕，三类保护动物豹猫和鹰科与隼科猛禽等。农作物病虫害天敌生物数量丰富，据部分调查已知姬蜂900多种，瓢虫300多种，蚜茧蜂100多种，寄生蝇400多种，农田蜘蛛153种，单是水稻害虫天敌已知1 303种。而且，土壤中还存在着大量无脊椎动物，与农作物共存的杂草类植物有73科、309属、562种。

四、生态平衡与生物资源保护

生态系统服务的功能发挥和生物资源的存在关键是生态系统类型的多样化和生态系统内部的稳定性。在生态系统中，生物和非生物在各个水平上通过能量的转换、物质的循环和信息的传递来发生联系。达到正常和成熟水平的生态系统，其结构和功能处于相对稳定状态，也就是说，在一定的时期内，生态系统中的生产者、消费者和分解者之间保持着一种动态平衡状态，系统内的物质循环和能量流动在较长时期内保持稳定。这种状态就是生态平衡。稳定的生态系统中，生物物种最多，种群比例最适宜，总生物量也最大。

生态系统具有一种内部的自动调节能力，以保持自己的稳定性。这种调节能力有赖于生态系统组成成分的多样性以及能量流动和物质循环的复杂性。但是，复杂生态系统的内部自我调节能力是有限的。超过这个限度，调节就不起作用，从而使系统受到改变、伤害以至破坏。影响生态平衡的因素有自然的，也有人为的。后者的破坏性往往更强，范围更大，这种人为作用主要表现在对生物生存环境的破坏和对生物资源的过度利用。

因而，保护生态平衡，就是保护生物资源和生态系统服务。保护生态系统和维持生态平衡并不意味着对生物资源不能利用，而是说在利用生物资源时，要有生态的观点。对那些生物物种最丰富的地区、含有多种特有物种的生态系统或者有受威胁程度较大的物种如濒危物种、易危物种、稀有物种等给予特殊的关注和保护。

第四节　生物多样性的现状与保护

一、中国生物多样性现状

中国是生物多样性特别丰富的国家（Megadiversity country）之一，中国的生物多样性居世界第8位，北半球第1位。同时，中国又是生物多样性受到最严重威胁的国家之一，由于生态系统的大面积破坏和退化，使中国的许多物种已变成濒危种（Endangered species）和受威胁种（Threatened species）。高等植物中，濒危种高达4 000～5 000种，占总种数的15%～20%。而且受到不同程度威胁的物种，比例很高。根据2004年的全面评估发现，受威胁的比例为：无脊椎动物34.74%，脊椎动物35.69%，裸子植物69.91%，被子植物86.68%。在《濒危野生动植物种国际贸易公约》列出的640个世界性濒危物种中，中国就占156种，约为其总数的

14%。近50年来,约有200种植物灭绝。许多野生的贵重药材如人参、天麻等濒临灭绝。根据植物濒危程度,1984年,国务院环境保护委员会公布了《中国珍稀濒危保护植物名录》(第一册)(1987年,国家环境保护局和中国科学院植物研究所修订)。确定珍稀濒危植物354种,其中,一级8种,二级143种,三级203种。

近百年来,有10余种动物绝迹,如高鼻羚羊、麋鹿、野马、犀牛、新疆虎等。目前,大熊猫、金丝猴、东北虎、雪豹、白鳍豚等20余种珍稀物种又面临绝灭的危险。一些过去的常见种如黄羊等也沦为稀有种。1988年,国务院公布《国家重点保护野生动物名录》,确定国家重点保护动物275种,其中一级96种,二级161种。

由于种群数量减少或绝灭,使种质资源缩小或消失而丧失了遗传基因。外来品种的引进和单纯追求高产,也使许多古老、土著品种遭受排挤而逐步减少甚至灭绝,如北京油鸡的数量剧减,九斤黄鸡、定县猪已经绝灭。中国生物多样性的严重损失,制约和妨碍了经济的进一步发展。

由于各种自然和人为因素的作用,我国各个生态系统类型也受到了不同程度的破坏,其中森林生态系统和脆弱生态系统,如沙漠、草原、湿地等生态系统的破坏尤其严重。例如,中国的森林资源尤其是宝贵的原始林长期受到乱砍滥伐,毁林开荒及森林火灾与病虫害破坏,使原始林每年减少0.5万km^2。草原生态系统由于超载放牧、毁草开荒及鼠害等影响,退化面积为87万km^2。水土流失包括水力侵蚀和风力侵蚀面积已达367万km^2。淡水、海洋等自然生态系统也受到的人类活动的威胁,而种植业生态系统的良性循环体系也没有全面建立。

二、生物多样性面临的威胁

据估计,目前世界平均每天有一个物种消失,物种灭绝速率是自然灭绝速度的1 000倍。据哈佛大学的生物学家爱德华·O·威尔逊(E·O·Wilson)估计,最少每年有5万种无脊椎动物,每天几乎有140种由于热带雨林破坏而灭绝。由于毁林,每年至少有1种鸟和哺乳动物或植物被灭绝。世界生物多样性丧失现象正在加剧。种内变种和整个自然生态系统的消失速度比物种灭绝速度更快。全球热带森林在20世纪80年代初每年毁林1 140万hm^2,据卫星图像及实地调查20世纪80年代末每年毁林上升到1 700万~2 000万hm^2。

热带雨林比原有面积减少了一半。世界上,温带森林1/3已被砍伐,温带雨林已成为濒危生态系统,湿地也是生物多样性非常丰富的生态系统,也是世界上生产力较高的生态系统。它能帮助调节水流,移走沉积物和污染物,是水禽鱼类及其他物种主要栖息地。有很多湿地排干,变为农田或围湖造田扩大为城市,变为养殖水产的池塘。澳大利亚、新西兰、美国加利福尼亚的湿地已消失一半。红树林和其他海岸湿地是相互依存的复杂的海岸生境的组成部分,它可防止海水侵蚀,移走污染物。红树林被砍伐后常成为虾塘,或将红树作为纸浆原料或烧炭。在亚洲、拉丁美洲、西非的红树林损失严重。印度、巴基斯坦和泰国至少有34个红树林受到破坏。珊瑚礁虽然能忍受海浪冲击,但它对养分、水温、光照的改变特别敏感,当污泥、肥料、污水污染了清洁的热带水体,这些生长缓慢的动物群落就被毁灭,以生长快速的藻类代之。此外,珊瑚礁被大量采挖甚至用它烧石灰也严重地威胁着珊瑚礁生态系统的生存。

中国植物物种处于濒危状态者达全国植物种的15%~20%,即4 000~5 000种。估计在最近数十年中,有5%的植物种被灭绝。在2 000年前,中国的森林覆被率达50%,如今虽然恢复到20.4%,但总体质量不高且包括很多人工林。20世纪初,大兴安岭为樟子松(*Pinus sylvestris* var *mongolica*)林集中分布地。它们屡遭砍伐,加以火灾频繁,樟子松不如落叶松耐火，致使樟子松林面积日益缩小，有些地方已无踪迹。红松阔叶混交林中大多为优质树木，采伐严重，致使这类森林仅在少数保护区内残存。落叶阔叶林分布地区是人类开发较早的经济发达区，老龄的落叶阔叶林已消失，现存主要为中龄的次生落叶阔叶林。常绿阔叶林是生物物种最丰富的一种森林类型，同样遭到严重破坏。保存较好的常绿阔叶林呈片断化分散在不同的山地上，热带雨林在中国分布面积有限，但大部分热带森林被橡胶园或其他热带作物园所替代。热带、亚热带由于森林消失而使水土流失面积达 150 多万 km^2。草原由于过度放牧，退化草场占可利用草场面积的 14%～15%。个别地区出现碱化现象。由于各种原因引起的土地沙化面积达 1.26 亿 hm^2。中国的沼泽面积仅次于加拿大，居世界第 2 位。三江平原沼泽大面积被开垦为农田，并建立诸多农场群。热带亚热带沼泽的主要类型红树林受破坏面积达 50%。

三、生物多样性丧失的主要原因

中国生物多样性丧失的主要原因是生物栖息地被破坏、生物资源被过度开发、环境污染、外来物种侵入、全球气候变化等方面。

(1)栖息地丧失和破碎化　全球各类生态系统遭到严重破坏，使很多生物失去栖息地。拥有全球 50%物种的栖息地的热带雨林，比原有面积减少一半，大部分国家的森林均成片断化，被退化土地所围绕。损害了森林维持野生生物种群生存和重要生态过程的能力。中国的天然林被砍伐和形成片断化情况更为突出。

(2)掠夺式的过度利用　过度采伐、滥捕、乱猎是造成物种受威胁的主要原因。我国羚羊、野生鹿及珍贵毛皮动物、各种鱼类的物种种群数量大大减少。中国海域的经济鱼类资源在 20 世纪 60 年代已出现衰退现象，很多野生药用植物、珍贵的食用菌由于长期人工采摘、挖掘，使分布面积和种群数量大大减少。

(3)环境污染　城乡工农业污水向水域和大气排放，重金属以及难以降解的化学品在土壤中的富集，引起水域、大气和土壤污染。污染物沿着生态系统的食物链转移，使一些敏感物种种群数量减少或消失。我国受工业废弃物明显污染的农田达 0.1 亿 hm^2，约占农田总面积的 10%。受农用化学物污染的面积也达 0.1 亿 hm^2。中国的不少湖泊及某些河流被工业废水污染，使某些水生生物消亡。

(4)农业和林业的品种单一化　在农业上，为了达到更高的产量，往往就种植单一的高产品种。这些作物在世界经济中占有重要地位。随着作物种类、数量降低，与之相应的固氮细菌、菌根、捕食生物、传粉和种子传播的生物以及一些在传统农业系统中通过几世纪共同进化的物种消失了。

林业上，为了高产往往毁去物种丰富的林地，种植单一树种。在热带，热带森林常常转变为咖啡、油棕、橡胶等种植园，使各类生物失去原有栖息地。

(5)外来物种入侵　外来种的盲目引入会引起物种的灭绝，在全球范围内生物入侵(专栏 3-2)对生态安全已经构成了极大威胁。某些地区，由于人类的定居，任意地引入外来物种，特别是动物，结果往往导致整个或部分的陆生植物和动物的灭绝。由于人类活动，有几万种无脊椎动物传播到世界各地，这一问题在岛屿国家尤为严重。自从 1 600 年以来，由于外来种的引入全世界共有 22 个种的两栖类和爬行类灭绝。在新西兰近 1 000 年以来，青蛙和蜥蜴有 9 个种由于引入外来种而使之灭绝或近于灭绝。1840 年以来，在新西兰由于外来种引入使 23 个种和亚种的当地鸟类濒临灭绝。

专栏 3-2 生物入侵与入侵生物学

生物入侵是指某些外来生物物种进入新分布区成功定居，并得到迅速扩展蔓延的现象。外来物种是指那些出现在其过去或现在的自然分布范围及扩散潜力以外的物种、亚种或以下的分类单元，包括其所有可能存活、继而繁殖的部分、配子或繁殖体。外来入侵物种具有很强的生态适应能力、繁殖能力和传播能力，被入侵生态系统则具有足够的可利用资源且缺乏自然控制机制，从而对本地生态系统造成危害。

发生生物入侵的外来物种包括：对农作物、林木及经济鱼虾类带来危害的病原微生物；给农业、森林、湿地、草原、淡水、海洋等生态系统中带来危害与威胁的有害植物；以及对农林牧渔业生产带来危害的有害昆虫、螨、鱼、两栖爬行类等。

入侵生物学(Invasion biology)是研究外来物种的入侵性和生态系统的可侵入性，以及预防和控制外来物种入侵的生态学分支学科。

外来种还使土著植物物种灭绝。如在菲律宾岛由于引入猪、山羊和兔子在1790年、1840年间有13种土著植物灭绝，包括2个特有种。不仅如此，外来种的引入还会导致生境的丧失引起生态系统发生变化。因此，外来种的引入要考虑其可能发生的后果，必须持慎重态度。

我国生态系统类型多样，自然条件有利于外来物种的栖息。目前入侵我国的外来物种如紫茎泽兰、豚草、薇甘菊、空心莲子草、水葫芦和大米草，在部分地区迅速蔓延，并很快形成单种优势群落，导致原有植物群落的死亡，对当地的生物多样性造成巨大威胁，甚至出现了难以控制的局面。

全球气候变化，水坝和水库的建设，围湖造田和新矿区的开发以及各种自然灾害均威胁着陆生和水体的生物多样性。因此，寻找合适的途径协调生物多样性保护与经济发展需求之间的矛盾已是当务之急。

四、保护生物多样性的对策

1. 生物多样性保护目标

生物多样性的保护与经济持续发展密切相关。保护生物多样性的目标是通过不减少基因和物种多样性，不毁坏重要的生境和生态系统的方式，来保护和利用生物资源，以保证生物多样性持续发展。达到这一目标有一个过程，这个过程可分为3个基本部分：①挽救生物多样性，研究生物多样性，持续地、明智地利用生物多样性；②采取措施保护基因、物种、生境和生态系统，要尽力防止关键性自然生态系统退化，并加以有效管理和保护，要维持已受人类干扰的陆地和水域多样性，并将受损害的物种回归到原来的生境中；③同时在基因库、动物、植物及其他保护措施中保存物种和基因。

研究生物多样性就是阐明生物多样性的组成、分布、结构和功能，了解基因、物种和生态系统的作用和功能，摸清被改变的系统与自然系统之间的复杂联系，并运用上述知识加以保持并持续发展。持续明智地利用生物多样性是指节约地利用生物资源使它永不枯竭，确保利用生物多样性来改善人类生存条件。生物多样性最佳经济利用方式，是使它处于自然状态保持生态和文化价值。

生物多样性丧失是全球环境问题之一，保护生物多样性也是各国的共识。为此，联合国还通过了《生物多样性公约》，同时而且以生物多样性保护为研究对象的保护生物学已发展起来（专栏3-3）。为了实现保护、研究和持续利用的目标，必须把生物多样性保护作为国家和地区的总体规划的一部分，在决策者的有力领导下、群众参与下，才能实施。根据中国国情，生物多样性保护应进行全面规划、积极保护、科学管理和持续利用。

专栏3-3　《生物多样性公约》与保护生物学

《生物多样性公约》（Convention on Biological Diversity）是1992年6月1日由政府间谈判委员会第七次会议在肯尼亚内罗毕通过，并于1992年6月5日在巴西里约热内卢举行的联合国环境与发展大会上签署的一项有法律约束力的国际公约。公约于1993年12月29日正式生效。

该公约的主要目标包括：保护生物多样性、生物多样性组成成分的可持续利用以及以公平合理的方式共享遗传资源的商业利益和其他形式的利用。公约规定，发达国家应以赠送或转让的方式向发展中国家提供新的补充资金以补偿它们为保护生物资源而日益增加的费用，应以更实惠的方式向发展中国家转让技术，从而为保护世界上的生物资源提供便利；签约国应为本国境内的植物和野生动物编目造册，制定计划保护濒危的动植物；建立金融机构以帮助发展中国家实施清点和保护动植物的计划；使用另一个国家自然资源的国家要与那个国家分享研究成果、盈利和技术。

保护生物学（conservation biology）是研究生物多样性的保护方法和途径的生物学分支学科，也是一个新兴的综合性学科，其基础理论涉及植物学、动物学、生态学、遗传学、微生物学、分子生物学、系统与进化和环境学等学科。保护生物学的目标是评估人类对生物多样性的影响，解决由于人类干扰或其他因素引起的物种、群落和生态系统出现的各种问题，提出防止物种灭绝的具体措施。该学科自20世纪70年代末期形成以来其内容不断充实，目前研究的重点包括：遗传多样性和保护遗传学、群落多样性研究、大尺度物种多样性格局、生物多样性监测和评估等。

2. 生物多样性保护的法律制度

中国已制定了一系列与生物多样性保护有关的政策和法规。1963年就颁布了《森林保护条例》，规定保护稀有珍贵林木和禁猎区和保护区的森林。1964年国务院发出《水产资源繁殖保护条例》（草案）。1983年国务院发出《关于严格保护珍贵稀有野生动物的通知》。1984年颁布了《中华人民共和国森林法》。1985年全国人大常委会颁布《中华人民共和国草原法》，对于在草原上猎捕野生动物和采挖野生植物作出了严格规定。1986年颁布《中华人民共和国渔业法》和《中华人民共和国土地管理法》。1987年国务院发布了《关于坚决制止乱捕滥猎和倒卖走私野生动物的紧急通知》，加强对野生动物出口管理。特别是1988年全国人大通过了《中华人民共和国野生动物保护法》以及1989年颁布了修订的《中华人民共和国环境保护法》，其中都有保护珍稀、濒危物种的规定。此外，还制订了很多条例均与野生生物保护有关。对于国家颁布的立法和条例必须严格执行，这是生物多样性保护的重要保证。

3. 确定生物多样性保护原则明确保护对象和目的

由于地球上各不同地理区域的物种是不可替代的，保护生物多样性，必须要保护地球上各类动植物类群的组合。在全球范围来看，我们在各生物地理区内，均应有就地保护的措施，对每个生物地理区中的各类生物群系(Biome)或特有景观应加以保护。对于一个国家和一个地区来说,要考虑更低级的单位如生态区,也就是以相似气候、植被、类型和土壤为依据来划分的生态单元。目前,我们尚没有开展生物地理区划及生态区划的研究。但是我们在确定生物多样性保护原则时,常常以气候区划、植被区划、动物地理区划以及综合自然地理区划为依据来确定生物多样性保护原则。更重要的是,对每个自然区域的遗传资源、物种、自然生态系统及生物群系,包括地带性、过渡带、山地的生物群系以及特有的景观类型必须加以保护。其目标是为了对生物多样性进行挽救、研究和持续发展,达到保护和持续利用的目的。充分发挥生物多样性的直接价值和间接价值,为经济持续发展做出应有贡献。

4. 生物多样性的就地保护

(1)自然保护区的合理布局　由于中国地域广阔、气候多样、地形复杂加上陆地受到海洋气候影响不同,使得中国各地的气候、植被、动植物区系和地形、地貌条件变化很大,再加上不同地区经济发展程度不同,人类干扰对生物多样性影响甚大。因此,应对就地保护主要形式——自然保护区和国家公园有个总体规划。我国应在森林区、草原区、荒漠区、内陆湿地、海岸带和海洋以及农业区进行自然保护区的合理布局。我国保护区数量已达700多个。应根据已建立的保护区的分布状况,考虑对某些空白点进行补充。

(2)自然保护区建立的原则和方法　自然保护区的建立,要选择有代表性和科学意义或实践意义重大的地段建立。在不同自然带和大的自然地理区域内,对天然生态系统保存较好的地区,应首先选为保护区。有的地区天然生态系统已遭破坏,但其次生态类型只要通过保护能够恢复的,亦应建立保护区。对于国家级一类和二类保护动物主要栖息、繁殖地和植物的原生地或集中分布区均可建立保护区。对有特殊保护意义的天然和文化景观洞穴以及岛屿湿地海岸和海洋等生态系统均应加以保护。此外,对栽培植物和家养动物的野生亲缘种集中分布地,可建立保护区或保护点。

(3)保护区的主要类别和管理目标　根据国际自然和自然资源保护协会(IUCN,1985)对保护区的分类和保护目标,把保护区分为8种类别。

①科学保护区/严格保护区:这类保护区不受人类干扰,使所保护的各类生态系统能保证、维持其正常的自然生态过程,并可作为遗传资源基因库。这类保护区为进行科学研究、环境监测和教育服务。

②国家公园:主要是有国家和国际意义的自然区域或风景区,用于科研、教学和娱乐的目的。这类保护区面积较大,不能因人类活动而改变其自然风貌。不允许有商业性对资源有消耗活动的存在。

③自然遗迹保护区:这类保护区面积较小,保护和维持具有国家意义的特殊的自然风貌。

④人工维持的自然保护区/野生生物保护区:为了保护重要的物种、分类群、生物群落或环境自然特征,必须要加以人工控制,才能保证它们所需的自然条件,并允许对某些资源进行有控制的利用。

⑤景观保护区:涉及范围较广,包括自然和半自然的文化性景观,反映民族风俗习惯、宗教信仰及其土地利用方式而形成特殊景观的保护区。这类保护区为社会提供旅游场所。

⑥自然资源保护区:为了未来综合利用当地的资源,对于具有丰富自然资源的地方加以保护。

⑦人类学保护区:维持当地人类社会生活方式不受现代技术干扰的保护区。

⑧多种经营管理区/资源经营管理区：这个区域的目标是提供持续的产品，如水、木材、野生生物和牧草以及娱乐活动。

此外，还有世界历史遗产保护地，这是根据《世界文化和自然历史遗产保护公约》而开始建立的。

(4)自然保护区规划与设计　为了保护生物多样性，至关重要的就是要确定保护区的面积。自然保护区的面积应根据保护对象和目的而定，应以物种—面积关系、生态系统的物种多样性—稳定性以及岛屿生物地理学为理论基础，来确定保护区的面积。通常物种与其生存空间存在着明显关系。在一个区域内，随着面积的增大，单位面积上物种数目增加，但是面积增加到一定程度物种数量并不无限增加。作为保护区的面积大小，不仅要考虑物种数量，还要考虑到物种正常繁育所必需的空间。目前保护区大多是孤立地分布在人为活动的环境中，呈岛屿状分布。它的面积大小，亦关系到生态系统能否维持其正常生态过程。一般认为，面积小的斑块维持的物种相对较少。物种的多样性与维持生态系统的稳定性有关。在考虑保护区的面积时尽可能包括有代表性的生态系统类型及其演替系列。也就是以生物群系为保护对象如森林保护区面积就不限于森林保存较好地段，还应保护次生林及不同演替阶段的群落，以及森林已被破坏但仍保存原有生境的地段。建议保护区面积一般应在 1 万～5 万 hm^2 之间。

保护区的理想形状应是圆形。圆形设计可减少保护区内物种扩散距离，如果保护区太长，区内局部发生干扰，物种从中心向边缘地区扩散效率很低，会形成局部物种灭绝。一般把保护区分成 3 个部分，即核心区、缓冲区和实验区：①核心区是原生生态系统和物种保存最好地段，应严格保护。严禁任何狩猎和砍伐。主要任务是保护维持基因和物种多样性并可用于生态系统基本规律研究。②缓冲区一般应位于核心区的周围，可以包括一部分原生性生态系统类型和由演替类型所占据的、受过干扰的地段。③在缓冲区周围还要划出相当面积作为实验区，保护部分原生或次生生态系统类型。利用实验区的成果，在当地推广，为当地人民谋利益减少保护区与当地人民的矛盾。为此自然保护区必须有强有力的领导，并向科研和教学部门开放，吸引科技人员去保护区进行合作研究。

(5)加强保护区外的就地保护　自然保护区的建立需要大量的人力、物力。因此，保护区的数量终究有限。然而，某些濒危物种、特殊生态系统类型、栽培和家养动物的亲缘种，不一定都生活在保护区内。有些可以设立保护点，此外，还应多方面采取措施，例如，采取有利生物多样性保护的林业经营措施，特别应禁止采伐残存的原生天然林及保护残存的片断化的天然植被如灌丛草丛。禁止开垦草地、湿地，保护海岸和海洋防止过度捕捞和海产养殖所造成的局部污染。

5. 迁地保护

植物园、动物园、水族馆、种子库和基因库的建立都是迁地保护的重要措施。生物多样性保护应以就地保护为主，对某些濒危物种而言，迁地保护也是必不可少的手段。中国至今已有 110 个植物园。建立植物园的目的很多，但作为生物多样性迁地保护的场所，在珍稀濒危物种的迁地保护时，一定要考虑种群的数量，特别对稀有和濒危物种引种时要考虑引种的个体数量。目前，我国植物园面积较小，达到这样目的有一定困难。因此，只能选择濒危物种进行保护。我国动物园对濒危物种的繁殖做出很大努力，除此之外，还建立了不少野生动物人工繁育场，使一度濒临灭绝的大熊猫、扬子鳄、朱鹮和东北虎等近 10 种濒危动物开始复苏。还有约 60 种濒危珍稀野生动物人工繁殖成功。迁地保护的物种最终还应回归大自然，这是在迁地保护过程中应加以注意和探讨的问题。

为了遏制人为影响造成的生物多样性锐减的趋势，我国加入了《生物多样性公约》等国际公约，制定和颁布了一系列法律法规。采取了就地保护、迁地保护和离体保护等技术措施，开展保护生物多样性的科学研究、宣传教育和培训。截至2009年底，全国陆地自然保护区总面积为14 700万hm^2，已占我国国土总面积的14.7%，已建立了2 541个自然保护区(其中国家级319个)。有28处自然保护区加入联合国教科文组织"人与生物圈保护区网络"，有20多处自然保护区成为世界自然遗产地组成部分。国家湿地公园试点总数达到100处，中国国际重要湿地总数达到37块，湿地保护面积达到1 795万hm^2，占自然湿地总面积的49.6%。并建立一个由农作物种质库、种质圃、选育场等组成的农业和林业种质资源保护体系，其中国家级农业野生植物资源原生境保护区118个。湿地保护率比上年增加了0.6个百分点。建立了全国生态系统定位研究站网络和生物多样性信息系统，长期进行监测和研究。

第五节 脆弱地区的生态恢复

生态脆弱性是在当今世界环境与发展诸多问题中的焦点问题之一。地球上的许多地区，面对环境与发展的压力，都存在着不同程度的脆弱性。面对变化，由于自然系统的稳定性较差，对外界变化的敏感程度较高，有些地区更容易受到打击，其生态和环境系统更容易受到难以恢复性的破坏，这些地区称为生态环境脆弱地区，应当予以特殊的关注。了解生态环境脆弱地区的特征和脆弱性成因，对开发利用自然资源，保护生态环境，从而保证该地区乃至整个国家和全球的可持续发展具有重要意义。

一、生态系统的脆弱性及其成因

我国的生态环境脆弱区主要集中分布在西部地区，囊括了全部5个典型生态环境脆弱区：北方半干旱农牧交错带、北方干旱绿洲边缘带、西南干旱河谷地区、南方石灰岩山地地区和藏南山地地区。导致该区生态环境脆弱，自然因素是主要的，而社会经济发展的相对滞后，进一步加剧了生态环境的恶化。

1. 生态系统的脆弱性

一般而言，脆弱性主要是指自然系统的脆弱性，即自然生态系统、水资源系统、农业系统等生态环境系统对外部扰动的不利响应和其自身的不稳定性。

脆弱生态环境是指对环境因素改变反应敏感，而维持自身稳定的可塑性较小的生态环境系统。由于自然因素或人为干扰的影响，脆弱生态环境容易由一种状态演变为另外一种状态，发生变化后该系统又缺乏恢复到初始状态的能力。脆弱生态环境的特点主要表现在：①环境容量低，灾变承受阈值小，对于人类和自然扰动引起的环境变化特别敏感；②其自身一旦受到损坏，难以弥补；③损坏导致的生态退化和物种多样性的降低和生态系统不稳定性的增加，将可能产生连锁反应。引起生态环境脆弱的机制可以来自于自然系统内部，属于自然的脆弱性。但在更多的情况是来自于人类活动的干扰导致环境要素的改变，属于人为影响脆弱性。生态环境的脆弱性可能是结构型的，也可能是胁迫型的。

(1)结构型脆弱性　所谓结构型脆弱性是指生态环境系统结构本身存在着先天的不稳定性和敏感性。

稳定性是指生态环境系统内部在内外扰动中保持自身存在的倾向。如果一个系统能够抵制内外干扰,或在受到扰动后仍然能基本恢复原来的状态,那么该系统就可视为是稳定的。稳定性是生态系统最基本的特征,脆弱性与稳定性之间呈反比关系。组成系统的各个要素之间存在着紧密的相互联系和相互作用,这种联系一旦改变,超出了系统能够承受的能力,系统就会丧失原来的性质和功能,结果变得不稳定。一般而言,系统的结构越复杂,就越协调,系统功能越易正常发挥,稳定性也就越强。

敏感性是脆弱生态环境系统的特征之一,反映系统及其组成要素对外界扰动响应的灵敏程度。敏感性既取决于系统的内部结构,同时也受外界干扰因子的影响。敏感程度高的系统,其内部各要素之间的相互关系容易发生改变,往往一个因素发生变化,会引起链式反应,进而影响整个生态系统的质量。因而,敏感性越高,系统的脆弱性越大。

(2)胁迫型脆弱性　胁迫型脆弱性是指由于外界的压力或干扰,易使生态环境系统遭受损失或产生不利的变化。胁迫型脆弱性又可分为人类活动胁迫型脆弱性和环境胁迫型脆弱性。

①人类活动胁迫型脆弱性是指人类的各种不合理的社会经济活动是造成某一生态环境系统脆弱的主要驱动力,如过度开垦、过度放牧、滥砍滥伐、不合理灌溉和环境污染等。

②环境胁迫型脆弱性是指自然要素是造成某一生态环境系统脆弱的主要驱动力,如气候变化、旱涝灾害、风暴潮等。脆弱生态环境的表现形式包括沙化、石砾化、石质化、盐渍化、旱化、水土流失及污染等,其脆弱程度类型有严重、较重、中等和较轻 4 种。

2. 我国生态脆弱地区分布及成因

中国的生态环境脆弱地区分布广泛,根据其成因类型,主要分布在下列区域。

(1)北方半干旱—半湿润地区　按行政区域划分主要分布在内蒙古、山西、陕西及河北和东北地区的一部分。主要地貌类型有高原、山地丘陵、丘陵台地、山前平原和黄土沟壑等,自然生态景观包括山地森林草原、灌丛草原、草甸草原、干草原和荒漠草原。其脆弱性的成因是降水量较少且不稳定,该区日照强、多风且强、干燥度大、蒸发量也大,易发生风蚀,在降水集中的夏季和植被破坏的山地和丘陵地区,易发生水蚀,部分地区水土流失严重。

(2)西北干旱区　包括新疆、甘肃和宁夏等省区和内蒙古西部地区。地貌类型主要有山地丘陵、洪积冲积平原以及沙地等。自然生态景观有干草原、荒漠草原和绿洲。其脆弱性的成因有水资源短缺、水源保证不稳定,易发生风蚀和堆积。气候干旱和水资源的不合理利用,导致土地沙化严重。

(3)华北平原区　包括河北、河南、山东、北京和天津等地。该区地貌类型为洪积和冲积平原、黄泛平原和滨海平原,天然植被类型为暖温带森林草原和灌丛草原。导致生态环境脆弱的主要原因是排水不畅、地下水位较高,自然因素和人为不合理引水灌溉,易产生土壤次生盐渍化现象,该区的局部地区如古河道沿岸等有风沙和风蚀。经过多年综合治理,该区的生态环境已有很大程度的改善,成为我国粮棉的最重要产区之一。

(4)南方丘陵区　该区包括华南和东南的广大地区,自然植被为亚热带森林和灌丛,由于地貌多为红壤丘陵山地,过垦和过樵将导致水土流失。

(5)西南山地区　位于云南、四川等地,天然植被为干热灌丛草原、干暖灌丛草原和干温灌丛草原,地貌类型多为中、深切割山地,过垦、过牧和过伐等造成的植被破坏,易导致流水侵蚀。此外,干旱也是脆弱性成因之一。该区还是我国滑坡、泥石流等地质灾害的多发区之一。

(6)西南石灰岩山地区　主要分布在贵州和广西等省区,天然植被为岩溶灌丛草原和亚热带森林，由于地貌类型多为石灰岩切割山地和丘陵，只有少量的盆地，植被覆被率低，容易发生溶蚀和水蚀。石灰岩地区一般土层很薄，一旦水土流失，植被极难恢复。

(7)青藏高原区　该区的地貌类型为山地和河谷地，天然植被为山地藻丛草原和山地森林草原。该区自然条件恶劣，降水不稳定且高寒缺氧，干燥度大，植被破坏后容易发生流水侵蚀和风蚀。

3. 生态脆弱带

生态环境脆弱带是在生态环境过渡带概念的基础上发展起来的。所谓生态环境过渡带是指两个相邻生态系统之间的过渡带，在时间和空间尺度上，具有一组由于环境要素的逐渐变化和相邻两个生态系统相互作用而产生的独特特征。生态环境过渡带往往又是一个紧张带。生态环境脆弱带是不稳定的、敏感性较强且具有退化趋势的生态环境过渡带。生态环境脆弱带有水陆交界带、农牧交错带、山地平原过渡带、城乡交接带、沙漠或绿洲边缘带和梯度边缘带等。

(1)水陆交界带　由于水体和陆地的相互交接，出现了一个既不同于水体也不同于陆地的特殊脆弱带，频繁的侵蚀和堆积，导致这一交接带具有不稳定的特征，其突出类型是海陆交界带和河流变迁带。例如，在海陆交界带，过度利用地下水导致海水对地下水的侵入，并促使土壤的盐渍化和生态环境的恶化。

(2)农牧交错带　在大田种植为主的农业地区和牧业地区的衔接处，形成了一个过渡带。这一过渡带的形成主要是人为作用的结果，具有突发转换的特征。该过渡带的自然植被具有森林向草原过渡或草原向荒漠过渡的特征。由于降水不足、变幅大以及风多风大，不合理的开垦导致土地沙化、土壤退化和盐碱化等。

(3)山地平原过渡带　山地和平原之间往往存在着丘陵和平原交错分布的过渡区。由于高度差比较大，外力作用强烈。山体坡度大的，在重力作用下易产生滑坡和崩塌。

(4)城乡交接带　由于城市的发展和人口增加，使得该过渡带在时空变化上具有十分迅速和不稳定的特征。

(5)沙漠或绿洲的边缘地带　由于物质组成、外营力以及地表景观的差异，沙漠内部与周围农牧区之间，形成了明显的生态环境脆弱带。沙漠边缘是人类活动和自然力量相互交汇的地带，如果气候变干，风蚀作用加强，或者在不合理的人类活动干扰下，将导致沙漠入侵。

(6)梯度边缘带　是指由于山体的重力梯度和硬度梯度以及污染区污染物浓度梯度的明显存在，产生的山体侵蚀速率、坡面形态和污染程度变化的过渡区，其生态环境也是脆弱的。

对农业生态环境而言，引起关注的一般是水陆交界带、农牧交错带、沙漠或绿洲边缘地带和梯度边缘带，特别是相对比较集中分布的北方地区农牧交错带。

4. 生态环境脆弱的人文因素

生态环境脆弱的人文因素，主要是贫穷、人口综合素质低和生产技术落后。据研究，我国的生态环境脆弱区和贫困地区的地理分布有很好的耦合性，表明贫困与生态环境脆弱两者之间有十分密切的联系。具体表现在贫穷、人口和环境之间形成了一个恶性循环。贫穷导致人口增长和生态环境的脆弱性，反过来，人口增加又使贫困加剧，致使生态环境进一步恶化；脆弱的生态环境使得贫困程度进一步加深。

贫困导致人口增加的因素包括：①人口死亡率高，特别是婴儿死亡率高，往往用高生育率补偿高死亡率；②社会保障制度不完善，需要养儿防老；③劳动生产率低，需要增加劳动力；

④对计划生育的无知；⑤节育措施难以推广。

贫困使得生态环境趋于恶化的原因有两个：一是更看重眼前的利益，为了生存需要，对资源实行掠夺性经营，致使生态环境破坏；二是对自己当前行为后果的无知。

人口增长导致自然资源的人均占有量下降，贫困进一步加剧，对自然资源的掠夺性经营进一步加强，从而引起生态环境更趋脆弱，由此可见，生态环境脆弱是贫困的产物，同时也是贫困进一步加剧的原因。（生态环境脆弱导致生产和生存条件恶化和土地生产力水平的降低，贫困加剧）

人口综合素质低首先表现在观念素质落后，如不思进取、轻原则重感情、平均主义、依赖思想严重和封建迷信盛行等。加上智力素质低，难以接受新技术和新思想，生产技术落后是导致自然资源不合理开发和掠夺性经营的重要原因之一。

生态环境的脆弱性是自然的和社会的多种因素共同作用的结果，保护生态环境，以实现经济社会的可持续发展，既需要有综合性的技术措施，也必须要将其与提高人口的综合素质、消除贫困、促进农村发展的措施结合起来运用。

二、典型生态脆弱地区的生态恢复与重建

由于多年来人为的干扰活动和气候变化等自然因素的影响，我国生态环境脆弱地区生态环境退化问题严重，特别是在西部尤为突出。从经济社会可持续发展的战略目标出发，国家明确提出，切实搞好生态环境保护和建设是实施西部地区大开发的根本。只有大力改善生态环境，西部地区的丰富资源才能得到很好的开发利用，也才能改善投资环境，引进资金、技术和人才，加快西部地区发展步伐。而且更重要的是，改造西部的生态环境对于改善全国的生态环境，甚至整个东亚地区的生态环境，具有重大意义。如果不加快在西部地区恢复林草植被、治理水土流失，那么长江、黄河日渐淤积，洪水灾害不可能得到根治，广大中下游地区将永无宁日。生态环境建设既是西部大开发的基础，也是西部大开发的切入点。为此，国家提出采取“退耕还林（草），封山绿化，以粮代赈，个体承包”的综合措施，加快西部地区生态环境建设步伐。西部地区生态环境建设的中心是生态恢复与生态环境的保护。

1. 生态恢复的理论基础——恢复生态学

正常的生态系统是生物群落与自然环境之间在平衡位点上作一定范围的波动，从而达到一种动态的平衡状态。但在自然因素、人为因素或者两者的共同干扰下，生态系统的平衡状态可能被打破，生态系统结构和功能发生与其原来平衡状态或进化方向相反的位移，即出现生态系统退化或受损。生态恢复的对象是退化或受损的生态系统。所谓受损的生态系统是指在自然和人为干扰的作用下，原有生态平衡被打破，系统的结构和功能发生变化和障碍，形成破坏性波动或恶性循环的生态系统。

生态恢复就是在尊重自然规律的基础上，通过人类的作用，根据技术上适当、经济上可行、社会能够接受的原则，使受损或退化的生态系统重新获得并有益于人类生存与生活的生态系统重构或再生过程。也就是要恢复生态系统合理的结构、高效的功能和协调的关系。恢复的目标是把受损的生态系统返回到它先前的、或类似的、或者有用的状态，最终使生态系统明显地融合在周围的景观中、或看上去类似，或者起的作用像可以接受的某一熟悉的环境。由此可见，恢复并不等于复原，恢复包含着创造与重建。随着人类生存环境的严重变化，生态恢复的任务越来越重，由此产生了生态恢复的科学与技术，这一科学就是恢复生态学。恢复生态学是

应用生态学原理、方法，研究对人为干扰引起的群落或生态系统的结构和功能的改变进行恢复的科学，是生态学的一个分支学科。

(1)恢复生态学原理　恢复生态学基于的基本原理是：①整体性原理，即将生态系统内部结构和功能同生态系统与外部经济与社会系统的关系，作为一个整体去研究，以建立一种开发利用与自然资源和环境之间的和谐关系；②物质与能量循环原理与再生功能，实现最佳的物质、能量流动模式和资源再生的功能；③生态位原理，在生态恢复中选择考虑各种群在时间和空间上的生态位，选取最佳的植物组合，充分利用资源；④物种相互作用原理，发挥物种间的互利作用，使生物复合群体共存共荣；⑤物种多样性原理，增加物种多样性是保证生态系统稳定性的前提；⑥最小风险与最大效率原理，实现生态效益、经济效益和社会效益的统一。

(2)生态恢复过程　生态恢复过程，首先是确定生态系统发生变化的原因，即找出干扰来源与致损因子。干扰可能是人为，也可能是自然的。致损因子可能是土地资源的不合理利用，也可能是生物资源或水资源的过度利用等。其次是研究生态系统的受损机理和受损过程，即通过深入研究生物个体、种群、群落及环境在不同致损因子及不同受损等级下的行为特征及变化过程，找出可逆损害与不可逆损害的临界点，为生态系统恢复提供理论依据和技术支持。最后，要提出生态恢复的措施和途径。这些措施包括恢复、重建和改建。其中，恢复是将受损生态系统从远离初始状态的方向推移回到初始状态；重建是将生态系统的现有状况进行改善，结果是增加人类所期望的“人造”特点，压低人类所不希望的自然特点，是生态系统进一步远离它的初始状态；改建是将恢复和重建措施有机地结合起来，并使生态系统的恶化状态得到改造。

对受损生态系统采取的管理对策的不同，可能有以下 4 种结果：①恢复到其原来状态。②重新获得一个既包括原来特性，又包括对人类有益的新的特性的状态。③形成一个改进的、与原来不同的状态。④保持受损状态。

(3)生态恢复模式　受损生态系统的恢复有 2 种模式：①当生态系统受损不超负荷并且是可逆的情况下，压力和干扰被移去后，恢复可在自然过程中发生；②如果受损是超负荷的，并且发生了不可逆转的变化，只靠自然过程已经不能恢复到初始状态，必须依靠人的帮助。必要时，还须采用特殊的方法，实现生态系统的重建，或至少使受损状态得到控制。这方面的研究和实践属于生态工程学的范畴。应当指出，对超负荷的，并且发生了不可逆转变化的受损生态系统，恢复到初始状态几乎是不可能的。因而，对生态系统的保护尤为重要，特别是在我国西部这一生态环境十分脆弱的地区。

目前，研究和进行的生态恢复工程主要有林业生态恢复工程、草地生态恢复工程、废弃地恢复生态工程等。

2. 典型生态脆弱区脆弱性与生态恢复

基于脆弱生态环境具有的敏感性、不稳定性、环境问题突出和明显的过渡性四大特征，我国主要有 5 个典型脆弱生态区。它们的基本特征、生态恢复的限制因子以及生态恢复措施分别有如下几点。

(1)北方农牧交错带　北方半干旱农牧交错典型生态区范围东起科尔沁草原，经鄂尔多斯高原南部和黄土高原北部，西至河西走廊东端，总面积 25 万 km^2。主要分布在内蒙古、陕西和宁夏，以及河北、山西北部的部分地区。该区是种植业和畜牧业的过渡地区，历史上农牧界限变化频繁。本区地势起伏不大、但气候过渡性明显，从东北部的半湿润大陆性季风气候，逐步演变为半干旱典型大陆性季风气候。降水量多在 350～450 mm 之间，蒸发量大，各河段径流量小。天然植被带为森林草原植被带和草原植被带。该区环境敏感性强，以水土流失、风蚀沙化、草地退化和土壤盐渍化为主要特征的生态退化趋势十分明显，自然灾害主要是旱灾、暴雨、风沙等灾害的频繁发生。

该区生态恢复的限制因子是：气候波动、水资源缺乏、自然灾害频繁、植被覆被率下降及由此导致的土壤沙化。生态环境建设的基本模式是，首先，在上风向地区恢复林草灌植被、营建防风固沙林、防治土地沙漠化进一步扩大；其次，搞好农田基本建设和防护林体系，精耕细作提高农作物产量；最后，在稳定粮食生产的基础上，发展畜牧业，提高农民收入和抵抗灾害的能力。

(2)西北干旱绿洲边缘带　呈环带状分布于甘肃和新疆的干旱绿洲与沙漠的过渡地区，基本上是沙漠边缘区，面积约 59 万 km^2。该区处于欧亚大陆中心，降水量在 300 mm 以下。由于人口分布相对集中于绿洲地区，上游过度用水导致下游水资源短缺，风沙危害严重，不合理灌溉引起土壤次生盐渍化现象突出，山地植被破坏导致水资源萎缩，草场过牧导致退化严重。

该区生态环境建设的限制因子是：水资源和土地资源有限、经济基础薄弱、文化素质差、不少地区交通不便。生态环境建设的重点是绿洲合理利用水资源发展节水农业并确保生态用水，加强防护林和防护性植被建设，优化绿洲产业结构，多层次利用光热和水土资源，发展立体种植。

(3)南方石灰岩山地地区　主要分布在贵州和广西两省区，面积约 17 万 km^2，是我国最大的连片岩溶山区，也是世界上面积最大、人口最多的喀斯特山区之一。由于碳酸岩中的硅酸盐矿物含量低，成土过程十分缓慢。风化形成 30 cm 的土层需要 10 万～15 万年。该区的土层薄、肥力低、水土易流失、耕地匮乏、环境容量小，一旦水土流失恢复极为困难。此外，该区的多孔隙、地上地下双重空间结构基岩，形成了易旱、易涝、易漏和易塌陷的特点。由于人口压力和多年的不合理利用，这一地区的森林资源减少、水土流失严重、土地石化问题突出，自然灾害频繁发生。该区工业生产的发展，也带来了环境污染严重等问题。因而，该区的生态环境脆弱。

该区中低产多，土地类型多，土地资源开发有一定潜力；水能资源丰富，但利用率低；矿产资源种类多，但开发利用程度不高；地貌形态奇特、人文风情独特，利于发展旅游业。

针对该区的特点，部分地区需要进行环境移民、异地开发，促使生态环境的重建。农业生产需采用生态农业模式，种养多样、循环利用，并根据垂直结构的特点，实行层次开发、综合利用，工业生产需要采取清洁生产、发展绿色食品工业等；大力发展生态旅游业。

(4)西南干热河谷地区　本地区横跨中国第一、第二级两大地形阶梯。西部的横断山脉为高山纵谷区，气候呈垂直地带性分布；东部以云贵高原和四川盆地为主体，地形起伏，山脉、盆地、丘陵、河谷等纵横交错，是西部人口较密集、开发较早的山地农业区，亚热带湿润气候。干旱河谷区降水量少，蒸发量大，多为干旱、半干旱灌木草丛和稀树灌木丛，自下而上依次为亚热带常绿阔叶林，温带针、阔叶混交林，寒温带暗针叶林、亚寒带灌丛草甸。个别极高山，有寒带、稀草植被冻土带和永久冰雪带。由于河谷地区干旱缺水，该区河谷平原两岸的山地下部生态环境严重退化，旱洪灾害日趋严重，水土流失，植被稀疏，山地森林脆弱，而且高山地区气候寒冷，土壤发育差，草地易发生退化。由于斜坡不稳定，山体滑坡和泥石流等地质灾害严重。

根据该区气候干旱、水资源季节性分配不均、自然灾害发生频率高、水土流失严重、土壤肥力不高的特点，需要以水土保持为重点，进行植被的恢复，根据垂直气候带的特点，因地制宜，宜林则林、宜草则草、宜灌则灌；在河谷农业区通过水利建设，采取生态农业的模式，发展节水农业和雨养农业，种植粮食和热带水果等经济作物；此外，该区植物资源的开发潜力很大。

(5)青藏高原生态脆弱区　青藏高原总面积 250 km^2，平均海拔 4 000 m 以上，也是全球最年轻的高原，强烈的隆升并未停止，加上高原气候特征，成为我国自然灾害多发区。该区干旱且多大风，土壤风蚀沙化严重，草地因过牧和鼠害危害，退化严重。常见的自然灾害包括干旱、低温霜冻、冰雹、大风、沙尘暴、雪灾和滑坡等。

青藏高原特殊的地理环境和自然条件，决定了该区应以保护为主，适度开发，特别是开发利用其生态旅游资源。对农业区，要因地制宜，采取生态农业的模式。

3. 生态环境建设的重点地区

(1)黄河中上游地区　以坡耕地改造和沟壑治理为基础，扩大林草植被，遏制水土流失面积的继续扩大，减少输入黄河的泥沙量。该区的治理重点是黄土高原地区，优先建设天然林保护工程、水土综合治理工程、重点水土流失区林业与草地治理工程、节水灌溉工程、以旱作农业为主的生态农业建设工程。

(2)长江中上游地区　重点是防治流水侵蚀，减少泥沙流失。为此，要搞好以坡地改梯田为主的基本农田建设、山地立体种植、以小型水利设施为主的水利建设等，实施天然林保护工程，大力开展营林造林，建设生态农业工程。

(3)半干旱农牧交错带地区　半干旱农牧交错带地区横跨东北西部、华北北部和西北大部干旱地区，其重点地区在内蒙古南部与西北干旱区。生态环境的重点是治理风沙，遏制土地荒漠化扩大的势头。以恢复沙区林草植被为主，生物措施、工程措施和农艺措施结合，进行综合治理，包括建设“三北”防护林工程、水土流失综合治理工程、生态农业建设工程。

(4)草原区　我国草原主要分布在西部的内蒙古、新疆、青海、四川、甘肃和西藏等省区，是我国生态环境的重要屏障。长期以来受人口增长、气候干旱和鼠虫灾害的影响，特别是人为超载过牧和滥垦乱挖，土地沙化和草场退化严重。草原区生态环境建设的重点是保护好现有植被，并通过人工草场建设和草地防护林网建设，提高草场的载畜能力。

(5)青藏高原冻融区　青藏高原是长江、黄河、澜沧江等河流的发源地，也是全国生态环境建设的重点地区。该区生态环境极为脆弱，水力和风力侵蚀面积有 22 万 km^2，冻融侵蚀面积 104 万 km^2。该区人口稀少，牧场广阔，东部及东南部有大片林木，自然生态系统保存较为完整，但天然林一旦破坏将难以恢复。生态环境保护的重点是现有的自然生态系统，加强天然草场、长江黄河源头地区水源涵养林和原始森林的保护，防止不合理开发。

(6)绿洲生态区　绿洲主要分布在西北的新疆、甘肃等省区，是干旱地区人类赖以生存、生产和生活的空间，其面积占干旱地区的比例非常有限，而且绿洲所处大环境背景往往极其恶劣。绿洲生态环境安全严峻，土地盐碱化严重，已成为农业和经济社会可持续发展的严重障碍。要大力推行节水灌溉技术，提高绿洲内水资源的农业利用效率与效益，限制高耗水作物的种植；严格控制绿洲面积的扩大，并限制绿洲内耕地的比例，增加防护林网和草地，提高绿洲的抗风沙能力；严禁樵采和乱垦沙荒地，控制水资源开采和放牧。重点加强山区水源涵养林的保育，内河流域绿色走廊的保育，湖泊生态环境的保育等。

4. 生态恢复的主要技术措施

(1)合理利用水资源　合理利用水资源和有效保护水环境，是西部干旱半干旱地区生态环境保护和生态恢复的基本保证。地处干旱半干旱地区的西北地区和内蒙古中西部，水资源短缺以及时空分布极不均匀，是经济社会发展的主要限制因素，同时也是导致该地区生态环境处于脆弱状态的重要原因。西北地区的大多数城市缺水，新疆绿洲区、陕西关中地区与甘肃河西走廊和石羊河流域等地缺水程度较高。由于上中游地区用水量过大，用水效率偏低，使得多数内陆河流流域下游缺水，导致天然绿洲和湖泊萎缩。

水资源对西北地区的经济社会发展和生态环境安全极为重要。客观地评价水资源在不同发展水平下对经济社会发展的保障程度，是全面规划西北地区大开发的重要科学依据。在对区域水资源进行客观评价的基础上，根据水资源开发利用潜力和满足该地区生态环境目标下的最小生态需水量的要求，优化配置水资源，确定区域发展战略。

农业是用水大户，占西北地区总用水量的90%，而且灌溉水的有效利用率很低，应是节水的重点。而且，实践证明通过控制无效蒸发、全面推行节水技术、发展集水农业和旱作农业、实行水资源的循环利用，西北地区提高水资源利用的潜力还是很大的。例如，以色列全国水的地表径流量只有16亿 m^3，相当于甘肃石羊河的流量，他们养活了600万人，并且有大量农产品出口，而甘肃的石羊河流域却只养活了200万人。

节水的主要措施包括：①渠道防渗技术和低压管道输水技术；②地面灌溉技术与农艺节水措施相结合；③雨水汇集利用技术；④在经济作物和保护地上推广喷灌、微灌等节水灌溉技术；⑤降低水土流失的生态工程建设；⑥农业用水的管理。

(2)加强天然植被保护与植被恢复　要防止生态环境的进一步恶化，必须加强天然林、草地和野生动植物资源的保护，坚决停止天然林砍伐和天然草地开垦，禁止滥捕滥猎。防止草地过度放牧和过度樵采。

在生态环境已经恶化的地区，应制定与经济社会发展相协调的生态规划，逐步进行生态恢复。例如，在风沙危害与水土流失严重地区，要首先恢复绿色植被，遏制土地荒漠化的发展。其中对坡耕地，应采取有力措施，坚决退耕还林、种草；大力营造水土保护林、防风固沙林、水源涵养用林和农田防护林网。

(3)深化生态农业建设　以水土保持、保护生态环境和合理利用资源为中心，以中低产农田改造和多种经营为重点，搞好生态农业建设。建立的生态农业系统的类型主要有：农林立体结构生态系统类型、山区综合开发复合生态系统类型、多功能农、副、工联合生态系统类型。大力推广节水农业技术、旱作农业技术、生态恢复与重建技术、草原畜牧业高效管理技术、山地立体农业技术、绿洲农业与设施农业技术。建设好粮、棉、油、烤烟、中药材、林、瓜、果等生产基地。要根据西部地区的特点，大力发展绿色食品产业和营养保健品产业，包括沙棘、红枣、甘草、山野菜等。

(4)加强生态环境规划与管理　对生态脆弱区的生态环境保护与生态恢复应引起各级政府的广泛重视，各地应根据其资源承载能力，做出相应的生态环境规划，运用价值规律和行政、法律手段，进行严格管理。当前，特别是要采取有力措施，制止生态环境的进一步恶化，并逐步开展生态恢复方面的工作。生态建设技术措施的实施必须与农村经济和社会发展，特别是人口素质的提高结合起来，才能真正发挥实效。为此，生态环境恢复必须与经济效益和社会效益结合起来，在生态环境建设的同时，增加农民收入；要加强基础教育，提高人口的智力素质，并采取有效措施，改变农民的传统观念，提高观念素质等，适应市场经济和生态环境保护的需要。

思考题

1. 简述生物资源的概念和特征。
2. 何谓生物多样性？其内涵是什么？
3. 简述生态系统的组成及功能。
4. 简述物种多样性与生物资源的关系。
5. 何谓生态系统服务？
6. 热带雨林生态系统具有哪些特殊生态服务功能？
7. 简述种植业生态系统的特点。
8. 简述生物多样性面临的主要威胁。

参考文献

[1] 陈泮勤. 地球系统碳循环. 北京：科学出版社，2005.

[2] 国家环保局. 中国环境保护21世纪议程. 北京：中国环境科学出版社，1995.

[3] 国家环保局自然保护司. 中国生态问题报告. 北京：中国环境科学出版社，1999.

[4] 国家环境保护总局. 全国生态现状调查与评估：综合卷. 北京：中国环境出版社，2005.

[5] 蒋志刚，等. 保护生物学. 杭州：浙江科学技术出版社，1997.

[6] 刘燕华，李秀彬. 脆弱生态环境与可持续发展. 北京：商务印书馆，2001.

[7] 陆建身. 中国生物资源. 上海：上海科技教育出版社，1997.

[8] 农业部生物多样性保护行动计划专家组. 中国农业部门生物多样性保护行动计划. 北京：中国农业出版社，1993.

[9] 徐丽华，姜成林. 微生物资源学. 北京：科学出版社，1997.

[10] 张风荣，等. 中国土地资源及其可持续利用. 北京：中国农业大学出版社，2000.

[11] 张金屯，李素清. 应用生态学. 北京：科学出版社，2003.

[12] 张续胜. 西部大开发——战略·对策·信息. 北京：经济管理出版社，2000.

[13]《中国荒漠化（土地退化）防治研究》课题组. 中国荒漠化（土地退化）防治研究. 北京：中国环境科学出版社，1998.

[14] 中国自然资源丛书编撰委员会. 中国自然资源丛书：草地卷. 北京：中国环境科学出版社，1995.

[15] 中国自然资源丛书编撰委员会. 中国自然资源丛书：海洋卷. 北京：中国环境科学出版社，1995.

[16] 中国自然资源丛书编撰委员会. 中国自然资源丛书：森林卷. 北京：中国环境科学出版社，1995.

[17] 中国环境与发展回顾与展望高层课题组. 中国环境发展回顾与展望. 北京：中国环境出版社，2007.

第四章　水资源与水环境

第一节　水循环与水资源

水是地球上的一种特殊物质，以其可循环性和独特的物理化学性质，成为人类生存的基本条件和生产活动最重要的基础物质。在自然界，水是生命存在的基础，也是生物地球化学循环的重要介质和载体。水既是资源也是环境。水除用于人类生活外，还可用于工农业生产、发电、航运、建造优美环境和娱乐休息场所及形成良好的生态环境等，给人类以极大的恩惠。水作为人类赖以生存的自然资源，是任何其他物质所代替不了的，当今社会需水量剧增与水资源有限性之间的矛盾日益突出，水资源问题受到了全世界的广泛关注。21 世纪各国的资源争夺纠纷，将会围绕着水资源展开。

一、水循环与水量平衡

地球上水分布广泛，自然界里的水以固态、液态、气态分布在地球表面（海洋、湖泊、河流、沼泽、冰川）和大气圈（大气水）、岩石圈（地下水）、土壤圈（土壤水）和生物圈中，组成了一个有机地相互联系着的水圈。据估计自然界中水的总储量为 13.86 亿 km^3，其中海洋储水量占地球上总水量的 96.54%，淡水占地球上总水量的 2.53%（表 4-1）。

表 4-1　地球上各种水体的储量　　10^3 km^3

水体	总水储量		咸水		淡水	
	体积	%	体积	%	体积	%
海洋水	1 338 000.0	96.54	1 338 000	99.04		
冰川与永久积雪	24 064.1	1.74			24 064.1	68.70
地下水	23 400.0	1.69	12 780	0.95	10 530.0	30.06
永冻层中冰	300.0	0.02			300.0	0.86
湖泊水	176.4	0.013	85.4	0.006	91.0	0.26
土壤水	16.5	0.001			16.5	0.05
大气水	12.9	0.000 9			12.9	0.04
沼泽水	11.5	0.000 8			11.5	0.03
河流水	2.12	0.000 2			2.12	0.01
生物水	1.12	0.000 1			1.12	0.003
总计	1 385 984.6	100.00	1 350 955.4	100.0	35 029.2	100.0

自然界中的水不是静止的，而是在太阳辐射和地心引力的作用下不断地运动着的。当地球表面的水接受太阳辐射变成水汽上升至高空后，可被气流携带输送到各地，在一定条件下凝结，再以降水的形式落回地球表面，这就构成了自然界中水循环的基本过程。

水收支数量在地球表面的空间分布上是不均匀的。从海洋蒸发进入大气的水既可能又一次降回到海洋，也有可能被携带到陆地上空而以降水的形式降至陆地；从陆地表面蒸发进入大气的水，既可能降回到陆地，也可能被输移到海洋上空而降至海洋。就总量来看，从海洋蒸发、输移到陆地上空再降落到陆地表面的水量要远远大于从陆地蒸发、输送到海洋上空再降至海洋的水量，两者之间相差的这部分水量又以地表或地下径流的方式汇入海洋，从而维持着海洋与陆地之间的水量平衡。这样就形成了水在海洋与陆地之间的循环运动，通常人们把这种在陆地—海洋之间的水循环运动叫做大循环，将由海洋蒸发、在空中凝结后，直接以降水的形式回落海洋的水循环称为海洋小循环，而将从陆地表面蒸发(蒸腾)上升至高空，凝结后再一次以降水的形式返回地面的水循环叫做陆地小循环。这一循环过程又可分为降水、入渗、蒸发和径流四个环节(图 4-1)。

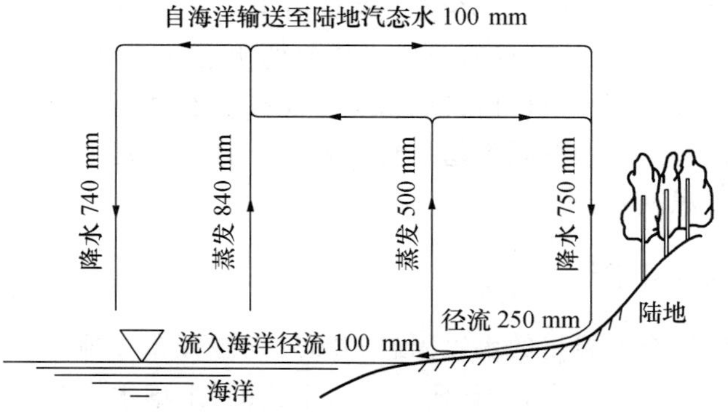

图 4-1 全球水循环示意图

二、水量平衡原理

如上所述，自然界中的水分在不停地运动和循环着，不过这种运动循环只是其形态和存在场所的改变，它既不会自消自灭也不会无中生有，就全球而言水在数量上保持着平衡，这就是水量平衡原理。就陆地而言多年降水量等于多年蒸发量与入海径流量之和，对于海洋来说多年蒸发量等于多年降水量与陆地入海径流量之和，即：

$$P_L = E_L + R_L$$
$$P_O + R_L = E_O$$

式中：P_L、P_O 分别为陆地多年降水量和海洋多年降水量，E_L、E_O 分别为陆地多年蒸发量和海洋多年蒸发量，R_L 为陆地多年入海径流量。两式相加，得

$$P_L + P_O = E_O + E_L$$

即地球上的多年降水量等于多年蒸发量，或多年平均降水量等于多年平均蒸发量。全球水量平衡概况(表 4-2)，由此可见，全球每年海洋的总降水量比总蒸发量少 47 000 km^3，陆地总降水量比总蒸发量多 47 000 km^3，海洋和陆地各自保持着水量平衡。

对于局部区域来说水量平衡原理也是成立的，即 $P = E + R + \Delta G$

式中：P 为某一区域某一时段的降水量，E 为蒸发量，R 为径流量，它包括地表径流和地下径流两部分，ΔG 为该区域储水量的改变量。在一较长时间内，与该区域的水的收入总量或支出总量相比 ΔG 很小，可以近似地视为零，此时上式可以变形为：$E/P + R/P = 1$

表 4-2　全球水量平衡

分区	面积/百万 km^2	水量/千 km^3			水深/mm		
		降水	径流	蒸发	降水	径流	蒸发
海洋	361	458	+47	505	1 270	+130	1 400
陆地	149	119	−47	72	800	−315	485
外流域	119	110	47	63	920	395	529
内流域	30	9	—	9	300	—	300
全球	510	577	—	577	1 130	—	1 130

式中：E/P 和 R/P 分别为蒸发系数和径流系数，二者之和为 1。一般来说，在降水量相接近的条件下一个地区径流系数越大、蒸发系数越小，气候越湿润，径流系数越小、蒸发系数越大则气候越干燥。另外，径流系数又是一个地区保持水分能力大小的度量指标，在水土保持的研究中经常用到。气象条件一致时，径流系数越大，则该地区的保水能力越小，水土流失可能更严重。径流系数决定于当地的地形、植被、土壤、大气温度等多种因素。

三、水资源

1. 水资源的概念与属性

水资源一般是指自然形成且循环再生，并能为当前人类社会和自然环境直接利用的淡水。广义的水资源是指在地球的水循环中可供生态环境和人类社会利用的淡水，它的补给来源是大气降水，赋存形式是地表水、地下水和土壤水。狭义的水资源是指自然水体中由大气降水补给，具有一定数量和可供人类生产和生活直接利用，且年复一年可循环再生的淡水。常包括河川径流、湖泊、湿地等地表水以及渗入地下的地下水。此外，还有可持续水资源的概念，是指淡水资源中除去生态环境用水的部分。

作为自然资源水的价值主要体现在水量、水质和水能 3 个方面。所谓水质是指由水的物理、化学和生物诸因素所决定的特征，传统上一般是指天然水质，与现代水环境质量概念有所不同。包括各种水体中的天然水的本底值、河流挟带的悬浮物、水中污染物的含量、成分及其时空变化。水能则是指水体具备的势能、压能和动能的总称，一般指河流的水能。水量是指水资源量，其基本特征表现在其有限性、循环和再生性、随机性、时空分布的不均匀性和流动性。

(1)有限性　水是生命之源，对于人类生存、社会发展来说至关重要。海水是咸水，很难被人类生产、生活利用。在全球水的储量中，淡水只占总水量的 2.53%，在淡水中绝大部分存在于高山冰川、两极冰川和永久积雪及深层地下水中，占淡水总量的 98.7%左右，而和人类关系最密切、易于利用的河流和湖泊中的淡水数量分别只占淡水总量的 0.006%和 0.26%，可见虽然地球表面的 70%为水所覆被，但目前能为人类利用的水量却很少，加上水资源地区间分配不均及年际间的巨大变差，人类可利用的水量就更少了。因此，水资源是有限的。

(2)循环再生性　水在自然界的不断运动，构成了地表水、大气水、地下水和土壤水之间相互联系、相互转化的循环系统，使得水资源经常处于更新过程之中。据估计在 47×10^3 km^3 的全球年入海径流量中河川和冰川径流量分别为 44.5×10^3 km^3 和 2.5×10^3 km^3。此外，内陆河流径流量为 1×10^3 km^3。这些不断运动和循环着的水体，一方面满足着人类对水量的需求，更重要的是使水质不断得到净化，让已经用过了的水变得再次可用。在循环过程中，由于水所处空间位置的不断改变,其位差的存在使水具备了发电等做功的能力。因此,评价一个地区水资源的丰缺程度,往往以河川径流总量作为指标。但是,即使是流经人类活动频繁地区的河川中可为人类利用的最多也只有 40%左右。另一方面,水体的净化与水体所处环境、水体当中污染物质的含量及种类等因素有关,也决定于水循环的路径和循环时间的长短,自然条件下一般水体中污染物质越易于分解且含量越低、循环时间越长水体得到的净化越彻底。这就是说,人类对水资源的利用应有限度,只有在不超过其恢复与更新能力的前提下,人类生产和生活对水资源的需求才能得到永续保证,利用过度则必然带来生态和环境问题,甚至灾难性后果。

(3)随机性　由于自然状态下水文和气象要素的随机性,因而水资源的产生也具有随机性。水利设施的修建可以部分控制水文要素,但降雨的随机性是无法控制的。水的这种随机性,给人类利用带来一定困难。

(4)时空分布的不均匀性　气象要素在时间和空间上的变化导致水资源时空分布的不均匀性。

(5)流动性　水资源具有流动性,包括下渗和径流。因而,水是物质迁移和循环的重要载体,同时也是污染物扩散的重要媒介。

2. 水资源类型

①根据用途,水资源可划分为农业用水、工业用水、城乡生活用水、生态用水等。

②根据分布位置,水资源可分为地表水资源、地下水资源、土壤水资源和生物水资源等。

③从开发利用的角度,水资源又分为资源型水资源、工程型水资源和再生型水资源等。

20 世纪 90 年代中期,出现了一个新的区分水资源的方式:“绿水”和“蓝水”的划分。蓝水是指降落到地表形成径流和补给地下水的部分,即地表水和地下水资源,是看得见的部分;绿水是指降水处存在包气带中的水,然后直接被植物利用的水资源,如土壤水和植被水。简而言之,绿水是指通过植物吸收,然后以蒸腾方式返回大气的水。由于伴随水的流动植物生物量增加,因而又称为生产性绿水。而裸地蒸发、树冠截留蒸发和开放水面蒸发等不被植物所利用的水为“白水”。一般文献和政府的水资源公报中给出的水资源量只是蓝水部分,通常不包括绿水。

绿水概念对农业水管理意义重大。习惯上,农业用水通常是指农田灌溉用水,不考虑作物生产过程中对土壤水的耗竭。作物对土壤水的利用,客观上减少了降水的入渗和地表径流,从而减少了对地下水补充和河川径流量。因而,只把灌溉水看做是农业用水实质上是不合理的。在我国主要粮食作物的生产过程中,蓝水的贡献为 46%,而绿水的贡献为 54%。为了克服这一不足,人们还提出了包括绿水和蓝水在内的广义农业水资源的概念。

3. 影响水资源丰缺的主要因素

国际上公认的判断一个国家或地区水资源是丰富或是短缺的标准,是其人均水资源占有量。低于 3 000 m^3 时,即为水资源不足。其中,人均水资源占有量 1 700～3 000 m^3 为轻度缺水,但只有局部地区的个别时段出现缺水问题;1 000～1 700 m^3 为中度缺水,将出现周期性和规律性用水紧张,1 700 m^3 为国际水资源紧张警备线;500～1 000 m^3 为重度缺水,将经受持续性缺水,经济发展受到损失,人体健康受到威胁,1 000 m^3 为严重水荒的国际临界线;<500 m^3 为极度缺水,需要调水,否则人类生存受到威胁。

我国虽然在总体上是一个轻度缺水的国家,但由于空间分布的差异,我国有 10 个省份(辽宁、江苏、河南、北京、山东、河北、山西、宁夏、上海和天津)处于严重水荒国际临界线以下;其中的大多数甚至处于极端缺水状态。介于国际水资源紧张警备线和严重水荒的国际临界线之间的省份有安徽、吉林、陕西和甘肃。超过 3 000 m^3 线的水资源丰富的省份有海南、江西、广东、福建、贵州和台湾。一个地区水资源丰缺与否决定于多种因素,应从自然界水循环的角度运用水平衡原理对其进行考察。

(1)地理位置　由于降水是水资源的最主要来源,所以人们常常以年平均降水量与年平均蒸发量之比(P/E)来判断一个地区湿润程度。影响一个地区的湿润程度的因素有很多,其中以纬度最为重要,道本迈尔(R. F. Daubenmire)于 1978 年计算了全球不同纬度带的平均年降水量与年蒸发量比值(P/E),结果列于(表 4 - 3)。由此可见,全球不同纬度地带的降水与蒸发比值相差很大。

表 4 - 3　年平均降水量与年平均蒸发量之比(P/E)与纬度的关系

北纬	P/E	南纬	P/E
80°～90°	2.86	0°～10°	1.11
70°～80°	1.28	10°～20°	0.73
60°～70°	1.25	20°～30°	0.61
50°～60°	1.68	30°～40°	0.74
40°～50°	1.41	40°～50°	1.37
30°～40°	0.87	50°～60°	2.01
20°～30°	0.63	60°～70°	2.40
10°～20°	0.83	70°～80°	1.82
0°～10°	1.57	80°～90°	—

另外,一个地区降水的多少受到大气环流的影响,一般说来,距离海洋越近,大气湿度越大,降水量越多,水资源也越丰沛;越深入大陆内地,受海洋和季风影响越小,气候越干燥,降水量越小,水资源数量也越少。

(2)地形条件　在同一地区,海拔越高,气温越低,大气湿度越大,降水量也越大。高原和高大的山脉对大气环流、水汽的运移有阻隔作用,会对一个地区降水等气候条件产生明显影响。地面坡度是影响水循环即水分入渗数量多少的重要的因素,在其他条件相同情况下坡度越陡,越容易产生地表径流而渗入土壤中的水量越少,降水大量流走,地面水分蒸发量减少,空气湿度更小,降水量也随之减少。

(3)土壤和植被　土壤、植被也是影响一个地区水分入渗、蒸发、径流、降水各个循环环节的重要因素,土壤质地中等,结构性好,疏松透水,有利用土壤水分入渗;植被长势茂盛,覆被度高,能够抑制径流产生,加速水分循环。同样良好的生态环境条件,有利用植物生长,又会对保蓄水分、涵养水源产生积极作用,从而使一个地区的生态环境进入良性循环。

(4)人类活动　人类对于水资源的影响,其方向有积极和消极两种可能。人们兴修水利,拦蓄径流,植树造林,保持水土,跨流域调水,可以改善一个地区的水资源状况。但是不合理地开发利用水土资源,使植被遭到破坏,土壤受到侵蚀,气候逐年变得干燥,土地荒漠化,生态条件恶化以及过多水体污染排放,必然造成水资源的衰减。

四、水资源的分布与特征

1. 世界水资源概况

世界各地自然条件不同，降水和径流相差也很大。表4-4列出了世界各大洲年平均降水量与年平均径流量的情况。年降水量以大洋洲(不包括澳大利亚)的诸岛最多；其次是南美洲，那里大部分地区位于赤道气候区内，水循环十分活跃，降水量和径流量均为全球平均值的2倍以上。欧洲、亚洲和北美洲与世界平均水平相接近，而非洲大陆是世界上最为干燥地区之一，虽然其降水量与世界平均值相接近，但由于沙漠面积大，蒸发强烈，径流量仅为151 mm。相比之下大洋洲的澳大利亚最为干燥，与降水量761 mm相对其径流量仅为39 mm，这是由于澳大利亚的有2/3地区为荒漠、半荒漠所致。

表4-4 全球各大洲年降水和年径流概况

洲名	面积/万 km^2	年降水量/mm	年径流量/mm	径流系数
亚洲	4 347.5	741	332	0.45
非洲	3 012.0	740	151	0.20
北美洲	2 420.0	756	339	0.45
南美洲	1 780.0	1 596	661	0.41
南极洲	1 398.0	165	165	1.00
欧洲	1 050.0	790	306	0.39
澳洲	761.5	456	39	0.09
大洋洲(诸岛)	133.5	2 704	1 566	0.58
全球陆地	14 902.5	798	314	0.39

通常人们将全球陆地入海径流总量作为理论上的水资源总量，即全球水资源总量为47 000 km^3，而这一水资源数量在全球分布又是不均匀的，各国水资源丰缺程度相差很大。就全球来看随着工农业生产的发展和人民生活水平的提高，水的供需矛盾越来越突出，全球约有40%的人口、80个国家面临缺水局面，有些地区已出现了比较严重的水危机。

2. 我国水资源概况

(1)我国年降水量分布特点 我国全国多年平均年降水量为61 929亿 m^3，相当于水深645 mm，为世界年平均降水量的81%、亚洲陆地年平均降水量的88%。而且在时间和空间上的分布极不均匀。

一个地区降水量与其地理分布、距离海洋远近、地形和地势等因素有关。我国东部、南部濒临海洋，地势西高东低，自东向西大体上可分为三级阶梯：最高一级阶梯为青藏高原，其地面高程在4 000 m以上，大气稀薄，降水也少；二级阶梯为青藏高原以北和川东地区，地面高程在1 000～2 000 m，由于夏季季风北缘可以深入到这一地区，故该地区较一级阶梯地区降水明显增多；第三级阶梯地为大兴安岭、太行山、巫山和云贵高原以东地区，东缘与海洋相接，地面高程大部分在1 000 m以下，受季风影响强烈，年降水量较二级阶梯地区更多。

我国的山脉走向大体上有东西向、东北西南向和南北向三大类，山脉阻隔水汽输送，它与地势高低、地理位置等因素的共同作用，造成了我国大气降水量呈带状分布。降水量总的分布趋势是由东南沿海向西北内陆逐渐减少，降水量等值线呈东北—西南走向。特别是位于第二级阶梯与第三级阶梯分界地带的、大致自东北的大兴安岭，经太行山至雪峰山一线的山脉，阻隔东南方海洋水汽向北运移的作用明显，使得该山脉两侧的降水量相差悬殊，将全国大体上分作了干旱半干旱西北部地区、湿润半湿润东南部地区两大部分。

东（南）部地区夏季季风频繁，水汽被大量地带到了这一地区上空，降水量多，气候湿润，冬季则受到来自欧亚大陆气流的控制，降水减少，气候相对干燥。东南沿海及西南部分地区多年平均年降水量大于 2 000 mm，在西南边境局部地区如中印边境东段平均年降水量可达到 5 000 mm 以上，长江中下游地区多年平均年降水量在 1 000 mm 以上，秦岭 - 淮河一带为 800～900 mm。西北部地区由于受到高山与高原的阻挡，季风很少到达，形成了大陆性气候，干旱少雨。华北平原、东北、山西、陕西大部以及甘肃、青海东南部、新疆北部和西部地区、四川北部和西藏东部地区等地，多年平均降水量在 400～800 mm，东北西部和内蒙古、甘肃以西年降水量低于 400 mm。位于新疆南部和青海省北部的塔里木盆地、吐鲁番盆地和柴达木盆地，距离东南沿海遥远，为来自太平洋的季风所不及，而来自印度洋的西南季风被青藏高原所屏障，来自北部大西洋与北冰洋的水汽受到天山山脉的阻隔，从而成为全国乃至全亚洲降水最少的地区，年平均降水量在 25 mm 以下，根据现有记录位于吐鲁番盆地西缘的托克逊多年平均降水量只有 3.5 mm，1968 年的年降水量仅为 0.5 mm。

我国年降水量在年内分配不均，夏季降水量明显高于冬季，干湿季节分明，多数地区在汛期降水量占全年降水量的 60%～80%；各地汛期大都为 4 个月左右，但在全国各地出现的时间不同，从南到北分别为 4—7 月和 7—10 月。冬季降水相对减少，一年中连续 3 个月最小降水量占全年降水量的比例，由南至北降低，其变化的幅度为 10%～5%。降水量在年际间变化很大，根据多年统计资料各地最大年降水量与最小年降水量之比，以西北地区为最大，一般可超过 8 mm，华北地区多在 4～6 mm，东北地区为 3～4 mm，南方地区为 2～3 mm，而西南地区最小，大多数地区小于 2 mm。

（2）河川径流　我国全国多年平均年河川径流量为 27 124 亿 m^3，折合平均径流水深 283 mm，其中直接来源于降水补给的约占总量的 71%，由降水渗入地下再以地下水的形式补给的约占 27%，其余的 2%左右来自冰川和积雪的融化。

我国地表径流的空间分布主要取决于各地的年降水量，也是南方多北方少，东部多于西部，近海高于内陆，自东南向西北递减。在同一地区一般是山地大于平原，特别是山地的迎风坡，年径流量远远大于邻近的平原或盆地。秦岭、淮河以南地区总的来说径流是丰富的，除个别地方外，大部分地区径流深都在 200 mm 以上；东南部高值区多年平均年径流深达 1 800 mm 以上，局部可超过 2 000 mm，主要分布在台湾省、福建省和喜马拉雅山东南麓及云南怒山、哀牢山以西地区。秦岭、淮河以北的北方地区形成径流的条件较差，径流深在200 mm 以下的地区较多，燕山、太行山、鲁中山地径流深可能会超过 200 mm，但平原区径流深随纬度增高而递减，如该区南部的淮北平原年径流深在 200 mm 以上，由此向北到海河平原迅速减少到了 25 mm 左右。东北地区的径流分布又与华北平原不同，其年径流量自东向西迅速减少，东南部的长白山山地径流深最大，可达 700 mm 以上，到该区的西部减至 150 mm 以下。自大兴安岭西麓、经松辽平原东侧、内蒙古高原南缘、鄂尔多斯高原东缘、藏北高原至西藏南部一线以西地区，除个别山地外，多年平均径流深都在 50 mm 以下。地处西北地区的低值区平均年径流量也可低至 50 mm 以下，如新疆地区位居欧亚大陆腹地，盆地四周高山环绕，降水稀少，盆地边缘的径流深只有 5～10 mm，盆地中央形成大面积无径流区。

河川径流量的年际变化与降水变化趋势相同，但受下垫面因素的影响，其变化幅度比降水量更大；以各河流年径流总量最大值与年径流总量最小值之比表示其年际变化大小，这一比值长江以南地区的河流多在 5 以下，而北方地区河流则多高达 10 以上，说明我国北方有限的径流水资源较南方更难以利用。我国河川径流很大一部分来自于洪水，年内径流多分配于汛期的 3～4 个月，如长江以南、云贵高原以东大部分地区，汛期的径流总量占全年径流总量的 60%左右，而长江以北各河流汛期的径流总量占全年径流总量 80%左右，海河平原可高达 90%。冬季河川径流总量很小，南方占全年径流总量的 20%左右，而北方如辽河只占全年径流总量的 3%上下，松花江更低，还达不到 2%。

河川径流的水质决定着水资源的用途及其利用价值，主要表现在水中溶解的化学物质成分及其数量和携带的泥沙等不溶物质的数量上。我国许多河川水体中泥沙含量过高问题十分突出，例如，黄河作为世界上泥沙含量最高的河流，河水成黄色，三门峡水文站多年泥沙含量观测结果为 37.0 kg/m^3，局部河段泥沙含量可高达 500 kg/m^3 以上；黄河年平均输沙量在 16 亿 t，这些泥沙约有 3/4 进入渤海湾，有 1/4 淤积于下游河道，河床连年增高，使黄河成为举世闻名的地上"悬河"。除黄河之外，泥沙含量较高的河流还有海河、辽河，其多年实测含沙量结果平均在 10.7 kg/m^3 和 5.12 kg/m^3；内陆各河流的泥沙含量也较高，测定结果平均值为 1.98 kg/m^3。值得特别指出的是，由于长江中上游地区植被遭到破坏等原因，长江水体中泥沙含量呈增加的趋势，据宜昌站观测其平均含量达到 1.21 kg/m^3。在相同降雨条件下，河川径流泥沙含量的高低主要决定于该河流流域内的植被覆被情况及地形、土壤等因素，一般来说，植被越好，地面坡度越小，水土流失越轻，河川径流的泥沙含量也越低。为此，东南沿海诸河流泥沙含量相对较少，多年测定平均结果为 0.18 kg/m^3。而同一条河流径流中的泥沙含量的年际间变化主要受到不同年份降水类型的影响，这是因为暴雨更易发生水土流失，同一地区不同年份的年土壤流失量可相差 7～8 倍之多。

地表径流汇集于河网并沿之下泄，这部分水量最易为人类开发利用，因此，河川径流量在一定程度上代表着一个地区水资源的丰缺状况。我国的河流主要分布在东部，西北部因降水稀少，大的河流不多。全国流域面积大于 100 km^2 河流有 50 000 多条，流域面积在 1 000 km^2 以上河流有 1 500 多条，最重要的河流有 7 条，即长江、黄河、松花江、辽河、海滦河、淮河和珠江。按河流长度排列，干流最长的是长江，全长 6 300 km，仅次于尼罗河和亚马孙河居世界第 3 位，其次是黄河，干流全长 5 464 km；按流域面积排列，面积最大的也是长江，达 1 808 500 km^2，其次是黑龙江，在我国境内部分为 903 418 km^2，居第 3 位的是黄河，流域面积为 752 443 km^2。按径流量排序，年径流量最大的是长江，达 9 755 亿 m^3，居第 2 位的是珠江，年径流量为 3 360 亿 m^3。各地径流资源分布不均，许多地区水、土资源组合不合理，影响着当地工农业生产和社会经济的发展(表 4-5)。

各种化学物质的含量也是河流水体天然水质的重要指标。水中的无机化学物质、即各种离子含量常以矿化度和总硬度来表示；矿化度为单位体积水体中各种主要离子数量之和，而总硬度则是单位体积水体中钙、镁离子数量之和，两者均以 mg/L 表示。我国河川水流的矿化度和总硬度两指标之间有着良好的相关性，即矿化度越高的水体其总硬度值也越大；而矿化度的高低与一个地区的降水多少、流过地区的土壤及岩石种类、植被等因素有关。我国河川径流矿化度的地理分布规律是自东南向西北渐增，东南地区明显低于西北地区，浙江南部、福建北部和台湾省诸河流河水的矿化度都低于 50 mg/L，而西北地区的河流矿化度多高于 1 000 mg/L，其他地区河流水体的矿化度多在 300～1 000 mg/L 之间变化。同一条河流，一般情况是上游矿化度低、硬度小，下游矿化度高、硬度大。

表 4-5　我国各流域径流资源与土地资源组合概况

流域名称	流域面积		径流流量		平均径流深度/mm
	万 km^2	占全国国土面积/%	亿 m^3	占全国径流总量/%	
全国	960	100	27 124	100	283
松花江、辽河	123.8	12.9	1 872	6.9	151
海河	31.7	3.3	407	1.5	128
黄河	79.7	8.3	705	2.6	89
淮河	33.6	3.5	922	3.4	274
长江	179.5	18.7	9 222	34	514
东南诸河	20.2	2.1	2 441	9	1 211
珠江	57.6	6	4 611	17	801
西南诸河	349.4	36.4	1 248	4.6	36
内陆河	31.7	3.3	407	1.5	128

资料来源：谢高地. 自然资源总论. 北京：科学出版社，2009：222.

我国河流水体的酸碱度 pH 值变化范围在 6.5～8.5 之间，其地理分布规律是东南沿海诸河流径流水体的 pH 值低，多呈中性或微酸性，西北地区河流径流水体的 pH 值较高，多呈微碱性。

（3）湖泊水资源　我国湖泊的总水面面积约为 72 000 km^2，总储水量 7 088 亿 m^3，其中淡水储量约为 2 268 亿 m^3，占湖泊总储水量的 32%。全国水面面积在 1 km^2 以上、常年有水的湖泊约有 2 300 个，其中水面面积在 1 000 km^2 以上的湖泊有 12 个；水面最大的淡水湖除位于黑龙江省、中俄边界上的兴凯湖外，有鄱阳湖、洞庭湖、太湖、洪泽湖等，咸水湖中面积最大的是青海湖、呼伦湖、纳木湖和奇林湖等。湖泊分布在西部地区的较多，仅青藏高原湖泊的水面面积就约占全国湖泊的一半，但多为咸水湖，而分布于东部的湖泊多为淡水湖。

（4）地下水　我国每年可利用的，即每年靠降水可以得到补给的浅层地下水量多年平均值为 8 288 亿 m^3，其中山地丘陵区的地下水为 6 762 亿 m^3，平原区地下水为 1 873 亿 m^3，由于有一部分山地丘陵区地下水通过侧渗补给平原区，两者重复统计量约为 347 亿 m^3。人们将单位面积上单位时间内能够产生的地下水补给量叫做地下水补给模数，大范围看地下水补给模数呈自东南向西北逐渐减少的趋势，海南岛、广东、广西、湖南、长江中下游平原以及东南沿海地区，地下水补给模数平均值可达到 20 万～25 万 $m^3/(km^2 \cdot a)$，其中珠江流域可达 30 万～50 万 $m^3/(km^2 \cdot a)$以上，黄淮海平原地区为 10 万～15 万 $m^3/(km^2 \cdot a)$，东北地区和黄河上中游地区一般小于 5 万 $m^3/(km^2 \cdot a)$，西北内陆河流域以及黄土高原丘陵区均小于 1 万 $m^3/(km^2 \cdot a)$。地下水补给模数的大小与地区降水量、植被及水文地质条件等有关。

如前所述，就全国而言我国每年可从大气中获得的降水总量为 61 920 亿 m^3，折算成降水深度相当于 648 mm；多年平均河川径流量为 27 124 亿 m^3，折合径流水深为 282.5 mm，加上降水中直接补充地下水的量为101亿m^3，形成的水资源量为283.6 mm；多年平均蒸发量为34 699亿m^3，折合平均蒸发水深为361.4 mm。据此可以估算出我国平均径流系数和蒸发系数分别为44%和56%，这表明有近于56%的降水落至地面后，通过地面蒸发和植物蒸腾又重新返回到大气中去，有44%左右的降水落至地面后形成径流，汇集于河槽并沿河槽下泄，最后进入到湖泊、大海，或少部分用于补充地下水。但这只是全国的平均情况，我国幅员辽阔，气候各异，地形和地质条件也相差很大，因此各地的水文循环特点不一，水资源状况也千差万别。如果以淮河—秦岭一线为界将我国分为南方和北方，南方各流域的径流系数均在50%以上，北方各流域径流系数大都在30%以下，其中以黄河流域的径流系数最小，仅15%左右，即绝大部分的降水都被蒸发或蒸腾掉了。一个地区的水资源状况决定于降水、蒸发、植被、土壤等多种因素的综合作用。

3. 我国水资源的特点

从地理位置、气候、降水、地形、地貌等自然条件和人口、耕地与矿产资源分布等因素考虑，我国水资源具有以下特点。

（1）水资源总量较丰富，人均地均拥有水量少　我国多年平均年径流总量为27 124亿m^3，年地下水资源量为8 288亿m^3，扣除重复计算量，多年平均水资源总量为28 130亿m^3。在水资源总量中河川径流是其主要组成部分，约占94%。与世界各国相比，我国河川径流总量居世界第6位，低于巴西、俄罗斯、加拿大、美国和印度尼西亚，约占全球径流总量的5.8%；平均径流深为284 mm，为世界平均值的90%，低于印度尼西亚、日本、巴西、印度、美国和加拿大，而高于俄罗斯，居世界第7位。因此，以这一径流量与其他各国比较，水资源总量还是比较丰富的（表4-6）。

表4-6　世界各主要国家年径流量、人均和单位面积耕地占有水资源量

国家	年径流量/亿m^3	单位国土面积径流量/（万m^3/km^2）	人口/亿	人均占有径流量/（m^3/人）	耕地面积/万hm^2	单位面积耕地径流量/（m^3/hm^2）
澳大利亚	4 460	5.8	0.21	21 164	4 437	100 509
巴西	69 500	81.6	1.92	36 203	6 850	1 014 599
加拿大	29 010	29.1	0.33	87 225	5 215	556 280
中国	27 124	28.2	13.45	2 016	12 254	221 269
印度	20 850	63.4	11.81	1 765	16 932	123 140
印尼	25 300	132.8	2.27	11 128	3 710	681 941
日本	5 470	44.9	0.50	11 013	1 450	377 241
南非	430	11.4	1.27	338	463	92 913
俄罗斯	40 370	23.6	1.41	28 551	12 344	327 036
英国	1 442	59.2	0.61	2 346	605	238 308
美国	24 780	25.2	3.12	7 951	17 320	143 072
全世界	468 000	35.0①	67.07	6 978	130 035	359 904

注：①陆地面积中不包括南极洲.

资料来源：联合国及FAO有关统计资料，截止日期：2008年.

我国每公顷耕地占有河川径流量22 129 m^3，为世界平均值的61%，平均每人每年占有的河川径流量2 016 m^3，不足世界平均值的1/3，约相当于美国人均占有量的1/4，俄罗斯的1/14，巴西的1/15，加拿大的1/43。人口和耕地平均占有水资源量很少，水资源量与需要不适应的矛盾十分突出，我国以占世界7%的耕地、6%的淡水资源养活着世界上20%的人口。

(2)水资源时空分布不均　我国水资源在南北方的分布相差悬殊。长江流域及其以南地区流域面积占全国国土总面积的36.5%，却拥有占全国水资源总量80.9%的水资源，北方内陆地区(包括额尔齐斯河流域)面积占全国总面积的63.5%，拥有的水资源量却仅占全国水资源总量的4.6%。又如海河、滦河区单位国土面积占有的水资源数量仅为全国平均值的1/2，而黄河流域还不到全国平均值的1/3。

而且，同一地区年际间、年内的径流流量变化又都很大。水资源地区间分布不均，是我国北方地区特别是西北地区资源性缺水的根本性原因，而水资源年际间变化和年内分配不均，则是我国半干旱、半湿润地区甚至南方一些地区季节性缺水的原因。我国大部分地区水资源短缺，成为制约我国21世纪经济、社会持续发展的重要因素之一。

(3)水资源与人口、耕地、矿产资源组合不匹配　我国北方地区人口占人口总数的2/5强，但水资源量不足全国水资源总量的1/5，南方人口占人口总数的3/5弱，但水资源量为全国总量的4/5，北方人均水资源量仅为南方的1/3左右。特别是华北地区人口稠密，人口占全国的26%，但水资源量仅为全国的6%，人均占有量仅为西北的1/5和东北的1/3强，是全国平均值的1/4，因此，该地区是全国水资源最紧缺的地区之一(表4-7)。另外，水资源往往是分散的，而人口居住则相对集中。人口分布状况受自然条件和其他资源条件及社会经济发展进程的影响，人口一般多集中分布在水资源条件能够得到满足、有可耕种的土地、交通便捷的地方。随着城市化进程加快，人口集中程度也越来越高，以至形成一些大的城市群，如东北地区以沈阳为中心的辽南城市群、华北平原的以京津为依托的城市群，山西以太原为依托的汾河盆地城市群等。人口集中和人均占有水资源量减少，使水资源供应不足的矛盾更加突出。

我国北方耕地面积约占全国耕地总面积的3/5，而水资源量还不到占全国的1/5，相反，南方耕地面积为耕地总面积的2/5，水资源占有量却达水资源总量的4/5以上，南方耕地占有水资源量为42 208 $m^3/(hm^2 \cdot a)$(未包括台湾省)，而北方的占有量为7 833 $m^3/(hm^2 \cdot a)$，前者是后者的5倍多。在各大区中，西南地区耕地占有水资源量达54 681 $m^3/(hm^2 \cdot a)$，最少的华北地区只有5 010 $m^3/(hm^2 \cdot a)$，两者相差近11倍。

此外，我国尚有部分未开垦的土地，主要集中在东北和西北，其开垦条件受水资源量的限制，如果水资源得到保证，这一地区具有很大的开发潜力。

现已查明的我国矿产资源的潜在价值计算，其中北方约占全国总量的59%，南方约占41%；以矿产资源潜在价值除以年水资源量，结果为北方16 m^3/百亿元，南方94 m^3/百亿元，后者是前者的5.8倍，这两种资源的组合同样发生错位。开采矿产资源需要水，水资源与矿产资源的组合错位不利于矿产资源的开采与开发。

地区间的水资源分布与目前各地经济发展状况也极不相称(表4-7)，东北和华北地区的水资源总量分别占全国总量的5.6%和6.1%，其工农业总产值却占全国工农业总产值的11%和27%，而西南地区水资源占全国总量的47%，其工农业总产值仅占全国工农业总产值的10%。

综上所述，我国水资源与人口、耕地、矿产资源及社会经济发展组合状况很不理想，今后需要通过开源节流、在区域内部优化配置、高效率地利用水资源以及在区域间合理调配水资源等措施，缓解水资源的供需矛盾，以确保社会经济发展对水资源的需要。

表 4-7 我国水资源与人口、耕地组合情况(2009)

省、市、区		水资源总量/亿 m^3	人口		耕地		工农业产值/亿元
			数量/万人	人均水量/m^3	面积/万 hm^2	每公顷水量/(m^3/hm^2)	
东北区(辽宁、吉林、黑龙江)	数量	1 529.0	10 885	1 404.7	2 145.0	7 128.2	17 079.8
	占全国比例/%	5.56	8.16		17.62		8.86
华北区(北京、天津、河北、内蒙古、山西、山东、河南)	数量	1 685.2	34 824	483.9	3 363.5	5 010.3	58 585.0
	占全国比例/%	6.14	26.09		27.63		30.40
西北区(陕西、甘肃、宁夏、新疆、青海)	数量	2 235.1	9 749	2 292.6	1 448.4	15 431.5	9 532.6
	占全国比例/%	8.14	7.30		11.39		4.95
西南区(四川、重庆、贵州、云南、广西、西藏)	数量	12 751.8	24 559	5 192.3	2 332.0	54 681.8	20 821.1
	占全国比例/%	46.44	18.40		19.16		10.80
华南区(上海、江苏、安徽、湖北、湖南、江西、浙江、福建、广东、海南)	数量	9 259.2	51 644	1 792.9	2 882.8	32 118.8	86 708.5
	占全国比例/%	33.72	38.69		23.68		44.99
全国数量		27 460.3	133 474	2 057.4	12 171.6	22 561.0	192 727
北方片(东北、华北和西北)		5 449.3	55 458	982.6	6 956.8	7 833.1	85 197.4
占全国比例/%		19.84	41.55		57.16		44.21
南方片(西南和华南)		22 011.0	76 203	2 888.5	5 214.8	42 208.7	107 529.6
占全国比例/%		80.16	57.09		42.84		55.79

注:①表中资料未包括港澳台地区和台湾省.

②资料来源:人口、耕地、工农业产值数据《中国统计年鉴》2010 年统计数据.

五、水资源利用

全球每年可供人类利用的水资源总量约为 14 000 km^3,占世界可更新水资源总量的 30%。随着人类社会的进步与经济的发展,人类对水资源的需求不断增加,特别是第二次世界大战之后,世界经济快速发展和人口迅速增长,用水量也急剧增加,全世界用水量 1900 年为 579 km^3,1950 年增加到 1 360 km^3,1980 年增加到 3 320 亿 km^3,80 年间增加 4.7 倍。2007 年全球的取水量为 3 829 km^3。此外,各种生态系统还消耗了 70 850 km^3 的绿水。

根据 FAO 的统计,1998—2007 年,全球总取水量的 70%用于农业,20%用于工业,其余 10%为生活用水。除了位于热带雨林地区(如印度尼西亚和巴西等),低收入国家农业用水的比例均很高,占水资源总用量的 82%,工业用水仅占 10%;高收入国家农业用水所占的比例为 30%,而工业用水占到了 59%(表 4-8)。

表 4-8　世界各主要国家水资源利用情况

国家	降水量/(mm·a)	水资源量/(km^3·a)	总取水量			农业用水		生活用水/(km^3·a)	工业用水/(km^3·a)
			km^3/a	%①	m^3/人	km^3/a	%②		
澳大利亚	534	492	22.5	4.6	1 149	16.66	74.0	3.5	2.4
巴西	1 782	8 233	58.1	0.7	305	31.8	54.7	16.3	10.1
加拿大	537	2 902	46.0	1.6	1 468	5.4	11.7	9.0	31.6
中国	645	2 840	554	19.6	415	358	64.6	67.5	129
德国	700	154	32.3	21.0	392	<0.1	<0.3	5.1	27.1
印度	1 083	1 900	761	40.1	644	688	90.4	56	17
印度尼西亚	2 702	2 019	113	5.6	537	92.8	82.1	14.0	24.7
法国	867	211	31.6	15.0	512	3.9	12.3	5.8	21.9
蒙古	241	34.8	0.5	1.4	204	0.2	40.0	0.1	0.16
南非	495	50.0	12.5	25.0	271	7.84	62.7	4.89	0.91
俄罗斯	460	4 508	66.2	1.5	456	13.2	19.9	13.4	39.6
美国	715	3 069	478.4	15.6	478	192.4	40.2	65.4	220.6

注:①占水资源总量的百分数;②占总取水量的百分数.

资料来源:2010 年 FAO 统计资料(Aquastat);主要数据为 2008 年,部分数据为较前年份.

1949 年以来,随着人口增长、工业发展和城市化进程,农业用水、生活用水和工业用水量的不断增加,特别是进入 20 世纪 80 年代以后,工业经济迅速发展,工业用水急剧增加(表 4-9)。20 世纪后期开始,由于上游水利工程的截水、农业用水大幅度增加和近 50 年来降水量的减少,北方地区许多河流出现长时间断流,河湖和湿地生态受到威胁,北方缺水城市显著增加。城市缺水最早于 20 世纪 70 年代出现在天津、青岛、大连、长春、太原等北方城市,以后缺水城市逐年增加,到 20 世纪 90 年代初已达 300 多个,其中缺水严重的有 114 个,目前缺水城市占到城市总数 2/3 左右;缺水城市特别是严重缺水城市主要集中在北方,但有从北方和沿海地区向全国扩展之势。为此国家和地方进行了多次大规模调水,补充城市生活、生产和绿地用水,并对部分河湖和湿地进行生态补水。到 2008 年,生态补水已经占到了我国总用水量的 2%。在生活用水中,城市和农村(牲畜用水)大体上各占一半。

表 4-9　我国用水增长情况　亿 m^3

部门	1949	1957	1965	1979	1992	2000	2005	2008
农业	1 001	1 938	2 545	4 195	4 370	3 783	3 583	3 664
工业	24	126	181	523		1 138	1 284	1 401
生活	6	14	18	49		577	676	727
生态补水①	—	—	—	—	—	—	90	118
总计	1 031	2 048	2 744	4 767	4 854	5 498	5 633	5 910

注:①生态补水仅包括人为措施供给的城镇绿地用水和部分河湖、湿地补水.

资料来源:2000 年以后资料来源于,中国水资源公报.

我国目前正处于一个经济稳定、快速发展和人口持续增加时期,工农业生产和生活用水将不断增加,这会使目前已经存在的水资源紧张的矛盾更加突出:①需水量的增长速度超过可供水量增长的速度,供求总量更加不平衡;②北方地区和沿海工业发达地区等区域性缺水更加紧迫;③巨大的人口压力对农业、对灌溉用水提出了更高的要求,否则粮食问题难以解决;④工业用水不断增长，对农业用水构成严重威胁。

人类用水的增长可能是无限的，而地球上可供利用的水资源是有限的，因此，人类对水的利用总要达到一个极限状态。这种用水规模保持不变、增长速度为零的发展模式，就是所谓的零增长现象。按其产生原因，零增长又分为受到水资源条件或经济、技术、法规上的限制形成的约束零增长和无任何约束只是由于技术进步、人口增长缓慢等原因而导致需水量不再增加形成的自由零增长两种。按用水现状统计，全国在中等干旱年份年缺水 358 亿 m^3 左右，主要用于农田灌溉。据预测，全国需水总量将可能达到 7 000 亿 m^3 之后才可能实现水资源用量的零增长，比目前增加 1 500 亿 m^3。到那时我国用水量将达到国内水资源可使用量的极限。

农业是用水大户，灌溉水在农业上具有重要地位，灌溉面积的连年增加，导致用水量不断上涨。到 1990 年中期农业灌溉用水量已增至 5 100 亿 m^3 的高峰之后有所下降，近 10 年来一般维持在 3 500～3 800 m^3，个别年份略高于或低于这个范围。2009 年我国的有效灌溉面积 5.93 亿 hm^2，有效实灌面积约 5 亿 hm^2。全国范围内农业用水中的绿水比例高于蓝水，平均占广义农业水资源量的 57%。其中，华北、西南和东北地区都占到 60%以上，西北地区只有 32.6%。

六、我国水资源利用中的问题

近几十年来我国经济与城市发展速度很快，对水的需求量很大，城市缺水造成了工业生产的巨大损失，也在不同程度上影响了居民正常生活。另外，我国城市工业用水重复利用率为 50%左右，北方缺水城市可达 70%，但总体低于发达国家水平。我国工农业在用水效率方面还有需要提高的地方。

1. 取水过多

由于人口增长、经济发展和城镇化进程的发展，加上近 50 年来我国北方地区的降水量偏少，水资源超量采用比较普遍，突出表现为地下水超采。与 20 世纪 90 年代相比，农业用水量显著下降，但是由于工业用水和城乡生活用水增加幅度较大，总用水量增加。在地表水源供应不足的北方，超量开采地下水成为唯一的选择。地下水的超量开采，进一步减少了地表水的资源量，只能采用更多的地下水。

在我国北方以地下水为主要水源的城市中，许多城市迫于需求压力不断地加大地下水开采量。20 世纪 70 年代，全国地下水开采总量为 572 亿 m^3，80 年代增加到 749 亿 m^3，2000 年为 1 067 亿 m^3。近年来，基本上保持在这一水平。全国超采区有 164 片，其中华北地区最为集中。浅层地下水利用率已超过 90%。河北超采 126%，北京超采 109%，沈阳和石家庄分别超采 767%和 363%。北京市由于不合理超采，1961—1989 年全市平原地区地下水累计亏损 42.78 亿 m^3，使地下水位大幅度降低，在城市近郊区已经形成面积为 1 600 km^2 的地下水漏斗区，2008 年地下水严重下降区（埋深大于 10 m）的面积为 5 251 km^2，比 2007 年增加 56 km^2；地下水降落漏斗（最高闭合等水位线）面积 1 029 km^2。近年来，华北平原的地下水漏斗有所发展，总面积达 4 万多 km^2，降落漏斗中心区水位埋深 40～75 m。华东地区地下水漏斗以苏州、无锡、常州为中心，沿沪宁铁路向外扩展，目前面积已达 8 000 km^2。其他城市如西安、长春、太原、大同等地也都出现了不同程度的地下水超采问题，造成地面沉降，威胁到城市的高大建筑和地下管道系统的安全。地下水超采引起地面沉降、海水倒灌、泉水干枯、水质恶化等生态退化现象的发生。地下水和土壤水与地表水构成了一个连续体，地下水的超采必然影响到整个陆地生态系统。

地表水资源也在过度利用。我国北方地区多数流域水资源的开发程度超过50%,其中淮河流域59%,辽河流域65%,黄河流域67%,海河流域接近90%,远远大于国际公认的30%~40%的水资源利用警戒线。20世纪50年代以来入海水量呈减少趋势,其中黄河区和海河区入海水量减小趋势尤为明显,其中海河的入海量减少了40%多。江河断流的加剧,导致水生生态系统的失衡。

2. 水资源利用效率不高

我国农业用水效率总体上不高,1998—2007年10年间,全国主要粮食作物的平均水分生产力为0.85,其中较高的华北地区为1.08,最低的西北地区为0.38。水分生产力是指每单位(用t表示)耗水量所生产粮食数量(用kg表示),又称为水分利用效率。

我国经济的高速发展使得工业和城市生活用水增长较快,但工业用水效率也较低。我国万元工业增加值的用水量为78 m^3,是发达国家的4~6倍;万元工业产值(当年价)的用水量为288 m^3,是发达国家的5~10倍。

城镇生活用水人均用量为219 L/d,农村人均生活用水量为89 L/d(含牲畜用水)。城市供水系统和用水器具也损失了20%生活用水。

第二节 水环境与物质循环

人类生存、生态系统的稳定和功能发挥不仅取决于水资源的数量,而且在很大程度上取决于水环境的质量。

一、水体与水环境

1. 水体与水环境的概念

(1)水体的概念 水体是水大量聚集分布的场所。按其形态和位置主要有海洋、河流、湖泊(水库)、湿地、冰川和永久积雪、极地冰盖和地下水体。水体不仅包括水,往往包括水中的悬浮物质、溶解物质、底泥及水生生物等完整的水生生态系统。

天然水体不是由纯净水组成的,而是含有各种物质,包括溶质、溶胶和悬浮物等。一般说来,水中溶有各种无机物和有机物,包括各种无机盐离子,如Na^+、K^+、Ca^{2-}、Mg^{2+}和NH_4^+等阳离子和NO_3^-、SO_4^{2-}、Cl^-、CO_3^{2-}、HCO_3^-等阴离子;各种金属离子与有机和无机配位体形成的配位离子或配合物,如$Fe(OH)_2^+$、$CdCl^+$、$Hg(SO_4)_2^{2-}$、$Ag(SO_4)_2^{3-}$、$Cu(CO_3)_2^{2-}$、AlF_4^-、$CaH_2PO_4^+$、CaH_2SiO_4以及各种有机配合物;水中溶解了一部分分子态的有机物等。水体中还存在一些高度分散的溶胶,如$Fe(OH)_3$、$Al(OH)_3$等水化氧化物溶胶、硅酸溶胶等胶体状物质和微生物。各种水体,特别是流动的水体,还携带了大量的悬浮物,大的有动植物残体,小的有各种有机和无机的颗粒物。这些反映水环境状态的各个独立的、性质不同而又相互联系的基本物质组分(以溶质、溶胶和颗粒物为主)是水质的基本构成要素,加上水量、水温、流速和水深等构成了水环境要素。在未受污染影响的情况下,其水环境要素的原始含量以及水环境质量分布的正常值为水环境背景值,水体构成了水环境。

(2)水环境的概念 水环境是自然环境的一部分,通常是指自然界各类水体在系统中所处的状况,即地球上分布的各种水体以及与其密切相连的诸多环境要素的总和。习惯上,人们将相对稳定的、以陆地为边界的天然水域所处空间的环境称为水环境，这是对水环境狭义的理解，而将海洋环境单独列出。

水环境主要由地表水环境和地下水环境两部分组成。水环境同其他环境要素如土壤环境、生物环境、大气环境等构成了一个有机的综合体，它们之间彼此联系、相互影响、相互制约。

不同水环境的背景值有很大差异。水环境的组成成分决定了水体的特性，如硬度、酸度、碱度、氧化还原电位等。水体的特性决定着水中物质存在的形态和活性。

水环境质量是指水环境对人群的生存和繁衍以及社会经济发展的适宜程度，通常指水环境遭受污染的程度。

2. 水体污染

水体污染，又称水环境污染或简称水污染。按照《中华人民共和国水污染防治法》，水污染是指水体因某种物质的介入，而导致其化学、物理、生物或者放射性等方面特性的改变，从而影响水的有效利用，危害人体健康或者破坏生态环境，造成水质恶化的现象。按水体污染物的性质，水污染可分为化学性污染、物理性污染和生物性污染。

(1)水体化学性污染　化学性污染又分为无机污染和有机污染。水体的无机污染指随天然过程或人类活动使进入水体的无机物造成的污染。无机污染物主要有各种元素的氧化物、硫化物、卤化物、酸、碱、盐等。其中，对水环境造成严重危害的是各类酸碱物质、重金属元素和营养物质。由各类酸碱物质引起酸碱污染将导致水体 pH 值改变，抑制微生物生长和生物的自净作用，影响渔业生产和生态平衡，腐蚀船舶和水下建筑物，影响水域功能的发挥。水体中重金属的毒害作用，将对生态环境和人类健康构成严重威胁。进入水体的营养物质，主要是氮、磷等，会导致藻类的大量繁殖，这种现象被称为水体的富营养化。工业废水和生活污水是水体无机污染的主要来源。

水体的有机污染是指天然或人工合成有机物进入水体后造成的水体污染。这些有机污染物分为两类：一类是有机有毒物质，如黄曲霉毒素、黄樟毒、萜烯类、氨基甲酸乙酯等由生物体的代谢活动及其他生物化学过程产生的天然有机污染物；人工合成的有机有毒物质包括塑料、石油、合成纤维、合成橡胶、洗涤剂、染料、溶剂、涂料、农药、食品添加剂、药品等工业的有机废弃物。这些有机的有毒物质将危害鱼类和水生生物生长的发育，其中有些污染物能进入水生生物体内并沿食物链富集，危害人类。另一类是耗氧性有机污染物，又称需氧性有机污染物，包括碳水化合物、脂肪、蛋白质和酚类和醇类物质等。这类物质进入水体后会引起微生物大量繁殖和溶解氧的消耗。当水体中溶解氧降低至 4 mg/L 时，鱼类和水生生物将不能在水中生存。水中的溶解氧耗尽时，有机物质的嫌气分解会产生大量还原性物质如硫化氢、氨、硫醇等，使水质变黑发臭，造成水环境严重恶化。

(2)水体物理性污染　水体物理性污染包括悬浮物污染、热污染和放射性污染等。水中的悬浮物将增加水体的浊度，影响水生植物的光合作用和其他水生生物的生长。此外，这些悬浮物还具有较强的吸附能力，能够富集重金属和其他有毒物质。向水体排入温度过高的温水引起的水体热污染，会导致水温升高，溶解氧含量下降，微生物活性加强和某些有毒物质毒性的增加，进而影响水生生物生长。此外含放射性物质的废水进入水体后，会造成水体的放射性污染。水体的生物性污染是指病原菌和病毒等的污染。

自然因素和人为因素都可造成水体污染，其中人为因素，包括人类生活和生产排放的生活污水、工业废水、农田排水、矿山排水等是造成水体污染的主要原因。此外，废渣和垃圾堆积在土地上或倾倒在水中、岸边；废气排放到大气中，经降雨淋洗及地面径流夹带进入水体，都会造成水体的污染。

水体污染的发生源为水体污染源，包括自然污染源和人为污染源两大类。自然污染源指自然环境本身给水体造成的污染。例如，河流上游的水中，在当地自然条件下溶解的某些有害元素，这样的上游水称为自然背景水，其中的有害物质含量，称为自然背景值，或称自然本底值。

但是，对水体造成较大危害的不是自然污染源，而是人类活动所造成的污染源，即人为污染源。人为污染源主要包括：工业废水、生活污水、农田径流和下渗和养殖业的废水。

3. 我国水环境污染现状

根据我国《2009年环境状况公报》，我国地表水环境污染仍没有显著改善，长江、黄河、珠江、松花江、淮河、海河和辽河7大水系总体为轻度污染。203条河流408个地表水国控监测断面中，Ⅰ～Ⅲ类、Ⅳ～Ⅴ类和劣Ⅴ类水质的断面比例分别为57.3%、24.3%和18.4%。主要污染指标为高锰酸盐指数、五日生化需氧量和氨氮。其中，珠江、长江水质良好，松花江、淮河为轻度污染，黄河、辽河为中度污染，海河为重度污染。

26个国控重点湖泊(水库)中，满足Ⅱ类水质的1个，占3.9%；Ⅲ类的5个，占19.2%；Ⅳ类的6个，占23.1%；Ⅴ类的5个，占19.2%；劣Ⅴ类的9个，占34.6%。主要污染指标为总氮和总磷。营养状态为重度富营养的1个，占3.8%；中度富营养的2个，占7.7%；轻度富营养的8个，占30.8%；其他均为中营养，占57.7%。

地下水水质总体较好，全国地下水可开采资源量中，95%的地下水水质属于Ⅰ～Ⅲ类水，其中80%的水可供直接饮用。南方地区地下水水质优良，北方山区及山前平原区水质较好，中部平原区水质较差，滨海地区水质最差。118座大城市中97.5%的城市浅层地下水受到不同程度的污染，其中40%的城市市区地下水污染严重，并有扩大趋势。2009年对北京、辽宁、吉林、上海、江苏、海南、宁夏和广东8个省(自治区、直辖市)641眼井的水质监测表明，水质适用于各种使用用途的Ⅰ～Ⅱ类监测井占评价监测井总数的2.3%，适合集中式生活饮用水水源及工农业用水的Ⅲ类监测井占23.9%，适合除饮用外其他用途的Ⅳ～Ⅴ类监测井占73.8%。主要污染指标是总硬度、氨氮、亚硝酸盐氮、硝酸盐氮、铁和锰等。

二、水的生态服务

自然界的水支撑着地球生命，各类生命体的含水量一般在60%～80%，植物则常常达到90%以上。在社会经济生活中，水具有资源属性，是人类生活、工农业生产和城乡建设必不可少的。水对社会经济的直接服务功能表现在：直接驱动机器转动或转换为电能；是某些工业产品的重要原料；河道和湖泊还承担了物质运输的功能；一定的水质和水量条件下可以用于水面养殖和种植。

水的生态服务是指水生生态系统的服务，包括淡水(湖泊和河流)生态系统、湿地生态系统和海洋生态系统。水的生态服务体现在以下方面。

1. 气候调节

水具有调节气候的作用。水汽是大气的重要成分，大气和水的相互作用，确定了地球水循环的形式，并形成了支持生命的气候。大气中的水调节着全球能量平衡，因为水循环起着不同地区间能量传输的作用。

水生生态系统的植物吸收在全球碳循环中具有重要地位，对减缓温室效应具有一定作用。水体的绿色植物和藻类通过光合作用固定大气中的CO_2，将生成的有机物质贮存在自身组织中；自身腐解或被动物利用后并以有机废弃物的形式沉淀进入湖底，或者形成泥炭。在厌氧条件下，这些有机物质分解很慢，并又可能长期积累，对增加陆地生态系统固碳具有一定作用。因此，水生态系统对全球CO_2浓度升高具有很大的缓冲作用。

水生生态系统还对稳定区域气候和调节局部气候有显著作用，能够提高湿度、诱发降雨，对温度、降水和气流产生影响，可以缓冲极端气候对人类的不利影响。

2. 生物栖息地

各类水体为水生和浮游植物、藻类、动物和微生物提供了栖息地，从而使水生生态系统具有生产力，包括初级生产(植物生产)和次级生产(动物生产)。水生生态系统通过这些初级生产和次级生产，除了为人类的生产、生活提供原材料和食品，以及为动物提供饲料之外，还有一些水生生态系统养育了许多珍稀的两栖类和鱼类特有种。

水是生命之源。河流、湖泊和湿地等多种多样的生境，不仅为各类生物物种提供繁衍生息的场所，还为生物进化及生物多样性的产生与形成提供了条件，同时也为天然优良物种的种质保护及其经济性状的改良提供了基因库。一些水生生态系统是野生动物栖息、繁衍、迁徙和越冬的基地，另一些水生生态系统是珍稀濒危水禽的中转停歇站。

3. 环境净化

水体通过水面蒸发和水生植物的蒸腾作用可以增加区域空气湿度，有利于空气中污染物质的去除，从而使空气得到净化。例如，湿度增加能够大大缩短SO_2在空气中的存留时间，能够加速空气中颗粒物的沉降过程，促进空气中多种污染物的分解转化等。

更重要的是与生态系统一样，水生生态系统也有一种自我调节的机制，称之为自净作用，即通过其自身的物理、化学和生物学作用使污染环境逐渐恢复到原来状态的过程。这就是说水生生态系统也具有消纳一定量的污染物质，使自身的质量保持洁净的能力。水环境的自净作用是指水体可以在其环境容量范围以内，经过水体的物理、化学和生物的作用，使排入的一定数量的污染物质浓度降低，逐步恢复原有水质的过程(图4-2)。水体的净化过程包括物理自净、化学自净和生物自净作用。

(1)物理自净　物理自净作用是指污染物质由于稀释、扩散、挥发、沉降等作用而使水体污染物质浓度降低过程。其中，稀释和污染物扩散是水体净化的一项重要的途径。挥发是污染物以气态形式进入大气的过程。吸附是指进入水体生态系统的污染物质被吸附在水中颗粒物或底泥沉积物表面的过程。进入湖泊和湿地后，缓慢的水流速度有助于颗粒物的沉积，吸附在悬浮颗粒上污染物(如重金属)沉积下来，可以实现污染物的固定和缓慢转化。

(2)化学自净　化学自净是指污染物质由于氧化、还原、分解、中和、沉淀等过程而使水体污染物质浓度降低的过程。化学自净中主要作用是化学沉淀，氧化—还原反应往往是与生物学过程结合在一起的，以生物化学过程为主。

不少重金属元素化学价态可以变化，能发生氧化还原反应。在不同的氧化还原条件下，重金属的价态不同，其活性与毒性效应也不同。以铬为例，铬在水体中主要有正三价(Cr^{3+})和正六价(Cr^{6+})两种价态。从毒性上看六价铬远大于三价铬。近年来，研究证明，在正常pH值的天然水中，三价铬与六价铬可以相互转化。在氧分压较低的水中，铬易还原并主要以三价铬形式存在。

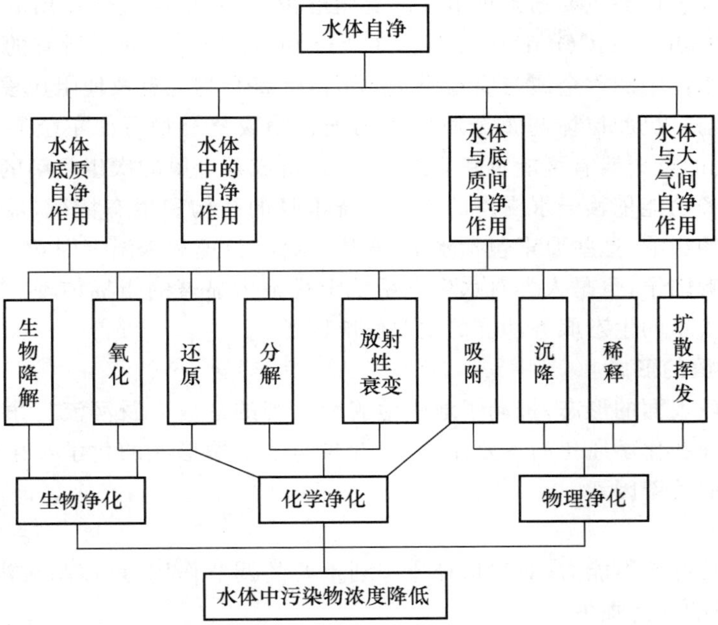

图 4-2 水体自净作用示意图

(3)生物自净 生物自净是指由于水中生物活动而引起污染物质浓度降低的过程,包括污染物的生物吸收、降解、氧化、还原等。在生物自净过程中,水生植物和微生物通过吸收、转化或降解作用促进污染物的分解实现水体净化。利用生物吸收和富集污染物作用净化水体,也是水环境污染治理的一种有效方法。

4. 物质迁移与循环

在地球陆地表面的物质和循环过程中,水是一个重要的载体,可以实现物质的长距离搬运。例如,河流具有输沙、输送营养物质、淤积造陆等一系列的生态服务功能。水力侵蚀和水动力搬运是物质地质大循环的一个组成部分,是产生各类地貌单元的重要营力之一。所有的洪积和冲积平原基本上都是水动力搬运作用的结果,从而为人类创造农业生态系统提供了物质基础。河流的搬运在使得河流三角洲地区的陆地面积不断扩大,如长江和黄河每年输入海洋的沙量分别为 1.30×10^8 t、0.77×10^8 t 和 0.75×10^8 t,全国主要河流入海的总输沙量达 3.35×10^8 t。

河流还从上游携带有大量的矿质营养元素如氮、磷、钾、钙、镁、铁等,这是全球生物地球化学循环的一个重要环节,也为海洋生态系统提供了大量的养分,是海洋生态系统营养物质的主要来源,对维系近海生态系统高的生产力起着关键的作用。同时,还促进了海洋对碳的吸收,并成为最重要的碳汇。

在水环境污染的条件下,河流还可能将大量的污染物质带入湖泊和海洋,扩大了污染的范围。例如,水体中存在着许许多多的天然和人工合成的无机与有机配位体,它们能与重金属形成稳定的配合物和螯合物。最常见的无机配位体有 Cl^-、SO_4^{2-}、HCO_3^-、OH^-、F^-、S^{2-} 和磷酸根离子等,也可能与重金属形成配位离子和配位化合物。无机配位体 OH^-、Cl^- 等对重金属的配合作用可以大大提高某些重金属化合物的溶解度,并导致污染的长距离扩散。

水中的有机配位体最主要的是可溶性的腐殖酸离子，其中起螯合作用的基团是分子侧链上的各种含氧官能团，如—COOH、—OH、>C=O 和—NH_2 等，几乎所有的金属都能与其反应生成螯合物。水体中的重金属与腐殖质生成可溶性螯合物能有效地阻止重金属的难溶性盐沉淀。上述无机与有机配位体与重金属生成的配合物或螯合物可使重金属在水中溶解度增大，使已进入底泥的重金属有可能重新释放出来，是造成重金属的次生污染的重要原因。

水的生态服务功能依赖于水支持的生态系统本身的结构和生态特征，最根本是受水体自然属性特征要素的影响，这些要素包括水量、水质、水深、流速和水温等因素。水质和水量是最受关注的直观影响因子，也是人类对水生态系统干扰最为显著的指标体现。通常可采用水量和水质作为评价淡水的生态服务功能的主要影响因子。

5. 地貌和土壤的形成

水塑造了地球表面的形态，推动了地表地貌和景观的形成以及河流三角洲的发育等。水力侵蚀是岩石物理和化学风化的重要作用力，并参与了土壤形成的化学和生物化学过程。因而水是土壤形成的关键因素。

6. 洪水调蓄

湖泊和湿地具有蓄洪能力，对河川径流起到重要的调节作用，可以削减洪峰、滞后洪水过程，减少洪水造成的经济损失。

7. 休闲娱乐

河流、湖泊(包括人工水库)和湿地等各种水生生态系统具有各式各样的独特自然景观，是人类休闲娱乐的极好场所。它们所具有的美学功能，还为人类提供视觉享受并陶冶情操。

8. 文化与社会发展

水环境具有的社会经济服务功能促进了人类文明的发展，特别是不同的河流生态系统孕育了不同的文化、宗教、艺术、民风、民俗和性格特征，由此直接影响着科学和教育的发展和文明水平等。如尼罗河孕育了埃及文明、幼发拉底河和底格里斯河孕育了古巴比伦文明、黄河和长江孕育了中华文明等。

三、水环境中物质的来源与去向

与其他生态系统一样，水生生态系统也受到人类活动的强烈影响。人类活动直接或间接地显著改变了该系统的生态服务功能，包括物质循环，特别是在人类活动集中的地区。而且即使是在离开人类较远的水体，在大气环流的作用下它也会受到人类活动干扰的影响。

在自然状态下，水和风是物质循环的两个最主要载体。在许多种情况下，水的作用远远大于风，因为水是一种特殊物质。作为溶剂，水具有溶解作用；而且势能差又使得水具有很强的动能。溶解和搬运相结合是水力搬运与风力搬运的主要区别。溶解作用为陆地生物直接提供了多种矿质养分，搬运过程又将这些物质带入水体，从而为水生生物提供营养，促进了水生生态系统的发育。然而，人类活动给水环境带来了许多水生生物生长和发育不需要的物质，甚至是威胁生命的有毒有害物质。这些物质在抑制水生生物的生长、发育的同时，也改变了水生生态系统的物质与能量循环。

1. 水环境中的物质来源

(1)自然源　自然状态下水中的物质来源主要有 3 类，即溶质、溶胶和悬浮物。

①溶质，来自于水对其流经过地区的岩石、矿物的溶解和生物释放的各种有机和无机物。

②溶胶，通常是指直径在1～100 nm（或1～1 000 nm）之间、在水中不易沉降的有机或无机的细颗粒物。溶胶来自于土壤、岩石和矿物分解以及水中化学反应。其中的有机颗粒物来自于生物残体或活的微生物。

③悬浮物，悬浮在水体中、用肉眼可以分辨的颗粒物，主要在土壤水力侵蚀过程中形成。

(2)人为的直接排放源　人类在生产、生活和自然资源开发过程中，以各种途径排放的物质，都有可能进入水环境，并参与水生生态系统的物质循环。其中，直接排放进入水体的有以下几种。

①工业废水，是水体最主要的污染源之一。它量大、面广、含污染物多，成分复杂，在水中不易净化，处理也比较困难。不同工业，生产过程不同，排出的废水成分差异很大；同一种工业，工艺不同，废水量和各成分含量也可能有较大差别。工业废水明确分类很困难，同一种工业可以同时排出数种不同性质的污水，而一种污水又有不同的杂质和不同的污染效应，其中耗氧和有毒的污染影响最大。

②生活污水，是人们日常生活中产生的各种污水的混合液体，包括厨房、洗涤室、浴室等排出的污水和厕所排出的粪便污水等。城乡生活污水已成为水体污染的另一项重要污染源。其来源除家庭生活污水外，还有各种集体单位和公共事业等排出的污水。而城市污水是指城市排污管道网各种污水的总和。既有生活污水，也有一定量的各种工业废水，还有地面的降雨、融雪水，并夹杂各种垃圾、废物、污泥等，是一种成分极为复杂的混合液体，生活污水中含有多种污染物，包括氮、磷、重金属和各种有机污染物。

③农田地表径流和渗漏，农田地表径流包括稻田排水和降水产生的农田地表径流对地表水的污染；农田渗漏是指大水漫灌和农田渍水条件下水分下渗以及土壤非饱和流下养分向下迁移对地下水体的污染。农田地表径流和渗漏是一种典型的非点源污染源，污染物中以氮为主，并有少量的磷和农药，这是导致湖泊富营养化的重要原因之一。

④养殖业废水，随着集约化养殖业的发展，规模化畜禽养殖越来越多，其中大量的畜禽排泄物和部分残余饲料，随冲洗水进入水体，造成水体的需氧性有机物污染和氮磷污染。此外，畜禽粪便的露天堆放，会导致大量氨态氮的挥发，并随降水进入水体，引起污染，淡水养殖也是水体污染源之一。

(3)人为的间接排放源　人为排放的各类固体废弃物，一旦暴露在大气环境下，就有可能被降水带入到水环境中。其中降水形成地表径流的，最终其含有污染物将流向地表水环境；不形成地表径流的，如未做防渗处理的垃圾填埋场，含有的污染物将随下渗水直接进入地下水环境，或通过土壤进入地下水体。

各种矿山开发活动产生的尾矿，也是水环境中颗粒物和重金属元素的重要来源之一。其中含有还原态硫的尾矿，还是水体酸性物质的重要来源之一。

进入大气的污染物，无论是否经过光化学和氧化过程的转化，都可能随大气沉降进入水生生态系统或其他生态系统。其中，以大气干湿沉降方式进入水体的污染物主要有：颗粒物及其吸附的重金属、氮、硫和有机污染物等，各种气态污染物，包括氨、SO_2 及有机污染物，以及溶于降水的各种物质。在集约化农区特别是集约化养殖业集中的地区，氮沉降是水体氮素的一个重要来源。在矿区、冶炼厂和火力发电厂附近的水体，大气重金属沉降是重要污染源之一。

2. 污染物在水环境中的转化和去向

(1)吸附和沉降作用　它是去除水体重金属污染物的主要物理过程。天然水体中的底泥、溶胶和悬浮物中含有丰富的胶体,胶体带有巨大的比表面积和表面电荷,能够强烈地吸附重金属和磷酸根离子。胶体的吸附作用是使许多微量重金属从不饱和的天然水溶液中由液相转为固相的主要途径,并在很大程度上控制着重金属在环境中的分布与富集状况,水体底泥中重金属的含量往往与其中黏粒的含量成正比。吸附作用和化学沉淀作用一样,大大限制了重金属污染物在水体中的扩散范围,使重金属污染物主要富集于排水口附近的底泥中。另外,使重金属在河流中迁移的主要途径是以吸附于悬浮物上被流水搬运。

(2)化学沉淀 重金属元素在水体中经过水解反应生成氢氧化物,或形成碳酸盐等;在还原条件下也可与相应的阴离子生成硫化物,这些化合物溶解度都很小,容易形成沉淀物,产生自净作用。虽然可以使得重金属污染物在水体中随水流扩散的范围有限,但大量聚集于排水口附近底泥中的重金属可能成为长期的次生污染源。

化学沉淀也是水体磷污染净化的一个重要途径。天然水中的磷来自于矿物风化、土壤侵蚀和淋溶,由于磷的移动性很弱,一般含量很低。水体中含磷污染物主要来源于生活污水和畜禽养殖业废水,来自于农田施肥的磷的数量一般较低。水中含磷化合物有可溶性的无机磷酸盐,包括正磷酸盐(PO_4^{3-}、HPO_4^{2-}、$H_2PO_4^-$ 等)和聚磷酸盐($P_2O_7^{4-}$、$P_3O_{10}^{5-}$、$P_3O_9^{3-}$ 等)。可溶性含磷有机化合物有核酸、磷脂等。此外,水中的胶体和颗粒状悬浮物中有吸附态无机和有机磷化合物存在。磷的溶解度较小,很容易与 Ca^{2+}、Fe^{3+}、Al^{3+} 等金属离子生成难溶性化合物沉淀,或与胶体物质发生吸附反应,沉积于水体底泥中。水底沉积物中的磷,可通过颗粒态磷的悬浮作用和湍流扩散作用,释放到上层水体中去。

(3)生物吸收 水生生物都有一定吸收污染物的能力。例如,氮、磷、硫和其他矿质元素中,有些是生物的必需营养元素,为了生命代谢活动的需要,水生生物需要从环境中吸收这些矿质养分。同时,生物对各种污染物也有一定的吸收和富集能力。

(4)生物化学转化 污染物的生物化学转化是指由生物直接参与、或者通过分泌的胞外酶参与的污染物质的转化或降解过程。例如含氮的污染物在水体中转化主要是通过微生物的生物化学过程实现的。

环境中的氮素有无机态氮和有机态氮两种,水体中有机态氮包括各种蛋白质、氨基酸等。无机态氮化合物主要是铵(氨)态氮和硝态氮,亚硝态氮含量一般很低。无机氮中的一部分来自于有机氮的微生物矿化,一部分是直接来自于农田径流、工业排水和生活废水。生物固氮作用是水体氮素的另一来源。

含氮有机物的分解作用,又称氮的矿化作用:

$$\text{有机物} + O_2 \xrightarrow{\text{微生物}} CO_2 + H_2O + NH_3$$

在无氧或有氧条件下均能进行上述过程。产生的氨(铵),在有氧条件下可由氨氧化细菌和亚硝酸氧化细菌进行生物氧化过程即硝化作用,最终将氨氧化成硝酸:

$$NH_3 \longrightarrow NH_2OH \longrightarrow [HNO] \longrightarrow NO_2^- \longrightarrow NO_3^-$$

由此产生的硝酸盐可在嫌气条件下进一步被反硝化微生物所利用,并最终将其还原为分子态氮气(N_2),这一过程被称为生物反硝化过程,又称生物脱氮过程,最终实现水体中氮的去除。这一原理也被广泛应用在污水处理过程中。其生物化学过程为:

$$NO_3^- \longrightarrow NO_2^- \longrightarrow [NO] \longrightarrow N_2O \longrightarrow N_2$$

有机物的分解是水环境中另外一个重要的生物转化过程，有好气分解和厌氧分解两种。在有溶解氧的条件下，微生物将利用水中溶解氧对有机物进行好气分解。同时，空气中的氧将对消耗的氧加以补充，浮游植物和藻类等进行的光合作用也将供给水体一定的溶解氧。在有机污染物数量较低时，溶解氧能保持在一定水平上。如果进入水体的有机物数量甚多，微生物分解有机物作用强烈，水中的溶解氧迅速被消耗，导致水环境缺氧或无氧。这时水体中一些需氧代谢的生物如鱼虾、昆虫、高级藻类和植物等将难以生存，甚至死亡。

有机物也可在无氧条件下发生分解，主要发生在水体下部和底泥中。无氧的厌氧分解过程也称发酵过程，产物中有有机酸，以及甲烷等还原性气体。

此外，在无氧或氧分压足够低时，微生物可将含易变价污染物还原，部分以气态化合物形式逸出水体，部分则形成沉淀。如氧化态的硫可被最终还原为 S^{2-}，进一步形成 H_2S 或与过渡金属和重金属形成难溶性化合物沉淀。

厌氧分解促进了某些有毒有害物质或毒性更强的物质释放：如甲基汞、甲基砷、AsH_3、H_2S、Fe^{2+}、Mn^{2+} 等。而且，在还原条件下重金属溶解度增加，毒害作用增强。

水环境中物质的转化往往是物理、化学和生物化学过程共同作用的结果。以砷为例可以很好地说明这些过程之间的相互作用（图 4-3）。这些一系列的化学反应包括：砷从液相转向固相的反应；砷从一种氧化态向另一种氧化态的转化及配位体的交换，与有机物质发生的生物化学转化等。在富氧的表层湖水中，As(Ⅲ)有向 As(Ⅴ)转化的趋势，形成的砷酸盐可以与氢氧化铁发生共沉淀。扩散与对流作用使一些砷酸盐移动，越过变温层到缺氧的低层湖水中，在 S^{2-} 存在的情况下，还原成 $HAsO_2$ 和 AsS_2^-，使砷转移到沉积物中。微生物的三甲基化作用使砷溶解，离开沉积层扩散出来，三甲基砷易于挥发，可进入大气，或者经过水流或底层动物的搅动而又进入到水中。因为鱼体可富集砷，特别是易于富集三甲基砷。当它们死亡沉到湖底时，这些砷又转移到沉积物中，在适当的物理、化学和生物的参与下继续进行循环。在强还原条件下，在细菌作用下砷酸盐和亚砷酸盐可转化为 AsH_3，经扩散作用进入上层水体，甚至进入大气。

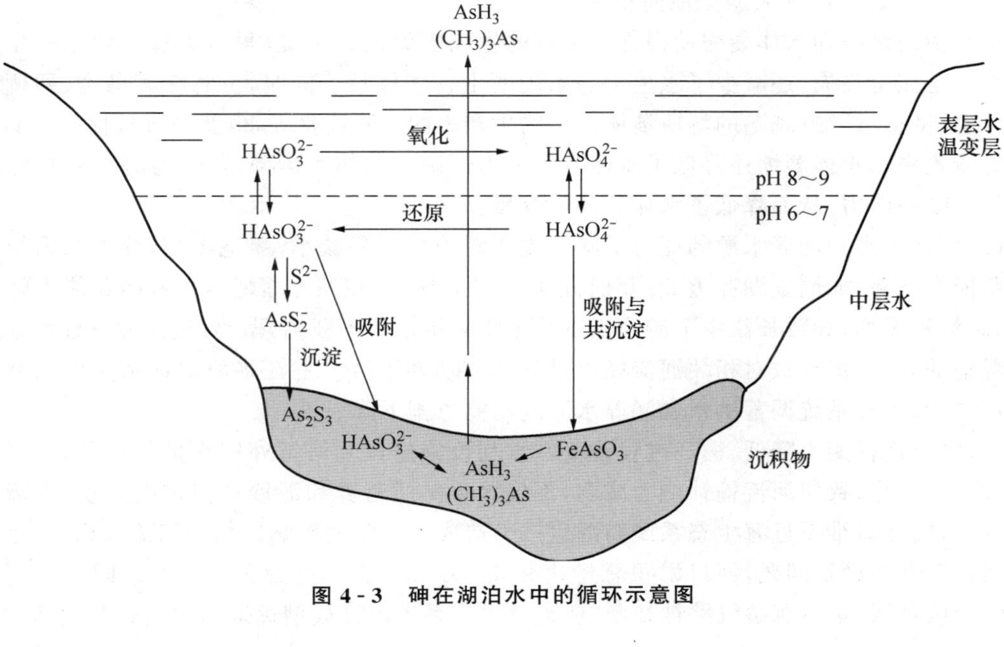

图 4-3　砷在湖泊水中的循环示意图

从上述污染物转化过程可以发现，进入水体的有机和无机污染物，特别是持久性污染物以及重金属和As等有毒元素，一般难以完全清除。但对易于产生气态物质的，经过多次循环，数量会降低，如砷经过一系列的转化和循环过程后，水环境中砷的含量会逐渐减低。污染物质的其他去向，随水的流动进一步迁移，最终流向大海，或者以气态形式直接挥发，如部分易挥发的有机物和氨等。

四、水生态服务的功能退化

几十年来，我国水环境生态服务的功能下降趋势明显，主要与人为活动有关，包括过度取水和环境污染。此外，也与自然因素有关，如部分地区自然降水量减少。

我国水环境的生态退化主要表现在以下几点。

(1)水体萎缩　我国的河流、湖泊、湿地等水体萎缩十分明显，特别是在广大的北方地区。在华北平原上，冬春季到处是枯水河，即使是在雨季，许多河流也常常看不到流水。这是因为海河流域河流在出山口全部被水库拦截，下游河流基本断流。河北省京津以南地区1980—1997年各河平均断流335 d。20纪70—90年代，黄河上游的径流量就开始明显下降。塔里木河300 km河道干枯了超过30年。即使是降水丰富的湖北省，遇到严重的干旱年份，70%的河流也发生断流。

我国湖泊和湿地的面积明显减少。1977—1985年间，我国自然湖泊总数减少了19%，总面积缩小11%。其中全国大于10 km^2的天然湖泊已经从《中国湖泊志》统计的656个减少到目前581个。西北地区消失的大型湖泊有东、西居延海和艾丁湖等。湖北省湖泊的数量由清末民初的 2 000个，减少到20世纪90年代的309个。青藏高原黄河源区的湖泊斑块数量，自1988年以来从4 651个已减少到 3 919个。有水的湖泊，湖面和湖容也发生了萎缩。例如，从1949—1998年，洞庭湖面积由 4 350 km^2减少到2 691 km^2，湖面净减少38%，湖容净减41%。艾比湖由1 300 km^2减少到600 km^2。50年间，三江平原湿地由5.35万km^2减少到1.13 km^2。河北平原区大型洼地面积减少了94%。

水环境的污染和水体萎缩使得许多生物的生境丧失或景观破碎化，不仅导致生物生产力的降低甚至完全丧失，还减少了水生生态系统的生物多样性。同时，也意味着鸟类、两栖类动物的繁殖、栖息、迁徙、越冬的场所萎缩。生物生产力的下降或丧失，也就是直接提供产品的能力下降或丧失。水体萎缩还降低了水体自净能力下降。水体污染降低了产品的质量，特别是稀释污染物的能力，从而降低了水体的环境容量。

(2)调蓄洪水和涵养水源的能力下降　主要湖泊的容积减小，湿地萎缩，导致水系统的自然调蓄能力下降，如洞庭湖在近50年时间里由于围垦，面积减小了近40%，调蓄能力随之减小，出湖流量增加，导致长江中下游地区近几十年来洪水位不断抬升。青藏高原三江源地区湖泊和湿地的减少，将导致对相关河流径流量的调节功能下降。三江平原湿地由于农田开垦而大量消失，水生态系统调蓄洪水和涵养水源的功能急剧下降。

(3)物质迁移能力降低、循环过程改变　水利设施建设和河道外取水量的增加，水量和动力条件发生变化，致使河流输移能力减弱，不仅导致矿质营养和泥沙在河道内累积，库湾出现富营养化，同时对维系近海生态系统高的生产力造成了一定的影响。如海河流域内12个主要入海河口都存在淤积问题，河口淤积总量达9 500万m^3，泄洪能力大为降低。同时各河口相继建闸拒咸蓄淡，鱼类洄游线路被切断，使流域生态系统由开放型逐渐向封闭式和内陆式方向转化，河口生态遭到根本性破坏，河口生态系统的生物多样性发生变化。

河流断流或用人工渠取代自然河道，还切断或改变了物质迁移通道，严重干扰了自然界的物质循环过程。这种干扰还进一步影响到海洋生态系统和其他陆地生态系统的生态服务。如营养物质对海洋输入量的减少，导致海洋生物的初级生产力变化和生物多样性的改变。河流断流减少了对地下水和地表水的补充，受影响的森林、草地和农田生态系统的生物多样性和生产力都会发生改变。此外，西北地区水资源的过度和不合理利用还引起绿洲萎缩以及土地沙化、次生盐渍化。

五、水体污染对农业环境的影响

受污染的水对农业生产发生影响主要表现在对农作物生长和发育所产生直接影响，使产量降低。水中的污染物还可通过对土壤产生影响，间接影响农作物生育，进而影响农产品品质和人类健康。虽然土壤对污染物具有相当的缓冲作用和净化能力。随灌溉水进入土壤的污染物浓度较低时，在一定时间内，土壤可以保持原有的性状，不致于对作物产生不良影响。经一定潜伏期后，或者污染物浓度继续增高，影响会越来越显著。根据水污染的不同程度可以划分为 3 个阶段：第一阶段，为无不良影响阶段；第二阶段，由于土壤的作用或其他人为的控制，消除不良影响阶段；第三阶段，不良影响无法消除阶段。

水质的污染，对农业产生影响，反过来农业本身也影响水质。农用化学物质的应用，可导致水体的污染。极其清洁的水，经灌溉进入农田再流出后，变得不那么清洁。同时，由灌溉进入农田的污水中，一部分污染物可能被植物吸收或与土壤中的物质发生化学和生物化学反应而消失或转化，对水而言，这是一种净化作用。所以，农业生产对水质起一种缓冲作用。污染水可得到一定程度净化，清洁水又变得相对不清洁，两种水均保持中间状态。作为水的价值，不仅是农业生产的价值，而且是人类极其重要的环境要素，又对其他环境要素发生影响。

灌溉水质不良，将导致土壤污染。这些污染包括土壤物理性质恶化、土壤酸化、氧化还原状况改变、重金属和其他有害物质的积累等。在农业环境中，水作为污染物的载体，对作物、土壤均会产生不良影响，而且可能进入食物链危害动物生产，影响人体健康。世界闻名的骨痛病、水俣病就是镉和汞转入水体、进入食物链而引起的突出环境问题。水体污染物对农作物的危害一般表现为如下几点。

(1)叶片或其他器官表现受害，或导致生长发育受阻、产量降低　这是最普遍的危害表现，城市废水、工矿废水，由于各种污染物的影响，灌入农田后，使作物表现发育缓慢，茎叶上出现斑点等。例如，灌溉水中盐分过高将导致水稻“盐害”。经研究，农田灌溉水必须达到一定要求才能正常生育，在考虑灌溉水质要求时，必须注意发生危害时的水中污染物的浓度并不是固定不变的。由于土壤条件、栽培管理情况以及其他条件的差异，危害浓度在一定范围内变动，在作物生长较好的情况下，显然对水中污染物有较高忍耐能力，土壤的酸碱度、氧化还原状况也必然对水中污染物的形态、活性有较大影响。我国已经制订了农田灌溉水质标准，在推行灌溉水质标准时，还要有严格的综合措施。

(2)产品中有害物质积累，不能食用　一些污染物，如某些重金属、聚氯联苯等，对人的有害作用比对农作物强烈，在灌溉水中含量未达到危害作物水平时，由于在作物体内积累较多，使产品不符食用或饲料标准。

(3)使产品品质降低　有的污染物，对产量不发生明显影响，但由于作物的吸收，使产品品质降低，如废水中含酚量在 50 mg/L 以下时，对农作物生长和土壤无不良影响。用含酚 1 mg/L 的废水灌溉水稻和黄瓜时，可食部分含酚量与清水灌溉相近，但用大于 5 mg/L 的含酚废水灌溉时，则黄瓜有异味，品质降低，所以，农田灌溉水质标准规定，对酚敏感的蔬菜，如黄瓜、萝卜等，不得用含酚大于 1 mg/L 废水灌溉。

污染物质对植物生长毒害的程度与植物种类和土壤性质有关。根据对污染物质忍耐能力的不同，植物可分为敏感类型和抗性类型。在长期的进化过程中，有不少植物发育了抵抗某种元素毒害的能力。其机理表现在 4 个方面：①少吸收或者不向代谢活性部位运输这些元素。②利用分室作用，将它们与代谢活跃的部位隔开。③形成配位体和其他化合物降低元素的毒性。④合成专一性酶，以保护正常代谢活动的进行。

目前，还没有发现完全不吸收污染元素的植物，这与有些耐污染元素胁迫的微生物不同。但是，有些植物在污染元素胁迫时通过根系分泌物的作用或氧化作用减少它们的植物有效性，或者将它们束缚在细胞壁上。例如，在有过量锰存在条件下植物通过分泌草酸或者丙二酸来钝化锰，有些植物在根际将二价锰氧化成植物难以利用的锰氧化物来减少植物对锰的吸收。根系吸收的污染元素的大部分一般集中在根部，只有少部分向地上部分运输。对进入地上部分的这些元素，抗性植物通过分室作用将其贮存在非代谢活性部位。许多植物将污染元素以沉淀物（有机酸盐或无机盐）或配位化合物的形式贮存在液泡内，有些植物不让污染元素进入叶绿体等代谢活跃的器官。

即使是存在于细胞质的污染元素，其绝大部分与植物产生的有机酸、氨基酸和多肽等物质结合、变成非毒性的形式存在。例如，氟与乙酸作用形成了氟乙酸；硒取代硫形成了含硒的非蛋白质态氨基酸；镍、铜、锌、铅、汞、镉和铬等与多种有机酸（主要有柠檬酸、苹果酸和草酸）形成非毒性的配合物；特别是它们与具有元素专一性的、由半胱氨酸、谷氨酸和甘氨酸组成的多肽的结合大大降低了其毒性。此外，为了适应毒害元素的胁迫环境，有些植物还合成了专一性的酶来消除它们的毒害作用。例如，耐硒毒的植物中参与蛋白质合成的酶具有将普通半胱氨酸与含硒的半胱氨酸区别开来的能力，因此，在硒胁迫条件下可催化合成不含硒的蛋白质；耐氟毒的植物中存在的专一性的酶能把普通乙酰辅酶 A 与含氟的乙酰辅酶 A 区别开来并将其分解，不让后者干扰三羧酸循环和碳水化合物的代谢。

第三节 水资源监测与评价

一、水资源监测

水资源监测是指对水资源的数量、质量、分布状况、开发利用保护现状进行定时、定位分析与观测的活动。水环境监测定义为按照水的循环规律（降水、地表水和地下水），对水的质和量以及水体中影响生态与环境质量的各种人为和天然因素所进行的统一的定时或随时监测。因而，两者的内涵相同。

根据我国水法的规定，县级以上人民政府水行政主管部门和流域管理机构应当“加强对水资源的动态监测”和“对水功能区的水质状况进行监测”。水资源监测由水行政管理部门负责，实行分级管理。水资源监测是为了评价和利用，其监测的内容与评价范围相同。

二、水资源基本评价

水资源评价是指确定水的资源量及水质、范围及其相互关系，评价其利用和控制的可能性。水资源的基本评价包括一定地区内水资源量的估算并分析该地区的水平衡状况，以及水环境质量评价。

1. 水资源总量与平衡

地球上的总水资源或称水资源总量是指降水资源扣除目前不能利用的部分，即降水量减去蒸发量。其中，降水量的主要形式是雨、雪、雹等，降雨量的计算需要在直接观测得到的点降水量的基础上，经数学方法处理换算为面降水量后进行。蒸发量包括水面蒸发和陆地蒸发，其中陆地蒸发包括土壤蒸发、植物蒸腾和不单独计算的水体水面蒸发。水面蒸发可直接观测得到，而路面蒸发则常采用热量平衡方程、水量平衡方程或水热联系方程计算。

区域水资源总量包括流经该区域的地表径流量和地下水补给量总和，在分析计算降雨量、地表径流量、地下水补给量后进行。由于地面和地下水常常发生交换，地下水补给量中包括了一部分地表水的补充部分，而地表径流量中有一部分来自于地下水，因而需要减去重复计算的部分。因而，区域水资源总量的表示方式是：

$$\overline{W}_{总}=\overline{W}_{河川}+\overline{U}_{地下}-\overline{W}_{重复}$$

式中：$\overline{W}_{总}$为多年平均水资源总量，$\overline{W}_{河川}$为多年平均地表径流量，$\overline{U}_{地下}$为多年平均的地下水补给量，$\overline{W}_{重复}$为多年平均地表径流量与多年平均的地下水补给量之间的重复计算量。水资源分析中的地表径流量一般由流径实测流量经数理统计计算求得。地下水资源的补给来源包括降雨入渗、河道渗漏、山前测向渗入、水库渗漏、田间入渗、人工回灌等，需要分别计算。

为了探讨区域内水资源供求关系的内在规律和水资源开发利用的途径和潜力，需要进行水资源供需平衡分析。水资源供需平衡分析的主要内容包括可利用水量的估算、水资源开发利用现状分析、需水量预测和缺余平衡计算等。一般把通过必要的蓄水、引水、提水、调水等各类工程措施，改变天然水资源分布所获得的可利用水量称为可供水量。用水包括河道内用水和河道外用水，其中河道内用水是指水力发电、航运、养殖、放木等，基本不消耗水量。而河道外的工农业即生活用水是供需平衡分析的重点对象。

水资源评价中还包括水能资源的评价，水能资源的评价主要是计算单位水重的位能差。河流在天然状态下其落差是沿河分散的，要想开发利用水能资源必须采取工程措施进行。

2. 水环境质量评价

水环境质量评价常简称为水质评价，是指根据水体的用途，按照一定的评价参数、质量标准和评价方法，对水体水质进行定性和定量评价，以确定水体污染程度，主要污染物及其来源，污染时段、位置和发展趋势，从而为水资源保护和利用提供决策依据。

(1)主要水质指标　反映水体被污染的程度的水质指标主要有 6 种。即悬浮物、溶解氧、有机物、pH 值、细菌污染指标和有毒有害物质。

①悬浮物(Suspended Solids 用 SS 表示)它是指水中呈固体状的不溶解物质。它是水体污染基本指标之一。

②溶解氧(Dissolved Oxygen，用 DO 表示)。它是指溶解于水中的分子态氧。一般以单位体积的水含氧量(mg/L)表示。

③有机物。水体中有机物的含量是一个重要的水质指标。一般采用下面几个指标来表示水中有机物的含量。第一，生物化学需氧量，简称生化需氧量(Biochemical Oxygen Demand，用 BOD 表示)，是指水中有机物经微生物分解时所需的氧量，用单位体积的污水所消耗氧的量(mg/L)表示，是间接表示水中有机物污染程度的一个指标。BOD 越大，表示水中需氧有机物质越多。实际工作中以 20℃培养 5 d 后 1 L 水中消耗溶解氧的毫克数来表示，亦称 5 日生化需氧量(即 BOD_5)。第二，化学需氧量(Chemical Oxygen Demand，用 COD 表示)，为用化学氧化剂氧化水中有机物质时所需的氧量。是评定水质污染的重要综合指标之一。COD 的数值越大，表示水中有机物污染越严重。目前测定 COD 常用的氧化剂为重铬酸钾($K_2Cr_2O_7$)或高锰酸钾($KMnO_4$)。第三，总有机碳(Total Organic Carbon，简称 TOC)和总需氧量(Total Oxygen Demand，简称 TOD)。由于目前应用的 5 日生化需氧量指标(BOD_5)测试时间长，不能快速反映水体被需氧有机物质污染的程度，所以国外很多实验室都进行总有机碳和总需氧量的试验，寻求它们与 BOD_5 的关系，以实现自动快速测定。其中，总有机碳包括水体中所有有机污染物的含碳量，是评价水体中有机污染物的一个综合指标；有机物中除含碳外，尚含有氢、氮、硫等元素，当有机物全部被氧化时，碳被氧化为二氧化碳，氢、氮及硫则被氧化为水，一氧化氮、二氧化硫等，此时的需氧量称为总需氧量。

④pH 值。污水的 pH 值对污水处理和综合利用，对水生生物的生长繁殖以及对排水管道等都有极大的影响，所以也被列为水质的重要指标之一。生活污水的 pH 值为 7.2～7.6，工业废水的 pH 值随着生产工艺的不同相差很大。

⑤细菌污染指标。常用细菌总数和大肠菌数两种指标表示水体被细菌污染的程度。1 mL 污水中的细菌数要以千万计，其中大部分是寄生在已丧失生活机能的机体上，这些细菌是无害的；另一部分细菌，如霍乱菌、伤寒菌、痢疾菌等则寄生在有生活机能的活的有机体上，它们对人、畜是有害的。

⑥有毒有害物质。我国的地表水环境质量标准中列出的有毒有害物质共有 49 种(GHZB 1—1999)，地下水质量标准中列出的有毒有害物质共有 28 种(GB/T 114848—93)。

以上 6 个指标是表示水体污染情况的重要指标，除此以外，还有温度、色度、嗅和味、放射性物质等，也是反映水体污染情况的指标。

(2)水质量与功能分类　根据水体的使用目的和保护目标，我国分别将地表水和地下水分为 5 类，并依此制定了相应的分类指标，作为水质量评价的依据。

①地表水：Ⅰ类主要适用于源头水、国家自然保护区；Ⅱ类主要适用于集中式生活饮用水水源地一级保护区、珍贵鱼类保护区、鱼虾产卵场等；Ⅲ类主要适用于集中式生活饮用水水源地二级保护区、一般鱼类保护区及游泳区；Ⅳ类主要适用于一般工业用水区及人体非直接接触的娱乐用水区；Ⅴ类主要适用于农业用水区及一般景观要求水域。

②地下水：Ⅰ类主要反映地下水化学组分的天然低背景含量。适用于各种用途；Ⅱ类主要反映地下水化学组分的天然背景含量。适用于各种用途；Ⅲ类以人体健康基准值为依据。主要适用于集中式生活饮用水水源及工、农业用水；Ⅳ类以农业和工业用水要求为依据，除适用于农业和部分工业用水外，适当处理后可作生活饮用水；Ⅴ类不宜饮用，其他用水可根据使用目的选用。

三、水资源承载力评价

水资源承载力是指在一定的社会经济和技术条件下，在水资源可持续利用前提下，某一区域(流域)当地水资源能够维系和支撑的最大人口和经济规模(或总量)。因而,进行水资源承载力评价有助于将人口和经济活动的规模控制在区域水资源能够承载的范围之内,维护资源、环境、人口的协调发展。水资源承载力是一个度量区域经济发展受水资源制约的阈值。

水资源承载力评价是制定水资源利用规划和预测的基础。在进行具体评价时要充分考虑满足生态需水,在此基础上寻找可利用水量和社会经济可持续发展有限需求水量的供需平衡。

思　考　题

1. 简述水资源的概念和属性。
2. 简述划分“绿水”和“蓝水”的意义。
3. 简述我国水资源的特点和利用中存在的主要问题。
4. 水生态服务及功能退化分别体现在哪些方面?
5. 水体污染是如何影响农业生产的?
6. 为什么要进行水资源监测和承载力评价?

参 考 文 献

[1] 陈家琦,王浩. 水资源学. 北京:科学出版社,2002.
[2] 程鸿,等. 自然资源——生存和发展的物质基础. 北京:科学普及出版社,1993.
[3] 国家环保总局. 1989—2009 历年:中国环境状况公报.
[4] 国家环保总局. 全国生态现状调查与评估报告:综合卷. 北京:中国环境科学出版社,2005.
[5] 何增耀,等. 农业环境科学概论. 上海:上海科学技术出版社,1991.
[6] 李保国,彭世琪. 1998—2007 年中国农业用水报告. 北京:中国农业出版社,2009.
[7] 刘昌明,等. 中国 21 世纪水问题方略. 北京:科学出版社,1996.
[8] 刘汉中,等. 普通农业气象学. 北京:中国农业大学出版社,1991.
[9] 刘俊民,余新晓. 水文与水资源学. 北京:中国林业出版社,1999.
[10] 刘培桐. 环境学概论. 北京:高等教育出版社,1995.
[11] Mauser W. Water Resources. London: Haus Publishing Ltd, 2009.
[12] UNESCO. The World Water Development Report 3: Water in A Changing World. London: Earthscan, 2009.
[13] 王宝贞. 水污染控制工程. 北京:高等教育出版社,1994.
[14] 谢高地. 自然资源概论. 北京:高等教育出版社,2009.

第五章　土地资源与土地利用

第一节　土壤、土地与土地资源

一、土壤与土地的概念

1. 土壤

我国古籍《说文解字》对土壤的解说为“土者，吐也，吐生万物”，也就是说土壤是地球上所有生物赖以生存的基础。土壤是一层位于地球表层的疏松层，其本质特征是具有肥力、能够支撑植物生长。处于地球大气圈、水圈、生物圈和岩石圈交界面上的土壤圈是地圈的重要组成部分，是生物与环境间进行物质和能量交换的主要场所。在人类生活中，土壤—植物—动物系统是输送太阳能的主要传递者，也是农业生产活动的基础。在陆地生态系统中，土壤与生物群落之间的能量与物质的循环转化，是全球物质和能量循环与转化的主体。土壤是土地的基本要素之一，是土地中与植物生长密不可分的那部分自然条件。

土壤是人类农业生产的基础。土壤具有高度的自然肥力，是植物养分的主要来源和植物生长的介质，具有供应和协调植物生长和发育所需养分、水分、空气和热量的能力。土壤是植物生长繁殖和生物初级生产的基地，它作为植物的养分库，提供除 CO_2 以外的所有矿质养分和水分。土壤中养分物质的转化以及养分在土壤—生物间的循环，保持了生物生命周期的生息与繁衍。作为一种具有生物活性的多孔介质，土壤具有很强的吸收水分的能力，能够涵养雨水，防止水土流失。土壤对生物具有支撑作用。此外，土壤对环境的物理和化学变化具有缓冲作用和对污染物的降解作用。由此可见，土壤是地球陆地生态系统的基础，同时土壤生态系统又是陆地生态系统的一个子系统。

2. 土地

人们对土地的理解是从对陆地的认识开始的。人类生活在陆地上，人们的生产和生活资料主要取之于陆地，陆地与人类的关系最为密切，所以马克思在《资本论》中曾写道“土地（在经济学上也包括水）最初以食物，现成的生活资料供给人类。它未经人的协助，就成为人类劳动的一般对象而存在”；早期的英国经济学家马歇尔（A. Marshall，1842—1924）认为：“土地是指大自然为了帮助人类，在陆地、海上、空气、光和热各方面所赠与的物质和力量”；美国经济学者伊利（Ely）认为：“经济学上的土地是侧重于大自然所赋予的东西，……土地这个词，……它的意义不仅是指土地的表面，因为它还包括地面上、下的东西”。1972 年在荷兰瓦格宁根召开的农村土地评价专家会议提出，土地包含地球特定地域表面及其以上和以下的大气、土地及基础物质、水文和植被，它还包括这一地域范围内过去和目前人类活动的种种结果。从这些论述中可以看出，随着生产力发展和科学技术不断进步，人们对土地的认识和理解逐步加深。由于角度不同或学科研究的需要不同，人们对土地的定义也不完全相同。从自然科学研究出发，认为土地是指陆地及其所占空间的全部环境因素，是地球表面的一个特定区域；从经济学观点看，土地是自然赐予人类的资源、生产资料和资产；从生态学和地学的观点看，土地是由气候、地貌、岩石、土壤、植被、水文等基础物质以及人类活动的种种结果所组成的土地生态系统，是自然、经济的综合体。

因此，我们可以把土地理解为：土地是地球上的特定部分，即地球表面除海洋之外的陆地及其之上的江河、湖泊等水面，是由空气、土壤、水文、地形、地质、生物及人类活动的结果所组成的综合体，其性质随时间而不断发生变化。

这一定义包含以下几层含义。

①土地是大自然的产物，是宝贵的自然资源。

②土地是处于地球表面固定位置上的具有立体垂直剖面的空间客体，它向上、向下的范围是现在及可预见将来人们利用土地的能力所能达到的部分。

③土地包括人类过去和现在的活动结果，人类活动可以引起土地有关组成要素性状的变化，改变土地的性质和用途，当然没有人类的影响土地就不具有特定的用途，在这一意义上说人类的活动结果是土地的重要组成部分。

④土地是自然经济综合体，构成土地的各要素在一定时间和空间内相互联系、相互作用、相互依存，成为一有机整体，土地的性质和用途取决于全部构成要素的综合作用，而不取决于任何一个单独的要素。

⑤土地的性质随时间而不断变化，这是由于构成土地的自然因素和社会因素是随时间变化着的，所以，土地的性质也必然会随时间而发生改变。

土地的含义与土壤、国土及国土资源有着明显的区别。其中，国土是指一个国家辖区内的版图，国土资源是包括土地资源、生物资源、水资源、矿产资源、海洋资源以及社会经济条件等多种资源、条件的综合体。土地与土地资源也有所不同，土地资源是指土地总量中，现在和可预见的未来能为人类利用、用以创造财富和产生经济价值的这部分土地，但习惯上土地与土地资源常常被不加区别地使用，相互通用。

3. 土地的特性

土地具有一系列与其他事物相区别的特性，这些特性可以分为自然特性和经济特性两大类。土地的自然特性是土地固有的自然属性，与人类对土地的利用与否及利用方式没有必然的联系，也不以人的意志为转移。土地的经济特性则是在受到人们利用的过程中，出现的一些生产力和生产关系方面的特性，这些特性在土地尚未被利用之前是不存在的。

(1)土地的自然特性　这些特性表现出以下几点。

①土地面积的有限性。土地是自然历史形成的地球上的陆地部分(包括江河湖泊水面)，在地球形成后其面积就基本确定了。人类虽然能移山填海，扩展陆地，但这大多数都只是对土地形态、土地用途的改变，而不能增加土地的总量或增加的数量很少；这种改变即使是几百年也只是微乎其微，而且往往耗资巨大，不能从根本上改变土地面积有限性这一特征。“人类只有一个地球”，土地不可再生的特点即土地的有限性，迫使人类必须十分珍惜和合理地利用土地，不断提高集约化经营程度，使有限的土地生产出更多的财富，以满足人类社会的需要。

②土地利用的永续性。土地利用永续性有两层含义：其一是说土地作为自然产物，它与地球共存亡，相对于地球而言永不消失；其二是指土地作为人类的活动场所和生产资料，在使用过程中，只要利用合理，其生产力能够得到保持或不断提高，土地可以年复一年地使用下去。土地利用上的这一特性和其他生产资料完全不同，它为人类提出了尊重客观规律、合理利用和科学保护土地的要求，也展示了实现社会、经济可持续发展的可能性。

③土地位置的固定性。土地的空间位置是固定、不可移动的，因此，人们把它看做是“不动产”的代表。土地只能就地利用，地理位置不同土地的有用性会发生很大变化。因此，土地利用与改良的方式方法有着鲜明的地域特点。土地的这一特性要求人们必须科学地制定土地利用规划，因地制宜地利用土地。

④土地质量地域间的差异性。土地自身条件（地质、地貌、土壤、植被和地理位置等）及所处的气候条件（光照、温度、雨量等）不同，必然造成土地功能和质量上的差异。例如，农业上根据土地生产力的高低将农田划分为高产田、中产田和低产田。当然，这种差异是以土地的特定用途而言的，譬如，某一地块作为农业用地时是劣等地，但若用于工业则由于其地理位置优越可能就是优等地。

(2)土地的经济特性　这些特性表现出以下几点。

①土地经济供给的稀缺性。这一特性是说能够供给人们从事各种活动的土地的面积是有限的，或者说在特定区域内可用于某种用途的土地面积一定，往往不能满足人们对土地的多方面需求；土地经济供给的稀缺性会造成土地供不应求，而且目前这种供求矛盾日益尖锐，它迫使人们必须节约用地，努力提高土地的有效利用率和生产力。

②土地用途的多样性。土地具有多种用途，对于某一地块而言，它可能不仅能够用于第一、第二和第三产业，也可用作公共用地、居住用地、商业用地等。土地的这一特性保证土地可以从一种用途转换为另一种用途，它要求人们在利用土地时，本着土地利用效益最大的原则，力求使土地的用途、利用规模和利用方法等均为最佳。

③土地用途变更的困难性。土地用途变换有时比较容易，但在大多数情况下是十分困难的，这不仅是说变换过程需要付出较大的代价，而且甚至是办不到的。例如在宜林的山地，经过努力改种农作物是可能的，但某一地块一旦建成工厂或矿山，再要改做他用如恢复为农田就相当困难了。所以在决定土地用途时，要认真调查研究，充分论证，慎重从事，科学、合理决策，谨防造成损失与浪费。

④土地的资产性。土地的资产性是指土地具有经济价值和交换价值，可以作为财产保存，也可以作为生产资料进行买卖和出让，土地可以从一个所有者或使用者手中转移到另一个所有者或使用者手中。这是因为土地具有多种用途又数量稀缺，难以满足人们对土地的各种需求，并且地理位置固定，也不易毁坏，购买土地投资的风险相对较小的缘故；土地是财产和财富，千百年来人们就是这样认识和这样做的。

4. 土地的功能与作用

(1)土地的功能　土地的功能主要表现出以下几方面。

①土地的养育功能。土壤是土地的最主要的组成部分，土壤具有肥力（专栏 5-1），能够滋生、养育万物。土壤中所包含的有机物质、矿质营养元素、水分等物质和自然界中的光、热及大气中的二氧化碳、氧气等气体是地球上植物及一切生物生存、繁殖的基本条件，也是人类生存、社会发展的物质基础，所以，土地的首要功能是作为耕地被用于农业生产。

专栏 5-1　土壤肥力与地力

土壤肥力(soil fertility)通常是指土壤能够为植物生长提供足量且平衡的养分的能力。在植物必需的 17 种矿质元素中，碳、氢、氧来自于空气和土壤中的水，氮、磷、钾、钙、镁、硫、铁、锰、铜、锌、钼、氯和镍来自于土壤。土壤对这些养分供应能力大小就意味着土壤肥力的高低，这是土壤肥力的狭义定义。广义的土壤肥力是指土壤为植物提供良好生长条件的能力，包括对水、肥、气、热等因素的供应和协调能力。

到目前为止，虽然没有土壤肥力总体分级方法，但是建立了根据单一养分的有效含量与作物需求量关系的丰缺指标。

地力是我国传统上用来表示土地肥沃程度的一种方式。狭义意义上的地力与广义的土壤肥力概念相似，又称为基础地力。然而，地力通常的表示方式是单位面积土地的生产能力（经济学或生物学产量），还受其他自然条件和社会经济因素的影响。

②土地的承载功能。土地是一切生物生存的基础，也是人类活动的场所，没有土地就没有今天的人类。正是土壤和地层良好的机械物理性质，使地面具有承载能力，人们才能够在地面之上修建交通道路、高楼大厦等建筑物，人类的生产生活活动才有了必要的场所和空间。

③土地的净化与缓冲功能。土壤具有对污染物进行净化的功能，即通过物理、化学和生物学的作用达到降低或消除土壤中的污染物质和毒素的措施和过程。土壤生态系统（专栏 5 - 2）中的微生物和土壤动物，能够对外界进入土壤的各种物质进行分解和转化，转变为无毒或毒性小的物质，甚至成为营养物质；或经挥发和淋溶，从土体迁移至大气和水体；土壤通过胶体吸附、氧化降解、化学沉淀等作用消除或钝化各种有机和无机污染物，从而暂时退出生物的小循环，脱离食物链；生长在土壤上的绿色植物，通过吸收、富集和转化作用可促进污染物质的迁移和降解。土壤对污染物的缓冲功能是指土壤对进入其内的污染物质所具有的缓和污染效应的能力。土壤上述的净化作用，是土壤对污染物产生缓冲功能的机制，除此之外，还有土壤的稀释作用。

专栏 5 - 2　土壤生态系统

土壤生态系统又称地下生态系统，是陆地生态系统的一个子系统，其结构组成包括：①生产者：高等植物根系、藻类和化能营养细菌。②消费者：土壤动物。③分解者：各类微生物和腐生动物。④参与物质循环的无机物质和有机物质。⑤土壤内部水、气、热和固相物质等环境因子。土壤生态系统的结构主要取决于地上的植被类型及其根系活动特征和土壤环境因子，是两者相互作用的结果。

土壤生态系统的功能主要表现在系统内物质流和能流的速度、强度及其循环和传递方式。不同土壤生态系统的上述功能各不相同，反映了土地生产力不同的实质。

土壤生态系统服务包括碳转化、养分和污染物质循环与转化、土壤结构维持和有害生物和病原生物的调节。

④土地中物质和能量的循环与转化。陆地生态系统中水体和土壤均是物质和能量转化的重要场所。而且，在许多情况下，土壤在物质和能量循环和转化方面的作用往往更重要。这首先是因为土壤中存在着具有复杂的食物链和食物网结构组成的土壤生态系统，有利于转化相对复杂的物质；其次由于土壤水、气、热的协调和养分供应均优于水体，有利于物质转化的速率。因而土壤中物质和能量循环与转化的强度、速率和范围均大于水体。

⑤土地的美学功能。各地不同的地貌特征、险峻的地势、异常的流水、罕见的动植物以及其上的独特建筑，形成优美的环境，具有了供人们观赏、旅游的功能。

⑥土地的资产功能。由于土地数量有限、空间位置固定、用途多样以及土地质量不同等原因,使得土地具有巨大的资产功能。由于这一功能的存在,人们可以跨地区、跨国界通过购买土地所有权或使用权,把大量的货币资产转化为土地资产(财产)。

(2)土地对人类社会发展的作用　土地对人类社会的发展和进步具有积极的作用和影响,主要体现出以下几点。

①土地是社会制度演替中的介质。从奴隶社会开始,剥削者与被剥削者、穷人与富人大都是以土地的占有权为分界的。占有土地者剥削他人而变得富有,非占有土地者为人剥削而愈发贫困。历史上的社会制度演替反复围绕着土地这一"核心"进行,土地也就成了社会变革的介质。

②土地是人类生存的基础。首先,土地是人类进行物质生产、经济建设的必要条件。土地是人类生存的空间、活动的场所,一个人的一生,无论是站、睡、行、住都是在土地所提供的"空间"内完成的;其次,土地是人类获得食物的最基础的保障,"有土斯有粮";第三,土地是最重要的生产资料,是经济建设中创造财富的本源,如工业、建筑业和交通运输业等。土地主要起到地基承载重物的作用,在水力发电、航运中,土地是以工具形式发挥作用的,在农业上,土地是不可缺少的基地,没有土地就不可能有经济发展;第四,人类社会的延续与发展需要依靠自然界中的物质与能量循环,而这种循环只有以土地为基地才能实现。

③土地是宏观调控经济发展的手段。某一土地被用于一种产业或用途,就不能用于其他产业,因此,在不同社会发展时期,为了使国民经济各部门协调发展,要求将土地按一定的比例分配给各个产业,一个国家或者一个地区根据社会经济发展的需要,对那些要鼓励发展的产业或部门,可以有计划地适时供给土地促使其发展,而对于那些要限制发展的产业或部门则少供应或不供应土地,从而达到限制其发展的目的。

5. 土地的分类

由于土地用途不同,分类标准各异,土地的分类方法和分类结果多种多样。例如,按照地貌特征划分可以把土地划分为山地、高原、平原、盆地、丘陵等;按土地的土壤质地划分,可分为黏土地、砂土地、壤质土地等;按土地所有权划分,可分为私有、国有和集体所有的土地。不过最为常用的土地分类还是依照土地的经济用途进行的,所分土地类别如下。

①耕地:指用于种植粮食、蔬菜、经济作物等作物并被经常耕作的土地。耕地是农业的基础,为人类生活提供了80%以上的热量、75%以上的蛋白质、85%以上的食物,而且95%以上的肉蛋又是由耕地产出的农产品转化而来。耕地根据耕作方式和种植作物的不同又可划分为旱田、水田、水浇地和菜地等多种类型。

②园地:种植以采取果、叶为主的集约经营的多年生草本和木本植物覆被度>50%,或每0.066 7 hm^2 的株数大于合理株数70%的土地,包括果树、苗圃、药圃等用地。

③林地:指用于林业生产的生长乔木、灌木、竹类等各种树木的土地,按生产木材的用途不同,又可进一步划分为用材林地、经济林地、薪炭林地、防护林地等;此外,林地还包括林地采伐、火烧后的迹地以及苗圃等。

④牧草地:指常年生长草本植物、覆被度在15%以上的土地,大都用作畜牧业生产,所以牧草地又分为天然牧场、人工草场、改良天然草场。

⑤水域(水面):通常指河流、湖泊、水库、池塘、苇地、沟渠、沿海滩涂的水面和冰川以及永久积雪覆被陆地部分。

⑥未利用土地:指目前尚未利用的土地,包括荒地、盐碱地、沼泽地、风沙地(沙漠)、戈壁滩

等，其中荒草地是最主要的耕地后备资源。

⑦建设用地：指通过工程建设营造建筑物所占用的土地，是城镇、村庄、军事及其他设施所占土地的总称。

⑧居民点与工矿用地：指城市、城镇和乡村建筑用地，以及生产用厂房、仓库、矿场、油田、盐场等用地。

⑨交通用地：指铁路、公路以及飞机场、港口、码头及其他附属设施用地。

⑩水利设施用地：指用于水库、水工建筑的土地，包括水库水面和除农田水利用地以外，人工修建的沟渠、闸、坝、堤路林、水电站、扬水站等常水位岸线以上的水工建筑用地。

二、土地资源

1. 土地资源的概念

土地是一种自然资源，即土地资源。土地资源是指在当前和可预见将来的技术经济条件下能为人类所利用、能够创造财富和产生经济价值的那部分土地，它与气候资源、水资源、生物资源、矿产资源互相联系，构成自然资源的有机整体。土地资源是人类社会最基本的生产资料，数量有限，特别是在当今人口急剧增加、粮食需求压力日益加大，资源短缺、生态环境不断恶化的形势下，保护和利用好土地资源尤为重要。土地资源作为一种自然资源，其数量和质量及其利用方向受到多种因素的影响。土地资源不同于土壤资源（专栏 5 - 3）。

专栏 5 - 3　土 壤 资 源

土壤资源定义为具有农、林、牧生产力的各种土壤的总称，具有自然资源的基本属性。尽管成土过程和污染土壤的净化过程很漫长，但土壤是一种可再生资源。然而从短时间尺度和数量来看，土壤这个资源又是有限的，难以再生的。

土壤资源是土地资源的一个组成要素，土地各种功能的实现离不开土壤。

2. 影响土地资源质量及其利用方向的主要自然因素

（1）气候要素　影响土地资源的气候要素有太阳辐射、气温、风以及降水等，一个地区的气候条件如何直接影响到当地土地资源的质量与利用方向，如土地所处地理位置不同，光照、温度、降水和风等条件可能相差很远，这些条件决定了该地区土地生产力水平，人们据此确定这些土地是否可以用做农地、用做农地时应该种植作物的种类和种植方式等。例如，在我国南方的长江中下游地区降水充沛，周年气候温暖，作物可以实现一年三熟，三季作物产量之和明显高于北方地区一季作物产量；西北地区虽然土地面积相对充足，但由于一年只能种植一季，且干旱少雨，在没有灌溉的条件下产量很低。

（2）生物要素　生物要素对土地资源利用的影响是多方面的。区域内生物物种、生态系统或生物多样性的变化，可以直接引起土地资源利用方式的更替，如以树木为主的森林生态系统演化为以草本为主的草原生态系统，就是由物种变化或生态系统的变化而引起的，它使以生产木材为主的林地土地用途转化为以生产畜牧产品为主的草地土地用途。另外，区域生物物种、生态系统类别又是土地资源利用类型划分的基础，如在我国土地利用现状类型的分类系统中，园地、林地、牧草地等的划分，都是以生物物种或生物多样性种类为依据而进行的。

（3）地学要素　地学要素主要包括地形、地貌和地表沉积物 3 个方面。地形是指地表的起伏状况，通常可以用海拔高度和坡度来表示。如我国地形的总的特点是，高差大，西北高东南低，呈三级阶地，山地面积大，类型多样，条件复杂。地貌是指地表的形态，我国对地貌影响大的山脉有近30条，大致呈网状排列，而在局部不同走向的大小山脉及其间的高原、平原、盆地纵横交错，构成了极为复杂的地貌。地表沉积物则是指在过去历史地质年代里形成的地表覆被层，它可以是形成土壤的基础物质。

地形、地貌和地表覆被物对土地资源的质量及其利用方式产生深刻的影响。如在不同坡度、不同坡型的坡面上，土地利用方式及其注意事项应该不同；$<3°$的坡面为极缓坡，一般多被用作耕地，可以使用农业机械耕作而不需要特殊的水土保持措施，当地面坡度$>8°$时，虽然可以有条件地用作农田，但必须采取工程性的水土保持措施，坡度再大、如超过25°时则不能用做农地，而应弃耕还林、还牧。

(4)土壤因素　在生物、母质、气候、地形和时间五大因子作用下形成的土壤被称之为自然土壤。自然土壤在人为因素的干预下，如经过耕作、施肥、灌溉、排水等人为活动的作用，可使其若干性质发生某种改变，从而成为农业土壤。人类对土地的利用特别是农业利用，与土壤的物理化学性状关系极为密切，如土壤质地是“砂”还是“黏”，土壤有机质含量的多少，土壤酸度的高低，植物营养元素含量的丰缺等，决定着该地块是否可以作为农地加以利用，或应该种植什么以及如何管理等。评价土壤的综合性指标是土壤质量(专栏5-4)。

专栏5-4　土壤质量

土壤质量，又称土壤健康，是指土壤在生态系统界面内中维持动植物生产、保障环境质量，促进动物与人类健康行为的能力。我国土壤科学工作者结合中国的实际，给出土壤质量的定义为：土壤提供食物、纤维和能源等生物物质的土壤肥力质量，土壤保持周边水体和空气洁净的土壤环境质量，土壤消纳有机和无机有毒物质、提供生物必需元素、维护人畜健康和确保生态安全的土壤健康质量的综合量度。

土壤质量是土壤肥力、环境和土壤生态系统健康状况的综合体现。因而在土壤质量评价的指标体系包括了土壤肥力和农学性状、土壤的环境质量和土壤的生态质量。其中，土壤肥力和农学性状的指标包括有机质、土壤质地、土壤结构、pH值、紧实度、渗滤性、持水性、耕层厚度、土壤通气、土壤侵蚀，以及土壤中各种养分含量(全量或有效含量)。土壤环境质量指标包括元素背景值、污染指数、植物或作物中污染物、土壤环境容量、地表水污染物和地下水污染物。土壤的生态质量指标包括动物和微生物的区系组成和数量特征、土壤呼吸、土壤酶活性。根据上述指标体系，同时结合气候和景观因素，可对土壤质量进行综合评价。

由于自然过程和人为活动的影响，土壤性状存在着很大的空间和时间变异性，因而要实际进行土壤质量评价时，取样要有代表性。而且需要对土壤质量进行动态追踪。

土壤质量不是一个新概念，但在20世纪90年代中期，土壤学家给出了明确的新定义。定义的明确有助于将各种信息转变为管理者和决策者可实际操作的措施。在科学意义上，更重要的是体现出对土壤生态系统服务功能的肯定。

总之，土地是宝贵的自然资源，人类只有根据这一资源的特性，既合理利用它，又要保护好它，才能实现社会、经济、生态、环境的可持续发展。

三、土地资源的分布与特征

1. 世界土地资源的分布概况

世界陆地面积约为 14 950 万 km^2，占地球表面的 29.2%；各大洲中除南极洲外，面积最大的是亚洲，其次是非洲。在各国中，国土面积最大的是俄罗斯，为 2 240.2 万 km^2，其次是加拿大，为 997.1 万 km^2，中国国土面积居第 3 位，为 960 万 km^2。就人口密度而言，2008 年世界平均值为每平方公里土地 52 人，人口密度最低的大陆是大洋洲，亚洲的人口密度最高，中国的人口密度 2008 年为 140 人/km^2，约为世界平均值的近 3 倍(表 5 - 1)。

表 5 - 1 世界各大洲陆地面积和人口

地区	陆地面积/万 km^2	2008 年人口/百万人	2008 年人口密度/人/km^2
世界总计	13 003.5	6 692	52
亚洲	3 093.8	4 054	131
非洲	2 964.4	973	33
欧洲	2 207.4	732	33
北美洲	1 865.2	337	18
南美洲	1 756.2	577	33
大洋洲	848.7	34	4

注：世界土地面积不包括无定居人口的南极洲，若包括南极洲全世界陆地面积为 14 950 万 km^2.

资料来源：引自 FAO 统计资料(FAOSTAT)，2010 年.

在地球陆地表面，有近 50%的面积是永久性冻土、干旱沙漠、岩石、高寒地带等难以利用和无法利用的土地，此外尚有相当数量的土地存在各种障碍因素，这样实际适于人类利用的土地只有 7 000 万 km^2 左右。在世界范围内各地可利用土地分布存在很大差异，如果按照不同气候带划分，适于耕种的土地主要分布在热带，约为 16 亿 hm^2，其余各气候带之和大约为 15 亿 hm^2，远东和欧洲各国 25%以上的土地是可耕种的，而大洋洲(澳大利亚、新西兰和太平洋岛屿)可耕种的土地只占其土地面积的 5.5%左右，南美洲也仅为其土地面积的 6.2%。但是，可作为牧场的草原占各洲土地面积的比例，大洋洲最多，为 54.8%，北美为 13.7%，远东为 15.3%。森林面积占各洲土地面积的比例南美洲约为 46.4%，大洋洲为只有 10.2%。目前，全世界有荒地面积约 50 亿 hm^2，主要分布在非洲和美洲，亚洲的土地开发利用率远较其他各洲高。

2. 中国土地资源的概况及特点

我国东部和南部濒临黄海、渤海、东海和南海，西部与北部地处欧亚大陆腹地。自南向北依次分布着热带、亚热带、温带、暖温带和寒温带，降水量自东南向西北递减，依次分布着湿润、半湿润、半干旱和干旱气候带。地势西北高，东南低，山地丘陵面积大，约占国土面积的 69%，地形、地貌多样，土地资源类型丰富。耕地集中分布在东部的东北平原、华北平原、长江中下游平原及四川盆地和华南地区，而草地则多分布在西北部，林地集中分布于西南及东北地区。表 5 - 2 列出的是 2010 年 FAO 更新的 2008 年世界及各国、各大洲耕地、林地、草地面积及人口情况的统计数据。由于统计口径的差异，例如，土地中不包括水域面积，而且永久作物地与我国定义的园地也不同，该表中有关我国的数字与我国公布的统计结果有所不同，尽管如此，它反映了我国与其他一些国家的土地资源特点,可供比较各国土地资源丰缺状况时使用。

表 5-2 2008 年世界一些国家土地资源概况

地区	人口/千	土地面积①/hm^2	可耕地/hm^2	永久性牧场/hm^2	林地/hm^2	其他/hm^2
世界	6 692 030	13 003 469	1 380 515	3 356 940	4 044 221	4 221 793
加拿大	33 259	909 351	45 100	15 450	310 134	538 667
俄罗斯	141 394	1 637 687	121 649	92 052	808 970	615 016
阿根廷	39 883	273 669	32 000	99 850	29 880	111 939
巴西	191 972	845 942	61 000	196 000	523 911	65 031
美国	311 666	914 742	170 500	238 000	303 256	202 986
中国②	1 344 919③	932 749	108 642④	400 001	201 334	222 772
印度	1 181 412	297 319	158 145	10 388	68 144	60 642
日本	127 293	36 450	4 308	428	24 961	6 753
英国	61 461	24 193	6 005	11 633	2 867	3 688
澳大利亚	21 074	768 230	44 024	372 914	151 148	200 144

注:①土地面积中不包括水域面积。②不包括港澳台地区。③最新一次人口普查结果表明截止到 2010 年 10 月 31 日,大陆地区的人口总数为 13.40 亿。④我国可耕地面积偏低的原因,是因为 FAO 将部分耕地列在了永久性作物用地项下,其公布的我国永久性作物用地 13 901 千 hm^2,大大超出了我国公布 11 549 千 hm^2 的园地面积.

资料来源:FAO 统计资料(FAOSTAT),2010 年.

我国土地资源的特点,有下述几个方面。

(1)土地面积总量大,人均占有量少 如果按世界人均占有耕地数量排序,我国位居 60 位以后。由此可见,以人均占有量而论,我国是世界上土地资源相对贫乏的国家;我国以占世界 7.9%的耕地,养活着 20%的世界人口,且粮食自给率一直保持在 95%以上。

(2)土地类型多样,山地多于平地 我国地域辽阔,多样的自然条件、复杂的地形地貌以及多种多样的土地利用方式,形成了极为复杂的土地类型。在全国各种土地类型中,山地多于平原;全国山地、高原、丘陵面积约为 662.4 万 km^2,占全国土地总面积的 69%,其中山地约占全国土地总面积的 33%;平原和盆地面积约为 297.6 万 km^2,占全国土地总面积的 31%;若按海拔高度估算,海拔在 500 m 以下的地区仅占国土总面积的 30%左右,海拔在 3 000 m 以上的地区却占了 26%。很多山地由于海拔高、气温低、坡度大、土层薄和交通不便等原因,发展农林牧业困难,土地难以利用。另外,我国又是世界上沙漠面积比较大的国家之一,包括沙漠、戈壁以及多种风蚀地貌在内的沙漠面积约为 128 万 km^2,占全国土地总面积的 13%左右;我国沙漠面积集中分布在西北内陆干旱地区和分散分布于内蒙古自治区等地的干旱半干旱地带,沙漠地区自然条件很差。

(3)地区间土地资源分布不均衡,东部多西部少 我国平原、丘陵主要分布于东部,山地、高原主要分布于西部。若从大兴安岭经太行山—巫山至湘桂西部山地画一条线,可把全国土地划为东西两部分,在这条线以东大部分地区是海拔不到 500 m 的平原和丘陵,面积约占全国 1/3,但分布着 2/3 的耕地和 2/3 以上的农业人口;此线以西的大部分地区是海拔 1 000 m 以上的山地、高原和盆地,其面积约占全国的 2/3,是我国主要的牧区、林区或干旱半干旱农业区，耕地面积仅占全国耕地总面积的1/3。总的来说，我国东南部土地资源条件较好，耕地和内陆水域在这一地区分布集中，而西北部则相对较差；我国一半以上的林地集中分布于东北部和西南部地区，86%以上草地分布在西北部干旱半干旱地区。这一特点决定了我国不同地区土地的人口承载力相差很大，东南部明显大于西部、西北部。

(4)难以利用的土地面积大，土地后备资源不足　全国难以利用的沙漠、戈壁、冰川及永久积雪、石山、裸地等的土地面积，约占全国土地面积的1/3。我国有悠久的土地开发历史，绝大部分宜农土地早已开垦耕种，土地后备资源十分有限；质量较好的宜垦荒地资源为数就更少了。因而，随着人口的进一步增加，人均土地面积将进一步减少。

(5)水、土、光、热自然资源组合错位　我国水资源总量约为28 124亿m^3，居世界第6位。但是人均占有量只相当于世界平均水平的1/4，列第88位。长江、珠江以及西南诸河流域的水量占全国总水量的82.3%，而这些地区的耕地数量仅占全国耕地的36.3%。黄河、淮河及其他北方河流的水量约占全国总水量的17%，而耕地却占全国的63.7%。从降水条件看我国东南部受季风影响强烈，气候温暖湿润，年降水量在400～2 000 mm，其中80%以上集中在作物生长季节。西北部为干旱半干旱内陆气候，年降水量在400 mm以下，虽然有些地方能种植旱田作物，但是产量低而不稳，收成很难保证，而且容易引起风沙危害和土壤侵蚀。所以，这一地区大部分为牧业区。也有人估计占全国总面积53.8%的西北部干旱、半干旱地区和青藏高原区，其年生物产量仅占全国总生物产量的9.5%。水资源的时间、空间分布不均衡，使我国季节性和地区性缺水问题十分突出；我国湿润、半湿润、干旱、半干旱地区面积分别为32.3%、17.8%、30.8%和19.2%，土地的水、热、肥等要素组合不合理和土地生产力的区域间差异极大这一特点以及地少人多这一基本国情，决定着我国必须将十分珍惜、合理利用土地和切实保护耕地作为基本国策，长期予以坚持。

第二节　土地利用与覆被

一、土地利用与土地覆被

土地利用是指在一定的生产方式下，人们为了某种目的，按照土地自然特性和社会经济属性，对土地进行的开发、使用等活动。在土地利用过程中，人类以土地为劳动对象(或手段)，利用土地的特性，以一定的方式对土地实行某种干预来满足自身的需要。土地利用反映了人与土地的关系。土地利用有生产性利用与非生产性利用之分。土地的生产性利用，是把土地作为生产资料或劳动对象，以生产生物产品为主要目的利用。土地的非生产利用，主要是利用土地的空间和承载能力，把土地作为活动场所和建筑物的基地加以利用，而不以生产生物产品为主要目的。

土地覆被是指自然营造物和人工建筑物所覆被的地表诸要素的综合体，包括地表植被、土壤、湖泊、沼泽湿地及各种建筑物，具有特定的时间和空间属性，其形态和状态可在多种时空尺度上变化。土地覆被是随遥感技术发展而出现的一个新概念，其含义与“土地利用”相近，只是研究的角度有所不同。土地覆被侧重于土地的自然属性，土地利用侧重于土地的社会属性。例如，对林用地的进行划分时，土地覆被根据林地生态环境的不同，将林地分为针叶林地、阔叶林地、针阔混交林地等，以反映林地所处的生境、分布特征及其地带性分布规律和垂直差异；土地利用则从林地的利用目的和利用方向出发，将林地分为用材林地、经济林地、薪炭林地、防护林地等。但两者在许多情况下有共同之处，故在开展土地覆被和土地利用的调查研究工作中常将两者合并考虑，建立一个统一的分类系统，统称为土地利用/土地覆被分类体系。

二、土地利用/土地覆被变化

根据FAO的统计资料，近50年来，全球各大洲和部分重点地区和国家土地利用/土地覆被变化分别列在了表5-3、表5-4和表5-5中。其中耕地和森林面积，变化较大，永久草地的变化较小，水域面积几乎没有变化。

表5-3 近50年来全球各地区和主要国家耕地面积的变化 千 hm^2

区域	1961	1970	1980	1990	2000	2008
全球	127 869	132 667	134 923	140 126	138 234	138 052
非洲	15 150	16 173	16 818	17 923	19 674	22 280
美洲	—	—	35 860	36 345	36 368	36 543
美国	18 063	18 874	18 876	18 568	17 537	17 050
南美洲	5 799	7 983	9 176	9 714	10 599	11 360
亚洲	41 042	41 877	42 272	45 860	48 522	47 028
中国	10 340	10 007	9 696	12 373①	12 102	10 864
东南亚	5 314	5 494	5 914	6 444	6 382	6 651
欧洲	37 314	35 910	35 273	34 899	28 744	27 699
大洋洲	3 343	4 484	4 700	5 100	4 928	4 502

注：①20世纪90年代我国根据土地详查的结果对耕地面积进行了数字调整，并非耕地实际数量增加.

资料来源：FAO统计资料(FAOSTAT)，2010年.

表5-4 近50年来全球各地区和主要国家永久牧草地面积的变化 万 hm^2

区域	1961	1970	1980	1990	2000	2008
全球	30 869.1	31 390.6	32 129.6	33 350.5	34 266.0	33 569.4
非洲	8 852.2	8 833.7	8 875.0	8 974.0	9 010.7	9 092.3
美洲	—	—	7 631.6	7 908.3	8 018.7	7 972.6
美国	2 650.0	2 439.0	2 375.4	2 391.7	2 363.3	2 380.0
南美	3 722.5	3 942.6	4 207.2	4 423.2	4 563.5	4 536.3
亚洲	6 247.6	6 571.1	7 007.2	8 060.1	11 200.7	10 897.1
中国	2 380.0	2 730.0	3 340.0	4 000.0	4 000.0	4 000.0
东南亚	161.1	161.0	160.8	177.3	166.8	170.6
欧洲	3 917.3	4 034.5	4 081.2	4 103.1	1 811.4	1 762.7
大洋洲	4 444.7	4 531.8	4 534.5	4 305.0	4 224.5	3 844.7

注：①20世纪90年代我国根据土地详查的结果对草地面积进行了数字调整，并非实际数量增加.

资料来源：FAO统计资料(FAOSTAT)，2010年.

世界耕地面积在1961年到1985年期间一直稳步增长，1985年全球耕地面积为138.99亿hm^2，以后增长变缓，1990年代到达高峰，最高值出现在1992年为1 401.98亿hm^2。此后继续增长的地区是南美和东南亚地区。但是，欧洲耕地面积自1960年代起就开始减少，与1961年相比，到2008年减少了26%。美国也是耕地面积减少幅度较大的地区，2008年比1980年减少了近10%。

东南亚地区、南美和非洲的耕地面积增加伴随着森林面积的减少(表5-5)。尽管缺乏1990年以前的数据，20世纪90年代以来，这些地区的森林面积持续减少。其中，东南亚和南美洲国家的土地绝大部分位于热带和亚热带地区，这两个地区热带雨林砍伐，一直是全球关注的热点问题。

表5-5 近50年来全球各地区和主要国家森林面积的变化 万hm^2

区域	1961	1970	1980	1990	2000	2008
全球	—	—	—	41 678.0	40 845.7	40 442.2
非洲	—	—	—	7 492.4	7 085.6	6 812.4
美洲	—	—	—	16 542.4	16 092.2	15 768.7
美国	—	—	—	2 963.4	3 002.0	3 032.6
南美	—	—	—	9 464.5	9 043.2	8 715.1
亚洲	—	—	—	5 602.1	5 701.6	5 891.3
中国	—	—	—	1 571.4	1 770.0	2 013.3
东南亚	—	—	—	2 472.6	2 230.5	2 162.4
欧洲	—	—	—	10 053.7	9 982.4	10 034.6
大洋洲	—	—	—	1 987.4	1 983.8	1 935.3

资料来源：FAO统计资料(FAOSTAT)，2010年.

我国土地利用方式的改变主要体现在建设用地大量地占用农业用地和生态退耕。导致耕地面积持续减少。其中，建设用地从1995年的2 900万hm^2增加到2005年的3 200万hm^2，10年间净增300万hm^2。

三、我国土地资源的利用现状与问题

1. 我国土地利用的结构

我国土地利用结构以农、林、牧用地为主。约占我国国土面积1/4的土地是未利用土地，这些土地中包括沙漠、戈壁、高寒荒漠、石质山地等，基本上都是难以利用的土地。根据全国土地利用变更调查，到2005年底，我国的土地资源利用的结构如(表5-6)所示。

2. 土地利用的地域分布

按照气候条件和土地利用上的特点，可依大兴安岭—张家口—陕北榆林—兰州—青藏高原东南边缘画线，此线以东为湿润、半湿润季风区，占全国总土地面积的45%左右，耕地占全国耕地面积的88%以上，本区气候条件优越，人多地少，土地利用效率较高，粮食产量占全国总产量的90%以上，是主要种植业区。此线以西为干旱、半干旱以及高寒地区，土地面积占全国的55%左右，但耕地面积不足全国耕地面积的12%，而牧草地占全国牧草地面积的80%，是我国最主要的牧业区。此外，本区还有全国 99.8%的冰川、永久雪地和 98.3%的沙漠以及 100%的戈壁分布，该地区地广人少，土地质量差，土地利用效率低。根据土地资源利用上的差异，东西 2 大区又可进一步分为以下 4 个小区。

表 5-6　中国土地资源的利用结构(2005 年底)

利用方式	面积/万 hm^2	占国土面积/%
农业用地	65 704.74	69.09
耕地	12 208.27	12.84
园地	1 154.9	1.21
林地	23 574.11	24.79
牧草地	26 214.38	27.57
其他	2 553.09	2.68
建设用地	3 192.24	3.36
居民点及工矿用地	2 601.51	2.74
交通运输用地	230.85	0.24
水利设施用地	359.87	0.38
未利用土地	26 201.02	27.55

注：不包括港、澳、台地区的各类土地面积.

资料来源：国土资源部. 全国土地利用总体规划纲要 2006—2020. 2008.

(1)北方区　本区位于乌鞘岭以东和秦岭、淮河一线以北，包括东北、华北及黄土高原 3 大地区，总土地面积约占全国的 20%，该区耕地面积占全国的 46%，占本区土地面积的 34%左右。这一地区为以旱作农业为主，是我国的粮食主要产地，此外还分布有占全国林地总面积 23%的林地，又是重要的林业生产基地和水果产区。该区大部分属中温带和暖温带，气候温暖，光、温、水、土壤条件组合较好，有利于发展农业生产，加上平原面积广阔，城乡居民点分布集中，工矿业及交通运输业发达，是我国经济较为发达地区。

(2)南方区　位于秦岭、淮河一线以南和青藏高原以东，包括云贵高原、四川盆地、秦巴山地、长江中下游平原、东南丘陵和华南地区，土地面积占全国的 25%。耕地面积占全国的 42.1%，占本区总土地面积的 23%左右，其水田面积占全国水田面积的 91.4%，是我国水稻集中种植区。林地占全国林地总面积的 53%，水域占全国水域面积的 43%，是我国淡水养殖业最发达的地区。该区地形以山地、丘陵以及散在其间的河谷盆地为主，平原面积较小，这里大部分属亚热带湿润气候，南部少数地区属热带气候，水、热气候资源条件优越，又地处东南沿海，经济发达，人多地少，劳动力充足，综合开发潜力也较大。

(3)西北区　位于大兴安岭以西、大青山—乌鞘岭—祁连山—昆仑山一线以北，包括新疆全部、内蒙古自治区、宁夏、甘肃大部及青海西北部的柴达木盆地，土地面积占全国的 31%左右，耕地面积占全国的 11%左右，草地面积占全国的 39%以上，是我国主要的干旱草原和荒漠草原区。这里的沙漠、戈壁、盐碱地约占全国同类土地面积的 94%，未利用和难利用的土地面积大。该区大部分地区属于温带气候区，光照充足，但降水稀少，水源缺乏，热量也略显不足，光、温、热、水、土资源的组合不合理，全区土地开发利用程度较低，耕地面积小而分散，主要分布在河西走廊、内蒙古河套平原、宁夏平原和新疆河谷的绿洲地带，多数农作物生产需要灌溉，没有灌溉就没有农业。该区牧业相对发达。另外，这一地区也是我国森林覆被率较低的地区之一，风沙为害严重，生态环境亟待改善。

(4)青藏高原区　本区位于昆仑山和祁连山以南、青藏高原东南边缘以西，包括整个青藏高原。该区土地面积约占全国的23%，但耕地面积只占全国的1%左右。农作物以青稞、小麦和马铃薯为主。牧草地占全国牧草地面积的40%以上，且多为高原草地和高山草地，是我国的高寒牧业区。该区林地面积占全国的11%左右，冰川、永久积雪面积约占全国冰川、永久积雪总面积的50%。该区平均海拔在4 500～5 500 m，地势险峻，气候高寒，光照充足，水源丰富，但热量不足，大部分地区光、温、热、水、土资源组合不佳，加上人烟稀少，劳动力不足，经营粗放，土地开发利用程度和生产水平均较低。

3. 土地利用方面存在的问题

人口众多、人地关系紧张是我国土地利用的基本格局。不仅人均耕地少、而且优质耕地和后备耕地资源少。2005年全国人均耕地0.10 hm^2，不到世界平均水平的40%。优质耕地只占全部耕地的1/3。耕地后备资源潜力 1 333 万 hm^2 左右，60%以上分布在水源不足和生态脆弱地区，开发利用的制约因素较多。

(1)优质耕地减少和工业用地增长过快　1997—2005年，全国灌溉水田和水浇地分别减少93.13万 hm^2 和29.93万 hm^2，而同期补充的耕地有排灌设施的比例不足40%。新增建设用地中工矿用地比例占到40%，部分地区高达60%，改善城镇居民生活条件的居住、休闲等用地供应相对不足。

(2)不仅优质耕地，而且耕地总面积也在逐年减少　新中国成立初期开荒面积曾超过建设占地面积，耕地面积出现过短暂的增加局面。根据我国国家统计部门的数字，1949年我国的耕地面积为 9 787 hm^2，人均耕地0.18 hm^2；1952年为 10 733 万 hm^2，人均0.19 hm^2，此后增加缓慢，至1957年前后耕地面达到最大，为 11 180 万 hm^2，由于人口的增加，人均占有耕地面积却减少到了0.17 hm^2。1957年之后耕地面积一直呈逐年减少趋势，1957—1986年累计减少耕地 4 073 万 hm^2，扣除开荒造地 2 513 万 hm^2，29年间净减少 1 560 万 hm^2，平均每年减少53.8万 hm^2。而在此期间人口却急剧增加，净增4亿多，人均占有耕地面积也因此减少到了0.092 hm^2，约有1/3的省份人均耕地面积下降到了667 m^2 以下。1985年后保护耕地问题进一步得到重视，特别是通过大力宣传、贯彻、落实《中华人民共和国土地管理法》，对非农业建设用地进行清查，近年来又实行了基本农田保护制度，耕地面积减少的势头得到了一定程度的控制，但每年减少量仍在30万 hm^2 以上，1997年实行冻结非农业建设用地占地政策，使耕地减少到最少，约为13.3万 hm^2。进入21世纪以后的最初4年，我国耕地又出现大幅度减少，2001—2004年，三年间共减少耕地77万 hm^2。此后，耕地快速减少的势头才得到遏制。

根据历年发布的《中国国土资源公报》，2001年以来，中国耕地变化的情况如表5-7所示。耕地减少的原因主要有：

①生态退耕，我国于2001年正式开始对不适合耕种的土地实施生态退耕，截止到2008年，累积退耕还林、还草面积达574.88万 hm^2。此前，还进行了两年的试点，在试点区生态退耕的总面积为83.4万 hm^2。

②农业结构调整，农业结构调整是指农业用地的内部调整，包括把农田改为果园，或改挖为鱼塘，或改为建造畜禽养殖设施等。

③建设用地，包括城市建设、乡镇企业和农民建房及开发区建设占地，工矿用地和交通用地等。

④自然灾害毁地，主要是地质灾害和洪涝灾害对耕地的毁坏。

应当指出，非农业用地一般具有不可恢复性，耕地一旦用于其他，很难再改为农田。

表 5-7 2001—2008 年中国耕地的变化情况 万 hm^2

年份	生态退耕	农业结构调整	建设用地	自然灾害毁地	土壤整理与复垦
2001	59.07	4.5	16.37		20.26
2002	142.55	34.9	19.65	5.64	26.08
2003	223.73	36.41	22.91	5.04	17.17
2004	73.29	20.47	14.51	6.33	14.9
2005	39.04	1.23	20.21	5.35	30.67
2006	33.9	4.0	25.9	3.6	36.7
2007	2.54	0.49	18.83	1.79	19.58
2008	0.76	2.49	19.16	2.48	22.96
合计	574.88	104.49	157.54	30.23	188.32

资料来源：中国国土资源公报.

(3)建设用地粗放浪费较为突出　据调查，全国城镇规划范围内常常发生土地闲置、空闲和批而未供，其总面积目前有近 27 万 hm^2。全国工业项目用地容积率 0.3～0.6，工业用地平均产出率远低于发达国家水平。1997—2005 年，乡村人口减少 9 633 万人，而农村居民点用地却增加了近 11.75 万 hm^2，农村建设用地利用效率普遍较低。

(4)局部地区土地退化和破坏严重　目前全国水土流失面积仍有 35 600 万 hm^2，退化、沙化、碱化草地面积达 13 500 万 hm^2。一些地区产业用地布局混乱，土地污染严重，城市周边和部分交通主干道以及江河沿岸耕地的重金属与有机污染物严重超标。

第三节　土地评价、规划与管理

一、土地评价

1. 土地评价的概念、原则及分类

土地评价是从土地资源的可持续利用出发，针对一定用途，对土地质量高低进行鉴定的过程。土地质量的概念不同于土壤质量，是指土地对一定用途的适宜性，或者指土地在一定用途时土地生产力状况或地价的多少。土地评价的目的是查清土地的质量状况，为合理开发利用土地和土地管理提供基础资料。土地评价为税收标准、市场管理、征地补偿、流转和农田保护区的划定提供科学依据，为土地利用规划、土地改良、土地质量监测提供基础资料。

土地评价必须以一定的用途为前提，根据用途进行多种形式的比较。同时，土地评价要考虑当地的社会经济条件，并且以土地用途的可持续性为目的。土地评价的一般原则包括：①综合性原则，土地的适宜范围是由土地各要素综合作用的结果，应当根据诸要素的综合作用确定土地质量；②差异性原则，对某一用途来说，构成土地质量的各要素的重要程度不同，因而各要素在评价中的权重不同；③限制性原则，某一要素对土地质量或适宜程度会构成限制因素，应

在评价中予以体现。土地评价的因素包括气候、地形、土壤、植被或土地覆被(建设用地区的建筑物等)、水文以及社会经济因素。

根据评价的目的或依据的对象、方法和手段的不同,土地评价有多种类型。其中,根据划分土地质量高低所用指标中考虑经济因素的多少,分为土地自然评价和土地经济评价。

土地自然评价是指根据土地的自然要素的属性进行的土地评价,包括土地适宜性评价、土地生产潜力评价、土地生物生产力评价等。土地适宜性评价是从某一特定用途出发,将该特定用途要求的条件与某一评价对象所具有的条件进行比较,来评定土地对某种特定用途的适宜性和限制性及其程度的差别。土地生产潜力评价是指主要依据土地的自然属性及其对土地某种持久利用的限制程度,就土地在该利用方面的潜在能力作出等级划分。土地生物生产力评价是指根据土地的自然属性来评定土地生产力水平的等级。土地经济评价是指对土地利用与某种产业之间的经济效益关系进行评价,以土地净收益作为评价标准。

2. 土地适宜性评价

对农业用地的评价一般采用土地适宜性评价的方法。所谓土地适宜性是指土地对一定的用途是否适宜以及适宜程度高低的特性。其工作内容包括:了解土地要素及其对一定土地用途的满足程度,了解一定土地用途所要求的基本土地条件,将土地性质与土地用途所要求的土地条件进行比较,最后根据一定的标准定性或定量进行土地对该用途的适宜性分类:高度适宜、中等适宜、勉强适宜和不适宜。参与评价的土地各要素的组成包括以下几点。

①气候:日照时数、气温、积温、降水量、灾害性气候等。

②水文:潜水埋深或水位、淹水情况等。

③土壤性质:质地、剖面特征、持水性、结构、渗透性、土层厚度、阳离子交换量、盐基饱和度、抗侵蚀性、土壤温度、土壤矿物类型、土壤生物活性、pH、土壤养分状况等。

④地形与地貌:坡度、海拔高度、坡长、坡形等。

⑤生物:植被类型、动植物的地方性疾病、危害性动物。

⑥社会经济条件:人口数量和生活习惯、劳动力质量、经济水平、交通条件、技术水平等。

3. 土地生产潜力评价

土地生产潜力是指土地用于农林牧业生产或其他利用方面的潜在能力。土地生产潜力的划分主要依据的是永久性土地限制性因素的强弱和最小因子律原理。所谓永久性土地限制性因素是指那些不能轻易排除,至少不能通过小型土地改良措施排除的障碍性因子。根据最小因子律,土地生产潜力是由最小因子控制,如果某一限制性因素对土地利用潜力的限制程度降低到某一潜力级,那么该土地就定为这一潜力级。

土地生产潜力评价的结果主要用于土地资源清查中的土地质量摸底,目的是查明和保护最适于农业耕作的土地。

4. 土地承载力评价

土地承载力是指一个国家或地区在一定技术水平、投入强度下,在不引起土地退化的前提下,土地能持续、稳定支持具一定消费水平的最大人口数量,或具一定强度的人类活动规模,即土地在一定条件下的人口承载能力。

土地承载力是由两部分所决定的:土地资源的生产能力和人类的营养需求。其中土地资源的生产能力,是指在一定区域和时间内,土地所能生产的生物量或能量。土地资源的生产能力与气候、水资源、土壤、物质投入及管理水平有关,是各类自然要素和各种社会经济因素的综合反映。土壤资源的生产能力上限是作物的光温潜力;其下限取决于水资源的短缺程度、降水和温度的变化、土壤肥力水平的高低、物质投入量和农田管理措施等。人类的营养需求取决于膳食结构和消费水平,不同的膳食结构对初级产品需求量影响很大。而土地承载力评价需要进行以下几项。

①气候资源清查:温度、水分和生长期长度,并分析一定区域内的气候生产潜力。

②土壤清查:土壤类型、土壤肥力状况、土壤质地和地形等。

③农业生态单元的产生:综合气候和土壤因素制作农业生态单元图。

④土地利用方式的确定:土地基本建设、耕作方式与种植制度、物质投入、田间管理和劳动力投入,以及农业技术水平等。

⑤进行土地生产潜力和土地人口承载能力的分析:土地人口承载能力=土地生产潜力/人均营养水平。

进行土地承载能力的分析、评价是为了发现土壤承载能力与预期人口数量之间的所存在的问题,以便及早采取相应的应对措施。

二、土地利用规划

土地的自然特性不同,土地利用方式也多种多样,如一片土地既可以用于植树、栽种作物,又可以用作房屋基地、建设军事设施等,这就产生了土地利用方式与土地类型的合理组合与搭配问题。对于某一特定区域而言,其土地利用目标是既能在整体上获得最大效益,又能使所有土地得以永续利用;对于某一地块来说,在利用上应充分注意其特点,因地制宜,选用最佳的利用方式。

1. 土地利用规划概念

土地利用规划,简称土地规划,是指人们为了实现规划区域内的资源、环境、经济和社会的可持续发展,建立起合理的土地利用结构,根据社会发展要求和当地自然、经济、社会条件,对该区域内的土地利用做空间上的优化组合设计计划及实现该计划的时间安排。土地规划的实质是要改变或控制一定区域内的土地利用方向,目的是要确定各种用地的规模和比例,通过土地利用的科学组织、合理布局,使有限的土地资源尽可能满足国民经济协调、稳定发展的需要。

2. 土地利用规划的主要内容

现阶段我国的土地规划内容十分广泛,涉及自然、社会、经济、技术各个学科领域,主要包括以下几个方面内容:①土地利用现状调查和分析(如土地数量与质量、土地空间分布和各种用地的动态变化调查)。②土地利用结构评价。③土地利用的经济效益评价和生态环境方面存在问题分析。④土地质量评价。⑤土地生产潜力评价。⑥人口和各种用地需求量的预测与分析。⑦土地利用总体规划模式与编制方法的确定。⑧土地资源开发利用与整治、保护规划等。

3. 土地利用规划的种类

土地规划种类因划分方法的不同而不同。按规划范围和任务可将土地利用规划分为总体利用规划和专项规划。总体规划是根据土地的特性,以保证社会、经济、环境、生态可持续发展为目标,综合平衡社会多种用地需求,对某一区域内的所有土地使用与开发做出总体安排。根据规划范围的不同,总体规划又可分为全国土地利用总体规划、省级土地利用总体规划、县级土地利用总体规划和乡镇级土地利用总体规划等。专项规划是在总体规划安排下,对某种用途土地做出的更为详细的使用计划，如农业生产用地规划、居民点规划、水利规划、交通运输用地规划、土地保护规划和土地开发规划等。

三、土地管理与土地保护

1. 土地管理的定义

土地管理是指国家运用经济、法律、行政和科学技术的措施，以维护土地所有制、保护土地所有者和使用者的合法权益和保证合理地开发利用土地资源、有效地保护土地资源为目的，对土地使用活动进行的管理、控制的过程。因此，土地管理必然具有鲜明的阶级性，它集中体现了统治阶级的意志。社会主义土地管理，首先，是建立在社会主义土地公有制基础上的，以维护社会主义土地所有制为目的，依法对土地进行保护。而资本主义土地管理则是为了维护土地私有者的合法权益。其次，土地利用及土地管理活动应建立在科学的基础上，靠管理实现土地利用既能满足多种社会用地需求和高效地利用土地，又要保护好土地，使土地资源能够永续利用下去。

2. 土地管理的内容

土地管理内容主要包括 2 大部分，即产权、产籍管理和土地利用管理，其核心是合理地组织土地利用。产权与产籍管理中又包括地籍管理和产权管理，而地籍管理包括地籍调查、土地登记、土地统计、土地定级和估价、地籍档案及地籍信息管理等，产权管理包括产权的确定及变更、产权监督管理、土地征用、土地划拨以及土地出让、转让、抵押、租赁的管理等。土地利用管理包括土地利用计划管理、土地利用规划管理、土地开发整治与保护管理、土地利用监测管理等。

3. 土地管理与土地保护的任务

在现阶段我国土地管理的具体任务有以下几点。

①贯彻和执行《中华人民共和国土地管理法》及其他有关土地法律、法规。通过这些活动使全社会懂得保护土地、合理利用土地的重要意义，增强保护土地的紧迫感和责任感，而且要提高依法用地、依法管地的自觉性，使土地管理真正走上法制化的轨道。

②强化土地管理。为实行和强化土地的统一管理，首先要依法建立国家及地方各级政府的统一土地管理机构，在建立一支以土地管理部门为主的土地管理技术队伍的同时，建立健全各项土地管理制度。要严格依法办事，做到有法必依，执法必严，违法必究。

③做好土地管理的基础性工作。当前应当重点抓好土地法制建设、地籍管理和非农业建设用地的清理和管理等基础性工作，如开展土地利用现状调查，依法对土地进行登记、统计，及时掌握土地数量、质量变化方面的信息等。要重视和加强土地管理科学研究和教育工作，加快土地管理人才的培养。

④实行土地有偿使用制度。进一步完善土地使用制度的改革。我国长期实行公有土地无偿使用制度，是造成土地浪费、乱占耕地和破坏土地资源的重要原因。因此，实行公有土地有偿使用是我国土地管理制度的重大改革，也是运用经济手段管好土地、控制乱占耕地的一项有效措施。

⑤切实编制、修订好土地利用总体规划，并严格按规划管理、保护、开发利用土地资源。总体规划既要考虑用地的需求，又要体现严格节约用地的原则，明确规定土地管理的总体目标，合理划定各类用途土地，制订依法保护土地、特别是保护基本农田的措施。通过对土地利用实行宏观控制与计划管理，将非农业建设占用耕地的数量控制在最低限度。

⑥确保耕地总量动态平衡。所谓耕地总量动态平衡，是指占用耕地面积与复垦增加耕地面积相平衡，同时也要下大力气提高耕地质量。我国人均耕地少，多数耕地质量比较差，而且水土流失严重，所以，必须在维持耕地总量的同时，十分注重提高土地资源、特别是耕地的质量。通过改造中低产田、兴修水利、修梯田、改良土壤、增施有机肥和防治土壤污染等措施，用地与养地相结合，变跑土、跑水、跑肥的低产田为保土、保水、保肥的高产田，扼制农田污染局面，使有限的土地资源发挥出更大的社会经济效益。

⑦加快生态环境建设的步伐。保护土地资源是保护和改善生态环境的重要内容，建设生态环境首先要保护好土地资源。要从实现可持续发展战略、保证国家长治久安、民族繁荣昌盛的高度，认识保护环境、保持水土和加快生态建设的极端重要性，而将保护土地资源放在保护环境、加强生态建设的基础的地位来抓。

4. 土地管理的意义

土地是人类生存与发展最重要的物质基础，切实加强对土地资源的保护，合理利用土地资源，对于促进经济社会的持续发展，保护人类的基本生存条件，都具有十分深远的意义。在现阶段加强土地管理具有下列重大意义。

①贯彻“十分珍惜、合理利用土地，切实保护耕地”的基本国策的要求，我国人均占有土地数量少，农产品不能依赖进口的基本国情，决定了我国土地利用的重点在于保护好耕地。我国耕地不断减少的现状如果继续下去，将会贻害子孙后代。

②加强土地管理是实现“一要吃饭，二要建设”方针的需要，土地管理的重要职能是要理顺各种土地需要之间的关系，协调各部门、各单位用地分配，实现对用地的宏观控制。通过加强管理，使用地在农业、工业及城乡建设各行业、各领域中得到协调。

③加强土地管理是贯彻土地法律、法规，维护社会主义土地公有制的组织保证。土地管理法是我国实行土地管理的法律依据，只有建立起完整的土地管理体制、依法管理土地，才能使土地管理走上科学化法制化的轨道。

土地是人类生存与社会发展的基础，土地资源状况如何，事关一个国家、一个民族的长治久安与繁荣昌盛。将十分珍惜、合理利用土地和切实保护耕地作为一项基本国策，严格保护土地资源，既符合我国人均土地资源相对不足的国情，也体现了国家对保护土地十分重视。

第四节　土地退化的防治与耕地质量的保持

由于土地资源的不足、利用的不合理和污染物排放等原因，在全球范围内土地退化比较普遍，对人类社会经济的可持续发展构成了一定威胁。

一、土地退化的概念

土地退化是指由于人为活动和自然作用，土地不再能正常地维持其经济功能和原来的自然生态功能的现象和过程。土地退化，主要表现在土壤退化，包括农用土地数量减少或质量降低。农用土地数量减少可以表现为表土流失，或整个土体的毁失，或土地被非农占用。质量降低包括土壤物理、化学、生物学方面的质量和土壤环境质量的下降。实质上讲，土壤退化是土地退化的集中表现，土壤损失和质量下降导致土地功能的改变，影响了植物生长和农业利用。

土地退化是由自然和人为因素共同作用的结果。自然成土因素，如气候、母质和地形等会引起土壤侵蚀、酸化、盐渍化等的土壤自然退化过程。人类不合理的开发利用和排入污染物质,加剧了土地退化和生态破坏。土地退化包括水土流失、土地荒漠化,盐渍化和碱化,土壤污染、土壤肥力质量下降等。退化的土壤都存在着各种不同的限制植物生长的障碍性因素。生长在有障碍性因素土地上的植物容易受到干旱、盐碱、洪涝、污染、养分缺乏等因素胁迫,影响植物正常生长和土壤生态服务功能的发挥。

二、土地退化的主要类型与产生的原因

1. 水土流失

水土流失也称作土壤侵蚀,是指在水和风的作用下,地表土壤被分离、运移和沉积的过程。根据作用力产生于水(降水或水流)或风的不同,土壤侵蚀分为水蚀和风蚀两大类型。每年全球的土壤侵蚀量约为 250 亿 t,远远大于土壤的形成数量。据联合国开发计划署估计,仅水土流失一项,每年全世界就要失去耕地 5 万~7 万 km^2。发生在石质山区的水土流失,导致土层变薄,严重时全部土层流失,产生石质荒漠化。发生在干旱和半干旱地区的风蚀,风将细的土壤颗粒带走后,土地就发生沙化。

水土流失受自然因素、人为因素或它们共同的影响。自然因素主要有气候(如降雨量、降雨强度、降雨类型以及风速、风向和气温等)、地形(坡度、坡长和坡向、坡型等)、土壤(土壤的质地、结构性、透水性、土层厚度以及土壤含水量等)、植被(植被类型、植被覆被程度等)。人为因素则主要包括陡坡开荒、过度放牧、毁坏植被以及不合理的农田耕作方式等。这些因素常常相互影响、相互制约,例如在光、热、水和土壤都适宜于植物生长的地区,由于植被生长良好,虽然年降雨量充沛,甚至有降雨强度很大的暴雨,一般也不会发生严重的水土流失;相反,在这样的地区植被一旦遭到破坏,土壤侵蚀将比降雨量少、相对干旱的地区更为严重。就全世界而言,目前人为因素在土地资源破坏、土壤侵蚀上的作用比自然因素更大,是矛盾的主要方面。

我国是世界上水土流失比较严重的国家之一。从多年统计资料看,我国水土流失面积呈逐年增加趋势,建国初期我国有水土流失面积 150 万 km^2,现有水土流失面积 356.92 万 km^2,占国土总面积的 37.2%。其中水力侵蚀面积 161.22 万 km^2,占国土总面积的 16.8%;风力侵蚀 195.70 万 km^2,占国土总面积的 20.4%。黄河、海河、淮河、长江流域水土流失面积分别占其流域面积的 70%、47%、33%和 20%左右。我国每年因水土流失侵蚀掉的土壤总量达 50 亿 t,大约占全世界土壤流失量的 1/5 左右。

我国耕地水土流失面积分布广。如果将地面坡度<8°的农地划为平地,将 8°~25°的划为缓坡地,将>25°的划为陡坡地,全国平地、缓坡和陡坡耕地面积分别占总耕地面积的 64.9%、29.6%和 5.5%;据有关资料统计,我国耕地水土流失面积为 4 540.6 万 hm^2,约占全国耕地面积的 35%,每年侵蚀土壤量约为 33 亿 t,相当于全国耕地地表有 1 cm 厚的土层被剥去。耕地水土流失以黄土高原地区最为严重,该区水土流失耕地面积占其耕地总面积的 70%以上,西南地区其次,水土流失耕地面积占其总耕地面积的 50%以上,再次是东北地区,水土流失耕地面积占当地总耕地面积的近 40%。

水土流失造成的后果十分严重。在土壤被大量侵蚀的同时,水分得不到涵养,生态条件不断恶化。我国每年土壤养分流失的数量大约相当于同期化肥的生产量,养分流失导致土壤肥力下降。而且,农田被切割得支离破碎,或被淤积掩埋,使农田招致致命的破坏;水土流失还造

成河道淤塞，道路和水利设施等建筑物被毁，引发多种生态环境灾害，给国民经济和人民的生命财产带来严重威胁。在漫长的历史过程中，我国劳动人民同水土流失进行了不懈的斗争，特别是新中国成立以来，水土保持事业取得了辉煌的成就，但是重治理、轻养护、边治理边破坏的现象还很严重，水土保持和生态农业建设的任务还相当繁重。

2. 土地沙漠化

土地沙漠化或简称土壤沙化，是指在干旱半干旱和部分半湿润地区，在干旱多风和疏松沙质地表条件下，由于土地的人为高强度利用或自然因素变化等因素，破坏了脆弱的生态平衡，使原非沙质荒漠的地区出现风沙活动的土地退化过程。土地沙化是当今世界土地资源方面存在着的一个十分严重的问题，1991 年联合国召开第三次世界荒漠化会议时对全球土地荒漠化状况做出过估计，认为全球荒漠化土地面积达到了 35.92 亿 hm^2，且以每年约 500 万 hm^2 的速度增加着，每年全世界损失耕地 300 万～400 万 hm^2。遭受荒漠化危害的国家和地区已有 100 多个。

造成土地沙化的原因，有自然因素也有人为因素，但大多数地区土地沙化是这两者共同作用的结果。人为活动给土地造成过大负荷，如超载放牧等，或者对土地的不合理利用，如草地和林地开垦导致的植被破坏等。由于植被破坏而使土壤失去保护，在风、水的作用下细小土壤颗粒被侵蚀而发生沙化。自然因素有气候变暖、变干、干旱程度加剧，从而使得这些地区植被受到破坏，促使土壤朝着沙化的方向演变。

截止 1999 年底，我国沙化土地面积约为 174.3 万 km^2，占全国土地面积的 18.2%，涉及全国 30 个省、市、自治区的 841 个县。从 20 世纪 70 年代起，沙化土地扩展速度提高，20 世纪 70 年代和 80 年代，我国土地沙化的扩展速度分别为每年 1 560 km^2 和 2 100 km^2，90 年代前 5 年和后 5 年分别提高到 2 460 km^2 和 3 436 km^2。从沙化程度来看，耕地和草地的沙化较重，耕地中以中度沙化为主，占沙化耕地的 82%；而草地沙化以严重沙化为主，占全部沙化草地的 56%。

我国土地沙漠化的形成除自然因素外，人为造成的草原植被破坏是土地沙漠化的直接原因，沙漠化以农牧交错带最为严重。地处我国西北内陆的新疆沙漠化面积最大，约占其总土地面积的 1/4；而内蒙古自治区、甘肃省部分地区沙漠化面积增加迅速，目前整个西北地区沙漠化面积以约每年 10 万 hm^2 的速度扩展着，其扩展方向是自西北向东南蔓延。

3. 土壤次生盐渍化或碱化

土壤的次生盐渍化或碱化，是指由于土壤中盐分或钠离子含量增加、土壤 pH 值上升，导致土壤物理和化学性质恶化，土地生产力下降的过程。造成土壤次生盐渍化或次生碱化的原因很多，最为常见的是人类对耕地的不合理利用所致。如由于不合理的灌溉或其他原因引起的地下水位上升，在降水量少、蒸发量大的特定气候条件下，土壤中的盐分随着水分蒸发而不断地向上层土壤移动并逐渐地在耕层中积累起来，使得农田越来越不适于作物生长，致使产量逐年下降，严重时甚至成为不毛之地。

我国盐渍化（碱化）耕地面积总的变化趋势是逐年增加，已从 1976 年的 706 万 hm^2 增加到了 1992 年的 763 万 hm^2，约占总耕地面积的 6%。造成土地次生盐渍（碱）化耕地面积增加的原因主要有以下几个方面：①北方干旱半干旱地区的灌溉农田面积扩大，这一地区用于灌溉的水量有限，但蒸发量大，盐分向上移动大于下向淋洗的数量；②灌溉不合理，过量灌溉不仅浪费了宝贵的水资源，也引起地下水位上升，地下水借助毛管作用能够上升至地表，水分被蒸发掉后盐分留在了土壤中，导致表层土壤盐分积聚；③近十多年来水利设施、特别是农田水利工程设施老化，排灌不畅，地下水位难以得到及时有效的控制；④农田耕作、土壤培肥不合理，土壤物理化学性质劣化，肥力下降导致土壤盐碱为害加重。

4. 土地贫瘠化

土地贫瘠化主要是指由于土壤供应养分能力下降而导致的耕地生产力下降的过程。造成土壤贫瘠化的原因多种多样，任何环境条件的改变或者不合理的利用都有可能导致土壤肥力下降。土壤侵蚀、沙化引起的表土流失，土壤的次生盐碱化对土壤养分供应能力的影响等都可能降低耕地的生产力。此外，当土壤存在着其他影响植物生长的障碍性因素时，如土壤酸化，土壤物理性状的改变等，土壤肥力也会降低。

在全球范围内，由于耕地在利用过程中，投入到耕地中的养分物质数量不足以弥补同期由于作物收获、水土流失等原因造成的从耕地中移走的养分物质数量，从而导致土壤肥力和土地生产力下降的现象主要发生在发展中国家，特别是非洲地区。

中国的土壤肥力总体上保持稳定或略有上升，但也存在着局部地区的土壤贫瘠化现象，此外也有土壤中部分营养元素的耗竭，如钾素等。自然土壤开垦为耕地种植农作物后，由于水热条件的改变，土壤有机质含量下降现象较普遍，但经过一定时间，有机质会稳定下来甚至开始部分恢复。土壤有机质作为土壤肥力的基础物质，在协调水、肥、气、热各个土壤肥力因子之间关系方面起着十分重要的作用，它的含量高低在一定程度上代表着土壤肥力的高低，决定着土地的生产力水平。另外，土壤中的氮、磷等植物营养元素也随着土壤有机质而变化。近年来的研究表明，我国大部分土壤的有机质有所提高，少部分地区如东北地区和西南地区的山区土壤，有机质含量降低。长期以来，我国施肥带入土壤的主要营养元素不平衡，氮和磷过量，钾肥不足，从而导致土壤中的钾等元素发生耗竭。

尽管如此，耕地土壤贫瘠化的问题也不容忽视，特别是在贫困地区。由于这些地区的生态环境尚处在恶性循环之中，当地燃料短缺，人们将秸秆等生物质大量地用做燃料而导致向农田有机物质投入减少，土壤培肥变得很困难。虽然总体上我国耕地土壤肥力尚得以维持，但土壤贫瘠化问题也应引起人们的足够重视。

5. 土壤环境质量下降

土壤环境质量是指土壤环境对人类及陆地生物的生存和繁衍的适宜程度。所谓的土壤环境质量下降就是土壤污染，是指对人类及动、植物有害的化学物质经人类活动进入土壤，其积累数量和速度超过土壤净化速度的现象（专栏 5 - 5）。

专栏 5 - 5　土壤环境容量

土壤环境容量是指一定土壤环境单元、在一定时限内、遵循环境质量标准，既维持土壤生态系统的正常结构与功能，保护农产品的生物学产量与质量，也不使环境系统污染时，土壤环境所能容纳污染物的最大负荷量。实际上是指土壤污染的起始值（本底值）和最大负荷值之间的差值。

土壤环境容量有土壤环境静容量和土壤环境动容量之分。土壤在位置上较水体和大气相对稳定，污染物易于集聚。由于某些污染物在土壤中持续积累，需要积累到一定程度，方能表现出明显的生态和环境效应。因此，衡量土壤容许的量时需要有一个基准含量水平，这个水平所获得的容量，称为土壤环境静容量。在上述静容量的基础上，将土壤净化污染物的量也考虑在内的量，就是土壤环境动容量。通常所说的土壤环境容量是指土壤环境动容量。

土壤环境容量的大小既取决于土壤环境背景值和污染物本身的性质，也取决于土壤生态系统的抵抗力，自净能力及受害后系统的恢复能力。在一定区域的土壤特征和环境条件下，土壤环境背景值和土壤的自净能力是一定的，土壤环境容量的大小取决于土壤环境质量标准值的大小。

然而，由于不同植物对污染物的敏感程度不同，在选择供试植物时一定要选择对该污染敏感的植物。

土壤污染不仅对农作物及农田生态环境造成危害，污染物通过食物链最终进入人体，还会危害人体健康。到目前为止还没有关于已经遭受污染耕地面积的准确统计数字，但有人估计由于环境污染而导致农作物减产数量每年在大约 100 亿 kg，这一数字约为我国粮食产量的 3%，相当于我国近些年来每年进口的粮食总量。进入土壤的污染物主要有 4 个来源。

(1)污水灌溉　利用城市污水灌溉在我国有很长的历史。从 20 世纪 50 年代开始我国就在部分地区推广污水灌溉。污水灌溉的实际开始时间可能更早。早期由于城市的工业不发达，排放的污染物较少，所排放的污水中以生活污水为主，富含养分。污水灌溉不仅可以缓解了农业用水不足，同时还可为作物提供养分物质。随着工业化进程，城市污水的成分越来越复杂，到 20 个世纪 70 年代，我国就发现了污水灌溉导致的土壤污染问题。然而至今这一问题仍然没有很好解决，这主要由于我国部分地区，尤其是缺水地区，地表水污染严重，利用污染的水灌溉仍然比较普遍，同时也仍然是污染物进入土壤的一个重要途径。由此可知，我国农田土壤的污染主要发生在大中城市郊区和沿河、湖地区。

(2)大气沉降　大气沉降作用带入土壤的污染物有酸性降水、重金属和持久性有机污染物等。其中酸性降水在我国范围比较大，涉及长江以南的广大东部地区。酸性降水导致土壤酸化，增加铝和重金属对植物的毒害作用。通过大气沉降进入土壤的重金属主要发生在煤矿和金属矿山以及金属冶炼厂附近，在主要公路沿线的汽车尾气也是重金属铅的重要来源。持久性有机污染物主要发生在化工厂和农药厂附近。

(3)固体废弃物　不合理堆放和处置的固体废弃物中的污染物质，部分会随降水流入农田，造成土壤污染。

(4)养殖场废弃物　由于饲料中常常添加激素、抗生素和重金属等物质，这些物质会随着有机肥的施用而进入农田。

进入土壤的各种污染物质除对农作物造成急性危害外，还可能在土壤积累从而产生长期影响。例如，重金属等一旦进入土壤就很难被移走，由此可能造成长期性环境污染。工业和乡镇企业排放的各类废弃物、农用化学物质的过量使用以及畜禽粪便和生活垃圾的不适当堆放等。尤其要指出的是，污染灌溉在我国至今已有 50 多年的历史，近年来，每年排放的污水仍有 20%被用于农田灌溉。因此，保护农田土壤，使之免受污染是当前保护农村生态环境、加强生态建设的重要任务之一。

三、耕地质量的保持与恢复

1. 水土流失，土壤侵蚀的防护措施

我国耕地土壤的水土流失基本上是发生在坡度＞8°的坡耕地上。在这类土地上实行退耕

还林、还草等措施恢复自然植被是控制土壤侵蚀的最有效措施。农业上可通过选择适宜的作物，实行坡耕地的立体种植，例如，在坡耕地上部种植林草，可涵养水分，增强抗旱能力，同时还能够改善生态环境，达到生态效益和经济效益的统一。

水土保持的工程措施主要是修筑梯田和修建小型水利工程等，以减少水土流失。防止水土流失的耕作措施有等高耕作、林粮和粮草间作，少耕免耕和土壤覆被等。

2. 盐渍土的改良利用

盐渍土或盐渍化土壤既可能由于自然成土过程产生，也与人为地不合理灌溉有关。我国盐渍土的地理分布非常广泛，各地的自然环境条件复杂多样，所形成的盐渍土的类型也多种多样。因此，应因地制宜，采取相应的有效措施对盐渍土进行改良和利用。

对土壤盐渍化地区，首先是要控制地下水位，防止地下水位抬高。为此可通过健全排灌系统，降低地下水位；其次是减少与防止渠道渗漏和发展节水农业，防止水分下渗抬高地下水位。最后是农林复合生态系统的建立，既可降低地下水位，又可改善农田小气候，是防止土壤次生盐渍化的有效措施之一。在工程措施中，可通过洗盐和排水等水利改良措施改良和利用盐渍土。

在有条件的地区，可以通过种稻改良盐渍土。稻田由于生育期长期淹灌，有完善的排水、退水条件，可有效地洗脱土壤盐分，淡化地下水质；稻根呼吸作用放出的二氧化碳及绿肥等有机质在厌氧条件下分解产生的有机酸，可中和苏打盐土等过高的土壤碱度。

对盐渍土的农业改良措施有平整土地；种植绿肥、草田轮作；抗盐保苗；营造护田林网等。

3. 沙漠及沙漠化土地的改良利用

(1)调整农、林、牧生态结构　因地制宜、合理规划。干旱、半干旱地区的旱作农业必须严格限制在250 mm等降雨量线内，对过度开垦地区应有计划地还林还牧，休养生息，恢复自然生态平衡。对这些地区的灌溉农业，也必须根据水资源状况，严格限制农业生产的规模，维持当地的生态平衡。

(2)生物改良措施　对于荒漠地带绿洲沙害的防治一般采用绿洲与沙漠毗邻处封沙育草，绿洲边缘以防沙林带和绿洲内部护田林网组成的防护体系进行治理。荒漠草原及草原地带沙漠化土地的治理可通过人工栽植固沙植被促进土地沙漠化的逆转过程，逐步建立和恢复稳定的自然生态结构。

(3)工程措施　铁路、公路沿线沙害多采用沙障阻截沙源，方格沙障和固沙植物以稳定沙面，公路迎风面设置导风栅板以加大风速，利于沙粒非堆积搬运等工程措施。毗邻河流的沙地可采用引洪淤灌改良。

(4)化学固沙技术　使用有机或无机、天然或人工合成的胶结物质，喷洒于沙面并渗入沙层孔隙，经固化后形成防风蚀保护壳。

4. 污染土壤的改良利用

(1)工程措施　工程措施是指用物理(机械)、物理化学原理治理污染土壤，且工程量比较大的一类方法，常见的方法有以下几种。

①客土、换土、翻土。客土法就是向污染土壤加入大量的干净土壤，覆被在表层或混匀，使污染物浓度降低到临界危害浓度以下或减少污染物与植物根系的接触，从而达成减轻危害的目的。对于浅根植物(如水稻等)和移动性较差的污染物(如铅)，采用覆被法较好，客入的土壤应尽量选择比较黏重或有机质含量较高的土壤，以增加土壤环境容量，减少客土量。换土法就是把污染土壤取走，换入新的干净的土壤。该方法对小面积严重污染且污染物具放射性或易

扩散难分解的土壤是必需的，以防止扩大污染范围，危害人畜健康。对换出的土壤应妥善处理，以防止二次污染。翻土就是深翻土壤，使聚集在表层的污染物分散到更深的层次，达到稀释目的。该类方法治理效果显著，不受土壤条件限制。但需大量人力，物力，投资大，且肥力会有所降低，应多施肥料以补充肥力。

②隔离法。它就是用各种防渗材料，如水泥、黏土、石板、塑料板等，把污染土壤就地与未污染的土壤或水体分开，以减少或阻止污染物扩散到其他土壤或水体的做法。该法应用于污染严重、易于扩散且污染物又可一段时间后分解的情况下，如较大规模事故性农药污染的土壤。

③清洗法。它就是用清水或含有能增加重金属水溶性的某些化学物质的水，把污染物冲至根外层，再用含有一定配位体的化合物或阳离子与重金属形成较稳定的络合物或生物沉淀，以防止污染地下水。用富含泥土的洪水淹灌污染土壤，既起清洗的作用，又融入一定量的新土，在有条件的地方也不失为一种比较经济有效的方法。清洗法对于烃、硝酸盐等污染，还是较经济的，适宜于轻质土壤如沙土、沙壤轻壤土等。

④热处理。即就是已经隔离或未经隔离的污染土壤通过加热，使污染物热分解的方法。该法多用于能够热分解的有机污染。如石油污染。产生热的方法有多种，主要是从经济实用方法考虑。例如红外线辐射、微波和射频方式加热，管道输入水蒸气，或打井通气使污染物挥发去除。

⑤电化法。近年来国外采用电化学方法净化土壤中的重金属及部分有机污染物，该类方法特别适用于其他方法难以处理的透水性差的黏土类土壤。美国路易斯安那州立大学研制出的方法是：在水泡的土壤中插入一些电极（最好是石墨电极，电极间距和深度根据需要而定），通过低强度直流电（1～5A）。通电后，阴极附近产生的 H^+ 便向土壤毛孔移动，并把污染物释放到毛管溶液中。水溶液以电渗透的方式移到阳极附近，并被吸收到土壤表层，再清除。此法可将含 Pb 100 mg/kg 的土壤降至 5～10 mg/kg，且可回收多种金属。

（2）生物措施　它是利用某些特殊种类的动物、植物和微生物较快地吸收、移走、沉淀或降解土壤中的污染物质，而达到净化土壤的目的。

（3）化学措施　在某些污染土壤中加入一定的化学物质能有效地降低污染物的水溶性，扩散性和生物有效性，从而降低它们进入植物体，微生物体和水体的能力，减轻对生态环境的危害。例如，对于重金属污染的土壤，施用石灰、高炉灰等碱性物质能提高土壤 pH 值，降低重金属的溶解性，从而有效地降低植物体内的重金属浓度。

增加磷肥、硅肥等提高土壤的缓冲能力，也能降低植物体中重金属的浓度。通过离子间拮抗作用来降低植物对某种污染物的吸收在某些情况也是经济有效的。据法国农业科学院波尔多试验站研究结果，在镉、锌污染的土壤上施用含铁丰富的物质（铁渣、废铁矿）能明显降低植物镉、锌含量。用锌来拮抗镉的试验也有报道，但只适用于含锌水平较低的土壤。

（4）农业措施　主要包括以下几种。

①增施有机肥提高土壤环境容量。施用堆肥、厩肥，植物秸秆等有机肥，增加土壤有机质，可增加土壤胶体对重金属和农药的吸附能力。部分有机物质又是还原剂，可促进土壤中的镉形成硫化镉沉淀，或将高价铬（Cr^{6+}）还原为毒性较低的低价铬（Cr^{3+}）。施用有机肥，还能促进微生物和酶系的活性，加速有机污染的降解。

②控制土壤水分。土壤的氧化还原状况影响到污染物的存在状态,通过控制土壤水分可达到降低污染物危害的作用。据研究,在水稻抽穗到成熟期,无机成分大量向穗部转移,此时减少落干,保持淹水可明显地减少水稻籽实中镉、锌、铜、铅的含量。因为在还原状况下,这些金属元素可与S^{2-}结合形成硫化物沉淀,特别是在氧化还原电位降到-150 mV以下时。但此措施不适于砷污染土壤,因为在还原条件下砷以亚砷酸的形式存在,增加砷溶出量,加重植物砷污染。因此,砷污染的稻田应增加稻秆,最好改为旱作。汞在还原状况下可能与甲烷形成甲基汞,增加汞的毒性,也应注意。

③选择合适形态的化肥。不同形态的氮、磷、钾化肥对土壤特别是根际环境的理化性质具有不同的影响,某些形态的化肥更有利于降低作物体内重金属(镉)浓度。如氮肥:$Ca(NO_3)_2$>NH_4HCO_3>NH_4NO_3、$CO(NH_4)_2$>$(NH_4)_2SO_4$、NH_4Cl;磷肥:钙镁磷肥>$Ca(H_2PO_4)_2$>磷矿粉、过磷酸钙;钾肥:K_2SO_4>KCl。这些不同形态肥料对土壤重金属的溶解度的影响,主要与肥料的生理酸碱性和肥料本身的化学性质有关。在污染土壤上通过施用合适形态的肥料,可以减少植物体的重金属积累。

④种植抗污染的农作物品种。不同种类的植物或同一种植物的不同品种,对污染元素的吸收和利用能力有很大差异。例如,菠菜、小麦、大豆吸镉量多,不宜种植,而玉米、水稻一般较低。但有的水稻品种具有较强的富集镉的能力,甚至形成“镉米”。此外,国外研究还表明,种植于同一污染土壤上,大麦、生菜、玉米、烟草的不同品种对重金属的吸收具有明显差异。我国华南地区种植的水稻、豆角、油菜中的不同品种对镉的吸收累积也有明显差异。

一般来说,在中、轻度重金属污染的土壤上,不宜种植叶菜、块根类蔬菜,可改种瓜果类蔬菜或果树等,能有效地降低农产品的重金属浓度。在轻度污染的土壤上,选用生长期短的早熟品种,可减少污染物在作物体内积累量。此外,通过筛选出在食用部位累积污染物少的品种,直接种植在中、轻度污染的土壤上,可减轻农产品污染物的浓度,有时甚至减少几倍。

⑤改变种植方式或改为非农业用地。在污染较严重的农田,可改种非食用植物,如花卉、苗木、棉花、苎麻等。另外,据我国苏北棉田的试验,在DDT和六六六污染的棉田旱改水或水旱轮用,农药的降解速度加快,从而降低和消除农药污染。对于污染严重的某些农田,若污染物又不会直接对人体产生危害,在需要的时候可优先考虑改为建筑用地等非农业用地。

总体而言,农业措施投资少,无副作用,但治理效果较差,周期长,适于轻度污染的土壤。同时农业措施应与生物措施,改良剂措施配合使用。

思　考　题

1. 简述土地的功能。
2. 比较土壤资源和土地资源的差异。
3. 简述中国土地资源的特点。
4. 为什么人们十分关注土地覆被变化?
5. 土地管理的任务及意义何在?
6. 土地退化有哪些类型?如何保持耕地质量?

参 考 文 献

[1] 曹志洪,周健民,等.中国土壤质量.北京:科学出版社,2008:8.

[2] 封志明.资源科学导论.北京:科学出版社,2004.
[3] 国家统计局.新中国五十年.北京:中国统计出版社,1999.
[4] 国家环保总局.全国生态现状调查与评估报告:综合卷.北京:中国环境科学出版社,2005.
[5] 黄昌勇.土壤学.北京:中国农业出版社,2000.
[6] 李保国,等.绿色的根基.济南:山东画报出版社,2001.
[7] 李永涛,等.土壤污染治理方法研究.农业环境保护,1997:118-122.
[8] 林成谷.土壤污染与防治.北京:中国农业出版社,1996.
[9] 全国土壤普查办公室.中国土壤.北京:中国农业出版社,1998.
[10] 王蓉芳,等.中国耕地的基础地力与土壤改良.北京:中国农业出版社,1996.
[11] 汪建飞,等.农田土壤施用化肥的负效应及其防治对策.农业环境保护,1998(1):40-43.
[12] 谢高地.自然资源概论.北京:高等教育出版社,2009.
[13] 熊毅,李庆逵.中国土壤.北京:科学出版社,1987.
[14] 张风荣,等.中国土地资源及其可持续利用.北京:中国农业大学出版社,1999.
[15] 中国环境监测总站.中国元素环境背景值.北京:中国环境科学出版社,1990.
[16] 朱德举.土地评价.北京:中国大地出版社,2002.
[17] 朱德举,等.土地资源概论.北京:中国农业科技出版社,1997.

第六章　气候资源与气象灾害

第一节　气候资源概述

一、气候与气候资源

某一地区短时间内各种气象要素综合表现的大气状况称为天气，气候则指一地多年的综合天气状况，包括正常年份的天气状况，也包括特殊年份的天气状况。表征天气和气候的气象要素有太阳辐射、气压、气温、湿度、风速、风向等。描述一个地区的气候特征，除应用各气象要素的多年平均值外，还要考虑历史上该气象要素出现的变幅、极端值及不同数值范围的发生频率和保证率等。

世界各地的气候多种多样，形成不同的气候带和气候类型。导致世界各地气候差异的基本因素是太阳辐射、大气环流和下垫面状况，人类活动对气候的影响日益增大。

气候既是重要的环境要素，气候环境是环境的一个重要组成部分；同时气候又是一种自然资源。在气候环境中，一部分要素属于自然条件，即气候环境条件，包括各种非物质或能量的农业气候要素，如湿度、气压等；一部分要素属于可以被人类利用的自然能源和物质，称之为气候资源。气候资源包括光、热、水与空气。人类对气候资源可以直接利用，例如，利用太阳能、风能发电和供热或作为机械动力，利用空气制氧和合成氨，利用降水资源，利用低温冷藏和利用干热天气风干食物等。对气候资源的间接利用主要是通过植物同化空气中的二氧化碳，固定太阳能及在此基础上的畜牧养殖业，或通过固氮生物，固定空气中的分子态氮。但是，当上述气候要素处于对人类不利的状态时，则会导致自然灾害，不属于气候资源的范畴。

二、气候与农业生产的关系

农业生产的对象是有生命的植物、动物和微生物，又主要在自然条件下进行，这就决定了农业成为受自然环境，特别是受气候条件影响最大的产业。

（1）气候条件决定了农业生物的地理分布　地球上从赤道到两极，太阳高度角随纬度升高而降低，地面接收的太阳辐射逐渐减少，气候带由热带、亚热带、温带到寒带，植被由热带雨林、阔叶常绿林、阔叶落叶林、针叶林、苔原直到冰原。从海岸向内陆深入，气候依次由湿润、半湿润、半干旱到干旱气候，中低纬度陆地的相应植被由森林、稀树草原、干草原，直到荒漠。不同的气候带和气候类型，分别形成水田农业、雨养或旱作农业、灌溉农业、放牧业等不同类型，复种指数则随气候变冷而降低。在同一地区，随着海拔升高和气温的降低，农业类型的演变与纬度升高相似。

（2）气候提供了农业生物生长发育所需要的主要物质和能量　植物光合作用合成有机物所需的二氧化碳、水分和光能，动物呼吸所需要的氧气等。

（3）气候提供了农业生物正常生长发育所需的基本环境条件　各种农业生物都需要在一定的光照、温度、水分和空气条件组合下才能获得良好的品质和产量，农民通常称之为“风调雨顺”。不同的农业生物，对气候要素组合的要求不同。

(4)气候还影响到其他农业自然环境要素　气候还影响到土壤、水体、生物圈等其他农业自然环境要素的演变和兴衰。例如，土壤是在气候、植被、成土母质、地形和时间五大成土因素综合作用下形成的，由于气候条件以及植被的不同，我国东部从北到南依次分布着棕色森林土、暗棕壤、棕壤、黄棕壤、黄壤、红壤和砖红壤等地带性土壤，土壤 pH 值逐渐降低，酸性增强，表层土壤中的盐基含量依次下降。作为土壤肥力重要因素的有机质性质和含量也受到水热条件等的强烈影响。北方地区从东到西，随着降水量的减少，依次分布有潮土、褐土、暗栗钙土、淡栗钙土、棕钙土和荒漠土，土层越来越薄，土壤有机质含量愈来愈低，土壤中盐分的积累量则逐渐增大。

因此，气候对一个地区的农业产业结构、作物和品种分布、种植制度、栽培耕作及农事作业往往起到决定性的作用。如我国华南南部水稻可一年三熟，江南可一两熟，北方只能一年一熟；长城以南地区大田作物可一年两熟，以北为一熟。秦岭、淮河以南平原为水田农业，丘陵为雨养农业；秦岭、淮河以北为旱作农业，平原有补充灌溉；西北干旱地区的农业集中分布在有灌溉条件的绿洲。水牛分布在南方，黄牛和马分布在相对湿润的草甸草原，干草原以绵羊为主，荒漠草原以山羊和骆驼为主，青藏高原为牦牛和藏羚羊。

三、农业气候资源的特点

气候资源作为农业自然资源的重要组成部分，与土壤、海洋、植被、水体等其他国土资源相互依存和制约，共同影响着农业的持续发展。在分析和利用气候资源时，不能脱离对其他农业自然资源的分析和利用。农业气候资源具有与其他农业自然资源不同的若干特点。

(1)无限循环的可更新性与具体时空的有限性　气候资源既可以年复一年地永续利用，又必须不违农时，不能超前和超量提取。在一定时段和一定空间内，对气候资源的过度和超量利用会导致人为气候灾害的发生。如超量利用湖泊、水库、河流水量和地下水，会加剧次年的干旱，使用生育期过长的品种不能在秋霜前正常成熟，或者不得不延误下茬作物的播种而人为导致冷害。

(2)一定的波动性和相对稳定性　气候要素具有年际和季节的波动，农业灾害的发生通常都与气候的异常相联系，在安排农业生产时必须考虑气候要素的波动幅度和保证率，适当留有余地。但是气候的变异又是有一定范围的，总是围绕其多年平均值上下波动，确定一个地区的种植制度、主要作物和品种的布局都需要依据该地区的多年平均气候状况。

(3)相对性　不同种类的农业生物对气候要素的适应范围有很大差异，有利与不利在一定条件下可以相互转化，对此种生物有利的气候条件，对彼种生物则可能是不利的。如夏季冷凉不利于水稻、棉花等喜温作物的生长，但适合马铃薯、甜菜等喜凉作物。多云雾的丘陵不利于大多数谷物和棉花等喜光作物，但对优质茶叶和烟叶的形成有利。总之，某种气候要素之所以能够成为农业自然资源，必须以能够适应某种农业生物生长发育的需要为前提。

(4)适度性和非线性　由于农业生物的生长发育对光、温、水、气等主要气候要素都有其最低、最适合、最高等三基点值，因此，气候资源具有非线性特征，不像森林、矿产等其他自然资源那样多多益善。只有在适宜范围内，才构成可利用的农业气候资源。超出适宜范围就有可能形成逆境或灾害。

(5)气候要素的相互制约和共同作用　光、温、水、气等气候要素之间具有相互制约性，某种要素过多或不足会影响到其他要素的可利用程度，要特别注意瓶颈要素的制约作用并努力克服之。如我国东北的光照和水分条件都较好，但热量往往不足；西北光照和热量条件较好，水分不足；西南具有优越的水分与热量条件，但光照往往不足。不同地区都要针对短缺气候要素制定克服和弥补的对策，针对优势资源确定开发利用的措施。如西北要选择节水耐旱的作物和品种，东北要在提高冷季地面温度和克服冷害上下功夫。西南要选用喜湿耐阴作物。

(6)区域性与相似性　气候的区域差异形成了农业生物多样性和农业生产地区性的自然基础。突出区域农业特色可形成本地区特有的农产品优势。在从外地和国外引种新的物种或优良品种时，必须遵循气候相似原理，即从生态气候相似地区引种比较容易成功，风险和成本均较低；而从气候不太相似地区引种往往失败。

(7)气候的可塑性　人类活动对全球或局地的气候资源能产生有利或不利影响，如滥垦滥伐造成水土流失和局地气候恶化，造林、灌溉、修建水库往往可以改良一地的气候，设施农业可创造人类所需要的有利的农业小气候环境。

(8)气候的潜在可利用性　气候资源与土地、森林等其他农业自然资源不同，气候资源对于农业只是一种潜在的可利用资源。开发利用气候资源，尤其需要运用农业气象科技趋利避害，才能使之转化为现实的物质和能量资源。因此，对气候资源的充分开发利用是农业可持续发展的一个重要标志。

(9)密度低，不易天然汇集，具有流动性和无边界性，往往有值无价　气候资源由于上述特点一般不能直接形成商品，往往容易被人们所忽视。要使气候资源转化为现实的经济效益，需要在农业生产过程中自觉地充分利用有利的气候因素，克服不利的气候条件，使气候资源转化到农业生物的品质和产量等物质载体上。

中国是土地、淡水、森林等人均农业自然资源不足的国家，充分合理利用气候资源是挖掘生产潜力的重要途径，也是农业科技进步和可持续发展能力建设的重要标志。

四、农业气候资源的度量

农业气候资源多采用农业气候指标和农业气候模式进行定量描述。农业气候指标表示在一定气候条件和生产水平下，农业生物的生长发育、产量和品质形成及生产过程对气象要素的要求和反应的数量指标，是农业气候资源最常用的度量方式。大多数农业气候指标以单个要素值表示，也有一些用多个气候要素的综合值表示。

不同的农业生物、不同品种、不同发育阶段，有不同的农业气候指标值。同一种农业气候指标还与其他气候要素的状况和农业技术水平有关，如抗寒锻炼充分时，越冬作物的临界致死温度较低；而抗寒锻炼不足时，越冬作物在较高的零下低温就可能冻死。苗期的适度干旱可使玉米的耐旱能力增强，但过度干旱又使生育受阻，从播种到成熟所需积温增加。

农业气候指标通常是在一定的自然环境条件和一定的生产条件下，通过试验、调查、观测、鉴定和气候资料统计分析得出。但影响农业生产的因素很多，相互之间及与其他生态因素之间又存在复杂的交互作用，气候本身也有一定的年际变化，因此，不能把农业气候指标看成一成不变的，通常还要计算其大于、小于或等于某个指标值的频率或保证率。一些复杂的生物过程或产量、品质形成过程，存在多个气候要素与其的非线性关系且存在交互作用，就不能用简单的指标来表示，需要建立相应的农业气候模式。如作物生产潜力和水分蒸散潜力就都是运用复杂的农业气候模式计算的。

第二节　农业气候资源的类型

一、农业气候资源的分析

1. 农业热量资源

农业生物的生长发育必须在一定的温度条件下进行。对于植物和变温动物，完成一定的生长发育阶段通常需要具有生理效应温度值的时间达到一定的数量。人们习惯于把生物对环境的这种要求称之为表征农业热量资源。表征农业热量资源的指标有多种。

(1)界限温度及其间隔天数　每一项生命活动都有其最低温度、最适温度和最高温度，称为三基点温度。在最低温度以下和最高温度以上，又分别存在最低或最高临界致死温度。与一般化学反应相似，大多数生命活动随体温的升高而强度加大。但由于生物化学反应中起催化作用的酶在温度较高时易变性甚至破坏，超过最适温度，各类生命活动的速率减慢，直至停止。绝大多数生物的最适温度离最高温度和最高致死温度较近，而离最低温度和最低致死温度较远。最低温度又称生长发育的显现温度或生物学零度。

不同植物开始和停止生长的最低温度值不同，一些物候现象出现的相应温度也各不相同。确定生长期所用的界限温度通常使用0℃、5℃、10℃、15℃等，具有不同的意义。

春季日平均气温稳定通过0℃，北方土壤日消夜冻且融大于冻，越冬作物开始萌动返青，耐寒的早春作物开始播种，多年生树木开始萌动。秋季日平均气温稳定通过0℃，北方土壤开始稳定封冻，冬小麦等越冬作物和林木完全停止生长进入休眠。

春季日平均气温稳定通过5℃，喜凉作物开始活跃生长，早春作物播种进入高潮，大多数树木萌芽，北方冻土接近化通。秋季日平均气温稳定通过5℃，喜凉作物进入冬前抗寒锻炼，乔木叶片基本落尽，土壤开始日消夜冻。

春季日平均气温稳定通过10℃，喜凉作物进入旺盛生长，耐寒性急剧下降，易发生晚霜冻。喜温作物开始播种。秋季日平均气温稳定通过10℃，喜温作物停止生长，易发生初霜冻。阔叶树木开始抗旱锻炼，叶片开始变色并逐渐脱落。通常一个地区的日平均气温稳定通过10℃以上持续天数大体等同于该地区无霜期的长度。

春季日平均气温稳定通过15℃，喜温作物开始活跃生长，喜凉作物由营养生长为主转变为生殖生长为主。秋季日平均气温稳定通过15℃，喜温作物生长变慢，喜凉作物秋播出苗。有些热带作物需要在15℃以上才能开始生长。

不同界限温度及其间隔天数常用以度量某一地区的农业热量条件。如以日平均气温稳定通过0℃以上天数作为作物可能生长期长度，以日平均气温稳定通过10℃以上天数作为喜温作物可能生长期长度。

(2)积温　1735年法国列奥米尔(F. A. de Réaumur)提出从种植P到成熟M要求一定量的温度T累积值：

$$\sum_{P}^{M} T = K \quad (T\text{ 小于 }0℃\text{ 时按 }0\text{ 累加})$$

后来人们把K值称为积温，用以表征植物完成一定生长发育阶段所需热量的累积。提出积温学说是基于以下 3 个基本假设:①在其他条件得到满足的前提下,温度因子对生物发育起着主导作用;②生物开始发育要求一定的下限温度;③生物完成某一阶段的发育,需要一定的积温。

后来的研究还指出,对于某些时段的发育,还存在上限问题。从生物体生长发育存在三基点温度出发,也应该有一个上限问题。

在最适温度以下,温度对主要生命活动过程的影响服从范特霍夫(Van't Hoff)定律:

$$Q_{10}=K_{t+10}/K_t=2$$

式中:K_{t+10} 和 K_t 为温度 $t+10$ 和 t 时的化学反应速率,Q_{10} 为温度升高 10℃与原温度下反应速率的比值。植物生长发育过程与酶的催化生物化学反应有关。酶的 Q_{10} 一般大于 2,超过最适点,酶本身会变性,催化能力迅速下降,直至破坏,生物死亡。

恒温动物体内酶的最适温度就是其体温,保证了恒温动物体内的生物化学反应始终处于最高效率的状态。

按照范特霍夫(Van't Hoff)定律,作为生物化学反应的结果和表现形式,在下限温度与最适温度之间,植物生长发育速率应该随温度线性加快。

由于温度的累加不符合物理学的原理,1837 年布森戈(Boussingault)用基本相同的方法计算谷物播种所需热量总值时,称此期间天数与日平均气温的乘积为"度·日"(degree-day,℃·d)(即"热时")。目前,发达国家大多使用这一提法,而很少使用积温的名词(accumulated temperature)。

有人发现植物发育不仅受到温度的影响,同时还受到光照长度的影响。蒂塞兰德(Tisserand)在 1875 年提出,对植物生长发育具有贡献的是日平均气温与日出日落间隔时数的乘积(温光积)。

1923 年洪特(Houghton)和雅格鲁(Yaglou)提出有效温度的概念,指出不同植物开始生长发育的其实温度不同,把日平均气温减去某种作物的下限温度的差值称为有效温度,把逐日有效温度的累加值称为有效积温,而把大于该下限温度的日平均气温的累加值称为活动积温。

$$Y=\sum_{i=1}^{n}T_i \quad y=\sum_{i=1}^{n}t_i \qquad t_i=T_i-T_0$$

当 $T_i\leqslant T_0$ 时,T_i 和 t_i 均以零计算。

式中:T_i、t_i、T_i、T_0 分别为第 i 日的活动温度、有效温度、日平均气温和下限温度,n 为生长期天数,Y 和 y 分别是活动积温和有效积温。其中,活动温度是指植物能够生长发育的高于生物学下限的温度,常用日平均气温进行计算,因而两个 T_i 的物理学意义相同。

积温的单位,西方多用℃·d,日本、苏联多用℃,我国两种用法并存,常引起混乱。

按照上述定义,积温概念的应用只能限定在下限温度到最适温度之间,也即酶基本上能保持活性的温度范围内。

积温概念存在明显的不严谨性:首先,逐日温度的累加在物理学上是不合理的,因为温度只是分子平均动能的度量;其次,称之为热量资源的度量也欠妥,因为表征热量的单位是焦耳并非摄氏度。迄今所有的物理学和生理学著作及工具书都不使用积温这个概念,国际和国家的物理量法定单位中也没有积温这个名词。但是,积温在农业生产上和生态学中有着大量成功的应用范例。为了解决这一矛盾,英国的蒙蒂恩(J. Monteith)对积温学说进行了修正。他通过梯度温床发芽试验，将积温概念推广到最适温度以上区间，他指出：在最适温度以下，发芽速率随温度成线性上升，在最适温度以上则反之。

$$\frac{1}{t}=\frac{T-T_b}{\theta_1}\quad \frac{1}{t}=\frac{T_m-T}{\theta_2}$$

式中：t 为天数，$1/t$ 即生长速率；T_m 和 T_b 分别是上限和下限温度；T 为处理温度。

$$\theta_1=t\cdot(T-T_b)\quad \theta_2=t\cdot(T_m-T)$$

θ_1 为最低到最适温度之间的积温，即传统意义上的积温；θ_2 为最适至最高温度之间的积温，T 越高，θ_2 值越小，已无法说成是热量的表征（图 6 - 1）。

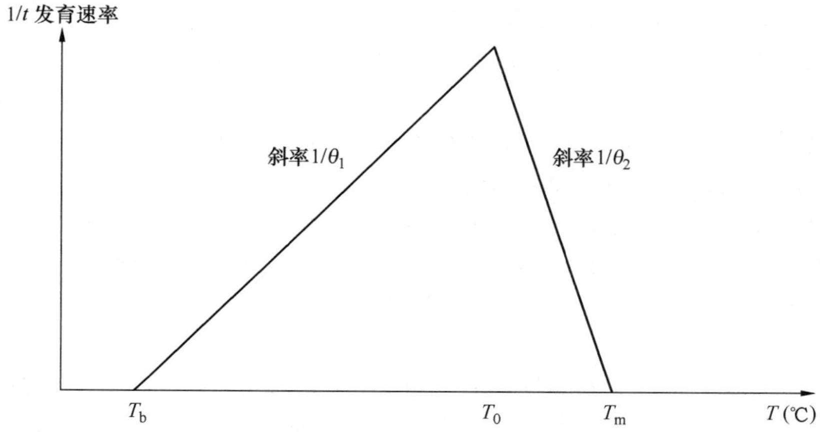

图 6 - 1 温度与生长速率的关系

在上述公式中，积温 θ_1 和 θ_2 都处于与 t 相同的地位。蒙蒂恩（Monteith）提出积温实质上是经过温度订正了的一种时间进程的度量，称为 thermal time，单位为℃ · d，可译作"热时"或"热当量时间"。

这一提法具有明确的物理意义，容易被物理学家和生理学家接受，也比较符合农业和生物学的应用实践：积温主要用来度量植物和变温动物的发育进程。由于经过温度的订正，要比生育期、无霜期等其他时间度量方法更加准确。

不同作物和品种对积温的要求相差很大。如甘蔗要求 10℃以上活动积温在 5 000℃ · d 以上，水稻、棉花、花生等要求在 3 000℃ · d 以上。玉米的晚熟品种要求 2 400～2 800℃ · d，中熟品种需要 2 100～2 400℃ · d，早熟品种只需要 1 800～2 100℃ · d，特早熟品种仅 1 600～1 700℃ · d 就可成熟。春小麦、黑麦等喜凉作物只需要 0℃以上积温 1 500～1 800℃ · d 就能成熟。根据不同作物和品种对积温的要求，就可以合理安排一个地区的种植制度、品种布局和确定适当的复种指数，既能充分利用当地的热量资源，又不至于承担太大的风险。

生长期长度或积温值在不同年份存在一定的变异性。要恰当地安排农业生产，还需要考虑当地热量的年际变化，计算其保证率 P。

$$P=(m/n)\times 100(\%)$$

式中：n 为总年数，m 为热量满足的年数。通常种植一年生作物要求达到80%以上的保证率，种植速生多年生果树至少要求在90%以上，有些果树和经理林木则要求在95%以上。

(3)其他农业热量资源指标　日较差即一天中最高气温与最低气温之间的差值。在不达到受害的高温和低温的条件下，通常较大的日较差有利于白天光合作用的增强和夜间呼吸强度的降低，从而增加干物质积累和提高品质。特别是瓜果含糖量与日较差关系极为密切。但也有少数作物不需要较大的日较差。在日较差过大时，作物易受高温或低温的危害。

作物发芽出苗和对于块根和块茎作物，土壤温度起着重要的作用。通常以5 cm土温稳定通过10℃为大多数喜温作物播种的热量指标，以通过12℃为棉花播种的指标。对于水生作物如莲藕、茭白等还要考虑水温的状况。

2. 农业光能资源

太阳辐射是植物光合作用唯一的能量来源和植物生长发育重要的环境条件。太阳辐射能量的99%集中分布在波长0.15～4.00 μm的范围内，主要包括红外线、可见光和紫外线。

太阳辐射对植物的作用表现为热效应、光合效应和光形态效应。热效应指植物吸收太阳辐射的70%以上都转为热能，主要用于植株蒸腾和土壤蒸发。光形态效应指太阳辐射在植物生长发育及形态建成中起到的调节和诱导作用，光合效应指植物吸收可见光用于光合作用制造有机质的过程。动物对光照强度、光照时间和光谱构成也有一定的反应，如延长日照可促进母鸡下蛋和羊在春季的发情。

(1)光照强度　单位时间照射到单位面积上的太阳辐射能，单位是J/(m^2・s)。在一定范围内，光照越强，光合作用越旺盛，有利于高产。对于大多数粮食和瓜果，太阳辐射充足通常也有利于优质。生育期长的植物和玉米、高粱、谷子等C4作物要求更强的光照。北方的温室在冬季常出现光照不足导致的低温的生长受抑。但对于某些作物的营养生长则要求一定的弱光，如人参、茶叶都不需要太强的光照。生产蒜黄和韭黄甚至还需要人为遮光使之黄化和柔嫩。

(2)光照时间　一个地区的可照时数取决于纬度和季节，与天气无关，又称天文日照长度。许多生物通过一定的发育阶段需要一定的可照时数。如长日照植物需要在超过12 h的日长条件下才能完成生殖生长，日照越长，发育越快；短日照植物则需要少于12 h的较短日长，日照越短，发育越快。阴天和早晚较弱的曙暮光对植物的发育也具有诱导作用。许多动物和昆虫也对日照长度有反应，只在日照较长或较短的季节发情或繁殖，分别属于长日照动物和短日照动物。

实际日照时数指一天中太阳直射地面的时数，可由日照计测定。有云遮日时日照时数减少。因此，实际日照时数反映了照射到地面太阳辐射能量的多少。我国只有少数中心气象台具有太阳辐射项目的观测，由于实际日照时数与地面接收到的太阳辐射高度相关，常用来计算各地的太阳辐射能量值。日照百分率即实际日照时数与天文可照时数之比。日照百分率低的地区阴雨天较多。

(3)光谱构成　植物的不同生理过程对太阳辐射的光谱构成具有一定的选择性。植物光合作用主要利用0.38～0.72 μm的可见光范围内，又称光合有效辐射。太阳辐射的长波部分主要是红外线，其中近红外线具有一定的光形态建成效应，远红外线只有热效应。短波紫外线具有很强的杀伤力，绝大部分在穿过大气层时已被吸收。到达地面的近紫外线具有一定的杀菌作用和光形态诱导效应，通常使植株变矮小。

光谱构成与穿越大气层的厚度及大气透明度有关。高海拔地区的鲜花格外鲜艳，也与大气层薄，到达地面的紫外线较多有关。太阳高度角越低，光线穿透大气的路径越长，短波成分被大量吸收，到达地面的太阳辐射以长波光为主。大气中水汽和尘埃较多时长波成分的比例也变大。通常喜光作物需要较多的短波辐射，茶树和烟草需要较多的长波辐射才能形成优质。

(4)光合生产潜力和光能生产率　不同的气候带和不同地形，由于日照时数和光照强度不同，作物的光合生产潜力相差很大。作物生长的夏半年，虽然中纬度地区的太阳高度角不及低纬度的热带，但日照更长，地面实际接收到的太阳辐射要比热带更多。加上夜间温度较低，呼吸消耗少，一年生作物的光合生产潜力要大于热带地区。因此，世界上的谷物主产区都集中在温带。但由于热带终年高温多雨，适宜植物生长，一年内可收获多次，多年生作物可连续生长，就全年的生产潜力而言，仍以热带为高。

太阳辐射投入到地面上的能量被植物所利用的只占很小的部分。通常在植被充分覆被地面时，被植株反射的能量仍约占15%，10%被非光合器官所吸收转变成热能，被植物光合器官吸收的太阳辐射中只有47%是光合有效辐射，其中能够用于光合作用转化为有机物所含化学能的只有28%，又有一半要用于呼吸消耗。因此，植物光能利用率的理论最大值通常只有5%～6%，即使是光合效率极高的甘蔗，瞬时极大光能利用率也不超过10%。

一定时间内单位面积净光合产物与同时期照射到地面的太阳辐射能之比为作物实际光能利用率，通常要远小于光能利用率的理论最大值。目前世界大面积农田的实际光能利用率平均为0.2%，我国为0.3%～0.4%，北方亩产千斤的高产粮田为0.6%～0.7%。估计全球植被平均实际光能利用率仅0.1%左右。

作物和植被实际光能利用率远低于理论潜力值的原因是：①光合作用的叶面积不够大，特别是在苗期和水肥不足的情况下；②高纬度的寒冷季节和低纬度干旱地区的夏季，植物处于休眠状态或没有作物种植，使光合作用的时间缩短；③由于水肥不足、温度过高过低或其他环境条件不利使光合作用的效率降低；④病虫害和其他灾害的直接损害。

3. 农业水分资源

农业生物的一切生命活动只有在得到水分供应的情况下才能进行。作物光合作用直接消耗的水分并不多，大部分水分消耗于植物的蒸腾作用。蒸腾是植物降低体温和形成负压以吸收土壤水分养分所必需。但过多的蒸腾也会使植株水分失衡而发生胁迫。农田土壤蒸发虽并非植物生命活动所必需，在有的情况下可以节省，但有时却是农田的一种生态需水。如为播种发芽创造底墒，为作物越冬提供稳定的土壤温度环境等。空气湿度可影响植株体内的水分平衡，影响植株蒸腾、呼吸和开花受粉等生理活动，还能影响细菌、真菌和昆虫的繁殖与活动，从而影响到作物的生长发育。

农业水资源的指标有降水量、可灌溉水量、蒸散量和干燥度等。

(1)降水量　大气降水是农业水资源的主要来源。年降水量是一个地区水资源度量的主要指标。在干旱和半干旱气候区，植物初级生产力与年降水量成显著的正相关。如我国内蒙古的年降水量从东部的500 mm左右向西逐渐递减到100 mm以下，相应的植被类型的演变依次为森林、草甸草原、干草原、荒漠草原和荒漠演变，生物量从森林的每年每亩数百公斤递减到荒漠草原的只有几公斤。

单位时间的降水量称降水强度，如我国规定日降雨15 mm以上为中雨，30 mm以上为大雨，50 mm以上为暴雨，100 mm以上为大暴雨，200 mm以上为特大暴雨。通常暴雨和微雨的有效性都较低,前者因大量形成径流,渗入土壤的比例较小;后者则大部分在未渗入土壤之前就被蒸发了。

降水的可利用程度还与其季节分布、年际变率、地形、土壤性质、种植结构等有关。雨季与作物生育高峰一致,降水调匀,地势平坦流失少,土壤持水力强和种植水分利用效率高的C4作物的情况下,降水的有效性较高。作物水分利用效率的单位是 $kg/mm \cdot hm^2/a$。

(2)可灌溉水量　在降水不足的干旱、半干旱和半湿润地区,作物需要灌溉或补充灌溉。即使在湿润气候地区,在发生季节性干旱时也往往需要补充灌溉。作物灌溉水源包括水库、河湖等地表水源和地下水源。但可灌溉量一般不能超过可更新水量,如长期超量开采会导致本地区水资源枯竭和一系列严重的生态恶果。可灌溉水量实际是其他地区的多余降水量转移过来的。

(3)蒸散量　在自然条件下,农田水分平衡的支出项主要部分是植物蒸腾和土壤蒸发,合称蒸散。对于地势平坦,土层深厚的农田,可忽略渗漏、径流损失和地下水的毛管上升,这时蒸散量可代表作物的田间耗水量。

可能蒸散量定义为在开阔均匀的农田,地面由矮而整齐的青草或短作物完全覆被,在水分充分供应的条件下,一段时间内植物蒸腾和土壤蒸发的水量总和。可能蒸散量又称蒸散潜力或参考作物蒸散量,是度量一地在特定条件下蒸散量的最大值。由于其测定比较复杂,通常使用气象站或水文站的水面蒸发量观测值乘以某个系数,也可使用理论或经验公式求得,其中最有名的是英国的彭曼-蒙蒂思(Penman-Monteith)公式。

实际农田的水分供应往往并不充足,作物蒸腾与土壤蒸发耗水的总和称为实际蒸散量。实际蒸散量与可能蒸散量之比称为相对蒸散量。

影响作物实际蒸散量的因素很多。通常温度越高,太阳辐射越强,风速越大,空气越干燥,作物蒸腾和土壤蒸发越强烈,农田耗水越多。在干旱条件下,土壤水分越充足,导水能力越强,作物耗水就越多。不同作物与品种之间,生育期越长,叶面积越大,产量越高,耗水量越大。粗放的耕作和地面不平也会增加农田水分的消耗。砂土地和阳坡土温容易升高,耗水量更大。

(4)干燥系数和干燥度　干燥系数 K 和干燥度 D 是表示一个地区气候干燥程度的指标。

$$K = 0.16\sum T(\geqslant 10℃)/P \quad D = E/P$$

式中:E 为可能蒸散量,也有人使用气象站蒸发皿测值的。P 为同期降水量,$\sum T(\geqslant 10℃)$为同期大于10℃的积温。K 和 D 值越大,该地区的气候越干燥(表6-1)。

表6-1　气候干燥程度的指标

类型	年降水/mm	年干燥度/K	自然植被
湿润	>800	<1.0	常绿阔叶
半湿润	500—800	1.0—1.4	落叶阔叶
半干旱	250—500	1.5—3.5	草原
干旱	<250	>3.5	荒漠

4. 农业的空气条件

农业空气条件包括:空气组分和气流条件。空气的水平流动称为风,风速单位以 m/s 或

km/h 表示。除风力发电外，适度的风可促进授粉，增加地面与大气的热量交换，调节湿度、二氧化碳和氧气含量，稀释有害气体，适当的通风透光是作物高产的必要条件。持续无风和阴湿天气不利于授粉，植株易处于二氧化碳饥饿状态。但风还可以传播孢子等病原体和帮助害虫迁飞，强风还会摧残作物和农业设施。在干旱地区，风蚀是土地退化的重要驱动力。

二、农业气候资源要素的组合

评价一个地区的农业气候资源，不但要看各个单项气候要素的有利与否，还要看气候资源各要素的组合与配置(图 6-2)。

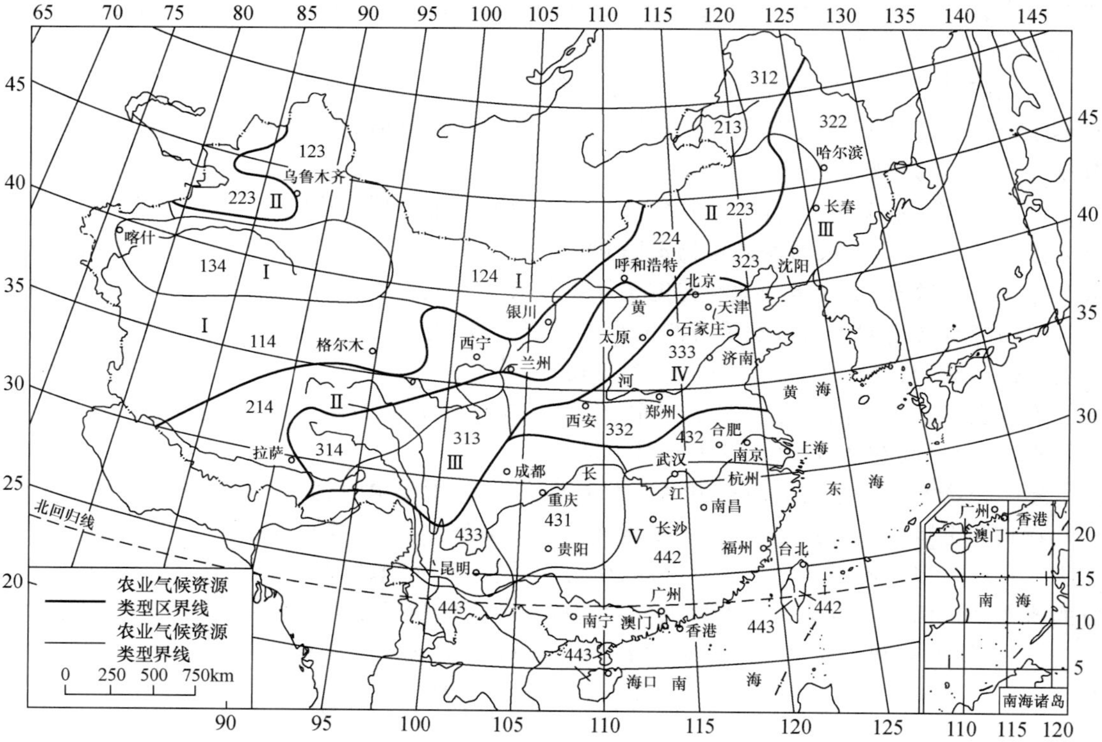

图 6-2 中国农业气候资源类型及分布

(黄文秀.农业自然资源.科学出版社，1998)

中国科学院李继由将水、热、光等主要气候资源要素按其总量划分为丰富、较丰富、欠丰富和贫乏四级，并考虑其对作物生产力的贡献，分别确定为不同级别的生产力指数(表 6-2，表 6-3)。这样，三个单项气候资源可组合成 64 种类型，但我国只出现 20 种。李继将这些组合类型归纳成五个类型区，比较了其综合生产力指数，定义为各单项气候资源要素生产力指数的乘积。

如图 6-2 所示，综合生产力指数由东南向西北递减，与人口密度的分布基本一致。其中Ⅴ型比Ⅳ型的人口密度低是由于多丘陵山区，平原面积较少所致。

还应指出，上述分区是从总的资源生产力角度出发，对于特定的作物和品种，农业气候资源的丰度还应根据其生物学特性来评价。如南方湖滨和山麓多云雾，光照较弱，但却是优质名茶的产地。吐鲁番的干热气候对许多作物生长不利，但对于优质葡萄干的晾制却是得天独厚的有利条件。东北北部和内蒙古高原对于喜温作物已难以正常生长，但冷凉的气候对于生产马铃薯十分有利，高潮优质且不易退化。

表 6-2　水、热、光各单项气候资源年总量的分级和生产力指数

资源种类	丰富	较丰富	欠丰富	贫乏
年降水量/mm	>900 湿润森林、水田	400～900 半湿润<森林为主间有草原，旱作，平原有灌溉	200～400，半干旱草原、半荒漠，部分旱作不稳，多为灌溉	<200，干旱气候荒漠，绿洲农业
>0℃积温/℃·d	>6 000，中亚热带到热带气候，作物一年三熟，热作区	4 000～6 000，暖温带到北亚热带气候，一年二熟制，常绿阔叶	2 500～4 000，中温带，一熟制，但可种植喜温作物，阔叶落叶林	<2 500，寒温带和亚寒带气候，喜凉作物一熟，针叶林和草原
太阳辐射/MJ/m^2	>6 000，西北和青藏高原中西部占 41%	5 000～6 000，华北大部、海南、滇南占 29%	4 000～5 000，东北大部、华东中南、华南	<4 000，川黔湘鄂，仅占国土面积 6%

表 6-3　中国农业气候资源类型区的生产力

类型区	单项气候资源组合型	相对面积/%	绝对面积/$10^6 km^2$	平均生产力指数	人口密度/人/km^2	相对生产量/%
Ⅴ	443，442，433，432，431	25.6	2.46	0.72	280	63
Ⅳ	333，332	6.9	0.66	0.41	510	11
Ⅲ	323，322，314，313	19.2	1.84	0.25	70	15
Ⅱ	312，224，223，214，213	19.5	1.87	<0.14	15	8(上限)
Ⅰ	134，124，123，114	28.8	2.77	<0.06	5	3(上限)
全国	共 20 种	100.0	9.60	0.30	130	100

三、气候生产力

作物产量的高低取决于气候、土壤、栽培技术和作物遗传特征，作物生产力指在土壤管理、农业技术都处于最优状态，并能充分利用当地光、热、水等气候资源的条件下，某一作物将太阳辐射转化为生物量所含化学能，形成农产品的最大能力，单位为 t/hm^2。

作物生产力是对农业气候资源的一种综合度量指标。研究气候生产力的意义在于明确某一地区的农业生产潜力，用以确定提高作物产量的途径，选择先进农业技术并科学组合，以最大限度地利用气候这一自然资源，获得最高产量、良好品质和最佳经济效益。

估算气候生产力分为以下不同层次。

①光合生产潜力，即在温度、水分和养分及管理等其他条件充分满足时，由太阳辐射决定的作物生产潜力。

②光温生产潜力，即在水分和养分及管理等其他条件充分满足时，由太阳辐射和温度共同决定的作物生产潜力。通常由光合生产潜力乘以该作物的光合作用温度系数得出，可代表在

排灌良好条件下的作物生产潜力。

③气候生产潜力，即在养分及管理等其他条件充分满足时，由太阳辐射、温度和水分共同决定的作物生产潜力。通常由光温生产力乘以该作物的水分订正系数得出，可反映旱作或雨养农业的气候生产潜力。

④经叶面积系数修正的气候生产潜力，经过温度和水分订正的气候生产潜力仍明显偏大，究其原因，主要是没有考虑苗期漏光。采取用叶面积与最大叶面积的比值对气候生产潜力订正后得出的结果，已与各地历史高产纪录十分接近。

⑤作物生产潜力，在上述计算的基础上，引入土壤肥力因子进行订正，更加接近各地的实际作物高产纪录。

⑥应用空气动力学方法测定 CO_2 吸收量而估算，可得出气候生产潜力的瞬时值。气候生产潜力或作物生产潜力的理论计算已广泛应用于我国各地的农业区划和资源利用工作，并取得了许多有意义的结果。近年利用地理信息系统与遥感技术更进一步开展了复杂地形条件下的作物生产潜力分布研究。

第三节　农业气候资源的分布特点、评价与利用

一、农业资源气候的分布和特征

1. 农业资源气候的分布

中国位于世界最大的欧亚大陆的东部，西北部深入内陆腹地，东临世界最大的太平洋；大部分国土处于中纬度西风带。在海陆的热力差异与大气环流的共同作用下，形成中国特有的大陆性季风气候特征，其基本特征是四季分明，雨热同季，光照充足，热量资源丰富多样，水资源分布不均，地形复杂，气候的垂直差异大，气候类型多样导致丰富的生物多样性，气候要素的季节和年际波动大，灾害频繁。青藏高原的隆起阻挡了印度洋水汽向北输送，西风环流受到高原阻隔，分为南北两支。北支带有顺时针曲率，使内陆高压加强且更加稳定；南支带有反时针曲率，导致我国南方成为世界同纬度亚热带唯一的暖湿地区，风景这边独好。

全国可分为东部季风区、西北干旱区和青藏高原区 3 大气候区，其中东部季风区集中了全国 95%以上的人口，是主要的农业区。冬季北方盛行西北风，南方盛行东北风，相对干燥寒冷；夏季盛行东南风或西南风，温暖湿润。

从热量条件看，我国东部自南向北气候带依次分布，南沙群岛为赤道带，华南南部为热带，华南为南亚热带，江南为中亚热带，秦岭、淮河到长江之间为北亚热带，秦岭、淮河与长城之间为暖温带，以北为中温带，东北最北部为寒温带。西北干旱区的大部为中温带，黄土高原南部和新疆南部为暖温带，新疆最北部为寒温带。

我国冬季南北气温差异很大，且明显低于世界同纬度地区，越向北偏低越突出。导致越年生作物和多年生喜温作物的分布界限要低于世界同纬度地区，如冬小麦的北界大致在长城附近，西部在北纬 38°左右，东部达 41°，而西北欧可种植到北纬 55°以上。我国除长江三峡以外，柑橘种植北界为北纬 28°；而欧洲在 40°仍可安全种植。但我国夏季各地的温差较小，且夏季温度明显高于世界同纬度地区。使得一年生喜温作物的分布北界明显高于世界同纬度地区。如由于盛夏有十多天 20°的宝贵高温期，我国水稻可一直种到北纬 52°的漠河，而西欧只能种

到北纬 40°左右。我国棉花种植在新疆最北可到 47°，世界其他地区除与新疆临近的中亚外，到 40°棉花已十分罕见。由于纬度较低和面积广大，地面加热作用显著，青藏高原农作物分布的海拔之高也为世界同纬度地区所罕见。

我国各地气温的年际变化也比世界其他地区要大，并且从南向北，从东向西逐步增大。气温的日变化也是从东南向西北递增。

从水分条件看，我国东南部和东北的长白山区为湿润气候，大兴安岭以东、黄土高原东部和黄淮海平原为半湿润气候，内蒙古中东部和黄土高原西部为半干旱气候，贺兰山以西和青藏高原以北为干旱气候。

我国南方气候的湿润度明显大于世界同纬度地区，形成世界亚热带地区面积最大的水田农业区。但北方的气候要比世界同纬度地区更干燥，干旱更加频繁和严重。年降水量自东南向西北递减，蒸发潜力递增，来自海洋的水汽很难深入西北内陆，故有“春风不度玉门关”之说。春、夏随着西太平洋副热带高压的逐步北推，自南向北先后进入雨季。越往北，雨季到来越晚，时间越短，但雨季占全年降水的比重越大，雨量的年际变化也加大。江南在盛夏受副热带高压控制常出现伏旱，雨季分为春末初夏和初秋两段。

气候的地带分布决定了植被类型的分布。我国东部自北向南的植被类型依次是东北北部的寒温带针叶林、东北南部温带针叶阔叶混交林、华北的暖温带阔叶落叶林、长江流域的亚热带常绿阔叶林、华南南部的热带季雨林和热带雨林，半干旱和干旱气候区自东向西依次是温带草原和温带荒漠，青藏高原分布有高寒植被，具有明显的垂直分异。

气候的地带分布还决定了土壤类型的分布。我国东部湿润和半湿润气候区为森林土壤带，西北半干旱、干旱地区自东向西依次为森林草原、草原和荒漠植被土壤带，西南高原和高山为高寒地区植被土壤带。

2. 农业气候资源要素的分布特征

(1)太阳辐射与日照时数　我国大部分地区的太阳辐射较充足，日照较长的夏半年恰逢雨季和高温季节，对农作物的生长发育十分有利。各地的年太阳辐射总量在 340～900 kJ/cm^2。高值区在青藏高原西南部，在 750～920 kJ/cm^2。其次是甘肃西部和新疆大部，为 620～720 kJ/cm^2。华北平原为 500～540 kJ/cm^2，东北大部在 460～520 kJ/cm^2。低值区在西南地区，四川盆地西部和贵州东北部在 340 kJ/cm^2 以下，为阴雨天多所致。

各地年日照时数在 1 200～3 600 h 之间，从东南向西北递增。但最低值出现在四川西部和贵州东北部，最高值出现在内蒙古西部、柴达木盆地和新疆东部。日照百分率的分布趋势与年日照时数大体相同，四川盆地和贵州东北部小于 30%，西北内陆普遍高于 60%，最高达 70%以上。

南方虽然阴雨天多，太阳辐射和日照时数少于北方，但无霜期和作物生长期长，实际可利用太阳辐射资源往往并不比北方少。北方的冬季干旱少雪，日照充足，虽然由于寒冷，大田作物无法利用，但可建造温室利用。

(2)气温与热量资源　年平均气温的分布与纬度及海拔高度基本一致。冬季气温大致向北升高一个纬度下降 1.5℃，南北温差很大。有东西向山脉阻挡冷空气的地区，等温线的分布特别密集。1 月份日平均气温 0℃等温线北部大体在秦岭、淮河一线，西部沿青藏高原外缘。夏季平均气温南北差异较小，7 月份等温线在东部与海岸线平行，西部与等高线平行，中部呈现明显向北延伸的暖舌，等温线分布稀疏。

≥0℃积温自南向北递减。海南岛西南端最多，有 9 300℃·d，水稻可一年三熟。南岭以南有 7 500℃·d 以上，多数年份大部地区无霜冻，可种植热带和亚热带作物。长江流域为 5 500～6 500℃·d，为双季稻和稻麦两熟区。华北平原为 4 000～5 200℃·d，可实行小麦、玉米复种或套作。东北平原为 2 500～3 500℃·d，黑龙江北部只有 2 100℃·d。四川盆地和新疆吐鲁番盆地的热量要比同纬度东部地区分别多出 500～1 000℃·d 和 1 500～2 000℃·d。藏北高原热量最少的地方不足 500℃·d。

≥0℃活动积温的分布趋势与≥0℃积温大体相同，自黑龙江北部的 1 650℃·d 到海南岛西南部的 9 300℃·d，随纬度降低而递增。东北平原大部为 2 000～3 000℃·d，华北平原为 3 700～4 500℃·d，长江流域为 5 000～6 000℃·d，南岭以南为 6 500℃·d，四川盆地为 5 500～5 800℃·d。山地的热量资源呈现明显的垂直变化。如云贵高原≥0℃积温可从河谷平坝的以上 8 000℃·d 一直递减到山顶的 1 600℃·d 以下，跨越从北热带到北温带的 7 个气候带(表 6-4)。

表 6-4 云南垂直气候带的热量分布

气候带	≥10℃积温/℃·d	地区海拔高度/m
北热带	>7 500	哀牢山以东 350～400 以下，以西 750～800 以下
南亚热带	6 000～7 500	哀牢山以东 400～1 200，以西 800～130
中亚热带	5 000～6 000	施甸—弥渡—玉溪—广南——线以南
北亚热带	4 200～5 000	曲靖、昆明、楚雄、大理、保山 1 600～1 900
南温带	3 200～4 200	曲靖北部、东川、昭通等地 1 900～2 200
中温带	1 600～3 200	昭通、东川 2 000～2 500，滇西北 2 400～2 700
北温带	<1 600	滇东北 2 500～4 000 之间

(3)水分资源　中国年降水量全部国土的平均值为 645 mm，比全球陆地和亚洲平均年降水量分别要少 21%和 15%。加上人口数量大，人均水资源占有量仅为世界人均的 1/4。降水量的时空分布不均更加剧了水资源的紧缺，尤其是在北方。

年降水量等值线大体呈东北—西南走向。东南沿海在 2 000 mm 以上，其中台湾中部山区达 4 000 mm 以上，火烧寮达 6 558 mm。东南诸省在 1 600 mm 以上。长江中下游和西南大部为 800～1 500 mm。以上地区均属湿润气候区。黄河流域和华北平原为 500～700 mm，东北平原为 500～800 mm，除长白山区外均为半湿润气候区。大兴安岭到青藏高原东缘以西年降水量 250～500 mm 地区为半干旱气候区，是中国主要的牧区。贺兰山以西和青藏高原中北部年降水量在 200 mm 以下，为干旱气候区，最为干燥的新疆东南部，年降水量不足 20 mm。

雨热同季是我国季风区的重要气候特征，全国平均夏季降水占到全年的 53.3%，冬季只占 8.6%。越往北方，降水更集中于夏季。

我国各地的年蒸发力为 400～2 600 mm，小于 800 mm 的低值区位于东北东部和中部的山区，东北平原、华北平原、长江流域大部、东南沿海和青藏高原东南部为 800～1 200 mm，1 200 mm 以上的高值区在西北内陆、青藏高原、华南沿海和云南中南部。

农业生产上实际水分条件还取决于当地的经济发展水平和水资源的利用状况。华北平原在历史上洪涝灾害要多于干旱。自20世纪60年代以来，由于人口增加和经济发展，城市、工业和灌溉用水都剧增，不得不靠超采地下水维持，已形成世界上面积最大的地下水漏斗，成为全国水资源紧缺严重的地区。

二、农业气候资源评价与方法

1. 农业气候资源的评价原则

首先，要确定总体目标。以可持续发展为目标的农业气候资源综合评价应强调资源的总体数量及各要素的匹配，确立最佳生产结构和发展目标。以某种农业生物为对象的农业气候资源评价则应首先明确其气候适应性，区分有利和不利条件的具体指标。其次，要因地制宜，针对当地生产问题，抓住主要矛盾和关键因子，以利发挥优势和趋利避害。第三，要因时制宜，不违农时。不但要看气候要素的平均值，还要看其年际变化和重大气候灾害的发生频率。

2. 评价方法

(1)区划法　自然资源评价最普遍采用的方法。农业气候区划是根据农业生产对气候条件的特定要求，做出能够阐明农业生产与气候关系的一种区域空间上的分类。农业气候区划的编制通常要根据对主要农业生物的地理分布、生长发育和产量、品质形成具有决定意义的农业气候要素及其指标，遵循气候分布的地带性和非地带性规律以及农业气候相似性和差异性原则，将某个区域划分为不同等级的区划单元，为制定农业区划和农业发展规划，充分利用气候资源和减轻气候灾害提供决策依据。

(2)综合法　以气候生产潜力为主要指标进行的区划，对比光合生产潜力、光温生产潜力和气候生产潜力的分布，可以看出不同气候要素对作物生产的限制程度和增产潜力所在。有人还引入土壤肥力或土地因子，提出了作物生产潜力的概念。

在农业气候资源评价中引入数学方法可进行定量分析。其中聚类分析可确定不同区域多项气候资源的综合差异，形成相似性与差异程度的分级系统；线性规划则运用最优化理论，从多种控制因素和约束条件中选择综合评价和利用气候资源的最优模型，近年来都得到了广泛应用。

三、农业气候区划与气候障碍因素及利用

1. 农业气候区域划分

中国农业气候区划将全国分为3个农业气候大区、15个农业气候带和55个农业气候区。3个农业气候大区是：东部季风气候大区、西北干旱农业气候大区、青藏高寒农业气候大区，分别占国土面积的46.2%、28.2%和25.6%。15个农业气候带是：①东部季风气候大区：北温带、中温带、南温带、北亚热带、中亚热带、南亚热带、藏南亚热带、北热带、中热带和南热带；②西北干旱农业气候大区：干旱中温带、干旱南温带；③青藏高寒农业气候大区：高原寒带、高原亚寒带、高原温带。

除综合农业气候区划外，我国农业气象科技工作者还针对具体的作物编制了许多专题区划，如小麦区划、水稻区划、玉米区划、棉花区划等。

2. 农业气候障碍因素

影响中国农业可持续发展有许多自然、社会、经济的因素。中国的气候，既有对农业有利的方面，如雨热同季，气候类型多样等，也有一些对农业不利并影响农业的可持续发展的障碍

因素,特别是气候资源的时空分布不均和气候灾害频繁发生。

(1)降水时空分布不均、南涝北旱在总体上有发展加重的趋势　由于大陆性季风气候的影响,中国各地降水的时空分布极不均匀。值得注意的是,近20年来南涝北旱有逐年发展加重的趋势,这不但与南方持续多雨和北方降雨有所减少有关,更主要的是由于人为的影响。北方20多年来灌溉面积和农业用水量迅速增加,工业用水和城市生活用水增加更快,导致对地下水连年超采水位逐年下降,加剧了水资源危机。华北的河流几乎全都成为季节河,1997年黄河断流近7个月,甚至在汛期也发生了断流。下游人民生活和工农业生产受到严重威胁。由于黄土高原的水土流失尚未得到根治,黄河河床仍在逐年淤高,中下游决口的危险越来越大,正在兴建的小浪底工程也只能维持20年左右。南方由于河流上游水土流失加重,中游湖泊水库严重淤塞,加上多年来盲目围湖垦荒,调蓄能力下降,下游河防堤坝和排水渠道多年失修,致使洪涝灾害逐年加重。

(2)短缺气候要素制约着优势要素的发挥　我国东北的土地资源丰富,肥力较高,水分和光照条件也较好,但热量不足,只能种植一季早熟品种,还经常遭受冷害和霜冻,1995年辽西、东蒙、晋北、冀北等地的早霜造成20多亿 kg 的损失。

西南水分热量资源都丰富,唯光照较差,特别是云贵高原,“天无三日晴”,影响了作物产量的提高。

西北辽阔,光热资源极丰富,但水资源不足,沙漠和戈壁面积很大。占全国面积1/6的新疆,由于水资源的制约可耕地有限,最多只能承载5 000万人。20世纪90年代连年发生黑风暴,荒漠面积仍在扩大,不断侵吞着良田。青藏高原的辐射是最强的,但大部地区水热资源和土壤肥力不足,生产水平较低。但每一地区都有其“瓶颈要素”,并影响到其他相对充足的气候要素,使之不能充分发挥作用。

(3)气候波动剧烈,灾害频繁　大陆性季风气候的一个显著特点是季节和年际变化很大,多雨年和少雨年的年降雨量可相差数倍。如北京历史上降雨最多的1959年达1 400多 mm,而大旱年只有200多 mm。温度的年际变化也很大,如1995—1996年北方夏凉南方酷热,1997年则南方出现多年少有的相对夏凉,而北方却持续酷热难熬,不少城市出现破纪录的高温。这一年北方还大面积严重干旱,导致秋粮减产。

我国大部地区气候的季节变化也很突出,雨季很集中,如华北7—8月降水可达全年的60%~70%上,极易发生暴雨和洪涝。旱季又降水十分稀少,常发生连季干旱。气温的变化也很大,北京在1997年到8月底还是酷热天气,到9月中旬日平均气温几乎下降了10℃,使得玉米灌浆期的温度前高后低,始终不在适宜范围。长江下游的秋季本应秋高气爽,但1997年秋冬却连阴雨达50多天,许多已收获的水稻不能脱粒,烂在田里。

(4)人类活动以及全球气候变化对气候资源的不利影响　人类活动对气候产生了许多影响,有些是有利的,如营造农田防护林改善小气候,修建水库使上游降水增加,城市建设使近郊变暖对冬季保护地生产有利等。但也有不少不利的影响,如城市郊区大气污染加重,酸雨增加。温室效应和热岛效应使热害和病虫害加剧。超量提取地下水使水资源日益紧缺,地下水位持续下降也加剧了局地的旱情。北京市的密云水库建成后,为北京市提供了清洁可靠的水源,但上游暴雨次数增加又导致库北泥石流灾害加重。至于滥伐森林,破坏草原,围湖垦田,破坏生态,加剧水土流失,所导致气候的恶化就更严重了。

3. 农业气候资源开发利用的方法与技术

(1)充分利用优势农业气候资源 优势气候环境下农业生物的生长发育处于有利条件下，易获得高产，形成优质产品和良好经济效益。20世纪90年代以来我国棉花主产区由黄淮海平原转移到新疆，充分利用新疆充足的光照、昼夜温差大和空气干燥病虫害少的有利条件，使新疆一跃成为我国最大的优质棉区。华南利用冬季天然大温室的有利气候生产蔬菜，大量北运，缓解了北方冬春的蔬菜淡季。

(2)利用农业气候规律调节农业生产 长江三角洲的热量条件种植两季有余，三季不足，近年进行气候与市场双重风险分析后，提出将麦、稻、稻三熟制种植结构调整为麦、瓜、稻效益型结构，采用温室、地膜、夏季遮阳等措施调控局地小气候，经济效益显著提高。四川盆地的冬季温度比长江中下游高，秋季温度偏低，夏季降水有减少的趋势，不利于双季稻生产。20世纪80年代提出“水路不通走旱路”，将早稻调整为小麦，晚稻调整为甘薯，推广旱三熟制，使粮食显著增产。

(3)利用农业气候区划指导区域生产 中国农科院主持的小麦适宜性区划促进了小麦种植向适宜地区的集中，20世纪90年代以来我国干旱缺水的华北地区小麦面积明显压缩，黄河流域成为小麦的高产稳产基地。东北平原进行农业气候区划的细化和深化，按照积温带对玉米品种合理布局，减少了盲目引种现象。江西省在井冈山区利用遥感和地理信息系统进行山区气候资源的小网格分析，已能准确确定每面山坡和山谷的温度、降水等气候特征，提出经济作物与林木合理布局的规划。

(4)充分利用有利地形气候 在20世纪50年代初，我国农业气象工作者就利用山坡地的逆温效应，在云南南部找到了世界上纬度最高的适宜种植橡胶区域。广东阳山县利用山区冷凉气候种植反季节蔬菜，远销香港，效益显著。

(5)避免在不利气候条件下生产 北京市根据山区春玉米“卡脖旱”严重的气候特点，经过对当地光、热、水资源的综合分析，提出5月下旬是气候生产潜力最高的最佳播期，改传统的4月中下旬抗旱播种为采用早熟品种5月中下旬等雨播种，已成为山区玉米增产的一项重要措施。长江流域通过调节品种、播期和插秧期，确保晚稻在安全齐穗期之前抽穗，避免“寒露风”的侵袭，这项技术已在南方各地普及。20世纪90年代末，原产福建西南部的“琯溪蜜柚”引种到江西南部并迅速扩大种植，江西省气象局经调查分析，认为气候风险很大，劝阻井冈山区引种，避免了资金的浪费。1999年冬季的寒潮中，“琯溪蜜柚”在赣南几乎全军覆没。

(6)利用作物生态规律开发利用气候资源 南方各地根据杂交水稻父本和母本对生态气象条件的不同反应，科学确定播期和管理调节措施，使制种结实率和产量大大提高，促进了杂交水稻的普及。四川东部和重庆市当地秋暖，利用晚稻收获后分蘖仍大量滋生的特点，利用剩余热量发展再生稻取得成功。

(7)利用先进技术开发利用农业气候资源 如地膜覆盖、日光温室、遮阳膜、温室内二氧化碳施肥、干旱地区铺设不透水材料集雨补灌、人工增雨等。

4. 农业气候资源开发利用对策

(1)挖掘气候生产潜力，提高作物单产 我国各地主要农作物光温生产潜力约为现有产量水平的4～5倍，气候生产潜力为2～3倍，继续增产的余地很大。分析差距形成的因子，找出主要障碍因素，特别是瓶颈因素的克服途径，也就找到了挖掘生产潜力的症结所在。

(2)气候资源与其他农业自然资源的优化配置 新垦荒土地应根据当地的气候条件种植

适宜作物，采取适宜的种植制度和耕作方式，才能保证土地资源的永续利用。如内蒙古后山半干旱栗钙土草原经多开垦和掠夺式经营，风蚀日益严重，肥沃的表土丧失殆尽。采取等高种植和留茬间作等保护性耕作法可减轻水土流失，同时将退化严重不适于耕作的土地退耕还草。东北的黑土地开垦后有些农场土壤有机质含量已从最初的8%～10%下降到2%～3%。现在农业科技工作者正在推广秸秆还田和水旱轮作，以避免土壤肥力的过快下降。化肥和农药的施用也必须考虑气候，充分利用有利天气进行作业。如易挥发的氨态氮肥应主要在低温季节深施，易淋溶的钾肥应与有机肥混施，有机肥堆积发酵应利用高温季节等。

(3)根据气候规律安排农业生产，实现减灾增产　要根据气候区划和气候资源的分析决定一个地区的农业结构和种植制度。如复种指数过高，或使用生育期过长的品种，企图对热量超量使用，结果往往事与愿违，导致冷害或霜冻而减产。按照少数有利年份的经验来安排生产也是危险的，许多农民和基层干部往往照搬上一年的经验来安排生产，殊不知在气候上一般是很难重复再现上年的气象条件的。如果长期预报还不准确，至少也应从常年的条件出发，适当留有余地。在种植业中一般应按80%的气候资源保证率，并计算农耗时间来安排农作物的播种、移栽和收获期。对于果树等生产周期很长的对象和一些特殊灾害，保证率还应更高，达到90%以上。即使是经济价值很高，生长周期较短的作物，保证率也应达到70%左右，并制定应急措施，才能有备无患。

(4)开发利用气候能源，改良生态环境　目前大部农村能源不足，可利用气候能源节省能耗。如利用太阳能取暖、做饭和晒谷，利用风能发电，利用低温储藏和干燥脱水等。新疆的吐鲁番盛产葡萄，就是利用了那里频繁的干热风来晾干，保持了葡萄干良好的色香味，可谓得天独厚。

(5)利用气候相似原理引进优良品种　任何良种都是与一定的生态气候环境相适应的，只适用于一定的气候区。在此地为良种，到彼地因生态不适应就可能成为劣种。根本不存在用之四海而皆准的良种。要想引种成功，必须遵循气候相似的原理，至少要在作物生育期间相似，或稍加调节后在农业设施内使之相似，才能成功。同样，在果林业上也必须遵循“适地适树”的原则，“适地”的一个主要内涵就是指要适应当地的气候。

(6)开发利用山区的立体气候　我国山区面积广大，地形复杂，又大多是贫困地区。多数山区的耕地资源和水资源比较缺乏，交通和通信闭塞，社会经济发展水平较低。有些山区具有旅游或矿产资源，致富相对较快。大部分山区还得立足当地资源的开发。其中气候资源的开发利用有其特殊意义。

山区气候资源的最大特点就是立体性，不同海拔，不同部位，其气温、降水、光照、湿度、风力都不相同，因地制宜开发利用的潜力很大。如北京市气象局利用现有山区气象站资料建立气候学方程，进行1公里网格气温、降水等要素的计算分析，由于将地形因子指标数量化，取得了比原有气候区划精密得多的气候分布图，为北京山区气候资源的开发利用提供了依据。

我国的亚热带山区自然资源比较丰富，中国气象局在“七五”和“八五”开展了卓有成效的工作，取得了巨大的经济效益。如广东省阳山县山区发挥夏季凉爽优势，已成为反季节蔬菜的生产基地，出口港澳。湖北省在长江三峡库区利用水体效应和逆温层效应，建成我国纬度最北的优质甜橙生产基地，为库区就地向高海拔地区移民开辟了一条生产和致富门路。

此外，山区一些特殊地形大可利用，如风口发电，高海拔阴坡储藏农产品和发展冬季旅游，利用冷空气难进易出地形和逆温层高度种植喜温作物，利用多雾地形种植优质茶等。新中国成立初期针对我国实行的经济封锁，江爱良先生就曾在云南西双版纳地区考察，利用有利地形建议开辟橡胶种植基地获得成功就是一个突出的范例。

(7)根据气候资源的分布合理布局农业生产，实现区域化专业化生产　区域化、专业化生产是现代农业实现资源优化配置所必需，也是适应市场需求和追求最大经济效益的必然趋势。以蔬菜为例，过去强调城市郊区为确保蔬菜供应不惜成本种好"政治菜"，由于违背了气候规律，在淡季居民只能吃到质量很差的大路菜，菜农则严重亏损，要考国家补贴。实际上这仍是一种放大了的传统农业自给自足的模式。在市场经济条件下，这种违背气候规律和经济规律的做法是不能维持下去的。建立全国性的"适地种植，流通调剂"的产销体系，能够在适宜的气候下种植适宜的蔬菜，并输往最有利的市场，能最充分地利用气候资源，取得最佳经济效益。我国目前正在形成这一格局，冬春南菜北运，夏秋北菜南调，已初步形成淡季不淡、旺季少烂菜、农民居民双满意的局面。

大多数情况下，气候资源开发利用比其他农业自然资源开发利用的成本低得多，而效益同样是十分可观的。

(8)农业气候资源的开发利用必须突出重点　中国的亚热带山区同世界同纬度比较，面积大、气候条件优越，适宜多种经济作物和果林的生长。目前的生产水平还不高，但潜力很大。西北干旱、半干旱地区采取集雨补灌、节水灌溉和人工增雨措施，可造成局部光、温、水资源的最佳配置。为适应国家实施西部大开发战略和全面建设小康社会的需要，这两个地区应该成为目前我国开发利用农业气候资源的重中之重。

在大多数情况下，气候资源的开发利用比之其他农业自然资源的开发利用，主要是依靠科学技术，工程投资很少，成本要低得多，而效益却十分显著。

第四节　气象灾害与减灾

一、农业自然灾害概况

危害人类生命财产和生存条件的自然变异事件统称自然灾害。一个自然灾害系统由孕灾环境、灾害源、灾害载体和受灾体组成。一个灾害事件包括时间、地点范围、性质、强度、直接和间接损失等5个要素。

1. 中国自然灾害与减灾

在我国，一般年份受灾人口2亿，其中300万人需转移安置。因灾死亡数千到上万人。农作物受灾4 000多万 hm^2，倒塌房屋300万间。50年来因灾死亡人数总的趋势下降，但因经济总量增加，直接经济损失仍呈上升趋势。近年来自然灾害的直接经济损失约占当年GDP的4%左右。

我国是世界上自然灾害十分频繁而严重的国家，主要原因是：①大陆性季风气候的季节和年际变化都很大，气象灾害严重；②地处环太平洋构造带和地中海—喜马拉雅构造带交汇部，地形复杂，地壳活动强烈，地质灾害和地震灾害频繁；③生态环境多样，具有多种有害生物滋生繁衍的条件；④历史上生态环境严重破坏，植被稀疏，水土流失严重。

我国存在沿海灾害带、沿江灾害带和山前灾害带等3大灾害带，西部高原高山地区并非没有强烈的致灾因素，但因人口和经济密度低，受灾损失小，没有形成明显的灾害带。我国农业灾害的地区分布有以下特点：东部地区农业的受灾损失大于西部，农业过渡地带和农业生态脆弱地区多灾。

减灾是全人类的共同事业，1987年底第42届联合国大会上通过决议，确定1990—2000年为“国际减灾十年”(IDNDR)，目的是通过各国一致的国际活动，减轻自然灾害所带来的生命财产损失以及由此引起的社会经济停顿。1992年在巴西召开了联合国环境与发展世界大会，通过“21世纪议程”等一系列重要文件，标志着人类开始采取协调一致的行动来对付全球资源、环境和灾害问题，确保21世纪社会经济的可持续发展。

我国1989年成立了中国国际减灾十年委员会。1994年3月25日国务院第16次常务会议上审议通过了《中国21世纪议程—中国21世纪人口、环境与资源白皮书》。《中国减灾规划》也于1996年经全国人大审议通过。1999年初制定和通过了《全国生态环境建设规划》。2000年国务院关于西部大开发的战略更把生态治理放在了突出地位。1998年我国人民战胜了长江和松花江流域的空前严重洪涝，表现出气壮山河的团结奋斗精神，受到世界各国的普遍赞扬。

国际减灾十年委员会认为中国的减灾工作是发展中国家中做得最好的。1999年11月24日第54届联大通过决议，同意秘书长提交的关于国家减灾十年后续行动的安排，将国际减灾十年活动发展为国际减灾战略活动ISDR，目标是提高社会对灾害的防御能力，并将原来对灾害的简单防御改变为对风险的综合管理。为实施该项战略，联合国将建立机构间减灾工作委员会和减灾秘书处。2000年10月11日中国国际减灾十年委员会更名为中国国际减灾委员会。

新中国成立50多年来在减轻自然灾害方面取得了巨大成就。到1992年止已修建水库8.4万多座，总库容4 688亿 m^3，堤防24.2万km，排灌站49万多处，机电井295万眼，排灌能力达6 597万kW。初步治理水土流失面积5 864万 hm^2。估计减轻洪灾损失3 000多亿元。完成了2.3亿 m^2 的房屋和工程的抗震加固。近10多年全国每年植树533万 hm^2，森林覆被率从60年代的8.6%提高到14%。全国植物保护专业人员2万多，每年防治生物灾害1.5亿 hm^2。

由于基础薄弱和非工程措施起步较晚，中国的减灾工作还有许多不足之处：①主要是减灾投入与国民经济和社会发展还不相适应。②缺少全国性的自然灾害综合风险评估和区域及行业减灾规划。③非工程减灾措施的贯彻缺乏力度，特别是缺乏常设的综合减灾管理机构。④各减灾业务部门还不能做到信息共享和资源高效利用。⑤农村灾害保险业务起步艰难，进展不大。⑥部分干部群众的减灾意识薄弱。

2. 农业自然灾害的特点及影响

(1)农业自然灾害的特点　自然灾害的特征表现为：①时空群发性：在时间或空间上，多种自然灾害经常伴随发生；②灾害链现象：重大自然灾害发生后常诱发一系列次生灾害和衍生灾害；③周期性：灾害的发生常表现为一定的周期，这与天文因素、地球圈层运动及致灾因子的周期变化有关。如地震和旱涝常与太阳黑子的周期变化相一致。海平面升降的周期变化与太阳活动、月球公转和地球自转有关。

以农业生物和农业设施为直接受灾体，人类为间接和最终受灾体。由于农业生产的对象是生命有机体，又主要在露天下进行，成为受自然灾害影响最大的产业。中国由于农业设施化水平低和经营规模狭小，抗灾能力弱，生态环境破坏，农业自然灾害十分严重。

(2)农业自然灾害的影响　灾害对农业生产和国民经济的影响表现在：①对农业生物的直接伤害。②使农业生物发生不利于人类利益的改变。③次生灾害和衍生灾害，有的灾害影响下茬播种或可影响多年，有时还可诱发病虫草害。④对农业生态环境的破坏。⑤对农业设施的破坏或对生产活动的影响。⑥灾害使农业生产的成本加大效益降低。⑦农业受灾影响到整个国民经济，甚至影响社会安定和国际关系。

3. 农业自然灾害的分类方法

(1)按照灾害形成发展过程的长短及缓急来分类　自然灾害可分为突发型和缓发型(累积型)。前者如地震、火山、冰雹、山洪、龙卷风等。后者如干旱、冷害、水土流失、环境污染等。有些灾害在一定条件下表现为具有突发性，另一些条件下带有累积性。如植物虫害通常为缓发，但在一定外界条件下可大规模爆发，如蝗虫。

(2)按照因果关系来分类　自然灾害可分为原生灾害、次生灾害和衍生灾害。前者为灾害链中最早发生并起主导作用的灾害；由此诱导出的为次生灾害。灾后由于生存条件破坏诱发的一系列灾害称衍生灾害。

(3)按照自然灾害的强度和等级来分类　自然灾害的强度取决于致灾因子爆发总能量及速度和方式，如地震震级和烈度，风力级别，暴雨等级。灾情大小分为人员伤亡和社会经济损失折算金额 2 个方面，通常社会经济发展水平较低时人员伤亡较重，但直接经济损失的绝对值较小。社会经济发展水平较高时，救灾技术先进，伤亡人数明显下降；但由于经济规模的扩大，直接经济损失明显加大。灾情还与受灾地区的人口及经济密集程度、防灾及耐灾能力有关。

(4)按照灾害的成因来分类　自然灾害可分为气象灾害、海洋灾害、地质灾害、生物灾害、人为自然灾害和宇宙灾害 6 大类，前 4 类分别由大气圈、水圈、岩石圈、生物圈的异常变异引起，人为自然灾害由人类活动引起，以自然态出现。宇宙灾害则由天体和宇宙异常现象引起。农业自然灾害可分为农业气象灾害、农业地质灾害、农业生物灾害和农业环境灾害 4 大类。

二、农业气象灾害

农业气象灾害是农业生产过程中不利天气或气候条件的总称。占到我国农业受灾损失的 70%～80%。而且，不利的天气事件和气候条件，还易于诱导产生其他灾害，如暴雨引发的塌方、滑坡、泥石流和水土流失等地质灾害；大风引起的沙尘暴；干旱气候是导致大面积草原和森林火灾发生重要诱因。气象要素在一定范围内才能满足农业生物的需求，过强过弱，过高过低都可能产生不利影响甚至形成灾害。不同农业生物对环境气象条件的要求不同。就某一农业区域，已形成适应当地常年气候条件的农业结构及技术体系。一旦气候异常，由于不适应会导致经济损失并酿成灾害。

大多数农业气象灾害为外界不利气象条件所造成。滥伐、滥垦、过牧、烧荒等不合理的人类活动可造成水土流失、草原退化，导致气候恶化灾害增多。有时气候并无异常，但生产措施违背气候规律而人为导致了气象灾害，如盲目引种，播期和移栽期不合理遭遇霜冻等。

1. 干旱

干旱是我国和世界农业生产最严重的灾害。即因长时期降水偏少，空气干燥，土壤缺水，水源枯竭，影响农作物或牲畜正常生长发育而减产的现象。1949 年以来平均每年受旱 2 000 万 hm^2，成灾 1 000 万 hm^2。根据发生原因可分为土壤干旱、大气干旱、生理干旱、黑灾(草原冬季持续少雪)等，根据发生时期又可分为春旱、夏旱、秋旱、冬旱、季节连旱、连年大旱等。干旱对灌溉农业则不一定表现在当年产量，而是通过影响水资源数量而间接危害。

黄淮海平原是干旱最频繁和严重的地区，以春夏旱为主；其次是长江流域和西南，以伏旱为主。西北地区降雨稀少，但主要是绿洲灌溉农业，干旱次数和面积反而较小。

2. 洪涝和湿害

年均受涝面积1 000 万hm^2，与经济损失均占全部灾害的1/4以上，以夏秋为主。较严重的洪涝每3～4年一次。水分过多给农业生产造成的灾害有以下情况：①江河洪水和山洪，由突发暴雨或长时期降雨引起。②涝害，为大量降雨后未能及时排水使农田出现积水。③湿害，土壤长期水分饱和，根系缺氧受害，可导致多种病害。④凌汛，北方冬末早春河流上游解冻，流冰在下游积聚形成冰坝漫溢成灾。⑤冻涝，北方农田灌溉不当或大量融雪，在冻土层上出现积水。⑥空气湿害，持续阴湿天气作物水分蒸腾受抑制，可诱发多种病害。

按照所发生的季节，可分为春涝、夏涝、秋涝等，冬季极少见。山前多雨区和低洼地排水不畅易发生湿害和沥涝。黏土或夹有不透水层的土壤不易下渗。山区水土流失和湖区库区盲目围垦，水利设施多年失修废弃，都可加重涝害。

3. 冰雪灾害

冬季降雪过多可形成暴风雪、白灾、雪崩、雪害等多种雪害，对牧区牧畜业和越冬作物的危害都很大。冰凌又叫雨凇、冻雨、积冰，是寒冷潮湿天气由过冷却雨滴在地面或物体上凝结形成的透明或毛玻璃状的密实冰层。可使林木弯曲倒折，杆倒线断造成电讯中断的事故，交通受阻等。

4. 冰雹

我国冰雹灾害严重，与气候的大陆性和多山有关。雹灾对农作物摧残和对人畜安全威胁极大。强对流是形成冰雹云的基本条件。冰雹云边缘常发黄红色，带有推磨似的雷声，伴随大风和暴雨。降雹具有明显的季节变化，4—9月为降雹主要时段，5—6月为高峰。多雹区主要在高原和大山脉，成带状分布，东部平原年雹日数一般在0.5 d以下，荒漠地区更少。

5. 冷害

农业生物在零度以上的相对低温下受到的伤害称为冷害，分为障碍型、延迟型、混合型和病害型等。长江中下游3月下旬到4月上旬早稻育秧期遇强冷空气活动持续低温阴雨可造成烂秧。夏季低温冷害主要发生在北方，尤其是东北。以延迟型为主，但高海拔或高纬度地区的水稻也可发生障碍型冷害。秋季低温冷害是南方晚稻生产主要灾害之一，又称寒露风。华南热带作物遇10℃以下、0℃以上的低温可使植株枯萎、腐烂或感病，直至死亡，称为寒害，实际上是冷害的一种。春末夏初牧区常出现突然降临的冷雨，可造成牲畜发病甚至死亡，是牧区常见的灾害。

6. 冻害

指植物或动物在零下的强烈低温下受到的伤害，主要发生在越冬期间。牲畜冬季也经常受冻死亡。冬小麦冻害以华北、黄土高原和新疆北部最严重，油菜冻害以华北南部和黄淮平原为严重。大白菜砍菜期冻害东北华北都较重。蔬菜越冬冻害以长江流域最严重。柑橘冻害以江南丘陵的冷空气易进难出地形最为严重。苹果等北方果树冻害以长城沿线较重。

大多数作物的冻害与不利越冬条件有关，具有累积型灾害特征。初冬冻害特点是初冬剧烈降温提前入冬，作物缺乏抗寒锻炼养分积累不足，经受不住严冬的持续低温。隆冬冻害与严寒持续时间及寒冷程度相关。早春冻害常在天气回暖，作物已部分丧失抗寒性之后发生。通常以50%植株死亡的临界致死温度作为冻害指标，主要由遗传特性决定，但也与抗寒锻炼程度、苗情壮弱、养分状况等有关。

7. 霜冻

植物在零度或接近零度的零下低温时体内冻结而产生的伤害为霜冻，主要发生在作物活跃生长期间。春季末次霜冻和秋季初次霜冻分别称为终霜冻和初霜冻，危害最大。但华南和高海拔地区无明显的初霜冻和终霜冻划分。按照霜冻形成的天气条件又可分为平流型（风霜）、辐射型（静霜），生产上最常见的是混合型。总的趋势是北方重于南方，山区重于平原，内陆重于沿海。纬度和海拔越高春霜冻结束越迟，秋霜冻开始越早，无霜期越短。

霜冻对植物危害的实质是组织的水溶液结冰。胞间冰晶也可造成机械损伤或原生质浓度过大使细胞中毒。霜冻后如急剧升温可导致植株失水萎蔫。植株表面存在较多冰核活性细菌时，可作为凝结核使冰点提高，更易受到霜冻害。

8. 热害

高温使人畜中暑，畜禽产生应激反应，生产力下降。长江流域夏季在副热带高压持续控制下经常出现湿热天气，在历史上多次发生，以2003年夏季为最严重。

干热风是以高温为主，包括低湿和风害的复合灾害。北方小麦的干热风大多发生在5—7月，轻者灌浆缓慢粒重降低，重者提前枯死严重减产。气流越过山脉下沉时绝热增温降湿形成的"焚风"实际上也是一种干热风。我国小麦干热风危害最严重的地区是西北靠近沙漠而海拔又不高的垦区，其次是黄淮平原，特别是太行山东侧。

雨后枯熟各地都有发生，对小麦灌浆的危害往往要比干热风更严重。雨前温度偏低光照不足，一场小到中雨之后二三天气温猛升到30℃以上，处于灌浆后期的小麦往往提前枯死。单纯的高温可使生育期缩短，穗形或果实变小，产量下降，北方小麦和南方早稻都很常见。还常造成呼吸强烈养分消耗过多易早衰感病，北方初夏高温常造成番茄早衰。

9. 日灼或日烧病

夏季强烈辐射使果实或果菜灼伤形成斑痕品质下降，枝条皮层受损害。隆冬或早春太阳高度角较低，果树和林木主干或大枝条向阳面昼夜温差大强烈反复冻融，导致南侧皮层细胞死亡，树皮产生灼斑，发生病害直至树干腐烂。冬季日烧病通常伴随冻害发生。

10. 阴害

持续阴天光照不足可导致光合作用下降，养分积累不足，茎秆细弱易倒折，授粉不良，病害蔓延等。种植密度过大或间套作的两茬作物之间调节不当，都可以人为造成群体内光照不足而产生阴害。

11. 紫外辐射增加的危害

氯氟烃类物质大量排放导致大气中臭氧含量下降，使到达地面的紫外辐射增强，可诱发人畜皮癌增多并抑制畜禽的生长，对许多作物的生长发育有明显的抑制作用，使产量降低。

12. 大风

风速大于等于17 m/s即8级以上称为大风，北方多于南方，沿海多于内陆，高山隘口多于盆地河谷。绝大多数地区春季大风最多，夏季最少，秋季与冬季相近。东南沿海受台风影响大风也较多。大风对农业的直接危害包括风蚀、对植物的机械损伤、吹散畜群、对农业设施破坏、加剧蒸腾失水和冻害等。间接危害还包括土地沙化和沙尘暴等。

（1）台风　为发生在热带或亚热带海洋上的气旋性漩涡，中心附近最大风速8级以上称台风。死亡人数和经济损失均居全球主要自然灾害之首。影响我国的台风主要有西北太平洋和南海15°N以北两个源地。登陆我国的热带气旋平均每年6.9个，最多15个，7—9月份占全年77%。台风包括风害、洪涝、海浪和风暴潮，对农作物、农舍和农业设施摧残极重；巨浪对海上船只、设备、养殖场和渔民生命的威胁极大；暴雨可造成严重洪涝；沿海还可形成风暴潮，登陆并深入我国内陆的台风往往带来特大暴雨造成局地洪涝和重大伤亡及财产损失。

(2)龙卷风　是大气中最强烈的涡旋现象，影响范围虽小但破坏力极大。水龙卷还可吸起相当高的水柱，成“龙吸水”现象。地面直径一般只有几米到几百米，持续几到几十分钟。但中心附近最大风速高达30～100多m/s。美国中部平原龙卷风出现最多，平均每次经济损失10万美元。我国发生多在东部，南方多于北方，平原多于山区，以春夏为主，多在下午到傍晚出现。以上海最为频繁。

13. 风沙和沙尘暴

风沙是大风造成的一种恶劣天气，能埋没农作物，产生机械损伤或污染农产品，侵蚀土壤使肥力下降，淤塞水库、塘坝和水井。分为扬沙和沙尘暴两种。前者是由大风将地面尘沙吹起，尘土和细沙在空中分布较为均匀。沙尘暴又叫黑风暴，是强风将大量沙尘吹到空中，水平能见度不足1 km，范围通常要比扬沙大得多。是西北地区常见的严重自然灾害。2002年3月20日的一次强沙尘暴使北京中午的天空变成了暗红色，还一直影响到韩国和日本。

三、气象灾害的监测与预报

大多数气象灾害的发生为人力所难阻止，但通过科学研究和总结实践经验，人类可掌握农业自然灾害发生的规律，对其进行监测和预测，采取必要的防范或弥补措施，从而最大限度地减轻损失。

1. 气象灾害的监测

(1)灾害监测定义　灾害监测是人们在灾害孕育、发生、发展、衰减直至灾后对灾害的征兆、灾害现象及灾害后效进行的观察。通过对灾害现象及相关因素的观察，可获得大量的灾情信息，这是用以研究灾害规律、开展灾害预测和进行减灾措施决策的重要依据。

灾害监测是预报的起点和基础，主要任务是为灾害预测和减灾决策提供必要的数据和信息。监测内容取决于预报和决策内容。预报必须以监测数据为基础。

选择灾害监测对象、方法和监测点必须满足：①科学性，监测对象与灾害的发生之间存在密切联系；②可监测性，监测对象在现有技术条件下能够对其进行感官或仪器观察；③准确性，监测过程中能够获得准确可靠的灾情信息；④灵敏性，在监测过程中对监测对象能做出及时迅速的反应；⑤效益性，所需费用应与减灾效益间保持较高投入产出比。

(2)灾害监测类型　气象灾害监测依观察手段为仪器监测。我国对气象灾害的监测技术水平已有很大提高，遥感、计算机、雷达和各种先进监测仪器已广泛应用。

灾害监测依观察对象可分为直接监测和间接监测，前者指对灾害现象的直接观察，后者指对与灾害系统有关联的事物进行观察。

我国目前已建立起相当规模的气象灾害监测体系，包括 1 260 个地方气象站、14 158 个雨量站。各观测点已经实现了全国联网，并在很大程度上实现了数据共享。

2. 气象灾害的预测、发布和预评估

气象灾害预测的内容主要是灾害种类及灾害三要素—发生时间、地点及强度，更具体一些还包括灾害分布、未来的灾害演变趋势和灾害事件的预测。灾害预测的前提是要研究灾害形成的规律和发生条件。

(1)预测的种类 从预测有效时段可分为超长期预测、长期预测、中期预测、短期预测和临灾预测等。预测时间尺度长的其空间尺度也大,如长期预测一般包括较大区域范围,时间跨度可达几年;但气象上的超短期预报指几小时以内,而 3 d 以上就算是中期预报了,1 个月以上则属长期预报。

灾前预测最为重要,但在灾后还要继续研究其发展趋势,进行跟踪预测和次生灾害或衍生灾害的预测,如有可能还要预测此种灾害再现的可能性。

(2)预测方法 主要有 6 种方法:①相关分析法。分析灾害前兆或致灾因素与灾害的相关性,根据其演变来进行预测。但因具有一定随机性必须进行不断的验证。②趋势外推法。适用于致灾因素简单并需渐变积累过程的灾害。③周期分析法。许多气象变异现象的发生具有一定周期性,特别是天文周期与气象灾害的发生。④概率法。气象灾害发生的概率可用以预报。⑤农业生物的抗逆性评定。当农业生物由于缺乏锻炼或品种不适应而处于虚弱地位,抗逆性很差时,即使外界条件虽并未出现非常严重的胁迫,也会出现灾害。灾害预测必须考虑农业生物本身的状况,这是农业气象灾害预测不同于其他自然灾害的一个显著特点。⑥计算机模拟法。影响因素众多关系复杂时,借助于计算机在上述分析基础上输入已有资料,建立气象灾害预测模式并组装成更复杂的多因子模型。在预测时输入所获监测数据和参数,可计算出灾害的未来发展趋势。灾害预测的模型有动力学模型(机理型)、统计模型(经验型)和混合型 3 类。

与灾害预测相联系的是对灾害损失的预评估 这与受灾体的状况有关。如果灾害发生在人口和经济密集地区,生产关键时期或政治敏感时期,其后果就更加严重。反之,如发生在人烟稀少的地区损失就不大。在对灾害发生时间、地点、强度进行预测的基础上,再进行可能的灾害损失的预评估,比较减灾投入与产出,就可以做出采取何种防避措施的决策。

为使灾情发布具有一定权威性和避免误传造成社会混乱和失控,国内外对于重大灾害的预报和灾情一般都由政府发布,因为:①政府作为社会管理的主体部门具有权威性和法制性,能避免一些新闻媒体为追求轰动效应不负责任的夸大其词,又能避免各专业部门言出多门或强调某一方面而造成的混乱。②政府发布灾害预报或灾情公报时已对后续管理做好准备,使社会保持稳定,生产少受影响。③政府发布灾害预报和灾情公报可以防止因误传和谣传而造成的社会混乱。洪水、滑坡、泥石流等严重威胁人民生命财产安全的重大自然灾害,以及容易引起社会混乱的人畜共患疫病等都必须由政府通过媒体来统一发布。大范围的干旱、冻害、低温冷害、环境污染等对生产影响很大的灾害的中长期预报一般也要经过政府向生产部门内部发布,以利于全局的生产安排部署。业务部门在做出预报或灾情分析后应迅速报告政府主管部门,并提出发布时机、方式和处置措施的意见。但只在局部发生或影响相对较小的灾害,如局地暴雨、冰雹、作物病虫害等仍由有关业务部门发布。

四、农业气象灾害的减灾对策

农业生产活动中各种气象灾害的发生是不以人的意志为转移的,具有不可避免性。但是,通过对灾害的监测、预报和防治,人类能够削弱灾害的破坏力,保护受灾体不受到大的损伤,还可切断灾害的成链过程,消除次要灾害的影响。通常所说的减灾活动,包括灾害的监测、预警、防治、抗御、救助和灾后救援等6个环节，是一项复杂的系统工程。本节就农业生产过程中的主要自然灾害，简要说明农业各行业的减灾对策。

1. 大田作物的减灾对策

大田作物通常称指粮食、棉花、油料和饲料等作物。果树、蔬菜、花卉、药材等为园艺作物，前者播种面积大而集中，机械作业程度高；后者种植较分散，手工劳动比例较大，保护地栽培较多。

大田作物常见的自然灾害以气象灾害和生物灾害为主。其中，小麦的自然灾害主要有干旱及干热风、热害、湿害、冻害与霜冻、倒伏、冰雹、风沙害等。影响小麦总产的最大灾害在北方是干旱和冻害，南方是湿害。影响玉米的自然灾害主要有冷害、霜冻、干旱、大风和冰雹等。水稻在生长中遇到的主要灾害有干旱、洪涝、低温和冷害、台风、热害、盐碱害等。棉花的主要灾害有播种出苗期低温、阴害和湿涝、高温和干旱、秋季低温和霜冻、土壤紧实板结、盐碱害等。此外，各种大田作物都可能发生病虫草害。在做好灾害监测、预警的基础上，主要防治措施有以下几种。

(1)生物工程措施　植树造林，恢复和保护自然生态环境；加强符合生态系统的建设，营造农田防护林带，优化农田生态环境；选育具有良好抗逆性的作物品种。种树种草是防御农业气象灾害的战略措施，可以调节气候，涵养水源，保持水土，减少山洪，保护农田。农田防护林具有防风、调节农田温度、湿度和防御干热风的效应，防风固沙林还可减轻风沙危害和减轻土壤的风蚀沙化。根据当地的主要灾害，选择适当的抗逆作物和品种，可以有效减轻灾害损失。例如在北方旱区应选用耐旱品种，抵御干热风需要选用早熟小麦品种并适时早播，高寒地区应选用抗寒品种。此外，根据需要还应选用耐盐、抗倒、抗虫、耐热品种和积极防治病虫草害。

(2)水土工程措施　抗旱防洪和保持水土都需要必要的农业工程措施，包括修建水库，治理江河，兴修排灌渠系，农田基本建设等。这些农业工程必须与生物工程相结合，才能充分发挥其减灾效益。

(3)农业技术措施　在采取生物措施和工程措施的基础上，结合农业技术措施，可以进一步减轻农业自然灾害。这些措施主要有以下几种。

①水肥调控：合理施用有机肥和化肥，可提高植株的抗逆能力。在作物需水关键期浇水，抗旱效果更为显著。适时蹲苗或进行抗旱锻炼，可促进根系发育增强抗旱性。

②耕作：深耕有助于蓄墒，适时中耕可减少土面水分蒸发。易涝地区采用深沟高畦有利于及时排水防止内涝。东北采用大垄栽培有利于提高早春地温抢早播种防御冷害。

③覆被：秸秆或地膜覆被可减少水分蒸发和地表径流，保墒抗旱，抑制杂草，地膜还可提高地温，兼具抗寒效果。南方蔬菜在夏季使用遮阳覆被可减轻热害。

④播种和育苗移栽：适时播种可尽量躲避灾害，培育壮苗。育苗移栽是延长生育期，防御冷害的重要措施。干旱时深播浅盖可提高出苗率。

⑤化学调控：喷施抑制蒸腾剂可减少水分蒸腾损失，许多生长调节剂拌种或喷施，可提高植株抗旱或耐寒能力，促进根系生长和物质运输，增强光合效率。有的化学控制剂还能缩短基部节间防止倒伏。

上述措施都需要看天、看地、看庄稼，因地、因时制宜采取，有人把根据自然环境条件的变化及时调整农业措施的配套技术称为“响应农作系统”。

(4)人工影响天气　在干旱或水不足时，可利用有利天气形势进行人工增雨作业，特别是在水库上游。在冰雹经常发生，又种植经济作物较多的地区，可进行人工催化或震荡消雹作业，以减轻雹害。

2. 果林业的减灾对策

果林多为乔木，生产周期较长，对于10年一遇的毁灭性灾害生产上也难以承受。大多分布在山地丘陵，植株高大根系深，旱涝轻于大田，但山地灾害较重。多数果树春花、夏繁、秋熟、冬眠。不同季节受灾的部位和特点不同。果园生态系统和森林是一种复合生态系统，拥有多种生物种群和多重反馈机制。

森林火灾多发生在旱季，北方主要在春季。森林火灾发生须具备可燃物质、空气和温度3个条件。控制火源是防止森林火灾的关键。据统计我国人为森林火灾占80%以上。森林火灾重在预防。首先要做好宣传，依法护林防火。防火期间要严格控制进山人员，林区生产严格遵守操作规程。其次要健全各级防火机构，建立专业扑火队伍，改进森林消防设备和机具。森林布局要按照规划开设防或隔离带。森林防火期的划分以当地气候条件为依据。

加强森林火灾的监测预报是争取防火主动权的关键。目前林业和气象部门发布森林火险预报以火险等级来表示。确定火险等级要根据可燃物含水率和综合气象要素。

森林火灾扑救原则：①集中力量彻底扑灭。②抓住有利时机，如火灾初起，下雨、有雾、无风。③牺牲局部，保全大局。④彻底清理火场，防止死灰复燃。直接灭火包括扑打、喷水、风力和化学灭火。间接灭火即在外围打防火隔离带。爆破法兼有直接灭火和间接灭火作用。扑救人员应佩戴安全防护装备，按照统一指挥行动，沿火区外围边线作业，选择火势弱处为突破口。

森林火灾扑灭后要做好善后和恢复。彻底清理现场，消除火种。调查起火原因和损失，总结经验教训，依法处置责任者。对受灾群众安置救助，组织重建家园，恢复生产。抢运可利用的火烧木。根据火灾程度和不同立地条件制定恢复计划。

果林生产的气象灾害及减灾对策主要有以下几种。

(1)干旱　①发展灌溉。②营造防护林改善小气候。③防止水土流失。④中耕除草，培土覆被。⑤选用耐旱品种作砧木改良，推广无毒苗木。⑥施用抑制蒸发剂。

(2)抽条　①选用抗寒和抗生理干旱的品种和砧木。②秋季控制枝条旺长。③除草以抑制大青叶蝉的危害。④冬前浇足冻水，早春顶凌耙地。⑤后冬早春在幼嫩枝条上涂抹凡士林或喷抑制蒸发剂。⑥建园时选择向阳背风并营造防护林。

(3)低温灾害　主要包括越冬冻害、寒害、霜冻和日烧病。①根据农业区划合理布局。②利用有利地形，如背风向阳的山前和冷空气难进易出的谷地，利用坡地的逆温效应和水体的保温效应。③改良果园林场生态环境，营造防护林，适当间套作，培肥土壤。④提高果树抗寒力，选用抗寒品种，以抗寒品种作砧木换头高接。合理施肥。⑤调节果园和林场小气候。适时浇冻水，霜前喷水，白天间歇喷雾延迟开花以避冻。冬季覆被或包扎果实和树干。北方冬前对基干培土和压枝覆土。树干涂白。喷洒或涂抹抑制蒸发剂。⑥喷抑制冰核活性细菌剂可降低冰点减轻霜冻。⑦灾后及时补救。基干死亡或根系大部枯死的应更新改种或换头嫁接。清除枯枝叶以减少水分消耗，适当修剪以减轻养分负担，枝干坏死处用药剂处理，促进和利用新枝恢复树势。及时浇水追肥中耕松土。霜后喷洒减霜剂促进未受精梨子房发育可减轻危害提高结果率。

(4)高温和日灼　①搭棚架遮盖防止阳光直射。②地面覆被以缩短高温时段。③树体喷水或地面灌溉。④高温季节包扎树干或涂白。⑤合理整形使枝条相互遮阴，减少日光直射。

(5)大风　①选址避开风口、风廊。②在盛行风向侧营造防风林或风障。③适时排灌保持适宜土壤水分。④冬季培土,树干包草,用支架加固枝干。⑤矮化密植。⑥风后加强肥水管理,修剪,护理伤口,促进树势恢复。

(6)冰雹 集中产区应有计划人工消雹,常发地区不宜种植葡萄等不耐雹果树。雹后施速效肥浇水促进恢复生长。

(7)连阴雨和湿害 低洼地深挖排水沟降低地下水位,种植耐涝果树。密度不过大,适当修剪改善枝条的通风透光。清除杂草可降低近地面气层的湿度。

(8)冰雪灾害 及时清除大规模的冰凌和积雪,对果树采取支撑措施。大雪后及时摇落树冠积雪,受伤处涂保护剂,及时修剪。适时施肥,防治病虫害,促进树势恢复。对受害严重的要以优良品种高接换头,无法更新的衰老树则挖根补栽新株。

(9)森林鼠害 ①化学药物灭鼠。恶性发生林区可用飞机撒药。②机械灭鼠。鼠夹、弓箭、鼠笼等。③生物灭鼠。招引鼠类的天敌,为其筑巢或栖息创造条件。④营林灭鼠。加强管理清除杂草,消除有利鼠类繁殖的场所。营造混交林也可减轻鼠害。

3. 蔬菜生产的减灾对策

蔬菜鲜嫩含水量大,运输贮藏的难度大,消费者对蔬菜品质的要求往往更甚于对产量的要求。因此,蔬菜生产对灾害的反应更为敏感。如冻烂后的大白菜无法食用,雹打带斑痕的和虫蛀的瓜果品质下降价格明显降低。保护地虽能在一定程度上避灾,但也使成本大幅提高。这些都是与种植业的其他产业不同的特点。气象灾害可加剧淡季,如 2000 年 1 月低温使全国大部城市菜价猛涨。

克服不利气候和灾害影响改善蔬菜供应的措施包括:①排开播种,分批定植。②进行农田基本建设,提高抗灾能力。③采用抗逆品种。④发展保护地生产。⑤发展蔬菜贮藏加工。如速冻、脱水、冷藏等。⑥城市间调剂余缺。⑦发生重大灾害后的应急措施。与周围受灾轻和未受灾地区联系采购调运,同时安排本地快速叶菜和豆芽的生产,挖掘贮藏菜和加工菜的潜力。我国各地气候、地貌和土壤类型多样,除海拔很高的山区外各地都有一段适宜种植蔬菜的时期,可适应市场需求在气候有利地区建设一批淡季生产基地。

(1)喜温蔬菜 主要包括茄果类、瓜类和大多数豆类,不耐霜冻,大多耐轻度干旱但不耐重旱和湿涝。主要灾害包括春季定植期霜冻、初夏雨涝、热害、大风等。关键措施是确定合理的移栽期,应选择冷尾暖头,确保在终霜冻后进行。如突发霜冻可采取临时浇水和覆被措施。苗期力争早发壮苗。初夏注意及时撤膜和浇水降温。雨季前挖好排水沟。

(2)耐寒蔬菜 主要包括大多数叶菜、根茎菜、豌豆和蚕豆。大多属长日照作物,一般在冬半年生长。能耐霜冻,但不耐高温和很强烈的低温。大白菜播种应选用抗病品种,播前浇足底墒水。严格掌握适播期,避开暴雨。出苗后勤浇水,积极防治蚜虫。莲座期要控水促根蹲苗。预报强寒潮袭击应组织紧急抢收贮存防止冻害,来不及入窖的应集中堆放并覆被草帘棉被。根茬菠菜防御冻害须适时播种,浇足冻水,越冬覆被。风障和地膜覆被都可挡风增温。莴苣和甘蓝等早春风障菜育苗应浇足水,冬季覆被。早春移栽要选择−3℃最低气温终止后。

(3)耐热蔬菜和水生蔬菜 主要包括南瓜、丝瓜、苦瓜、豇豆和蕹菜等,在东北和西北往往生长期不够,虽较耐高温但严重干旱也会造成减产,夏季遇旱要注意适当浇水。水生蔬菜包括莲藕、慈菇、荸荠、菱角等,在浅水面中生长,雨季洪水可冲走。水面干涸可导致枯死。耐热蔬菜和水生蔬菜是南方夏秋淡季的重要补充蔬菜,使得南方的蔬菜淡季总体要轻于北方。

(4)保护地蔬菜 主要灾害与减灾对策包括:①风害。冬春大风和沿海台风常造成严重摧残。应根据当地最大风速设计构架的抗风能力，竹木结构应在大风前采取拉绳压帘等紧急加固。薄膜只要刮破一处就会越撕口越大，风前应认真检查及时弥补破损处。温室方向与大风平行可减轻风压。②雪害。华北大部最大积雪在 20 cm 左右，每亩大棚承压 13 t 以上，湿雪负荷更重，竹木结构大棚一般难以支撑，应于改建。棚顶应有一定坡度以减少聚雪，雪后应及时清除。③阴害和霜冻。连阴天室内气温不断下降，光照不足，甚至可以出现比外界更低的最低气温。有条件的应适当人工加温，无加温设备应增加白天通风，夜间盖严草帘。④高温烧苗。春季常升温过快常伤害菜苗，后春应增加放风时间并及时撤膜，遇高温及时通风，注意使植株不要接触棚顶。温度高时要勤浇水或喷水。

蔬菜是食用量最大的农产品，菜田又主要分布在城市郊区，使得蔬菜生产成为农业各产业中环境问题最为突出的一个产业。城郊菜田应相对集中，远离工厂及其他污染源。菜田与居民区间应有绿化带隔开。严重污染区不得种植商品菜。城市和工业污水未经处理不得用于灌溉，处理后也不得用于蔬菜生产。禁止菜田使用煤渣和城市垃圾肥。严格控制污染区域的蔬菜销往城市，对上市蔬菜加强检测管理。加强对菜田生态环境的监测，限制氮肥和有毒农药的使用量和上市前的使用期限。回收残留地膜并进行再加工，逐步以可降解地膜取代现有地膜。严重污染区不得种植商品菜，对上市蔬菜要加强监测。

4. 畜牧水产业的自然灾害与减灾对策

气象灾害有的影响牧草和饲料生产，有的直接危害畜禽。牧区畜牧业以放牧方式为主，受自然条件影响很大，灾害频繁。农区以舍饲为主，受自然条件影响相对较小。但集约化密集饲养又带来了严重的环境问题，舍饲动物对不利外界条件的抵抗力也较差，加上密饲养，一旦发病蔓延很快，后果十分严重。

水产业自包括陆上淡水养殖、沿海养殖和海洋捕捞，对象是水生生物，包括鱼虾贝等水生动物的养殖或捕捞，水生植物主要是海带、紫菜等藻类的栽培。水产业的自然灾害与水环境密切相关。溶解氧是水生生物生存所必需，水温过高气压很低或水体污染会造成缺氧。水生生物对水体依赖性极大，对环境变化适应能力差，一旦失去水层无法生存。石油等有害物质漂浮会造成灭顶之灾。水的流动性使氧气、养分和热量趋于均匀，污染物消散并自然净化。水体流动出现障碍将出现氧气或养分不足，水环境污染和水温剧变。水的运动过于强烈也会影响水生生物的生存发展。

(1)农区畜牧业　气象灾害及减灾对策包括：旱涝、热应激和冷应激、泥石流和滑坡等。对于气象灾害和地质灾害可参考大田作物的减灾措施。为防止冷应激，南方耕牛应及时抓秋膘，备足越冬草料，对牛舍采取防寒降湿措施。北方冬春注意防风保温防冻，仔猪和母猪要加强保暖，近年推广薄膜覆被猪圈取得明显效果。为防止热应激，南方畜舍应高大通风，夏季应经常冲洗降温。

集中饲养的畜禽场还存在一些环境灾害和疫病。如夏季如通风不良供氧不足时，CO_2、NH_3、H_2S 等有害气体浓度增加将影响畜禽健康，特别是密集饲养的鸡舍。城郊大型畜禽场粪便堆积已成为严重的环境灾害。防止畜禽粪便自身污染是一项系统工程，规划时考虑畜禽舍的合理布局和粪便处理。畜牧场应在居民区下风向，距离 200～500 m 以上，周围应绿化。发达国家大多规定畜禽场的规模应与周围农田成比例以利消纳粪便。

集约化密集饲养条件下，疫病一旦流行将无法收拾，往往只能全部扑杀。防治畜禽疫病首先要建立健全环境卫生质量标准，改造不合理的畜禽场布局及饲养工艺，严格管理制度，种畜禽场尤应严格检疫净化，加强对疫苗质量的监察，提高饲养人员素质。

（2）牧区畜牧业 气象灾害及减灾对策包括：①干旱和草原黑灾。建立冬季饮水补饲点，在各牧场打井，建贮水窖，在持续干旱的情况下要考虑及时转场，利用有利地形聚雪。②草原白灾。建草料库，白灾时先放马破雪，再放牛，后放羊。有条件的机械破雪或转场到雪薄和化雪快处及林地。③暴风雪和冷雨。在主要牧业点建立防寒保暖棚圈，疏通牧道，在春牧场建立产房和羔室，转场途中建立草料库和水窖。利用附近有山丘和半月形沙丘、树林的有利地形避冻防雨。管好公马头羊防止畜群惊散。做好牧业天气预报，利用有利天气安排牧业活动。④大风、风沙和沙尘暴。植树造林和保护草原，对流动沙丘采取固沙措施。沙尘暴到来前做好预报，紧急加固畜舍，放牧牲畜应转移到山坡或树林的背风侧，地势平坦的可将牲畜集中就地卧倒，等风过后再扒开。为防止畜群惊散要特别注意看住领头的牲畜。⑤草原火灾和鼠害。防治原理与森林火灾及鼠害基本相同，可参阅前述。⑥牧区疫病。与气候有密切关系，暖季雨季易发生胃肠道疾病和日射病，冷季易发生风湿病、呼吸道疾病和冻伤。春秋季易发生呼吸道疾病。不同草场类型的主要疾病也不同。

（3）淡水养殖业 气象灾害和减灾对策包括：①旱涝。主要依靠水利建设，水产业也应根据水资源合理布局。②温度变化。合理安排人工繁殖期，利用河湖水、冷泉、温泉、地下水、工厂废水混合调温，浅水晒，覆被大棚，鱼池按东西向挖，水边不种高大树木。③溶氧量和“泛塘”。泛塘往往夜间发生，提前开增氧机或换水可予以防止，注意搅动或勤换水。掌握合理养殖密度、投料和施肥量。过量追肥后一旦转晴会因大量分解造成缺氧。④鱼病。可由环境条件不利引起或细菌感染或寄生虫侵入体内引起。养殖对象在水体转移时温差不能超过5℃。发现有病应将水温调节到适宜水平。

（4）海洋水产业 气象灾害和减灾对策包括：①风暴潮。做好气象和海况预报，船只及时入港避险，沿海加强防护。②海冰。对海上作业人员和海岸养殖贝类威胁极大，应根据监测及时躲避。

思考题

1. 简述气候资源和农业气候资源的特点。
2. 简述“热时”和“温光积”的概念。
3. 简述蒸散量的定义及影响因素。
4. 何谓气候生产力？
5. 我国农业气候的特点及其气候障碍因素有哪些？
6. 气象灾害有哪些主要类型？

参考文献

[1] 陈尚谟，黄寿波，温福光. 果树气象学. 北京：气象出版社，1988.
[2] 崔读昌. 中国农业气候学. 杭州：浙江科学技术出版社，1999.
[3] 冯玉香，何维勋. 霜冻的研究. 北京：气象出版社，1996.
[4] 国家科委全国重大自然灾害综合研究组. 中国重大自然灾害与减灾对策：总论. 北京：科学出版社，1994.

[5] 国家科委全国重大自然灾害综合研究组. 中国重大自然灾害与减灾对策:分论. 北京:科学出版社,1993.
[6] 韩湘玲,等. 农业气候学. 太原:山西科学技术出版社,1999.
[7] 黄文秀. 农业自然资源. 北京:科学出版社,1998.
[8] 金磊,明发源,郑大玮,蔡涤华,等. 责任重于泰山—减灾科学管理指南. 北京:气象出版社,1996.
[9] 刘汉中,等. 普通农业气象学. 北京:北京农业大学出版社,1991.
[10] 买永彬,顾方乔,陶战,等. 农业环境学. 北京:中国农业出版社,1994.
[11] 欧阳海,等. 农业气候学. 北京:气象出版社,1990.
[12] 全国重大自然灾害调研组编著. 自然灾害与减灾 600 问答. 北京:地震出版社,1990.
[13] 王礼先. 水土保持学. 北京:中国林业出版社,1995.
[14] 温书斋. 家畜的环境控制. 北京:农业出版社,1982.
[15] 杨柏松. 水产气象. 北京:农业出版社,1991.
[16] 张养才,等. 中国农业气象灾害概论. 北京:气象出版社,1991.
[17] 郑大玮,龚绍先. 冬小麦冻害及其防御. 北京:气象出版社,1985.
[18] 郑大玮,唐广. 蔬菜生产的主要气象灾害及防御技术. 北京:农业出版社,1989.
[19] 郑大玮,张波. 农业灾害学. 北京:中国农业出版社,1999.
[20] 中国 21 世纪议程—中国 21 世纪人口、环境与发展白皮书. 北京:中国环境科学出版社,1994.
[21] 中国牧区畜牧气候区划科研协作组. 中国牧区畜牧气候. 北京:气象出版社,1988.

第七章　矿产资源与矿区生态恢复

制约当今经济社会实现可持续发展的人口、资源、环境三个基本要素中，资源是人类的物质基础。作为自然资源的重要组成部分，矿产资源是经济建设重要的物质基础。

从石器时代、青铜器时代、铁器时代，到近代和当代建立在对矿产资源高度依赖的工业化社会和现代信息社会，人类历史上每一次社会生产力的进步都伴随着矿产资源利用的飞跃发展。人类在大规模利用矿产资源的基础上建立了高度繁荣的当代经济，创造了前所未有的文明。而且，在可以预见的未来，矿产资源依然是全球经济中十分重要的物质基础。矿业的发展关系到后续产业乃至国民经济的全局和长远发展。自进入21世纪以来，尤其是在最近的一二十年中，人口、资源、环境已经成为国际社会关注的重大问题，其中资源问题，特别是以“不可再生性”为其显著特点的矿产资源更是处于突出地位。人口的增长和经济的发展，都以矿产资源的巨大消耗为基础，这必然带来对矿产资源需求的增长。而矿产资源的开发与利用，特别是不合理的利用，又带来严重的环境问题。

第一节　矿 产 资 源

一、矿产资源的基本概念和分类

1. 矿产资源的概念

地理学上认为矿产资源为“经地质成矿作用，使有用的矿物或有用的元素含量达到具有工业利用价值的矿产”。《现代汉语词典》中对矿产资源的定义为“矿产是地壳中有开采价值的物质，如铜、铁、云母、天然气、石油、煤等”。矿产资源的一般定义为：“是指在地质作用过程中形成，赋存于地壳内（地表或地下）有用的矿物或物质集合体，其质和量符合工业要求，并在现有的社会经济和技术条件下能够被开采和利用的自然资源”。如煤、石油、金、银、铜、铁。可见，矿产资源具有自然资源和经济资源双重属性。

自从现代化工业和农业出现以来，对矿产的种类和需求量日益增长。因此，矿产的丰富程度和开发利用程度是一个国家物质财富、经济发展和科学技术水平的重要标志。据统计，当今世界95％以上的能源和80％以上的工业原料、70％以上的农业生产资料均来自矿产资源。矿产资源是一种非常重要的非再生性自然资源，是人类社会赖以生存和发展的不可缺少的物质基础。它既是人们生活资料的重要来源，又是极其重要的社会生产资料。而且，许多矿产资源对国家具有战略意义，如能源矿产、稀有金属和稀土金属矿产等。

2. 矿产资源的分类

由于研究角度不同，矿产资源的分类体系各异：根据矿产的成因和形成条件，分为内生矿产（内力地质作用生成）、外生矿产（外力地质作用生成）和变质矿产（变质作用生成）；根据矿产的物质组成和结构特点，分为无机矿产和有机矿产；根据矿产的产出状态，分为固体矿产、液体矿产和气体矿产；从人类开采利用角度出发，根据矿产的性质及其主要工业用途，可将其分为金属矿产、非金属矿产、能源类矿产(可燃有机矿产)三大类(表7-1)。

(1)金属矿产　金属矿产指能够作为工业上提取金属原料的有用矿物原料。金属矿产按工业用途及金属本身性质,还可进一步划分为黑色金属矿产、有色金属矿产、贵金属矿产、稀有金属矿产等。

金属矿产是现代工业的重要支柱。黑色金属矿产中的铁矿是钢铁工业最基本的原料;有色金属矿产中的铜、铅、锌广泛用于电气工业、机器制造、化学工业及国防工业的各个方面;贵金属矿产中的金是货币的代表,在工业上也有很广泛的用途。

表7-1　矿产资源性质和工业用途分类

类别	亚类	主要矿产
金属矿产	黑色金属矿产	铁、锰、铬、钛、钒
	有色金属矿产	铜、铅、锌、镍、钴、钨、锡、钼、铋、汞、锑
	轻金属矿产	铝、镁
	贵金属矿产	金、银、铂族金属(铂、钯、铑、铱、钌、锇)
	稀有、稀土金属矿产	钽、铌、铍、锂、锆、铯、铷、锶、铈族元素(轻稀土)、钇族元素(重稀土)
	分散元素矿产	锗、镓、铟、铊、铪、铼、镉、钪、硒、碲
	放射性金属矿产	铀、钍、镭
非金属矿产	冶金工业辅助原料	菱镁矿、耐火黏土、石灰岩、萤石、造型用砂、造型黏土等
	制造业原料	石墨、金刚石、云母、石棉、重晶石、刚玉等
	化学工业及肥料工业原料	磷、硫(硫铁矿、自然硫)、钾盐、镁盐、盐(岩盐、池盐、天然卤水)、天然碱、钠硝石、芒硝、碘、溴、钾长石、含钾岩石
	建筑材料及水泥原料	滑石、石墨、石膏、水泥原料(石灰岩、黄土、黏土、石膏、铝矾土等)、建筑材料(石料、砂、砾)、砖瓦用黏土、大理石、耐酸石材用花岗岩、铸石原料(辉绿岩、玄武岩、角闪石、白云岩、萤石、铬铁矿)、膨胀珍珠岩原料(珍珠岩、松脂岩、黑曜岩)、叶腊石、蛭石、白垩、膨润土、漂白土、硅藻土、浮石
	陶瓷及玻璃工业原料	长石、石英砂、石英砂岩、白云母、石灰岩、长石、萤石、芒硝、高岭土、塑性黏土等
	压电及光学原料	压电石英、冰洲石、光学萤石
	工艺美术原料	硬玉、软玉、玛瑙、水晶、琥珀、绿柱石、金刚石、石榴子石、孔雀石等
	铸石和研磨材料	铸石材料(辉绿岩)、研磨材料(石榴子石、刚玉、金刚石等)
能源类矿产		煤、油页岩、石油、天然气、地蜡、地沥青、油砂、泥炭等

资料来源:陈洪治,李立志,李雪梅.矿床学.北京:地质出版社,2007.

(2)非金属矿产　非金属矿产指可以提取非金属元素及其化合物或可以直接利用的非金属矿物及其集合体的矿产资源。工业上除少数非金属矿产是用来提取某种非金属元素(如硫和磷等)之外,大多数非金属矿产是直接利用矿物或矿物集合体的某些物理、化学性质和工艺特性。按其工业用途可分为:冶金辅助原料、化工原料、工业制造业原料、陶瓷及玻璃原料、建筑材料、宝石及工艺美术材料等。如云母的绝缘性、石棉的耐火、耐酸、绝缘、绝热和纤维特性、宝玉石的观赏性等。非金属矿产是人类使用历史最悠久、应用领域最广泛、开发前景最广阔的矿产资源。

(3)能源矿产　又称矿物燃料或化石燃料,是人类获取能量的重要物质资源,是工农业发展的动力和现代生活的必需品。能源矿产包括煤、泥炭、石油、天然气、铀矿等。尽管水力、太阳能、海洋能、风能等越来越广泛地开发利用,但在能源消费结构中,能源矿产仍占90%左右,是人们取得能量的主要源泉(专栏7-1)。

专栏7-1　矿产资源有关的基本概念(1)

矿床　矿床是在地壳中由地质作用形成的,其中所含的某些物质成分的质和量符合一定的经济技术要求,并能为国民经济所利用的综合地质体。

矿体与围岩　矿床由矿体和围岩两个基本部分组成。矿体是矿床的主要组成部分,是指占有一定的空间位置并具有一定的形状、产状和大小的矿石堆积体,是开采的对象。一个矿床可由一个矿体或多个矿体组成,矿体内部不符合工业要求的岩石成为夹石。矿体存在于围岩中,围绕矿体周围的岩石称围岩。

矿石和脉石　矿体又由矿石和脉石两部分组成。其中能提取有用矿物的矿体部分叫矿石;另外部分叫脉石,例如,矿体所含的围岩角砾或低矿化围岩残体等。

矿石矿物和脉石矿物　这是组成矿石的两个部分。矿石矿物是指矿石中的有用矿物,包括具有经济价值的金属和非金属矿物;脉石矿物指与矿石矿物相伴生的、当前还不能利用或不被利用的矿物。

品位　品位指矿石中有用组分的含量,是衡量矿石质量的主要指标。多数金属矿石用所含金属元素或氧化物的质量百分数来表示,非金属矿石以其中有用矿物或化合物的质量百分数表示,而贵重金属以“g/t”表示,砂矿以“g/m^3”表示。

储量　储量指矿床规模。这也要有相应的要求。富矿,规模可小一点;贫矿,要求具有的规模足够大。

矿石(床)与岩石的区别与联系　矿石和岩石都是矿物的集合体,不同之处是,矿石是质(品位)和量(储量)上能满足开采利用要求的有用矿物的集合体;当前尚不能利用或品位达不到要求的矿物集合体,则称为岩石。但因矿物的有用和无用,品位要求的高低,都是随时间和科学技术而变化的,因此矿床的范畴是相对的、变化的,总趋势是不断扩大的。许多过去的非矿或矿山废石,随着科学技术的进步,陆续成了可开采利用的矿床。

此外,从矿产资源给人类提供物质的属性角度可归纳为两大类,即提供原料的物质资源(包括金属和非金属矿产)和提供燃料的能源资源(主要是可燃有机矿产)。

二、矿产资源的基本特点

矿产资源属可耗竭性资源,以不可更新性为其基本特点。同其他生产资料一样,矿产资源本身不能变成人类的必需品,而是生产人类必需品的物质和条件。矿产与其他生产资料的区别在于矿产是由地质作用形成的,分布在地壳的局部地段,人类不能创造它,而寻找和开发矿产又具一定的难度。对矿产资源的开发、利用是人类社会发展的前提和动力。

1. 矿产资源的基本特征

与其他自然资源相比，矿产资源有其显著的特点，主要表现在以下几方面。

(1)不可再生性和耗竭性　矿产资源是在漫长的地质作用过程中形成的，相对于这样的地质过程，人类社会极为短暂。因此矿产资源一旦被开采利用，在人类历史进程中则难以再生出来。因此，矿产资源绝大多数是不可再生的、有限的耗竭性自然资源。

(2)空间分布的不均衡性　地质历史时期地球上成矿活动的差异极大，成矿物质在地壳内的分布不均一，以及成矿地质条件的制约，使得矿产资源分布的不均衡性十分突出。例如，在29种主要金属矿产中，有19种矿产储量的3/4集中在5个国家，如南非的金、铬铁矿等5种矿产储量占世界总储量的1/2以上；中国的钨、锑占世界总储量的1/2多，中国的稀土资源占世界总储量的90%以上；煤主要集中在中国、美国和前苏联，约占世界总储量的70%以上；石油则主要集中在海湾国家；智利国土面积相当于我国青海省，但铜矿资源量列世界之首。

(3)动态性　在自然界，矿产资源是以各种形态地质体(矿床或矿体)的形式存在的，只有在技术经济条件适合的情况下，矿床才能被开发利用，否则得不偿失。换言之，矿床既是一个地学概念，更是一个技术概念，随着技术经济条件的变化，矿床的概念也会发生变化。科学技术是不断进步的，社会经济也是不断向前发展的，因此很多原来被认为不是矿床的地质体，正逐渐成为可供人类开发利用的矿床。由于界定矿床的技术经济条件在不断变化，矿产资源的动态性导致了矿产资源在数量上的不确定性。

(4)赋存状态的复杂多样性　矿产资源只有少部分出露地表，绝大多数隐藏在地下。矿体的形态、产状及与围岩关系等因素的千变万化，不是任何简单的模式所能概括的。寻找、探明矿床需要进行大量的地质调查和矿床勘探工作。开采过程中，经常因为对尚未揭露部分的矿体了解不够，发生预想不到的变化。因此，探矿和采矿工作具有很大的风险性。此外，随着生产的不断发展，采矿速度的加快，近地表的矿产资源日益减少，找矿任务日益艰巨，开采、冶炼的条件日益困难和复杂。

(5)多组分共生性　矿产资源主要以矿床形式存在于地壳中。由于不少成矿元素地球化学性质的近似性和地壳构造运动、成矿活动的复杂多期性，自然界单一组分的矿床很少，绝大多数矿床具有多种可利用组分共生和伴生在一起的特点。此外，同一地质体或同一地质建造内，也可能蕴藏着两种或更多的矿体。因此，在矿产勘查过程中，必须注意综合找矿、综合评价；在开发利用中，必须强调综合开发、综合利用。

(6)用途上的共性和可替代性　尽管矿产资源的成因不同，矿石种类不同，但可以从不同矿石中提取同一种物质，或具有同一种用途和功能。非金属矿产通过利用相同的工艺，可以获得具有同样作用和功能的同一种矿产品。而且，在某些金属制品中，有些金属可以部分和完全互相代替；石油和天然气可以取代煤等。

2. 我国矿产资源的总态势

中国是世界上矿产资源比较丰富、矿种配套比较齐全的少数几个国家之一。截至2005年底，我国已发现的矿产为171种，其中探明储量的有159种。从矿产资源总量看，我国仍是世界上“物博”的国家之一，但因为矿产资源是不可更新资源，随着人口增长，以及人们对矿产资源的需求量与日俱增，人均拥有资源量越来越少。随着技术进步，或许更多的矿物或岩石成为资源，但矿产资源的稀缺性将越来越突出。

我国矿产资源具有以下主要特点。

(1)资源比较齐全,总量大,但人均占有量少　我国是世界上矿产资源品种较为齐全、配套程度较高的少数几个国家之一。目前世界上发现的近200种矿产资源,在我国已发现171种。我国矿产潜在资源总值居世界第3位,仅次于前苏联和美国,但若以国土面积平均,则居世界第6位,人均资源产值低于世界人均产值的1/3,居世界第53位。

(2)富矿少,贫矿多　我国矿产资源是贫矿多,富矿少;难采、难选、难冶矿多(如一些重要矿产铁矿、铜矿、磷矿等),易采、易选、易冶矿少。我国特定的成矿地质条件决定了,大多数矿产品位低,能直接供冶炼和化工利用的矿产较少。加之开采中采富弃贫,使得矿产品位下降,富矿越来越少。如我国探明铁矿储量仅次于前苏联、巴西,但富矿只占6%,需要进口;又如铝土矿探明储量居世界第5位,但质量低,冶炼难;其他如锰、铜、金、硫、磷、铀等也都以贫矿居多。经济技术原因使得相当一部分已探明储量的贫矿难以开发利用。

(3)资源的地域分布不均衡,资源分布与生产力布局不匹配　我国矿产资源分布广泛,全国各省、市、自治区中有近2 000个县(市)有矿产资源。但由于全国不同地区地质构造环境差异较大,发展历史不尽相同,区域地质各具特色,因而造成资源的空间(区域)分布不均衡。如北方富煤,南方富磷,需"南磷北运,北煤南调";黑色冶金矿产资源大部分蕴藏在北方东部地区;而有色金属的70%以上则集中于南部;西部则是镍矿、钼矿、铅矿、铬矿、石棉矿、云母矿的集中区。而且,许多重要矿产资源位于边远地区,如西藏的铬铁矿、铜,新疆的石油和镍,广西、云南和贵州的锰、锡、铝土矿等,由于交通条件、自然地理条件等影响,开采较为困难。此外,我国矿产品的加工消费区集中在东南沿海地区,而矿产资源则主要富集在中部或西部地区,存在着明显的产区与加工消费区错位的问题。

(4)矿床数量多,但大型、特大型矿床较少,生产效率低　在我国已经探明储量的矿床中,约95%是中小型矿床,大型矿床仅占5%,特大型矿床罕见。矿床规模大的矿产仅有钨、锡、钼、锑、铅、锌、镍、稀土、菱镁矿、石墨以及煤炭等。一些重要矿产的矿床规模则以中型特别是小型居多,如铁、铜、铝、石油、天然气、硫、磷以及金、银等。中小型矿床所占的比例大,不利于规模开发,单个矿区也难以形成较大生产能力,而且造成矿山基建和生产成本偏高,从而影响资源开发的总体效益。如我国可露天开采的煤炭储量仅占总储量的7%,而美国和澳大利亚分别为60%和70%左右。

(5)共生、伴生矿多,单一矿种较少,综合利用程度低,浪费严重　我国的矿产资源不但种类多,而且矿石物质成分比较复杂,形成了中国矿产资源的一个显著特点:共生、伴生矿多,大多数金属和非金属矿中都有伴生元素,其中尤其以有色金属矿产为多。据统计,我国25%的铁矿、40%的金矿、80%的有色金属矿和大多数地区的煤矿都有其他矿产与之共生或伴生。多种矿物或有用组分相共生或伴生,虽然从理论上讲可以提高矿石的综合利用程度和开发的经济效益,但同时也会增加采矿和选矿加工的难度,使生产成本大幅度提高,成为矿产资源开发的障碍因素。例如:我国伴生金储量约占金总储量的28%,伴生铜储量占铜总储量的25%,而银的伴生储量比重更高。从伴生矿中回收的铜占铜产量的25%~30%,金约占金总产量的25%,而铂族金属和稀有元素几乎全从伴生矿中回收(专栏7-2)。

专栏7-2　矿产资源有关的基本概念(2)

共生矿　指在同一矿区(矿床)内有两种或两种以上都达到各自单独的品位要求和储量要求、各自达到矿床规模的矿产。共生矿中的成矿元素往往具有相似的地球化学性质，而且成矿地质条件相近，并在统一的成矿过程中形成。例如，沉积喷流型铅锌矿床中，铅和锌都达到独立矿床规模，它们就是共生矿。

伴生矿　指在同一矿床（矿体）内，不具备单独开采价值，但能与其伴生的主要矿产一起被开采利用的有用矿物或元素。例如，斑岩铜矿床中的钼、铼、金等。伴生矿是相对主要矿产而言，由于伴生矿和与其伴生的主要矿产具有相似的地球化学性质和共同的物质来源，因而常伴生在同一矿床（矿体）内。

隐伏矿　未出露于地表的矿山。隐伏矿有两大类，一类是剥露于古地表而又被沉积物或火山岩覆被的掩埋矿；另一类是从未剥露于地表的盲矿。

露天矿　露天开采的矿山。

然而，由于中国人口众多，经济技术目前还不够发达，而大规模的经济建设对矿产的需求量却日益增加，已发现并能被利用的矿产资源有相当部分目前还不能满足经济建设的需求。因此，中国目前矿产资源形势仍不容乐观，有些矛盾还日益突出。如随着现有矿产资源的开发利用，隐伏矿多、露天矿少，找矿和开采难度越来越大，以及大型矿山资源接替明显不足。

三、矿产资源的开发和利用现状

1. 矿产资源的开采

矿产资源的开采方式因矿床所在地的自然条件而异，一些地区及其邻区的严重环境污染来源于开采过程。主要的开采方式如下。

(1)地下开采　地下开采是在地面以下开采地下矿床，包括挖取地下矿物并运输到地表，并且提供工人、设备、动力、通风设备和供水以保持开采进行。长壁开采法是一种适用于开采相对平缓、脉状或层状岩体矿床的一种方法，整个矿区沿着开采面移动，不支持上覆岩体，所以经常导致塌方和地面塌陷。广泛应用于煤矿和盐矿的替代方法是房柱式开采方法。在矿体中以地窖方式挖取并留一些矿柱顶住上覆岩体，大量矿物被遗弃在矿硐中，发掘硐室的最终沉陷引起地表麻点状的塌陷。

(2)地面开采

①露天开采，适用于高储量、高纯度、上覆岩层薄以至于去掉它不会影响经济性的矿，是一种经济的开采方法。石灰石、大理石、花岗岩的采石场就是露天开采；砾石开采也是一样。

②区域露天开采，适用于近地表出露的矿床，主要是煤矿。剥去上覆岩层揭露矿床，开挖装运并从矿坑中运出。如果矿层位于相对水平面以下不太深的地方，则整个矿层都可露天开采，矿挖完后，现在法律要求用泥土填满并在其上种树。剥去盖层厚度的多少依据剥去费用与要开采矿床的价值确定，有些条形矿达到几百米深。尽管黏土、褐铁矿、铀和其他矿也进行露天开采，但以煤和磷矿为多数。

③等深露天开采，在高原地带和山区，普通水平岩层埋藏于高原下太深而不能露天开采，这样开采只能从出露在很深沟谷中的煤层开始挖起，开采结果是连串高墙、长凳形和破碎带沿着谷壁等深陷进去数千米。螺旋钻开采，这种方法对等深露天采煤很适用。在形成高墙到达斜坡以后，从节约的可能性上说，用直径几米的螺旋钻钻进煤层能得到附加的煤，随着螺旋叶片转动，煤从叶片中带出。

其他地面开采方法，包括开采矿砂法指开采未固结的矿物，包含着高含量金属或有价值的矿物的冲积物，如金、锡、铂和宝石经常是从矿砂中开采出来的；水力冲刷开采法，用高压水冲击流槽中的松散沉积物，破坏并冲走那些轻质的，而那些重金属类矿物如金等就会留在槽底。此法在水丰富的地区是很廉价的。但在发达国家，由于会引起严重的环境问题而被禁用；底质采集法是指在生产过程中，大量未固结的物质被斗式挖泥船样的机器挖动，挖掘近 50 m 深范围内的沉积物，像水冲洗法一样，底质采集法会引起大量水土流失，给自然生态系统带来很大危害；原地开采是指在矿床出露处直接对其开采和加工，它最适宜在不搬运自然煤或页岩的情况下采煤或从油页岩中开采石油，如美国地下 2 000 m 范围内的煤只有 10%被开采，许多不能用的煤层可钻进并在原地外采。经常靠淋滤有用矿物的原地开采对其他资源（包括石盐、钾盐、铀矿、硫和铜）的开采也很重要，它通常很少会带来环境污染，与常规开采方法相比是比较经济的；溶解开采法是指像食盐一样，一些矿物在盐井中用热水溶解，然后进行开采，其他的如钾盐就是采用溶解沉淀法得到。

(3)海洋开发　当资源需求量逐渐上升，而常规资源在不断地被耗尽时，人们越来越看重在覆被地球 70%的海洋中寻找所需原料。矿物资源可从海水溶液、未固结沉积物或海底岩石中得到，因为大量矿体埋藏于深水中。人们利用大型铲斗挖泥船系统，从海底挖取矿物结核（主要为金属锰，还有一定量的铜、镍和钴等）；也有人建议在海底钻孔前先进行核爆，然后再用深水挖泥或化学淋滤法获得矿床。

2. 矿产资源的农业利用

农业也是对矿产资源依赖度很高的产业部门。各种农业活动需要的动力的大部分和制造肥料的能源等来源于能源矿产，而且制造农用磷、钾等肥料的原料主要来自于固态矿产品，少量来自于液态矿产品。这些矿产资源主要有以下两种。

(1)磷矿　磷矿在全球是一种极稀缺性的战略资源，具有非再生性，目前全球总储量约 500 亿 t，工业储量为 180 亿 t。全球磷矿资源集中度较高，主要集中在摩洛哥、中国、美国、俄罗斯等国，以上四国的储量约占全球总产量的 67%。我国磷矿总储量 168 亿 t，但其中能够满足现行采矿和生产所需指标要求的真正可利用矿产资源量（即基础储量）仅为 31.7 亿 t（2010 年中国统计年鉴），富矿（品位>30%）储量 11 亿 t，仅占 8%。

我国磷矿资源储量特征：①分布广泛，我国磷矿产地广泛分布于全国 26 个省（区），储量高度集中在西南和中南地区的鄂、滇、黔、湘、川五省，其储量占全国总量的 77.5%，各省储量依次分别占全国总量的 22.0%、19.9%、16.2%、11.0%和 8.4%，地理分布极不平衡。②品位低，我国磷矿石中富矿少、贫矿多，P_2O_5 含量>30%的富矿储量仅占全国总量的 6.76%，并集中在黔、滇、鄂、川、湘五省，其中仅贵州、云南两省的富矿储量占全国富矿总量的 76.2%；全国 93.2%的储量为中低品位磷矿石，以 C 级品（P_2O_5，含量为 14%～24%）为主，需经选矿才能利用。③难选矿多，易选矿少，化工部门根据磷矿的脉石矿物中硅质和钙质矿物量的多少，将磷矿划分为硅质磷块岩、硅钙质磷块岩、钙硅质磷块岩和钙质磷块岩，其中钙质磷块岩比较难选，而其矿石量占全国总量的 60%以上。

我国磷矿石主要用于制造农用磷肥，在很长的时间内一直以生产低浓度的普通过磷酸钙和钙镁磷肥为主。近年来高浓度复合肥生产量显著增加。同时，我国磷肥的生产能力也大大提高，除满足国内市场外，还大批量出口。然而，以目前这种利用方式，未来我国的高品位磷矿难以维持 20 年。磷矿作为一种战略性矿产资源，其开发利用应该给予高度重视。

(2)钾矿资源　制造钾肥的钾矿资源主要来自含钾矿物。世界钾盐储量 220 亿 t(K_2O)，分布极不平衡，集中分布在前苏联、加拿大、德国、以色列和约旦等国家和地区，上述五国储量占世界总量的97%。我国钾矿资源相对贫乏，已探明的可溶性钾基础储量为3.6亿t(KCl)，不足世界总量的2%，绝大部分是现代盐湖钾盐，主要分布在我国西部的青海和新疆。

除此之外，我国还有丰富的含钾固体矿物如长石、云母等，大部分由于钾含量较低(K_2O一般低于10%)，利用困难。据估计，K_2O含量高于10%的富钾矿石在我国有100亿t(K_2O)的储量，其中部分可以开采利用。

长期以来我国的钾肥以进口为主，其进口量占我国钾肥消费量的80%～90%。随着我国罗布泊盐湖钾盐资源的开发和利用，近年来进口钾肥量占钾肥消费总量的比例有所下降。

3. 矿产资源的储量和需求状况

(1)世界矿产的储量与生产状况　由于成矿时期和地质作用的复杂多变，矿产的分布很不规律。从全球范围来讲，大部分矿产的已知储量只在很少的几个国家中出现，而且，每个国家都缺少某些重要矿物的储量。截至1997年，全球已探明的主要金属与非金属矿产储量为1 450亿t，其中美国、加拿大、澳大利亚、南非主要矿产储量占世界80%以上。地球的矿产资源储量虽是巨大的，但也是有限的。而且大多数资源可能将在21世纪内完全枯竭。尽管还有其他的计算方法或数据略有出入，但这个总趋势是基本相同的。到21世纪末，绝大多数重要的不可再生资源如果不是消耗殆尽就是将变得极其昂贵。

目前世界上已探明的金属矿产有59种，工业上应用最广泛的有铁、铜、铅、锌、金、钨等。金属矿产资源在地理上的分布是不均衡的。如铁矿主要分布在前苏联、巴西、加拿大、澳大利亚和美国，铜矿主要分布在智利、美国、前苏联、赞比亚和加拿大，金矿主要分布在南非、前苏联、美国和澳大利亚。

尽管非金属矿产的矿种多，分布广，但是对于某些开采、生产技术要求较高，工艺性质特殊的矿种，在世界上的分布也是有局限性的，如硫、磷、钾盐、宝石等。金刚石主要分布在扎伊尔、博茨瓦纳、澳大利亚，重晶石主要分布在美国、印度和加拿大。

(2)中国矿产的储量状况　中国是世界上矿产资源比较丰富、矿种比较配套齐全的少数几个国家之一。我国已探明的金属矿产有50多种，其中钨矿、锡矿的储量分别列世界的第1、2位。我国金属矿产在分布上也不均衡。如铁矿主要分布在辽宁、冀东、川西等地，铜矿主要分布在川滇、西藏昌都、山西中条和长江中下游等地区，铅锌矿主要分布在南岭、川滇和秦岭—祁连山一线，金矿主要分布在山东、青海等地，钨矿主要分布在南岭地区。

我国是世界上非金属矿产种类比较齐全的少数国家之一。目前，已探明储量的非金属矿产约80种，产地4 500多处，其中硫铁矿、石墨、重晶石、高岭土、叶腊石、石膏、硅藻土、玻璃原料、大理岩和花岗岩等20多种在国际上占优势。沸石、珍珠岩、硅灰岩、黏土等几十种非金属矿产可望成为国际优势矿产。金刚石、蓝宝石、天然碱和钾盐也有较好的发展前景。

(3)矿产资源的需求　随着世界人口的不断增加和人们生活水平的提高，人类对矿产资源的需求量越来越大。如果世界人口在今后几十年内增长1倍，那么要保持目前的生活水平，矿产资源的用量也要增加1倍。在发达国家与不发达国家之间，存在着矿产资源消费量的差异，占世界总人口的20%的人占有了全球收入的80%。占世界人口5%的美国，消耗的资源占全球总消耗量的30%左右。如果全世界每人的消费量要达到美国的水平，那么，全球矿产资源的生产量就必须提高好几倍。无论如何，全球对矿产资源的需求呈增加趋势，需求和供给之间的矛盾也会愈来愈突出。通过循环利用、综合利用等方式，提高矿产资源的利用效率，是人类社会可持续发展的必然要求。

四、矿产资源的开发和利用对生态环境的影响

人类社会经济发展离不开矿产资源。随着人口的急剧增加和经济的高速增长，人类对矿产资源的消耗也急剧增加，在矿产资源大规模开发利用中，不仅消耗了许多有限的、不可再生的资源，而且也在很大程度上改变了生态系统的物质循环和能量循环，产生了严重的生态破坏和环境污染。此外，矿产开发还常常带来或引发一些环境地质问题。矿产资源的大规模消耗和不合理开发，威胁着资源安全与环境安全。

1. 矿产资源开发利用阶段对环境造成的危害

矿产的开发利用是一个复杂的过程，包括勘探、开采、冶炼等几个重要步骤，其中每个过程都可能对环境产生破坏作用，虽然程度有所差异，如勘探和试验阶段对环境产生的影响要比开采和冶炼阶段产生的影响小得多(表 7-2)。

表 7-2 矿山资源开发利用的不同阶段对环境造成的危害

开发利用阶段	对环境造成的破坏作用
勘查	土地占用；植被破坏；钻井废水造成地表及地下水污染
开采	占用、毁坏土地；破坏植被、地貌，造成水土流失；挖掘过程是地面沉降，形成地下水漏斗，诱发地震；矸石和其他固体废弃物处置造成滑坡、泥石流；粉尘噪声污染；酸性矿坑水的排放污染地表、地下水体
冶炼	粉尘、噪声污染；尾矿堆放诱发泥石流和滑坡；颗粒物、有害气体、废水及有机污染物的排放造成水体、空气、土壤等的污染

资料来源：潘懋，李铁峰. 环境地质学(修订版). 北京：高等教育出版社，2003.

对矿床的勘探活动包括分析资料和野外勘探工作，由于工程量相对较小，这个过程对环境造成的破坏是局部、轻微的。开采阶段的影响为局部或地区性的，较前者严重。冶炼阶段的环境破坏性最大，影响范围也最大。在冶炼过程中既有污水和固体废弃物的排放，也有颗粒物和气态污染物的排放，而且污染物的种类复杂，治理难度大。水体污染物和大气污染物的排放，不仅直接影响当地生态系统的功能和过程，而且在流域和区域范围内产生影响。这种对元素生物地球化学循环的改变，其影响可能进一步扩大，甚至是全球性的。

2. 矿产资源开发利用造成的环境承载力问题类型

人们在开发利用矿产资源的过程中，"三废"的产生与污染、地形地貌的改变、水资源平衡的变化、地震、水土流失等，给生态环境和人类社会发展带来了负面效应，根据其对环境承载力的影响，矿产资源开发引起的环境破坏大致分为以下 3 种类型。

(1)资源环境毁损型　主要指由于采矿、选矿或者冶炼引起矿产资源浪费与破坏、土地资源压占与破坏、植被破坏、水资源破坏和风景景观破坏等。

矿山开采，特别是露天开采造成了大面积的土地破坏，开采过程中所产生的废石(主要有煤矸石、冶炼渣、粉煤灰、炉渣、选矿生产中产生的尾矿等)残存堆积于矿区附近，侵占和破坏了大量土地资源。

据有关资料，我国因采矿直接破坏的森林面积累计达 106 万hm^2，破坏草地面积为 26.3 万hm^2。全国矿山因采掘矿产及尾矿、废石堆积，直接破坏和占用土地 140 万～200 万hm^2，并以每年 2 万hm^2 的速度增加；全国煤矸石堆存占地 1.6 万hm^2。工矿废弃地复垦率不

到12%。矿山开采过程中对水源的破坏比较严重，由于矿井疏干排水，导致区域性地下水位下降，形成大面积的疏干漏斗，使地表水和地下水动态平衡遭到破坏，以致水源枯竭或者河流断流，致使水资源短缺，影响了当地经济社会的可持续发展和群众的生产生活。

（2）环境次生地质灾害型 主要指矿山生产诱发各类次生地质灾害，如由于地下采空，地面及边坡开挖，影响了山体、斜坡稳定，导致山体开裂、崩塌、地面塌陷、滑坡和泥石流、水土流失、尾矿库溃坝、诱发地震等地质灾害。生态脆弱地区开矿还易引起土地沙化，此外还可能发生矿井突水等环境事件。例如，绝大多数小矿山没有排石场和尾矿库，废石和尾砂随意排放，不仅占用土地，还造成水土流失，堵塞河道和形成泥石流。特别典型的是南方离子型稀土矿床，矿石私挖滥采，漫山遍野地露天挖矿，使山体植被与含有植物养分的腐殖土层及红色黏土层被大量剥光，土地已失去了原有的生态平衡，造成水土严重流失。

（3）环境污染型 主要指由于矿业活动引起的水污染、土壤和植被污染、大气污染和对人体健康的影响等。

水污染主要由于采矿和选矿活动，使地表水和地下水呈酸性、并含有重金属和有害元素，这种污染的矿山水通称为矿山污水。我国国有大、中型选矿厂对选矿废水的处理虽然做了一些工作，但达标排放、零排放的企业为数不多。一些中、小型选矿厂，生产设备落后，技术水平低，大多数没有水处理装置，选矿废水不经任何处理随意排放，污染了水体和土壤。矿山污水危及矿区周围河道、土壤甚至破坏整个水系，影响生活用水、工农业用水。当有毒元素、重金属侵入食物链时，会给人类带来潜在的威胁。

矿业活动引起的大气污染主要指露天采矿及地下开采工作面的钻孔、爆破以及矿石、废石的装载运输过程中产生的粉尘，废石堆（特别是煤矸石）的氧化和自燃释放出的大量有害气体，洗煤厂排放的煤尘，焦化厂及土焦厂的油烟，水泥厂的岩尘等废石风化形成的细颗粒物和粉尘，以及尾矿等，在干燥气候与大风作用下会产生扬尘甚至尘暴等，污染区域的大气环境，严重影响人畜健康。

五、我国矿产资源的开发利用和保护

矿产资源开发作为国民经济与社会发展先行的基础面临着新的挑战。一方面工业化和人口增长要求不断扩大矿产资源的有效供给，大力发展矿业；另一方面经济建设与资源、环境协调发展的压力进一步加大，矿产资源的开发利用方式、管理方式也需要进行根本性的变革。更加迫切需要我们从国情和矿情出发，深入研究探索矿产资源的开发与保护并重，人类、资源、环境相协调，有利于经济社会可持续发展的矿产资源开发和管理之路。

①树立矿产资源忧患意识，增强全民保护和合理利用矿产资源的自觉性。

②加强法制建设，增强法制意识，加大执法力度，实现有效保护和合理利用矿产资源。

③加强矿产资源规划的编制和实施力度。

④依靠科学技术，提高保护和合理利用矿产资源的水平。

⑤加强对矿山生态环境的保护，促进经济与社会可持续发展。

⑥大力发展循环经济，提高矿产资源的利用效率。

第二节 能源资源

随着生产力的不断发展，人类对能源的需求与依赖也越来越大。18世纪蒸汽机的发明将

热能转化为机械能，带来了第一次工业革命。使人类开始进入现代文明。20世纪进入了石油与电力的时代。21世纪中叶以后，人类掌握了核能技术，带来二次大战后科学技术的又一次突飞猛进。所以说，能源是人类文明的动力，能源历史一次又一次的重大突破实际上也是整个人类社会发展进程中的一个个里程碑。

一、能源资源的基本概念和分类

1. 能源资源的概念

《大英百科全书》对能源一词的解释为“能源是一个包括所有燃料、流水、阳光和风的术语，人类采用适当的转换手段，给人类自己提供所需的能量”。在《现代汉语词典》中，对能源的注解是“能产生能量的物质，如燃料、水力、风力等”。此外，有关能源的其他表述如“能量是指提供某种形式能量的物质或物质的运动”、“凡是能直接或者经过转换而获得某种能量的自然资源通称为能源”、“能源是可以从其中获得热，光和动力之类能量的资源”。不论何种表述其内涵都是基本相同的，即能源就是能量的来源，是提供能量的资源。能源的一般定义为：“在自然界里有一些自然资源本身就拥有某种形式的能量，它们在一定条件下能够转换成人们所需要的能量形式，这种自然资源就是能源”。如煤、石油、天然气、太阳能、风能、水能、地热能、核能等。

2. 能源资源的分类

能源主要来自煤、石油、天然气和油页岩等不可再生的可燃有机矿产，也包括生物质能、水能、地热能、风能、潮汐能、太阳能以及核能等。目前人类所利用的能源90%以上是煤、石油和天然气，它们是在不同的地质年代里由动植物残骸等有机质转变形成的。

由于能源的形式多种多样，人们从获得方法、利用程度、是否再生、对环境污染状况等角度对能源进行了分类，如一次能源和二次能源，常规能源和新能源，可再生能源和不可再生能源，清洁型能源和非清洁型能源等（表7-3）。

表7-3 能源的分类

按使用状况分类	按性质分类	按能源获取方法的分类	
		一次能源	二次能源
常规能源	燃料能源	泥煤、褐煤、烟煤、无烟煤、石煤、油页岩、油砂、生物燃料、天然气水合物（化学能），原油、天然气（化学能、机械能）	煤气、余热、焦炭、汽油、煤油、柴油、重油、液化石油气、丙烷、甲醇、酒精、苯胺、火药（化学能）
	非燃料能源	水能（机械能）	电（电能），热水（热能），蒸汽、余热（热能、机械能）
新能源	燃料能源	核燃料（核能）	沼气、氢（化学能）
	非燃料能源	太阳能（辐射能），风能、潮汐能、海流、波浪动能（机械能），地热能（热能），海洋温差能（热能、机械能）	激光（光能）

资料来源：黄素逸，高伟. 能源概论. 北京：高等教育出版社，2004.

一次能源是指从自然界直接取得，而不改变其基本形态的能源，有时也称初级能源，如煤、石油、天然气等；二次能源是指经过加工，转换成另一种形态的能源，如电、蒸汽、焦炭等；常规能源是指当前被广泛利用的一次能源，如煤、石油、天然气、水能等；新能源是目前尚未被广泛利用，而正在积极研究以便推广利用的一次能源，如太阳能、潮汐能、核燃料等；可再生的能源是能够不断得到补充的一次能源，如水能、风能、太阳能等；不可再生能源是须经地质年代才能形成而短期内无法再生的一次能源，但它们又是人类目前主要利用的能源，如石油、煤、天然气等；清洁型能源即对环境无污染或污染很小的能源，如水能、电力和太阳能等；非清洁型能源即对环境污染较大的能源，如煤炭、石油等。

应当指出，当一次能源转换为二次能源时，转换效率很低，约有一半以上的能量被浪费了。例如，当以热能转变为机械能时，以现代最先进的蒸汽机而言，其热利用率不超过45%；以一次能源转换成电能，其平均有效利用率只有37%，这种转换损失，是自然界一切自动过程进行后的必然结果。当然，尚有可能通过科学研究，提出更有效的措施，尽可能提高转换率的水平，以使能源发挥更大的作用。

二、能源资源的生产与消费现状

1. 世界能源资源

随着工农业生产的迅速发展和交通工具数量的增加，世界能源消耗速度急剧增加，尤其是发达国家，个人能源消耗水平越来越高，造成发达国家能耗很大。能源消耗最多的是美国，按人均能耗来计算，1986年美国人均耗能是发展中国家的34倍，是世界平均耗能的5倍。反映出世界能源消耗的极端不平衡，20世纪80年代只占世界人口23%的发达国家却消耗了世界能源消耗量的77%。

世界能源资源的空间分布也不均衡。例如，石油储量最多的地区是中东，占56.8%；天然气和煤炭储量最多的是欧洲，各占54.6%和45%。亚洲、大洋洲除煤炭稍多(占18%)外，石油、天然气都大约只有5%。

从能源结构上看，当今世界人类使用的能源最主要的还是不可再生的能源，如石油、天然气、煤炭等，它们约占能源总消耗量的90%左右，而再生能源如水力、植物燃料等只占能源总消耗量的10%左右。石油是现代世界消耗最多的一种能源，这是由于发达国家工业发展很快，石油消耗量很大，致使石油消耗比例增加，改变了20世纪60年代前以煤为主的能源结构。特别是美国和日本等国。例如，日本石油占能源总消费量的75%，天然气虽然使用方便，对环境污染也较少，但因受到产地和运输的限制，所占的比例仍不如煤炭多，而居于第3位。但第三世界国家如我国、印度等还是以燃煤为主。能源是以化石能源为主，而对核能和水力能的消耗比例，即使在发达国家也不高。简言之，世界能源资源消耗的特点如下。

(1)能源主要来自一次不可再生能源　即石油、煤、天然气及常规核燃料等。20世纪70年代和80年代以前，世界在一次能源消耗结构中，石油比例最大，占40%以上，其次是煤，占20%以上，再次是天然气，占10%以上。

(2)能源消耗水平差异甚大　占世界1/4的工业化国家，消耗世界能源的3/4，其中，占世界人口5%的美国，能源消耗却占世界的25%。发展中国家能源消耗普遍较低。占世界人口15%的印度，却只消耗世界能源的1.5%，中国的人均能源消耗不到世界人均能耗的1/3。

(3)世界能耗在继续增长　虽然，自1972年以来工业化国家的能耗程度(指能源消耗与国民生产总值之比)有所下降，但是，由于人口增长和发展中国家能耗的需求，世界平均能耗强度仍在继续上升。能源消耗指数从1980年到1989年增长了17.8%，达103.3亿t标准煤。

2. 我国能源资源

中国能源工业发展很快,保障了我国经济的快速发展。中国的能源形势可以概括为资源丰富,分布不均,形势严峻三个特点。

中国是世界第一产煤大国,也是煤炭消费的大国。煤作为中国最主要的能源,资源量大(表 7-4)。中国已探明储量 800 亿 t 以上,居世界前列。主要分布在北方各省和西南的云、贵、川地区,尤其以北方的内蒙古、山西、陕西、新疆储量最丰。山西煤产量居全国之首。山西河东煤田、陕西笺横煤田、新疆大南湖、准噶尔煤田都是储量 100 亿 t 以上的特大煤田。

表 7-4 我国能源生产总量及构成

年份	能源生产总量(以标准煤计)/10^4 t	占能源生产总量的比重/%			
		原煤	原油	天然气	水电、核电及其他能源
1978	62 770	70.3	23.7	2.9	3.1
1980	63 735	69.4	23.8	3.0	3.8
1985	85 546	72.8	20.9	2.0	4.3
1990	103 922	74.2	19.0	2.0	4.8
1995	129 034	75.3	16.6	1.9	6.2
2000	135 048	73.2	17.2	2.7	6.9
2005	216 219	77.6	12.0	3.0	7.4
2006	232 167	77.8	11.3	3.4	7.5
2007	247 279	77.7	10.8	3.7	7.8
2008	260 552	76.8	10.5	4.1	8.6
2009	274 619	77.3	9.9	4.1	8.7

注:电力折算标准煤的系数根据当年平均发电煤耗计算。

数据来源:中国能源统计年鉴 2010 和中国统计年鉴 2010.

石油的状况比煤要紧张得多。一些老油田已开采了近 40 年,早已进入老年期,现在靠消耗大量电力注水以维持产量,胜利油田和大庆油田加起来占了全国产量的 2/3 以上。其他一些都是中、小油田,规模有限。近年来在西部地区和海上油气勘探有大的突破。

我国目前所发现的气田大都是中小型的,储量一般只有几亿、十几亿立方米,1999 年发现了储量为我国最大的气田,即新疆塔里木盆地北部库车坳陷的克拉克气田,储量达 2 056 亿 m^3。我国核电站建设有了开创性的突破,秦山和大亚湾核电站的建成实现了我国核电能的突破。在我国还有一类能源具有相当的潜力,但长期以来并未给予足够的重视,这就是所谓低热值能源油页岩、泥炭、石煤、煤矸石等。以油页岩为例,我国现有探明储量达 300 多亿 t。除了上述传统能源外,还有各种极其丰富的能源有待开发利用,如太阳能、水能、风能和生物能等。

我国能源生产总量及构成,如表 7-4 所示。将 1978 年、1988 年、1998 年和 2009 年对比,中国的能源结构中原煤占能源生产总量的比重分别为 70.3%、73.1%、73.3%和 77.3%,原油占能源生产总量的比重分别为 23.7%、20.4%、17.7%和 9.9%,天然气占能源生产总量的比重分别为 2.9%、2.0%、2.2%和 4.1%,水电、核电及其他能源占能源生产总量的比重分别 3.1%、4.5%、6.8%和 8.7%。这些数据也表明了,我国加快核电、水电建设,加快天然气勘探,增加了其在能源结构中的比例,反映了中国作为世界上最大的煤炭消费国,其能源结构的逐步改善。

我国能源生产和消费具有如下特征：①20世纪50年代石油靠进口，60年代自给，70年代煤炭、原油和石油制品均有出口（后来又出现石油制品再度进口）；②以煤为主的能源结构面临严峻挑战，2009年我国能源消费结构是煤炭占70.4%，石油占17.9%，天然气为3.9%，水电为7.8%（表7-5）；③农村居民的生活所需能源以生物质能为主，严重破坏生态环境；④人均能耗低而单位产值能耗高，因而，能源利用率亟待提高。

表7-5　中国能源消费总量及构成

年份	能源消费总量（万吨标准煤）/10^4 t	占能源消费总量的比重/%			
		煤炭	石油	天然气	水电、核电及其他能发电
1980	60 275	72.2	20.7	3.1	4.0
1985	76 682	75.8	17.1	2.2	4.9
1990	98 703	76.2	16.6	2.1	5.1
1995	131 176	74.6	17.5	1.8	6.1
2000	145 531	69.2	22.2	2.2	6.4
2005	235 997	70.8	19.8	2.6	6.8
2006	258 676	71.1	19.3	2.9	6.7
2007	280 508	71.1	18.8	3.3	6.8
2008	291 448	70.3	18.3	3.7	7.7
2009	306 647	70.4	17.9	3.9	7.8

注：采用发电煤耗计算法。数据来源：中国能源统计年鉴2010.

三、能源资源的开发和利用问题

能源是国民经济的命脉，在社会可持续发展中起着举足轻重的作用。从20世纪70年代以来，能源就与人口、粮食、环境、资源被列为世界上的五大问题。

1. 世界能源问题

(1)能源资源储量有限　世界经济的现代化，得益于化石能源（如石油、天然气、煤炭与核裂变能）的广泛应用，因而它是以化石能源为基础的一种经济。然而，化石能源的未来不容乐观，19世纪70年代的产业革命以后，全球的化石燃料需求急剧增大。时至今日，地质学家和经济学家都在评估地球化石能源开始匮乏的时间，表7-6列举了主要能源的储量可用的年限，可见，化石能源将耗尽是无可争辩的事实。

表7-6　常规能源占全球能耗比例及可用年限

能源结构	占全球能耗的比例/%	可使用年限/a
煤炭	25	220
石油	32	40
天然气	17	60

资料来源：钱易，唐孝炎. 环境保护与可持续发展. 北京：高等教育出版社，2010.

(2)能源危机　世界性的能源问题主要反映在能源短缺及供需矛盾所造成的能源危机。一次能源危机是20世纪70年代世界上的一次经济大危机，它使此前20年靠廉价石油发家的西方发达国家受到极大的冲击，严重地影响了那些国家的政治、经济和人民生活，实质上是石油危机。石油燃烧效率高、污染低，便于运输、使用、储存，又是多种化工产品的重要原料，特别在交通运输方面是不可替代的燃料。从长远看，无论如何要降低对石油的依存度，调整能源结构，因为依靠大量采用廉价石油作为主要能源，来促进国民经济迅速增长的情况将不会再度出现，而且继续依靠石油来满足不断增长的能源需求的日子也不会持续太久。这正是世界能源所面临的主要问题之一。

(3)能源利用引起的环境问题　世界能源面临的另一问题是，能源利用会产生出一系列的环境问题，如温室效应、酸沉降等，能源的开采等过程中也会造成植被破坏、水土流失等生态问题。随着经济的发展和生活水平的提高，人们对环境质量的要求也越来越高，相应的环保标准和环保法规也越来越严格。由于能源是环境的主要污染源，因此为了保护环境，世界各国不得不在能源开发、运输、转换、利用的各个环节上投入更多的资金和科技力量，从而使能源消费的费用迅速增加。能源与经济、环境与社会问题交织在一起，对人类可持续发展提出了严峻的挑战。

(4)开发前景不容乐观　随着化石燃料资源的消耗，易于探明和开采的燃料已逐渐减少，特别是石油和天然气。因此，能源资源的勘探、开采也越来越难，投入资金多，建设周期长，科技含量高，既是今后能源开发的特点，也是世界性的能源问题。

2. 我国能源问题

(1)人均能源资源和人均消费量相对不足，资源探明程度低　我国常规能源资源的总储量就其绝对量而言，是较为丰富的，然而，由于我国人口众多，就可采储量而言，人均能源资源占有量仅相当于世界平均水平的1/2。且化石能源勘探程度低，资源不足，例如，人均煤炭探明可采储量仅为世界人均平均值的1/2，石油仅为1/10左右。中国能源消耗总量仅低于美国居世界第2位，但人均耗能水平很低，是工业发达国家的1/5左右。

(2)能源生产消费以煤为主　我国能源生产和消费构成中煤占有主要地位。2009年，原煤生产总量在能源生产总量的比重为77.3%，在能源消费结构中所占比重为70.4%。全国直接燃烧煤炭占总煤耗量的84%，与世界能源构成相比，我国煤炭的比重比世界平均水平高1倍以上。燃煤对我国城市的大气污染尤为严重，从而给环境保护带来极大的压力。

(3)能源资源分布不均，交通运力不足，制约了能源工业发展　我国能源资源的空间分布呈“西富东贫”，大多远离人口集中、经济发达的东南沿海地区。如煤炭资源多集中于华北地区，水电资源多集中于西南地区，而能源的消耗地则分布在东部经济较发达地区。这种不合理格局大大增加了能源输运的压力，形成了“西电东送”、“北煤南运”、“西煤东运”的输送格局。造成能源输送损失和过大的输送建设投资，严重制约了煤炭工业的发展，也造成了电力供应的紧张。

(4)能耗水平高，能源利用率低下　与工业国家相比，我国能源系统的总效率不及发达国家的一半。工业部门消耗能源占有很大的比重，工业单耗比工业发达国家高出30%～90%。而交通运输和商业民用的消耗较低。我国的能耗水平高反映了我国产业结构不合理、工业生产中的工艺设备落后等问题。

(5)农村能源问题突出　第一，农村能源短缺，我国农村使用的能源以生物质能为主，特别是农村生活用的能源更是如此。据农业部统计，中国农村生活用能的2/3依靠薪材和秸秆，煤炭供应不足，优质油、气能源的供应严重短缺，但是，过度的燃烧薪柴造成大面积植被破坏，引起了水土流失和土壤有机质减少；第二，随着农业生产机械化和化学化的发展，农业生产的能耗量急剧增长；第三，乡镇工业能耗直线上升，能源利用率严重低下。据统计，全国乡镇企业平均单位产值能耗比国有企业高50%以上。

(6)从能源安全角度考虑，面临严重挑战　能源安全是指保障能源可靠和合理的供应，特别是石油和天然气的供应。我国自1993年从石油净出口国变为净进口国以来，石油进口依存度(净进口量占消费量的比重)呈上升趋势。2000年进口依存度已达到30%，预计2050年将达到50%。在国际风云变幻的世界上，保障石油的可靠供应对国家安全至关重要。这是我国能源领域面临的一项重大挑战。

四、能源资源的开发和利用对环境的影响

能源是实现国民经济现代化和提高人民生活水平的物质基础。人均能源消耗量是衡量现代化国家人民生活水平的主要指标。人类不断地开发利用能源，形成了当今社会高度发达的物质文明和精神文明。能源作为人类赖以生存的基础，其开采、输送、加工、转换、利用和消费的过程都直接或间接地改变着地球上的物质平衡和能量平衡，必然对生态系统产生各种影响，成为环境污染的根源之一。

能源对环境的污染主要表现在导致温室效应、酸雨、热污染、放射性污染等方面。具体论述如下。

(1)城市大气污染　一次能源利用过程中，产生大量的CO、SO_2、NO_2、尘及多种芳烃化合物已对一些国家的城市造成了十分严重的污染，不仅导致对生态的破坏，而且损害人体健康。

(2)增加大气中CO_2等温室气体的积累，温室效应增强　化石燃料燃烧所放出的CO_2(约占CO_2排放总量的70%)，和地球植被的破坏是CO_2浓度增加的主要原因。能源工业也是甲烷气体的一个重要的产生源(约占总量的20%)。此外与化石燃料有关的产业(包括原煤开采、石油和天然气在输送时的泄漏等)亦是温室气体增加的重要原因。据统计，全球每年因燃烧而产生的CO_2就高达6×10^9 t。工业革命前，大气中的CO_2按体积计算是每100万大气单位中有280个单位的CO_2。之后，由于大量化石能源的燃烧，大气CO_2浓度不断增加，1988年已达到349个单位，如果大气中CO_2浓度增加1倍，全球平均表面温度将上升1.5～3℃，极地温度可能上升6～8℃。这样的温度可能导致海平面上升20～140 cm，将对全球许多国家的经济、社会产生严重影响。

(3)酸雨　化石能源的燃烧，特别是煤炭燃烧所产生的SO_2和NO_x是产生酸雨(pH小于5.6降雨)的主要原因之一。这些污染物通过大气传输，在一定条件下形成大面积酸雨，改变酸雨覆被区的土壤性质，危害农作物和森林生态系统，改变湖泊水库的酸度，破坏了水生生态系统，腐蚀建筑材料和工业设备，影响人体健康。

(4)热污染　“热污染”也是一种严重威胁人类生存和发展的新的环境污染。所谓热污染，是指日益现代化的工农业生产和人类生活中排放的各种废热所造成的环境污染。热污染可以污染水体和大气。水体热污染首当其冲的受害者是水生物。由于水温升高，一方面导致水中的含氧量减少，水体处于缺氧状态；而另一方面水温升高又会使水生物代谢率增高而需要更多的氧。随着人口的增加和能耗的增长，城市排入大气的热量日益增多。

按照热力学原理，人类使用的全部能量终将转化为热，传入大气，逸向太空。这种对大气

的热污染会造成大城市的所谓“热岛效应”，即城市气温比城市郊区气温高出好几摄氏度，使一些原本十分炎热的城市变得更加炎热。城市气温过高会诱发冠心病、高血压、中风等，直接损害人体健康。

(5)放射性污染　核能的开发和核技术在医疗、农业、工业和科学研究中的应用，在带给人类巨大利益的同时也造成了对环境的污染。这种环境污染主要是放射性污染。从污染物对人和生物的危害程度看，放射性物质要比其他污染物严重得多。尽管在反应堆方面已有了安全保障，但是，世界范围内的民用核能计划的实施，已产生了上千吨的核废料。这些核废料的最终处理问题并没有完全解决。这些废料在数百年里仍将保持着有危害的放射性。

能源对环境的影响是综合性的，化石燃料燃烧时排放的大量粉尘、SO_2、H_2S、NO_x 等除了污染环境外，还会影响人体健康。并且其中 N_2O 的大量排放还会引起臭氧层的破坏。

五、能源资源的开发利用前景

1. 能源开发利用前景

目前全世界以煤为主的化石能源至少还要维持人类二三百年的需要，但如果核能利用的技术得到解决，则现在的能源可供全世界消耗二三百万年，而所谓能源危机的悲观前景也就消失了。但是，可供人类消耗的能源，包括太阳能，都受到许多具体条件的限制，难以做到随意供应。因此有必要慎重考虑人类在与自然界进行质能转换时，尽量降低不可再生能源的消耗速度；充分利用可再生能源以促进其循环再生；同时减少能源消耗对环境的危害，以达到人类对于自然环境的持续利用。未来的能源政策是以可再生能源为基础，提高能源利用效率，节约能源，缓解能源供求矛盾，减少环境污染。

2. 能源发展对策

(1)改善能源结构、提高能源利用率　为了解决我国能源结构以煤为主的状况，减轻能源对环境的压力，必须扩大其他能源的比例，包括优先发展优质、洁净能源，如水能和天然气；在经济发达而又缺能的地区，适当建设核电站；进口一部分石油和天然气等。提高能源利用效率减少浪费是未来能源的关键。我国能源利用率约30%，发达国家为40%以上，美国为57%。因此，能源的利用具有极大的“能效”潜力。如热电厂的余热可以为其他工业和居民区使用，使热利用率提高，否则排入环境中，不仅是浪费，而且能引起热污染。可以通过改进工艺措施、发展节能技术、调整高耗能工业的产品结构等措施，提高能源利用率，减少常规能源的消耗。

(2)积极开发利用新能源　如太阳能、风能、地热能等，以补充常规能源的不足。例如太阳能就是重要的新能源，自然生态系统所需的全部能量均来自于太阳能，即使目前使用的化石能源也是一种过去储存的太阳能。太阳能的利用具有一定的优越性，它不仅是用之不尽的可再生能源，而且属于清洁能源，减少环境污染。

(3)加速实施洁净煤技术　所谓洁净煤技术，是指在减少污染和提高效率的煤炭加工、燃烧、转换和污染控制新技术的总称，是世界煤炭利用技术的发展方向。煤炭在相当长一段时间内仍是我国最主要的一次能源，因此，除了发展煤坑口发电，以输送电力来代替煤的运输外，加速实施洁净煤技术是解决我国能源问题的重要举措。

(4)加快电力发展速度　在国民经济中，电力必须先行。应根据区域经济的发展规划，建立合理的电源结构，提高水电的比重。加强区域电网，增加电网容量，扩大电网之间的互联和大电网的优化调度。

(5)建立合理的农村能源结构，扭转农村严重缺能局面　因地制宜地发展小水电、太阳灶、太阳能热水器、风力发电、风力提水、沼气池、地热采暖、地热养殖、种植快速生长的树木等是解决我国农村能源的主要措施。此外提高农村生活用能的质量也是非常重要的，如推广节柴灶。

(6)重视能源的环境保护　防止能源对环境的污染将是能源利用中长期的任务，任重而道远。

第三节　矿区环境治理与生态恢复

一、矿区环境破坏现状

1. 矿区环境破坏的总体特征

从总体来看，我国矿产资源开发造成的矿区环境问题表现在以下 4 个方面。

(1)采矿占用和破坏土地　我国因采掘工业以及烧砖制瓦、电力等行业生产活动占用土地约 333 万 hm^2，仅矿业生产每年就新增废弃地 4.6 万 hm^2。在我国人口众多，人均耕地不足 0.09 hm^2，致使人地矛盾不断加剧。矿山开采造成的占用土地、破坏土地有四种情况：即露天开采挖损土地，尾矿场、废石场(排土场)压占土地，矿山的工业建筑、民用建筑和道路等占用土地，以及地下开采造成地面塌陷，进而导致土壤发生水渍化、盐渍化、裂缝和地面倾斜等。

(2)次生地质灾害　包括水土流失、滑坡、泥石流、崩塌等。矿山开采过程中，由于表土剥离，植被破坏，以及大量堆积弃石，在雨水侵蚀条件下极易形成水土流失和泥石流，这不仅吞没了大量土地，堵塞河床和污染土地，而且给自然环境和人们的生产活动带来巨大的破坏和灾难。据有关资料统计，国有中型以上矿山企业次生灾害破坏土地总面积如表 7-7 所示。

表 7-7　次生地质灾害破坏面积　hm^2

项目	土壤侵蚀	土壤沙化	泥石流	崩塌	滑坡	总计
面积	17 063.7	743.5	460.9	349.5	577.8	19 195.4
占比例/%	88.9	3.9	2.4	1.8	3.0	100.0

资料来源：沈渭寿，曹学章，等. 矿区生态破坏与生态重建，北京：中国环境科学出版社，2004.

(3)污染自然环境，造成生态失调　矿产资源开发利用过程中产生的大量废气、废水、废渣等有害物质严重污染矿区的空气、水质和土壤，影响了矿区生物多样性的维持，严重威胁了动植物的生存。矿业废弃地的裸露和矿山排水还会继续加强这种破坏，再加上矿区生物多样性的损失往往是不可逆的，因此会造成更大范围内生物多样性减少和生态系统失衡。

(4)景观破坏与土地退化　无论是露天开采还是地下开采，均会破坏景观。以剥离挖损土地为主的露天开采，显著改变了地表景观；井下开采将矿物从地下采出后，其上覆岩层失去支撑，岩体内部应力平衡受到破坏，从而导致采空区上覆岩层发生位移、变形直至破坏，伴随着塌陷、裂缝、坡地等新地貌形态的出现。此外，矿山开采前一般多为森林、草地等自然植被覆被的山体，开采后砍伐森林，压覆、毁坏土地，山体遭到破坏，废石与垃圾堆置，严重破坏地表自然景观并改变了土地覆被，形成一个与周围环境完全不同甚至极不协调的外观。随着人们社会文化需求的提高，景观破坏越来越引起人们的重视。矿区土地退化现象的发生比较普遍，除上述现象外，还有干旱和半干旱地区的土地覆被变化导致的土地沙化，矿区污染物排放导致土壤环境质量下降等。

2. 矿区环境破坏的区域特征

从区域特征看，矿产资源开发造成的生态破坏，在不同的自然地理区表现不同。在西北青藏区，矿山占用和破坏以草地为主；在东北、华南、西南区以林地为主；长江中下游区则以耕地为主。华南、西南区露天开采占用的土地大于地下开采占用的土地，西北青藏区和长江中下游区地下开采占用土地大于露天开采占用的土地。矿山开发对景观的影响，在干旱、半干旱区表现为风蚀引起的土地荒漠化；在湿润地区，如华南、西南、长江中下游地区，表现为水土流失和水蚀引起的土地荒漠化，以及流域性的酸性废水和重金属污染。

我国矿山开发造成的土地破坏主要呈点状分布，广泛分布在我国的东部、中部地区，这与矿产开发的现状一致。在土地破坏面积较大的开采矿种中，北方以煤炭、铁矿为主，南方以有色金属矿为主。

二、矿区环境治理原则

矿产资源开发引起的环境问题的治理，应遵循以下 6 条原则。

1. 守法原则

国家已经逐步完善了相关法律体系，并以法律的形式确定矿山开采者对矿区环境破坏及其治理所应承担的责任，以法规的形式确定治理工作必须达到的环境质量标准。地方和行业也补充制定了相应的具有强制性的法规、规章、标准和制度，如果执法部门和矿产资源的开发者和从业者都能够严格执法和守法，矿产资源开发和利用过程中出现的环境问题，在很大程度上会得到遏制。

2. 环境影响与风险评价原则

在实施矿山开采活动前，应当根据有关法律、矿区各类资源赋存情况、开采活动可能引起环境影响特别是对生态破坏的类型和程度，以及开采者从事开采和生态重建的技术经济能力等，进行环境影响和生态风险评价。

3. 最少量化原则

改进技术并提高综合利用各种资源的能力，合理规划尽可能使开采所占用的土地最少，使开采过程造成的景观破坏、环境质量破坏和生物群落破坏最少，使矿山废弃物的生成量最少。

4. 资源化原则

资源化包括两层意思：其一是使受到破坏的土地、水域等，经过治理，能作为合格的自然资源再度具有生态价值和经济价值；其二是使开采活动产生的矿山废弃物在其他的工业活动中得以利用，成为资源。

5. 无害化原则

无害化原则是指对矿山废弃物进行的无害化处置。在多数情况下，矿山废弃物的利用率远小于它的生成率，即使经过再利用，仍会有相当数量的废弃物产生。对矿山废弃物的无害化处置，通常有两种方法：一种是去毒法，以化学方法或生物方法去除废弃物中的有害成分；另一种是隔离法，以物理方法阻止废弃物中的有害成分向周围环境渗漏。对于一些具有潜在资源价值，但在技术经济上一时难于开发的废弃物，隔离法是一种比较恰当而又经济的选择。

6. 生态系统的恢复和重建原则

生态系统的恢复和重建原则是矿山环境治理对策中最重要和最基本的内容，包括采矿地环境质量的恢复以及生物群落的恢复和重建。在任何情况下，采矿活动都会造成土地、环境质量以及生物群落的破坏，而且这些破坏往往是数量极大的。最小量化原则、资源化原则和无害化原则只能在一定程度上减缓这些破坏，但远不能取代生态系统的恢复和重建。

在上述六条原则中，守法原则和风险评价原则，在发达国家已实施多年；最少量化原则和资源化原则是在考虑资源环境问题时为限制污染生成量而提出的，也已成为国际社会普遍接受的通则，目的是确保矿山开采活动对生态资源和环境的破坏程度最低；无害化原则与生态系统恢复和重建原则，早已为致力于环境保护的生态学家们所倡导。“无害化”和“生态系统的恢复和重建”两项原则可以视为矿山环境生态重建的两根支柱。

三、矿区生态恢复的理论和方法

1. 矿区生态恢复的理论研究

矿区生态恢复研究是恢复生态学研究的一个重要方面。关于恢复生态学研究可追溯到100多年前的土地、草原、森林和野生生物等自然资源管理研究，其中20世纪初的水土保持、森林砍伐后再植的理论与方法在恢复生态学中沿用至今。早在20世纪50年代，欧洲、北美和我国都注意到了各自的环境问题，开展了一些工程与生物措施相结合的矿山、水体等环境恢复和水土流失的治理工程，并取得了一些成效。从20世纪70年代开始，欧美一些发达国家开始水体恢复研究。20世纪80年代，出现恢复生态学(Restoration Ecology)专著，从理论与实践两方面研究生态系统退化、恢复、开发和保护机理问题。当前在恢复生态学理论和实践方面走在前列的是欧洲和北美，在实践中走在前列还有新西兰、澳洲和我国。其中欧洲偏重矿地恢复，北美偏重水体和林地恢复，而新西兰和澳洲以草原管理为主，我国强调农业综合利用。

(1)以可持续发展为主导思想的理论研究　正是在可持续发展理论的指导下，各国对矿区生态恢复提出了更高要求：①加强对采矿前后生态资源的调查和研究。对野生动植物的种类，在采前采取积极的保护措施，采后采取挽救措施。②在进行重建时，使新建景观和周边景观和谐地融合在一起，并有较高的经济、生态和美学价值。③自然保护、物种保护和经济用途在景观生态重建过程中具有同样重要的地位。为保护本地动物、植物物种而构建的生态空间，是生态恢复方案不可分割的组成部分。除了农、林用地外，应构建自然保护区和自然保护优先区，使得物种的多样性，基因资源得到保护和增多。④生态恢复是对矿区采矿迹地状况的改善，环境的保护，同时也为经济发展提供了基础。

(2)以矿区土地复垦、生态演替为基础的理论研究　土地复垦是生态恢复的核心内容。我国将土地复垦定义为：“对生产建设过程中，因挖损、塌陷、压占等造成破坏的土地，采取整治措施，使其恢复到可供利用状态的活动”。近年来，土地复垦基础理论研究在如下几个方面取得了一些进展，包括采矿的空间规划和企业规划对土地复垦的指导作用；土地复垦与采矿工艺的有机结合使采矿损失土地生产能力最小化；农、林复垦用地表土层的重构以及土地生产力提高。

生态演替理论是矿区生态恢复理论的基础。生态演替理论以为，在退化生态系统中的植被恢复是恢复生态学的首要工作，因为所有的自然生态系统的恢复和重建，总是以植被的恢复为前提的。植被恢复是重建任何生物群落的第一步，它是以人工手段促进植被在短期内得以恢复。从理论上说,只要不是在极端的条件下,没有人为的破坏,经过一定的时间,植被总会按照自然的演替规律而慢慢恢复的,但通常这个过程太漫长。

(3)以废弃矿区景观构造为主的理论研究　随着社会生活水平的逐步提高,人们对娱乐休闲场所的需求急剧增加。与此相适应,景观生态重建的目的也发生了改变。这使得进行土地复垦时,要考虑建立娱乐休闲场所,以满足人们的要求。矿区开采虽然破坏了土地和地面景观,但景观生态重建为人们合理规划土地用途,建立新景观提供了机会。因此,景观生态重建的理论研究更多地放在对地面景观的重塑和休闲场所的建立上。景观学和景观建筑学的思想被引入到景观生态重建中。在对林地、水域及休闲用地建设时,既使其满足休闲用地的功能,如作为公园、运动场地、露宿营地、研究和观察自然生态用地等,也顾及到美学方面的要求。其理论研究重点为:景观规划;休闲场所的林地和水域的构建;人为景观的质量和其对娱乐休闲产业的意义;娱乐休闲用地和矿区生态保护;娱乐休闲场地和自然保护区的协调统一;人为景观与周边环境的融合和协调等。

(4)高兹的生态重建理论研究　高兹是法国社会学家、哲学家、存在主义和生态学马克思主义代表人物。资本主义经济合理性以利润最大化为目标,结果导致生态平衡的破坏,这就要求限制经济合理性,使生产更多地考虑生态问题。因此,高兹所说的生态重建是针对资本主义经济合理性来说的,主要指的是"经济的生态重建"。这里将其列为矿区生态恢复的理论提出目的在于提醒人们资源利用观念的转变,使资源开发、生态环境与人类进步和谐统一。

2. 矿区生态恢复

(1)尾矿的综合利用　未经处理或再利用的尾矿不仅占用了大量土地而且还污染环境,因此尾矿的综合利用与治理是从源头上控制污染的重要措施。尾矿的利用包括:①从废弃物中进一步回收有价元素,回收过去不能或容易忽略的矿石共生组分,既降低了成本,还减少环境污染。如德兴铜矿是世界级特大型低品位斑岩铜矿之一,不仅能生产铜精矿,而且研制出了旋流器对硫进行综合利用与回收,大大提高了矿山经济效益,减少了环境污染。②作为二次资源制取新形态物质,把矿山废弃物及尾矿等作为二次资源进行物质转换,不仅能变害为利,更能降低有毒、有害物质对人类造成的伤害。如铬渣中含 Cr^{6+},是对人体危害最大的八种化学物质之一,有致癌作用,且 Cr^{6+} 的水溶性较强,无控制地堆积对环境造成极大危害。多年来,水泥行业多用矿渣作混合材料,但矿渣中的玻璃体含量较多,这就使水泥呈现早期强度太低,给工程带来不方便。研究表明,利用矿渣与铬渣结合物作混合材料不仅可以提高水泥的强度,还可使铬渣中的 Cr^{6+} 得到有效固化,解除毒性,具有重要的社会效益、环境效益和经济效益。③用做井下采空区的充填材料,由于种种原因,部分井下采空矿区需要进行一定充填,而废石与尾矿作为充填材料不仅能节省费用,还能减少环境污染。对尾矿的回收与利用必须视具体情况而定,对不同的尾矿采取不同的方法,为了达到回收与利用、减少环境污染的目的,应该遵循先实地考察,后具体分析,再试点应用,最后普遍实施的原则。

(2)土壤治理　矿山生态重建的重要环节之一是土壤治理,它包括矿山周围地区土壤质量的改善,覆被在土壤上的尾矿及废弃矿石堆性能的改良。

①矿区退化土壤的物理和化学修复,矿区土地的表土常常会流失或遭到破坏。粉碎、压实、剥离、分级、排放等技术被用于改进矿区退化土地的物理特性,实际操作还包括梯田种植、排流水道和稳定塘设施、覆被物或有机肥施用等。植物残体(如稻草或大麦草)可作为覆被物

将土壤表层与极端温度变化隔开，增加土壤的持水量和减少地表径流对土壤造成的侵蚀。施用有机肥可显著改善土壤结构性。土壤物理性修复与恢复的关键是覆被、培育与维持表土，改善土壤结构，建立植被覆被，有效控制土壤侵蚀。

多数矿区退化土壤缺乏有机质及其营养元素，如氮素等，需要土壤培肥。有机废弃物如污水污泥、垃圾或熟堆肥可作为土壤添加剂，并在某种程度上充当一种缓慢释放的营养源，同时可通过螯合有效态的有毒金属而降低其毒性。除有机添加剂以外，无机添加剂也可改善土壤特性，包括采石废弃物、粉碎的垃圾、煤灰、石灰、石膏、氯化钙和硫酸等。在有毒的尾矿废弃物上覆被一层如煤渣、钢渣等惰性材料，可防止有毒金属向表土层迁移，起到化学稳定修复作用。

专栏 7-3　矿区生态恢复有关的基本概念

排土场(废石场)　又称废石场，是指矿山采矿排弃物集中排放的场所。采矿是指露天采矿和地下采矿，包含矿山基建期间的露天剥离和井巷掘进开拓；排弃物一般包括腐植表土、风化岩土、坚硬岩石以及混合岩土，有时也包括可能回收的表外矿、贫矿等。

尾矿　选矿中分选作业的产物之一，其中有用目标组分含量最低的部分称为尾矿。在当前的技术经济条件下，已不宜再进一步分选。但随着生产科学技术的发展，有用目标组分还可能有进一步回收利用的经济价值。

矸石山　煤炭采矿和选矿中产生的废石堆积而成的，也可以作为尾矿的一种。

②矿区污染土壤的植物修复，对矿区重金属和有机物污染土壤需要先进行修复，然后才能利用。矿区土地的植物修复是指用绿色植物、土壤添加剂和农艺技术来去除、截留土壤中的污染物或使污染物无害化的过程及技术。通常利用对重金属有较高的耐受性、富集性或超富集性的植物来修复矿区重金属污染土壤(表 7-8)。

③矿区污染土壤的微生物修复，在矿山生态恢复中，微生物的恢复是至关重要的环节。不同的微生物对不同的污染物也有一定的适应性，因此微生物系统的恢复不仅要恢复该地区原有的微生物种群，而且要适当选择适应性强，能去除或减少污染物的微生物进行接种。许多细菌具有抗污染的特性，因此在污染区接种抗该种污染物的细菌是一种去除污染物的有效方法。如：在铁污染的土壤中可以接种铁氧化菌，不仅效果好，而且比传统的处理法在费用上节省了约 1/3；另外，利用铁氧化菌来处理含铁的硫酸性污染物的方法适用性广。对于许多有机污染使用该方法的效果较为明显。

④矿区污染土壤的植物-微生物及动物的协同修复　重金属污染土壤中的氮循环是受损生态系统恢复并保持长期稳定性的根本所在。豆科植物能够与根瘤菌形成固氮根瘤，并将氮气转化为氨，促进氮的循环和积累。因此，在矿区废弃土地中，寄主植物和根瘤菌的存活、生长、繁殖，形成根瘤菌-寄主共生协同关系的能力以及它们的固氮效率都非常重要。

菌根真菌与树根形成共生体，可以显著影响树木在污染土壤的生长，并减少树根对重金属的吸收。固氮细菌和菌根真菌的共接种可促进可持续发展生态系统的重建。然而，接种菌根来修复重金属污染土壤的应用还刚刚处于起步阶段。另外，其他土壤生物，例如蚯蚓，在维持土壤肥力方面的作用也不容忽视。

表 7-8 矿区污染土地的植物修复类型及其可处理的化学物

类型	过程和机制	处理化学品
植物固定	植物控制土壤和尾矿塘的 pH、气体、氧化还原状况，改变重金属存在状态。一些有机复合物的腐殖化	重金属、酚类和含氯的溶剂
植物提取	重金属、有机化合物和水一起被吸收，或通过阳离子泵、吸附等其他机制	Ni、Zn、Pb、Cr、Cd、Se，放射性核素、BTEX（苯、甲苯、乙基苯、二甲苯），五氯苯酚、短链脂类复合物
根际过滤	吸附或吸收在根部（或藻类和细菌）	重金属、放射性核素、有机复合物
植物降解	水生和陆生植物吸收、储存、生化降解有机复合物成为无毒的副产物。产物可被用于生成新的生物量，或被微生物进一步分解成毒性更小的产物。酶的生成和衰老有时也被某些植物用于代谢和解毒复合物。还原氧化酶依序作用于植物的不同部位	军需品（TNT、DNT、RDX、硝基苯、苦味酸、硝基甲苯、硝基甲烷、硝基乙烷），阿特拉津、含氯溶剂（四氯甲烷）、溴代甲烷、四溴甲烷、四氯乙烷、二氯乙烷，DDT、其他含磷、氯的杀虫剂，多氯联苯，苯酚
根际降解	植物分泌物、根坏死、及其他过程可提供有机碳和营养物刺激土壤细菌生长。根分泌物诱导酶生成，与菌根真菌等微生物共代谢。植物根减慢化学品的迁移。活的根可为好氧菌提供氧气，死的根有助于厌氧菌的生长	多环芳烃、BTEX、石油烃碳水化合物、高铝酸盐、阿特拉津、草不绿、多氯联苯、其他有机复合物
植物挥发	挥发性有机物和金属可被吸收、转变形态和挥发。一些有机复合物在大气中更易降解	含氯溶剂（四氯甲烷和三氯甲烷），Hg、Se

资料来源：黄铭洪，骆永明. 矿区土地修复与生态恢复. 土壤学报，2003，40(2)：161-169.

（3）植被恢复　矿山废弃物及尾矿经过长期的堆置会在其表面覆被一层植被。研究表明，矿山废弃时间在 4～5 年间，植物种类较少，且多为一二年生草本植物；植物种类增幅较大时期是 7～15 年间；而 15～38 年间植物种类数量增多的幅度较小。因此，人类是可以利用人工种植植被的办法来改善和恢复生态系统。生态系统的恢复应该以最少的投入，最短的时间而且获得最大的效益为前提，植被恢复也不例外。在调研基础上，综合考虑污染物、矿区地域选择生长快、适应性强、抗逆性好的植被是植被恢复中最为关键的一环。值得注意的是，不论矿区选择何树种，都不能单独种植。因为在某一环境内，任何生物的生存都离不开群落，这是由生物的多样性所决定的。因此，树种选好后只能作为优先树种来种植，要达到恢复自然植被群落的长久治理的目的，必须进行多种树种间种，并进行其他生物接种。

（4）土地复垦　矿区土地复垦是依据矿山生态学、土地经济学、环境科学、测绘学、土壤学及区域规划等理论，结合采矿工程特点，对采矿过程中因挖损、塌陷、压占等造成破坏的土地，采取整治措施，使其恢复到可供利用状态的活动。土地复垦不仅是一项综合工程技术，而且与矿区的社会经济发展密不可分，是一项耦合了社会、经济、资源与环境的系统工程。矿区土地复垦不仅是对土地、土壤、水、大气、生物等生态环境要素的单要素恢复利用，而且要求对景观生态系统的整体恢复与重建，并强调矿区与区域的综合协调。因此，矿区土地复垦是以人类发展为核心，对土地自然、经济与社会属性的综合整治，在消除环境危害的同时重建生态平衡，恢复土地的生物生产力与非生物生产力，且与周围景观价值相协调，因地制宜地综合利用矿区废弃自然要素，尤其是土地资源，实现矿区社会经济与生态环境的可持续发展。

矿区土地复垦原则应遵循以下原则：①根据复垦土地的条件，应因地制宜地用于农、林、牧、渔业，积极利用矿山废渣进行充填复垦，并且综合治理矿区环境；②符合矿区土地利用总体规划，并同当地自然环境相协调；③技术经济合理，根据自然条件和土地破坏类型、选择复垦后土地的作用，鼓励优先复垦为耕地和其他农用地；④注意保护土壤、水资源和生态环境，并防止二次污染；⑤兼顾国家、煤矿企业和当地农民利益，坚持经济效益、社会效益和环境效益相统一；⑥在确定复垦责任时遵循"谁破坏、谁复垦"的原则，注意调动各方面积极性搞好复垦工作。

土地复垦方法按复垦阶段或顺序分可为工程复垦和生物复垦；按工程方法或措施可分为充填复垦与非充填复垦；按复垦的目的或用途可分为建设用地复垦、农业复垦、林业复垦、渔业复垦、草地复垦、娱乐地复垦等；根据煤炭开采方法可分为露天矿复垦和井工矿复垦（专栏 7 - 4）。

目前，矿区土地复垦利用方面主要有农业、林业、渔业、建筑业和休息娱乐用地五种。在矿区土地复垦工程实践中，究竟选用哪种复垦方法，应根据具体的复垦条件，因地制宜地选择确定，可以是单一的方法，也可以是几种方法的组合复垦应用。注意土地复垦规定与当地的城市或农业用地规划相结合，以便以少的投入而取得良好的经济、环境和社会效益。

2011 年 3 月 5 日《土地复垦条例》（中华人民共和国国务院令，第 592 号）由国务院公布实施，标志着我国土地复垦工作向法制化、规范化道路迈进了一大步，对于保障发展、保证粮食安全、保护 18 亿亩耕地红线具有极为重要的意义。

四、我国矿区生态恢复模式

我国矿区的生态恢复始于 20 世纪 60 年代。到了 20 世纪 80 年代，我国矿区的生态恢复工作进入了有组织、有规模的阶段。目前，我国矿区的生态恢复主要在采矿造成的四种主要的破坏类型上进行。这 5 种主要的破坏类型是露天采矿场、废石场（排土场）、尾矿场（包括采煤中产生的矸石山）和地下开采造成的塌陷区。

1. 露天采矿场采空区的生态恢复

根据恢复目标不同可归纳为 4 种：①农林恢复模式，即将采空区充填，平整覆土用于农林；②蓄水恢复模式，以发展旅游、渔业开发、水源地、污水处理池为恢复目标；③挖深垫浅、综合利用的恢复模式；④天然植被恢复和人工促进植被恢复的恢复模式，主要适用于露天采矿场边坡，利用人工补给种源，以创造落种条件进行边坡处理。

2. 排土场(废石场)的生态恢复

主要以农林利用为主，所使用的植被恢复技术有：①排土场（废石场）稳定技术，即建立完善的排水系统，边坡生物防护体系，排土末期进行堆状排土等；②土壤改良技术，包括直接覆被土壤法和直接种植绿肥植物、利用生物活化剂、施有机肥以达到改良土壤目的的生物改良法。从管理方面，采用合理的轮作，倒茬和耕作改土，加快土壤熟化，增加土壤肥力；③植物种的筛选、种植及配置技术，根据露天矿排土场（废石场）条件的不同，选择适宜的林草。如位于土源缺乏区，含基岩和硬岩石多的废石场，种植抗逆性强的树种，对于位于丘陵地带，地表土较少及岩石易风化的废石场，稍作平整就可以直接种植抗逆性强、速生的林草，而表土丰富的废石场，则直接取土覆被，进行农林种植。

3. 尾矿场的生态恢复

包括尾矿场土壤的改良、植物的筛选与种植及其配置模式的选择。由于尾矿的机械组成单一，持水、持肥力差，pH 呈酸性、碱性，且含有过量的重金属及盐类，对植物的生长定居不利，因此必须进行改良。一般采用石灰中和酸性的尾矿、用石膏、氯化钙调节呈碱性的尾矿、对含毒重金属的尾矿，采用铺盖隔离层、覆土的方法。在植物的选择上，筛选生命力强、耐贫瘠的乡土树种，适当引入外来植物种。植物配置模式有林草型、草果型、农林型等。

4. 矸石山的生态恢复

也可以作为尾矿的一种，是以人工绿化为主。植被恢复技术有矸石山整地和侵蚀控制技术，采用穴状整地和梯田整地，采用秋整春种的方式进行；覆土技术，则根据矸石山表面的风化程度，分不覆土和覆不同厚度的土；在种植方式上，针对不同植物种，采取不同的种植方式，如常绿树种采用带土球移植、草本植物采用拌土撒播等。

5. 塌陷区的生态恢复

其恢复的目标有农业、建筑、水域（鱼塘、公园、水库）等。目前利用的方向趋向于综合利用。如非积水稳定塌陷地，将煤矸石、粉煤灰或其他物质（河、湖淤泥）充填于塌陷区内，整平覆土用于农业、林业的种植；而季节性积水稳定塌陷地采用农、林、渔综合开发生态恢复模式，采用挖深垫浅的方法，将塌陷下沉较大的土地挖深，用来养鱼、栽藕或蓄水灌溉，或者垫高下沉较小的土地，使其形成水田或旱地，种植农作物；常年积水稳定塌陷地，除发展渔业外，大面积的深水塌陷地还可建立水上公园、污水处理场、水库等（专栏 7 - 4）。

专栏 7 - 4　矿区土地复垦有关的基本概念

工程复垦　有时也称采矿复垦，是根据当地自然环境、社会经济条件、土地破坏情况，按照生态学、经济学、环境科学、土壤学、系统工程学及区域规划理论，结合采矿工程特点，采用工程设备和手段，对破坏土地进行的回填、复土、挖垫、平整及综合整治利用，是土地复垦技术的核心。

生物复垦　是利用生物措施恢复土壤肥力与生物生产能力的活动，是工程复垦结束后所进行的工作，它是实现废弃土地农业复垦的关键环节，主要内容有土壤评价、土壤改良方法、植被品种筛选和植被工艺。

充填复垦　是利用固体废物回填井工开采沉陷区或露天开采矿坑，恢复煤炭开采破坏的土地。

非充填复垦　是根据当地自然条件与土地破坏情况，因地制宜的采取整治措施，恢复煤炭开采沉陷、挖损和压占破坏的土地。

露天矿复垦　是对露天矿因开发而破坏和压占土地，采取整治措施，使其恢复到可供利用状态的活动。露天矿复垦又分为采场复垦和排土场复垦。

井工矿复垦　是对井工开采沉陷破坏和压占土地采取工程和生物措施，使其重新具有某种使用功能并产生效益。井工矿复垦又可分为沉陷区复垦和矸石山复垦。

农业复垦　是复垦后的土地用于农业种植，是沉陷区与排土场复垦的主要方面。它要求复垦的土地平整，土壤特性好，具有一定水力条件。工程复垦结束后还要及时进行有效的生物复垦，并应积极发展生态农业（即生态农业复垦）。

林业复垦　是复垦后的土地作为果园林地、坑木林地、防护林地等，是矸石山、排土场和粉煤灰分充填复垦的主要方面。允许地表有一定坡度。复垦树种以经济林木较多，对有害废弃物复垦的土地，一般栽种木材林及能吸收降解有害元素的树种。

思　考　题

1. 简述我国矿产资源的基本特点。
2. 简述我国矿产资源的总体态势。
3. 矿产资源开发利用过程中有可能产生哪些生态环境问题？
4. 简述中国的能源资源及其利用的特点。
5. 比较开发利用能源资源与其他矿产资源对环境影响的异同。
6. 如何进行矿区生态恢复？

参 考 文 献

[1] 陈洪治，李立志，李雪梅. 矿床学. 北京：地质出版社，2007.
[2] 陈英旭，林琦，张建英. 环境学. 北京：中国环境出版社，2001.
[3] 陈余道，蒋亚萍. 环境地质学. 北京：冶金工业出版社，2004.
[4] 胡明安，徐伯骏. 世界矿产资源概论(试用教材). 武汉：中国地质大学教材发行中心，2005.
[5] 黄铭洪，骆永明. 矿区土地修复与生态恢复. 土壤学报，2003，40(2)：161－169.
[6] 黄素逸，高伟. 能源概论. 北京：高等教育出版社，2004.
[7] 李树志. 矿区生态破坏防治技术. 北京：煤炭工业出版社，1998.
[8] 李秋元，郑敏，等. 我国矿产资源开发对环境的影响. 中国矿业，2002，2：47－51.
[9] 刘培桐. 环境学概论. 2 版. 北京：高等教育出版社，2005.
[10] 吕贻峰. 国土资源学. 武汉：中国地质大学出版社，2001.
[11] 潘懋，李铁峰. 环境地质学(修订版)，北京：高等教育出版社，2003.
[12] 彭建，蒋一军，等. 我国矿山开采的生态环境效应及土地复垦典型技术. 地理科学进展.
[13] 钱易，唐孝炎. 环境保护与可持续发展，北京：高等教育出版社，2010/2003.
[14] 沈渭寿，曹学章，金燕. 矿区生态破坏与生态重建. 北京：中国环境科学出版社，2004.
[15] 孙鸿烈，等，中国资源科学百科全书(上下). 中国大百科全书出版社，北京：石油大学出版社，2000.
[16] 刑立亭，徐征和，王青. 矿山资源开发利用与规划. 北京：冶金工业出版社，2008.
[17] 闫军印，丁超. 我国矿产资源开发利用的环境影响分析及对策研究. 石家庄经济学院学报，2008，31(5)：28－35.
[18] 杨树锋. 地球科学概论. 2 版. 杭州：浙江大学出版社，2001.
[19] 姚凤良，孙丰月. 矿床学教程. 北京：地质出版社，2006.
[20] 张国良，矿区环境与土地复垦. 北京：中国矿业大学出版社，1997.
[21] 周进生，王森. 矿区生态恢复理论综述. 中国矿业，2004，13(3)：10－12.
[22] 朱利东，林丽，等. 矿区生态重建. 成都理工学院学报，2001，28(3)：310－314.

第八章　农业生态系统物质循环与污染控制

第一节　农业生态系统的物质循环

一、农业、农业资源与农业环境

1. 农业的概念

农业是通过培育动物、植物、微生物等生物，为人类提供食品、纤维和其他产品及工业原料的产业。农业是支撑国民经济建设与社会发展的基础产业，包括种植业、养殖业和渔业。种植业又称植物栽培业，是指栽培各种农作物以及取得植物性产品的农业生产部门，其栽培对象包括农作物、林木、果树、药用、观赏和能源植物等植物的栽培。养殖业是利用畜禽等已经被人类驯化的动物，或者野生动物的生理机能，通过人工饲养、繁殖，使其将牧草和饲料等植物能转变为动物能，以取得各种畜产品的生产部门。种植业还包括了食用菌栽培等。种植业和养殖业为农业的两大支柱产业。此外，农业通常还包括渔业。渔业是指捕捞和养殖鱼类及其他水生动物及海藻类等以取得水产品的产业部门，又分为海洋渔业、淡水渔业。其中，人工饲养的水生动物，也是养殖业的一部分。农业各部门中，对环境影响较大的是以农作物、果树和蔬菜为作物对象的种植业和畜禽养殖业。

2. 农业资源

农业生产是人类有意识地利用动植物生长机能，以获得农产品的经济活动。一方面，农业是对自然资源和自然环境依赖程度最高的经济部门之一，其生产力水平和农产品质量在很大程度上受自然环境的制约；另一方面，农业的生物生产，特别是土地的农业利用，也对生态环境产生了重大影响。例如，对土壤覆被的改变、景观的破碎化、水自然循环过程的改变以及大量添加农用化学物质等对土壤、水和大气环境的影响等。

农业资源和环境条件是农业生产所依赖的物质基础。农业资源一般是指与农业生产相关的自然资源，包括土地、气候、生物、水资源和用于制造肥料的矿产资源等。其中，土地包括陆地和水面，生物资源包括森林资源、作物资源、牧草和饲料资源、野生及家养动物资源、渔业资源、微生物资源、遗传种质资源等。随着社会发展和科技进步，一些新的生物资源不断地被开发和利用，如作为开发生物质能所利用的能源生物资源、用于污染环境修复的植物和微生物资源、用于农作物遗传改良的野生植物资源等等。

农业资源还包括农业的社会经济资源，其中有农业人口和劳动力的数量和质量、农业技术装备、农业基础设施以及信息资源等。

3. 农业环境

农业生物赖以生存、生长、发育和繁衍后代的自然环境称为农业生物环境，又称农业环境。农业环境由自然环境和人工环境复合而成。其中，自然环境包括太阳辐射、温度、水分等气候因素，以及土地因素和自然界存在的非农业生产对象的生物因素。人工环境是指所有作物栽培、家畜与家禽的饲养、引种驯化、人工管理的森林、草地及自然保护区的一些控制、防护措施，以及水利设施等。我们经常提到的设施农业环境就是在人为营造和调控最佳的综合环境条件中，能够获得速生、优质、稳产、高产、低消耗和最大经济效益的人工环境。例如：现代化的集约式“畜禽舍”，就是最大限度节约饲料、能量，最有效地发挥畜禽的生产力，均衡获取高产优质产品的人工环境。生产蔬菜的日光温室是可以提高土温和气温，避免和减轻低温和夜间霜害，促进幼苗生长发育，争取稳产高产行之有效的人工环境。

农业环境有着自己的特点。

①农业生产活动，包括农、林、牧、副、渔业的生产活动领域非常广阔，由于自然条件的不同，形成了各种各样的局部区域农业环境的差异。

②农业环境是在一定程度上受人类控制和影响的半自然环境。一方面，人们为了追求高产优质而种植与养殖少数理想品种，改变了丰富多样的自然生物种群的结构，加上大量的农田管理措施使农业环境的生物多样性大量减少，缺乏自然生态系统那种对抗环境条件变化的强大“缓冲力”。另一方面，人类为了生存和生活需从农业环境生态系统中大量输出农副产品，又要以机械、农药、化肥等形式向农业环境大量投入。因此，现代农业环境系统成为一个物质和能量大量流进流出的开放系统，如果控制不当，容易使农业生态环境系统失去平衡，造成生态结构的破坏和环境质量下降。

③农业环境质量恶化是积累性的，一般不会在宏观上立即出现明显变化，只有通过科学的监测和分析才能捕捉其发生变化的踪迹。农业环境质量的变化不易觉察，但是农业环境质量在经历较长时间的积累表现出明显的质变以后，要恢复和改善是非常困难的。

二、农业生态系统

农业生物与农业环境共同构成了一个生态系统，称之为农业生态系统。农业生态系统是指在一定时间和区域内，人类从事农业生产，利用农业生物与非生物环境之间以及与生物种群之间的关系，在人工调节和控制下，建立起各种形式和不同发展水平的农业生产体系。

与自然生态系统相同，农业生态系统也是由农业环境因素、绿色植物、动物和微生物四大基本要素构成的物质循环和能量转化系统。该系统具有物质循环、能量流动和信息传递等功能。所不同的是，此系统是驯化了的半人工生态系统，它具有自然生态系统的一般特征，又带有人类通过种种技术手段进行设计、重建、控制的社会经济因素的烙印，因此是自然资源与社会资源共同塑造的产物。农业生态系统相对自然生态系统而言，系统内的生物种类少，食物网结构简单，稳定性差，缺乏自动调节能力和自我完善能力，但在人类的干预下，特别是人们通过不断地播种、施肥、灌溉、除草和治虫等管理活动，使农业生态系统朝着对人有益的方向发展，系统生产力较自然生态系统得到大幅度提高。

农业生态系统的组成要素极为丰富并相互关联，因而是一个复杂的系统，其中农业生物是主体，农业生物环境是基础。首先，绿色植物的光合作用将无机物转化为有机物，太阳能转化为生物化学能；植物作为人类和动物的食物，能量转送到动物体中；动植物残体及其各种排泄物被微生物分解，产生有机腐解产物、矿质养分等。其中矿质养分又以有机肥料的形式归还土壤，被植物吸收利用，实现再循环和再生产，并实现价值增值。价值增值是农业生物环境系统区别于自然生态系统的另一功能。现代意义上的农业生产，在追求价值增值的同时，要保证农业生物环境系统的整体优化。也就是说既要考虑经济效益，又要考虑社会效益和环境效益。

农田占全球陆地面积的11%，此外还有大量果园、人工草场和人工林地。人为制造的农业生态系统与自然生态系统不同还表现在：①农业生态系统处于一种早期的生态演替阶段，绝大多数农作物是早期演替的物种，在阳光、水分和矿质营养充足时生长旺盛；②大多数情况下，农田生态系统的物种相对单一，单一植物易受植物病害的危害并导致土壤的贫瘠；③农田有规律的成行种植，易遭受动物的破坏；④生物多样性和食物链比较简单，不利于抵抗环境的变化；⑤自然土壤农用后的耕翻等措施，导致土壤有机质和碳储量的下降。

同时，农业生物生产还受到整个自然环境变化的制约，自然环境的破坏和气候变化，直接或间接地影响农业生物的初级生产力。作为受人工控制的生态系统，一旦人的作用不适当地改变或者管理不当，农业生态系统就会很快退化，系统生产力大幅度降低，甚至占优势地位的作物就会被杂草和其他植物所取代。这样，就难以满足人口增长引起的巨大食物需求，更多的生物资源就会在人类寻求食物的过程中遭到毁灭性打击，因此农业生态系统对于稳定自然生态系统也有着特殊的意义。

三、农业生态系统物质和能量循环特点

在自然生态系统中，植物需要的营养物质在绿色植物—动物—微生物间不断循环。随元素地球化学循环被移出系统的养分，可以通过岩石不断风化和生物固氮得到足够的补充。加上生物对土壤结构改善的作用，生态系统能够正常运行，而且不断地由简单系统向复杂系统发展。然而，在农业生态系统中，农业生物的大部分随收获物被带到系统之外，同时还带走了养分，打断了物质的循环链，虽然农田中也有豆科共生固氮作物栽培，但在时间和空间上与其他非固氮作物难以耦联，且固氮数量下降。如果农业收获物带走，又不给予相应的养分物质补充的话，这种生产过程就是一种反生态过程，对系统会产生不良影响。

在农产品商品率非常低、以自给自足为主要特征的传统农业生产过程中，物质和能量的循环基本上在一个相对封闭的体系中进行，养分物质基本上是在体系内循环（图 8 - 1a），其中补充的活性氮素主要来源于共生（豆科植物轮作）和自生的生物固氮（图 8 - 1b）。

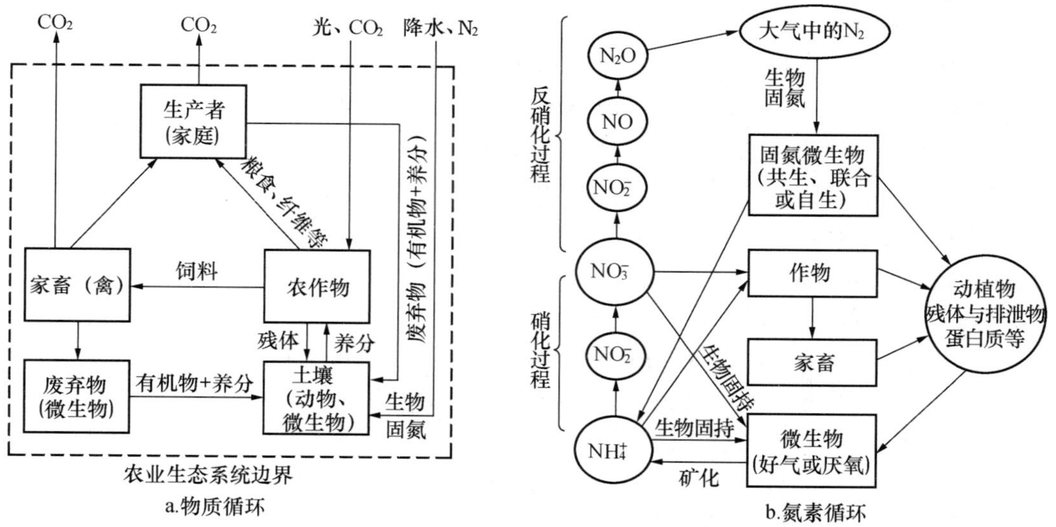

图 8 - 1 传统农业生产体系中的物质及氮素循环示意图

工业革命之后,特别是在19世纪中叶以后,随着矿质营养学说的建立和化学肥料工业的发展,以及后来农用化学药剂的大量施用、高产品种的选育等,以高投入、集约化为特征的现代农业逐渐建立起来。现代农业的特征是农产品的商品率大为提高,种植业体系和养殖业体系出现了分离。因而,现代农业生产过程中物质和能量的循环发生了根本的变化(图8-2)。现代农业生产的基本特征是,在物质和能量投入量大量增加的同时,农业生态系统也向外部环境输出了更多的物质。这些物质中的相当一部分,脱离了农业生态系统中的物质生物地球化学循环过程,并导致环境污染。

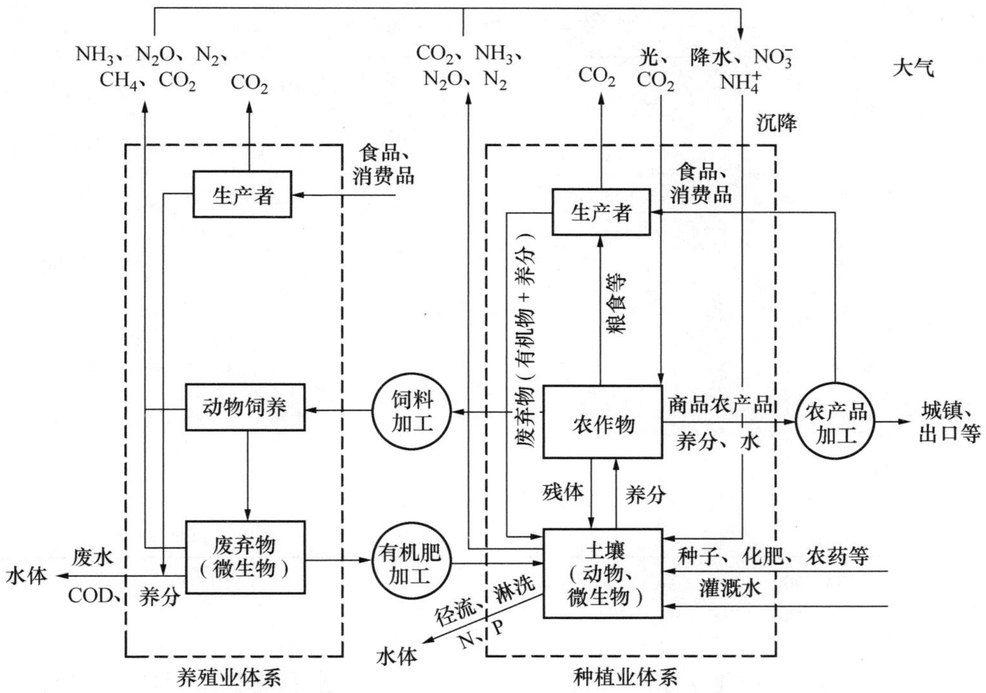

图8-2 现代农业生产过程中物质与能量循环示意图

四、农业生态系统中的物质高投入

要在有限的耕地面积上满足日益增长的人类基本生活需要,增加物质投入是一种必然选择。否则,将需要破坏更多的自然植被改变更多的土地利用方式,引起更大的环境破坏。然而,这种高投入对农业生态系统的物质循环和人类环境均产生了重要影响。其中,水资源的投入,改变了自然界的水循环,减少了生态用水的数量,同时对农业生态系统的物质循环有直接影响;养分投入增强了物质循环的强度并提高了循环速率,导致温室气体排放量的增加;农药和塑料制品的使用,则通过对土壤物理、化学和生物学性质的改变,间接地影响着物质循环过程和农业生态系统的生产力。

1. 水资源投入

农业是水资源消耗大户,在水资源的人为利用中占有很大的份额。如2001年全国总用水量5 567亿m^3,其中农田灌溉用水和林牧渔用水分别占62.6%和6.1%。近年来虽然比重虽有降低,但农田灌溉用水仍然保持在60%左右。灌溉水的大量使用与农业生产过程中存在着降水的时空分布和作物需水矛盾有关,特别是在北方地区。即使是处在半湿润区的华北平原,由于冬春季降水稀少,灌溉水是小麦的主要水源。灌溉水在为作物提供水的同时,还携带了大量的矿物质,包括氮、硫、钾、钙、镁等养分。在高度集约化的农区,由于地表水体和地下水体富营养化严重,灌溉水成为农田养分的重要来源之一。

此外,农作物在生长期间还利用了大量的被称为“绿水”的土壤水,导致土壤水的耗竭。因而,农作物的总用水量包括灌溉水和土壤水。不同作物的用水量虽有一定差异,但总体上水资源的利用效率不高(表 8-1)。

表 8-1 主要农作物的水资源利用效率

作物	水分利用效率	
	产量/(kg/m³)	能量/(kJ/m³)
小麦	0.2～1.2	2 763.3～16 747.2
水稻	0.15～1.6	2 093.4～8 373.6
玉米	0.30～2.0	4 186.8～29 307.6
花生	0.1～0.4	3 349.4～13 397.8
土豆	3～7	12 560.4～29 307.6
番茄	5～20	4 186.8～16 747.2
苹果	1.0～5.0	2 177.1～10 885.7

资料来源:UNESCO,2009,Water in a Changing World.

2. 养分投入

19 世纪 40 年代,德国化学家李比希提出的植物矿质营养学说取代了当时占统治地位的泰伊尔腐殖质学说,从此促进了化学肥料工业的发展,并在 20 世纪得到了迅速发展。自 20 世纪 50 年代至 80 年代的 30 年中,世界化肥的消耗量每十年翻一番。1979—1980 年与 1949—1950 年相比,N、P、K 化肥分别增长 16.5 倍、6.2 倍和 6.8 倍。此后,尽管总体增长放缓,但化肥的生产量和消费量继续持续增加,特别是在发展中国家仍保持高速发展,2007 年全球氮、磷、钾肥的总消费量分别为 1.2 亿 t、4 020 万 t 和 2 939 万 t。

我国是一个在传统上使用有机肥作为农田养分来源的国家,农田化肥的使用始于 20 世纪初。1901 年开始台湾省首先由日本输进化肥,1905 年,外商又向我国大陆输入化肥,多在沿海各省的水稻,蔬菜和柑橘上施用。从此开始,化肥在我国农田养分投入中的比例逐渐增加,进入 20 世纪 70 年代,速度明显加快。直到 1980 年,化肥养分投入的量与有机肥的养分投入量大体相等。以后化肥所占的份额继续增加,到目前化肥养分的投入已占到农田养分总投入量的 3/4 以上。我国早就成为了一个化肥生产和使用大国,特别是化学氮肥,多年来消费量居世界第 1 位,并且还在继续增加(表 8-2)。每公顷化肥养分的施用量平均在 300 kg 以上,东部经济发达地区则超过 390 kg/hm^2,果树和蔬菜等经济作物的施肥量则更高,其中化学氮、磷、钾肥的投入分别超过 500、300 和 200 kg/hm^2。

表 8-2　中国农田化肥养分投入量　　万 t

年份	总养分	氮肥	磷肥		钾肥	
		N	P_2O_5	P	K_2O	K
1980	1 269.4	943.3	287.0	125.1	39.2	32.5
1985	1 775.8	1 204.9	407.9	177.8	109.1	90.6
1990	2 590.3	1 638.4	646.8	282.0	202.6	168.2
1995	3 593.7	2 021.9	994.0	433.4	376.9	312.8
2000	4 146.3	2 436.9	1 186.1	517.1	523.4	434.4
2005	4 766.2	2 620.2	1 447.6	631.2	698.0	579.3
2009	5 404.4	2 839.5	1 715.0	747.7	836.1	694.0

资料来源：中国统计年鉴，其中复合肥中的 N、P、K 养分分别按 30%、54%和 16%估算其来自复合肥的养分投入量.

肥料是作物的粮食，化学肥料在我国农业的持续发展中尤其是粮食生产中占有重要地位。据我国全国化肥试验网和联合国粮农组织的有关资料，化学肥料在粮食增产中的作用占 40%以上。大量的田间试验结果表明，20 世纪 90 年代，小麦、玉米、水稻等主要粮食作物，每千克化肥养分可增产粮食 9.4 kg。但是近年来肥料的偏生产力下降(肥料的偏生产力是指每施用单位数量的化肥养分所增加的农作物经济学产量)。

首先，我国农田和园地土壤普遍缺氮，因而增加肥料氮的投入是农业生产，特别是粮食作物和林木增产的关键性措施之一。其次，大部分土壤缺磷，其中根据第二次全国土壤普查的结果，长江流域地区、黄淮海地区以及新疆和西藏的缺磷(有效磷含量<10 mg/kg)土壤占耕地面积的 80%以上。再次，部分土壤缺钾，根据全国化肥网在 20 世纪 80 年代初的结果统计，速效钾含量小于 70 mg/kg 的缺钾土壤面积约占 1/4，总的趋势是南方缺钾较北方严重。随着单产提高、经济作物播种面积的快速扩大以及土壤钾素长期处于耗竭状态，钾素缺乏的面积不断扩大。因此，氮、磷和钾肥是使用量最大的化学肥料。此外，微量元素肥料的施用在我国越来越普遍，效果良好。甘蓝型油菜籽施用硼肥得到了大面积增产的效果。石灰性水稻土上缺锌比较普遍，施用锌肥后增产显著。棉花施用硼肥增产的现象也比较普遍。其他一些作物和果树，对施用微量元素肥料也有良好的反应。另外，镁肥和硫肥在我国部分地区也有使用。

化学肥料的施用对保证国家的粮食安全是至关重要。同时，化肥的施用对农业的持续发展具有积极意义还体现在下列方面。

(1)土地生产力水平提高　施肥主要是为当季作物提供养分。然而，施入土壤中的肥料除部分养分损失掉外，其余养分成为了土壤养分的一部分，能够为后茬作物提供养分，这就是常说的化肥后效。据估计，施入土壤中的肥料，当季氮素约 20%残留土壤，磷素有 70%以上，钾素约为 40%。根据肥料长期定位试验的结果，长期施用化肥的土壤，有机质含量并没有减少。而且由于养分在土壤中的累积，土壤肥力和土地生产力有所提高。

(2)补偿耕地的不足　在合理施肥的前提下，通过增加施肥量提高单位面积土地的生产力，能够使得人们用较少的耕地上生产更多的农产品。这在地少人多的我国，满足人们对农产品的需要，具有重要的现实意义。同样，通过单产的提高，减少不宜耕种的土地面积，退耕还林或退耕还草，对生态的恢复和农业的持续发展，具有重要作用。没有化肥，为了养活巨大人口，用于粮食生产的土地面积要比现在大得多，生态破坏的程度也要大大增加。

(3)增加有机肥料数量　有机肥历来是我国农田养分的一个重要来源，目前约占农田养分总投入量的30%。有机肥的来源是生物体，通过使用化肥增加作物的生物学产量，进一步增加了有机肥肥源。据估计，1965—1990年，我国投入农田的有机肥增加了1倍。有机肥的投入将有助于培肥土壤，保持土壤的可持续利用。

有机肥的使用是农田养分另外一个重要来源。据估计，2006年我国有机肥的总资源量约10亿t，含有的氮、磷、钾养分分别为3 195万t、1 456万t和310万t。虽然有机肥的资源总量逐年增加，但有机肥的投入占农田总养分投入的比例则持续下降。例如，有机肥提供的养分比例在1949年几乎是100%，到1980年则下降到49%，2000年到30%和2003年到25%。导致有机肥投入下降的主要原因与城市化和劳动力转移导致农村人口不断减少、规模化养殖业的发展、绿肥作物种植面积下降等因素有关。目前，虽然大田作物施用有机肥的面积和数量比例显著降低，但果树和蔬菜作物仍然较高。

(4)有利于生态恢复　在生态恢复和重建的过程中，化肥的施用可以促进植被，包括林木和草类的生长，加快生态恢复和重建的速度。

除了施肥和灌溉水带入的养分之外，大气干湿沉降也是农业生态系统中养分的另外一个重要来源。例如，在华北地区干湿沉降带入的活性氮素(N)高达80～90 kg/hm^2。即使是在内蒙古草原和青藏高原，活性氮的大气沉降也是草原生态系统的一个重要来源。

3. 农用化学药剂的投入

农药是指用于防治危害农林作物及农林产品的害虫、螨类、病菌、杂草、线虫、鼠类等有害生物的化学物质，以及提高这些药剂防治效果的各种辅助剂、增效剂等。此外，农药还包括植物生长调节性物质等。农药并不仅仅在农业上应用，许多农药也是卫生防疫、工业品防腐防蛀和提高畜牧业产量等方面不可缺少的。同时，随着科学技术的发展和农药的广泛应用，农药的含义和它所包括的内容也在不断地充实和发展。

农药的品种十分繁多，目前全世界共有2 000多个品种，我国常用的农药也有200多种，而且，其品种还在不断增加。农药的分类方法很多，其中最常用的方法是按防治对象将之分为杀虫剂、杀螨剂、杀菌剂、除草剂、杀线虫剂、杀鼠剂、植物生长调节剂等7类。

农用化学药剂中的杀虫剂、杀螨剂、杀菌剂、除草剂、杀线虫剂、杀鼠剂等是进行化学防治农田病、虫、草害的药剂，是保证农作物高产的重要手段。目前全球有近千个农药品种，上万个剂型，农药原药产量达200万t以上，并呈逐年增长的趋势。病、虫、草、鼠害是危害农业生产的重要因素之一。在中国，危害农作物的主要病、虫、草和鼠的种类达1 350多种。其中病害550种、害虫700种、杂草80种，害鼠20余种。如果防治不及时就会给农业生产造成严重损失。病虫害造成的潜在损失率粮食作物为10%～15%，棉花12%～15%，蔬菜和水果高达20%～30%。

近年来，我国农药的生产量增长迅速，从1995年的41.7万t、2000年的60.7万t，增加到2006年138.5万t和2009年226.4万t。2006年全国农药进口量为4.3万t，农药施用量为146.0万t。

4. 农用塑料制品

随着科学技术的发展，塑料在农业上的使用越来越广泛，已成为我国农、林、牧、渔各业中重要的生产资料之一，在农业生产中发挥着巨大的作用。

农用塑料的品种繁多，可按照其形状、组成和用途的不同分类。按其形状可分为薄膜、管道、片板、泡沫塑料等，按其组成可分为聚氯乙烯(PVC)、聚乙烯(PE)、聚丙烯(PP)、聚甲醛(POM)塑料等。各种塑料的农业用途十分广泛，包括地膜、管道、饲料仓、保温膜、菜蔬包装、农网、化肥袋、水管、盆壶、包装薄膜、编织袋等。

在农用塑料制品中，使用量最大、范围最广的是农膜，特别是地膜，故以此为代表说明农用塑料制品的应用及其在农业生产中的作用。

我国的地膜覆被技术是1978年由日本引入的，虽然起步较晚，但发展势头迅猛。1979年首先在蔬菜上试验研究，面积仅几十公顷，当年试验的10种蔬菜均获得早熟，高产、优质的明显效果。通过1980—1982年三年的研究、地膜研制与覆被机制造的科研协作攻关及组织大面积试验示范，至1982年覆被面积达十几万公顷，覆被作物发展到棉花、花生、水稻、瓜菜、糖料等多种作物，进入大面积推广阶段。1983年覆被面积猛增至80多万 hm^2，居世界之首。1983—1992年的10年间，我国地膜覆被栽培面积以平均每年递增近50万 hm^2 的速度发展，1994年后，年覆被面积稳定在500多万 hm^2。1995年，我国农膜的使用总量为63.5万t。近年来发展很快，据中国农业统计年鉴，2005年全国使用农膜95.9万t，覆被了1 352万 hm^2 的耕地面积，占耕地面积的11%。

地膜覆被技术不仅对我国农业耕作制度改革、种植结构调整和高产优质高效农业的发展产生了重大的影响，而且对提高农民收入，也做出了直接贡献。这一技术发展速度之快，应用作物种类之多，推广普及面积之广，所产生的社会、经济效益之大，在我国农业新技术推广史上是罕见的。据测算，在1984—1993年的10年间，我国地膜覆被总面积2 500多万 hm^2，共增产粮食2 107.4万t，皮棉155万t，增产花生255万t，糖料479万t，蔬菜1 587万t，西瓜、甜瓜3 709万t，以及烟草、果品、苗木、药材等大量农产品，所增产值576.28亿元，新增纯收入488.15亿元，相当于多播种800多万 hm^2 耕地。

除了地膜覆被技术外，温室大棚技术、喷灌、滴灌、渗灌等以农用塑料为主要材料的技术也都得到了大面积的推广，起到了增产、节水等作用。正如一些欧美国家的专家所说，"现代化的农业离开了塑料，将是无法想象的"。他们甚至将塑料膜和塑料管用于喷滴灌，称之为"塑料农业"和"塑料栽培"；日本则称之为"乙烯栽培"。

塑料薄膜能够充分利用太阳能的热能资源，又能保持土壤和薄膜以内空气的湿度，相当于改善了农作物生长环境的小气候，因此能促进作物生长，使其生长期缩短，产量增加，有些作物还能改善品质。地膜覆被栽培，一般可使农作物增产30%～50%，对粮食作物、油料、棉花等作物增产稳定可靠，塑料棚生产蔬菜，一般增产50%以上，塑料日光温室蔬菜栽培，一般可增产80%。北方半棚式暖圈用于养蛋鸡，产蛋率可提高10%左右；用于养羔羊，越冬成活率可达90%以上。农用塑料的应用扩大了农作物适作区并缓解了季节矛盾，增加复种指数，充分了利用土地和光热资源，提高土地产出率和经济效益，同时有利于增强作物的抗灾能力和节约灌溉用水等。

五、人类活动对生态系统物质循环过程的干扰

除了高物质投入之外，农业生态系统受到的人为干扰也比自然系统要强烈的多。这种干扰活动在很大程度上，直接或间接地影响了农业生态系统的物质循环。人类的干扰活动包括以下几方面。

(1)土地利用方式的改变　土地的农业利用就意味着森林和草原植被的破坏和耕作活动的进行。土地覆被变化加上耕作，显著改变了土壤水分条件、通透性并破坏了土壤结构，使得有机质分解、土壤氮素的矿化与释放加快，从而促进了物质的循环和养分的流失。在生态脆弱区的耕作，还是引起水土流失的主要原因。总之，土地农业利用会引起的一系列环境问题，如水土流失、土地质量下降、土壤有机碳库存减少，温室气的排放量增加等。

在没有开垦的地区，土地的不合理利用，如草地的过度放牧等，是导致土地荒漠化的最重要原因之一。

(2)农田管理措施频繁采用　在诸多农业措施中，灌水和施肥等措施的频繁运用，也加快了物质循环和养分损失。因为频繁的干湿交替，有利于有机碳、氮矿化。在高投入地区，过量灌水和施肥促进了硝酸盐和磷、钾等养分的淋洗量增加。许多研究表明，土壤呼吸和一氧化二氮的排放高峰均出现在施肥和灌水以后。

(3)农业水利用和水利设施的建造　水利设施的建造对保证我国的粮食生产意义十分重要，但同时也可能对自然和农业生态系统产生了一些不利的影响。农业是耗水大户，由于灌溉地面积不断增加，水资源的短缺的矛盾越来越突出，特别是在华北地区，大面积的地下水位下降，以及河流水流量锐减、断流现象的普遍发生。而且，河流断流已经成为 20 世纪 90 年代以来我国水生态平衡失调的一个引人注目的社会环境问题。而在西北地区，农业用水在一定程度上减少了生态用水量，威胁到绿洲的生态安全。

此外，水库和引水工程如果相关配套措施不合理，还可能引起局部土壤次生盐渍化等生态环境问题。

第二节　种植业体系的非点源污染与控制

农业生产的特点表明，农业活动对生态环境和人类健康的影响范围较大的是非点源污染，主要包括重金属的土壤污染和农用化学物质的环境污染。

一、化学肥料的环境污染与控制

1. 化肥中的有害物质及其土壤污染

化肥对土壤环境产生不利影响的途径之一是通过其本身带有一些有毒有害物质，另外还可通过其所含有的副成分或微量成分以及其转化产物等。这些有害物质有以下几种。

(1)重金属　磷矿石中常含有微量镉、铅、镍、铈等，长期大量使用这种磷矿石后则可能造成镉或铅等的污染。在很多以矿渣为原料的化学肥料中常含有重金属。如矿渣锰肥中常含有不同数量的镍、铬、钠等成分。汞在化肥中含量一般在 1 mg/L 以下，但以含汞的废硫酸为原料生产的化肥含汞量会较大(这类废硫酸是禁止使用的)。由于植物对微量元素的需要量较低，而施用量较高时，也有可能导致土壤污染。

由肥料带入土壤的重金属主要有锌、镍、铜、钴、铬，主要来源于制造磷肥的原料。长期施用重金属含量较高的磷肥，可能引起一些有害元素在土壤中积累。我国磷矿石中重金属元素含量虽有一定变异，但制作磷肥所用的磷矿石中重金属含量一般不高。据有关调查，我国生产的磷肥以普通过磷酸钙为主，重金属含量一般很低，反而进口的高浓度磷肥中重金属含量较高。

(2)无机非金属　制造磷肥的原料之一氟磷灰石中含有氟，磷肥中的含量一般在

2%～4%。磷酸铵中氟含量较高，为3.5%～4.0%，过磷酸钙和重过磷酸钙中含1.5%左右。长期使用磷肥，会导致土壤含氟量增加。据推算，施磷量60～80 kg时，随磷肥进入土壤中的氟达6～8 kg。茶树具有积累氟的特性，由于大量施用过磷酸钙肥料，使得茶叶中含氟量增高的现象在实际生产中也是常见的。

(3)有机化合物　化肥中的有害有机物有硫氰酸盐、磺胺酸盐、缩二脲和三氯乙醛等。一般而言，它们对植物的生长都是有害的。硫氰酸盐、磺胺酸盐主要来源于利用废硫酸生产的化肥。生产尿素因加热造粒，在成品中混有少量的缩二脲。氨水中往往含有大量的酚，特别是利用炼焦厂生产的氨水，含酚量每升可达数千毫克。

20世纪70年代，全球不少地区都因施用土制磷肥发生了三氯乙醛危害事件，给农业生产带来很大损失。按正规原料和工艺流程生产的磷肥是不含三氯乙醛的，但有时由于硫酸供应不足而满足不了磷肥生产的需要，有人便用生产三氯乙醛或三氯乙酸的工业废硫酸，从而造成污染土壤、危害作物的事件。三氯乙醛进入土壤后有一定的残留期，并继续对作物产生危害，当土壤中三氯乙醛浓度达0.5 mg/kg时，幼苗生长受严重抑制，产量明显下降。与重金属污染不同的是，三氯乙醛在土壤中降解较快。

2. 土壤性质的变化

长期大量施肥导致土壤性质的变化和质量下降。施肥对土壤化学性质的影响主要表现在土壤酸化和结构破坏。

目前的氮肥主要是铵态氮肥或在土壤中很快转化为铵态氮的酰胺类肥料(如尿素)，铵离子容易将交换吸附态的盐基离子置换下来，如果降水量或灌溉量过大，将导致盐基离子的淋失和土壤酸化。虽然容易引起土壤酸化的生理酸性肥料如硫酸铵和氯化铵等，基本上已经退出了肥料市场，但其他铵态和酰氨态氮肥在施用量过大时，由于淋溶作用也会导致土壤pH下降甚至酸化。早期施用生理酸性肥料，酸化问题比较突出，如在上海的中壤质水稻土上，连续三年大量施用NH_4Cl(1 200 kg/hm^2·a)，第一年土壤的pH就由原来的7.45下降到7.40，第二年下降到7.16，第三年下降到7.11。尿素是生理中性肥料，正常使用或者全部被生物利用，不会产生酸化。但是，如果长期大量施用，加上大水漫灌引起的硝酸盐淋失，土壤酸化的趋势非常明显。例如，北方保护地土壤上氮肥的年施用量高达每公顷数千千克，土壤酸化的现象非常普遍。土壤酸化不仅导致土壤的物理性状的恶化，而且还导致交换态铝和交换态锰数量的增加，对作物产生毒害作用，影响农产品产量和品质。从20世纪80年代以来，除人类活动影响较小的荒漠土类，我国主要农业土壤的pH都发生了显著降低，平均下降了约0.5个单位，这在很大程度上与氮肥施用量过大有关。同时，伴随的收获物移走而引起的盐基离子从土壤的移出，也是一个重要原因。

在新开垦土地上，施肥明显促进有机碳矿化。俄国曾连续20年研究了施肥对黑钙土腐殖质的影响，发现20年间土壤耕作层腐殖质损失量为2%～7%，平均每年下降0.003%～0.01%。

此外，土壤偏畸施肥可能会导致其他营养元素的缺乏。例如，国内外研究表明，单独施用大量磷肥，经常明显地降低土壤里的可溶性锌含量，引起植物缺锌；设施菜田大量施用钾肥，引起植物生理性缺镁等。石灰可活化钼，但这种元素如果过量会对植物生长和动物健康产生不利影响，而在施石灰的同时又会产生植物和牲畜的缺铜症状。

3. 养分流失与地表水污染

施入土壤中的氮素35%～50%被作物吸收利用，其余的大部分损失掉。磷的当季利用率尽管只有10%～20%，但由于磷的移动性差，随水流失的数量也很低，大部分残存于土壤，可供下季作物利用。农田氮、磷进入水域的主要途径是农田排水、地表径流、土壤侵蚀和挥发等，其中挥发的氮素可通过降雨进入水体。根据中国科学院土壤研究所在太湖地区的研究表明，直接从农田进入水体的氮素仅占太湖地区氮素污染总负荷的7.5%，其他污染源主要是人排泄物、生活垃圾、畜禽排泄物和水面养殖，分别占污染总负荷的30.7%、23.8%、27.9%和10.2%。氮同位素($\delta^{15}N$)分析也表明，肥料氮直接进入水体量较低。但是，如果考虑氮素会经土壤微生物转化而引起氮素同位素的分异，加上大气沉降作用，农田流出的氮素占水体氮污染负荷比例会大大增加。农田径流对水体磷污染的贡献一般较低，在太湖地区农田占磷污染负荷的贡献有6.8%。

暴雨引起的地表径流以及稻田不合理的排水是肥料流失的一个重要途径。氮素化肥施入水稻田后，如果在24 h内排水，就有相当部分的氮素随水移走。与其他氮肥相比，尿素损失更大一些。因为施入土壤中的尿素要经过2～3 d水解后才能被土壤胶体吸附，未转化的分子态尿素土壤胶体不能吸附，很容易随水流出田块。而且，暴雨引起的水土流失，不仅带走了可溶性氮素养分，还随悬浮物带走了大量有机氮、磷和其他营养元素。

施入土壤中的磷肥很容易被土壤吸持和固定，大都残留、积累在土壤中，很少被淋溶损失；但当施用大量磷肥后，随即灌水或者紧接着一场大雨，还是有相当数量的磷随水损失。但是，随水迁移的磷素形态以颗粒态(溶胶)物质为主。因而在水土流失、土壤侵蚀严重的地区，大暴雨引起农田表层土壤的大量流失，是湖泊、水库和河流磷的非点源污染的主要来源。磷的淋失或随径流损失的量一般远远低于氮。例如，我国对太湖污染源的调查发现，农田化肥氮的流失占太湖总氮排放量的21.1%，畜禽污染源占12.5%；农田磷的流失量占总磷排放量的2%，畜禽污染源占3.1%。在滇池的氮、磷的面源污染中，由农田地表径流带入湖泊的氮素和磷素分别占氮、磷总污染物来源的53%和42%。

氮和磷素营养含量的增加是水体富营养化现象发生的主要原因。水体中磷的污染往往比氮更重要。这是因为氮的移动性大，来源较充足；而且在有磷无氮的情况下，光合固氮细菌能够进行生物固氮，从而增加水体的氮投入，并促进其他藻类的生长。因而只有在少数场合下，氮才可能起主导作用。大多数情况下，富营养化的主要限制因子是磷。磷从农业环境中的流失量虽然不大，藻类的需要量也不高，但当水体中含氮量充分时，PO_4^{3-}-P浓度达到0.015 mg/L就可能引起“水华”现象。所以从大面积农业环境中流失的磷，汇集到相对小面积的承受水面时，这种流失就显得重要了。

我国南北方地区因气候条件、耕作制度、主要农作物种类不同，农田灌溉时间、灌溉水量和灌溉方式等从而存在很大差异。在北方地区引水漫灌仍很普遍，过量灌水不仅导致水资源浪费，还可能污染地下水体。南方地区水源丰富，雨量充沛，稻田面积广阔，全年农田排水和降雨径流量都较北方大。虽然在梅雨季节污染物流失量很大，但因河水的稀释作用，地表水污染并不突出。但在枯水期和平水期则明显表现出因农业生产所带来的非点源污染。一般，稻田因降雨所引起的排水浓度较低，高浓度的排水往往发生在田间长期积水或由于水稻生长过程中生理需要而进行的人为排水；在旱作期间，大麦、小麦、油菜田间排水中磷浓度较高。尤其是在田间施肥、播种后不久，地面覆被度低，遇到大雨时，肥料土壤随地表径流流失比较严重。

4. 养分流失与地下水污染

肥料也是重要的地下水非点状污染源，它可引起大面积的浅层地下水水质恶化，氮的污染

(NO_3^--N)尤其严重。N肥的过量使用,会导致地下水中NO_3^-含量的增高,长期过量施用K肥使地下水化学类型复杂化。由于磷的移动性很差,施用磷肥对地下水污染一般较小。

氮素淋洗主要是硝酸盐淋洗和少量的可溶性有机氮化合物(DON)。无论是铵态氮还是酰铵态氮肥,施入土中后,很快就会发生转化。在条件适宜的情况下,一般在一两周内就完全被硝化,其中尿素需要先经过脲酶的水解,再发生硝化:

$$CO(NH_2)+2H_2O \xrightarrow{\text{尿酶}} (NH_4)_2CO_3 \rightarrow 2NH_3 \text{(尿素水解)}$$

$$NH_3+3O_2 \xrightarrow{\text{亚硝化细菌}} NO_2^- + H_2O + H^+ \text{(氨氧化作用)}$$

$$NO_2^- + O_2 \xrightarrow{\text{硝化细菌}} NO_3^- \text{(硝化作用)}$$

由于土壤胶体带负电荷,通常可以吸附、保持NH_4^+,而不吸附NO_3^-。因而铵态氮经硝化作用转化,移动性显著增强,容易遭受雨水、灌溉水的淋溶和径流损失。

有资料表明,20世纪80—90年代,西方国家地下水中硝酸盐浓度增高的速度是每年1～3 mg/L。丹麦环保局自1983年开始,对地下水硝酸盐浓度进行了综合研究,对全国1万口水井和2 800个地下水供水系统进行了采样分析。结果表明在过去20～30年中,地下水已经被硝酸盐污染,其平均浓度增加了3倍,大约有8%自来水厂中硝酸盐超过饮用水最大允许含量标准,约有45%的私人水井中硝酸盐超标。美国的一些地区也有8%～12%的井水硝酸盐含量超标。

我国地下水中的硝酸盐污染情况也相当严重。尤其是陕西、甘肃、山东、江苏、辽宁、四川、上海、北京等省市。自20世纪60年代以来发现有连片高浓度硝酸盐的所谓"肥水"区,部分地区的NO_3^--N量可达200～500 mg/L,个别地方如河南商水县曾高达1 700 mg/L。这些地区地下水的硝酸盐主要来源于生活污水的渗漏和长期耕作施用有机肥中的氮,部分地区与埋藏的古土壤层有关。值得注意的是,近年来,我国东部地区特别是城市郊区,化学氮肥的施用过量,在设施园艺土壤上尤为严重,这是导致这些地区地下水体硝酸盐污染的主要原因。一般说来,地下水中硝酸盐含量随施肥量的增加而升高。

我国南方,年降雨量大且历时长,地下水埋藏浅,一年两熟或三熟的种植制度使氮肥的需求量大于北方,再加上稻田等的长期淹水,在水分以向下移动为主的情况下,极易发生氮的淋失。一般情况下,水稻土地区的地下水埋深浅,容易与地表水进行交换,而且土壤有机质较高,水体的反硝化作用较强,因而水稻土地区硝酸盐淋洗对地下水体的氮污染负荷的贡献很小。

5. 对大气环境的影响

化肥对大气环境的影响主要与铵态氮肥中氨的挥发、硝化过程和生物反硝化过程的N_2O排放有关。施入土壤中的铵态氮肥、酰胺态氮肥经转化后可以NH_3形式挥发到大气中,少部分NH_3可被植物叶片吸收,大部分随风飘逸被大气中的尘埃吸附,并经降雨又重新回到地面。其中部分进入地表水,增加了水体氮污染负荷。土壤中氨的挥发量与温度、土壤pH、施肥技术等因素有关。通常,当土壤pH>7和温度较高的情况下,氨挥发量较高。

农田氨挥发不仅发生在高pH石灰性土壤上,而且发生在稻田水面。全球农田土壤氨挥发损失的氮素占化学氮肥施用量的1%～47%。我国石灰性土壤氨挥发损失的氮素一般在10%～30%之间,最高可达55%,与风速、温度、土壤pH、土壤水分含量、降水、水肥管理和作物生长时期有关。稻田水面氨挥发占氮肥施用量一般在10%～20%，与施肥方式、光照强度、水温、风速等因素有关。稻田产生氨挥发的主要机制是由于水中光合生物在白天的生长过程中大量地消耗了水中的CO_2，引起pH升高，促进了氨挥发。

硝化-反硝化的脱氮作用是陆地上（包括地表和地下水体）和海洋中氮素重新回到大气中的主要途径。土壤中的NH_4^+经过硝化作用形成NO_3^-，其间会产生N_2O和NO。嫌气条件下发生的生物反硝化过程的中间产物有一氧化氮（NO）和一氧化二氮（N_2O），终产物是氮气（N_2）。这些气体将由土壤扩散进入大气。两个过程生成的N_2O，除对温室效应有很大的贡献外，还会随风飘动慢慢上升进入高空对臭氧层产生破坏作用。

6. 对作物产量和品质的影响

化肥不合理施用首先表现为对作物生长及其产品品质的影响。例如，氮肥施用不当或过量会引起作物贪青倒伏、病虫害增加，谷物籽实中含水量明显升高，既影响产量也影响品质。除此之外，化肥中可能存在的有害成分也会对作物产生污染。例如，磷肥的大量施用可能造成的镉、氰、三氯乙醛等抑制作物生长，使农产品的品质下降。美国加利福尼亚州Citrus农业试验站对长期施用磷肥的土壤中Cd的积累与作物摄取程度进行了试验与研究，发现在长期施用磷肥的表层土壤中全磷含量是对照的4～6倍，Cd含量为对照点的14倍。植物中Cd的含量随土壤中镉含量的增加而增加。

当然，化肥中的有害物质也可能经水、气迁移并对人和植物造成危害。据估算，每年我国磷肥生产及使用排入环境的总氟量约为9.24万t。这些氟进入大气和水体后使植物含氟量和饮水含氟量增加。如果饮水含氟量超过1 mg/L，人的牙齿受损，出现氟斑牙；若饮水含氟量超过8 mg/L，则使骨胳氟中毒。大气中氟含量的增加会危害作物和蚕桑。

氮素化肥的过量施用往往导致农产品中NO_3^-含量过高。植物根系从土壤中吸收的硝酸盐，经过体内硝酸酶作用还原成氨，再转化为氨基酸等含氮化合物，以维持正常生长代谢的需要。但由于受到许多环境条件的限制，植物体内的硝酸盐不能充分同化，致使硝酸盐累积于叶、茎和根中，其累积量与土壤供氮水平有关。这种累积虽然对植物本身无害，但却危害取食的人类和牲畜。在新鲜的蔬菜中，亚硝酸盐的含量通常低于1 mg/kg，但硝酸盐在许多蔬菜中都大量存在，最多时每千克蔬菜中可含数千毫克硝酸盐。

由于蔬菜等作物体内硝酸盐含量积累，人通过食用蔬菜和其他食物时将硝酸盐一并食入。虽然硝酸盐的毒性低，并且易于从肾脏随尿排出体外，但是硝态氮在人体消化道中容易被还原为毒性很大的亚硝酸盐，尤其是婴儿更容易中毒。婴儿的胃酸量少，消化道上部生存的微生物可将较多的硝酸盐转化为亚硝酸盐。婴儿以及胎儿的血红蛋白比成人的血红蛋白更易与亚硝酸根相结合，成为变性血红蛋白。而且婴儿体内将变性血红蛋白转化成血红蛋白的酶含量较低，变性血红蛋白不能携带氧供组织细胞利用，造成血液难以输氧，所以使婴儿更易受到亚硝酸盐危害。受害较轻的，则发生皮肤发绀等症状；受害重时，甚至可造成婴儿窒息死亡。成年人如果长期饮用含硝酸盐过高的水（我国《生活饮用水卫生标准》GB 5749—2006规定，硝酸盐含量不应超过10 mg/L，N）。通过食品摄入较多的硝酸盐，也会出现听觉、视觉的条件反射缓慢、迟钝等多种毒害症状，甚至对人体产生严重的危害。硝酸盐转化为亚硝酸盐后，毒性显著增大，亚硝酸盐的生物毒性比硝酸盐大5～10倍，其与胺类结合形成的N-亚硝基化合物属于强致癌物质。尤为重要的是，亚硝酸盐在人体内的胃和肠道中与仲胺作用，在适当条件下，于人体内生成强致癌物亚硝胺，对人类健康构成很大的威胁。蔬菜、肉食及粮食中的硝酸盐，有时可在食品加工过程中转变为亚硝酸盐。含硝酸盐过多的青贮饲料、牧草等，对牲畜尤其是对反刍动物可产生危害。反刍动物的第一胃中酸碱度值较高，微生物生命活动旺盛，使硝酸盐易于被转化为亚硝酸盐而引起中毒。

蔬菜中硝酸盐的积累特点表现在以下几方面。

①种类不同的差异，不同种类的蔬菜，其新鲜可食部位中硝酸盐含量差异很大。蔬菜积累硝酸盐程度大小顺序一般是：绿叶菜类、根菜类＞薯芋类＞葱蒜类＞豆类＞瓜类＞茄果类＞食用菌。根菜类和叶菜类的蔬菜，如萝卜、菠菜等硝酸盐含量最高可达 3 000 mg/kg 以上，而瓜果类蔬菜每千克中含有数百毫克硝酸盐。

②蔬菜不同器官部位的差异，在同一蔬菜植株的不同器官组织内，硝酸盐的分布也有很大差异。根部、叶部和茎部较高，花或瓜果组织较低。例外情况有菠菜，其根的硝酸盐含量明显低于叶柄。

③同类蔬菜不同品种间也有很大的差异，据调查，菠菜、大白菜、韭菜、甘蓝等蔬菜中，一些低累积型品种可以减少硝酸盐含量 30%～80%。

④不同生长期的差异，植物体内硝酸盐积累量通常随着生长而逐渐上升，至开花期达到最高，以后随着成熟而减少。在蔬菜生产中，大部分蔬菜是在营养生长达到最旺盛时期，或在进入生殖生长期之前就收获食用。而这个时期蔬菜体内硝酸盐恰好是累积最多的时候。

⑤蔬菜中亚硝酸盐含量，各种新鲜蔬菜体内亚硝酸盐的含量都很低，多数低于 1 mg/kg。但是，各种咸菜中含有较多的亚硝酸盐。蔬菜经腌制加工，在厌氧条件下，会有大量的亚硝酸盐产生，尤其是在腌制初期（大约 1 周时间内），咸菜中亚硝酸盐产生量最多。而在 20～30 d 后，咸菜中亚硝酸盐含量才会显著降低。故为了减少咸菜亚硝酸盐的含量，腌制时间最好要有 20 d 以上。

影响硝酸盐积累的外界因素主要与施肥量、光照、贮存等因素有关。

7. 化学肥料污染环境的原因

（1）过多依赖化肥　多年来，我国过多地依赖化肥来保障作物的养分供应的主要原因是：地力不高、有机肥资源没有充分利用。

我国地力水平偏低、产量不稳是投入过高和资源浪费的一个重要原因。作为土壤生产力标志性指标的土壤有机质含量，仅占欧美国家的 60%左右。只能靠大量的肥料投入去弥补土壤养分供应的不足。

我国现有养分资源中，有机肥料一直占有比较高的比例，特别是磷素和钾素的养分资源。有机肥料中的养分主要是植物从土壤和肥料中吸收、富集的养分，只有少量氮素是豆科植物固定的。除绿肥外，有机肥料的来源都是有机废弃物。将这部分养分以有机肥料的形式返还土壤，是最好的循环利用方式。种植绿肥实质上是利用植物吸收、富集土壤难溶性养分，以及豆科植物固定大气中氮素的能力，加速土壤养分的活化，增加土壤养分的植物有效性。因此，充分利用有机肥料中的养分资源，对于提高养分资源的再循环速率、促进养分的再利用、防止养分流失和环境污染等方面具有重要意义，这一优良传统应当继续发扬。

目前，农田再度利用的有机物料只有 1/3～1/2，有机肥料的利用还有很大潜力。例如，城郊的大型养殖场的有机废弃物，主要是猪场的有机废弃物就没有很好利用。

当然，有机肥的施用也要合理。长期过量施用同样会导致环境问题。这是因为：①在一定的生物气候条件下一定时间后，虽然受土壤物理和化学性质的影响，不同类型的土壤上有差异，土壤有机质含量和 C/N 比值会出现相对稳定。超出这一限度，来自有机肥的氮素同样有环境风险。②有机肥中活性碳含量高，如果田间管理不当，反硝化过程和相应的 N_2O 排放量会增加。

(2)化肥使用失衡和结构不合理　我国化学肥料消费总量很高，但在使用中存在着地区性失衡和养分比例失衡。一方面，在东部地区和城市周围经济发达地区，化肥主要是氮肥超量施用严重。例如，太湖地区和滇池地区，农田是湖泊氮磷的重要污染源之一。经济作物如果树和蔬菜作物，特别是设施蔬菜作物的超高投入和频繁灌水，是当地水体污染的重要因素；另一方面，边远地区肥料的施用量不足现象也比较普遍。

化肥结构上的不合理影响作物生长和肥料利用率。结构不合理体现在两个方面：一是肥料中氮、磷、钾的比例不合理；二是肥料中品种构成不合理。我国国产氮、磷、钾肥的比例是 1∶0.36∶0.07，加上进口化肥中磷钾的比例较高，氮磷的比例已达到 1∶(0.40～0.45)，基本趋于合理，而钾肥明显不足，距离氮钾 1∶0.40 以上的合理要求还有较大差距。

我国化肥品种的构成中长期以低浓度、单一营养元素的肥料为主。也是导致环境污染和养分损失的原因之一。例如，在相当长的时间内，含氮 17%、且化学性质不稳定的碳酸氢铵是主要的氮肥品种。20 世纪 90 年代中期以后，尿素才逐渐成为主要氮肥品种。1999 年，国产氮肥中碳铵仍占 30%，尿素占 60%，目前碳铵仍占 15%左右。国产磷肥，含磷(P_2O_5)18%和 18%以下的普通过磷酸钙和钙镁磷肥占 65%，磷铵复合肥占 25%；目前国产磷肥仍然以普通过磷酸钙为主。钾肥生产量较少，目前仅占钾肥消费量的 40%左右。此外，高浓度氮磷钾复合肥数量仍然很低。

(3)养分利用效率不高、氮素损失严重　我国氮肥的当季利用率仅有 30%～35%，磷肥的当季利用率为 10%～20%，钾肥的当季利用率为 35%～50%。由于磷在土壤中的移动性较小，尽管当季利用率低，但后效长，部分积累态磷仍可被后茬作物利用。部分钾虽然也易于淋失，但问题比较严重的是氮素损失，据估计，我国氮肥的损失率则在 30%～50%，平均在 45%左右。这就意味着每年超过 1 000 万 t N 损失掉了。氮素的损失不仅有可能导致生态环境污染，而且危害人类健康。

毋庸置疑，肥料养分利用率不高与养分投入量过高、土壤基础地力低有关，很多时候这些因素起主导作用。然而，深层次的原因是：肥料施用和作物需求是否一致？影响作物生长的其他因素是否最优化？肥料的施用技术是否合理？水肥耦合效应是否得到体现？回答好这些问题既是国家对农业作物高产和资源高效的要求，也是农业科技工作者的重要职责。

(4)与肥料使用有关的环境问题　过量施用肥料的环境污染不仅表现在农田，而且还有生产、储藏、运输和施用过程等消耗的能量。因而需要对此进行生命周期评价(专栏 8-1)，全面评估其生态效应。

专栏 8-1　生命周期评价

生命周期评价(Life Cycle Assessment，简称 LCA)起源于 1969 年美国中西部研究所受可口可乐委托对饮料容器从原材料采掘到废弃物最终处理的全过程进行的跟踪与定量分析。目前已成为国际上通用的一种评估产品在其整个生命周期中对环境影响的技术和方法。生命周期评价已经纳入 ISO14000 环境管理系列标准而成为国际上环境管理和产品设计的一个重要支持工具。

根据 ISO14040 (1999)定义，生命周期评价是指“对一个产品系统整个生命周期中输入、输出及其潜在环境影响的汇总和评价”。生命周期评价通常互相联系、不断重复进行的四个步骤：确定评价的目的与范围、列出评价清单并进行分析、对每一项均进行环境影响评价，最后是结果的综合评价与说明。

在评价过程中，首先要辨识和量化整个生命周期的各个阶段中能量和物质的消耗以及环境释放的影响，然后评价这些消耗和释放对环境的影响，最后辨识和评价减少这些影响的机会。其中，对该产品系统对生态健康、人类健康和资源消耗领域内的环境影响是评价重点。

例如，化学氮肥的生命周期包括氮肥生产、储藏、运输、农田施用(包括施肥方法和手段)、植物吸收利用和在土壤中的转化和最终去向等阶段。其中的每一个阶段根据其能量和物质消耗，以及氮肥施用后对大气和水环境的影响等，都可以换算成等当量 CO_2 的排放量，从而得出氮肥从生产到施用后环境影响的效应。根据相关计算，每生产和施用 1 kg 化学氮素，向大气排放的 CO_2 在 8～13 kg 之间。对氮肥的这种生命周期评价，有助于提高氮肥的生产效率和使用效率。

1999 年 W. H. Schlesinger① 曾对农田土壤固碳的效果产生怀疑，认为在施用氮肥的情况下，农田土壤增加的固碳量不足以弥补氮肥生产过程中二氧化碳的排放量，并在《Science》杂志上与一些土壤学家开展了讨论②。按照 Schlesinger 计算，在不考虑能量利用效率的前提下，工业生产每固定 1 moL 的氨，释放 0.375 moL 的 CO_2-C。如果综合考虑生产、运输和使用过程，1 moL 的氨，将释放 1.436 moL 的 CO_2-C，即每使用 1 kg 肥料氮，将排放 4.51 kg 二氧化碳。利用生命周期评价的方法，考虑到肥料制造过程中的能量利用效率，以及氮肥施用到土壤中后的温室气体排放，折合成 CO_2 当量，这一数字将显著增加，至少 8 kg 以上，甚至超过 10 kg。

我国氮肥生产中能量利用效率一般低于发达国家水平，化肥生产技术落后、能耗高。我国化肥装置还有不少老设备，尽管 20 世纪 70 年代以后引进了大量新设备，但总体上技术装置落后。而且，以煤为主要原料，效率更低。以氮肥生产中的合成氨为例，当原料是焦煤时，我国大型氮肥厂的吨氨能耗为 55.3×10^9 J，中型氮肥厂为 60.4×10^9 J，国际上大型厂为 43.9×10^9～53.1×10^9 J；以重油和渣油为原料，国际上吨氨能耗为 41.8×10^9 J，我国大型和中型厂分别为 43.3×10^9 J 和 54.3×10^9 J；以天然气为原料，国际上吨氨能耗为 29.3×10^9～31.4×10^9 J，我国大型和中型厂分别为 38.6×10^9 J 和 45.6×10^9 J。部分生产碳铵的小氮肥厂的能耗更高，吨氨能耗比国际水平要高 10×10^9～20×10^9 J。

由于上述原因，我国氮肥施用导致的碳排放系数更高，在 12～13 之间。因而，合理施用氮肥、减少氮肥施用量，在农业碳减排中占有重要地位。

8. 化学肥料的污染控制

肥料，特别是化肥在我国农业可持续发展中具有重要地位，其作用不可替代。此外，化肥的施用能够充分发挥良种的增产潜力，因为高产品种需要较多的养分供应。20 世纪 70 年代以来，我国粮食产量的显著提高，主要是化肥与良种相互配合的结果。

---

① Schlesinger W. H. ,1999. Carbon Sequestration in Soils, Science, 284:2095.

② Smith P. and Powlson D, 1999. Considering Manure and Carbon Sequestration, Science, 287:427.

化肥除用于农田外，在林业、渔业、养殖业等方面的使用也愈来愈多。但是，由于化学肥料资源和养分的矿产资源具有不可再生性，养分后备资源不足将成为制约我国农业可持续发展的重要因素，为了高效利用有限的养分资源，在农业生态系统内部必须实行养分资源的综合管理。所有这些，迫切需要我们从植物养分资源综合管理的角度，走出一条养分资源可持续利用的路子，以实现我国农业的可持续发展。

养分资源综合管理包含下列基本含义：①以保证农业的可持续发展和维持良好环境为前提，以促进系统内部养分资源的循环为核心，将一定条件下的植物生产过程或植物—动物生产过程视为一个系统，进行养分资源综合管理；②根据土壤养分资源的特征，以养分资源的高效利用为核心，选择适宜的作物品种和轮作制度，综合运用多种农艺措施，实行作物的综合管理；③根据农田生态系统的养分物质循环特点和作物养分吸收规律进行施肥调控，实行综合作物养分管理。

(1)促进养分资源的再循环和再利用　充分利用有机废弃物，并最大限度地将其中的养分归还土壤，以促进养分资源的再循环和再利用是实现农业可持续发展的关键环节，必须引起足够的重视。我国农田每年生产的各种植物产品所带走的养分总量相当于各种肥料养分年使用量的一半左右。这部分养分能够再度回归土壤的约为30%，有机废弃物的养分资源有很大潜力可挖，潜力较大是城市有机废弃物和集约化养殖场的有机废弃物。做好这部分有机废弃物的分选、收集和利用，特别是注意在贮藏、运输过程防治养分的损失和对环境的污染，具有重要意义。

有机肥料所含营养元素齐全，含有作物所需的大量营养元素和微量营养元素，还含有丰富的有机质等，属于缓效性的完全肥料，可以改善土壤理化性质，提高土壤的保肥能力和肥力水平，改善因偏施化肥而造成的土壤养分失调的状况，增施有机肥有促进化肥肥效延长、减少化肥损失和起到防止土壤污染的作用。走有机与无机相结合的生态农业道路，大力提倡开发和充分利用有机肥资源，这样既可以防止有机废弃物的污染，同时也可以减少化肥的施用，提高养分资源的利用效率。

(2)充分利用土壤养分资源　土壤是最大的养分资源库，按养分含量的低限计算，1.3亿 hm^2 的全国耕地中1 m土层内贮存有3.9亿t N、6.6亿t P、60.0亿t K，分别为N、P、K肥年使用量的17、107和1 790倍；按养分含量的高限计算，则为N、P、K肥年使用量的69、142和4 660倍。为了保持一定的土壤肥力水平和维持一定的土地生产力水平，在土壤中贮存一部分养分是非常必要的。然而，养分不应无限量地贮存，因为土壤中的养分，主要是磷、钾和微量元素中的95%以上对许多作物是无效的，施入土壤中磷的绝大部分也转化为难溶性养分。所谓对土壤养分资源的充分利用，就是指对难溶性养分的利用。

充分利用这部分养分资源，主要是通过生物学途径进行。植物的种类和基因型之间在活化和利用土壤难溶性养分方面存在着很大差异。通过筛选和培育营养高效植物品种，以达到土壤难溶性养分的有效利用，已经成为植物营养学和遗传育种学的重要研究内容和方向。此外，通过水分、生物和化学调控的途径，也能够在某种程度上促进植物对土壤难溶性养分的利用。

(3)发掘生物学潜力、提高养分资源的利用效率　养分资源利用效率包括肥料利用率和养分利用效率两个方面。肥料利用率是指当季作物吸收的肥料养分占肥料养分总施用量的百分比，即肥料养分的回收率；养分利用效率是指植物体内单位养分的植物干物质生产量。养分资源利用不高的主要原因有生物学的，也有物理和化学的。在生物学方面，养分资源的利用效率主要与植物的养分吸收效率、养分利用效率等生物学特性有关。这种生物学特性的发挥也受到环境因素以及田间的轮作、耕作和水肥管理措施(包括施肥技术、养分元素的比例、水分的调控等)等的影响。在物理和化学方面,肥料利用率主要与影响养分的转化与损失的物理和化学因素,如影响氮素气态损失和淋失、磷素的固定、钾素的淋失等过程的气候、土壤理化性状等因素有关。

因此,为了提高我国养分资源的利用效率,应当筛选和培育具有良好生物学特性的品种,并通过对土壤中养分转化与损失途径的深入了解,找出减少肥料养分损失和无效化过程的因素,并采取相应的农艺措施。

(4)改进施肥技术、提高肥料利用率　农田施肥实践中的过量施用氮肥是导致肥料利用率不高、养分损失严重并引起环境污染的主要原因。施肥的核心应是适时、适量地为作物提供各种养分,并平衡作物对养分的需要。因此,对氮肥的施用应力求定量、准确。在田间试验的基础上,将肥料效应函数法与土壤、植株养分的快速诊断法相结合,实现基肥、追肥定量化调控。对磷、钾肥,应重在当季肥效和后效的协调。在短期和长期定位试验的基础上,通过定期监测和施肥量调节,将土壤磷、钾有效养分控制在土壤有效养分的临界水平。通过土壤、植物测试及生物试验,对缺乏钙、镁、硫和微量元素的土壤和作物进行矫正施肥。同时,注意配合施用有机肥,以改良土壤,提高作物的抗逆性和稳产、高产能力。在施肥方法的选择上,应力争将肥料养分的损失降低到最低限度。

要根据土壤条件和植物的需要,调整化肥中 N、P、K 比例。氮、磷、钾、微量元素等养分的平衡供应是保证作物正常生长与增产的关键。适当增加 P、K 肥的比重,及时补充微量元素肥料会提高氮肥增产效益,减少损失。近年来,我国肥料 N∶P_2O_5 为 1∶0.59,磷肥有施用过量的问题;N∶K_2O 为 1∶0.28,钾肥比例仍然稍低。此外,微量元素的缺乏也比较普遍,钙、镁和硫肥的施用在部分地区有明显效果。在我国总体上氮肥过量施用的情况下,如何减少氮肥并保证合理的养分平衡,有很多工作要做。

氮肥深施和磷肥的集中施用是防止肥料中各种营养物质损失的一个重要措施,为此需要改进施肥机具。同时,采用合理的轮作方式,也是充分利用土壤养分、减少营养物质流失的重要途径。例如,种植苜蓿或其他能够利用深层土壤中硝酸盐的深根系作物,可以减少硝酸盐迁入地下水和地表水中。种植冬作物在春季和秋季也可以从土壤溶液中吸收硝酸盐。

(5)开发化肥新品种,改进化肥的制造方法　化学肥料的开发向着高浓度、复合化和缓释化的方向进行,逐步替代浓度低、利用率低、损失量大的肥料品种。特别是要大力研制开发能够根据作物营养阶段的不同需要,控制释放养分的新型化学肥料。此外,还要注意开发氮肥增效剂、硝化抑制剂等。

对于制造肥料的原料,要采用含有害杂质少,达到质量标准要求的原料,对于含有杂质多,不符合质量要求的矿石以及含有毒成分超标的原料,不能用于化肥生产。在目前我国化肥生产供不应求,满足不了需要的情况下,特别要注意严格管理,防止重金属等有毒物质含量高的"土化肥"或者用含有三氯乙醛及其他有毒物质的废酸、废渣生产的不合格土化肥生产和上市,以免危害环境。

(6)肥料养分资源的宏观管理　近年来,我国肥料的投入产出比呈下降趋势,其中主要原因之一与肥料的宏观分配不合理有关。例如,东部地区,特别是长江三角洲地区,化肥的使用量远远高于全国平均水平。从肥料的经济、社会和环境效益出发,做好肥料的宏观管理很有必要。宏观管理的内容包括继续完善全国化肥区划的工作,并用以指导化肥的宏观分配;建立全国土壤肥料信息管理系统,为区域性养分资源管理和肥料使用提供决策的依据。

(7)加强生态建设,防止水土流失　化学肥料(特别是磷肥)影响环境的很重要的途径就是随水土流失而进入水体。因此,保护植被、建设良好的生态环境,对控制和减少水土流失、减少肥料流失具有重要意义。

二、农用化学药剂的污染与控制

农药对环境的污染是残留和残毒问题、包括由此产生的对人体和动物健康的危害,以及对生态系统生物多样性的影响。

1975 年联合国粮农组织和世界卫生组织在农药残留与食品规格联席会上将农药残留的含义范围扩大到包括那些有毒理学意义的特殊衍生物。通俗地讲,农药残留就是指田间使用农药后,在动植物体、土壤和环境中农药原药及其有毒的代谢物、降解转化产物和反应杂质的数量。农药的残留与残毒是密切相关的,但两者是有区别的。农药残留是施用农药以后必然存在的现象,尽管残留的时间有长有短,数量有大有小,但残留是不可避免的。农畜产品上的农药残留超过限量,人、畜食用后产生不良的影响,甚至引起慢性中毒,这种情况就叫做农药的残毒或残留毒性。简单地说,农药残毒就是指农药残留对人、畜的毒性。有农药残留不等于有残毒。作物与食物中的残留农药的来源为:①施药后农药对作物或食品的直接污染。②作物从污染环境中对农药的吸收。③食物链与生物的富集。

1. 农药对水体的影响

施入农田的农药,由于地表水的流动、降雨或灌溉流入沟渠和江河从而污染了水域,危害水生生物,在水田地区这种污染最直接和明显。此外,工厂排放的废水及在河边洗涤施药用具,倾倒剩余废弃药液等亦造成对水体的污染。农药对地表水的污染具有随季节变化的特征。如张立成等发现,湘江水体中六六六浓度存有明显季节性变化:丰水期浓度最低且变幅小,平水期浓度最高且变幅大,枯水期介于两者之间。

另外,农药对地下水质的污染也不容忽视。这是由于渗漏以及地表、地下水的交换造成的。1986 年美国已有 23 个州发现了地下水农药污染。加利福尼亚州 2 000 多口水井中已发现 50 多种农药,最高浓度可达 700 $\mu g/kg$。我国湖北等地农村也曾发现不同程度的地下水农药污染。

2. 农药对大气的影响

大气中的农药主要来源于林业或卫生、农业上喷洒农药时产生的农药飘浮物,尤其是用气雾弹、烟剂或飞机施药时,可造成大量的农药飘浮。此外,农作物、土壤或水中残留农药的挥发也可造成大气污染。农药的飘尘在风的平流和湍流作用下,可越过高山,跨过海洋,到达环境的每个角落。如自 1974 年禁止在茶树上使用六六六、DDT 后,以后数年多数产区的茶叶中六六六含量仍超过国家允许标准(0.2 mg/L),主要原因是茶区周围稻田使用的有机氯农药通过空气传递的结果。直到 1981 年全面禁用六六六、DDT 后,这些农药的残留量才明显下降。

大气中农药污染的程度因地而异。在喷药地区上空的大气中,农药含量高于其他地区。大气中悬浮的农药粒子,经雨水溶解和洗涤最后降落在地表,因而雨水中农药的含量是调查大气污染情况的很好材料,同时还能用来标明大气污染在季节上的变迁动态。有机磷农药尚未报道有像有机氯农药那样对大气造成严重的污染,但是在施药时或施药不久,大气中的含量肯定也是高的。

3. 农药对土壤系统的影响

田间施药时大部分农药落入土中，同时附着在作物上的那部分农药，有些也因风吹雨淋落入土壤中，这就是造成土壤污染的主要原因。使用浸种、拌种、毒谷等施药方式，更是将农药直接撒至土壤中，造成污染的程度更大。

农药进入土壤后，一部分被植物和土壤动物及微生物很快地吸收，一部分通过物理化学及生物化学等作用逐渐从土壤环境中消失、转化和钝化，还有一部分则以保留其生物学活性的形式残留在土壤中。通常将农药在土壤中的残留时间，作为农药残留性的指标之一。

农药对土壤生态系统造成不良的影响首先表现为对土壤动物的危害。例如，据报道农药1605对几种步甲的影响比二嗪农、乙拌磷等都大得多，对跳虫的毒性超过六六六、DDT，甚至超过呋喃丹和涕灭威，与甲拌磷同属毒性最高的一类。蚯蚓是土壤健康程度的重要指示生物，对维持土壤肥力和结构有重要作用，因此，影响蚯蚓数量的任何一种农药，最终都将影响到土壤的肥力和结构。因此农药对蚯蚓的危害更应引起重视。农药西维因对蚯蚓的毒性最高，其他杀虫剂如氯丹、七氯、甲拌磷、呋喃丹对蚯蚓毒性也很高；杀菌剂如威百亩、溴甲烷也是对蚯蚓毒性高的药剂；除草剂对蚯蚓的毒性一般不高，常用剂量影响不大，但由于土壤植被减少，间接影响蚯蚓的种群。再者，当施用农药后，土壤微生物群落的各个部分都会受到不同程度的影响。农药，特别是杀菌剂对土壤微生物区系产生影响，使土壤微生物的种群和数量发生变化，进而影响生态系统的物质循环，改变营养物质的转化效率，使土壤生态系统整个功能下降。

4. 农药对生物的影响

(1)农药在环境中的生物富集　在农药传播的过程中，生物富集(生物浓缩)使农药在动物体内的积累大大增加。在自然界中，生物与生物、生物与环境之间大致可用图8-3来表示。

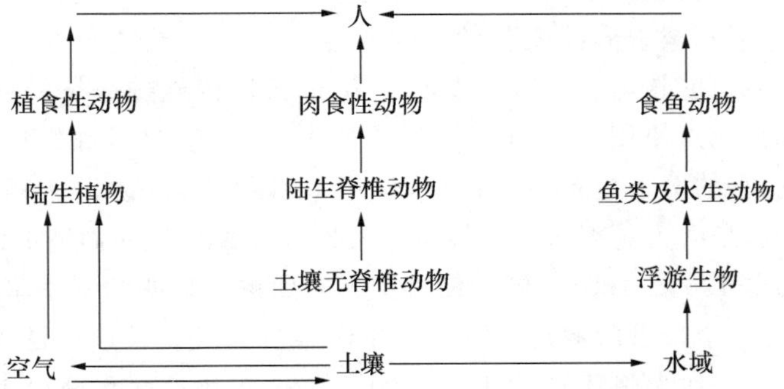

图8-3　农药的生物富集途径示意图

生物富集和进入食物链是农药污染的重要途径之一。为预测某种农药在自然界可能的富集性，人们采用室内人工模拟生态系统，以鱼作生物体，简化为测定鱼体由水中吸收农药的数量，以生物富集系数来比较各种农药的富集性：

$$\text{生物富集系数}=\frac{\text{生物体中的农药}}{\text{水中的农药}}$$

它是化合物在生物体内和水中的平衡浓度的比值，是一种特殊形式的分配系数。根据此式，生物富集系数和化合物的水溶性呈负相关。几种农药的生物富集系数见表8-3。

表 8-3 几种农药的生物富集系数

农药	生物富集系数的对数值	生物富集的可能性
DDT	4.80	高
氟乐灵	3.68	高
毒死蜱	2.65	中等
2,4-D	1.30	低
西玛津	0.00	低

通过单纯的扩散、呼吸或者索取“污染”的食物等机制，无脊椎动物从土壤中富集的残留农药是土壤中的几倍，水生生物个体甚至富集达几千倍。由于农药在生物体内产生的富集作用，更易发生农药污染和中毒问题。例如，在食物链中处于高级位置的生物，如捕食性鱼类、鸟类和野生动物，因农药残留量的大量积累，直接引起死亡和繁殖率降低，以致种群减少；而处于低级位置的动物，因残留量较低或对化学农药具有抗性而得以继续生存。由于这种自然界相互制约作用的打破，破坏了生态系统的自然平衡。如淡水无脊椎动物对农药残留物的较广泛接触，影响了两个主要环境的食物链残留物的富集。

影响生物富集的因素主要是农药的性质，其中脂溶性大的农药易发生积累。农药的使用量，生物体的取食方式、食量及代谢与排泄都可影响农药在生物体中的积累量。

(2)对昆虫的影响　农药对昆虫的第一影响是引起防治对象的再次猖獗和导致次要病虫害上升为主要危害。为什么使用杀虫药剂一定时期后，害虫却大量发生？因为农药在消灭害虫的同时也杀死食虫性益虫，打乱了存在于害虫和它们的寄生者或捕食者之间的平衡，益虫因害虫大量死亡而缺乏食物，就难于生存，而害虫则有丰富的食料(作物)而得以发展，某些害虫本来处于天敌制约之下不至于形成危害，现在由于破坏了生态系统的自然平衡，就可能造成虫害的再次发生，其危害程度甚至超过防治以前。例如，果园内红蜘蛛与包蜱螨、瓢虫、食虫蝽象等在地里保持一定的均势，使用 DDT 后，大量杀死了天敌，使苹果红蜘蛛严重为害。次要病虫害上升为主要病虫害的例子也不少。例如，使用六六六、1605 防治水稻螟虫后，使飞虱、叶蝉等害虫严重为害，这是因为药剂将其蜘蛛类捕食性天敌大量杀死而造成的。据报道，每使用一次杀虫剂，蜘蛛死亡 40%～100%，同时使寄生蜂对黑尾叶蝉卵的寄生率大大下降。

农药对昆虫的另一个严重影响是使防治对象产生抗药性。长期广泛地使用农药，害虫对农药的抗性相应增大，需加大施药量。日本 1950—1968 年耕地面积减少 100 万/hm^2，但施药量却增加了 8 倍。国外到 1969 年止，产生抗药性的害虫种类有 288 种，1978 年已达 480 多种。其中家蝇、棉铃虫几乎能抵抗所有类型的农药。我国产生抗药性的害虫有水稻三化螟、蚜虫和黑尾叶蝉等。台湾省于 1976 年开始使用拟除虫菊酯后 4 年内，小菜蛾就产生了抗性。

在大田施用农药时，必须注意对蜜蜂的安全性。有时蜜蜂直接接触药剂而死，有时是由于蜜蜂吸食有害的花蜜或水而造成死亡，花期喷药更应注意。1972 年江苏大丰县由于飞机喷药，造成蜜蜂死亡 60%。在用飞机喷药时，最大的危险是蜜蜂可将带药花粉带回蜂房，以至整群蜜蜂死亡。DDT 对蜜蜂比较安全，有机磷剂中大部分品种对蜜蜂高毒，可直接将其杀死；氨基甲酸酯类农药对蜜蜂亦有较高的毒性。有的农药，如杀虫双对蚕的毒性大，在水稻与桑树混杂地区必须注意，喷雾剂药剂漂移污染桑树可能毒害家蚕，应改用颗粒剂。

(3)对水生生物的影响　水生生物中以鱼虾类最为重要，尤其是农药对鱼的毒性，已列为农药开发中需要重点研究审核的内容之一。全世界由于农药施用而使大量鱼类死亡的事故，几乎都是由于用量过大或使用鱼毒性强的农药。如1962年日本九州发生的有明海事件，使用鱼毒性大的五氯酚钠于稻田，随即遇有暴雨，大量五氯酚钠流入水域，造成鱼、贝类死亡，损失达29亿日元。根据国内外一些调查材料及研究结果表明，鱼类受有机农药的污染有这样一些特点：

①由于水体污染程度的差异，淡水鱼中有机氯农药的蓄积比海水鱼类为高，沿海及内海鱼类体内的积累浓度又比外海鱼类高。

②从有机氯农药在鱼体内的分布情况来看，内脏中积累比肌肉多，鱼头内农药的含量也高于肌肉，鱼卵中有机氮的积累要比肌肉高数倍至10余倍。

③在农药严重污染的水体中除造成鱼类死亡以外，有时也促使鱼体形成种种畸态。最常见的是鱼脊弯曲，尾部缩短，唇部弯形等。

④鱼类长期生存于低浓度农药污染的水体中，也可能形成抗性。

其他水生生物被污染的报道，有虾、蟹、蛤、牡蛎、贝、螺、蛏、海蜇皮等。不过在虾、螺、贝、蟹中有机氯农药的含量均比鱼体中少。水生生物对农药也有回避问题，即当水体中农药浓度高至一定范围时，水生生物即要离开，游向无农药污染或低浓度水域中去。鱼类这一特性十分突出，因而引起鱼群回流途径的改良而影响捕捞。甲壳类(虾、蟹等)对农药比鱼类敏感，尤其是对杀虫剂的反应。同时，它们比鱼类缺少回避力，因而在有农药污染的水域中虾蟹类首先受殃而灭绝。

(4)农药在作物上的残留　田间施用农药后，部分农药残留在作物植株表面，也可能渗透到植物表皮蜡质层或组织内部，甚至被作物吸收输导分布在体内汁液中。在这个过程中，农药会受外界环境条件的影响或活体内酶系的作用逐渐被降解消失，但稳定性强的农药这种分解消失速度很慢，造成作物在收获时还往往有微量残留。农药对作物的污染程度取决于农药的性质、剂型与施药方式、作物品种特性以及外界环境条件。施于作物上的农药最初是以物理方式沉积于作物表面，沉积量受作物形状即表面积的影响。如茶叶、叶菜类，表面积大，在相同的用药情况下，有较高的原始沉积量，而苹果等果实，单位重量的表面积小，原始沉积量较低。有人对20多种农药在60多种作物上进行调查，证实在相同施药剂量时，其原始沉积量按以下作物依序递减：牧草＞叶用作物＞饲料作物＞豆类＞谷类＞水果类，比如以40%乐果800倍药液喷茶叶，在茶叶上的原始药量是103～158 mg/kg，而以同样浓度喷黄瓜，在黄瓜上的药量仅0.38～0.85 mg/kg。一般蔬菜叶子虽然承受药量大，但植株生长速度快，残留量会迅速下降。

不同施药方法对残留量的影响很大。种子处理或将颗粒剂施入土壤中，残效期比较长，而喷雾法残效期较短。我国棉花采用种子处理，水稻采用根区施药来防治害虫，就是利用这个原理。这样既延长了药效，还可以少伤害天敌，但施药时间必须尽可能提前，以减少收获时的残留。农药在作物上消失的难易还受农药剂型的影响。一般来讲，乳剂、油剂不容易消失，粉剂最易消失，湿性粉剂处于以上两者之间。影响农药在作物上残留的主要原因是农药本身的物理性质和化学性质。有些农药性质不稳定，在生物体内容易代谢、降解，它们的残留毒性问题就不突出，如有机磷、氨基甲酸酯类农药。使用剧毒的有内吸性的有机氯农药如呋喃丹，在作物上残留时间较长，所以只限于水稻、棉花等作物的种子处理或苗期沟施时使用。六六六、DDT等有机氯农药，由于化学性质稳定，脂溶性强，在植物及环境中不易分解，并能通过食物链浓缩，在人、畜体内积累，被列入高残留农药而已被禁用。有些农药本身毒性并不高，性质亦不稳定，但由于其中的杂质而造成残留毒性。像除草剂 2,4,5-T 中由于含有的杂质二噁英能致癌、致畸，也被一些国家禁止使用。

综上所述，农药对环境的影响应从两个方面来考虑：一是农药在环境中的代谢降解和它的最终归宿；二是农药及其代谢物对各种生物的影响，尤其是对生态系统的影响。

(5)农药对人体的危害　农药对人的危害因危害性质和中毒情况不同常分为急性中毒和慢性中毒等。

①农药的急性中毒，农药引起人的急性中毒是在不合理地使用农药，误食或职业性操作不当，以及运输、贮藏过程中不按操作规程等情况下，导致在短时间内表现出的中毒症状，如恶心、头痛、呕吐、抽搐痉挛、呼吸困难，甚至昏迷死亡。急性中毒多出现在毒性高、存在着高浓度农药的局部环境中或大量进入体内。在施用农药时，有的人对某些农药表现特别敏感，也易引起急性中毒。不同农药引起急性中毒情况不同，例如，对硫磷和内吸磷易由皮肤或呼吸道进入，在空气中只需 0.1 mg/m^3 就可使人死亡，而特普则需 0.05 mg/m^3 即可起到同样毒害。为了比较农药对人的毒性程度，常以农药对动物的致死中量作为衡量指标，一般用大白鼠或小白鼠作为试验对象，测定杀死群体中 50%的个体数量所需的药剂剂量即致死中量(以 LD_{50} 表示)，单位为每千克体重所用药的毫克数计算(mg/kg)。

我国卫生部根据我国情况制定了农药急性毒性标准(表 8-4)。对生产者和使用者来讲，经皮肤和呼吸中毒的可能性更大，并以经皮毒性更为重要。但食用染毒食物中毒的事故也时有发生。急性中毒时，如果抢救及时，抢救措施适当，中毒者的健康比较容易得到恢复，否则就会造成死亡或严重后遗症。

表 8-4　中国农药急性毒性分级标准

项目	级别				
	Ia (剧毒)	Ib (高毒)	Ⅱ (中等毒)	Ⅲ (低毒)	Ⅳ (微毒)
给药途径					
LD_{50}(大白鼠，经口)/(mg/kg)	≤5	>5～50	50～500	500～5 000	>5 000
LD_{50}(大白鼠，经皮 24 h)/(mg/kg)	≤20	>20～200	200～2 000	2 000～5 000	>5 000
LD_{50}(大白鼠，吸入，1 h)/(mg/m^3)	≤20	>20～200	200～2 000	2 000～5 000	>5 000

资料来源：农业部[2007]第 10 号令发布的《农药登记资料规定》。

②慢性中毒，慢性中毒是指由于长期接触或食入较低剂量的农药后，在体内积累，引起正常生理机能和代谢过程发生变化而产生的毒害作用。如引起贫血、心肌层组织病变等，但最引人关注的是致畸、致突变、致癌及其对后代的影响。

农药(包括有毒代谢物)在食品及环境中的残留，逐渐进入人体引起的慢性中毒事件也是很普遍的。如世界著名的日本"水俣病事件"是因日本氮肥公司生产农用化学品时排放含汞废物污染了水环境，造成鱼、贝中含汞量高，人食用被汞污染的水产品引起的汞中毒。

农药对人的慢性毒害作用所引起的一些不良后果，包括致癌等是存在的，有些农药的毒性问题还只能是根据动物试验结果来分析，或是根据一些观察到的现象而推论的结果，而大多数农药基本上还缺乏研究。

5. 农药污染的控制

从农药在环境中的演变规律和生产实践表明，农药的使用水平与其环境污染问题有同步性，问题的关键在于农药残留的水平、持续时间长短以及控制方式。在农药的实际使用条件下，要保持环境的良性循环取决于：①我国农药工业的生产能力和品种结构，以及对农药品种的更新能力；②国外农药工业的影响及其引进农药的环境特性；③病、虫、草害的发展趋势与危害程度和植保水平；④科学技术的发展与人为控制污染的能力；⑤人们对农药污染问题的认识水平及其社会化程度；⑥国家立法、环保政策，农药评审与监察机构的职能的健全与其实际作用的效果。从这些相互促进又相互制约的环节中去综合权衡、分析、论证，正是寻求防治污染对策和措施的途径。综合有关论述，防治对策如下。

(1)现有农药的安全使用　制订安全用药的规章制度是防止产生农药污染的一个十分重要的措施。它的内容归纳起来有下述几方面：

通过在作物、食品和自然环境中农药残留量的普查，以及农药对人、畜慢性毒性的研究，制订出各种农药的允许应用范围。

了解农药对人、畜生理的毒害特点，制订各种农药的每日允许摄入量(*ADI*)，并根据人们取食习惯，制订出各种作物与食品中的农药最大残留允许量(*MRL*)。农药的每日允许摄入量是根据当前已知该农药对动物生理的影响，包括对下一代的影响，在一生中每日摄入该种剂量而没有明显的毒害。它以每千克体重摄入药物的毫克数来表示(mg/kg)。

最大允许残留量是指按适宜的施药方法规定的供消费的食品中可允许的农药残留浓度。一种农药的最大允许残留量是从该种农药的 *ADI* 值推算而得：

$$\text{最大允许残留量} = \frac{ADI \times \text{人体标准体重}}{\text{食品系数}}$$

我国人体标准体重以 60 kg 计算。食品系数有多种算法，通常以每人每天取食该食品的量(kg)来计算。某种食品中某一农药残留的允许含量标准是有法律意义的。它根据医学科研单位提出的允许含量，考虑到农业、经济、外贸等方面的因素而制定的，并经有关部门共同批准后实施执行。

在联合国粮农组织(FAO)设有农药委员会农药残留工作部，世界卫生组织(WHO)也设有农药残留专家委员会，以及由 FAO/WHO 联合组成的农药残留委员会和 FAO/WHO 食品规格委员会等机构。这些机构定期讨论制订各种农药的 *ADI* 值，最大残留极限等，一般某种农药在不同食物及同一农药在相同食品中，各国的规定亦不一样。

了解农药在作物上的降解、残留、代谢动态，制定出各种农药在不同作物上施药的安全等待期，即最后一次施药离作物收获的间隔天数。我国已由农业部组织全国有关单位分期分批制定了主要作物上使用主要农药的安全使用标准。1984 年和 1989 年分别颁布了中华人民共和国国家标准《农药安全使用标准》和《农药合理使用指南》，对农药的使用次数、使用量、安全间隔期均有明确规定。国家环保部还于 2010 年发布了《农药使用环境安全技术导则》，把农药的使用按危险品进行管理和规范。

(2)加强农药管理　我国农药管理工作发展很快。20 世纪 50 年代到 60 年代主要是以防止农药急性中毒和质量管理为重点。20 世纪 70 年代开始注意农药残留问题，提出禁止六六六、DDT 在一些作物上使用和汞制剂的生产。20 世纪 80 年代以来，开展了对农药的综合评价，不但从药效，而且逐步强调从农药毒理、残留以及对环境的影响等方面综合评价，并建立了农药登记制度。1981年农业部等部门联合签发了《中华人民共和国农业部对外国公司在我国进行田间药效试验管理办法》，规定了外国公司在我国进行药效试验，必须提供毒性资料及在作物和环境中的残留、代谢。1982年化工部等联合颁布了《农药登记规定》，对已生产试用的农药老品种分期分批进行登记，对新产品更强调从其环境毒理方面进行安全性评价后方能登记生产。1997年国务院颁布了并于2002年修订了《农药管理条例》，对农药登记、生产、经营和使用进行了原则性规定。农业部先后制定和几次修改了《农药管理条例实施办法》，并颁布了《农药登记资料规定》对登记、经营和使用进行了严格规范。国家经贸委和国家发改委分别于2003年和2007年颁布了《农药生产管理办法》，对农药生产进行了规范。

(3)现有农药的合理使用，低毒高效农药的研制　20世纪70年代以前开发的大量农药，多易污染环境，对人畜、天敌昆虫以及野生生物等造成危害，引起了严重的不良生态后果。开发的农药应尽量避免产生这些公害问题。新开发的农药应该在自然环境中分解较快，不易残留，选择性强，对非靶标生物较安全，对人畜安全，只对所防治的某种或某些有害生物产生毒杀效果。

符合上述条件的农药，被认为是较安全的农药或无公害农药。近些年来重点开发的一些农药一般都具有这方面的某些优点。

微生物产生的农药，即各种农用抗生素，如春雷霉素、多氧霉素、井冈霉素、齐墩霉素、赤霉素等；特异性农药如保幼激素、昆虫信息素、化学绝育剂、引诱剂、昆虫生长调节剂、植物防御素等；以生物为基本原料的生物农药，如微生物农药，对人畜比较安全，对环境不易造成污染，现已经在生产中使用的有苏云金杆菌、青虫菌、白僵菌以及核型多角体病毒等，都是比较安全的农药。

在化学农药中发展低毒农药也是当前很重要的方向，目前生产使用的有相当一部分农药是属于高效、低毒农药，如有机磷杀虫剂中的杀螟松，因有两种解毒途径，即脱烷基和脱芳基，所以在生物体内能较快地解毒，菊酯类农药也能较快分解，所以对人畜较安全，对环境构成的污染很小。

(4)改进剂型和施药技术　农药在施用过程中，真正作用于靶标生物上的数量是极少的。有人估计在美国田间所用的农药大约只有1%击中靶标生物，而其他的99%的农药都进入各种环境中。另有报道，在田间施用粉剂时只有10%左右的附着于植物上，其余都落入地表、水体或大气中。据日本的调查结果，空中喷洒粉剂(平均粒径约10 μm)时，在指定地区内降落的药剂量不超过喷药量的30%，而70%以上的漂移到其他地区，且地面喷洒粉剂可使药剂漂移到几公里之外，引起更广泛的污染。为了减轻污染，颗粒剂、微囊剂、包衣粒剂等已经逐步替代了粉剂。静电喷雾、低容量喷雾、超低容量喷雾等喷洒技术，也是减少施药量、提高药效和工效、减轻环境污染的重要措施。

(5)有害生物的综合防治　有害生物的综合防治是从农田生态系统出发，预防为主，综合协调，应用农业、生物、化学、物理等手段防治病、虫、草、鼠等有害生物的策略和措施。要求安全、有效、经济，既把有害生物种群控制在经济受害水平以下，又使对环境的不良影响最小，以维护农田生态系统的良性循环和持续发展。

综合防治概念是在总结单一防治措施局限性的基础上逐渐发展起来的。长期单纯大量施用化学合成农药防治害虫，引起了多种不良后果：导致某些有害生物种群对常用化学药剂抗性的增强，防治效果下降；大量杀伤自然天敌引起有害生物再增猖獗和次要有害生物上升；残留增加以及对环境和食物的污染加强。由此提出了改进防治策略的要求。

有害生物综合防治是运用各种综合技术，防治对农作物有潜在危险的各种害虫，首先要最大限度地借助自然控制力量，兼用种种能够控制种群数量的综合方法，如农业防治法、利用病原微生物、培育抗性农作物、害虫不育法、使用引诱剂、大量繁殖和散放寄生性和捕食性天敌等，必要时使用杀虫剂。要在系统分析基础上选择最佳方案，要求针对害虫种群动态结合与其相联系的环境，采用种种尽可能相互协调的有效防治方法，将害虫种群保持在经济损害水平以下，从而获得最大的经济效益，并使对农田生态系统内外的不良影响减少到最低限度。这一概念兼具生态、经济和环境保护的观点。

早在 20 世纪 50 年代初，中国害虫防治工作中已应用综合防治一词，由当时采用的农业防治、化学防治和改变环境防治害虫等方法概括而来。1974 年提出应从农田生态总体观点出发，考虑病、虫与农作物、耕作制度、有益生物和环境等各方面因素的相互关系，注意当前效果和今后影响。1975 年确定以农业防治为基础的“预防为主、综合防治”的植物保护工作方针，因地、因时制宜，合理运用化学防治、生物防治、物理防治措施，达到经济、安全、有效地控制病、虫危害的目的。

中国自从对农作物害虫开展综合防治以来已取得显著成就。如小麦吸浆虫在 20 世纪 50 年代曾是冬小麦产区重要害虫，经推广 6028、南大 2419 等抗虫品种为主的农业技术措施，结合化学防治，已被基本控制。东亚飞蝗为中国历史上重大害虫，经 20 余年采取改造农业生产环境与消灭发生基地的改治结合策略、系统侦查与群众监察结合的措施，已基本控制了其危害。对三化螟等水稻害虫，通过改变耕作制、合理使用化学农药和保护天敌，也已基本控制。对粮、棉、油料作物上的其他主要害虫如亚洲玉米螟、黏虫、地下害虫、麦秆蝇、棉蚜、棉铃虫、大豆食心虫等都有一套行之有效的综合防治方案。20 世纪 80 年代制定了多种害虫的经济阈值，棉区和南方稻区分别进行了以作物为中心的多种重要害虫综合治理的协作研究，并取得了显著成效。综合防治与健全全国性测报系统，提高测报质量相配合，与高产栽培技术配合，收到了增产、增收、减少成本、减少污染的实效。

归纳起来，害虫综合治理有如下特点。

①涉及对象不单是害虫，要求建立和保持最优农田生态系统，不破坏环境资源，综合分析各种环境因素，找出控制害虫最佳方案。

②由彻底消灭害虫的策略发展为科学管理，但不排除消灭技术的应用。制订害虫经济阈值，把种群数量压低在经济损害水平以下，降低成本。

③全面考虑自然控制因素，保持并增强其作用。

④并非各种防治方法的简单累加，而是协调运用；不排除一定条件下单项措施的作用。

⑤考虑害虫与作物、天敌、环境间关系，使防治措施对农田生态系统内外副作用减至最小。

⑥加强害虫种群数量变动监测体系，进行预测预报。

⑦科学使用化学农药，尽可能少用或不用。

进行害虫综合治理的步骤和内容如下。

①调查农田生态系统中生物组成，害虫与有益生物种类及数量。

②作物生长发育动态与环境因子关系分析。

③防治对象害虫种类及种群数量变动与环境关系调查分析。

④害虫危害程度与作物补偿能力的调查分析。

⑤确定经济阈值。

⑥各项生物学知识数量化，编制模拟方案，进行防治措施的实验，测试和修正。

⑦确定可行防治技术和最佳实施方案。

病害的综合治理与虫害综合治理技术既有一致性又有差别，如在防治害虫前可根据其田间种群数量和经济阈值进行处理，而病原菌的数量不易在田间计数，当时的病原数量同以后的病害大流行也往往无必然的联系。病害防治更注重寄主抗性和环境质量等因素；另外，绝大多数病害的化学防治主要在于预防而不是治疗。

三、农用塑料制品的污染与控制

农用塑料制品中主要是农膜对土壤质量和植物的生长有一定影响。长期存在于土壤中的残膜可严重影响作物根系的生长发育、水肥的运移，致使作物减产。据统计，土壤耕层中的残膜可使蔬菜减产 2%～10%，小麦减产 5%～9%。被残膜污染的棉田，残膜盖苗率和残膜压苗不出苗率，均随残留量的增加而加重，最高者达到 17.3%。造成不出苗和死苗的原因，与种子播在残膜上，因吸收不到足够的水分而不能出土有直接关系；同时种子萌发后，因幼苗的根系穿不透残膜，使水分、养分缺乏，因而干枯死亡。

另外，为增加薄膜弹塑性的添加剂邻苯二甲酸-2-异丁酯等化学物质，随水溢出后渗入土壤，对植物根系产生毒害，并有明显富集作用，致使农作物缺苗断垄，比一般农田增加 15%以上。

农膜的残膜碎片还会随农作物的秸秆和饲料进入农家，牛、羊等家畜误食残膜碎片后，可导致肠胃功能失调，膘情下跌，严重时会引起厌食和进食困难等症，最终造成死亡。当残膜碎片燃烧后还会产生有害气体污染大气，造成二次污染，还有部分残膜被风吹到田边地角、水沟、池塘、河流中，有的挂在树枝上，由此造成种种公害。

对农用塑料制品主要是农膜的污染控制需要，首先减少普通农膜的生产，发展多功能膜、无滴膜和易降解膜，以减少农膜污染。目前，世界许多国家在开发并开始生产各种形式的易降解膜，包括光降解膜、生物降解膜等。但由于成本较大，应用不普遍。其次，要研制和推广铺膜和膜回收机械设备，加强废膜的回收和利用。

四、农业系统中温室气体的排放

在温室气体的人为排放源中，农业生态系统占有较大的份额。

1. 甲烷

(1)稻田　土壤学家在半个多世纪以前就已注意到淹水土壤中有 CH_4 等还原性气体释放，但水田排放 CH_4 作为环境问题被提出来还是 20 世纪 80 年代中期以后，因为稻田甲烷的排放量占全球甲烷排放量 5.3%～19.2%，不容忽视。

世界上水稻的种植面积是很大的，几乎 90%在亚洲，其中印度和中国约占 60%，目前世界上水田面积基本上稳定在 $141\times10^6\sim147\times10^6$ hm^2 之间。中国约占 25.3×10^6 hm^2，占世界总面积的 23%，仅次于印度而位居第二，对全球人为 CH_4 排放有较大的贡献。

稻田甲烷的排放包括 CH_4 在水田土壤中的生成和从土壤向大气释放这样两个过程。因此，水稻田 CH_4 释放实际上是水田土壤环境中 CH_4 的产生量大于释放过程中 CH_4 氧化量的结果。

稻田甲烷的形成是产甲烷菌活动所致。产甲烷菌利用田间植株根际的有机物质转化成甲烷的量减去甲烷氧化菌对甲烷的氧化量即为稻田甲烷的释放量，它决定于水稻根际产甲烷菌和甲烷氧化菌的数量及活性。产甲烷古菌在土壤氧化还原电位低于－200 mV 的还原环境才能发挥活性，分别主要利用 CO_2 和 H_2 或利用乙酸产生甲烷。以 CO_2 和 H_2 为底物的甲烷产生过程如下：

$$HCO_3^- + H^+ + 4H_2 \xrightarrow{\text{氢型甲烷古菌}} CH_4 + H_2O \quad G^{0'} = -32.4\ \text{kcal}$$

利用 CO_2 和 H_2 产甲烷的古菌称为氢营养型古菌，包括 *Methanobacteraceae*（甲烷杆菌科）和 Rice Cluster Ⅰ（一类难以培养的产甲烷古菌）。利用乙酸产甲烷的古菌称为乙酸营养型古菌，主要有 *Methanosarcinaceae*（甲烷八叠球菌科）和 *Methanosaetaceae*（甲烷鬃菌科）。其他可成为产甲烷菌的底物还有甲酸、甲胺、甲醇等。甲烷菌所利用的底物主要来自于有机物质的厌氧分解过程，提供这些物质的微生物又称为互营微生物。

甲烷氧化细菌包括利用 5－磷酸核酮糖途径（RuMP）同化甲醛的Ⅰ型甲烷氧化细菌，多为 γ 变型细菌；利用丝氨酸途径同化甲醛的Ⅱ型甲烷氧化细菌，多为 α 变型细菌。此外氨氧化细菌也可以氧化甲烷，是旱地土壤中主要的甲烷氧化微生物。

CH_4 主要是在水稻根际土壤中产生的。水稻土中含有复杂而丰富的有机物质如有机肥料、动植物残体、土壤腐殖质以及水稻根系的脱落物和分泌物等，它们极易被土壤中的发酵细菌分解成 CO_2、H_2 和醋酸盐等，然后在高温和低 Eh 条件下，产甲烷菌以这些成分作为基质生成 CH_4。所有甲烷菌的最适基质是 CO_2 和 H_2，所以，根的分泌物及微生物代谢产生的 H_2 和 CO_2 都对根际 CH_4 的产生有贡献。水稻根际土壤产生 CH_4 分两步进行：第一步是微生物在稻根上或稻根内产生 H_2；第二步是 H_2 被转移到根际土壤，并由其中生长的产甲烷菌转化成 CH_4。然而，甲烷生成的底物成分也是根际硫酸盐还原的底物和电子供体。所以产甲烷菌和硫酸盐还原菌对这些共同底物存在竞争利用。

稻田厌氧产生的甲烷，80％并不向大气排放，而在甲烷氧化菌的参与下被氧化为 H_2O 和 CO_2。少数向大气排放的甲烷有三条途径：第一，通过植株输导组织从叶柄排出；第二，以气泡的形式通过水层排出；第三，以扩散形式排出。闵航等研究认为稻田释放甲烷主要是稻田植株释放的，可占总量的 85％以上，行株间土壤释放量不多，田间水释放极少。就植株而言，甲烷释放部位主要是与土壤紧密结合的未扰动的根基和根系部位，水面下茎秆白色部分和水上绿色部分几乎无释放。进一步研究表明根系也主要是靠近根基的上半部分，根尖部分甲烷形成活性明显小得多，而且产甲烷古菌附存于根表而不进入根内组织。

影响稻田甲烷释放的因素：稻田甲烷的形成是由许多因子控制的微生物过程。从理论上讲，土壤特征、水肥处理、水稻生长状态及天气条件等都对甲烷的释放产生一定的影响。

水稻土自身的物化性质如土壤类型、温度、含水量、有机质含量、Eh、pH 等都会影响到稻田 CH_4 的释放。据研究，日本不同水田土壤甲烷的年发生量多按泥炭土＞潜育土＞火山灰土＞浅色火山灰土的顺序排列，其甲烷释放速率相差可达 40 倍。土壤中有机质的含量是产甲烷的物质基础。许多研究证实，土壤中有机质丰富或施用有机肥均明显增加甲烷的排放。在自然条件下，产甲烷古菌生长的最适温度范围为 30～40℃，所以土壤温度对稻田甲烷释放的影响是显然的。一般说来，在此范围内，温度越高，甲烷的产量则越大。稻田水分也是通过影响产甲烷菌的活性而影响甲烷排放的。水作为氧气扩散的一个障碍，对于土壤厌氧条件的建立是必要的。据研究，干燥土壤无明显的甲烷排放，甚至可以吸收大气中的甲烷。土壤 Eh 和 pH 也是影响因子。甲烷是由土壤有机质经甲烷菌转化而成，转化的条件是土壤 Eh 必须处于 −150 mV 以下的氧化还原水平。Eh 越低，甲烷产生量越高。Eh 和 pH 成反比关系(能斯特方程)，土壤 pH 的变化将影响其 Eh。产甲烷菌生长的最适 pH 接近中性。在一定的 Eh 条件下，pH 6.8～7.2 是甲烷的最适产生范围。

施肥对稻田甲烷释放量影响很大，有机肥的施用能提高稻田甲烷的排放，不同类型有机肥的稻田甲烷排放通量顺序为：人畜粪类＞绿肥＞沼渣肥。有机肥之所以能提高稻田甲烷的排放，一方面是因施肥后促进了水稻植株的生长，有较多的光合产物从根系分泌；另一方面施用的有机肥为土壤中的各类微生物提供了丰富的营养物质，刺激了它们的生命活动，大大推动了有机物质向甲烷的转化。硝铵和硫铵可抑制稻田甲烷的生成，而尿素促进甲烷的释放，这可能是由于还原条件下，NO_3^- 和 SO_4^{2-} 作为电子受体，阻止 Eh 降低，同时硫酸盐的还原产物(H_2S)和 NO_3^- 本身对产甲烷古菌具有毒性，能抑制其活性，从而使甲烷排放量减少。而施尿素促进了水稻植株的生长，使较多的光合产物从根系分泌；尿素本身是含有可甲基化基团的碳源，土壤中的产甲烷古菌获取充足的氮源和碳源后生命活动增强，大大推动了有机物质向甲烷的转化。有的研究表明，如果化肥的施用有效期能够覆被甲烷的排放高峰，则化肥对甲烷排放的降低作用非常明显，且对整个生育期排放总量影响较大。还有人认为尿素的深施对降低甲烷排放效率较大，而施在土壤表面则能增加甲烷的排放。

不同地区的稻田，由于地理位置、气候条件、栽培管理措施等条件的不同，其甲烷排放通量差异很大，变化幅度为 0.6～75 mg/(m^2·d)，一般在 10～50 mg/(m^2·d)。我国稻田甲烷排放的变化幅度在 7.8～60 mg/(m^2·d)之间，平均在 2～33 mg/(m^2·d)之间。我国甲烷排放通量观测的数据明显不足。稻田甲烷的排放规律表现在以下几方面。

①日变化，由于产甲烷古菌的两个最佳活性温区是 37℃左右与 53℃左右，所以较高的气温或土温有利于甲烷的生成与释放。白天尤其是中午气温、土温较高，而夜间及清晨较低，于是就出现了较有规律的甲烷日排放规律，而且在昼夜温差较大的季节更为明显。大多研究表明，中午和下午稻田 CH_4 的释放率最高，而清晨和上午较低。

②季节性变化，对水稻整个生长季的连续测定表现，稻田 CH_4 排放一般有两个高峰期，一是在分蘖期，一是在花期到成熟期之间。试验表明，甲烷排放量的 65％～70％集中在分蘖期和孕穗期排放。对此现象有两种解释：闵航等认为，这两个高峰期处于水稻旺盛生长时期，光合作用最强，有较多的光合产物从根部分泌，这些分泌物主要由碳水化合物、有机酸和氨基酸组成，为甲烷的形成提供基质。李德波等提出，双峰之间的排放低谷期很可能与水稻分蘖末期的烤田行为有关，这种本用于控制无效分蘖的农事活动导致 Eh 大幅度上升，有时高达 +500 mV 左右，必然抑制了甲烷古菌的活动，导致甲烷发生量减少。这是从植物本身的生长状况和农田管理两个不同角度进行的解释。

控制稻田甲烷排放的农业管理措施：大气中甲烷浓度的增加是各种人为和自然因素共同造成的，其中水稻种植面积不断增加可能是最重要的原因之一。20 世纪 50 年代以来全球水稻种植面积不断扩大，近几年稻田排放的甲烷量大约已占每年全球人为因素引起的甲烷排放总量的 20％。因此，寻求减少 CH_4 释放的农业管理措施不仅是必要的，而且是迫切的。

减缓稻田甲烷排放的技术主要是改变适合产甲烷古菌活动的环境条件、抑制产甲烷古菌的活性、减少产生甲烷的基质和提高根系对甲烷的氧化能力等。但所采用的技术必须能够提高水稻产量以保证农民的经济效益。国内外学者在此基础上提出了许多合理化建议。

③甲烷抑制剂，主要包括肥料型甲烷抑制剂（AMI-AR_2）和农药型甲烷抑制剂（AMI-DJ_1）两类。前者的主要成分是一种腐殖酸，可以将有机质转化为腐殖质，在增加稻米产量的同时，也减少了产生甲烷的基质。后者的主要成分是一种广谱灭菌剂和少量表面活性剂。它不仅能降低稻田甲烷排放，也抑制了有害病菌的发展。大田实验结果表明，这两种抑制剂在抑制稻田甲烷排放方面有明显的效果。

④肥料管理，在水稻生长期间配合施用硫铵或硝铵，可以起到减少 CH_4 排放的作用，尤其在甲烷高排放高峰的分蘖期和孕穗期，其抑制作用更大。在有机肥中，我国传统上用作稻田基肥的农家堆肥主要是由人畜粪便和作物秸秆等自然堆放而成的，其中含有大量未经腐熟的有机质，施用后稻田 CH_4 排放量较高。而农家有机废弃物经沼气发酵利用后，以沼渣作基肥施入稻田，既能增产，又能大大降低 CH_4 排放量。因此，为避免长期单一使用无机肥导致土壤肥力下降，用沼渣代替农家肥作稻田基肥减少稻田对大气 CH_4 的贡献是十分必要的。

⑤科学灌溉，试验证明，在分蘖末期到幼穗分化前这一生长阶段是稻田 CH_4 排放高峰期，此时排水晒田是抑制稻田 CH_4 排放的最有效时期，也是增加稻谷产量的重要措施之一。据研究，非淹水灌溉稻田甲烷平均排放量仅为淹水灌溉的1/3。科学灌溉就是合理的间歇灌溉，它使土壤经常接触空气，有利于提高土壤 Eh，不利于产甲烷古菌的活动，从而起到抑制甲烷排放的作用。

⑥改革栽培技术，国内外学者提出垄作栽培技术或半干旱式栽培技术以减少稻田甲烷的排放，半干旱式栽培是在水田里起垄，垄顶两侧栽秧，垄沟蓄水的一种耕作方法。它以浸润灌溉为核心，能改良土壤结构，协调土壤有机质分解和养分转化，消除稻田冷、毒等障碍因素，促进水稻早生快发，具有极显著的增产效果，同时大大改善了水稻植株根部的通气条件，提高土壤的 Eh，从而有利于根系的发育并抑制甲烷的排放。

⑦选育优良品种，水稻品种对淹水稻田 CH_4 释放量有显著影响，主要是因为水稻根系对甲烷的氧化能力和植株对 CH_4 的排放能力差异很大。研究表明，不同品种在相同土壤、栽培和生长条件下，CH_4 排放强度最大可相差1倍。在这方面控制稻田 CH_4 排放很有潜力，需要进行大量的试验研究以筛选和培育低排甲烷的品种。

(2)畜牧业　在动物的大肠和反刍动物的瘤胃中终生寄生着多种微生物，在厌氧条件下，它们将动物消化道中的食物发酵，从中摄取有机物质和能量。动物消化道中微生物发酵过程中产生许多微量气体，在反刍动物胃中气体组成大约为：CO_2 占40%，CH_4 占30%～40%，H_2 占5%，O_2 和 N_2 少量。每年全球家养动物排放的甲烷总量约为80 Tg，占人为源的22%。因此，家养动物特别是反刍动物是除稻田以外的又一个甲烷的重要农业来源。例如，20世纪90年代我国反刍动物的年排放量为3.2～5.8 Tg，其他动物0.8 Tg。

据估计全球现有15亿左右反刍动物，其中包括牛、羊、骆驼、鹿等。一头牛每天排甲烷200～300 L，一只羊每天排25～40 L。

反刍动物排放甲烷和它们特有的消化方式有关。饲料被食入后首先在瘤胃中进行厌氧发酵。瘤胃中的微生物把碳水化合物和其他植物纤维发酵成可继续分解和消化利用的物质，同时产生甲烷。甲烷产量与饲料成分及营养平衡程度有关，低质粗饲料甲烷产生量大。产甲烷菌在整个瘤胃微生物群落中占的比例不大，但起的作用却不小。据试验证实，产甲烷所消耗的能量占全部饲料可消化能的6%～12%，也就是说，在反刍动物的消化过程中有一部分可消化能转变成甲烷和热量白白浪费掉了。因此，控制甲烷排放具有经济和环境的双重意义。

另外，在动物饲养过程中有大量的动物废弃物，也是农业生态系统中甲烷的来源之一。

减少反刍动物甲烷排放的措施：减少甲烷排放有两个途径，其一，采用直接降低厌氧发酵时甲烷的生成量的措施，即减少动物个体的甲烷排放；其二，改善动物生产性能，提高生产率达到以较少的动物头数来满足人们对畜产品的需要。

直接降低厌氧发酵时甲烷的生成量的措施包括饲料调控和微生物种群与功能的调控。其中增加精饲料的比例从而提高反刍牲畜瘤胃中丙酸盐生成量，降低乙酸生成量对降低甲烷排放效果显著，因为以纤维素为主的粗饲料有助于乙酸的生成。饲喂一些化学抑制因子，控制反刍动物瘤胃中产甲烷菌和互营菌的种群和功能，也是一种选择。

2. 一氧化二氮

一氧化二氮(N_2O)是大气温室气体之一。大气中共含有1 500 Tg N_2O-N。化石燃料燃烧、生物质燃烧、自然土壤和水体、农业生态系统都能够释放N_2O。其中农田中化学氮肥高投入是大气N_2O的主要排放源，约占人为源总排放量的60%。

自然和农业生态系统排放的N_2O主要是由微生物过程产生的，其中最重要的过程是生物反硝化作用。生物反硝化作用是微生物在无氧，或者微量氧供应条件下的硝酸呼吸过程。在这个过程中，反硝化微生物将NO_3^-、NO_2^-或者N_2O作为呼吸过程电子传递的末端电子受体，并将其还原为NO_2^-、NO、N_2O或者和N_2。硝化过程是产生一氧化二氮的另外一个途径。这两种过程经硝化和反硝化作用释放一氧化二氮的过程(图8-4)。

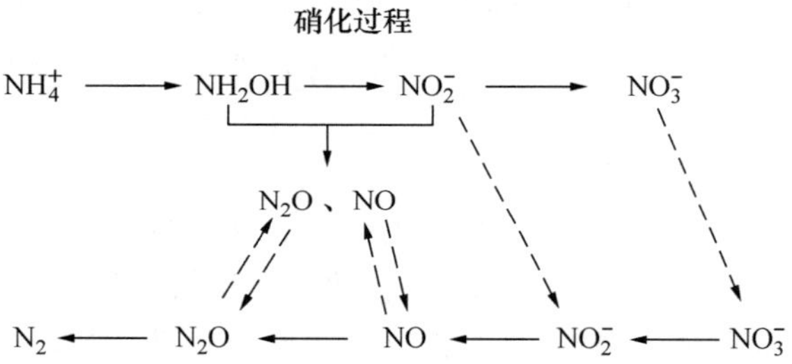

图8-4 硝化和反硝化过程

N_2O是反硝化过程的中间产物和硝化作用的副产物。能够进行反硝化过程的微生物只有原核生物(细菌)。环境中有三百多种的原核生物具有反硝化能力，分属50多个属，包括好气、嫌气和兼性三种呼吸类型，以及化能异养、化能自养和光能自养三种营养类型，其中，起主要作用的是化能异养的好气微生物。这类原核生物需要外界提供碳源和电子供体，在厌氧条件下，或者氧扩散受阻时，利用氮的氧化物作为电子受体，进行能量代谢和其他生理代谢过程。一般而言，土壤中有机碳的有效性和通气状况是影响反硝化过程及其产物的最重要因素。

硝化过程是在有氧条件下化能自养微生物的能量代谢过程。硝化过程中NO_2^-积累往往是在这一过程中N_2O产生的基本条件。参与硝化作用的包括氧化氨为亚硝酸的氨氧化细菌和氨氧化古菌，以及氧化亚硝酸为硝酸的亚硝酸氧化细菌等。目前还没有确定这两类微生物在N_2O产生和释放方面的相对重要性。总体上来说，反硝化作用是地球环境中释放N_2O的主要过程，而也有人认为，旱地土壤中硝化过程是产生N_2O的主要过程。

近年来，人们又开始关注反硝化过程中N_2O/N_2的产物比，认为降低反硝化过程的产物比是控制环境中N_2O的重要途径。除了反硝化功能种群的变异之外，影响环境中反硝化过程产物比的环境因素有pH、氧分压、有机碳的有效性以及NH_4^+、NO_3^-和NO_2^-浓度等(表8-5)。

表 8-5　影响反硝化产物中 N_2O/N_2 比值的因素及作用机理

因素	影响特点	机理
NO_3^- 和 NO_2^-	提高浓度，比值增加	竞争抑制，NO_3^- 和 NO_2^- 比 N_2O 更易接受电子被还原
O_2 分压	在一定范围内提高 O_2 分压，比值增加	抑制酶的合成及活性，一氧化二氮还原酶对氧比其他酶更敏感
土壤 pH	降低，比值增加	导致 NO_3^- 竞争抑制作用的增强
有机碳	有效性提高，比值降低	降低氧的分压，促进完全反硝化过程的进行
土壤 Eh	在 0 mV 以下，影响不大	在氧分压稳定的条件下，影响不大
硫化物	增加，比值增加	对 N_2O 的竞争抑制作用

此外，通气良好的土壤中，N_2O 还可以被微生物吸收。

影响土壤 N_2O 释放的因素有以下几方面。由硝化和反硝化作用产生的 N_2O 经土壤排放进入大气，受到各种环境因素的影响，主要包括土壤 pH、温度、含水量、氧气供应情况、有机质含量等理化性质及施肥、植物生长状况等。

①土壤 pH，土壤 pH 对土壤 N_2O 释放与吸收的影响最大。大部分反硝化细菌对强酸很敏感，pH＜5.0，反硝化作用很弱，硝化作用基本停止。pH＜6.0，反硝化释放 N_2 的过程受到抑制。因而，一般而言随着土壤 pH 降低，N_2O/N_2 增加。

②温度，温度使 N_2O 排放具有明显的昼夜节律和季节变化。硝化、反硝化作用的最适温度为 30℃和 25℃，白天温度高，N_2O 排放量大，夜间温度低，N_2O 排放量小。夏季温度高，比冬天排放量大。

③有机质，包括有机碳的有效性和有机质的 C/N 比对 N_2O 排放有影响。在有机碳有效性较高的情况下，微生物更趋于完成全部的反硝化过程，N_2O 释放的比例较低，但反硝化损失的总氮量增加。有机质 C/N 对反硝化微生物的影响比较复杂，微生物分解有机质的最适 C/N 为 25～30，如果 C/N 大于 25～30，则意味着环境中有效氮不足，N_2O 排放较低；如果 C/N 比小于 25～30，则微生物活性强，加上氮源充足，N_2O 排放量增加。

④土壤湿度和氧分压：水分对 N_2O 排放的影响也比较复杂。土壤不同湿度决定着硝化和反硝化作用在产生 N_2O 方面的相对重要性。频繁的干湿交替能够增加反硝化底物和有机碳的有效性，从而促进 N_2O 排放。干燥的土壤随着土壤含水量增加，硝化过程和反硝化过程均会增强，NO_3^- 和 N_2O 排放会同时增加。水分进一步增加到淹水状态时，N_2O 排放到达高峰。土壤含水量通过影响微生物活性和氧分压，影响 N_2O 的排放。反硝化强度随着水分含量降低和氧分压的提高而降低，这是因为氧抑制了反硝化酶的合成和活性。另外，氧分压影响反应的产物及比例（表 8-4）。

⑤施肥，一般说来，施用 N 肥能增加 N_2O 的排放。向农田施加氨态氮肥、磷肥对 N_2O 的排放具有叠加效应。排水良好，有机质含量高或化肥施用量超过 500 kg/hm^2 N 的农田呈现极端高的 N_2O 排放通量。不同种类的化肥之间以及有机肥与无机肥之间对土壤 N_2O 通量影响的程度不同，即使种植同一作物的农田土壤也是如此。据估计，施用氮肥后土壤释放的 N_2O 占总施肥量的 0.1%～1.5%，IPCC 确定的用于估算旱作土壤 N_2O 排放的缺省值为氮肥施用量的 1%，水田为 0.3%。如果农田施用的肥料氮进入水体，需要另加流入量的 1%。

总之，土壤中 N_2O 排放受各种农田管理因素影响，是多种因素综合控制的结果。其中起主要作用的是人为对土壤的干扰，包括施肥、灌水和耕作等。

⑥农业生态系统 N_2O 排放的控制措施，目前，我国对农田土壤 N_2O 的排放观测研究还有很多的不确定性，根据现有资料，我国农田土壤 N_2O 排放量远远低于 IPCC 给出的缺省值，一般不超过 0.6%。但是，由于中国是一个氮肥消费量最大的国家，加之氮肥施用过程中的损失较为严重，间接排放可能很高。因此，总排放量仍然较高，每年估计在 48～602 TgN_2O-N 之间。

除生物质燃烧以外，N_2O 的农业排放源主要来自农田氮肥的投入，所以控制农田氮肥的投入量是减少 N_2O 排放的主要途径。另外，改进土壤有机碳管理技术、施肥技术以及改变肥料品种和使用硝化抑制剂等，也有助于 N_2O 减排。

3. 二氧化碳

在全球碳的收支平衡中，碳源主要是化石燃料燃烧释放和土地利用变化。其中化石燃料燃烧和水泥制造排放的 CO_2 占全球排放总量的 60%以上，其余基本上来自于土地利用变化。综合各种来源的资料，全球农田生态系统总体上是一个很弱的碳汇。我国的有关研究表明，除我国东北地区外，其他地区基本上是碳汇。水稻土的碳汇强度较大。东北地区农田土壤之所以成为碳源，与土地开垦较晚，土壤有机质分解还没有到达平衡，以及土壤侵蚀严重所致。

土地利用变化导致全球碳排放量的增加，与土地的农业利用有关。自然土壤开垦为农田后，至少在 20～30 年的时间内，土壤有机质一直在下降，下降幅度至少 40%，高的可达 50%以上。农田系统稳定下来后，如果农田管理措施适当，土壤有机质含量会增加，最终能够恢复为损失量的一半左右。这些措施包括保护性耕作和秸秆覆被、提高复种率、养分综合管理和精准施肥、土壤水管理、土壤改良、农林复合生态系统的建立和草地管理等措施等。

第三节　养殖业体系的环境污染与控制

在过去的 30 年间，我国肉、蛋、奶等主要畜禽产品产量连续以超过 10%的速度增长，这一方面满足了人们对畜禽产品的需求，另一方面也造成了一系列的资源和环境问题。我国的动物生产主要集中在农区。根据 2010 年中国统计年鉴，除内蒙古、西藏、新疆和青海外的全国其他省、市、自治区提供了近 95%的肉类、70%的奶类和 97%的蛋类产品。农区动物养殖业的发展，对改善人们的膳食结构起到了非常重要的作用。

畜禽繁殖育种和饲料科技的进步使得畜禽养殖业经营方式发生了根本性的变化。而这种变化是以农户分散饲养向集约化的养殖场转变和畜禽养殖场由农村、牧区向城郊转变为典型特征的。然而，畜牧业生产体系中的这种集约化养殖，已经成为一个非常重要的污染源。因此，了解动物养殖体系中的物质循环特点，对控制污染和改善环境质量，具有重要意义。而且，动物废弃物还是重要的有机肥和生物质能源重要资源。

一、养殖业环境污染问题产生的必然性

1. 集约化养殖业体系物质循环的特点

传统的养殖业往往是与种植业密切结合在一起的，物质基本上在农业生态系统内部循环。而集约化的养殖业基本上与初级生产者发生脱离，成为一个独立的生产体系，物质的循环也发生了很大的改变。集约化养殖业生产体系是一个开放体系，其自身生产需要的饲料、能源等物

质，基本上靠外部提供。同时，养殖业生产体系又是一个自然、社会和经济系统的复合体，一方面，伴随着养殖业的快速发展，大量养殖业废弃物难以返回到植物生产体系，而对生态环境构成了威胁；另一方面，养殖业的发展也是社会经济环境条件变化刺激的结果。养殖业的发展与环境之间存在着一种相互作用和影响。

从养殖业对环境的污染途径来看，养殖业产生的环境危害来源于生产的伴生废弃物，主要是畜禽粪便。畜禽粪便污染问题，从表面上看是一个环境问题，即养殖业生产体系的畜禽粪便未能及时有效处理，使之成为了环境污染物，但从更为宏观的角度来看，则是系统失衡问题，是农业生态系统的物质循环过程出现了失衡。

按照一般的生态系统的物质循环规律，农业生态系统的物质和能量流动的方向应该是“作物的初级生产—动物转化—微生物还原归还”。流动的结果是无机的养分物质又归还给土壤，供作物吸收。由于生态系统依靠其自身具有一种内部的自我调节能力，系统才能保持稳定和平衡。但是这种自我调节能力不是无限度的，每一种生态系统都由于结构不同，而具有某种数量限度，这个数量限度称为临界值，或称为容量值。物质循环过程这3个环节之间的平衡需要在容量值允许的范围之内，超过容量值，系统就会出现失衡问题。植物生长和动物转化过程都会产生废弃物，这些废弃物需要靠微生物还原过程进行消化和转化。由于微生物还原过程在通常情况下并不像植物生长和动物转化那样为人类带来可供消费的物品，因而人们对微生物还原过程基本没有进行人为干预，只是将微生物还原能力看作是环境容量，环境容量是生态系统的自净能力，这个容量决定了植物生长和动物转化的总量限度。

出于对物质利益的追求，人们不断加大对农业生产的投入度，投入的方向主要集中在植物生长和动物转化这两个环节，不惜投入大量的人力、物力和财力。而在微生物还原方面，仅仅是以沼气产出为导向进行了少量的投入。因此，人类在取得大量产品的同时，却打破了自然界物质循环过程的平衡，而微生物还原基本上靠自然界的自然净化能力，使植物生长、动物转化后的废弃物数量大大超出了自然界微生物还原的能力，废弃物难以有效处理，环境污染不断加剧。由于缺乏合理可靠的粪便贮存方式及运输成本等原因，原先以畜禽粪便为主的传统有机肥逐渐被化学肥料所代替，由此使得畜禽养殖业成为导致环境污染的主要原因。

随着我国畜禽业饲养规模的日益扩大，畜禽粪便对环境造成的污染也越来越严重。畜禽排放物不仅严重地污染着人类的生存环境，而且也严重地制约了养殖业的持续稳定发展。养殖业产生带来的污染已经成为继工业污染之后的又一个亟待解决的新的有机污染源。在一些养殖集中地区，尤其是大城市郊区，脱离周边环境承载能力盲目发展大规模养殖场，造成的环境污染问题非常严重。

2. 畜禽动物个体的代谢特性

包括反刍动物（牛和羊）和单胃动物（猪和鸡）在内的所有动物，都需要五种基本的营养物质：以脂类和碳水化合物为主的能量物质、蛋白质、水、维生素和矿质营养元素。这些营养物质是动物机体组织、细胞中的构成物质，以及动物维持生命和正常生产过程中不可缺少的能量和代谢需要的物质。作为基本的生命元素，氮和磷对动物非常重要，其中氮是氨基酸和蛋白质的组成成分，氮是建造蛋白质所必需的元素。磷除了是细胞膜、RNA和DNA的重要组分，参与能量代谢之外，还是动物牙齿和骨骼的关键组分。

畜禽对养分的需要量是各项生理活动要求的综合，可分为维持需要和生产需要两部分。不同动物因其生长发育特点不同，对氮（以粗蛋白质表示）、磷养分的需求也不同，同一种动物的不同生长阶段对养分的需求也不一样。根据农业部发布的动物饲养标准,中国主要畜禽对氮、磷养分的需要量见表 8-6。

表 8-6 主要动物粗蛋白质和总磷的需要量(每千克饲粮养分含量)

动物品种	养分类别		
	粗蛋白质	总氮*	总磷
瘦肉型猪[a]/%	14.5～21.0	2.3～3.4	0.43～0.74
肉脂型猪[b]/%	13.0～21.0	2.1～3.4	0.37～0.67
蛋用鸡[c]/%	15.5～19.0	2.5～3.1	0.55～0.70
肉用鸡[d]/%	18.0～21.5	2.9～3.4	0.60～0.68
奶牛[e]/g	243～430	38.8～68.8	16～34
奶牛[f]/g	49～61	7.8～9.8	49～61
肉牛[g]/g	492～830	78.7～132.8	13～19
羊[h]/g	111～237	17.8～37.9	1.8～6.5

* 总氮是根据粗蛋白质含量的计算结果,总氮=粗蛋白质/6.25.

a 瘦肉型猪是指瘦肉占胴体重的 56%以上,胴体膘厚 2.4 cm 以下,体长大于胸围 15 cm 以上;

b 肉脂型猪是指瘦肉占胴体重的 56%以下,胴体膘厚 2.4 cm 以上,体长大于胸围 5～15 cm 以上;

c 人工饲养的、用于生产供人类食用蛋的鸡种;

d 人工饲养的、用于生产供人类食用肉的鸡种;

e 为体重 350～750 kg 成年母牛维持的每日营养需要,其中粗蛋白质是可消化的粗蛋白质;

f 为乳脂率 2.5%～5.5%,每产 1 kg 奶的营养需要量,其中粗蛋白质是可消化的粗蛋白质;

g 为 400 kg 生长肥育牛的每日营养需要量,其中粗蛋白质是可消化的粗蛋白质;

h 为 20～50 kg 的育肥羊的每日营养需要量。

即使在最佳的管理条件下,动物也无法 100%地利用摄入的营养。饲料养分只能是部分转化为产品,总是有一部分养分会随粪便排出体外的。表 8-7 是根据生长育肥猪的饲养标准,测定的一头 24.5 kg 重的生长猪 5 d 的氮平衡计算实例,结果表明,每头猪食入氮为 12.67 g/d,粪便氮磷排放量分别为 2.89 g/d 和 3.11 g/d,氮利用率为 52.6%,接近一半的氮素排出了体外。如果饲料转化率不高,奶牛、猪、鸡饲料中含氮物质排泄量甚至高达 70%左右。

畜禽对氮素消化吸收的效率与很多因素有关。一些研究结果表明,日粮蛋白质水平降低 2%以上可显著降低氮的排出,饲喂不同蛋白质水平氨基酸平衡日粮对氮的留存和消化利用无显著影响,饲喂低蛋白质氨基酸平衡日粮,可显著提高氮利用率,降低氮的排出量。通过对环境温度、饲料、性别对肉鸡氮代谢的影响的研究,结果表明,氮的利用率随温度升高而上升,低温下氮的排出量增加;氨基酸的表观消化率随日粮蛋白质水平的增加而增加;雌激素有利于氨基酸的利用率的提高和氮排出量的减少。概括来讲,在动物种类的因素方面,反刍动物对植物性蛋白质的消化明显高于单胃动物,而单胃动物对动物性蛋白的利用又高于反刍动物。不同年龄的动物,其消化道分泌蛋白酶的能力是有差异的,因此对氮素的消化和吸收能力也是有差异的。从饲粮因素上来讲,饲粮中蛋白质的水平、粗纤维水平、饲料中的抗营养因子和饲料加工处理方式都会影响动物对氮素的吸收。从饲养管理角度而言,良好的饲养环境、科学的饲喂技术、合理的管理技术也是影响蛋白质消化吸收的重要因素。

表 8-7　猪氮平衡计算实例

项目	计算过程	结果
采食量(FI,g/d)		1 000
日粮干物质含量 DM(%)		88
日粮 DM 采食量	(88/100)×1 000	880
日粮氮(%,DM 基础)		1.44
N 进食量(NI,g/d)	(1.44/100)×880	12.67
5 d 收集期内排粪总量(g)		1 890
粪干物质含量 DM(%)		30.6
粪 DM 的排出量(g/d)	(30.6/100)×1 890/5	116
粪中 N(%,DM 基础)		2.49
粪氮排出量(NOF,g/d)	(2.49/100)×116	2.89
5 d 收集期内排尿总量(g)		6 760
每 100 mL 尿液内氮浓度(g)		0.046
尿氮排出量(NOU,g/d)	(0.046/100)×6 760	3.11
氮利用效率(%)	(12.67－2.89－3.11)/12.67×100%	52.6

注:氮利用效率=(食入氮量－粪氮排出量－尿氮排出量)/食入氮量×100%。

磷是动物体内含量最高的矿质元素之一。畜禽对磷的吸收能力受饲料中磷的存在形式的决定性影响。饲料中的有机磷不必经过消化就能够被吸收,动物性饲料中绝大部分磷为有机态磷。植物性饲料中磷含量一般较高,但多以植酸(肌醇六磷酸)形式存在,表 8-8 列出了常见饲料中总磷含量和植酸磷占总磷的比例。植酸磷必须经过植酸酶的水解才能被动物吸收,猪、禽等单胃动物本身并不能释放植酸酶,动物对植酸磷的利用主要靠消化道微生物分泌的植酸酶的水解。因此猪、禽对植物中磷的利用率很低,一般在 20%～50%之间。由于饲料中缺乏非植酸磷(表 8-8),生产中一方面需要向饲料中不断添加磷酸盐,另一方面由于单胃动物不能或者很少利用植物性饲料中的磷,大量未被吸收的植酸磷随粪便排除体外,既造成了资源的浪费又污染了环境。对于反刍动物,由于在前胃中细菌植酸盐酶的作用,对植酸磷的利用率很高,可达到 90%。

表 8-8　常用饲料总磷含量及植酸磷比例[a]　%

饲料	总磷含量	植酸磷含量	植酸磷占总磷比例
大麦	0.37	0.24	64.9
稻谷	0.25	0.13	52.0
高粱	0.25	0.19	76.0
小麦	0.42	0.29	69.0
玉米	0.29	0.18	62.1
稻糠	0.20	0.13	65.0
大米糠	1.58	1.33	84.2
小麦麸	1.05	0.87	82.9

续表 8-8

饲料	总磷含量	植酸磷含量	植酸磷占总磷比例
蚕豆	0.38	0.17	44.4
大豆	0.50	0.15	30.0
豌豆	0.37	0.14	37.8
菜籽饼	0.97	0.65	67.0
豆饼	0.53	0.18	34.0
花生饼	0.45	0.26	57.8

a. 数据来源于中国饲料数据库。

二、养殖业体系的环境污染

畜禽养殖业产生的环境危害主要来源于畜禽排泄物，畜禽排放物不仅严重地污染着人类的生存环境，而且也严重地制约了养殖业的持续稳定发展。在集约化养殖业发达地区，如西欧国家，畜禽排泄物早已成为一个严重地环境污染源。例如，英国每年有 8 000 万 t 畜禽粪便需要处理，其中可回收利用 119 000 t 磷；荷兰每年粪便总产出量为 9 500 万 t，其中过剩 1 500 万 t；比利时每年粪便总产出量 4 100 万 t，过剩 800 万 t。荷兰南部地区养殖业密集度最高，结果造成畜禽粪便量大大超过农田施用量负荷，从而引起水体硝酸盐污染。法国西部的布列塔尼省集中了全国集约化养殖业的 40%，该区域从 20 世纪 80 年代初只有一个地区的公用水源硝酸盐超过饮用水标准，目前逐步发展到有 6 个地区饮用水超标，21 个地区接近超标。

在我国，畜禽粪便现也已成为农村面源污染的主要来源，畜禽粪便污染环境的主要成分是氮、磷等营养元素。2003 年全国畜禽粪便（鲜重）总产生量达到了 30.9 亿 t，是当年工业固体废弃物总量的 3 倍。太湖流域由畜禽粪便带入水体的 COD、总氮和总磷占总污染负荷的 33.9%；1998 年长江三角洲城郊畜禽粪便的流失率高达 30%～40%，全年流失到水体的氮（N）和磷（P_2O_5）养分约为 19 万 t；而且，畜禽粪便已经超过化肥、工业废水和生活污水，成为杭州湾的最大污染源。上海全市 729 家大、中型畜禽养殖场只有 57 家周围环境比较良好，其余 672 家周围河流水质已发黑发臭，有机污染物指标超过国家地表水环境质量五类标准 100 倍以上。畜禽粪便污染环境的具体形式表现为污水、粪渣及恶臭气体等对大气、水体、土壤、人体健康及生态系统所造成的直接或间接的影响。

1. 大气污染

畜禽养殖场中检测出的有害气体有近 200 种，其中主要是有机物厌氧分解所产生的恶臭、有害气体以及携带病原微生物的粉尘。恶臭及有害气体主要包括 NH_3、CH_4、H_2S、$(NH_4)_2S$、粪臭素等。大量的畜禽粪便如果不及时处理，在高温下，发酵和分解产生的氨气和硫化氢等臭味气体，排放到大气中，将会使臭味成倍增加。同时产生的甲基硫醇、二甲基二硫醚、甲硫醚、二甲胺及多种低级脂肪酸等有毒有害气体，污染空气，造成空气中含氧量相对下降，使动物及人的免疫力下降，呼吸道疾病频发，影响畜禽产品质量。

畜禽粪便散发出来的恶臭气体中，NH_3 是一个很重要的环境污染因子。氨气在大气中会转化为铵盐，并经过大气沉降进入土壤，影响生态系统的稳定性。动物排泄物中的氮是氨的潜在源，排泄物中的氮包括无机氮和有机氮，其中家禽粪中 20%～30%的 N 为铵态氮。有机氮也将经微生物的矿化以不同的速度转化为铵态氮。如果管理不善，这部分氮以氨挥发形式排出，成为大气中最重要的 NH_3 源之一。

据有关计算，1991 年全球排放的 NH_3 有 40%来自于畜禽粪便的挥发。欧洲排放的 NH_3 中 80%～95%是来自农业，其中畜禽粪便占到 80%左右。1996 年，丹麦农业排放的 NH_3 占全国总排放量的 99%，其中 76%来自畜禽粪便，猪和奶牛对农业 NH_3 排放的贡献率达到 86%左右。2000 年，荷兰 94%NH_3 来自于农业源。上述计算来自畜禽粪便 NH_3 挥发量，包括养殖过程中和以有机肥形式施到土壤后的氨挥发总损失。

养殖过程中存在于畜舍的畜禽粪便在处理不及时的情况下，氨极易挥发。英国仅奶牛养殖过程所挥发的 NH_3 是全国 NH_3 排放总量的 25%。根据我们测算，我国 2006 年生猪生产体系氨挥发总量为 55.6 万～73.7 万 t，占全部猪粪便总氮量的 20.2%～26.8%。

养殖业也是大气温室气体的一个重要来源。根据联合国粮农组织有关资料，每年由牛、羊、骆驼、马、猪和家禽排放温室气体(甲烷和一氧化二氮)的二氧化碳当量，占全球排放总量的 18%。其中，甲烷排放主要来自于各畜种的肠胃以及畜禽排泄物在无氧状态下分解，堆肥过程则是一氧化二氮产生和排放的途径。

养殖业粪便废弃物对空气污染较早被发达国家关注，并采取了相应措施。1979 年，长距离越界空气污染公约(CLRTAP)的签署，促使欧洲、加拿大和美国等国建立主要空气污染物的减排目标，并出台了国家减排政策。1992 年，欧洲 17 个国家成立的 UNECE/EMEP 大气污染物排放清单工作组的 8 个分组中，NH_3 专家调查小组是其中之一，其职责主要是确定来自畜牧及化肥施用过程中 NH_3 的排放因子。1999 年，欧盟又相继通过对排放某些空气污染物规定国家上限(NECD)的建议书和减少酸化、富营养化和近地面臭氧的 CLRTAP 议定书，这些协定建立了对 SO_2、NO_x、VOCs 和 NH_3 新的减排承诺。为履行减排承诺，达到或超过预期目标，主要的畜牧业发达国家针对养殖生产过程各环节 NH_3 挥发情况，做了一系列研究，并已经采取了多种措施。

2. 水体污染

除了以气态挥发和一部分随有机肥还田外，其余畜禽粪便的养分物质或是直接排入水体，或是在堆弃放置过程中随地表径流进入水体。由于两者的比例难以区分，所以把它们统称为向水体的排放。

施入农田土壤中的有机粪肥，也可能成为水体氮磷的一个重要污染源，特别是磷，在欧洲尤为突出。这是因为这类肥料一般是撒施在农田土壤表面，在没有耕翻的情况下，冬季的集中降雨引起的土表径流是引起水体污染的重要原因。而且，有机粪肥的施用量主要是依据其含氮量，因此难免引起土壤中磷的过量累积和迁移至地表水体，从而导致地表水的富营养化。

我国的水体富营养化已成为一个十分突出的环境问题。其中，城市湖泊都已经处于重富营养或异常营养状态，绝大部分大中型湖泊都已经具备发生富营养化条件或处于富营养化状态。根据有关调查，1984 年、1988 年、1996 年富营养化湖(库)占调查湖(库)比例分别达到 26.5%、61.5%、85%。近海海域的富营养化污染也有类似趋势。根据全国第一次污染源普查初步结果，养殖业对此有重要贡献。

畜禽养殖业的粪便和生活污水等的流入，是水体重要的营养物质来源。尽管在不同地区、不同管理水平下存在较大差异，全国范围内畜禽粪便污染物进入水体的流失率在 2%～8%之间，其中的液体排泄物可能达到 50%。根据上海市(1996)对规模化汛期养殖场污染情况进行的调查，畜禽粪便占黄浦江上游污染总负荷的36%，高于居民生活(34%)、种植业(19%)和工业生产(6%)，是黄浦江污染物的最主要来源。广东省畜禽粪便进入水体流失率为30%，东北地区畜禽粪便流失率在20%左右。根据这些结果估算，2006年我国畜禽粪便中氮素总量为1 176.2万t、磷素总量为268.5万t，畜禽粪便氮磷流失进入水体则分别为235.2万t和53.7万t。另据估算，全国农田生产体系氮的投入和产出平衡盈余量为1 717.7万t，磷的平衡量为460.5万t，其中进入水体的氮为247.1万t磷为30.0万t。养殖业生产体系损失到水体中的氮素养分与农田生产体系大体相当，养殖业生产体系磷素养分损失已经超过农田生产体系，成为农业非点源污染的最主要来源。

畜禽养殖场中高浓度、未经处理的污水和固体粪污被降水淋洗冲刷后进入自然水体后，使水中固体悬浮物(SS)、有机物和微生物含量升高，改变水体的物理、化学和生物群落组成，使水质变坏。粪污中还有大量的病原微生物将通过水体或通过水生动植物进行扩散传播，危害人畜健康。

3. 土壤污染

土壤是人类环境的主要因素之一，也是生态系统物质交换和物质循环的中心环节。它是各种废弃物的天然收容和净化场所。当前畜禽粪便主要去向是作为有机肥料直接还田。虽然其中的N、P、K以及其他营养元素是作物生长必不可少的营养元素，但畜禽粪便中还含有大量的病原微生物和有害物质，如果进入土壤中的污染物质超过了环境容量，就会产生环境污染危害。另外，畜禽粪便中含有大量的盐分，长期大量施用有可能破坏土壤结构。而且，高浓度的养殖场污水直接灌溉，还会影响土壤的通透性。

动物饲料中还大量使用促进生长，提高饲料利用率，抑制有害菌的微量元素添加剂。如硒、镉、铜、铅、砷等金属元素，动物对它们的吸收利用极低，因此多数都排放到了粪便当中。长期施用含有这类物质的有机粪肥，将给土壤带来一定的污染风险。例如，据预测一个万头猪场按美国FDA允许使用的砷制剂剂量推算，若连续使用含砷的饲料，不出10年周边耕地只能废弃或改为他用。

现代畜牧业在生产中都大量使用各种消毒剂和各类药物治疗畜禽疾病，部分残留通过畜禽粪便排泄进入土壤，甚至通过土壤和作物系统，在生物链中蓄积，危害畜禽生产及人类健康。而大多数饲料中的抗生素、化学合成药物都有一定残留。

三、养殖业环境污染的控制技术

养殖业中的畜禽不可能完全消化和利用饲料中的养分并去除对环境有害的其他物质，因而未被动物利用的养分和有害物质通过粪便的形式排泄出来，就是必然的。控制养殖业的环境污染问题，主要是从粪便的资源化利用和提高单个动物对养分等物质的利用效率两方面着手的，努力做到资源化和减量化。

1. 畜禽粪便资源化技术

目前畜禽粪便资源化利用主要有肥料化、燃料化和饲料化。

(1)肥料化技术

①堆肥化技术，利用微生物在一定温度、湿度、pH值的条件下，使畜禽粪便和秸秆等农业有机废物发生生物化学降解，形成一种类似腐殖质土壤的物质，用作肥料和改良土壤，这种方法称为堆肥化。根据处理过程中微生物对O_2需求的不同，堆肥化可分为好氧堆肥化和厌氧

堆肥化。前者是在通气条件下借好氧微生物活动使有机物得到降解，由于好氧堆肥化温度在50～60℃，极限可达80～90℃，故亦称为高温堆肥；后者是利用微生物发酵造肥，所需时间较长。

②制复合肥技术，将高温堆肥产品经杀灭病原菌、虫卵和杂草种子等无害化处理和稳定化处理后与经粉碎后的N、P、K化肥混合后，经筛分、干燥可制成颗粒化复合肥。颗粒化的复合肥因为能同时提供多种营养成分、养分均衡、施用方便、便于运输等特点而得以迅速发展。

(2)饲料化技术　畜禽粪便含有丰富的营养成分，最适合于反刍动物。畜禽粪便经适当处理可杀死病原菌，改善适口性，并能提高蛋白质的消化率和代谢能。国外畜禽粪饲料化早已商品化，我国畜禽粪便饲料也已开展多年。饲料化技术主要有以下几种方法。

①干燥法，干燥法以鸡粪的处理用得最多，也是常用的处理方法。干燥法是将粪便单独或掺入一定比例的麦糠，拌匀后干燥、过筛除去杂质，再粉碎供作饲料。按干燥方式不同其可分为自然干燥法和人工干燥法。人工干燥法又可分为快速干燥机干燥法和烘箱烘干法。

②青贮法，畜禽粪便可单独或与其他饲料一起青贮。这种方法经济可靠，产品无毒无味，适口性强。

③需氧发酵法，在氧化池中利用好氧微生物对畜禽粪便进行发酵，产生单细胞蛋白，可制成适合单胃动物的饲料，氧化池混合液可作为动物饮用水。

(3)燃料化技术　以畜禽粪便为原料，经厌氧发酵可以产生以CH_4为重要成分的沼气，可作为燃料，沼液可以直接肥田，沼渣可以用来养鱼，形成养殖与种植和渔业紧密结合的物质循环的生态模式。沼气工艺有户用小型沼气池和大中型沼气池两类，前者为常温发酵，发酵时间较长，投资较低，管理方便，适合以农户为单位；后者处理量大，效率高，多选用中温发酵，发酵时间短，工艺要求严格，投资大。沼气工艺在亚洲国家应用较多，我国从20世纪70年代就开始进行沼气利用及工艺的研究并进行推广，技术水平较先进。

2. 饲料的营养调控技术

饲养科技水平的提高能够极大地改善生产能力，提高饲料养分利用效率，既能在一定程度上缓解饲料供需紧张的局面，又能减少多余养分向环境的损失。主要的措施就是改善饲料配方，提高喂饲技术。

(1)饲料日粮管理　使用优质原料，可减少饲料用量，降低采食量，减少排泄量。合理地选用蛋白质饲料、科学配制动物日粮，对提高饲料利用率，降低环境污染具有重要的实际价值。蛋白质饲料的生物学效价(利用率)与其中的蛋白质价值、能量价值和抗营养因子有关。

增加饲粮中非淀粉多糖(NSP)含量可减少尿氮排泄量，增加粪氮排泄量。由于尿氮转化为氨的速度明显高于粪氮，因而增加饲粮中淀粉多糖将有利于减少氨的产生与散发量。研究表明，在猪饲粮中添加10%～22%的NSP，可使尿氮排泄量减少35%～39%，粪氮排泄量增加20%～28%；饲粮中每额外增加1%的NSP，则气体形式氮损失减少0.6%。当日粮中非淀粉多糖由15%上升为49%时，氨的排放量从35.8%减少到6.4%。

营养物质过量是导致粪便排出比例增多的直接原因之一。因此，需要对所饲养动物营养物质需要量的精确估测和对饲料组成及生物利用率的准确了解，做到有针对性地饲喂。

目前，畜禽日粮配制逐步由“粗蛋白”向“总氨基酸—可消化利用氨基酸—理想蛋白质氨基酸模式”过渡，在不影响畜禽生产性能的前提下，满足低蛋白条件下的氨基酸平衡，避免日粮蛋白质的安全边际量过大而造成的浪费，既节约了蛋白质资源又降低了氮的排泄。按理想蛋白质模式配制的玉米-豆粕型猪的日粮，不仅蛋白质水平可降低2%～3%，而且可降低生长猪的氮排泄量40%。

由于氨的散发受粪便中pH值的影响（在其他条件相同时，pH值越低，氨散发量越少），因而可通过改变饲粮组分以降低猪粪便的pH值，从而减少氨的散发量。以苯甲酸钙代替生长肥育猪饲粮中的碳酸钙，可使每头猪每年散发氨量减至1.22 kg。

（2）饲料添加剂技术 在饲料中添加酶制剂，可补充内源性消化酶的不足，破坏饲料中的抗营养因子或毒物，促进营养物质的消化和吸收，改善饲料利用率，从而减少畜禽粪便中营养物质的排泄量。在9～21日龄仔鸡日粮中添加酶制剂，可降低粪便排泄量13.25%～17.24%。日粮中添加酶制剂（纤维素酶）可使厩肥中的氮、磷分别减少5%和25%～30%。另有研究表明，日粮中添加植酸酶使植物原料中磷的利用率提高50%～80%，粪中排磷量减少25%～50%，料肉比下降10%以上，同时还提高钙、镁、铜、锌的吸收率和沉积率。

微生态制剂是一种新型活菌制剂，进入肠道内促进畜禽体内微生态平衡发生变化，增加肠道有益菌群的数量，防止肠道微生态失调，明显提高机体对各种营养物质的吸收，提高饲料利用率，还可使排出的粪便加速腐熟无恶臭产生。将微生态制剂添加到仔猪日粮中，仔猪日增重提高了8.6%，饲料转化率提高了4.5%，干物质和氮的排泄量分别降低了11.4%和15%。枯草芽孢杆菌在大肠中产生氨基酸氧化酶及硫化物分解酶，将产生臭气的吲哚类化合物完全氧化，将硫化氢氧化成无臭无毒的物质。双歧杆菌和嗜酸乳杆菌可抑制肠道腐败物质的产生。

微量元素添加剂已成为畜牧生产中不可缺少的一部分。无机盐的效价一般都较低，而且人们不断追求某些元素在高剂量时特殊的生理作用。所以许多元素的添加量远远超过了动物的正常需要量，如高量铜、铁、锌等的添加，未被吸收的部分排出体外。近年来推出第三代微量元素添加剂——氨基酸微量元素螯合物，该物质在消化道内仍可溶，电中性可以防止金属元素被吸附在有碍元素吸收的不溶解胶体上，而且这些螯合物近于金属酶、金属激活酶和一些激素的天然形态，故易吸收，效价高。

有研究表明，膨润土可与粪便中氨结合，从而减少氨的散发量。在生长猪日粮中加入5%的沸石，能提高猪的生长性能，并使氨气的排放量下降21%。生长猪饲粮中添加2%的海泡石，可使粪便中氨散发量减少6%～7%。在饲料中添加一定量的丝兰属植物提取物后，猪场中氨的浓度从40 mg/kg降至3 mg/kg，而且还可提高猪的采食量和饲料利用率。该提取物可降低猪舍中氨的浓度。这种提取物有两个活性成分：一个与氨结合，另一个与硫化氢、吲哚等有害气体结合，起到控制恶臭的作用。同时与肠内微生物有协同效应，有利于营养物质的吸收，抑制尿酵素的分解，使氨的含量降低40%～60%。

最近研究发现，维生素D的多种同分异构体可以降低粪中磷含量。维生素D的同分异构体（α-羟基维生素D_3，1,25-二羟基维生素D_3，25-羟基维生素D_3）主要是通过提高小肠中植酸酶含量来降低粪中磷含量。中草药添加剂含有多种营养成分和生物活性物质，兼备营养和药物两种功能。例如，薄荷中含有30多种抗菌活性物质。在猪饲料中添加250 g/t和500 g/t含5%精油的薄荷，日增重和饲料转化率分别提高6.5%～10.0%和12%～17%，并且降低了粪便中氮的排出量。

（3）饲养方式 阶段性饲养能最大限度地满足动物不同条件下的实际营养需要量，从而有利于提高饲料的利用率，减少营养物质尤其是氮、磷的流失。例如，将54～104 kg的育肥猪分成54～70 kg、70～90 kg、90～104 kg 3个阶段饲养，其生产性能优于单阶段饲养，干物质、氮、磷排出量分别降低 12.2%、12.4%和 4.1%。妊娠与泌乳期间采用二阶段饲养可以降低磷的排出量 20%。

不同性别猪的营养需要是不同的,因此分开饲养可以减少饲料浪费和污染。同样,肉鸡中公鸡与母鸡的生长速率有相当大的差异,营养的需求也就不同,实施公母分养,给予不同营养的饲粮,可以大大提高饲料营养的利用率。

四、养殖业环境污染的控制政策

自 20 世纪 50 年代起,欧美发达国家的畜禽养殖业开始向规模化、集约化方向发展。由于大规模的畜禽养殖场每天都有大量的粪便及污水产生,造成了严重的环境污染。许多发达国家迅速采取措施来防治养殖业造成的环境污染,其中法律和政策调控就是其中之一。经过多年探索,相关管理体系比较全面、系统和定量化,促进了养殖业的可持续发展。作为发展中国家,在养殖业的集约化发展过程中借鉴欧美等发达国家在控制养殖业环境污染管理政策,可以尽快地减少养殖业生产对环境产生的负面影响。

1. 美国养殖业污染的防治对策

美国主要通过严格细致的立法来防治养殖业污染,包括通过立法将养殖业划分点源性污染和非点源性污染进行分类管理,并专门设有非点源性污染的管理部门。1977 年的清洁水法将集约化养殖与工业和城市设施一样视为点源性污染,超过一定规模的畜禽养殖场建场必须报批,获得环境许可。点源污染源的污染物必须集中处理和达标排放。非点源性污染主要是通过采取国家、州和民间社团制定的污染防治计划,进行示范和推广,并加强从业者的教育和培训。此外,美国 1987 年修改的水法还对非点源性污染进行了规定,制定了非点源性污染防治规划。

美国的大部分大型农场都是农牧结合型的,从种植制度安排到生产、销售等各个方面都十分重视种植业与养殖业的紧密联系,而且是养殖业规模决定着种植业的结构,两者在饲草、饲料、肥料等方面相互协调,养殖场的动物粪便或通过输送管道或直接干燥固化成有机肥归还农田,既防止环境污染又提高了土壤的肥力。

2. 加拿大养殖业污染的防治对策

加拿大也主要通过立法进行畜禽养殖业的污染防治和管理,特别是加强对畜禽养殖场的选址及建设、畜禽粪便的储存与土地使用的规范。如新建的畜禽养殖场距邻近建筑的最小间隔距离、养分管理计划等。养殖场必须在直径 10 km 的范围内有充足的土地消纳畜禽粪便,或与其他农场签订使用畜禽粪便合同,以确保产生的粪便能得到全部使用。加拿大禁止将畜禽养殖场污水排放到河流中,其畜禽粪便基本上全部返回土地。

3. 欧盟养殖业污染的防治对策

荷兰为了防止畜禽粪便污染,1971 年立法规定,直接将粪便排到地表水中为非法行为。从 1984 年起,荷兰不再允许养殖户扩大经营规模,并通过立法规定每公顷 2.5 个畜单位,超过该指标农场主必须交纳粪便费。目前荷兰的大中型农场分散在全国 13.7 万个家庭,产生的畜禽粪便基本由农场进行消化。

20 世纪 90 年代,欧盟各成员国通过了新的环境法,规定了载畜量标准、畜禽粪便废水农用的限量标准和动物福利(圈养家畜和家禽密度标准),鼓励进行粗放式畜牧养殖,限制养殖规模的扩大,并对守法者给予养殖补贴;根据农场的耕地面积安装粪便处理设备,并减少载畜量、选择适当的作物品种、减少无机肥料的使用等措施有效地降低了污染风险。

另外，随着发酵技术工艺的发展，厌氧干式发酵技术在欧洲特别是德国用于处理畜禽粪便生产沼气得到了越来越广泛的应用。厌氧发酵和传统的湿发酵工艺最大的区别是：采用干发酵工艺时，发酵原料的干物质含量（TS）为 20%～50%。而湿发酵原料的干物质含量一般在5%左右。厌氧干发酵技术的特点是在固体有机废物厌氧发酵生产沼气后，发酵剩余物为固体有机肥料，处理过程中没有污水产生；厌氧干发酵系统运行时自身能耗低，冬季仅耗用自身生产能量的 10%～15%。这种技术特别适合于固体废物量大、污水少的情况下废弃物资源化利用。但是畜禽粪便的含水量通常较大，因此通常添加一些能源作物、生物垃圾以及工业和农业残渣等，提高制沼原料的固形物含量，保证合理的沼气产量及稳定。德国厌氧干式发酵在畜禽粪便沼气制备工艺过程中，畜禽的粪便、养殖场冲洗水和尿，加上添加的有机固形物，全部进一套厌氧反应罐，而且厌氧反应罐的温度可以调节，既可以采取中温发酵，也可以采取高温发酵。

4. 日本养殖业污染的防治对策

在 20 世纪 70 年代日本便制定了一系列法律，对畜禽污染防治和管理做了明确的规定。如在城镇等人口密集地区，畜禽粪便必须经过处理，处理方法有发酵法、干燥或焚烧法、化学处理法、设施处理等。畜禽场养殖规模达到一定的程度（养猪超过 2 000 头、养牛超过 800 头、养马超过 2 000 匹）时，排出的污水必须经过处理合格后方能排放。畜禽粪便产生的腐臭气中 8 种污染物的浓度不得超过工业废气浓度。

为防治养殖业污染，日本政府还实行了鼓励养殖企业保护环境的政策，即养殖场环保处理设施建设费 50%来自国家财政补贴，25%来自都道府县，农户仅支付 25%的建设费和运行费用。

5. 中国养殖业污染控制政策

鉴于畜禽养殖业已经成为我国环境的重要污染源之一，国家环保部于 2010 年 12 月出台了《畜禽养殖业污染防治技术政策》，其技术原则包括以下几方面。

①全面规划、合理布局，严格遵守“禁养区”和“限养区”的规定；结合当地城乡总体规划、环境保护规划和畜牧业发展规划，做好畜禽养殖污染防治规划，优化规模化畜禽养殖场及其污染防治设施的布局，避开饮用水水源地等环境敏感区域。

②发展清洁养殖，重视圈舍结构、粪污清理、饲料配比等环节的环境保护要求；注重在养殖过程中降低资源耗损和污染负荷，实现源头减排；提高末端治理效率，实现稳定达标排放和“近零排放”。

③鼓励畜禽养殖规模化和粪污利用大型化和专业化，发展适合不同养殖规模和养殖形式的畜禽养殖废弃物无害化处理模式和资源化综合利用模式，污染防治措施应优先考虑资源化综合利用。

④种、养结合，发展生态农业，充分考虑农田土壤消纳能力和区域环境容量要求，确保畜禽养殖废弃物有效还田利用，防止二次污染。

⑤严格环境监管，强化畜禽养殖项目建设的环境影响评价、“三同时”、环保验收、日常执法监督和例行监测等环境管理环节，完善设施建设与运行管理体系；强化农田土壤的环境安全，防止以“农田利用”为名变相排放污染物。

技术政策涉及的内容包括：清洁养殖与废弃物收集、废弃物无害化处理与综合利用、畜禽养殖废水处理、畜禽养殖空气污染防治、畜禽养殖二次污染防治、鼓励开发应用新技术，以及环保设施的建设、运行和监督管理等。

第四节　环境污染的生物修复

由人为活动释放的各类有机和无机污染物，一旦进入生态系统就会在生物的作用下参与生物地球化学过程。人们对污染环境采取的生物修复的方法，实际上就是利用各类生物在物质转化和迁移方面的功能，净化污染环境。尽管有许多植物和微生物可以适应某些低污染的环境，但是与吸收和利用生命活动需要的营养元素和有益元素不同，植物和微生物中能够吸收、利用污染物的种类较少。即使如此，也有一些生物，特别是重金属的超积累植物和能够分解各种异生物质（xenobiotics）的微生物，可以用于环境的生物修复。

一、生物修复的概念和分类

污染环境的生物修复又称污染生物净化，是指利用植物、微生物对环境中的污染物质进行吸收、富集、降解和转化，去除污染物质毒害作用的过程。自然界中，在没有人为干扰条件下，也会有一些天然的有毒有害物质，包括有机物和重金属等的存在，因而也有一些自然的生物修复过程。这也形成了今天能够为人类所利用的生物基因资源。本节讨论的主要是如何利用这些生物基因资源为人类服务。

根据生物修复主体的不同，生物修复分为植物修复、微生物修复和动物修复。其中动物修复主要是操作上的原因和效率问题，除了少数土壤动物如蚯蚓外，利用的不多，主要还是利用植物修复重金属污染的土壤和利用微生物消除有机污染物等。

根据生物修复客体的不同，生物修复可分为土壤生物修复、水体生物修复和沉积物生物修复等。

根据生物修复的特点，生物修复还分为原位生物修复和易位生物修复。所谓原位生物修复是指在污染地点进行的生物修复，是水体和土壤污染生物修复所采用的主要方法。不在原位修复的为易位生物修复，主要用在污染物集中处理场所，如污水处理厂和固废处理厂等，所采用的技术包括堆制处理和生物反应器处理或生物滤器处理等。

生物修复的研究只有20多年的历史，但是环境生物学领域是发展最为迅速的一个领域。其中，微生物的生物修复已经成为一门技术，在污水处理、土壤和水体的有机污染的净化方面得到了广泛的应用。如污水处理中的活性污泥法、生物膜法和厌氧生物处理技术均是采用这种技术进行的。此外，引入高效菌株到受石油、农药和化工废弃物等有机污染物污染的土壤和水体，进行原位的生物修复，也是这种技术的一种应用。

与传统的物理和化学修复方法相比，生物修复具有如下优点：①生物修复可以在现场和原位进行，既减少了运输费用，也可以使污染点的干扰和破坏达到最小；②生物修复可最终将有机污染物转化为二氧化碳和水，永久消除污染；③降解过程迅速，成本低。当然，并非所有的污染物都适用于生物修复，适用于生物修复的污染物主要是有机污染物和部分元素，有时，生物降解产物的毒性可能比母体化合物的毒性更大。此外，微生物对污染物降解的速度较快，但利用植物富集的方法，修复重金属污染的土壤，则需要较长的时间，而且技术还不够成熟。

在农业环境中，污染物的生物修复主要是利用微生物和植物净化被有机污染物和重金属污染的土壤。

二、微生物修复

微生物的生物修复应用最广泛，主要由微生物自身的特点所决定。微生物的基因资源十分丰富，发生遗传变异较快，而且便于利用。参与有机污染生物修复的微生物中，绝大多数为异养类型细菌和真菌，部分细菌和藻类为光能自养型，此外还有化能自养型的细菌，如硝酸细菌和硫氧化细菌等。其中，异养类型的微生物中有些可以将某种或某类有机污染物作为其唯一的碳源，有利于污染物的完全降解。

微生物进行生物修复作用的实质，是利用分解环境污染物为其提供碳源、氮源或能源的过程，或者在自身进行代谢活动的同时，对污染物质进行生物化学的转化过程，这种转化更多的是靠胞外酶来完成的。微生物修复有机污染物的机理包括降解作用、共代谢作用、去毒作用等。对某些无机污染物的去除的作用机理，主要是生物氧化 - 还原、生物积累和生物吸附。

1. 降解作用

降解作用是指微生物利用有机污染物作为碳源、能源或氮源，将有机污染物降解的过程。其中应用最广泛的微生物是细菌，其次是真菌和藻类。近年来，在处理芳香族的有机污染物方面，能够分解木质素的真菌，也越来越受到重视。微生物对有机污染物的降解，可以在体内进行，也可以通过分泌胞外酶在体外进行，特别是对大分子的有机污染物，主要靠胞外酶进行降解。降解作用的基本生物化学过程是水解和氧化-还原。

真菌和细菌通过不同的代谢途径降解有机化合物，例如，作为原核生物的细菌降解多环芳香烃类和其他芳香烃，是在有氧条件下通过双加氧酶将两个氧原子结合入环结构中；而作为真核生物的真菌更普遍的是通过单加氧酶结合一个氧原子。原核生物将芳香族化合物氧化为顺式二氢二元醇（或儿茶酚），而真核生物将芳香环羟基化生成反式二氢二元醇。

微生物在降解有机污染物的过程中，除了将有机污染物完全降解为水和二氧化碳外，还可能释放一些中间产物，称为溢流代谢物，可供其他微生物利用。此外还可能产生一些副反应产物和致死性代谢物。

并非所有的微生物都能够分解有机污染物，而且由于微生物个体较小，食谱较窄，因而对不同的有机污染物需要用不同的微生物进行降解。对能够分解有机污染物的微生物中绝大多数微生物来说，有机污染物常常不能成为唯一的碳源和能源，因而，适量添加易分解的有机物，促进微生物数量的增加，可以加快污染物的降解。

2. 共代谢作用

有些污染物不能成为微生物的碳源、氮源或能源，微生物只能对这些污染物进行部分官能团的改变，称为共代谢。具体来说，在利用过程中，微生物不能从代谢基质中受益，不能从基质的氧化代谢中获取足够能量，不能从基质分子所含的 C、N、S 或 P 中获得营养源或能源，不能进行生物合成。在纯培养中，共代谢是终死转化，产物是不能进一步代谢的终死产物。但在复杂的微生物群落，终死产物可能被另外的微生物种群代谢或利用。

产生共代谢的原因可能是微生物缺乏进一步降解污染物的酶，或者产生的中间产物有抑制作用，还可能是因为微生物分解该污染物还需要其他的基质。

3. 去毒作用

去毒作用是指微生物使污染物的分子结构发生改变，从而降低或去除其对敏感物种的毒性。这些敏感物种指人、动物、植物和微生物，特别是人。分子结构的改变包括官能团的水解、羟基化、脱卤作用、甲基化、氧化和还原反应、硝基还原、去氨基化、醚键断裂、腈转化为酰胺和轭合作用等。其中轭合作用是指生物体的中间代谢产物与有机污染物分子进行的合成反应，两者结合后一般没有毒性。

去毒作用导致污染物毒性的钝化，即使得在毒理学上具有活性物质转化为无活性的产物，促使活性分子转化为无毒产物的酶反应通常在细胞内进行。

微生物在利用有机物质过程中也可能将无害的前体物质形成有毒产物，这一过程成称为激活作用。

激活作用可以发生在微生物活跃的土壤、水、废水和其他任何环境。激活的过程可以是简单的反应，也可以是共代谢过程的结果。激活作用的结果是生物合成致癌物、致畸物、致突变物、神经毒素、毒植物素、杀虫剂和杀菌剂。激活的产物有时会改变迁移性，更容易迁移，或不容易迁移。有的可能迅速矿化，有的则在环境中长期保留，构成污染。

4. 生物氧化-还原

生物氧化-还原作用是指由生物参与和反应过程中发生电子传递的生物化学过程。严格意义上来说，有机物污染的降解过程大多是生物的氧化-还原过程。而这里所述的氧化-还原过程主要是指在土壤和水体无机污染物的微生物净化过程。例如，在污水处理过程中，就是利用氨氧化微生物、亚硝酸氧化微生物和反硝化微生物等进行的硝化和反硝化过程，去除污水中的氮素。硝化和反硝化过程，既是水体环境中氮素自然净化的主要过程之一，也是氮素生物地球化学循环的一个重要环节。土壤中硝化、反硝化过程是常见的土壤氮素转化过程。水体和土壤环境中的硫化氢等还原态硫化物，可用硫氧化微生物去除。

某些能够发生氧化还原反应的元素，如 As、Mn、Cr、Hg、Se 等，在生物氧化-还原过程中可形成沉淀或者气态物质，消除其毒害作用。能够与有机还原性物质结合形成气态物质的元素有 As、Hg 和 Se。其中 Hg 还可能被微生物氧化成元素态挥发，Mn 在氧化条件下将形成锰的氧化物沉淀。

在重金属的净化过程中，如果环境中有足够的硫酸盐，在厌氧条件下，硫还原微生物可将＋6 价的硫还原生成－2 价的硫，并与重金属离子生成难溶性的硫化物沉淀。

此外，在微生物的作用下，某些元素还可在不同氧化-还原状态下，发生甲基化和去甲基化作用。

5. 生物积累和生物吸附

有些微生物可以主动吸收无机污染物并在体内累积，但一般不会对自身产生伤害，这一过程称为生物积累。有些微生物在细胞外表面与无机污染物发生配位吸附，将污染物吸着在细胞表面，这一过程称为生物吸附。生物积累和生物吸附的原理可用于污水处理，去除其中的重金属离子和某些无机盐如磷酸盐等，以及硫化物等。然而，在土壤中这种积累对污染的去除作用只是暂时的。

三、植物修复

1. 植物修复的概念和机理

广义的植物修复是指利用植物来恢复被破坏了的环境，包括受侵蚀土地等退化土地的植被恢复，以及利用植物来消除土壤和水体的污染物，或降解污染物的毒性两个方面。实际上，前者是生态恢复和重建的组成部分，后者则属于本文涉及的生物修复，这是植物修复的一种狭义上的理解。植物修复分为以下几种。

(1)植物提取　是指利用一些植物能够忍耐和吸收、积累污染物,主要是重金属元素的特性,待植物收获后再进一步处理污染物的植物修复方法。

(2)植物钝化　或称植物稳定化,是指利用一些植物与土壤的相互作用,降低某些重金属元素的生物有效性和移动性,使得其毒害作用降低或者不向水体迁移的一种环境治理技术。

(3)植物挥发　是指利用植物将重金属污染物吸收,并在体内将其转化为可挥发的形态,并从土壤-植物系统中以气态形式逸出的过程。

(4)植物的空气净化　是指利用植物对某些气体,如二氧化硫等的吸收,减少空气中污染物浓度的过程。

(5)植物分解　主要是指在植物根系释放的酶类物质,或者与根际微生物共同作用,可促进有机污染物的降解的过程。

(6)根系过滤(Rhizofiltration)　利用植物根系所具有的强烈吸收和吸附作用,从污水中去除各种污染物以及过量养分的过程,主要用于污水处理过程。

2. 超富集植物及其应用

超富集植物或译为超积累植物(hyperaccumulator),是指那些能够超量吸收重金属元素的植物。这些植物同时具备以下 3 个基本特征:植物地上部对重金属的超量富集,植物地上部的重金属含量高于根部该种重金属含量,以及植物的生长没有出现明显的毒害症状。判定是否超富集植物的重金属富集指标是:是普通植物在同一生长条件下的 100 倍及其以上,其临界含量分别为锌 10 000 mg/kg、镉 100 mg/kg、金 1 mg/kg,铜、铅、镍、钴均为 1 000 mg/kg。超富集植物的吸收转移系数(地上部分含量与根含量之比)一般超过 1,高的可达 50~100。

目前,世界上发现的超富集植物有 450 种以上,其中 75%为镍超积累植物,最重要的超富集植物主要集中在芸苔属(*Brassica*)、遏蓝菜属(*Thlaspi*)、庭芥属(*Alyssuns*)。能够被超量富集的其他元素还有 Al、Ag、As、Be、Cr、Cu、Mn、Hg、Mo、Pb、Pd、Pt、Se 和 Zn 等。此外,有机污染物萘也可被植物富集。

我国科学家发现的超富集植物有东南景天,对锌的富集量达 4 515 mg/kg;宝山堇菜富集镉达 1 168 mg/kg;蜈蚣草富集砷达 800 mg/kg。

目前对超富集植物仍然在研究阶段,以筛选和机理研究为主,包括许多分子生物学方面的研究工作。田间试验研究结果表明,某些重金属污染元素的植物有效性太低,限制了吸收和富集效果。而且,超量积累植物一般生长很慢,地上部分的干物质积累量少,土壤修复的周期很长。随着分子生物学技术的发展和更多地研究,期望超富集植物在土壤和水体重金属污染治理方面有较大的应用前景。

四、根际微生态系统在生物修复方面的作用

根际是指受植物根系影响,在根系周围形成的、其物理化学和生物学性质不同于土体的土壤环境,其范围一般在距根表面几个毫米的距离内。根际作为植物-土壤-微生物及其环境条件发生强烈相互作用的场所,是一个不同于土体的特殊微生态系统,称之为根际微生态系统。由于植物根系活动并不断地向环境提供碳源,根际微生态系统中土壤生物十分活跃。根际生物的数量多、种类繁,根际生物群落是由小型生物群(细菌、真菌和藻类)及微型和中型动物区系(原生动物、螨、线虫和昆虫)组成。根际生物中,活性最强的是微生物,它们具有降解多种有

机化合物的能力，对根际有机污染物的降解具有潜在的可能性。根际的生物修复过程包括降解、矿化或形成聚合体等。植物以根分泌物的形式为根际微生物提供碳源和能源，影响根际微生物区系组成，有助于自然净化过程。因此，土壤中的根际微生态环境是农用化学药剂降解的主要场所。

在根际环境内，植物对污染物降解的促进作用称为植物促进（phytostimulation）。即是通过刺激根际土壤的微生物活性，促进了污染物降解。这一过程不仅发生在根际土壤，也可发生在水生生物根系周围。

1. 根际微生态系统的修复作用机理

（1）降解或矿化　根际微生物能够降解自然产生的有毒物质，如：酚、萜、含氯的生物碱、植物分泌的杀细菌和杀真菌的有机化合物及人为的有机污染物。芳香族化合物和卤化有机物等有机污染物质在根际降解程度低，因为这类化合物对植物和微生物有毒害作用，并且其降解速率与除草剂和杀虫剂的药效有关。

（2）大分子聚合体的合成　根际微生物可以促进有机污染物质分子与土壤腐殖质发生聚合反应，形成腐殖质。植物以根分泌物和脱落死亡细胞的方式释放光合产物进入土壤，增加土壤有机质含量。根际土壤有机质含量高可以提高污染物的吸附性、生物有效性及淋溶性。同时，根系分泌的糖、氨基酸或复杂的碳水化合物也可以吸附其他有机化合物，从而减弱了有毒物质对根的毒害作用。

2. 植物种类和基因型对根际生物修复的影响

进入土壤的有机污染物质在根际的降解程度与植物种类有关。不同的植物种类和基因类型，在形态学、初级代谢、次级代谢过程及释放的产物均不同，并由此影响着生物修复过程和强度。

（1）植物对污染修复的影响　植物种类或基因型，在很大程度上决定了污染物质在根际降解程度。由于不同植物以根系分泌物的形式提供的碳源和能源的数量不同，根际土壤生物的数量也有差异。根系生长速度快的植物品种可以提供较多的碳源和能源，增加根际微生物生长基质的有效性。有的研究发现，单子叶植物比双子叶植物对 2,4-D 和 2,4,5-T 在根际降解贡献更大，可能与根系分泌物的数量和种类不同有关。

（2）根分泌物与生物修复　寄主植物的种类影响根际微生物群落的组成。根系为微生物生长提供的营养物质的种类和数量、释放的生长因子，以及微生物生长抑制剂和促进剂的分泌，均与植物种类有关，从而影响根际微生物群落构成和毒物净化程度。例如，假单胞细菌出现于根系分泌物水平较高时，并容易利用寄主植物释放的有机物质，而节杆菌属细菌在根分泌物水平较低时数量多。根分泌物是根际微生物较易利用的碳源，从而可促进微生物的代谢活动，增强有机污染物在根际的降解。另外，根分泌物提供的碳源在有些情况下也可能降低污染物的降解。

（3）物理和化学因素对生物修复的影响　有机污染物在土壤中吸附和迁移，受土壤物理和化学性质的影响，土壤胶体对有机污染物质的吸附将降低其分解。

3. 根际微生态系统的调控

根际土壤良好的生物学性质决定了根际土壤是污染物降解的理想场所，因而，通过合理的调控措施，如改善根际的营养状况和水分状况，促进植物的生长，将有助于污染土壤的生物修复。此外，引入高效微生物菌株，促进其在根际定殖，也是增强根际微生态系统生物修复的有效措施。

对超富集植物而言，通过根际调控措施，提高污染元素的植物有效性，也是加快污染土壤净化的一种途径。此外，也有研究表明，接种某些有益生物如菌根真菌，对提高植物修复的效率也有一定效果。

第五节 生物质的能源利用

在农林废弃物的利用方面，长期以来人们更关心的是它们的物质属性，而对其能源属性没有给予足够的重视。以高投入、集约化和高度商品化为主要特征的现代农业，在为人类的基本生活需要提供了更多的农产品的同时，也产生了大量未被人们利用的有机废弃物，而且这些废弃物特别在城市大量集中。养殖业和种植业的分离，也使得经动物转化的大量畜禽粪便集中到集约化养殖企业，已经成为我国环境的最大污染源之一。生物质的能源利用是农业有机废弃物资源化和全面利用生物资源的一个重要发展方向。如果利用合理，生物质在很大程度上将取代化石燃料，成为能源资源可持续利用的一种基本保证。实践表明，在生物质能量得到有效利用的同时，养分物质的循环利用率也明显地提高。

利用生物质作能源不是现代人类的一个新创造，自古代人类知道如何利用火之后就开始了。最早只是用来烘烤和蒸煮食物、取暖等生活和生存需要，后来又用于制作陶器、瓷器和金属冶炼等工业活动。沼气的发现和利用也比较早。古波斯人就发现了腐解的植物材料可以产生能点火的气体；公元 13 世纪时马可波罗就记载了中国对沼气的利用。同样发生在 20 世纪 20 年代末的中国，罗国瑞发明了中国第一个水压浮罩式沼气池并用于照明。今天，在化石能源有限和全球变化的背景下，包括生物质能源在内的新能源受到了广泛的重视。

一、生物质能及其来源

英语中的 Biomass 在生态学上是指在一定时间内，活体生物或者生态系统在单位面积上所产生的物质总量，常译为生物量。生物量适用于描述生态系统中所有生物的个体、群体和生物群落的生长情况。当只用于植物时，常常与初级生产力(primary productivity)混用。

在能源领域，作为可再生能源的生物质，则是指一切直接或间接利用绿色植物(包括藻类)光合作用形成的有机物质，涵盖了除化石燃料外的植物、动物和微生物及其排泄物和代谢物等。由于生物质中含有太阳能转化而来的化学能，因而习惯上又将生物质和生物质能混用。生物质能(biomass energy，或者 bioenergy)，就是太阳能以化学能形式贮存于生物质中的能量形式。或者简单地说是以生物质为载体的能量。

生物质能直接或间接地来源于绿色植物的光合作用，蕴藏在植物、动物、原生生物和微生物等可以生长的有机体中。有机物中除化石燃料以外的所有来源于生物的能源物质均属于生物质能，通常包括木材及森林废弃物、农业废弃物、水生和浮游植物、油料植物、城市和工业有机废弃物、动物粪便等，这些物质基本上都是直接或间接来源于农业(含林业)的产品，其中的绝大部分是农林的有机废弃物。

地球上的生物质能资源较为丰富，而且是一种无害的能源。据预测，地球上可作为能源利用的生物质资源量为 93 亿～502 亿标准煤，相当于 2005 年全球石油消耗量的 1.7～9.1 倍。

生物质能的原料包括农林有机废弃物、能源植物和藻类。

1. 农林废弃物

农林废弃物包括作物秸秆、畜禽粪便、林业剩余物、工业及城市废弃物等。其中城市废弃物主要的来源是生活垃圾。农业生产过程中所产生的副产品又称为一次废弃物；而食品和饲料加工等过程产生的为二次废弃物，最终使用后的有机废弃物为三级废弃物。中国的农林废弃物的资源量见表 8-9。其中最主要的生物质原料是来自农业生态系统中的有机废弃物，如果加上主要来自于农业生态系统的工业有机废弃物和城市有机垃圾，超过农林有机废弃物总量的 80%以上，折合成标准煤达 3 亿 t 以上。

表 8-9　中国主要有机废弃物的年产生量、可用量及折合成标煤量(2007 年)

废弃物种类	年生产量/亿 t		可用率/%	年可用量		
	实物量	折标煤		实物量/亿 t	折标煤/亿 t	百分比/%
作物秸秆	7.04	3.55	60	4.22	2.13	55.6
畜禽粪便	8.84	1.10	70	6.19	0.77	20.1
林业采伐和加工废弃物	0.78	0.44	90	0.70	0.40	10.4
育林剩余物	0.48	0.27	80	0.38	0.22	5.7
工业有机废弃物	—	0.35	80	—	0.28	7.3
城市有机垃圾	1.52	0.26	10	0.16	0.03	0.9
合计	18.66	5.97	—	11.65	3.83	100

资料来源：石元春. 决胜生物质. 北京：中国农业大学出版社，2011.

2. 生物质原料植物

生物质原料作物或称为能源植物，是指投入较低和管理需求较少、用于制造生物燃料或直接燃烧产能的植物，包括木本和草本植物。生物燃料是指任何产自生物质的固体、液体和气体燃料。能源植物有野生的，也有栽培的，其中栽培能源植物称之为能源作物，商业化种植的能源作物，通常采取高密度的来自于芒属(*Miscanthus*)、杨属(*Populus*)和柳属(*Salix*)高产作物。能源植物的碳氢化合物含量较高，含硫量低，污染小。一般按植物中所含主要生物质的化学类别来分类，主要包括以下几种。

(1)糖类能源植物　主要生产糖类原料，可直接用于发酵法生产燃料乙醇，如甘蔗、甜高粱、甜菜、菊芋(洋姜，学名 *Helianthus tuberosus* L.)等。其中，菊芋抗逆性很强，能够在盐碱地、沙地和滩涂种植，含糖量高，是甘蔗的 130%。其地上部分生物量巨大，具有作为纤维素乙醇生产原料的潜在价值。

甜高粱又称糖高粱，是普通粒用高粱(*Sorghum bicolor* L. Moench)的一个变种。甜高粱可生产粮食(1.5～6.0 t/hm^2)，更重要的是茎秆高大、富含糖。秸秆的产量极高，一般 60～80 t/hm^2。可利用茎秆中的糖和纤维素转化为酒精燃料。甜高粱耐旱、耐涝、耐瘠薄和盐碱，在全国各地都可栽培。

(2)淀粉类能源植物　主要生产淀粉类原料，经水解后可用于发酵法生产燃料乙醇，如木薯、玉米、甘薯等。其中木薯光合效率高、耐瘠薄、抗逆性和适应性都很强，适合南方丘陵和低山区种植。

(3)纤维素类能源植物　包括各种速生林木(杨柳科等)和芒草、柳枝稷等。这类植物残体经水解后可用于发酵法生产燃料乙醇，也可利用其他技术获得气体、液体或固体燃料，但目前主要是作为生物质电厂的原料。种植最多的是草本的芒草、柳枝稷以及蒿柳和薪炭林等。

芒草为禾本科C4、多年生高大草本植物，主要分布于东亚、东南亚和太平洋群岛等地区。芒草的生物质产量高，地下根状茎发达，抗逆性强，适应性广等特点。目前，在欧洲和北美地区作为能源植物广泛栽培和研究的芒属植物品种，主要是从日本引入的“奇岗”(*Miscanthus x giganteus*)，地上部干生物质产量在不同地区一般可达到10～40 t/(hm^2·年)。我国是世界芒属植物的分布中心，主要种类有芒、五节芒、荻和南荻等。其中南荻(*M. lutarioriparius*)为我国的特有种，作为造纸原料利用的历史悠久，并有大面积人工栽培。柳枝稷(*Panicum virgatum*)为禾本科黍属的多年生草本植物，容易繁殖，草梗粗壮，高度达3 m，分布于美国得克萨斯州草原地区至加拿大，耐旱，耐排水不良的土壤。如蒿柳(*Salix viminalis*)是一种杨柳科灌木或小乔木，在欧洲有广泛种植。

(4)油料能源植物　油料作物可提取油脂后生产生物柴油。如农作物中的油菜籽、大豆、向日葵、花生、芥菜籽、花生、蓖麻、胡麻、棉花籽等；木本油料植物有棕榈、小桐子(麻风树)、文冠果、石栗等。

(5)烃类能源植物　提取含烃汁液，可产生接近石油成分的燃料，如续随子、绿玉树、银胶菊、西谷椰子和西蒙得木等。

能源作物的特点有：较强的抗逆性和适应能力、较高的生物量、便于加工、易于获得和可持续供应、经济上可行。此外，还应具有与传统农产品在市场上的协调性，不与人类生活的必需品如粮、油、糖相争。

(6)微藻　微藻是藻类的一种，属于植物界的低等植物，但微生物学家把它看作是微生物。微藻在淡水、海水中均有分布，由于富含烃类和脂类物质，又被称为油藻，被认为是一种很有发展前景用于生产生物汽油、生物柴油和生物航空煤油的能源生物。

二、生物质能的利用方式

1. 生物燃气

生物燃气包括生物质原料经厌氧发酵产生的沼气和经生物质热解反应制成的可燃气。

沼气(biogas)是有机物质在厌氧条件下，经过微生物发酵过程而生成的一种可燃气体。由于这种气体最先是在沼泽中发现的，所以称为沼气。各种植物和动物源的有机废弃物都可以作为原料，在密闭的沼气池或沼气罐内厌氧条件下发酵产生沼气。沼气产生的过程与土壤甲烷形成过程的机理相同。

沼气是多种气体的混合物，一般含甲烷55%～65%，其余为二氧化碳、少量的氮、氢和硫化氢和水蒸气等。其特性与天然气相似。空气中如含有8.6%～20.8%(按体积计)的沼气时，就会形成爆炸性的混合气体。沼气除直接燃烧用于炊事、烘干农副产品、供暖、照明和气焊等外，还可作内燃机和发电机的燃料。符合农用标准的沼渣，可以用作肥料。

从20世纪30年代开始，沼气在我国的实际应用已有了70多年的历史。从20世纪70年代开始在农村地区的大规模推广算起，也超过了30年。中国在沼气池型、厌氧发酵微生物、发酵工艺和沼气利用上，已经形成了一套比较成熟的技术和经验。除了农村地区户用沼气继续大面积推广外，以利用大型集约化养殖场畜禽粪便和农产品加工企业有机废弃物为原料的沼气产业化生产也已经起步。成功的例子有位于北京郊区的德清源热电肥联产工程、山东民和牧业公司和内蒙古澳亚农场沼气发电工程等。高效厌氧产沼气技术的突破，进一步推动了沼气生产和沼气纯化制备生物燃气的产业化[①]。

产业沼气已成为大中型沼气工程转型的一个重要途径。相对于只具备公益性质、以环境保护为主要目标的沼气事业，沼气的产业化更能够调动民间和企业积极性，并具有经济上的可持续性。在沼气产业化的带动下，沼气专用能源植物在欧盟国家已得到了开发。它们单独或与畜禽粪便或污泥共发酵产沼气。畜禽粪便与能源作物混合发酵，可大幅提高总固形物浓度(TS)并减少沼液产生，加上厌氧罐排出液约一半回流(作预处理用)，产生的沼液已很少了，可与沼渣一起制成颗粒复合肥，从而实现养分封闭循环利用。

生物质热解(Pyrolysis)或称生物质热裂解(又称热解或裂解)，通常是指在无氧环境下，生物质被加热升温引起分子分解产生生物炭、可冷凝液体和气体产物的过程，是生物质能的另外一种重要利用形式。根据反应温度和加热速度的不同，生物质热解工艺可分为慢速、常规、快速或闪速集中。热解的温度不同，其产物也有很大区别(表 8-10)。

表 8-10 不同热解过程对原料物质去向的影响

热解过程	液态(生物油)	固态(生物碳)	气态(合成气)
快速热解 中温(～500℃)，热蒸汽保留时间短(＜2 s)	75% (25%水)	12%	13%
中速热解 低—中温，一定的热蒸汽保留时间	50% (50%水)	25%	25%
慢速热解 低—中温，热蒸汽保留时间长	30% (70%水)	35%	35%
气化 高温(＞800℃)，热蒸汽保留时间短	5%焦油 (5%水)	10%	85%

资料来源：International Energy Agency，2007.

作为以制造木炭为目的的慢速裂解工艺已有几千年的历史。这种低温和长时间的碳化过程可以得到 30%以上的生物碳；低于 600℃的中等温度及中等升温速率(0.1～1℃/s)的常规热裂解可制成相同比例的气体、液体和固体产品。

可以用作生物裂解的生物质原料有许多种。由于种类和裂解条件不同，产品的性质和用途也有很大不同。Sohi 等 2009 年曾将生物质原料、气化过程、形成的主要产品及利用的途径总结如图 8-5 所示。

生物质裂解、气化过程得到的一个重要产品生物碳近年来受到了土壤学家的重视。认为这一途径能够达到农业生产和环境保护的双赢效果。

生物碳(biochar)也常称为黑炭(black carbon)，本质上就是我们常说的木炭(charcoal)，产生于有机物料的不完全燃烧。自然界的森林和草原火灾、农田的秸秆燃烧，都向大气排放细的黑炭颗粒，较重的留在了土壤表面。燃煤过程释放的烟尘中含有黑炭，因而黑炭分布广泛，大气有气溶胶态黑炭，对气候变化有一定影响，特别是当它们沉降在冰雪上面，有促进冰雪融

① 程序，梁近光，郑恒受，等. 中国大中型沼气转型的战略思考和初步实践. 中国沼气，2010(28)：32-34.

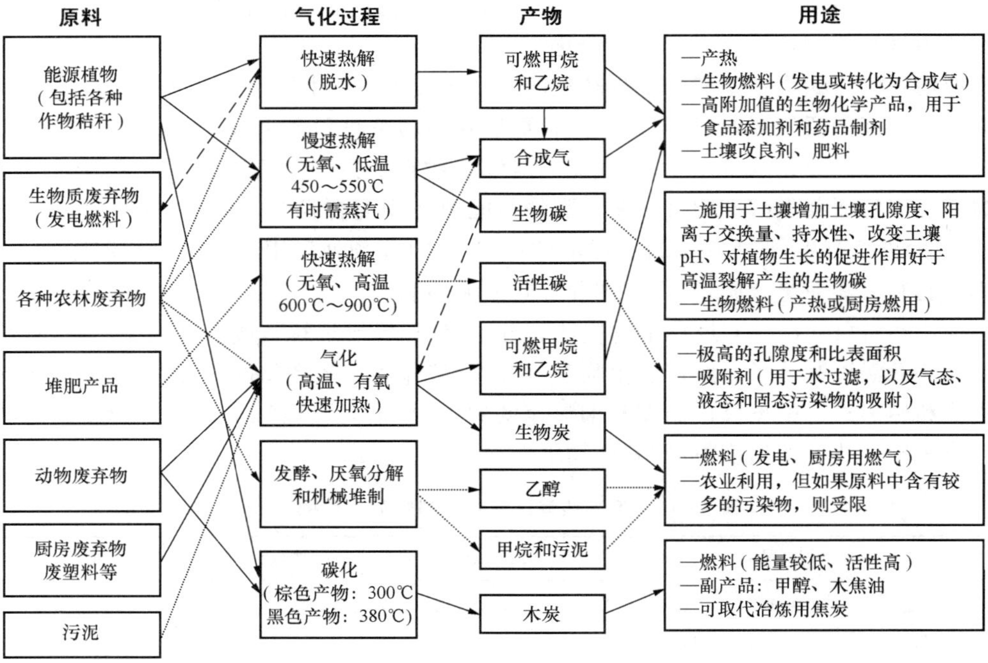

图 8-5 生物质原料的裂解过程、主要产物及其应用汇总图

资料来源：CSIRO Land and Water Science Report series，05/09，2009.

化的作用。但是生物碳不完全等同于黑炭，有其特定的含义。生物碳专指农业利用的黑炭，要求生产过程中生物质原料的裂解温度不能超过 700℃。

生物碳具有良好的物理和化学性质。作为一个多孔介质，它具有比表面积大、吸附能力强的特点，施入土壤后具有很强的保肥保水能力，对减少养分流失具有一定作用。其本身带有许多功能团，易于与土壤矿物质颗粒和有机质形成有机无机复合体，进而改善土壤结构。生物碳高度芳香化的复杂化学结构，使得其具有较高的抗分解能力，从而能够在土壤中长期储存。因而，许多人认为这是增加土壤固碳的一个非常重要的途径。

生物碳在土壤肥力方面的作用，最初是由一个荷兰土壤学家在巴西亚马逊河流域发现的。那里最肥沃的土壤中含有一种当地称之为 Terra Prota 的土壤（专栏 8-2），因而人们认为生活在巴西亚马逊河流域的土著居民，早在 2 000 多年前就知道了利用生物碳改良土壤。现代对生物碳的利用开始于 20 世纪 20 年代，当时西方就有人在园艺上推荐使用木炭。20 世纪 80 年代，日本人开始进行了相关研究。目前生物碳受到重视的原因是它有多重作用：处理废弃物、温室气体减排、产生生物质能和土壤改良。

专栏 8-2 Terra Preta

Terra Preta 来自于葡萄牙语，意思是“黑土”。现在常用于指生物碳。Terra Preta 最早是由荷兰土壤学家 Wim Sombroek（1931—2003），于 20 世纪 60 年代在巴西的亚马逊河流域进行土壤考察时发现的，并在 1966 年出版其《Amazon Soils》一书中首次提到。

最初人们怀疑这是火山灰,也有人怀疑是第三纪的湖泊沉积物。后来发现黑土层中有植物残体、陶片、鱼骨和动物骨等侵入体,说明是人类活动的结果。进一步的研究表明,这些物质是在公元前450年到公元950年间人类堆积的结果,主要物质为来源于生物质低温燃烧形成的木炭。而且除了这种土壤外,周围还有一些颜色稍浅的Terra mulata(棕土),两者均明显不同于当地贫瘠的亚马逊土壤,富含有机质和氮、磷、钙、锌、锰等植物营养元素。1 000多年来,这种土壤一直保持着很高的肥力。这两种土壤在亚马逊河流域分布广泛,特别是土壤肥力虽然低于黑土、但明显比周围地带性土壤高的棕土的出现,表明这是人类有意识利用木炭改良土壤的活动。

进入21世纪以来,土壤学家开始重视木炭在改土和固碳方面的作用,开始进行研究。并创造了一个新的术语"Biochar"(生物碳),因为其来自于生物质的低温慢速裂解气化过程,而且是为农业利用的。2006年7月,在第18届世界土壤学大会期间,相关的研究人员召开了一次关于生物碳研究的专题研讨会。此后,《Nature》和《Science》杂志均组织了相关报道和讨论。这次学术研讨会和随后进行的讨论,吸引了更多的土壤学家开展这方面的研究工作。目前除了对生物碳的化学性质、对养分转化和去向的影响以及农田施用效果等的研究外,还开展了不同来源的生物质在不同裂解温度等条件下产生的生物碳对土壤性质的影响及施用效果的研究;对土壤固碳的影响。由于生物碳中含有一些植物活性物质,也有人研究其毒害作用及其机理等。

从目前的研究结果看,正面的影响多,但也有一些不肯定的问题。诸如,生物碳施用后对土壤呼吸和养分转化的影响如何?对土壤生物群落的长期影响?是否对植物有毒害作用?如果含有有毒物质,是否能够进入食物链等。

许多种生物质原料均可用于生产生物碳,而且在适当的温度下和热解条件下,不仅能够提供相当数量的生物燃气,还可以产生较多的生物碳。如表8-10所示,慢速热解过程中超过1/3原料可分别生成生物碳和合成气,另外的部分成为生物油。与生物质的完全燃烧不同,生物碳的生产过程还可以在一定程度上有效地保存包括氮素在内的植物养分。表8-11给出了在不同裂解温度下生物碳的组分。

表8-11 甘蔗渣经碳化后产生的生物碳的化学组成

参数或性质	生物碳				原料
预定温度/℃	500	600	700	800	—
平均温度/℃	490	690	740	830	—
比表面积/(m^2/g)	—	270	322	273	—
电导率(EC)/(mS/m)	7.78	7.15	6.95	7.83	—
pH	7.46	7.59	7.68	7.89	—
氮含量(TN)/%	0.58	0.45	0.32	0.44	0.19
碳含量(TC)/%	70.5	71.0	65.2	73.9	46.1
矿物质(mg)/g	33.61	46.01	53.59	43.63	8.41

资料来源:Ueno等2007,International Sugar Journal,110:22-26.

裂解温度显著影响生物碳的化学组分。研究表明，在以木本材料生产生物碳过程中，碳、氮、硫开始气化的起始温度分别为100℃、200℃和375℃以上；钾和磷在600～700℃之间，镁、钙和锰的汽化温度在1 000℃以上。不同的生物质材料，在同一温度下裂解形成的生物碳，化学组分有所不同，但一般规律是，随着温度升高，生物碳pH增加，养分含量降低。因而控制裂解温度，是影响生物碳农业利用效果的重要因素之一。

2. 液态生物燃料

目前工业化利用的液态生物燃料有生物乙醇和生物柴油。

(1)生物乙醇　是指通过微生物的发酵将生物质中的碳水化合物转化为燃料酒精。主要用作汽车燃料，可以单独或与汽油混配制成乙醇汽油。

目前的工业化生产的燃料乙醇绝大多数是利用粮食中的淀粉和糖为原料制作的，此为第一代燃料乙醇。由于存在与人争粮的矛盾，从长远来看具有规模限制和不可持续性。因而开发以木质纤维素为原料的第二代生物燃料乙醇是决定未来大规模替代石油的关键。

利用纤维素分解微生物高效降解纤维素的研究工作进行了数十年，取得了很大的进展，预计在不久的将来，有望实现低成本地直接利用纤维素生产乙醇。自然界中降解纤维素的主要是真菌和细菌中的放线菌，其他细菌中具有这一功能的较少。生物技术的进步和利用，为培育和筛选高效降解菌株提供许多便利，而且有希望将纤维素分解、乙醇发酵实现一体化。

(2)生物柴油(biodiesel)　目前生产的生物柴油主要是利用油料作物、野生油料植物、动物油脂、餐饮垃圾油等为原料油，通过酯交换工艺制成的可代替石化柴油的再生性柴油燃料。天然油脂和甲醇酯进行交换后，可将其分子质量降低至与石油基柴油相接近，是一种清洁燃料和精细化工原料。

少部分生物柴油是利用热裂解生物质等技术得到的一种长链脂肪酸的单烷基酯。这类生物柴油是含氧量极高的复杂有机成分的混合物，这些混合物主要是一些分子量大的有机物，几乎包括所有种类的含氧有机物，如：醚、酯、醛、酮、酚、有机酸、醇等。

上述柴油一般都无法完全代替石油基柴油，只能混用。利用农林废弃物残体经高温、高压裂解形成的合成气，再经过合成技术和热分解技术，可以生产出高质量的二代生物柴油。

利用油藻生产生物燃料的工作只是还停留在实验室研究阶段，其投入生产利用还需要更长的时间。

3. 生物质发电

生物质发电是指利用生物质原料进行的发电。分为直接燃烧发电技术和气化发电技术。气化发电技术是指利用生物燃气发电。

利用我国丰富的农林废弃物资源(表8-12)直接燃烧或通过热解气化理论上可行。过去一直受到收集、运输等成本的限制，利用比较困难。目前，农林废弃物固化压缩成型技术已经成熟，大大提高了生物质发电的经济可行性。

4. 生物质固化压缩成型

压缩成型技术是指将秸秆、杂草、灌木枝条、果壳果皮等农林废弃物，在常温下压缩成热值达2 850～4 500大卡的高密度燃料块、棒或颗粒状燃料。固化压缩成型后的产品储运以及使用起来十分方便，燃烧性能接近中等质量的煤炭，燃烧效率可达80%～90%，是传统生物质燃料直燃方式的5倍。

表 8-12　中国主要农作物秸秆的产量和热值(2005)

作物	产量/10^6 t	谷草比	秸秆产量/10^6 t	热值范围/(10^6 J/kg)	
水稻	180.59	1	180.59	13.97	15.24
小麦	97.45	1	97.45	15.36	16.67
玉米	139.37	0.5	278.73	15.54	16.90
薯类	36.48	1	36.48	14.23	15.61
豆类	21.58	0.67	32.37	16.15	17.69
花生	14.34	0.5	28.68	17.23	18.60
油菜籽	13.05	0.33	39.16	13.81	15.23
棉麻	6.85	0.33	20.46	15.99	17.37
总计	509.67	—	713.91	—	—

资料来源　李效顺，等. 中国环境科学. 2009(29):348-353.

5. 生物燃料电池

生物燃料电池(Biofuel cell)是指利用生物质作燃料，直接将其储存的化学能转化为电能的发电装置。生物燃料电池分为微生物燃料电池和酶燃料电池。前者利用微生物，后者利用生物酶。发电的方式有产氢后经氧化发电，或直接释放电子发电。由于生物燃料电池可直接将燃料的化学能转化为电能，中间不经过燃烧过程，电能转换效率较高，在 45%～60%，而火力发电和核电的转化率仅为 30%～40%。

生物燃料电池尚处于试验研究阶段，工业化应用尚待时日。

总之，农林废弃物的能源利用对改善农业生态系统的物质和能量循环具有重要作用。农业生物利用太阳能产生的化学能如果不能在最大程度上为人类所利用，就是一种资源浪费，而且这部分废弃物还是重要的环境污染源。此外，生物质农业也为我国农业和农村发展提供一条新的发展方式。关键是要正确处理好粮食安全、资源安全和环境安全的关系，保持农业生态系统的良性循环和可持续发展。

思　考　题

1. 简述农业生态系统中物质和能量循环的特点。
2. 简述种植业引起环境污染的特点。
3. 如何控制种植业体系中氮、磷的非点源污染？
4. 如何有效地控制农药的污染？
5. 养殖业是如何引起环境污染的？
6. 控制集约化养殖业环境污染的途径是什么？
7. 污染环境生物修复特点有哪些？
8. 简述根际微生态系统在生物修复方面的作用。
9. 简述农林有机废弃物的资源化途径。
10. 生物质能的利用方式有哪些？

参考文献

[1] 曹志洪,林先贵.大湖流域土-水间的物质交换与水环境质量.北京:科学出版社,2006.
[2] 国家环境保护总局.全国生态现状调查与评估.北京:中国环境科学出版社,2005.
[3] Lehman J. and Joseph S. Biochar for Environmental Management. London:Earthscan,2009.
[4] 李国学,张福锁.固体废物堆肥化与有机复混肥生产.北京:化学工业出版社,2000.
[5] 刘晓利,许俊香,王方浩,等.畜牧系统中氮素平衡计算参数的探讨.应用生态学报,2006,17(3):417-423.
[6] 鲁明中,等.农药生态学.北京:中国环境科学出版社,1993.
[7] Sohi S.,Lopez-Capel E.,Krull E and Bol R. Biochar,climate change and soil:A review to guide future research. CSIRO Land and Water Science Report series,05/09,2009.
[8] 单正军,等.我国畜禽养殖环境污染现状及其对策.环境科学研究,2000(3):17-21.
[9] 沈德中.污染环境的生物修复,北京:化学工业出版社,2002.
[10] 石元春.决胜生物质.北京:中国农业大学出版社,2011.
[11] 世界银行/ESMAP,生物质直燃发电项目燃料供应手册,2010.
[12] Terry N. & Banuelos. G. Phytoremediation of Contaminated Soil and Water,Lewis,2000.
[13] 王敬国,等.农用化学物质利用与污染控制.北京:北京出版社,2001.
[14] 王敬国,植物营养的土壤化学.北京:北京农业大学出版社,1995.
[15] 许俊香,刘晓利,王方浩,等.2005.我国畜禽生产体系中磷素平衡及其环境效应.25(11):2911-2918.
[16] 杨朝飞.2002全国规模化畜禽养殖业污染情况调查及防治对策.北京:中国环境科学出版社.
[17] 张福锁,等.根际生态学.北京:中国农业大学出版社,2009.
[18] 张福锁.我国肥料产业与科学施肥战略研究报告.北京:中国农业大学出版社,2008.
[19] 中国农业部/美国能源部项目专家组.中国生物质资源可获得性评价.北京:中国环境科学出版社,1998.
[20] 朱兆良,等.中国可持续发展中的肥料问题.南昌:江西科学技术出版社,1995.

第九章　大气环境与全球变化

第一节　大 气 环 境

一、大气环境与大气成分

大气是指在地球周围聚集的一层很厚的气体分子，常称之为大气层，又叫做大气圈。大气物理学和污染气象学则将大气圈层的上界定为 1 200～1 400 km。超出 1 400 km，气体非常稀薄，就是宇宙空间。所谓的大气环境，就是指整个的大气圈层。

1. 大气环境的结构

由下至上，大气圈分为 5 层：对流层、平流层、中间层、热层和散逸层。其中，对流层的平均厚度为 12 km；极地处较薄，为 6～10 km；赤道处较厚，为 16～18 km。平流层位于对流层之上，其上界大约距地面 50 km。平流层的下部有一等温层，等温层的上界距地面 20～40 km，该层的温度不再随着高度而变化，气温的均值为－55℃。这是因为在平流层的上部存在着一个厚度约为 20 km 的臭氧层，由于臭氧对太阳紫外辐射的强烈吸收，导致平流层上部的气层明显增温。中间层位于平流层之上，层顶高度为 80～85 km。位于中间层顶之上的热层（暖层），其上界距地球表面有 800 多 km。该层的下部基本上由分子氮组成，上部基本上由原子氧组成。由于太阳光和宇宙射线的作用，热层中气体分子被大量电离，所以热层又称电离层。大气圈的最外层称为散逸层，是大气圈向宇宙空间的过渡层。大气圈中的对流层和平流层对人类的影响最大，而且，人类活动对大气环境的影响也主要发生在这两个层次。

2. 大气环境中的物质组分

地球自 46 亿年前开始形成过程中，先后出现了原始大气、第二代大气（还原性大气）和第三代大气（氧化性大气），现代的大气层是第三代大气。大气中的氧来源于光合生物的放氧。空气中氧的增加，并在平流层中由 O_2 分子之间相互作用生成臭氧（O_3）。臭氧的出现逐渐减弱了紫外辐射的强度，从而为高等植物的出现创造了条件，也保护着人类的健康。但是直到距今 7 亿年前，大气中的氧仍然不足现在的 10%，而二氧化碳是现在的 10 倍。后来高等植物的出现，增加了对 CO_2 的同化，空气中二氧化碳的浓度逐渐降低，氧浓度逐渐升高，臭氧层才逐渐形成。

目前的大气是多种气体的混合物。其中氮（78%）、氧（21%）、氩（0.9%）和二氧化碳（0.03%）四种气体占大气圈总体积的 99.99%。此外，还有氖、氦、氪、氢、甲烷、一氧化二氮、一氧化碳、臭氧、水蒸气、二氧化硫、硫化氢、氨等气体。大气中除水蒸气、液体和固体杂质悬浮物（气溶胶）外的整个混合气体称为干洁空气。大气中的水蒸气来源于地面水分的蒸发，并借助空气的垂直运动向上输送和大气环流的横向迁移，大气中的水分导致了云、雾、雨、雪、雹等复杂的天气现象。大气中有自然和人为活动释放进入大气的悬浮物质，如海水飞溅扬入大气后蒸发产生的盐粒，风吹起的扬尘、微生物、植物种子、花粉等以及燃烧产生的烟尘、火山喷发产生的火山灰物质等。

3. 大气组分变化

近代以来，人类社会影响地球环境的活动日益强烈，显著地改变了大气成分。尽管这种变化主要表现在微量气体上，但对全球生态系统、物质的生物地球化学循环和人类健康产生了极大的影响。这些微量气体，包括各种危害人类健康的气体成分和颗粒组分、长生命周期的温室气体，消耗大气臭氧层的气态物质和产生酸沉降的氮、硫氧化物等以及短暂存在的其他气体。它们在大气的累积量不断增加，显著改变了地球的大气环境，并对人类和各种生态系统产生了各种直接或间接的影响。

(1)大气污染物　大气污染是指自然或人为原因使大气中某些成分超过正常含量或排入有毒有害的物质，致使大气环境质量恶化，并对人类、生物和物体造成危害的现象。大气污染不仅严重威胁人体健康和正常生产活动，对建筑物和设备等造成损坏，而且还影响到生态系统平衡和稳定性。大气污染按其影响的范围可分为局部性污染、地区性污染、广域性污染和全球性污染。

大气中超过洁净空气组成中应有浓度水平的物质称之为大气污染物。能造成大气污染的污染物，又称为大气污染因子，通常包括硫氧化物、氮氧化物、可吸入颗粒物等。

大气中污染物主要以气体形式存在，约占 90%，其余以气溶胶形式存在。气态污染物又分为一次污染物和二次污染物。所谓一次污染物是指直接从污染源排放的污染物质，如二氧化硫、一氧化氮、一氧化碳、颗粒物等。其中化学性质不稳定的物质称之为反应物，在大气环境中常与其他物质发生化学反应，或者作催化剂促进其他污染物之间的反应。一次污染物在大气中互相作用经化学反应(或光化学反应)形成的与一次污染物的物理、化学性质完全不同的新的大气污染物，为二次污染物。二次污染物的毒性往往比一次污染物更强，最常见的二次污染物如硫酸及硫酸盐气溶胶、硝酸及硝酸盐气溶胶、臭氧、光化学氧化剂，以及许多不同寿命的活性中间物，如 HO 等自由基。大气中的主要污染物如表 9-1 所示。

表 9-1　大气污染的主要一次污染物及二次污染物与来源

类别	一次污染物	二次污染物	人为源	自然源
含硫化合物	SO_2、H_2S	SO_3、H_2SO_4	燃烧、稻田、垃圾填埋场、养殖业	火山喷发、自然湿地、森林和草原火灾
含氮化合物	NO、NH_3	NO_2、HNO_3，参与对流层 O_3 形成	高温燃烧、汽车、农田、畜牧场	火山喷发、森林和草原火灾
碳氢化合物	C_1—C_{10} 化合物	醛、酮、酸类等	燃烧、石油、化工工业，工业溶剂	湿地、生物体、火山喷发
碳氧化物	CO_2、CO		燃烧	生物呼吸、火山喷发
含卤素化合物	各种卤代烃、HF、HCl 和 Cl_2		冶金、化工、制冷、农药等	
颗粒物	气溶胶、重金属、多环芳烃	吸附、富集重金属和其他污染物	燃煤、水泥、建筑等工业，植被破坏	气候干旱、风

气溶胶态污染物，通常称为颗粒物。用标准大容量颗粒采样器(流量在 1.1～1.7 m^3/min 之间)收集到的颗粒物总质量为总悬浮颗粒物。其中，可在空气中长期漂浮的主要是直径小于

10 μm 的颗粒物，称为飘尘。直径小于 10 μm 的颗粒物，又称可吸入颗粒物，常用 PM 10 表示。对人类健康威胁更大的是小于 2.5 μm 颗粒物(PM 2.5)。不同来源的颗粒物粒径范围如图 9-1 所示，其中对人类健康威胁最大的是直径在 0.1～10 μm 之间的颗粒物，主要来自于煤灰和粉煤灰、水泥厂灰尘、油烟石棉等细颗粒。悬浮于空气的污染物还对太阳—地球间热量收支平衡产生影响，造成局部或全球气候的异常。

大气污染物中的重金属、有机污染物等可能直接影响植物生长和发育，也可能通过影响土壤和水环境质量，从而对植物生长和乃至整个生态系统产生影响。例如，氮和硫氧化物引起的土壤酸化加剧和氮饱和是欧洲和美国部分森林大面积死亡的重要原因。

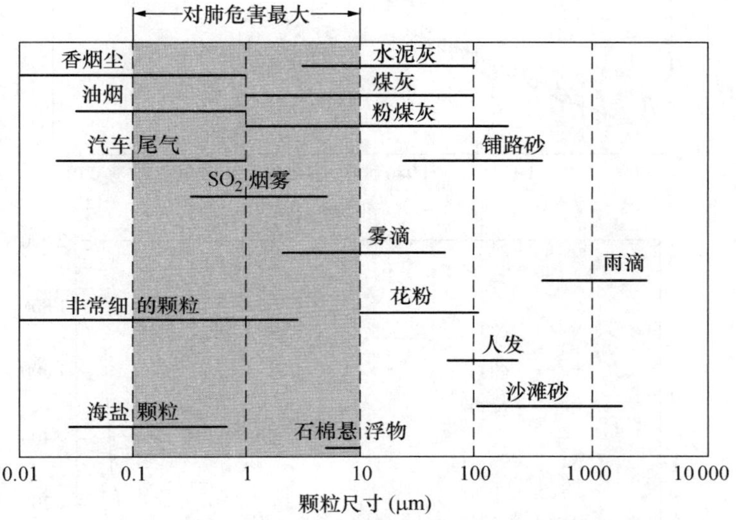

图 9-1　空气中部分不同来源的颗粒物的尺度

(引自:Keller B. 2003, Environmental Science, Willey)

(2)温室气体　大气中具有温室效应的某些微量气体被称之为温室气体。重要的温室气体有:水蒸气(H_2O)、臭氧(O_3)、二氧化碳(CO_2)、一氧化二氮(N_2O)、甲烷(CH_4)、氢氟氯碳化物类(CFCs,HFCs,HCFCs)、全氟碳化物(PFCs)及六氟化硫(SF_6)等 30 余种。其中，对流层中水蒸气及臭氧的时空分布变异很大，难以调控；而氢氟氯碳化物类、全氟碳化物等相对含量较低，且其人为排放源已受到《蒙特利尔条约》的有效控制，因而，人们通常所说的温室气体一般是指 CO_2、N_2O 和 CH_4，这些气体是与地球增温关系较大(表 9-2)，且受人为活动影响的最重要的温室气体。

表 9-2　主要温室气体的增温潜能*

气体	寿命/年	不同时间尺度的全球增温潜能			大气中的浓度(2005)/$\times 10^{-6}$
		20 年	100 年	500 年	
二氧化碳	50～100	1	1	1	379
甲烷	12.0	72	25	7.6	1 774
一氧化二氮	114	289	298	193	319

注:* 释放 1 kg 特定气体所带来的全球增温相对于 1 kg 二氧化碳所带来全球增温的比值。

资料来源:政府间气候变化专门委员会(IPCC)第三次(2001)和第四次(2007)评估报告。

近代以来，这些温室气体在大气中的浓度显著增加（图 9－2）。

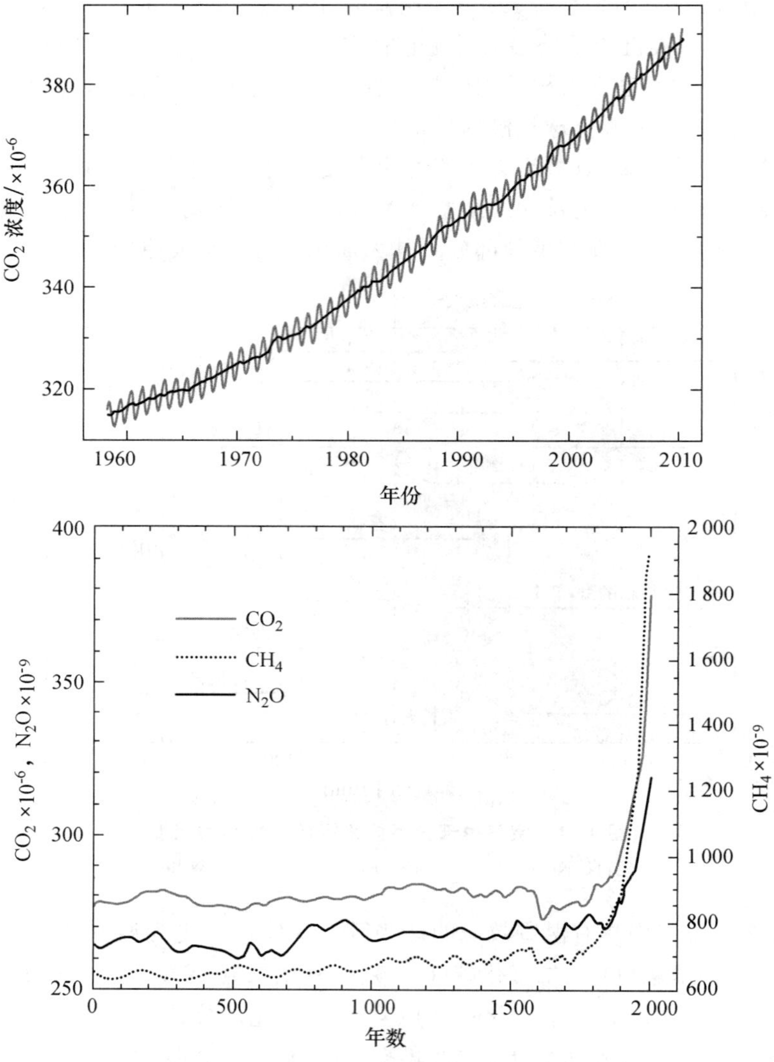

图 9－2　近代大气中主要温室气体浓度的变化

上图：美国夏威夷 Mauna Loa 观测站记录的大气中 CO_2 变化。

下图：过去 2000 年内重要长生命周期温室气体在大气中的浓度

（资料来源：IPCC，2007）

根据冰芯记录的近 65 万年以来大气 CO_2 浓度的自然变化在$(180\sim330)\times10^{-6}$之间，甲烷浓度的自然变化在$(320\sim790)\times10^{-9}$之间。工业革命前，三种气体在大气中的浓度分别只有 280×10^{-6}、715×10^{-9} 和 270×10^{-9}。到 2005 年，大气中的 CO_2、CH_4 和 N_2O 的浓度分别达到了 379×10^{-6}、$1\,774\times10^{-9}$ 和 319×10^{-9}。其中，二氧化碳增加了 35%，甲烷增加了 1 倍多，一氧化二氮增加了 18%。

近 10 年大气中 CO_2 增长速率为 1.9×10^{-6}/年，高于连续直接观测以来（1960—2005 年）的平均值 1.4×10^{-6}/年。目前，大气中甲烷浓度的增加量趋于零，其最高的增长速率发生在

20世纪70年代末到80年代初，当时每年的增加量为1%。一氧化二氮仍然保持以每年0.9×10^{-9}的速率线性增长。

大气中对温室效应也有一定作用的还有气溶胶类物质。其中部分与人类活动有关，如硫酸盐颗粒物、有机颗粒物和黑炭的排放量。这些物质能抵消部分增温效应，表现为致冷效应。大气中硫酸盐颗粒物与硫的排放有关。近年来，欧美国家硫的排放量在减少，但亚洲等地区的排放量继续增加。全球人为活动每年排放的硫估计为66.8～92.4 Tg，占全球总排放量(91.78～125.5 Tg)的70%以上。化石燃料和生物质能源的燃烧，每年向大气排放5～17 Tg的有机碳颗粒物。全球每年还向大气排放5.6 Tg的黑炭，主要来源于化石燃料和生物质燃烧，与人类活动有关。

(3)破坏臭氧层的物质　能够破坏大气臭氧层的物质主要有全氯氟烃（又称氟氯化碳，包括CFC-12、CFC-11、CFC-113等）、哈龙（Halon 1301、Halon 1211等）、四氯甲烷、甲基氯仿、卤代氯氟烃（又称氢氯氟烃）、卤代溴氟烃（4个碳原子以下，又称含氢溴氟烃）、甲基溴（溴甲烷）等。这些物质主要用于制冷、制作泡沫塑料、溶剂、助剂、清洗剂、灭火剂或土壤消毒剂等。虽然根据蒙特利尔议定书，上述物质均已被逐渐淘汰，由于许多种物质是长生命周期气体，在未来较长的时间内还有一定数量的存在（表9-3）。它们除了能够分解臭氧以外，还是重要的温室气体，这一类物质总体上对全球温室效应的贡献率仍有12%。作为取代这类物质的氟化碳和氟化硫类物质，尽管目前在大气中的浓度很小，但增加速率较快，也有一定的温室效应。

N_2O是另外一种主要的破坏臭氧的物质，而且随着氯氟烃类物质的淘汰，将成为最主要的臭氧层破坏因子。

表9-3　耗损臭氧的主要化学物质在大气中寿命及排放情况

化学物质	平均寿命/a	平均浓度/10^{-9}	1989年		1998年增长率/%	对臭氧破坏的贡献/%
			排放量/kt	增长率/%		
CFC-11	75	0.23	262	5	−0.1	26
CFC-12	139	0.40	454	5	0.5	45
CFC-113	92	—	152	10	0.0	12
四氯化碳	35	—	73	1		8
甲基氯仿	5	—	522	7		5
哈龙1301	65	很少	3	—		4
哈龙1211	11		79	11		

资料来源：Keller B. 2006，Environmental Science，Willey.

(4)室内空气污染物　室内空气的污染物主要有：SO_2、NO_x、NH_3、CO、O_3等气态无机物，甲醛、苯、甲苯、二甲苯等有机挥发性物质，可吸入颗粒物及吸附的苯并[a]芘，放射性(氡)和病原生物等。主要来自于吸烟和厨房油烟、燃料燃烧、建筑和装饰材料、日常生活和办公用品、生活垃圾等。这些污染物有可能损伤人体器官，或对呼吸系统、神经系统、免疫系统有影响，有的甚至能致敏、致癌。

二、大气污染物的来源与去向

1. 大气污染物的一般性来源

污染物的来源有自然和人为两大类。其中污染物的自然来源是指自然界所发生的火山爆发、台风、森林火灾、沙尘暴等自然灾害所产生的污染物。例如，火山爆发释放的含硫化合物和颗粒物，森林火灾释放的氮氧化物、碳氧化物和颗粒物，台风和其他风暴扬起的尘土和盐颗粒，生长的植物和有机残体分解释放的碳氢化合物和硫化氢等。

人类生产和生活活动造成大气污染的污染源有许多种，其途径主要是废气排放和气态污染物泄漏。按污染物产生的类型可分为生活污染源、工业污染源、交通污染源、农业污染源等。

在主要大气污染物中，89％的颗粒物来自于自然源。自然源和人为源排放的二氧化硫各占一半。CO 和碳氢化合物的 80％～90％来自于自然源，几乎全部 NO_2 来自于人类活动。在人为源中，77％的颗粒物来自于工业过程和燃料的燃烧；以煤为主的燃烧过程释放了人为源78％的二氧化硫，其他工业过程产生的二氧化硫占 18％；75％的 CO 来自于以汽车为主的交通运输；96％氮氧化物的来自于交通污染源和燃烧。人为源排放的大气污染物，有固定的点源排放，如工厂的烟囱排放；也有移动源，如农田秸秆燃烧、建筑工地和道路上移动的汽车等；以及面源排放如集中的居住区等（专栏 9 - 1）。

专栏 9 - 1　人为活动导致大气污染的典型案例

案例一，伦敦雾（London smog）　1952 年 12 月，在无风和寒冷的天气条件下，由于煤燃烧、汽车尾气释放颗粒物、烟雾和 SO_2 等的大气污染物，导致整个伦敦笼罩在厚重雾霾之中。大雾霾持续 5 d 时间，导致至少 4 000 人因呼吸道疾病死亡，10 万人得病。而最近的研究表明，死亡人数可能高达 12 000 人。虽然这次灾难与天气条件有关，特别是在该地区在反气旋的高气压控制下，不利于污染物扩散，但大气污染是导致灾难产生的根本原因。

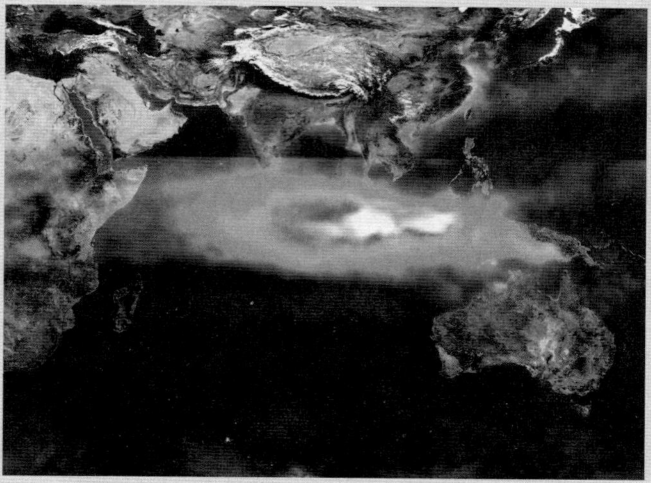

案例二，印度尼西亚森林大火　1997 年下半年，由于农民放火烧荒引起了印

度尼西亚热带雨林的森林大火。1997年12月的季节性降雨曾使大火得到短暂的控制，但随之而来的干旱天气使得大火一直持续到1998年。过火面积近1 000万 hm^2，空气污染指数高达800，并导致一架飞机失事。大火引起的直接损失近45亿美元。大火产生的浓烟波及到新加坡、马来西亚、文莱，甚至泰国、越南和菲律宾。上图为1997年10月空气污染的NASA拍摄卫星照片。

2. 温室气体的源和汇

大气中 CO_2 的增加主要来自于化石燃料的燃烧、水泥工业和土地利用方式的改变(表9-4)，土地利用方式改变主要是指热带森林地区的毁林开荒。甲烷的人为排放大体占全球甲烷排放的2/3，其中约一半与农业生产活动有关(表9-5)。近40%的一氧化二氮的排放与人为活动有关，其中农田氮肥的施用具有重要贡献(表9-6)。此外，一些在大气中短生命周期的含氮气体(NH_3 和 NO_x)主要来源于人类活动。其中氮氧化物来自于工业的高温燃烧过程，而氨则与氮肥的施用以及动物废弃物的不当处理有很大关系。

表9-4　全球碳平衡——二氧化碳排放与吸收量　Pg/a

	20世纪80年代	20世纪90年代	2000—2005
大气增加量	3.3±0.1	3.2±0.1	4.1±0.1
化石燃料+水泥	5.4±0.3	6.4±0.4	7.2±0.3
海洋净排放	−1.8±0.8	−2.2±0.4	−2.5±0.2
陆地净排放	−0.3±0.9	−1.0±0.6	−0.9±0.6
其中：土地利用变化	1.4 (0.4～2.3)	3.3±0.1(0.5～2.7)	—
陆地碳汇	−1.7(−3.4～0.2)	−2.6 (−4.3～−0.9)	—

注：1 Pg=10^{15} g；资料来源：IPCC第四次评估报告。

表9-5　全球甲烷的源和汇平衡　Tg/a

	文献估算排放量	第三次评估报告(1998年)	第四次评估报告(2000—2004年)
自然源	145～260		
其中：湿地	100～231		
白蚁	20～29		
海洋	4～15		
水体	4～5		
野生动物	15		
天然火灾	2～5		
人为源	264～468		
其中：煤矿	32～46		
石油和天然气工业	36～68		

续表 9-5

	文献估算排放量	第三次评估报告（1998年）	第四次评估报告（2000—2004年）
废弃物填埋	53～66		
反刍动物	76～189		
稻田	31～112		
生物质燃烧	14～88		
C3 植物	27		
C4 植物	9		
总排放	503～610	598	582
汇：			
土壤	26～34	30	30
对流层 OH	446～507	506	511
平流层消失	30～45	40	40
总汇	492～559	576	581

注：1 Tg=10^{12} g；资料来源：IPCC 第四次评估报告。

表 9-6　20 世纪 90 年代全球 NO_x、NH_3 和 N_2O 排放(N)　Tg/a

	NO_x	NH_3	N_2O
人为源			
燃料燃烧和工业	25.6(21～28)	2.5	0.7
飞行器	0.5～0.8		
农业	1.6	35 (16～48)	2.8(1.7～4.8)
生物质燃烧	5.9(6～12)	5.4 (3～8)	0.7(0.2～1)
动物排泄物		2.6(1.3～3.9)	0.2(0.1～0.3)
河流、河口和海岸带			1.7(0.5～2.9)
大气沉降	0.3		0.6(0.3～0.9)
人为排放总量	33.4	45.5	6.7
自然源			
自然土壤	7.3(5～8)	2.4(1～10)	6.6(3.3～9.0)
海洋	8.2(3～16)		3.8(1.8～5.8)
雷电	1.1～6.4		
大气化学过程			0.6(0.3～1.2)
自然源排放总量	8.4～13.7	10.6	11.0
总排放量	41.8～47.1	56.1	17.7

注：1 Tg=10^{12} g；资料来源：IPCC 第四次评估报告。

3. 大气污染物的去向

进入大气中气态和颗粒态的污染物主要有四种去向。

(1)氧化　还原态氮氧化物、含硫化合物和 CO 等,易进行氧化反应。例如,SO_2 氧化为 SO_3,NO 氧化为 NO_2 等,成为酸沉降的主要组分。

(2)光化学分解　短波太阳辐射能够破坏化学键,导致某些物质的光化学分解。如大气中的 O_3 经过光化学分解产生 O_2。

(3)干沉降　主要是降尘,也包括气流作用下产生的土壤、植物和水体的气体吸收。在地球重力的作用下,比空气质量重的颗粒物将发生沉降。例如火山喷发产生的火山灰和燃煤产生的粉煤灰都比较容易发生沉降。只有极细的颗粒物能够在大气中长期漂浮。在大气环流作用下,部分颗粒物可能发生长距离搬运。特别是沙尘暴产生的颗粒物有可能被搬运至几百 km 甚至几千 km 之外。例如,美国曾发现有来自撒哈拉沙漠的跨大西洋搬运而来颗粒物;蒙古高原的颗粒物也出现在日本等地等。沉降进入海洋的陆源颗粒物,还是海洋生物的重要养分来源之一。另外,生态系统中的组成部分,也可以吸收一部分气态污染物。

(4)湿沉降　随降水过程进入陆地和海洋是大气污染物的另外一个最重要的去向。雨滴可在大气中小的颗粒物上凝结形成,这些小的颗粒物将随降水进入地球表面。氮氧化物、硫氧化物和 CO_2 与水结合后形成酸性降水,是大气发生净化的另外一个途径。

干湿沉降作用是改善大气质量的重要过程。然而,酸沉降对全球生态系统的不利影响不容忽视。部分富含重金属的颗粒物,也会引起土壤和水体污染。而且,氮素沉降也是产生水体富营养化的因素之一。

三、大气环境质量及其评价

大气环境质量是指一定区域内大气环境对人类生存和发展的适宜程度。由于监测点通常设置在 3～15 m 高度范围内,实际监测的是近地面大气的环境质量,又称空气环境质量。

为了改善环境空气质量,防止生态破坏,保护人体健康,1996 年国家环保局对 1982 年颁布的《大气环境质量标准》(GB 3095—82)进行了修改,并颁布《环境空气质量标准》(GB 3095—1996)。根据该标准,大气环境质量区分为三类。其中,国家规定的自然保护区、风景游览区、名胜古迹和疗养地等为一类区、一般执行一类空气环境质量标准;城市规划中确定的居民区、商业交通居民混合区、文化区、名胜古迹和广大农村等为二类区,一般执行二级标准;大气污染程度较重的城镇和工业区以及城市交通枢纽、干线等为三类区,一般执行三级标准。《环境空气质量标准》中规定了总悬浮颗粒物(TSP)、可吸入颗粒物(PM_{10})、SO_2、NO_x、NO_2、CO、O_3、Pb、苯并[a]芘(BaP)及氟化物 10 种污染物的浓度限制及监测采样和分析方法。其中总悬浮颗粒物是指悬浮在空气中,空气动力学当量直径≤100 μm 的颗粒物;可吸入颗粒物是指悬浮在空气中,空气动力学当量直径≤10 μm 的颗粒物。

《室内空气质量标准》(GB/T 18883—2002)是于 2003 年 3 月 1 日正式实施。这部标准引入室内空气质量概念,明确提出"室内空气应无毒、无害、无异常嗅味"的要求。其中规定的控制项目包括化学性、物理性、生物性和放射性污染。规定控制的化学性污染物质不仅包括人们熟悉的甲醛、苯、氨、氡等污染物质,还有可吸入颗粒物、二氧化碳、二氧化硫和总挥发性有机物等 13 项化学性污染物质。

大气环境质量评价分为大气环境质量现状评价和大气环境影响评价。其中,大气环境质量现状评价是指利用大气环境质量监测资料,依据环境标准对大气环境质量现状进行的分析。大气环境影响评价是指通过调查、监测等手段,分析、判断建设项目在建设施工期间和建成后生产期间所排放的大气污染物对大气环境质量影响的程度和范围。大气环境影响评价通常包括大气环境调查、自然环境调查和社会经济环境调查、污染源调查、大气环境质量现状监测和分析、污染气象调查、大气环境影响预测等内容。其中的大气环境质量现状监测和分析即为大气环境质量现状评价。

根据对大气污染物“总量控制、达标排放”的原则,国家分别颁布了《大气污染物综合排放标准》(GB 16297—1996)和各个行业的大气污染物排放标准。并规定了按人口多少和监测的污染项目,城市应设立的监测站(点)的数目。1999 年起,全国主要城市开始每天发布空气质量状况公报。而且近年来大气主要污染物的排放量开始下降(表 9 - 7)。

表 9 - 7 全国 1990 年以来主要大气污染物排放量 万 t

年度	二氧化硫排放量			烟尘排放量			工业粉尘排放量
	合计	工业	生活	合计	工业	生活	
1990	1 495	—	—	1 324	—	—	781
1995	—	1 396	—	—	845	—	630
2000	1 995.1	1 612.5	382.6	1 165.4	953.3	212.1	1 092
2005	2 549.3	2 168.4	380.9	1 182.5	948.9	233.6	911.2
2006	2 588.8	2 237.6	351.2	1 078.4	854.8	223.6	807.5
2007	2 468.1	2 140.0	328.1	986.3	770.8	215.5	699.0
2008	2 321.2	1 991.3	329.9	901.6	670.7	230.9	584.9
2009	2 214.4	1 866.1	348.3	847.2	603.9	243.3	523.6

资料来源:历年的《中国环境状况公报》汇总。

四、农业生产活动与大气污染

农业生产的正常进行,需要一定质量的大气环境为基本条件。如果大气污染物浓度超过农牧业的允许水平,农业生产将受到一定程度的危害——产量降低、质量变劣,从而对农业生态系统造成不良影响。而反过来,农业生产是在大气环境中进行的,在生产过程中也必定产生某些大气污染物,从而对大气环境质量造成一定的影响。其影响具体表现为以下诸多方面。

(1)农用化学物质　随着农业集约化程度的不断提高,农用化学物质如化肥、农用化学药剂的使用量急剧增加,农业生产活动也成为大气污染的一个重要因素。

农药一般以粉剂、乳状液等形式喷施,喷施过程中随风飘扬形成气溶胶,污染大气,尤其是当使用气雾弹、烟剂或飞机喷洒时造成的危害更大。而且,喷洒后的农药也可以从土壤、水体或植物表面再度挥发至大气中造成污染。农药的飘尘在风的平流和湍流作用下,可越过高山、跨过海洋而到达环境的每个角落。世界卫生组织曾报道过伦敦上空 1 t 大气中含有 10 μg 的 DDT,1966—1967 年英国 7 个监测站测定的雨水中 DDT 的含量为 0.08 mm^3/m^3,更有甚者在南极也检测到了 DDT。

此外,氮肥施用对农田土壤 N_2O 和 NH_3 排放均有促进作用。其中,肥料 N 转化为 N_2O

的排放比例多在0.1%～1.4%，IPCC确定的缺省值是旱地作物1%，水稻田0.3%。氮肥施入农田以NH_3挥发损失的氮素，占化肥氮施用量的5%～47%。

(2)养殖业　养殖业也是大气污染物的来源之一。20世纪80年代初期开始，我国的畜牧业一直发展很快，而且集约化程度提高，对大气环境也产生了一定的影响。首先，家畜饲养时其粪尿本身及其分解产生的恶臭、H_2S、醇、酚、醛、氨、酰胺类、吲哚、氨苯等类物质和病原微生物飘逸到大气中，造成养殖场周围环境空气质量的严重下降。其次，反刍动物每年向大气中排放大量的甲烷，使养殖业成为一个重要的甲烷人为发生源。有资料报道，一个10.8万头的大型养猪场每小时释放15亿微生物个体、159 kg的NH_3、14.5 kg的H_2S，在距离养猪场100 m处的空气中NH_3的浓度达3.4 mg/m^{-3}，H_2S达到0.112 mg/m^{-3}；一头牛每天排放甲烷200～300 L，一只羊每天排放25～40 L。

(3)生物质燃烧　生物质燃烧不仅产生大量的一氧化碳、苯类化合物、氮氧化物及环芳烃等有害气体，而且还向大气中排放刺激性烟体粉尘等。

从我国能源供应状况来看，在今后一段时间时，生物质还将依然是我国部分地区的重要能源之一。虽然直接燃烧生物质将逐渐被其他能源代替，但秸秆在田间就地焚烧的现象还时有发生。

(4)水田等　水田是重要的大气污染物——主要是甲烷的排放源，其中含硫较高的土壤还可能排放硫化氢气体。

第二节　全球变化概述

一、全球变化的时间尺度和主要事件

自46亿年前地球诞生以来，地球环境的变化从未停止过。宇宙中的各种天体都在不断的运动变化着，并且存在着一定的周期性运动规律。就太阳系而言，太阳释放各种辐射能的活动一直在持续，而且太阳辐射也经常发生变化如黑洞、耀斑等现象的出现。地球也在不断地进行自转、公转，而且地球轨道参数也在不断变化。地球内部的构造运动，包括岩浆活动、板块运动引起的海陆变迁、造山运动、火山爆发和地震等从来没有停止过。这些变化有些具有一定的周期性，如太阳辐射变化等。

全球气候也在不断发生变化，如冰期和间冰期的发生，地球各圈层之间气体交换所引起的大气成分变化，大气环流等引起的空气流动，以及气温、蒸发与蒸腾和降水类型的变化等。

在各种内外力作用下，地球上的物质循环不断进行。这种循环包括物质的地质大循环如岩石风化、地表剥蚀以及物质的搬运和堆积等，水循环和各种元素的生物地球化学循环等。

地球环境因素的变化，促进了生物的起源和不断进化，生态系统发生着各种演化过程，生物物种不断灭绝、新物种不断出现，生物自身进行着生长与发育的各种生命代谢过程。

导致上述事件发生的主要因素是自然方面的，只有到了近代，人类的影响才达到显著水平，甚至对某些事件起着决定性作用。工业革命以后，特别是20世纪20年代以来，由于人为作用的影响，地球表面环境向着不利于人类和其他生物生存的方向改变。20世纪60年代以后，这种改变才逐渐引起科学界、民众和政界的广泛重视。

人们开始感受到某些事件的发生，是由这些事件发生的时间和空间因素决定的。相对于

地球的历史,人类的历史只是非常小的一个瞬间,人的一生更加短暂。因而,许多地球环境变化的事件人类是感受不到的。但可以通过搜集地质证据获得。

全球变化主要事件的时间尺度及驱动因素列在表 9-8 中。

表 9-8 全球变化主要事件的时间尺度及驱动因素

时间尺度	全球变化的事件	驱动因素
几百万年到几十亿年	地球的形成, 板块运动(造山、海陆变迁) 大气圈与水圈的形成, 生命起源	地球演化规律与进程
几千年至几十万年	冰期—间冰期的交替,海平面升降 大气成分变化 古土壤发育 生物种的迁移和灭绝 人类文明的诞生与发展	地球轨道参数如偏心率、黄赤交角和岁差等变化并由此引起的太阳辐射变化
几年至几百年	全球气温的趋势性上升,气温、海温、降水量、径流量、地表侵蚀、植物物候期及生长季节等的准季节性波动和突变,植物种群结构的变化,植被带的可能移动	太阳活动、火山活动、大气环流的长期变化、厄尔尼诺—南方涛动等自然驱动力和人为活动影响
几天到几个季度	气温、降水、地表径流,植物群落季相农事季节、候鸟迁飞和昆虫活动等	太阳辐射量输入的年循环;季节的更替,规则的韵律波动或周期性变化
几秒到几小时	气温、湿度、气压的日变化,冰雹雷雨大风等	太阳输入量的日周期变化

资料来源:朱诚,谢志仁,申洪源,等.全球变化科学导论,2006:南京大学出版社.

二、新生代以来地球环境的变化

距今约 65.5 百万年前,地球进入现代自然地理环境时期,新生代开始。新生代包括第三纪和第四纪,国际地层委员会将 1.8 百万年前作为第三纪的上限和第四纪下限,但我国学者认为这一界限应当为距今 2.6 百万年或 2.4 百万年前。

1. 新生代衰落

中生代向新生代过渡时,全球总体上处于一个温暖、潮湿的气候环境,差异较小。南极洲无冰,附近海区温暖。全球森林面积很大,在很高纬度地区就有森林生长。植物的繁茂使得大气中 O_2 的浓度很高,大致占 30%,是现在的 1.5 倍。CO_2 浓度约为 $1\,700\times10^{-6}$,工业革命前的 6 倍,全球平均温度为 18℃,比现在高 4℃左右。

进入第三纪以后,全球环境总体呈变干、变冷的变化趋势,并引起全球生态系统的变化,地质学上称之为新生代衰落。在逐渐变冷的过程中,也有一系列快速降温事件的发生。

新生代全球变化可能主要与这一时期海陆分布和大地貌格局的变化以及由此引起的大洋环流和大气环流的变化有关。现代洋底的一半、海陆分布格局、大陆轮廓、山系的分布都是在这一阶段最终确立的。板块运动使得海洋中的大西洋和印度洋盆地宽度增大,太平洋宽度缩小;非洲和印度洋板块北移,原来的特提斯洋通道变窄并最终关闭;澳大利亚脱离南极洲向赤道移动，使得南大洋通道加宽。由此导致大洋环流的改变，并对全球气候产生影响。

新构造运动引起的欧亚大陆和北美大陆地貌格局的变化，以及大气环流的改变，是对全球气候变化产生影响的另外一个重要原因。非洲、印度洋和欧亚板块碰撞的结果，在关闭的特提斯洋上形成了高峻的阿尔卑斯—喜马拉雅山系。在几乎同一时期，太平洋东岸山脉强烈隆起，产生了科罗拉多高原和落基山山脉，以及西太平洋沿岸岛弧发育。

第一次对全球环境有重大影响的急速变冷事件发生在距今 38 兆年前后，由于处在始新世末期，地质学上称之为始新世事件，发生在大约 10 万年的短暂时间内。这一事件的结果是环南极地区海面形成冰冻环境，南北半球高纬度地区地表温度下降 10℃左右。

在中新世早期短暂变暖之后，中新世的中期（距今 20 兆年前后）地球出现了又一次显著变冷，形成了大规模的南极冰盖。南极冰盖和陆地冰川的发育，引起了海退，全球海面下降 40～50 m。此后在晚中新世和晚上新世，全球气候都出现了进一步变冷。北半球冰盖的形成晚于南半球，只有到了第四纪开始时才形成中等规模。

全球的干旱化趋势与大气环流和陆地移动有关。板块运动通过海陆分布与地形的变化改变了大气环流，两极冰盖的出现和进一步扩大，增大了赤道与极地之间的温度和气压梯度，风速加大。此外，晚第三纪青藏高原的形成以及由此引起的东风急流，将干燥空气带入，促进了南亚—西亚—北非地区干旱化和沙漠的形成。陆地移动的结果是，将澳大利亚和北非地区移动到热带干旱区（专栏 9-2）。

专栏 9-2　用于研究全球变化的冰芯和海底沉积物记录

冰芯　冰芯是现代人研究历史环境变化的重要手段。所有在大气中循环的物质都会随大气环流而抵达冰川上空，并沉降在冰雪表面，最终形成冰芯记录。冰芯中氢、氧同位素比率是度量气温高低的指标，在冰层形成时，气温越低，其中^{16}O和^{18}O的比值越高；净积累速率是降水量大小的指标；冰芯气泡中的气体成分和含量可以揭示大气成分的演化历史；宇宙成因的同位素可以提供宇宙射线强度变化、太阳活动和地磁场强度变化的证据；冰芯中微粒含量和各种化学物质成分的分析结果，可以提供不同时期的大气气溶胶、沙漠演化、植被演替、生物活动、大气环流强度、火山活动等信息；同时，冰芯也记录了人类活动对气候环境的影响和各种信息。与历史文献记录、树木年轮、湖泊沉积物、珊瑚沉积、黄土、深海岩心、孢粉、古土壤和沉积岩等可提取过去气候环境变化信息的介质相比，冰芯具有保真性好（低温环境）、分辨率高（可达到年）、记录序列长（可达几十万年）和信息量大的优点。

海底沉积物　海底沉积物是在漫长的历史过程中逐层堆积形成的。将钻头垂直钻入软泥提取软泥样本后，古气候学家就可以对几万年前的海水温度变化进行推算。由于沉积物的沉积速度是一定的，因此通过计算这些软泥芯到软泥表面的距离，人们就可以推算出该样本的历史年龄。另外，沉积物之所以被称为软泥是因为其大部分是由有孔虫类的生物的外壳组成。这些生物通常生活在软泥的表面或贴近软泥的水层中。通过分析由这些生物外壳变成的化石就可以判别出这些生物的种类。由于每种生物只能在一定的水温条件下存活，因此这些生物最能反映出当时该海区的温度状况。

2. 生物进化与地带性分异

现代的生命形式在新生代逐渐进化和丰盛起来的。植物界中的被子植物逐渐取代裸子植物并兴盛起来，并且逐渐适应全球环境的变化，于第三纪中期从湿热的热带环境扩展到寒冷的极区，植物的地带性分异增大。动物界中的哺乳动物迅速发展，其温血特性使其更适应复杂的环境。灵长目等高等动物随后出现，并在200万～300万年前诞生了人类。

第三纪初期，全球环境分异比较简单，总体以热带和亚热带环境为主。全球的变冷和变干，加大了地球低纬度地区和高纬度地区的温度梯度，加上地壳隆起产生了更多的高山和高原，纬度地带性和垂直地带性分异更加明显，产生了复杂的自然地带和多样化的环境类型。干旱使得在第三纪晚期，地球上许多地方的森林植被由草原植被所取代。生物和环境的长期协同进化，到第四纪形成了现代自然地带格局，产生了各种生物气候带和各种生态系统。

3. 第四纪环境变化

第四纪时期全球的干旱环境进一步发展。在我国，以黄土开始堆积为标志。而且第四纪的环境以周期性的冷暖环境交替转换为特征，冷暖波动的幅度在10℃以上。与冷暖波动相联系的是冰川体积（变幅约达$5\times10^7\ km^3$）和海面升降变化（100～150 m以上）。第四纪以来（距今2.4兆年前），地球上经历了61个冷暖阶段，30.5个冷暖旋回。其周期分别为0.4兆年、0.1兆年、4.1万年、2.3万年和1.9万年，大体与米兰科维奇旋回（地球轨道参数变化周期）一致。

专栏9-3 冰期和间冰期

冰期 指由于气温显著变冷，冰川规模扩大和增厚的时期。在冰期里，高纬度冰盖向中纬度扩张，高山地区的山岳冰川向低地伸展，海面降低，气候和生物带向赤道方向迁移。冰期以夏季风降水为主的地区寒冷、干燥、植被退化，内陆干旱地区沙漠扩张、湖面减小。

间冰期 两个冰期之间由于气候回暖、冰川缩小和消融的时期。冰川退缩、海面回升，气候和生物带向两极方向迁移。以夏季风降水为主的地区气候温暖湿润，湖面扩张、生物繁荣，内陆干旱地区流沙固定。以冬季风降水为主的内陆干旱区气候温暖干燥，湖泊收缩或干涸，沙漠扩张。

时间尺度在几亿年到几千万年的为大冰期和大间冰期，自震旦纪以来，地球历史上至少发生了4次，间隔2.5亿～3.5亿年，与银河年（银河自转一周）大致相当。最后一次大冰期发生在第三纪和第四纪之交，距今2～3兆年前。

时间尺度在几十万年的为冰期、间冰期：受地球偏心率等地球轨道参数变化的影响，第四纪发生了至少4次。

副冰期和副间冰期（又称冰阶和间冰阶）的时间尺度在几万年（10^4年）。是叠加在冰期和间冰期之中的次一级气候波动。相对寒冷或相对温暖的阶段。

小冰期和小间冰期 时间尺度在几千年到几百年。仅用于冰后期和晚冰期。

地球史上最近一次冰期发生在更新世末期。这次冰期的结束在距今1.1万年前左右，是更新世到全新世的分界线。这次冰期极盛时，北半球高纬地区形成大陆冰盖，格陵兰冰盖覆被了格陵兰和冰岛，劳伦大冰盖掩埋了整个加拿大，并向南延伸至纽约、辛辛那提一带。欧洲将近一半被斯堪的纳维亚冰盖覆被。西伯利亚冰盖则占据了西伯利亚北部地区。现代冰川覆被总面积占地球陆地总面积的11%。冰期降水量减少，气候显著变干，而且盛冰期往往是地球上最干旱的时期(专栏9-3)。第四纪全球温度的下降与大气中CO_2浓度变化有密切关系(图9-3)。

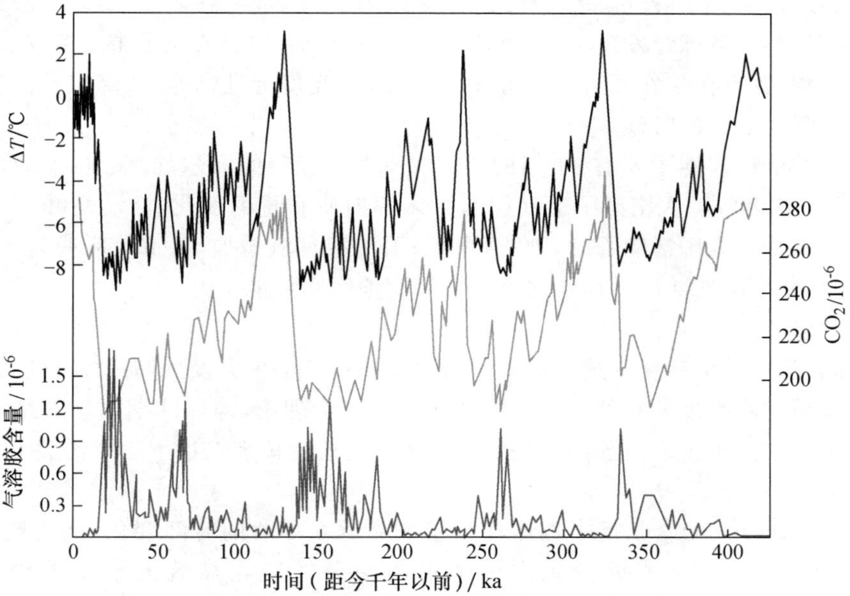

图9-3　距今40万年以来地球温度、CO_2浓度和气溶胶变化

资料来源：Petit et. al. 1999

我们现在所处的全新世，第四纪最新的一个世，其地层称全新统。下限年代尚无一致意见，但多采用距今10 000～11 000年前。上接更新世的波罗的海-北欧冰期。全新世又分为5个期：前北方期(Preboreal)(10 000～9 000 BP)，由寒冷转向温凉；北方期(Boreal)(9 000～7 500 BP)，温干；大西洋期(Atlantic)(7 500～5 000 BP)，温暖湿润；亚北方期(Subboreal)(5 000～2 500 BP)，温干；亚大西洋期(Subatlantic)(2 500 BP现在)，凉爽湿润。

三、全球变化的驱动力

驱动地球环境变化的因素有外部的，也有内部的。其中外部因素主要与到达地球的太阳辐射量有关，内部因素包括地球内部的构造运动、火山爆发等。近代以来，人类活动对地球环境的变化产生了巨大影响。

1. 全球变化的外部驱动因素

外部驱动因素主要是太阳辐射变化。地球的太阳辐射能在地球形成的初期，只有现在的30%。以后逐渐增加到现代水平。尽管大家常常把进入地球的太阳辐射能看作是一个常数称为太阳常数，但太阳常数并不是固定不变的，一年当中的变化幅度在1%左右。所谓的太阳常数是指地球在日地平均距离处与太阳光垂直的大气上界单位面积上在单位时间内所接收太阳辐射的所有波长总能量。导致太阳常数变化的原因是太阳活动。

(1)太阳活动　是指太阳表面上一切扰动现象的总称，包括发生在光球表面的黑子、光斑，发生在色球层的谱斑、耀斑，日饵、日冕等。一般用黑子活动代表太阳活动。太阳黑子(sunspot)实际上是太阳表面一种炽热气体的巨大漩涡,温度大约为 4 500℃。因为比太阳的光球层表面温度要低 1 000～2 000℃,所以看上去像一些深暗色的斑点。太阳黑子很少单独活动,常是成群出现。太阳光球层上比周围更明亮的斑状组织叫做"光斑"。

(2)太阳耀斑(solar flare) 是一种最剧烈的太阳活动,周期约为 11 年。一般认为发生在色球层中,所以也叫"色球爆发"。其主要观测特征是,日面上(常在黑子群上空)突然出现迅速发展的亮斑闪耀,其寿命仅在几 min 到几十 min 之间,亮度上升迅速,下降较慢。特别是在耀斑出现频繁且强度变强的时候。

太阳黑子的活动周期主要有 11 年的沃尔夫周期、22 年的海尔周期、80 年的世纪周期和 180 年的双世纪周期等。太阳黑子活动引起太阳辐射质和量的变化,活动高峰期紫外辐射和微粒辐射极大增加。太阳活动强时,^{14}C 含量低;平流层臭氧增加,温室效应明显;太阳辐射增加 1%,地面平均气温增加 1℃,而在北半球高纬度地区则可能上升 2～3℃。因而太阳活动变化导致地球气候的波动。

(3)地球轨道参数的变化 地球绕太阳沿地球轨道转动也会发生周期性变化,从而使得太阳辐射发生季节性和纬度分布的改变。根据米兰科维奇理论,地球冰期循环是地球轨道变化改变了季节之间的热平衡而引起的理论。地球轨道的改变体现在以下三个参数上:岁差、黄赤交角和偏心率。

(4)岁差(precession) 是指当地球在某年最靠近太阳时的时间变化,准周期为 9 000 和 3 000 年,平均 2.1 万年。岁差导致太阳辐射的季节性变化显著大于年平均变化(可达 60 W/m^2)。这是因为地球类似于陀螺,绕地轴自转。陀螺旋转时不一定精确地平行于地面转动。由此陀螺两边所受重力不平衡而摇动甚至停下。地球也是如此,这就造成了"岁差"。

(5)黄赤交角(obliquity of the ecliptic) 是指地球公转轨道面(黄道面)与赤道面(天赤道面)的交角,也称为太阳赤纬角或黄赤大距。地球绕太阳公转的黄赤交角约为 23°26′。黄赤交角一直有着微小的变化,变化范围为 22°～24.5°之间。黄赤交角越大,冬季和夏季的差异就越大;黄赤交角变化对极区影响最大。黄赤交角的变化有 4.1 万年的准周期。

(6)偏心率(eccentricity) 是指椭圆两焦点间的距离和长轴长度的比值,即某一椭圆轨道与理想圆环的偏离值,长椭圆轨道"偏心率"高,而近于圆形的轨道"偏心率"低。偏心率有约 10 万年准周期和 40 万年的准周期。

(7)地外物体的撞击作用 地球诞生早期,地球之外的物体撞击频繁,现在也时有发生。当小行星以宇宙速度撞击地球时,将产生一系列物理、化学和地质学作用过程。在超高温、超高压下小行星会发生爆炸、气化、熔融和破碎,并产生强光和强大的冲击波,引发大火并导致烟尘和黑炭等有机颗粒物质在大气中的弥漫。这些颗粒物对太阳辐射的吸收和反射量的增加,将导致地表温度下降,改变了地表的太阳辐射的能量平衡,从而导致植物的初级生产力下降。其本身携带的有毒物质如重金属等,也会对地球生物产生直接的毒害作用。近年来,有人认为恐龙的灭绝就与小行星撞击地球的事件发生有关。此外,巨大的天体冲击还可能引起地球内部物质的重新分配,成为海底扩张和大陆漂移等地球内部驱动过程的触发因素。

2. 全球变化的内部驱动因素

地质构造运动产生了地球海陆分布变化、山地高原的隆起和火山喷发等是全球变化的内部驱动因素。

大陆漂移和海底扩张以及与此相关的海面升降,造成海陆分布格局及海洋和陆地面积对比的变化，陆地的位置和组合关系的不同，对全球的温度和降水格局均会产生深刻的影响。会导致大洋环流形式的变化，而且对生物进化也有一定影响。海陆分布变化通常发生在 10^6～10^7 年的时间尺度上。地质构造运动还导致高海拔山地或高原的隆起，则通常发生在 10^4～10^5 年的时间尺度上。新生代时期（距今 4 000 万年以来）世界上有两大高原隆起：青藏高原及喜马拉雅山和科罗拉多高原及落基山。这些高原和高海拔山地隆起后，对全球环境产生了巨大影响。高原和高山的低温环境，成为冰川和积雪的场所。而且，更重要的是通过改变大气环流，造成了中亚地区大面积荒漠化土地的产生，并对全球气候变化产生了影响。

全世界有活火山 500～600 座。每次火山爆发均伴随着大量的气体和火山灰的喷发（图 9-4）。火山的喷发对大气化学过程、太阳辐射平衡、气候过程等均有显著影响。其中，火山灰中固体粒子直径较小，在 0.5～2 μm 之间甚至更小，可以在平流层大气中停留 1 年以上，这些气溶胶对大气层太阳辐射收支平衡变化产生作用，而介入全球变化过程。有人认为，火山的集中式爆发，是地球上大规模生物灭绝事件发生的原因之一。

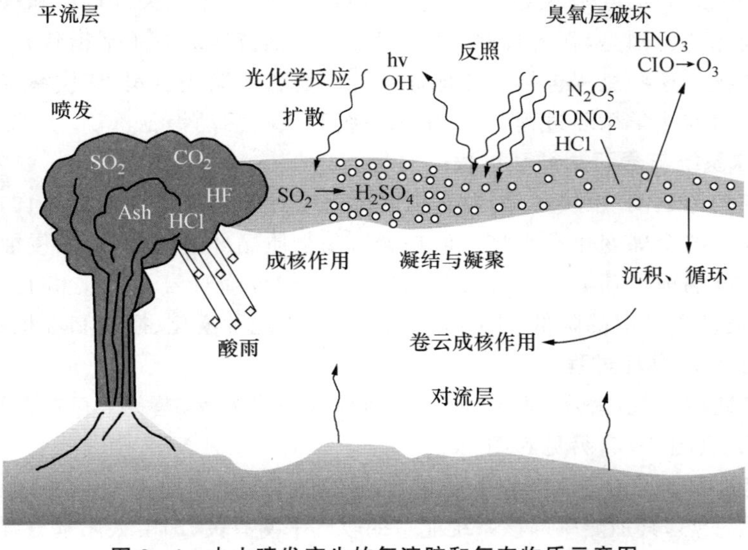

图 9-4　火山喷发产生的气溶胶和气态物质示意图

资料来源：Wikipedia 网站

地球内部驱动因素的作用，受到了几个圈层内部以及各圈层之间复杂的反馈机制调节。反馈是地球系统过程的一个重要特征。其中，负反馈作用对维持系统状态的稳定性起着重要作用，而正反馈作用则预示着系统状态将发生变化。由于反馈作用的存在，驱动和响应之间存在着复杂的非线性关系，微小的触发可能导致巨大的变化。

3. 人类活动

人类本身是自然的一部分。但是随着人类文明的发展，人类逐渐从自然环境中分离出来，最终成为一个独立于自然系统的人类生态系统，建立了农村生态系统和城市生态系统。人为驱动力包括：对天然能量的人为释放与转化、生物进化过程的人为干扰、土地利用方式的改变，各种人为设施的建立以及工业和生活污染物的排放等。首先，农业文明的发展，出现了新的土地利用方式并导致土地覆被变化，导致景观的破碎化。其次，人类在利用资源从事生产和生活活动过程中，向周围环境排放了大量污染物。再次，土地利用过程中的大量石油化工产品的投入,土地覆被的变化、污染物的排放、化学物质投入以及城市化和经济全球化改变了物质的循环方式和方向,并导致自然系统功能的失调和变化。这样,人类以各种连自己还没有认识清楚的方式,根本性地改变使生命得以在地球上存在的各种系统和循环。

人类活动对地球环境的影响时间尺度相对较短,只有几十年到几百年。例如,进入工业革命时代以后,人类的生产和生活活动对地球的影响加剧,全球变化以前所未有的速度加快进行,经过 200 多年时间,人类已经发现了自身活动对包括人类生态系统在内的全球生态系统生存的威胁。

四、全球变化的主要过程

在外力和内力的共同驱动下,地球在漫长的历史过程中发生了一系列演变:地球结构的形成与演化、海陆变迁、生命的形成与进化、大气成分的变化、全球气候变化及冰期和间冰期的交替、物质循环、土壤的发育与土壤圈的形成、生物种群的区域分布、生态系统的建立与演替、地球景观的变化等长时间尺度全球变化;也有短时间尺度的变化如天气现象和火山爆发等。

引起这些变化的原因是,在各种驱动力的作用下,维持地球系统平衡状态的某些过程发生了不同程度的变异。这些过程包括固体地球系统与岩石圈循环过程、气候系统与水循环过程,生态系统和生物地球化学循环过程,人类生态系统和人类活动等。

1. 固体地球系统与岩石圈循环过程

地球内部的构造运动(板块运动)及其引起的海陆分布格局的变化、高山的隆起等,一般来讲只对长时间尺度的全球变化有影响。但是岩石圈物质循环过程如风化、侵蚀、搬运和堆积等则与较短时间尺度的地球环境变化有关。例如,大气酸沉降对岩石风化和土壤性质变化的影响;气候变化和植被覆被率的降低,引起的水土流失、土地荒漠化、搬运和堆积过程的加强等。

2. 气候系统与水循环过程

物理气候系统由大气、海洋、冰雪、陆地表面和生物圈组成,是一个存在着许多过程及其相互作用的复杂系统(图 9 - 5,另见彩图 1)。

气候系统能量收支平衡与时空分布平衡受到破坏,是发生气候变化的原因。在太阳能作用下,气候系统进行加热,其加热率与该系统能量的收支平衡有关,即由太阳辐射强度、地球的反射率和太阳能在地球系统中滞留的时间(即温室效应大小)所决定。人类活动的影响,主要是影响后者。在自然状态下,大气的温室气体由生物地球化学循环来调节,人为活动向大气中大量地排放温室气体,将导致自然平衡的破坏和地球表面温度的升高。而温度升高的幅度,还与风、洋流和水循环过程有关。气候系统中能量的循环过程是由水循环来实现的,与水循环有关的各个过程在气候系统中也是至关重要的,因而,地球系统能量平衡的改变,也将影响水循环过程。

3. 生态系统与生物地球化学循环过程

生态系统的运转、生物之间及生物与环境之间的物质和能量交换是通过一系列的生理过程实现的,全球变化会引起生态系统的生理学及生态系统功能的改变,生态系统的改变反过来进一步影响全球变化。例如,大气 CO_2 浓度的升高,臭氧层破坏导致紫外辐射的增强,必然引起植物生理生化过程产生一系列变化,而这些变化将影响生态系统的结构,改变物质和能量的转化过程、导致水量和能量通量的变化。全球变化还将导致物种多样性的变化,甚至在极端情况下,发生物种绝灭和生物群落的演替。生物群落的改变又通过生物地球化学循环过程的改变,进一步影响其他物种生境的变迁和生态系统生理过程的变化。经过一系列正、负反馈过

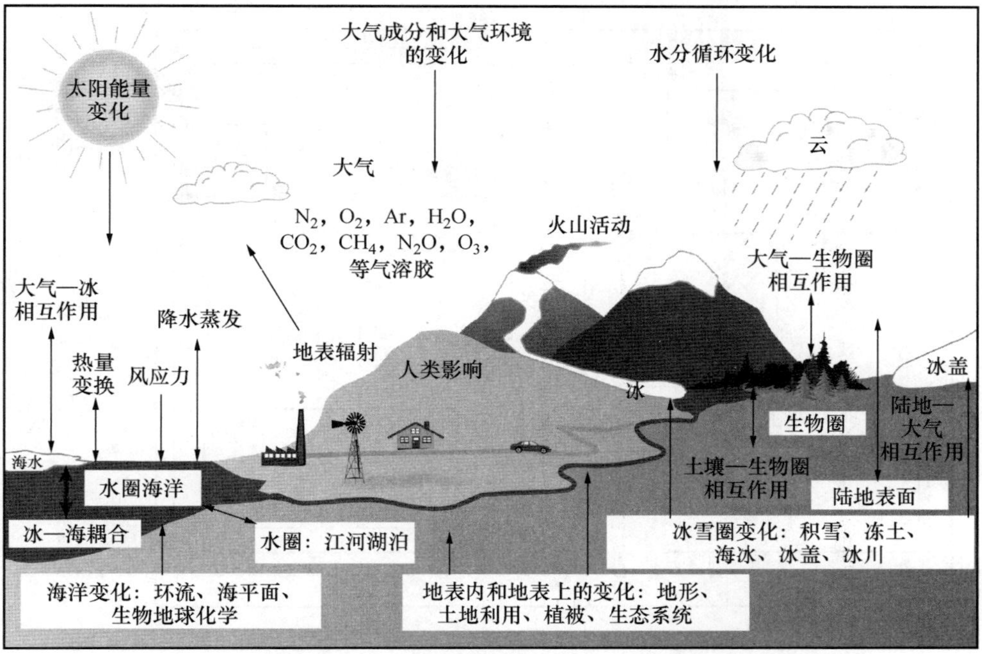

图 9-5　气候系统的组成、过程及相互作用

资料来源：IPCC 第四次评估报告(2007)

程，进一步影响全球变化。

物质的生物地球化学循环是联系地球各圈层的关键过程之一，其基本过程如图 9-6 所示。借助生物地球化学过程，生命系统在很大程度上控制着大气和海洋化学和全球能量平衡。生物地球化学过程包含有 3 个关键环节：大气化学过程、土壤地球化学过程和海洋化学过程。各种驱动力和因素通过干扰物质的生物地球化学循环，对全球变化产生影响。而且，全球变化也通过影响这些生物地球化学过程，从而影响全球的物质平衡和能量平衡，从而对各个圈层产生影响。

4. 人类生态系统和人类活动过程

人类与自然环境、人为环境和社会环境构成了人类生态系统。人类生态系统出现在近万年以来，以农业的出现为标志，即土地利用方式的改变并引起土壤覆被变化。人类活动过程对地球环境的影响，主要是通过直接或者间接地干扰地球的物质和能量循环过程，包括水循环、能量平衡、生物地球化学循环甚至岩石圈物质循环过程来实现的(图 9-7)。主要表现在以下两方面。

(1)物质和能量循环的强度、方向和范围的改变　现代的人类生态系统是建立在人为控制下、大量物质和能量流动为基础的人工系统。这个生态系统是一个开放系统，人类借助于各种工具和设备，加速了物质循环的强度，改变了物质循环的方向。而且城市化和经济全球化，更使得物质循环范围逐渐由区域扩展到全球。例如，人类对水资源的利用，在很大程度上改变了水循环的方向。各种开发和建设活动，改变了土地利用方式引起土地覆被的变化，下垫面的变化和气溶胶排放导致地球系统能量平衡的改变。

(2)生物地球化学循环过程的改变　土地的农业利用和农业生态系统的高投入，化石燃料

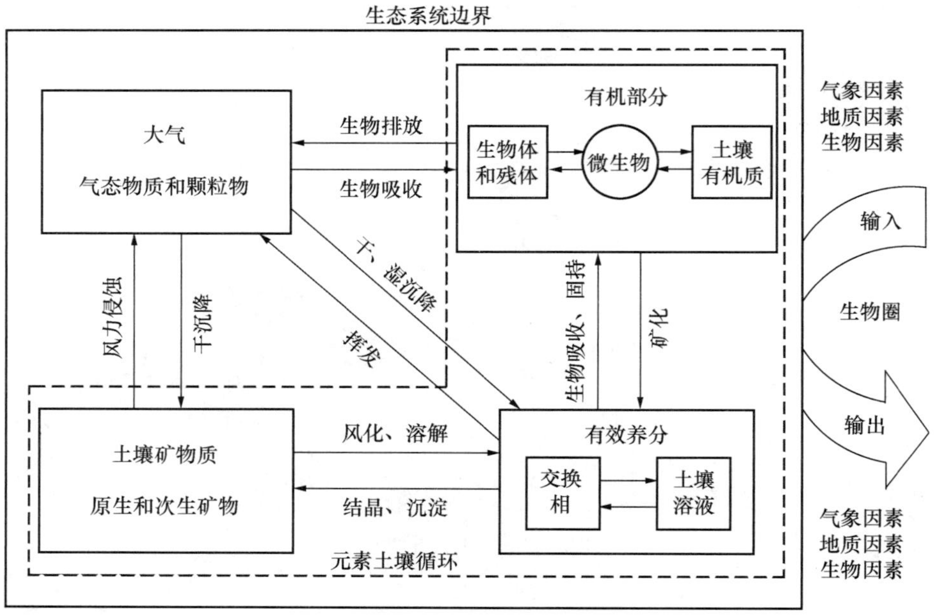

图 9-6 生物地球化学的基本过程

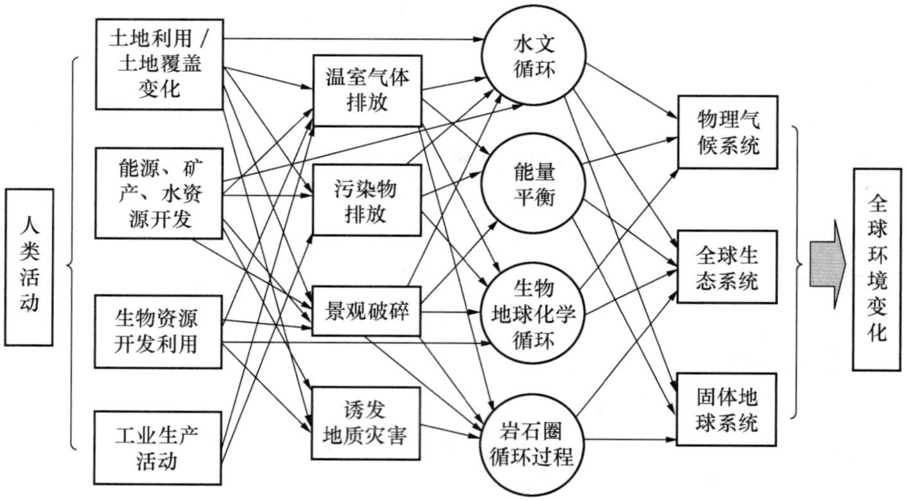

图 9-7 人类活动对全球环境变化的影响示意图

的开发和利用等人类活动，显著改变了碳、氮、磷、硫等元素的生物地球化学循环，从而对全球气候变化、臭氧层破坏、土地荒漠化等全球变化产生影响。污染物排放对陆地和海洋生态系统的生理过程影响，间接地改变了全球的生物地球化学循环。同时，还对物理气候系统和水循环产生显著影响。图 9-8(彩图 2)是人类活动对地球碳循环的影响示意图。

总之，人类生态系统的物质和能量流动深刻地改变了地球环境，不正确地处理人与自然的关系而导致人类生态系统中物质和能量不合理的流动，是导致全球变化的主要因素之一。全球变化反过来又将对人类生态系统产生影响。

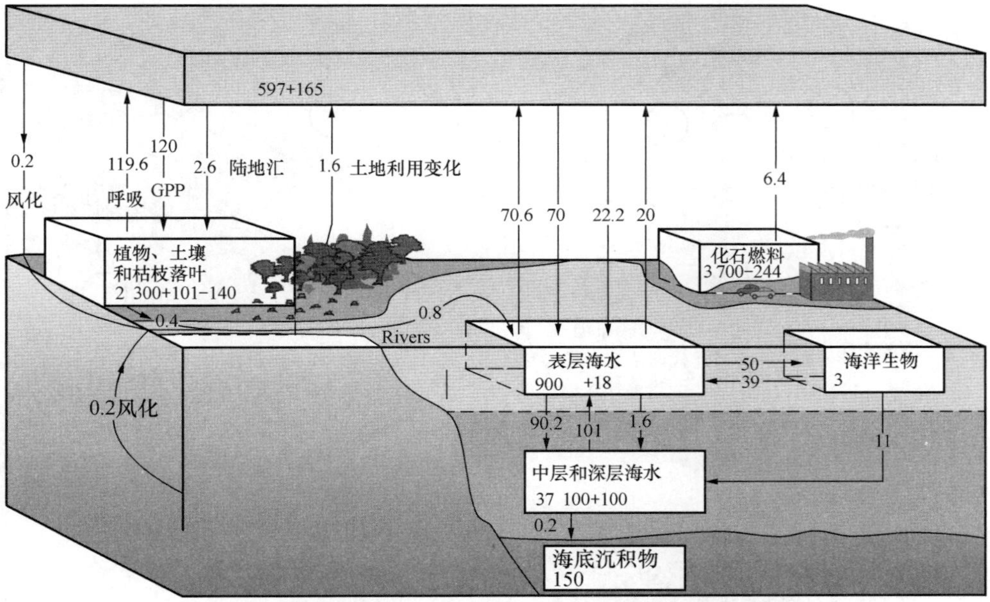

图 9-8　人类活动对碳的生物地球化学过程的影响

注：图中的黑线代表自然过程；红线为人为过程。

资料来源：IPCC 第四次评估报告(2007)

5. 地球系统对环境变化的响应与反馈

地球上的各种系统均存在着一定程度的响应与反馈机制，决定了系统的稳定性和改变的方向，特别是各类生态系统，更为突出。所谓响应是指当外界环境条件改变时，系统所发生的适应性变化。反馈是控制论的基本概念，指将系统的输出返回到输入端并以某种方式改变输入，进而影响系统功能的过程。

各个系统对环境改变响应程度取决于该系统的敏感性。例如，各种生态系统对全球气候变化的敏感程度不同，其中苔原生态系统往往比热带雨林生态系统对温度的变化更敏感。如果这种响应结果是增加了土壤碳排放，则可能进一步提高大气温度，这是一种正反馈。如果增加生物固碳，则有可能发生负反馈。负反馈作用的发生，往往使得系统更稳定。

生态系统对环境变化的响应同样表现在对碳、氮生物地球化学过程等的改变上。例如，当随着大气温度的升高，土壤温度提高和解冻深度增加，由此引起土壤微生物活性增加、对土壤有机质的分解加快并释放出热量，这同时意味着 CO_2 和 CH_4 的排放量增加，并引起大气继续增温。这一系列正反馈作用导致苔原生态系统的不稳定(图 9-9a，另见彩图 3a)。CO_2 浓度提高，降水减少情况下根系深度增加，向心土层提供了更多的活性碳素，促进了微生物对原有土壤有机质分解(激发效应)，并对大气增温产生正反馈(图 9-9b，另见彩图 3b)。如果同时考虑到碳、氮的相互作用，上述过程就会变得更为复杂，这个生态系统是否稳定，就取决于负反馈的强度(图 9-9c，另见彩图 3c)。总之，气候变化对土壤—植物系统碳、氮循环影响，存在着复杂的相互作用和反馈调节，从而影响着生态系统和气候系统的稳定性。

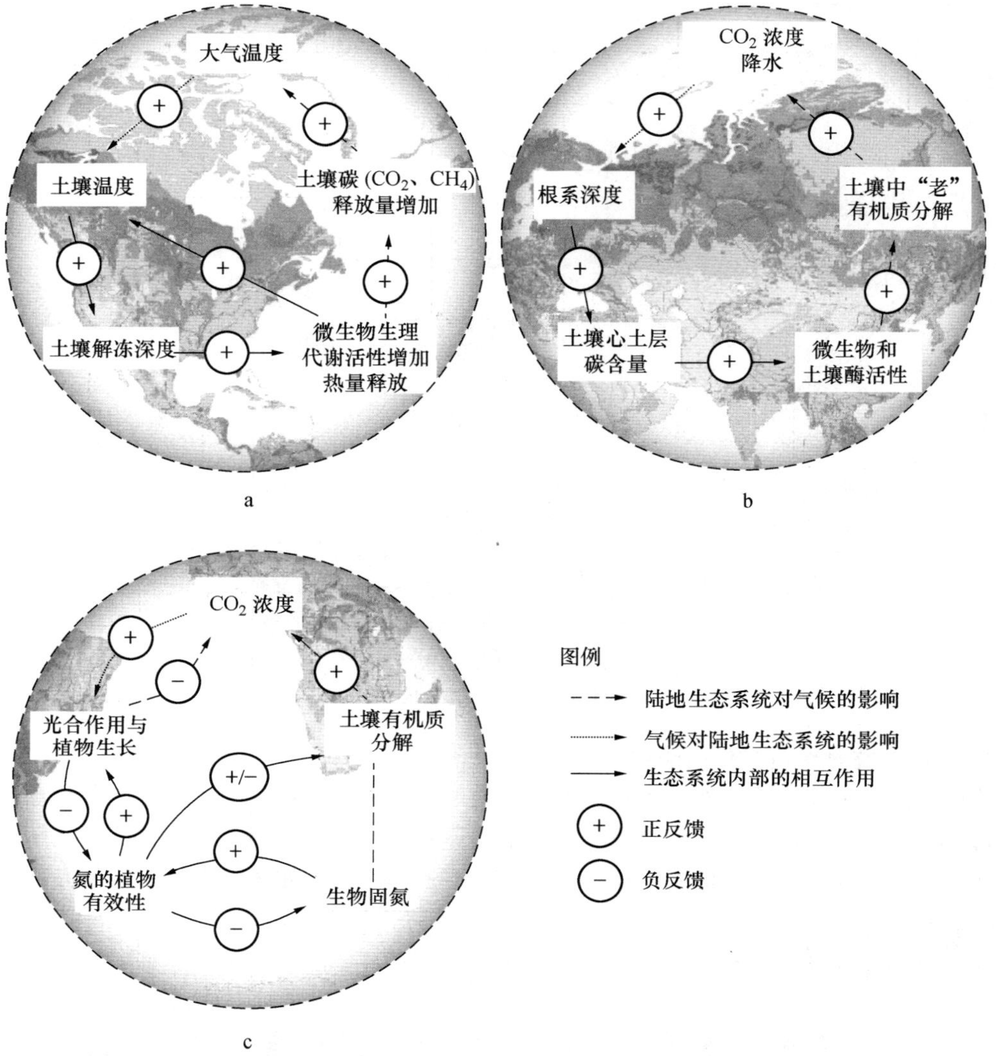

图 9-9 在气候变化诱导产生的地下生态系统(土壤)碳平衡的反馈环

资料来源:Heimann M and Reichstein M, 2008, Nature, 451:289-291.

第三节 全球气候变化

许多人认为全球变化是指全球气候变化。实质上全球变化是指地球环境系统发生的变化,涉及地球系统的许多方面。自地球形成以来,地球环境系统一直在变化着,只是许多变化是长时间尺度的,而人类历史太短,人一生更短,无法感受到。因而目前所谓的全球变化,是指由于全球环境变化而导致的当今全人类面临的主要环境问题。这些环境问题包括:大气成分改变引起的全球气候变化、生态破坏和生物多样性减少、土地覆被变化与土地退化(土地荒漠化);水资源与水环境问题、大气酸沉降和臭氧层破坏等。在地球系统中,这些全球性问题是各种因素相互作用的结果,并通过地球系统各个过程,主要是地球上各种物质和能量的循环与平衡过程，相互联系在一起。

全球变化的核心是全球气候变化。全球气候变化既是其他环境要素变化的结果，也是加剧变化的重要原因。

一、地球的温室效应与温室气体

地球表面从外界接受的能量来自于太阳。每秒到达大气顶部的太阳辐射能为 1 366 W/m^2。几何效应和各种表面反射能够被大气和地表吸收太阳辐射能约为 235 W/m^2。地球年度和全球平均的能量平衡估算如图 9-8 所示。地表温度的变化取决于受各种因素影响的地球辐射平衡。如果 235 W/m^2 是地球表面得到的总能量，在忽略反射率变化的情况下，地球表面的平均温度将为－18℃。然而，在有温室气体存在的条件下，大气将 324 W/m^2 的地表辐射能反馈给地表，从而使得地球表面的平均温度维持在 14℃左右(图 9-11)，这就是地球大气的温室效应。因此，所谓温室效应就是指低层大气由于对长波和短波辐射的吸收特性不同而引起的增温现象。

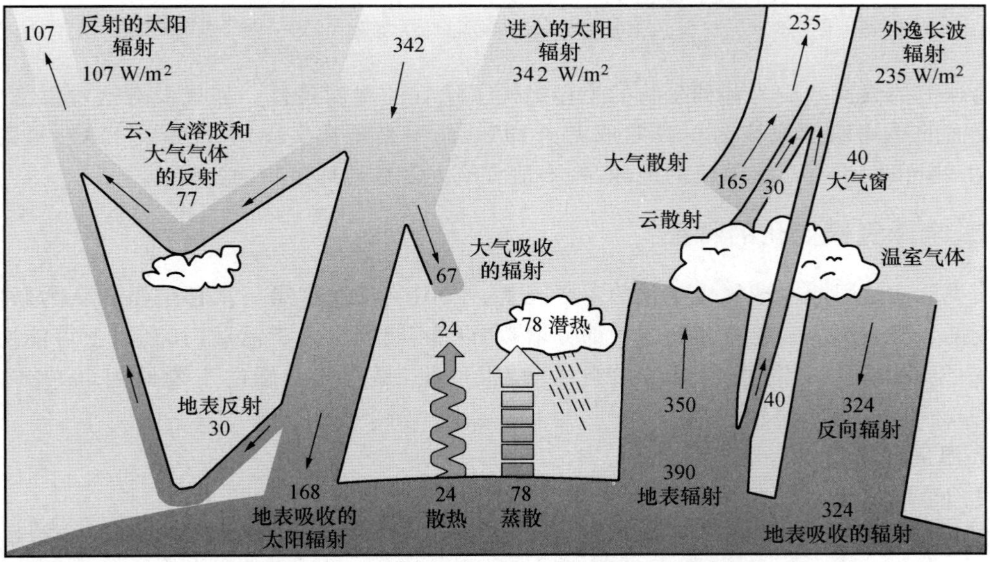

图 9-10　地球上太阳辐射能的平衡

资料来源：IPCC 第四次评估报告

大气中的某些气体如水蒸气、CO_2、CH_4、O_3、N_2O 等，对太阳短波辐射吸收较少，使其能够透过并到达地面，引起地表和大气中的其他气体增温。而地表和其他气体向外放出的长波热辐射却被这些气体吸收，其中的部分热量释放到地球表面和低层大气，从而引起地表温度增加。这种现象最初是由傅里叶于 1824 年发现的，第一次对此进行定量描述的是瑞典化学家阿列纽斯(1896 年)。在地球大气截获的地表辐射能中，有 75%是温室气体的贡献。在温室气体中，水汽对温室效应的贡献最大，占 36%～42%；其次是 CO_2 占 9%～26%；甲烷占 4%～9%；臭氧占 3%～7%。被大气截获的这部分热量中的 38%被释放进入外层空间，其余 62%返回地球表面，与大气的热性能和密度结构有关。这一过程作用的结果，使得地球表面温度相对比较稳定。

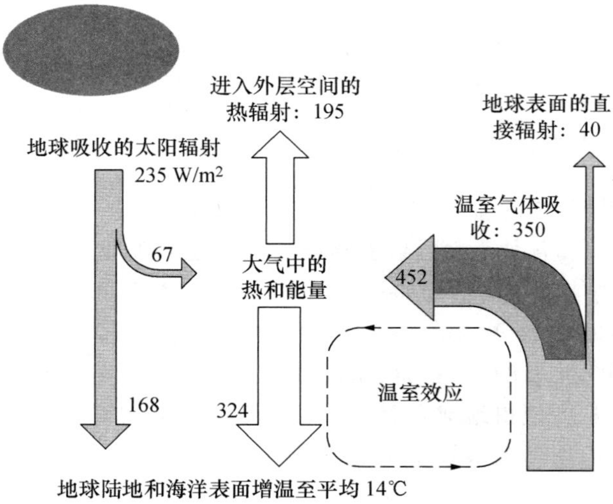

图 9 - 11 地球温室效应示意图

根据 Robert A. Rohde 原图重绘

地球上的温室效应为各种生物的生存提供了适宜的温度条件。如果没有这种温室效应，地球表面的平均温度应该为－18℃或者－19℃，而不是现在实际的 14℃或 15℃，两者相差 33℃，由此可见，没有温室效应的地球，将不适宜绝大多数地球生物的生存。

二、全球气候变化的特征

人类活动是引起全球气候变化的主要因素。2001 年 IPCC 第三次评估报告认为新的、更强的证据表明，过去 50 年观测到的大部分增暖“可能”归因于人类活动(66%以上可能性)；但在 2007 年的第四次评估报告提出人类活动“很可能”是气候变暖的主要原因(90%以上可能性)。

1. 温度升高

目前全球变暖已是不争的事实(图 9 - 12)。

近百年(1906—2005 年)全球地表平均温度上升了 0.74℃，其中 1956—2005 年升温 0.65℃。1995—2006 年的 12 年中，有 11 年位列有仪器观测以来的最暖 12 年中。IPCC(2001)第三次评估报告认为 20 世纪可能是过去 1 000 年中最暖的 100 年。而 IPCC(2007)第四次评估报告进一步提出，20 世纪后半叶可能是过去 1 300 年中最暖的 50 年。导致全球地表温度升高的主要原因是人类活动(图 9 - 13)。图中辐射强迫是指由于气候变化外部驱动因子的变化使得对流层顶部净辐照强度发生的变化。净辐照强度变化是指在对流层顶部向下辐射与向上辐射的差值，用 W/m^2 表示。不同物质辐射强迫的不同，反映出其全球增温贡献的大小。

全球范围内，陆地增温速率大于海洋。近 20 年来分别为 0.27℃/10 年和 0.13℃/10 年。陆地上最大的增温幅度发生在北半球高纬度地区，是全球平均增温的 2 倍多。

中国气候变暖趋势与全球的总趋势基本一致。据中国气象局的观测结果显示，中国近百年来(1908—2007 年)地表平均气温升高了 1.1℃，以北方增温最为明显。自 1986 年以来经历了 21 个暖冬，2007 年是自 1951 年有系统气象观测以来最暖的一年。1951—2000 年，中国的

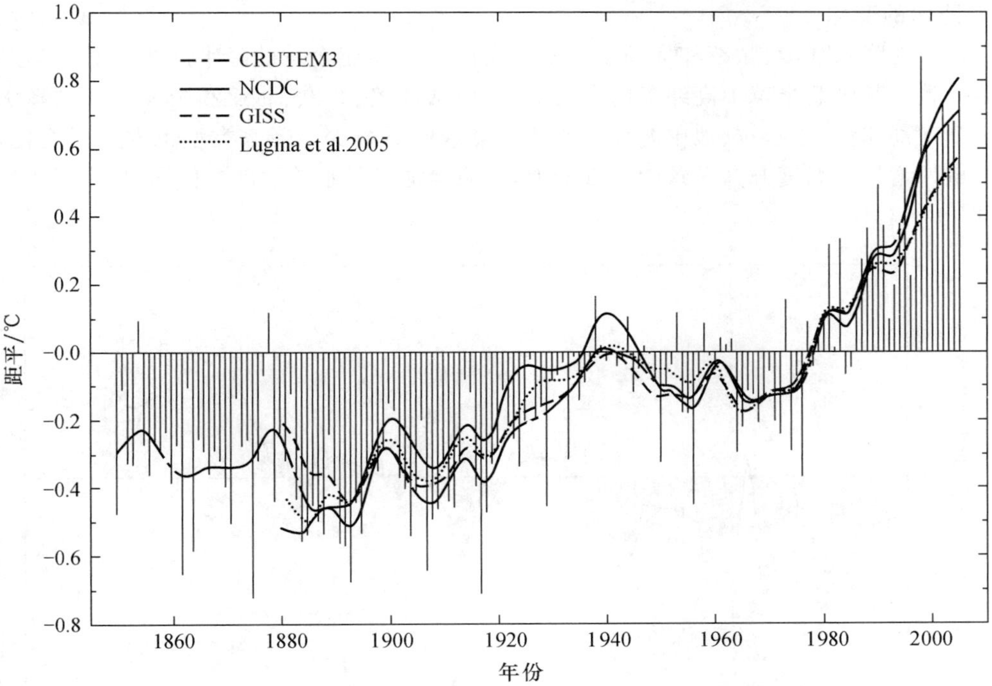

图 9-12　1850—2005 年全球陆地表面温度年平均值的变化

注：1960—1990 年的平均温度为基准值；不同曲线表示十年变异情况的不同来源的估计值

资料来源：IPCC(2007)第四次评估报告。

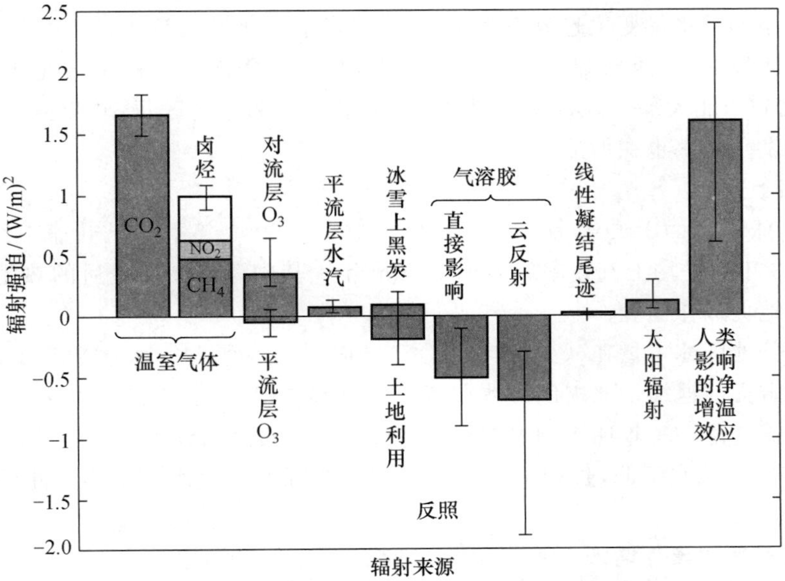

图 9-13　全球平均辐射强迫

资料来源：IPCC(2007)第四次评估报告

年平均气温上升的趋势非常明显,增温速率为 0.22℃/10 年。

2. 降水的变化

降水量与降水强度、频率和类型正在发生变化。20 世纪全球的降水量增加了 2%左右,但分布不一致。其中北半球中高纬度的大陆地区,包括北美、北欧、北亚和中亚等地区降水量明显增多。南部非洲、撒哈拉、地中海和南亚地区降水明显减少。降水类型也发生了变化,其中强降雨事件增加。温度升高导致的水汽增加,普遍增加了降水的强度。但同时,全球干旱趋势明显(图 9-14)。

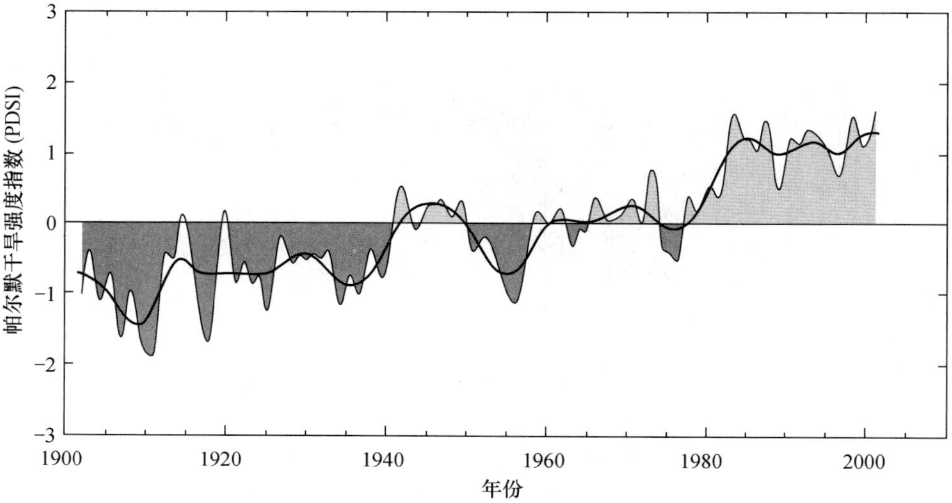

图 9-14 1900—2000 年全球月平均帕尔默干旱强度指数(PDSI)变化

资料来源:IPCC(2007)第四次评估报告

中国全国年均降水量变化趋势不明显,但区域降水变化波动较大;近 50 年来中国降水分布格局发生了明显变化,西部和华南地区降水增加,其中华南与西南地区每 10 年增加 20～60 mm 而华北和东北大部分地区降水减少,其中华北大部分地区每 10 年减少 20～40 mm。强降水事件的发生频率也在增加。

3. 海平面上升

20 世纪全球海平面上升约为 0.17 m;其间 1961—2003 年平均上升速率约为 1.8 mm/年,1993—2003 年的平均上升速率约为 3.1 mm/年。其中海水在变暖后的热膨胀,对海平面的升高有极大地促进作用。

全球大部分地区冰雪量在减少,在 20 世纪 80 年代尤为明显。大多数高山冰川面积愈来愈小。春季积雪提前退缩。北极的海冰在各个季节都在退缩,夏季尤为显著。格陵兰和南极部分地区的冰盖变薄。每年冰雪圈退缩对海平面上升的贡献估计为(1.2±0.4) mm。冰雪圈储存了全球 75%的淡水资源,长期下去将对地球水资源的供应产生影响。此外,北半球多年冻土层正在融化。

4. 极端天气气候事件增加

极端天气气候事件包括强降水、干旱、热浪、低温和飓风等天气或气候事件。近 50 年来,大部分陆地区域暴雨、暴雪发生频率上升;而且在更大范围的地区发生强度更强、持续更长的干旱。热昼、热夜、热浪更为频繁；冷夜天数减少。尽管台风和飓风年际间发生的频率变异较大，但自20世纪70年代以来，其强度和时间长度显著增加，其中在北太平洋、印度洋与西南太平洋增加最为显著，北大西洋增加最小。例如，北太平洋强台风出现的频率，由20世纪70年代初的不到20%，增加到21世纪初的35%以上。

进入21世纪后，典型的极端天气气候事件主要有：2002年夏天欧洲普遍发生洪涝，随后的2003年则发生了破纪录的热浪和干旱；2005年美国发生的卡特里娜超强飓风；2007年7月英国200年一遇暴雨和60年一遇洪灾；2007年6月全球范围内的高温：南亚51.6℃、意大利45℃、美国47℃。

极端最低气温在我国北方大部分地区的冬、春、秋季增加趋势较明显。极端最高气温的显著变化发生在秋季，40年来全国平均下降了0.6℃。中国的极端气温变化还反映出明显的地域性差异。最高气温的极端高值在我国部分地区有降温趋势，但在西北西部和青藏高原南部有明显增温。

三、全球气候变化的影响

1. 未来气候变化预测

未来全球气候变化的总趋势与现代基本一致。

(1)温度　在多个温室气体排放情景下，21世纪末全球平均升温幅度大致为1.1～6.4℃。对于低排放情景(B1)，升温为1.1～2.9℃，对于高排放情景(A1FI)，升温为2.4～6.4℃。其中，陆地上和大多数北半球高纬地区的增暖最为显著，而南大洋和北大西洋的变暖最弱。海平面上升0.18～0.59 m。中国在21世纪的地表平均温度将升高4.0～4.4℃。

(2)降水　北美和欧洲的次极地地区降水量增加，亚热带降水减少。亚洲的亚热带变干的趋势不太明显。但全球范围内强降水增多，干旱地区增加。根据不同情景预测20世纪中国的降水量总体将会增加，但不同情景下预测的不同时间区间内存在差异，而且地区间的差异也很大。温室效应将导致我国局部地区强降水事件的增加。

(3)极端天气气候事件　极端高温和强降水事件发生频率很可能持续上升，沿海地区洪涝、风暴和其他自然灾害频率加大；热带气旋(包括台风和飓风)可能更强。我国夏季最高温度增加幅度1.5～3.5℃以上，将主要发生在北方。冬季最低气温升高，将主要发生在黄河以南地区。另外登陆中国的台风次数有可能增加。

2. 未来全球气候变化的影响

未来全球变化对地球系统的许多方面产生巨大影响。IPCC将主要影响汇总在下图(图9-15)。

未来的全球气候变化将对水资源、生态系统、农业生产以及人居环境和人类健康以产生负面影响为主。尽管地球系统对这种变化有一定程度的适应机制。但是任由其长期继续下去，气候变化可能会超出自然生态系统、人类生态系统和管理的适应能力。

3. 未来气候变化对我国自然资源与社会环境的可能影响

(1)水资源　气候变化已经引起了中国水资源分布的变化。近20年来，北方的黄河、淮河、海河、辽河水资源总量明显减少，南方河流水资源总量略有增加。洪涝灾害更加频繁，干旱灾害更加严重，极端气候现象明显增多。

预计未来气候变化将对中国水资源时空分布产生较大的影响，加大水资源年内和年际间

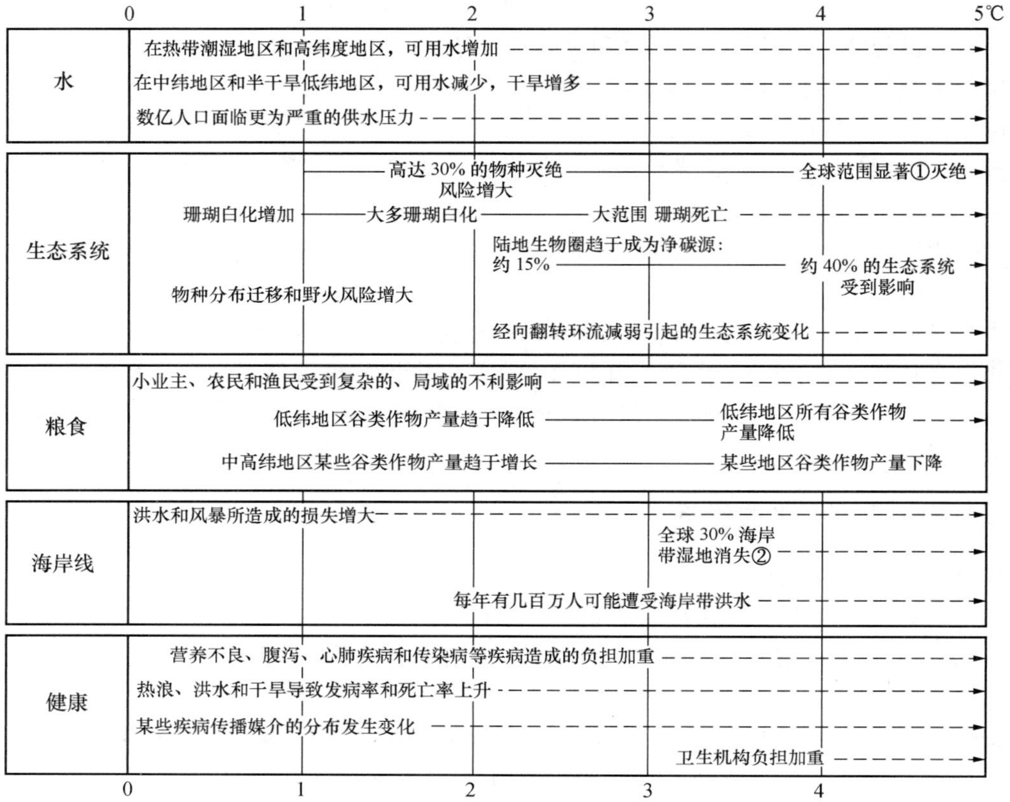

①这里的显著定义为 40% 以上的概率，②基于 2000—2080 年海平面平均上升速度 4.2 mm / 年。

图 9-15 与未来全球地表温度升高有关的影响实例

资料来源：IPCC(2007)第四次评估报告

变化，增加洪涝和干旱等极端自然灾害发生的概率。气候变暖将导致西部地区的冰川加速融化，冰川面积和冰储量将进一步减少。我国西部高山地区，从北向南分布着大小 6 万条现代冰川，作为欧亚大陆的水塔，是许多河流的发源地。据估计，2050 年我国 1/2 的冰川将消失，从而对以冰川融水为主要来源的河川径流以及绿洲生态系统将产生重大影响。而且，气候变暖可能将增加北方地区干旱化趋势，进一步加剧水资源短缺形势和水资源供需矛盾。

(2)自然生态系统　气候变化对自然生态系统的影响显著。目前我国东部亚热带、温带北界已经北移，物候期提前。祁连山林带下限上升，覆被率和面积均减少。四川草原产量和质量下降。全球气候变暖使红树林和珊瑚礁等海洋生态系统发生退化。海南和广西海域已发现不同程度的珊瑚白化和死亡现象。赤潮灾害 20 世纪 80 年代后趋于频繁。

未来温度带还将继续北移，森林生产力增加。冰川和积雪的加速融化使绿洲生态系统受到威胁。未来气候变化还将使生态系统脆弱性进一步增加。青藏高原森林面积增加，但高山草甸面积减少，山地温性沙漠增加。由于冰川和冻土面积加速缩减，青藏高原生态系统多年冻土空间分布格局将发生较大变化。未来气候变化导致主要造林树种和一些珍稀树种分布区缩小，森林病虫害的爆发范围扩大，森林火灾发生频率和受灾面积增加。内陆湖泊将进一步萎缩。湿地资源减少且功能退化。草原有进一步退化的危险。生物多样性减少。

(3)海岸带　近50年来海平面呈上升趋势，速率为1.0～2.5 mm/年。海平面上升引发海水入侵、土壤盐渍化、海岸侵蚀，损害了滨海湿地、红树林和珊瑚礁等典型生态系统，降低了海岸带生态系统的服务功能和海岸带生物多样性；气候变化引起的海温升高、海水酸化使局部海域形成贫氧区，海洋渔业资源和珍稀濒危生物资源衰退。

未来海平面还将继续升高，到2050年上升12～50 cm，珠江、长江、黄河三角洲附近海面上升9～107 cm。海平面上升还将造成沿海城市市政排水工程的排水能力降低，港口功能减弱。河口湾生态系统和海岸带经济受到影响，如黄河三角洲、长江三角洲和珠江三角洲将更易受到风暴潮、洪水、海岸侵蚀和海水倒灌的影响。

(4)极端性天气气候事件　未来极端高温和强降水事件发生频率很可能持续上升。热带气旋(包括台风和飓风)可能更强。我国极端气象灾害发生的频率、强度和区域分布变得更加复杂和难以把握，所造成的灾害也将更为严重。

(5)重大工程安全运行的风险　未来长江上游强降水可能增加，引起的滑坡、泥石流等突发地质灾害可能对三峡水库形成巨大冲击，危害大坝的安全，对水库调度运用和蓄水发电也将产生不利影响。2050年，青藏高原冬季最低气温升高3.1～3.4℃，夏季最高气温升高1.8～3.2℃，威胁青藏公路、铁路的安全运营。季节冻土的冻胀和多年冻土融化下沉是南水北调西线调水工程中两大突出问题。

(6)社会经济等其他领域　气候变化对社会经济等其他领域也将产生深远影响，给国民经济带来巨大损失。应对气候变化需要付出相应的经济和社会成本。气候变化将增加疾病发生和传播的机会，危害人类健康。影响自然保护区和国家公园的生态环境和物种多样性，对自然和人文旅游资源产生影响。增加对公众生命财产的威胁，影响社会正常生活秩序和安定。

4. 未来气候变化对农业的可能影响

农业包括种植业、养殖业和渔业等是受自然因素影响最大、且对环境变化非常敏感的产业部门之一。全球气候变化以及引起的对水资源、生态系统、海岸带负面影响，必然影响到依赖各种资源进行生物生产的农业行业。

(1)未来气候变化影响农业生产的因素分析

①大气中CO_2浓度，理论上CO_2浓度的提高，将促进植物的光合作用，提高农作物的生产能力。CO_2浓度增加1倍，可使光合速率增大30%～100%，大田作物产量增加1/3，蔬菜增产20%～30%。CO_2浓度提高的增产作用主要适用于C_3植物，包括小麦、稻、大豆等中纬度地区的主要农作物。但对C_4植物的光合作用没有影响，或影响很小。C_4作物包括玉米、高粱、甘蔗、黍类以及大多数的牧草。

②气候带和农业带的移动，随着全球气候变暖，气候带和农业带有向高纬度地区移动的趋势。在中纬度地区，气温每上升1℃，气候带向极地方向移动200～300 km。气候带的移动预示着无霜期变短、有效积温增加，那些受温度制约的作物，其适宜的生长期变长。但只有热量资源与水资源相匹配时，这种影响才会是正面的。因为温度升高，土面蒸发量增加。例如，中纬度地区年平均气温每上升1℃，蒸发量约增加5%，因而水资源的有效性将成为植物生长的一个限制因素。

③水热资源组合的时空匹配。1956—2001年，我国年平均气温升上了约1.1℃(图9-16a)，其中，中国北方地区和青藏高原的部分地区上升更为明显。同期，全国年平均降水量仅有小幅增加(图9-16b)，但降水量变化的空间变异很大，其中东北北部、黄淮海平原和山东半岛，以及四川盆地部分地区下降明显。主要种植区水热资源组合的不匹配有增大的趋势。我国东北、

华北平原是我国粮食作物的主产区，水热资源组合不匹配问题在过去几十年已经比较突出。特别是华北平原，长期以来水资源的过度利用已经导致地下水资源的不平衡，如果温度继续升高，降水量不出现明显增加，水资源短缺将更为突出；如果降水类型发生显著变化，强降水事件发生的频率增加，干旱将更加严重。

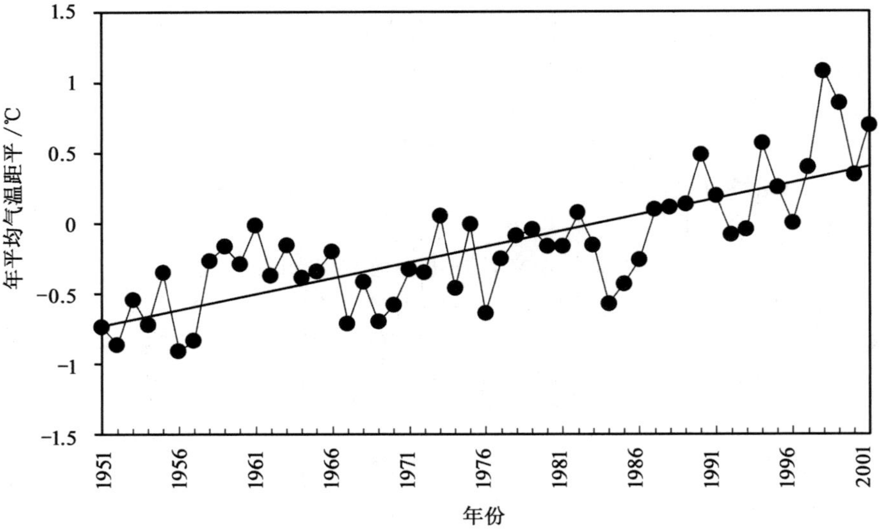

a

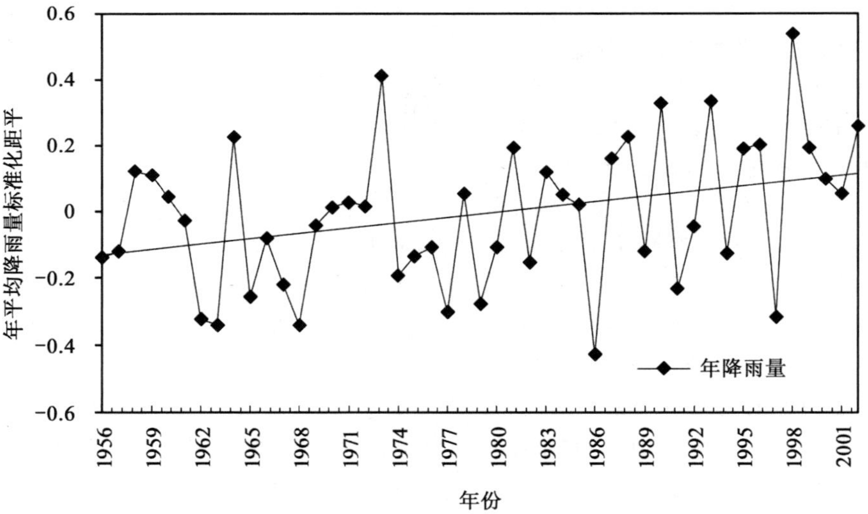

b

图 9-16 1956—2001 年中国大陆年平均气温变化(a)和年平均降雨量变化(b)

资料来源：任国玉等，气象学报(2005)63:942-956

水热资源不匹配，还可能表现为干旱年份，温度更高，降水量更少，我国北方广大的草原土地面临着更大的沙漠化威胁，牧业生产将受到影响。

④极端性天气气候事件，台风强度和登陆次数、强降水事件和极端性干旱天气发生频率的增加，将导致洪涝灾害、地质灾害的危害加重。而极端性干旱天气事件发生频率增加，对农业

生产影响的范围和程度都会扩大。

⑤海平面上升和海洋酸化，由于海平面的上升，将打破生态系统的食物链，有可能危害许多生物物种的生存。由于湿地的消亡、洪水的增加等，在短期内可能使营养物质增加，或许会提高沿岸的生产能力，但从长远来看，许多水生生物的繁殖基地被毁，将严重影响物种的繁育，从而对渔业和生物造成不利影响。

⑥冰川融化，如果我国冰川到2050年损失1/2，将给西北地区的部分绿洲生态和绿洲农业产生毁灭性的影响。

⑦土壤质量下降，温度提高加快土壤有机质分解，在土壤管理不合理的条件下，土壤有机质将会下降；气温升高和土面蒸发量的增加，有利于盐分在土壤的表聚，土壤盐渍化的危险增大。处于农牧交错带的耕地，荒漠化危险增大；地质灾害和水土流失增加，土壤贫瘠化的趋势增强。众多因素导致的土壤质量下降，对农业的稳定和持续生产构成威胁。

(2)全球气候变化的农业效应敏感区　综合考虑自然因素与人为因素，即充分考虑人为因素的不利影响对气候变化的叠加效应，形成气候变化对农业影响最显著地域，可称之为“农业效应敏感区”，亦称“生态环境脆弱带”。气候变化的农业效应敏感区域主要包括以下几方面。

①海陆交接带，属海水、土地与大气界面交汇剧烈冲突地域，是中国经济发展，水产生产重要地带，农业亦有相应发展。然而中国漫长海岸线附近沿海地域，正面临着海平面相对上升，海水不断入侵入渗，风暴潮等灾害加剧的趋势，伴随着海涂与耕地的丧失，土壤盐渍化，淡水逐渐咸化而丧失灌溉功能，影响农业和海产生物资源生产力和质量。

②农牧交错带，一般气候干燥、风沙大、降水量在200～400 mm间变动，年降水变率甚大，随着植被破坏、土地贫瘠，沙漠化日益严重，威胁农牧业发展。

③山地平原过渡带，或称山前平原地带。由于气流越过山地，特殊热力与动力作用，水热条件很不稳定。例如，焚风效应（气流越山后绝热下沉引起的气温上升和相对湿度降低的现象）在“雨影地带”易形成干旱；多雨带易形成暴雨中心，泥石流侵蚀加强，水土流失严重。平原中部地下水很深，农业用水缺乏。太行山、燕山山前平原地带为高产农业区，但由于地下水连年超采，地下水位不断下降，农业用水有无以为继的危险。

④沙漠边缘绿洲带，沙漠边缘绿洲，是中国干旱区农业的精华所在，随着气候变化，冰川退缩，蒸发量增加，干旱区气候将更干旱，农业用水危机日甚。干旱区文明消失的前车之鉴告诫我们，绿洲生态环境极其脆弱，是气候变化的农业效应敏感地域。

⑤干湿交替带，如果将中国半干旱区称为干湿交替带，降水偏少，人口众多，降水量的变率之大为世界罕见，主要发展旱作农业，约占全国总耕地面积的52.5%。半干旱地区旱地农业生产及其生态环境可归结为下列特点：a. 水分经常限制作物生长和严重的土壤侵蚀。年际和年内降水变率甚大。半干旱气候不仅指干旱和湿润的中间情况，通常指一种混合气候，即干旱与湿润季节的交替，大多数干旱地区仅有2～4.5个湿润月，其余为干旱月份。b. 天然、人工改良草地和雨养农业并存是半干旱地区农业生产基本特征，农牧结合型为主导形式，畜牧业占主导地位。c. 一般无补充灌溉，产量极不稳定，对气候变化和干旱化敏感。

(3)气候变化对我国农业影响的评估　根据2007年发布的《气候变化国家评估报告》，我国已经观测到气候变化对中国农牧业生产的不利影响，农业生产不稳定性增加；局部干旱高温危害严重；因气候变暖引起农作物发育期提前而加大早春冻害；草原产量和质量有所下降；气象灾害造成的农牧业损失增大。

未来气候变化对农牧业的影响仍以负面影响为主。到2030年，我国种植业生产能力在总体上因气候变暖可能会下降5%～10%，其中小麦、水稻和玉米三大作物均可能以减产为主。2050年后的冲击会更大。

未来的问题还包括：土壤有机质分解加快、农作物病虫害出现的范围可能扩大、草地潜在荒漠化趋势加剧、草原火灾发生频率将呈增加趋势、畜禽生产和繁殖能力可能受到影响，畜禽疫情发生风险加大等。

据估计，我国人口将在2030—2050年之间达到顶峰，为15亿～16亿人口。为了满足新增2亿～3亿人口的需求，将要至少多生产1亿t粮食。在全球变化的背景下，我国的农业生产将面临更大挑战。

四、全球气候变化的复杂性和未来变化的不确定性

物理气候系统是一个复杂的系统，而且还受到全球生态系统、冰雪圈、土地利用方式和物质的生物地球化学循环等因素和过程，以及这些因素和过程之间相互作用的影响，因而人们对其认识还有许多不足之处，对未来的气候变化的预测存在着某种程度的不确定性。

虽然对近代全球地表温度升高的认识基本上是一致的，但对人类活动的影响程度存在一定争议。有的气候学家认为，现在观测到的气候变化是地球周期性气候变化的表现，与人类活动关系不大。地球上的气候变化每1 500年有一个轮回，我们现在正处于暖期。他们的论点之一是，地球历史上大气CO_2浓度与地表温度变化并非总是一致的，完全否认人类活动对全球变暖的贡献。实际上，尽管地球自诞生以来，不断发生着各种各样的环境变化，气候变化也有一定的周期性，但却难以解释为什么近代以来在如此短的时间内发生如此剧烈的变化？

此外，也有人质疑观测数据的连续性和可比性。全球的城市化进程使得许多原来设立的各种气象观测台站已经处于城市的中心位置，搬走的观测地点变了，没有搬走的受热岛效应的影响。这样观测数据的连续性和可比性受到一定影响。而且，对过去气候的重建并不准确。因而，20世纪末必是近千年来最暖的。尽管如此，科学界的大多数还是认为全球在变暖。

还有人认为，全球变暖未必一定是坏事，所有的文明最盛期都是发生在暖期，而玛雅文化和罗马帝国的灭亡则发生在冷期。或者认为暖期提高作物产量，能养活更多的人。这是对全球变化的另一种态度。

对未来全球气候变化的争论更大，首先，这与气候模型预测的准确性有关；其次，地球系统的响应和反馈过程更为复杂，限于人类对自然界的认识水平，不确定因素的存在是难以避免的。IPCC的第四次评估报告，也提出了不确定性的问题。

——气候变化及其影响方面，气候变暖是确凿的，但由于气象资料太少，时间尺度和空间尺度不够，难以给出更准确的预测，其中对极端气候事件的分析和监测存在的不确定性较大。

——人类系统和自然系统对全球变化的响应和反馈更为复杂，因而气候变化及其影响也存在不确定性。

在未来气候变化及其影响的驱动因子与预估方面，未来温度将继续升高是确定的。然而也存在着下列不确定性：

①平衡气候敏感性——在当量二氧化碳加倍时，全球地面平均温度的变化具有不确定性，因而在给定当量二氧化碳浓度，大气稳定情景下变暖具有不确定性。

②对云反馈、海洋热吸收、碳循环反馈估算存在很大差异。

③气溶胶对温度响应的幅度、云和降水的影响具有不确定性。

④南北极冰盖的变化及其对海平面的影响具有不确定性。

⑤预测模型需要改进。

总而言之，全球变化的趋势是明显的。但影响程度、生态系统的响应与反馈机制等方面，需要更多的研究工作。

第四节　大气中的臭氧和大气酸沉降

一、大气中的臭氧

臭氧是大气中的一种痕量气体，在对流层和平流层中均有分布。其中臭氧层是指在大气平流层中臭氧浓度最大处，是地球的一个保护层，来自太阳的大部分短波紫外辐射能被其吸收。臭氧在对流层中是一个非常不稳定的温室气体，对近地表霾的生成和地球的温室效应有一定贡献。

1. 对流层中的臭氧

大气中10%的臭氧分布在近地面的对流层内（图9-17）。

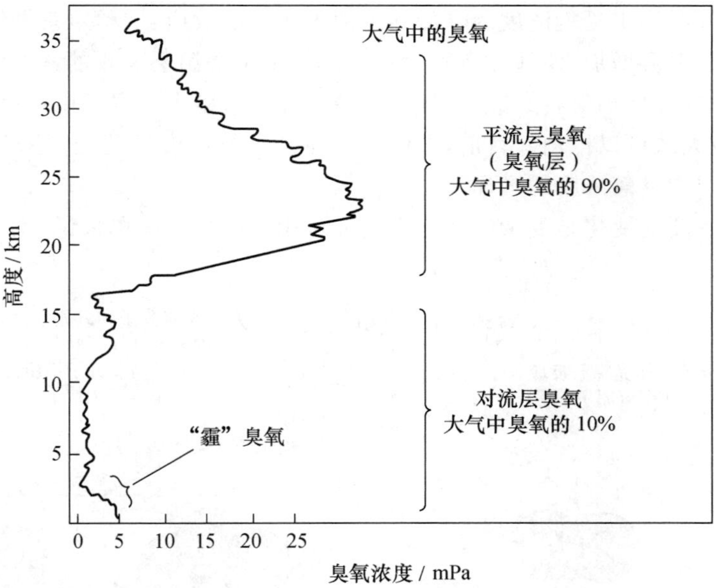

图9-17　大气中臭氧的分布

资料来源：NASA（Wikipedia网站）

臭氧是重要的大气污染物和温室气体。对流层中的臭氧来自于氮氧化物与挥发性有机物等的光化学反应：

$$R-CH_3 + h\upsilon + H_2O + 2NO + O_2 \rightarrow RCHO + 2NO_2 \tag{9-1}$$

$$NO_2 + h\upsilon \rightarrow NO + O \tag{9-2}$$

$$O_2 + O \rightarrow O_3 \tag{9-3}$$

其结构式为：

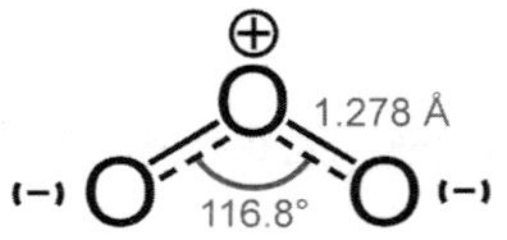

臭氧有特殊的气味，当浓度为 10×10^{-9} 时，大多数人都能感觉到。臭氧既是光化学烟雾的重要成分，也是一个强氧化剂，能够与空气中的许多种氮、硫等化合物发生氧化还原反应，并容易诱发人类的呼吸道疾病。

2. 平流层中的臭氧

大气中 90% 的臭氧分布在距地面 15～40 km 的平流层，最高浓度为 400×10^{-9}，集中分布在 20～30 km 处(图 9 - 17)。臭氧是太阳紫外辐射的过滤器，可以吸收 99% 的太阳紫外辐射能。紫外线(UV)波长为 200～400 nm，分为 UV-A(320～400 nm)、UV-B(280～320 nm)和 UV-C(200～280 nm)三个波段。太阳辐射中的 UV-C 可以杀死人和生物，但几乎全部能够被臭氧吸收，难以到达地表；UV-B 可以杀死生物或引起人体和生物明显的生理效应，臭氧层可吸收其大部分。UV-A 对生物和人类的危害很小，臭氧层对其吸收也很少，臭氧层像保护伞，保护着地球上所有的生物免受紫外线的伤害。

平流层底部等温层中臭氧浓度的降低导致两种相反的效应：一是对紫外线吸收相应减少，到达地面的紫外辐射会增加，使地球变暖；另一方面，由于等温层吸收的紫外辐射减少，其自身会变冷，释放出来的红外辐射将会减少，导致地球变冷。若整个等温层中臭氧浓度的降低是一致的，这两种效应大致可以抵消。目前，人们所关注是臭氧层破坏问题，是指等温层中臭氧浓度的降低和对流层中臭氧浓度的增加。

大气中臭氧浓度的变化是复杂的光化学过程作用的结果。简单来说，没受到人为干扰时，

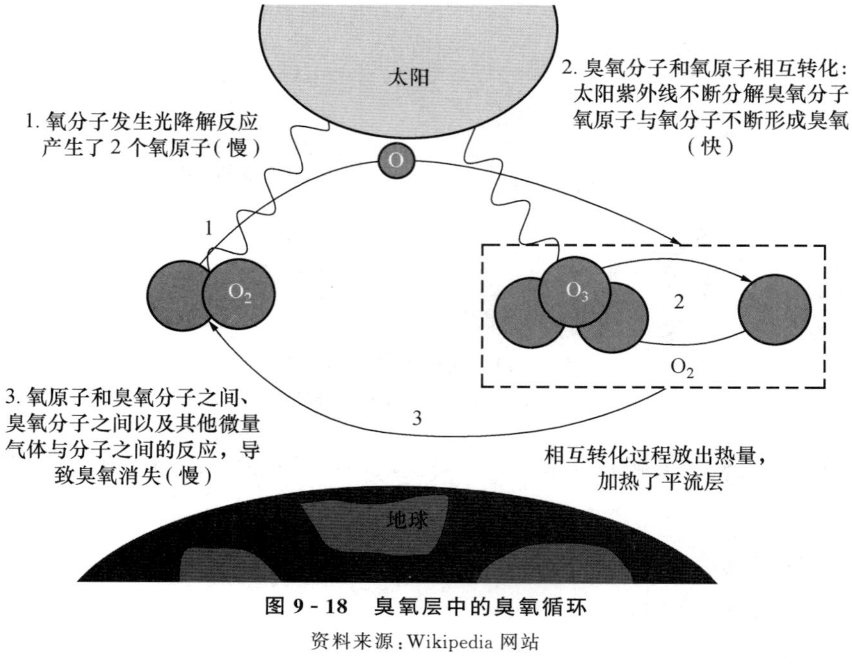

图 9 - 18　臭氧层中的臭氧循环

资料来源：Wikipedia 网站

在太阳紫外辐射作用下，氧分子、氧原子和臭氧分子之间相互作用，使得臭氧的形成与分解速度大致相同(图 9-18，另见彩图 4)。

因而，在大气严重污染以前，臭氧水平分布状况变化很小，只是随太阳辐射的周期性循环而呈现出一些规律性变化。近代人类活动产生了许多干扰臭氧动态平衡的化学物质，加速了臭氧的分解速度。大量科学观测结果表明，等温层中臭氧浓度呈减少趋势。1985 年英国南极考察队在南纬 60°地区观测发现臭氧层空洞，引起世界各国极大关注。南极上空臭氧空洞以后在逐年扩大，图 9-19(彩图 5)为美国宇航局(NASA)2006 年 9 月拍摄到的南极上空臭氧空洞的照片。总面积达 27.5 Mkm^2，是面积最大的一次。

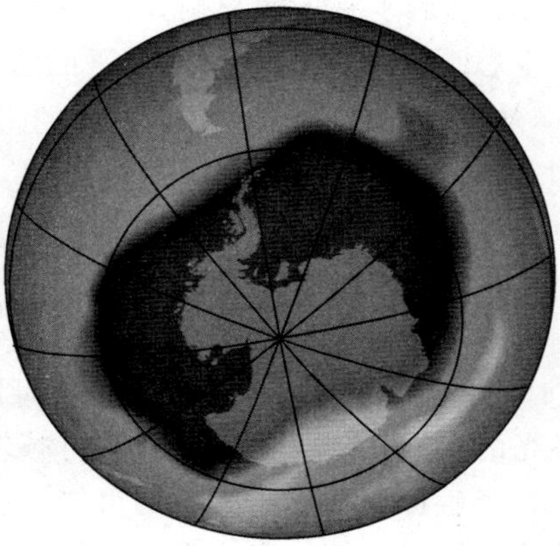

图 9-19 南极上空的臭氧黑洞(2006 年 9 月)

资料来源：NASA(Wikipedia 网站)

人类活动引起平流层臭氧分解的物质来源于排放的卤烃类化合物和 N_2O。其中来自于卤烃类卤元素在平流层中的光分解反应如下：

$$Cl + O_3 \longrightarrow ClO + O_2 \tag{9-4}$$

$$ClO + O \longrightarrow Cl + O_2 \tag{9-5}$$

净反应为：

$$O_3 + O \xrightarrow{Cl} 2O_2 \tag{9-6}$$

一个氯原子可以分解掉 $10^4 \sim 10^5$ 个臭氧分子。N_2O 分解臭氧分子的反应如下：

$$N_2O + O \longrightarrow 2NO \tag{9-7}$$

$$NO + O_3 \longrightarrow NO_2 + O_2 \tag{9-8}$$

$$NO_2 + h\upsilon \longrightarrow NO + O \tag{9-9}$$

净反应为：

$$N_2O + 2O_3 \longrightarrow 2NO + 2O_2 \tag{9-10}$$

3. 臭氧层破坏对人类健康及环境的影响

臭氧层的破坏，将使到达地面的太阳紫外线大量增加。紫外线辐射会损坏人的免疫系统，使患呼吸道系统等传染疾病的病人增多。接受过多紫外辐射，还会增加皮肤癌和白内障的发病率。此外过强的紫外线被动植物吸收后也会引起生理紊乱，继而产生病变。研究表明紫外线辐射的增加会直接导致浮游生物和幼体鱼类等水生食物链中重要生物类群的破坏。

由于臭氧层破坏而增加的紫外线主要在UV-B范围内，特别是290～300nm的波长段增加显著，UV-A中的短波紫外线也将会增加。核酸、蛋白质以及其他生命体物质的绝大部分都在紫外线波段内具有吸收峰，紫外线照射可破坏其结构和功能。由于UV-B的波段和一部分吸收峰重合，而UV-A的波段和这些生命体构成物质的吸收峰不重合，可以认为UV-B的增加将对生物造成不良影响。但是，UV-A的增加可阻碍藻类的生长繁殖。因此，UV-A和UV-B范围的紫外线对生物的影响是复杂多样的。

UV-B辐射增加对水生生物也会产生有害的影响，引起多种水生生物幼体畸变率增加，使浮游植物光合作用减少。淡水生态系统中，UV-B辐射水平的增加，通过对微生物的杀伤而使系统功能降低，影响水体的自净效率。此外，受UV-B辐射的生态系统的组成及生态过程不同于对照生态系统。由于水深和透明度等因素影响紫外线的透过，UV-B有时在海洋、湖泊和河流中基本上不能穿透。紫外线在穿过水体时，从短波长段开始衰减，因此，不同水深下紫外线波谱有所变化。

紫外线对陆地植物的影响与植物的种类和基因类型有关。例如，经UV-B（波长多为290～320 nm）照射后发现，有时农作物生长受到显著抑制，有时影响不甚明显。UV-B造成的作物生长阻碍还受到其他波段光的影响，如果可见光增加，可减轻UV-B的影响。紫外线可能通过抑制光合作用而对植物生长产生抑制作用。其他的可能机制还包括遗传基因损伤和氧自由基造成的损害。植物对紫外线的抗性与植物表皮中类黄酮含量有关。类黄酮类物质可吸收紫外线并形成对植物生长具有促进作用的叶肉细胞等，以防止紫外线的伤害。类黄酮的含量因植物种类和环境条件的不同而异，因而植物对紫外线的敏感性不同。

二、大气酸沉降

大气酸沉降是指大气中的酸性物质以降水的形式或者在气流或重力作用下迁移到地面的过程。酸沉降包括湿沉降和干沉降。湿沉降通常指pH值低于5.6的降水，包括雨、雪、雾、冰雹等各种降水形式，最常见的就是酸雨。干沉降通常是指大气中酸性颗粒态物质在气流或重力的作用下直接迁移到地面的过程。酸性颗粒物中的酸性物质可以是颗粒物本身固有的，也可以是以吸附方式携带的。

大气酸沉降的区域性差异，与大气中气溶胶pH缓冲性能有关。例如，在我国的北方地区，来自于土壤和燃煤过程的大气颗粒物，具有很强的pH缓冲能力。因而，除东北的部分地区外，几乎没有酸沉降的产生。

由于大气中酸性污染物可以长距离输送，因而大气酸沉降早已成为一个全球性环境问题。

1. 酸沉降产生的原因

大气中的酸性物质主要来源于自然和人为活动排放的硫和氮的氧化物（包括SO_x、NO_x），以在大气化学作用下由其他还原态物质转化而成的酸性物质，包括氮和硫氧化物和盐酸等。例如NH_3、H_2S和卤烃类物质经大气光氧化等过程会产生氮和硫的氧化物以及HCl等酸性物质。自然源中释放酸性物质的过程有：火山喷发、天然火灾和自然生态系统中的生物化学过程。人为源主要有：化石燃料和生物质的燃烧以及农业生产过程中氮素的气态损失。酸沉降程度和规模的扩大，是人类活动影响的结果。

最先引起人们重视的是酸雨。酸雨是大气受到污染引起的这一观点，最早的是英国化学家史密斯于1872年提出的。正常情况的大气降水呈中性或非常微弱的酸性，这是吸收了大气中CO_2所致。而由于人类活动，排放到大气中的酸性气体逐渐增加，从而改变了大气降水的化学成分。

20世纪50年代在比利时、荷兰和卢森堡发现酸雨后，欧美和日本等国家开始设置监测网对酸雨进行系统监测。10年后德国、法国和英国等地区也相继出现。因而，大规模对酸雨的研究工作开始于20世纪70年代。进入20世纪80年代后酸雨的危害更加严重，并且扩展到了世界范围。原先多发生在北欧国家的酸雨已扩张到中欧和东欧，而且程度也更严重。据欧洲大气化学监测网近20年连续监测结果表明，欧洲降水的酸度每年增加10%，瑞典、丹麦、波兰、德国等国的酸雨pH值多为4.0～4.5。在北美地区，酸雨pH值在3～4已是司空见惯，美国已有15个州的酸雨pH值在4.8以下。加拿大酸雨受害面积已达120万～150万km^2。进入20世纪90年代以后，欧美等国家对工业的SO_2排放进行了严格控制，成效显著。但氮氧化物排放仍然相当严重，并成为大气产生酸沉降的主要物质。

我国对酸雨的研究起步较晚，最早是1974年在北京西郊的研究，1979年后陆续在上海、南京、重庆、贵阳等地开展。据1981年的酸雨普查，我国就有20个省市自治区出现不同程度的酸雨，占普查数的87%，且以长江以南6个城市降水的pH最低，低于4.0，其中贵阳降水的pH值曾经小于3.1。以后酸雨地区呈扩大趋势。最近几年，在国家采取了严格的大气污染物排放的总量控制之后，酸雨面积扩大的趋势已经得到了有效控制。

2. 酸雨的危害

酸雨的主要危害是导致环境的酸化，破坏原有生态系统的稳定。环境酸化包括土壤和水体的酸化。

(1)土壤酸化　酸沉降会引起和加重土壤的酸性淋溶，导致土壤酸化或酸化程度的增加。酸性沉降物中的质子能够将土壤胶体交换吸附的盐基离子置换出来，并引起它们的淋失。而质子在表层土壤的相对积累，导致土壤pH下降。酸性淋溶的强度取决于降水或灌溉水的量、酸性物质中的阴离子的性质和土壤缓冲能力。一般而言硝酸盐比硫酸盐更容易发生淋洗，盐基饱和度高的土壤，缓冲能力强，发生的酸性淋溶的强度较小。

土壤酸化对植物和生态系统的影响与土壤类型和土壤矿物组成有关，其次受植被类型以及气候条件的影响。例如，石灰性土壤的pH下降会促进部分难溶性养分，如磷和金属微量营养元素的释放，在一定的范围内，对植物的生长有利。但从土壤酸化对生态系统的总体影响来看，往往弊大于利。这首先是因为发生酸沉降严重的地区，往往是土壤pH缓冲性能力较弱的强淋溶地区，如中国的南方地区。其次，受土壤酸化危害的植被类型主要是森林植被。一般而言，森林植被发育的地区地势较高、淋溶作用强烈，土壤pH总体上比相邻的草甸或草原植被下发育的土壤低，缓冲能力弱。酸沉降引起土壤质量下降的主要原因有以下几方面。

①土壤结构的变化，质子对盐基离子取代以及盐基离子的大量淋洗会导致土壤团粒结构的稳定性下降，引起土壤结构的变化。

②铝毒的危险性增加，酸性物质的投入引起的土壤pH下降明显促进土壤中铝的活化。土壤固相中的铝以三水铝石($Al(OH)_3$)和一水软铝石(AlOOH)为主，pH值较低(4～4.5)的酸性环境中铝水解生成单体羟基铝及其聚合物等形态的活性铝，其中包括$Al(OH)^{2+}$和$Al(OH)_2^+$等，增加活性铝对植物的毒害作用。该地区活性铝的随水迁移，还可能对水生生物

产生毒害。

③重金属元素的毒害作用增强，土壤 pH 下降将促进重金属的溶解，增加其对植物和土壤生物毒害作用。

④养分损失，土壤酸化将加快土壤中钾、钙、镁和铵的淋洗，减少养分在土壤中的储存。

⑤土壤生物学性质和碳氮循环的变化，土壤物理和化学性质的改变，必然引起土壤生物学性质的变化，从而导致由土壤生物主导的碳氮循环过程的变化。例如，土壤硝化过程对土壤 pH 非常敏感，随着 pH 下降，自养的硝化作用明显减弱甚至停止。土壤生物学性质的变化，导致土壤生态系统的服务功能受到影响。

（2）水体酸化　酸沉降的影响最早是在水生生态系统中被发现的。与土壤相比，水体的 pH 缓冲能力较低，pH 的变化也会更剧烈，地面和地下水体均可发生酸化。例如，早在 20 世纪 50 年代就在北欧、北美等地发现地表水酸化的问题。而且，后来还在其中的瑞典南部发现，11％的水井酸度很强（pH＜5.5）。

在酸沉降地区，水生生物不仅受到水体本身在 pH 下降之后导致的危害，而且还受到陆地生态系统土壤酸化的影响，如有毒有害物质的输入等。水体 pH 值降到 5 以下时，流域土壤中和水体底质中的有毒金属就会发生溶解，毒害鱼类。同时，水质的酸化引起水生生态系统结构的改变，群落中耐酸的藻类和真菌增多，而有根植物、细菌、无脊椎动物和两栖动物等减少，并降低分解速度使水质恶化，进而影响鱼类生长。欧美国家早就发现水体酸化对水生生态系统影响的案例。例如，北美安大略地区的湖泊因受水质酸化的影响，绿藻种类由 26 种减少到 5 种，蓝藻由 22 种减少到 10 种。到 20 世纪 90 年代初，pH 小于 5.0 的湖泊的一半以上，已无鱼可捕。同样发生在北欧，挪威南部的 5 000 个湖泊中的 1 750 个已无鱼，900 个受到严重影响。瑞典 8 500 个大中型湖泊中，1 800 个已酸化，900 个已表现出生态平衡失调。另外，酸化的水体中，鱼卵不能正常发育，藻类叶绿素合成量降低，底生藻类减少，群落趋于单一化。当水体 pH 值小于 5.5 时，大部分鱼类很难生存，当 pH 值小于 4.5 时，各种鱼类、两栖动物和大部分昆虫消失，水草死亡。

海洋酸化不仅影响到海洋生态系统，而且还减少海洋对 CO_2 的吸收，减少海洋固碳，从而对全球的碳平衡和温室效应产生影响。

（3）陆地生态系统的生物多样性变化　陆地生态系统中受酸沉降影响最大的是森林生态系统，酸沉降引起了森林生态系统生物多样性的减少或种群演替。20 世纪 80 年代初期以来，欧美国家森林生态系统中部分树种大面积死亡的案例发生多起。酸沉降引起森林生态系统变化的原因有多种。首先与植物生态适应性有关。一般而言，植物有最适的土壤 pH 范围，不同种类的植物，或同一种类不同基因型的植物 pH 的适应范围和对 pH 变化的敏感性不同。对土壤 pH 下降敏感的植物，容易受到伤害。其次，土壤 pH 变化引起一系列土壤性质的变化，对森林生态系统的稳定性产生影响，如矿质养分的流失、铝毒的发生、地下生态系统的变化对地上生态系统的反馈调节等。再者，酸沉降还可能直接对森林地上部分产生伤害，如叶片受损、光合速率下降等。

酸沉降导致森林生态系统改变的原因除了质子的作用外，还在很大程度上与伴随酸沉降而增加了氮投入有关。有时氮沉降比酸沉降危害更大。不少森林植被长期适应了低氮的环境，氮投入过多引起的“氮饱和”是森林生态系统物种多样性减少的重要原因。

此外，氮沉降的不断增加还影响到草原生态系统和水生生态系统的稳定性。

（4）对农业生态系统的影响　酸沉降对农业生态系统的影响远不如森林生态系统那么强

烈，除非酸性沉降物中的 pH 太低（pH 4 以下）或者含有其他有毒有害物质。这主要与经常性的管理有关。例如，农田土壤投入了较多的物质，包括及时补充各种矿质养分和酸性土壤上施用石灰等。但是，有些对土壤 pH 变化和铝毒比较敏感的作物会受到影响。而且，大量的酸沉降将会加大农业的投入。

农业生态系统是大气氮氧化物的重要来源之一，减少氮素的气态损失，则是稳定自然生态系统的重要措施之一。

此外酸雨加速了许多用于建筑结构、桥梁、水坝、工业装备、供水管网、地下贮罐，水轮发电机、动力和通讯电缆等材料的腐蚀，文物古迹也产生了严重的损害。

第五节　应对全球变化对策与行动

一、对全球变化的认识过程

格陵兰的冰芯研究表明，在 18 世纪初大气中 CO_2 浓度只有 290×10^{-6}，1850—1970 年全球平均气温 13.6℃。伴随第一次工业革命，能源的大量消耗和土地利用方式的改变，人为活动排放的 CO_2 增加。而且农业的发展和卫生状况的改善，进一步促进人口的增长。随着技术进步和人口增长，第二次工业革命之后，1920—1925 年首先在美国得克萨斯和海湾地区开采石油，人类进入了石油时代。

1824 年，傅里叶发现大气的温室效应，1859 年，廷德尔发现某些气体（甲烷和二氧化碳）能够吸收红外辐射。直到 1896 年阿累尼乌斯发表了计算人类排放 CO_2 导致全球变暖的论文。第二年钱柏林建立了第一个碳交换和反馈的模型。1938 年柯兰达明确提出二氧化碳引起地球变暖。同时在 20 世纪 30 年代，米兰科维奇提出地球轨道变化是冰期来临的驱动因素。

最早有关气候变化的研究是 1945 年美国海军研究办公室资助的。1956 年普拉斯提出增加大气中的 CO_2 对地球辐射平衡产生重大影响。1957—1958 年是国际地球物理年，多学科合作对气候研究开始起步。1960 年美国建立了 Mauna Loa 观测站，基林第一次准确测定大气中 CO_2 浓度为 315×10^{-6}，并且 CO_2 每年都有提高；全球平均温度 13.9℃。1963 年发现水蒸气带来的反馈作用使得气候对 CO_2 水平更敏感。1965 年对深海钻芯的研究结果发现，气候对地球轨道微小的变化很敏感；1968 年研究发现，南极冰盖有可能崩溃，导致海平面升高。1971 年，研究人类对气候变化影响的专家聚会指出，人类活动将导致全球变化，必须进行有组织的研究。1976 年发现 CFCs、臭氧和甲烷对地表增温也有贡献；森林砍伐和生态系统破坏是导致未来气候变化的主要因素。1977 年科学界倾向于认为 21 世纪全球暖化是主要的气候风险。1979 年，美国科学院报告认为，CO_2 倍增使地球增温 1.5～4.5℃是可信的。同年，世界气候研究计划启动，以协调国际间的相关研究。1981 年预测 2000 年全球变暖将明显显现。1982 年认为 20 世纪 70 年代以来全球气候变暖已经发生，其中 1981 年是破纪录的暖年。1985 年研究发现南极冰芯 CO_2 浓度和温度变化一致。

二、国际研究计划

1. 国际生物圈计划（International Biological Program，简称 IBP）

国际生物圈计划是在国际地球物理年（1957—1958）提出要进行多学科综合研究地球系统

之后，第一个将大型科学研究引入到生态与环境研究的计划。由国际科学联合会组织（ICSU）实施，1864 年启动，为期 10 年。这个由 70 多个国家参加科研计划，主要对地球上主要生态系统的物质循环和生产力进行观测和试验研究。该计划开始引入系统分析方法和建立模型的手段进行了生态系统功能与过程的研究。

2. 人与生物圈计划(the Man and Biosphere，简称 MAB)

人与生物圈计划是联合国教科文组织于 1971 年发起的一项政府间跨学科的大型综合性的研究计划，有 100 多个国家参加。中国于 1972 年参加这一计划并当选为理事国。

本计划通过自然科学和社会科学的结合，基础理论和应用技术的结合，科学技术人员、生产管理人员、政治决策者和广大人民的结合，对生物圈不同区域的结构和功能进行系统研究，并预测人类活动引起的生物圈及其资源的变化，以及这种变化对人类本身的影响。为合理利用和保护生物圈的资源，保存遗传基因的多样性，改善人类与环境的关系，提供科学依据和理论基础，并寻找有效地解决人口、资源、环境等问题的途径。

3. 国际地圈生物圈计划(International Geosphere-Biosphere Programme，简称 IGBP)

国际地圈生物圈计划是国际科学联合会组织 1983 年提出，1991 年开始实施的一个大型综合性研究计划，包括 9 个计划：国际全球大气化学计划，研究全球大气化学的调节机制，以及生物过程对微量气体的产生和消亡中所起的作用；全球海洋通量联合研究计划，研究海洋在大气中的温室气体的产生和消失过程中所起的作用，以及海洋中的生物地球化学循环对气候变化的影响；过去的全球变化研究计划；重建地球环境在过去发生过的重大气候和环境变化并研究其原因；全球变化与陆地生态系统，研究全球变化将怎样影响陆地生态系统，以及这些影响将如何影响大气与物理气候系统；水文循环的生物学，研究水循环在地球系统的变化中所起的作用，植被在水循环中所起的作用，以及植被是如何与水循环中的物理过程相互作用的；海岸带的海陆相互作用，研究在海岸带地区土地利用的变化对海岸资源的影响，海平面和气候变化对海岸生态系统的影响；全球土地研究计划，研究全球土地利用/覆被状况变化的原因及其对环境的影响；全球海洋生态系统动力学，研究全球变化对海洋生态系统的影响；全球分析、解释与建模。

4. 世界气候计划(World Climate Programme)

世界气候计划于 1979 年在第一届世界气候大会之后建立，由世界气象组织（WMO）、国际科学联合会（ICSU）、联合国环境署（UNEP）和联合国教科文组织的政府间海洋地理学委员会（UNESCO）联合资助。研究内容包括：世界气候资料计划、世界气候知识应用计划、世界气候影响研究计划和世界气候研究计划。

世界气候研究计划以物理气候系统为主要研究对象，主要研究地球系统中有关气候的物理过程。其主要部分是大气、海洋、低温层（冰雪圈）和陆地以及这些组成部分之间的相互作用和反馈。它主要关心的是时间尺度为数周到数十年的气候变化。

5. 全球环境变化的人文因素计划(International Human Dimensions of Global Environmental Change Programme)

全球环境变化的人文因素计划始于 1995 年，是由国际社会科学理事会（ISSC）主持的研究人类与地球相互作用的国际全球变化研究计划。其目标是促进人类与地球系统相关作用的理解与认识，预测全球环境下的社会变化，预防或减轻全球变化的不利影响，提出适应这种变化，实现可持续发展的政策与方案。

启动的领域包括:土地利用与土地覆被变化;工业化转型;全球变化与人类安全和全球环境变化的制度因素。

6. 全球变化综合观测系统(Global environmental monitoring system)

全球变化综合观测系统包括:全球大气监测系统、全球食品污染监测和评估系统、全球水监测系统、全球辐射观测系统、全球陆地观测系统、全球气候观测系统、全球海洋观测系统、全球变化综合观测系统和全球环境观测系统等。这些观测系统由联合国大会决定建立,并由各分支机构分别组织实施。

三、有关全球变化的国际专门机构和国际会议

1. 政府间气候变化专门委员会(Intergovernmental Panel on Climate Change,简称 IPCC)

IPCC 是一个附属于联合国之下的跨政府组织,于 1988 年由世界气象组织、联合国环境署合作成立,专责研究由人类活动所造成的气候变化。该委员会会员仅限于世界气象组织及联合国环境署的会员国。

IPCC 本身并不进行研究工作,也不会对气候或其相关现象进行观测。其主要工作是编写与执行《联合国气候变化框架公约》有关的专题报告。IPCC 协助各国政府于 1997 年在日本京都草拟了《京都议定书》,并分别于 1990 年、1995 年、2001 年及 2007 年发表了 4 次正式的"气候变化评估报告"。

2. 联合国人类环境会议(United Nations Conference on Human Environment)

联合国人类环境会议于 1972 年 6 月 5—16 日在瑞典首都斯德哥尔摩召开,是各国政府代表团及政府首脑、联合国机构和国际组织代表参加讨论的关于当代环境问题的第一次国际会议。

会议的目的是要促使人们和各国政府注意人类的活动正在破坏自然环境,并给人们的生存和发展造成了严重的威胁。

会议通过了全球性保护环境的《人类环境宣言》和《行动计划》,号召各国政府和人民为保护和改善环境而奋斗,它开创了人类社会环境保护事业的新纪元,这是人类环境保护史上的第一座里程碑。同年的第 27 届联合国大会通过决议,把每年的 6 月 5 日定为"世界环境日"。

3. 联合国环境与发展会议(United Nations Conference on Environment and Development)

联合国环发大会于 1992 年 6 月 3—14 日在巴西里约热内卢召开会议。这是继 1972 年 6 月瑞典斯德哥尔摩联合国人类环境会议之后,环境与发展领域中规模最大、级别最高的一次国际会议。有 183 个国家代表团,70 个国际组织的代表参加了会议;有 102 位国家元首或政府首脑到会讲话。

会议通过了《关于环境与发展的里约热内卢宣言》(又称地球宪章)、《21 世纪议程》和《关于森林问题的原则声明》3 项文件。会议期间,对《联合国气候变化框架公约》和《联合国生物多样性公约》进行了开放签字。这些会议文件和公约有利于保护全球环境和资源,要求发达国家承担更多的义务,同时也照顾到发展中国家的特殊情况和利益。这次会议的成果具有积极意义,在人类环境保护与持续发展进程上迈出了重要的一步。

4. 可持续发展世界首脑会议(The World Summit on Sustainable Development)

可持续发展世界首脑会议于 2002 年 8 月 26 日至 9 月 4 日在南非约翰内斯堡召开,是继 1992 年在巴西里约热内卢举行的联合国环境与发展会议和 1997 年在纽约举行的第十九届特

别联大之后，全面审查和评价《21世纪议程》执行情况，重振全球可持续发展伙伴关系的重要会议。

可持续发展世界首脑会议的召开对于人类进入21世纪所面临和解决的环境与发展问题有着重要的意义。在20世纪，人类在经济、社会、教育、科技等众多领域取得了显著的成就，但在环境与发展的问题上始终面临着严峻的挑战。但是由于国际环境发展领域中的矛盾错综复杂，利益相互交错，以全球可持续发展为目标的《21世纪议程》等重要文件的执行情况并不良好，全球的环境危机没有得到扭转。一方面，发展中国家实现经济发展和环境保护的目标由于自身经济不发达而困难重重；另一方面，发达国家并没有履行公约中向发展中国家提供技术资金支持的义务。因而，全球贫困现象还普遍存在，南北差距不断增大，大多数国家认为召开新的国际会议，总结回顾里约会议的精神，讨论里约会议建立的全球伙伴关系所面临的新问题有着极大的必要性，2002年的首脑会议也是基于此目的筹备召开。会议通过了《约翰内斯堡可持续发展承诺》和《可持续发展世界首脑会议执行计划》。

四、有关全球变化的国际公约

1.《联合国气候变化框架公约》(United Nations Framework Convention on Climate Change)

1992年5月22日联合国政府间谈判委员会就气候变化问题达成的公约，于1992年6月4日在巴西里约热内卢举行的联合国环发大会上通过。

它是世界上第一个为全面控制二氧化碳等温室气体排放，以应对全球气候变暖给人类经济和社会带来不利影响的国际公约，也是国际社会在对付全球气候变化问题上进行国际合作的一个基本框架。公约提出要稳定温室气体浓度水平，以使生态系统能自然适应气候变化、确保粮食生产免受威胁并使经济可持续发展。

根据“共同但有区别”的原则，该公约规定：发达国家应率先采取减排行动，使2000年温室气体排放恢复到1990年水平上，制定并执行减缓和适应气候变化的国家计划，并向发展中国家提供资金和技术；发展中国家要编制国家信息通报，提供温室气体排放源和吸收汇的国家清单。联合国气候变化缔约方(Conferences of the Parties，COP)大会自1995年起每年举行一次。

1997年12月，在日本京都召开第3次缔约方大会。149个国家和地区的代表出席，通过了《京都议定书》。

2007年12月，第13次缔约方大会在印度尼西亚巴厘岛举行，通过了“巴厘岛路线图”。

2009年12月，第15次缔约方会议在丹麦首都哥本哈根召开，商讨《京都议定书》一期承诺到期后的后续方案，本来拟就未来应对气候变化的全球行动签署新的协议，但由于各方分歧较大，会议只是达成了一个没有法律约束力的哥本哈根协议(Copenhagen Accord)。

2.《京都议定书》(Kyoto Protocol)

《京都议定书》全称《联合国气候变化框架公约的京都议定书》是《联合国气候变化框架公约》的补充条款。其目标是“将大气中的温室气体含量稳定在一个适当的水平，进而防止剧烈的气候改变对人类造成伤害”。其中规定的发达国家义务是：在2008—2012年内将二氧化碳等温室气体排放量在1990年排放水平上平均减排5.2%。发展中国家义务则应继续履行《联合国气候变化框架公约》的义务。

3.《保护臭氧层维也纳公约》(The Vienna Convention for the Protection of the Ozone Layer)

《保护臭氧层维也纳公约》1985年在维也纳签署，《公约》明确指出大气臭氧层耗损对人类健康和环境可能造成的危害，呼吁各国政府采取合作行动，保护臭氧层，并首次提出氟氯烃类物质作为被监控的化学品。

4. 蒙特利尔协定书(The Montreal Protocol on Substances That Deplete the Ozone Layer)

蒙特利尔议定书全称《关于消耗臭氧层的蒙特利尔议定书》，是为实施《保护臭氧层维也纳公约》，对消耗臭氧层的物质进行具体控制的全球性协定。于1987年9月16日在加拿大的蒙特利尔通过，向各国开放签字，于1989年1月1日生效。

按照议定书的规定，各缔约国必须分阶段减少氯氟烃的生产和消费，在1990年使生产量和消费量维持在1986年的水平；到1993年，生产和消费量要比1986年减少20%；到1998年，保证使氯氟烃的年生产量和消费量减少到1986年的50%。提出了受控物质淘汰时间表。

五、中国应对全球气候变化的政策与行动

中国国务院新闻办公室2008年10月发表了《中国应对气候变化的政策与行动》。中国减缓气候变化的政策与行动主要包括：调整经济结构，促进产业结构优化升级；大力节约能源，提高能源利用效率；发展可再生能源，优化能源结构；发展循环经济，减少温室气体排放；减少农业、农村温室气体排放；推动植树造林，增强碳汇能力；加大研发力度，科学应对气候变化。并提出了农业、森林和自然生态系统、水资源、海岸带和沿海地区以及其他领域适应气候变化的政策与行动。

思　考　题

1. 简述人类活动对大气组分改变的影响。
2. 如何区分一次污染物和二次污染物？
3. 简述温室气体及其源汇特征。
4. 全球变化的时间和空间尺度特征。
5. 简述全球变化的驱动力。
6. 何谓全球气候变化？
7. 为什么说人类活动是当代全球气候变化的主要驱动因素？
8. 简述全球气候变化对全球生态系统的影响。
9. 简述全球气候变化对中国农业的可能影响。
10. 简述农业生态系统固碳减排的重要性。
11. 简述比较平流层和对流层中臭氧的作用。
12. 大气酸沉降产生的当前原因主要是什么？
13. 简述大气酸沉降对全球生态系统。
14. 简述分析全球变化与全球环境问题之间的联系。
15. 简述应对全球变化的国际合作与行动对策。

参 考 文 献

[1] Fagan B. 大暖化 The Great Warming（中译本）. 北京：中国人民大学出版社，2009.
[2] 冯宗饰. 酸雨对生态系统的影响. 北京：中国科学技术出版社，1993.
[3] 郝吉明. 谢绍东. 段雷. 叶雪梅. 酸沉降临界负荷及其应用，北京：清华大学出版社.
[4] IPCC，2001. Climate Change，The Fourth Assessment Reports.
[5] IPCC，2007. Climate Change，The Third Assessment Reports.
[6] Keller B. Environmental Science. New York: John Wille & Sons, 2003.
[7] Kiehl, J. T. and Trenberth, K. E. 1997. Earth's annual global mean energy budget. Bulletin of the American Meteorological Association, 78: 197 - 208.
[8] 刘本培，蔡运龙. 地球科学导论. 北京：高等教育出版社，2000.
[9] 刘汉中，等. 普通农业气象学，北京：北京农业大学出版社，1991.
[10] 刘燕华，李秀彬，脆弱生态环境与可持续发展，青岛：商务印书馆，2001.
[11] 于沪宁. "全球变化与中国农业的持续发展"，牛文元. 绿色战略——21 世纪中国环境与可持续发展. 青岛出版社，379 - 392.
[12]《气候变化国家评估报告》编写委员会. 气候变化国家评估报告. 北京：科学出版社，2007.
[13] 钱易，唐孝炎. 环境保护与可持续发展，北京：高等教育出版社，2000.
[14] 秦大河. 气候变化对我国经济、社会和可持续发展的挑战. 外交评论，2007(78)：6 - 14.
[15] 张兰生，方修琦，任国玉. 全球变化. 北京：高等教育出版社，2000.
[16] 朱诚，谢志仁，申洪源，等.《全球变化科学导论》. 南京：南京大学出版社，2006.

第十章　资源与环境管理

第一节　概　　述

资源是人类社会经济发展的物质基础，是社会财富的来源，而环境是人类生存和发展的基本条件。进行资源与环境管理的目的，就是要保护和高效利用自然资源和维护环境质量，以保证人类的生存和社会经济的可持续发展。

早期的自然资源的管理仅仅限于防御自然灾害或其他自然的不测事件，以谋求人类自身的生存和发展的安全性。这种管理是一种"盲人摸象"式的黑箱管理。后来，人们才逐渐认识到环境破坏对资源质量和有效供给的影响。环境管理的最初也只是从污染控制入手。面对20世纪中期以来，人与自然关系发生的巨大变化和环境问题的日益严重，特别是全球问题的突出显现，人类正在探索新的自然资源和环境的管理模式，以实现人与自然关系由对抗到共存和互惠，经济与资源、环境的协调发展。这种新管理系统的理想化模式是实现以人、生物与资源与环境综合管理为特征的生态管理。资源与环境管理的总体目标是提高经济效益、促进公平分配、保持经济增长、实现资源安全与环境安全。

一、自然资源管理的概念与内涵

所谓自然资源管理是指采用经济、法律、行政及技术手段，对自然资源的开发利用的行为进行调整和控制。自然资源管理是对从事资源开发与利用的人的行为进行管理，也意味着这种管理要调整人与自然相互作用的关系。资源管理按部门分为土地资源管理、水资源管理、气候资源管理、矿产资源管理、森林资源管理、草地资源管理、渔业资源管理和海洋资源管理。

自然资源的管理对象包括自然对象、组织对象和环境对象。其中，自然对象是指各类自然资源；组织对象是指从事资源开发利用活动的人。对自然资源的不合理开发和利用，导致环境质量下降，因而对资源的管理也涉及环境，即资源开发对环境的影响。

自然资源的管理内容包括权益管理、宏观调控和综合管理等，由政府主管部门在相关制度的约束和规范下实施。权益管理是指对所有权的确定和使用权与利用方式的管理。宏观调控的内容主要包括自然资源区划、资源开发规划、资源管理政策的制定与实施等，其中包括监督。监督是指对自然资源用户的开发、利用和保护自然资源的活动进行有效监督。为了有效进行监督，需要对监测进行规范。监测是为了了解自然资源的数量、质量和空间分布状态的变化趋势。综合管理是指对多种资源实行综合性管理。这是因为自然资源具有整体性特征，对一种资源的开发活动，必然对其他资源产生影响，因此需要进行综合管理，而不仅是单一产业部门的管理。资源开发的环境影响评价制度的建立，就是综合管理的一个重要内容。

自然资源管理的总目标是保护自然资源和生态系统，并在一定程度上改善这个系统，保证人类的可持续利用。自然资源管理的环境目标是控制资源开发过程中造成的环境破坏和环境污染。此外，自然资源的管理还具有防止水、旱、雹、雪和地质灾害等自然灾害的发生和减少自然灾害的危害的目标。

自然资源的管理采取行政、法律、经济和科技相结合的管理方法和手段。行政管理是指政府主管部门依据法律和规定，运用法律、经济和科技等手段对资源实施的管理。法律管理是指用立法形式约束和规范资源开发、利用和保护行为的过程。经济手段是指遵从价值规律，并用法律形式，规定并规范资源的有偿使用。科技管理包括两个方面，一是在资源的微观管理方面，应用科学技术提高资源的开发利用效率、节约与保护资源；二是在应用现代资源信息技术，建立以采集、传输、存贮和处理资源信息为主要功能的资源信息系统，在资源管理的宏观决策方面发挥作用。

对自然资源的深层次管理是对资源产业的管理，属于资源经济管理范畴。资源产业是指通过社会投入进行保护、恢复、再生、更新、增殖和积累自然资源的生产事业。资源产业包括土地资源产业、水资源产业、草地资源产业、森林资源产业等。对资源产业的管理是在资源价值理论、资源资产理论等基础上，通过建立资源产权管理制度和资源核算制度来实现的。资源具有价值，包括资源本身的价值和社会随资源投入的人、财、物的价值。资源同时又是一种能够带来收益的资产。储备的资源是一种真正的财富，是社会、经济赖以发展的物质基础。基于资源价值理论和资源资产理论，应当建立资源实物量和价值量的计算方法和核算制度。对资源的定价，不应仅局限于资源的数量方面，还应包括不合理利用资源造成的资源质量下降和对环境造成的影响。

新中国成立以后，中国对自然资源的管理经历了由资源的计划管理体系（1985 年以前）和计划—市场相结合的资源管理体系两个阶段。在政策调整的同时，对自然资源管理的部门也进行了调整。目前，土地资源、矿产资源和海洋资源由国土资源部（含国家海洋局）负责管理；水资源和森林资源分别由水利部和国家林业局负责管理，草地资源和渔业资源由农业部负责管理，气候资源的管理由国家气象局组织实施。此外，国家环保总局负责自然和农村生态环境，包括生物多样性和湿地保护等方面的管理工作。

我国传统的资源管理存在着下列问题和缺点：①仅仅着眼于人的管理和为了人的生产生活活动的管理而忽视了为了自然的管理。②管理目标上一般放在获得最大的人类社会、经济和文化利益，忽视了自然界生物和环境的发展与演化利益。③管理是静态的、单一的组织协调模式。④资源的产权不清。⑤管理过程的公众参与程度低。

基于传统资源管理存在的问题和缺陷，人们提出了资源环境管理整合手段——生态管理[①]。生态管理就是设计、建设和维护一个由人、生物和环境构成的一种系统条件，基于这一条件，人类、生物和环境都能更有效地发生、发展和演化，以实现他们自身的目标以及系统整体发展的目标。这里的系统条件是由人、生物和环境三个要素组成，以及这三者之间的相互联结关系，及它们之间结构和功能的关系。生态管理强调人、生物、环境三要素在管理过程中的不可分割性；人或生物与环境之间的双向选择，定向与联结；管理的过程本身是人、生物、环境之中的协同组织和共同发展过程，管理在发展之中，发展亦在管理之中，管理和发展相互依存。通过较少和最少的人类投入，实现最优的整体管理目标。就是要通过实现人类的经济性和通过整合人类、自然生物和环境的经济性来实现管理的经济性。

① 周永康. 资源与环境读本. 地质出版社，2002，316－318.

二、环境管理的概念与内涵

环境管理有狭义和广义两种定义。其中狭义上的环境管理是指控制污染行为的各种措施和行动。通过制定法律、法规和标准，实施各种有利于环境保护的方针、政策，控制各种污染物的排放。广义上的环境管理是指按照经济规律和生态规律，通过行政、法律、经济、技术教育和宣传等手段，通过全面对环境系统进行规划和管理，对人们的所有社会经济活动进行调整和控制，以达到既能发展经济满足人们的基本需要，又不超过环境的容许极限。

从环境管理的范围来看，环境管理的内容包括：①资源环境管理，主要是自然资源的保护包括不可更新资源的节约利用和可更新资源的恢复和扩大在生产；②区域环境管理，协调区域社会经济发展目标与环境目标，进行环境影响预测，制定区域环境规划等；③部门环境管理，包括工业、农业、交通运输业、商业和卫生等部门的环境管理以及各行业、企业的环境管理。

就环境管理的性质，环境管理包括：①环境计划管理，制定各部门、行业、区域的环境保护规划；②环境质量管理，制定各种环境质量标准、各类污染物的排放标准、评价标准及其检测方法、评价方法，组织调查检测评价环境质量状况以及预测环境质量变化趋势，并制定防止环境恶化的对策；③环境技术管理，制定防止环境污染和环境破坏的技术方针、政策和技术路线，制定适宜的技术标准和规范，并对污染防治技术进行环境经济评价等。

中国环境管理的指导方针是：经济建设、城乡建设和环境建设要同步规划、同步实施、同步发展，实现经济效益、社会效益和环境效益的统一。这一方针是 1983 年全国第二次环境保护会议上提出来的，也是环境管理理论的新发展。20 世纪 80 年代，我国还制定了环境保护的三大基本政策：预防为主、谁污染谁治理以及强化环境管理。预防为主的基本思想是把消除污染、保护环境的措施实施在经济开发和建设过程之前或之中，从根本上消除环境问题产生的根源，从而减轻事后治理所付出的代价。具体内容包括：将环境保护纳入国民经济与社会发展计划，进行综合平衡；实行城市环境综合治理；实行建设项目环境影响评价制度；实行污染防止措施必须与主体工程同时设计、同时施工、同时投产的“三同时”制度。

我国目前实行的环境管理制度包括以下几方面。

①环境保护规划制度，在对一个城市，或一个区域、流域，甚至全国的环境进行调查、评价的基础上，根据经济规律和自然生态规律的要求，对环境保护提出目标以及达到目标要采取的相应措施，是环境决策在时空方面的具体安排。

②环境影响评价制度，是对可能影响环境的工业建设、工程建设、区域开发建设及区域发展规划或其他一切可能影响环境的活动，在事前进行调查研究的基础上，对活动可能引起的环境影响进行预测和评定，为防止和减少这种影响制定最佳行动方案。

③“三同时”制度，新建、改建、扩建项目和技术改造项目以及区域性开发建设项目的污染治理设施和防治污染的措施，必须与主体工程同时设计、同时施工、同时投产使用。防治污染的设施必须经原审批环境影响报告书的环保部门验收合格后，该建设项目方可投入生产或者使用。

④排污收费制度，排污收费制度是指一切向环境排放污染物的单位和个体生产经营者，应当依照国家的规定和标准，缴纳一定费用的制度。我国的排污收费制度规定，在全国范围内，对污水、废气、固体废物、噪声、放射性等各类污染物的各种污染因子，按照一定标准收取一定数额的费用，并规定排污费可以计入生产成本，排污费专款专用，排污费主要用于补助重点排

污源治理等。

⑤环境保护目标责任制，地方各级政府和有污染的单位对环境质量负责的行政管理制度。

⑥城市环境综合整治定量考核制度，该制度的考核内容包括大气环境保护；水环境保护；噪声控制；固体废物处置和绿化等5个方面。指标分别为：大气总悬浮微粒年日平均值；二氧化硫年日平均值；饮用水源水质达标率；地表水COD平均值；区域环境噪声平均值；城市交通干线噪声平均值；城市小区环境噪声达标率；烟尘控制区覆被率；工业尾气达标率；汽车尾气达标率；万元产值工业废水排放量；工业废水处理率；工业废水处理达标率；工业固体废物综合利用率；工业固体废物处理处置率；城市气化率；城市热化率；民用型煤普及率；城市污水处理率；生活垃圾清运率和城市人均绿地面积。

⑦排污许可证制度，是一项具有法律含义的行政管理制度，它以改善环境质量为目标，以污染物总量控制为基础，规定排污单位许可排放什么污染物、许可污染物排放量、许可污染物排放去向等。

⑧污染集中控制制度，是应以改善流域、区域等控制单元的环境质量为目的，依据污染防治规划，按照废水、废气、固体废物等的性质、种类和所处的地理位置，以集中治理为主，用尽可能小的投入获取尽可能大的环境、经济、社会效益。

⑨污染限期治理制度，以污染源调查、评价为基础，以环境保护规划为依据，突出重点，分期分批地对污染危害严重，群众反映强烈的污染物、污染源、污染区域采取的限定治理时间、治理内容及治理效果的强制性措施。

⑩环境监测制度，是指在一定时间和空间范围内，间断或不间断地测定环境中污染物的含量和浓度，观察、分析其变化和对环境影响过程的工作制度。环境监测的对象为污染源和环境质量状况两个方面：污染源方面主要包括工业、农业、交通污染源和城市废弃物；环境质量状况方面主要包括大气、水体、土壤等环境因素的质量状况。其中对大气和水体的质量状况采取了不间断的连续监测。

⑪环境污染报告处理制度，指因发生事故或者其他突发性事件，以及在环境受到或可能受到严重污染、威胁居民生命财产安全的紧急情况时，依照法律法规的规定进行通报和报告有关情况并及时采取应急措施的制度。

⑫污染物排放总量控制制度，是国家为控制大气和水体等环境的主要污染物排放而采取一项制度措施，是指以控制一定时段内的一定区域排污单位排放污染物总量为核心的环境管理方法体系。包含了3个方面的内容：排放污染物的总量、地域范围和时间跨度。污染总量控制通常有3种类型：目标总量控制、容量总量控制和行业总量控制。目前我国的总量控制基本上是目标总量控制。对纳入控制范围的主要污染物，国家环境管理机关在各省、自治区、直辖市申报的基础上，经全国综合平衡，编制全国污染物排放总量控制计划，把主要污染物排放量分解到各地方作为国家控制计划指标。

污染物排放的总量控制始于20世纪90年代初期的“九五”规划。国家划定了重点污染控制的地区和流域，包括：酸雨控制区和SO_2控制区，以及淮河、海河、辽河、太湖、滇池、巢湖流域，试行污染物排放总量控制。2000年的修订的《中华人民共和国大气污染防治法》规定：“国家采取措施，有计划地控制或者逐步削减各地方主要大气污染物排放的总量。”2008年国家环保部还设立了污染总量控制司，进一步加强了这方面的工作。最初纳入总量控制的主要污染物是SO_2和COD，近年拟增加氨氮和氮氧化物等为总量控制的污染物。

三、资源管理与环境管理之间的关系

尽管自然资源管理和环境管理所处的角度有所不同，前者强调自然资源的合理利用，后者强调保护环境，然而自然资源是自然环境的一个组成部分。自然资源的过度开发和不适当利用造成的自然资源质量下降和生态破坏，现在也被认为是环境问题，即环境破坏或称生态环境破坏。由于资源问题与环境问题相互交叉，资源管理与环境管理必然有重叠。例如，土地资源管理部门为了贯彻保护环境的原则，在编制土地利用总体规划和土地开发利用规划时，也要对土地资源开发利用中的环境保护问题提出具体要求。

在更高层次上认识资源问题和环境问题，资源管理和环境管理是一个有机统一体。因而，实行生态管理成为资源与环境管理的发展方向。

然而资源管理还有其特殊性。资源管理承担了对资源进行维护、保护、培育、恢复和重建的功能，涉及到的范围更广一些，深度增加。此外，还需要对部分资源实行特殊的管理措施，如具有战略意义的资源包括稀有矿产、耕地、农作物和畜禽种质资源、功能微生物资源、中药材资源、野生动植物基因资源等资源的管理。

四、农业资源与环境管理

农业是国民经济的基础，而农业发展直接受制于农业资源的数量和资源与环境质量的优劣。农业资源的过度开发和不合理利用，导致生态破坏等环境问题的产生。而且，农业既是污染的受害者，又是最大的非点源污染源。一方面，工业排放废弃物污染着农田和水体，导致灌溉水和土壤质量下降，影响农业的生产，而且有毒有害物质会通过生物的富集作用进入食物链，危害人类健康；另一方面，随着科学技术的发展，传统农业逐渐向集约化现代农业转化。化肥、农药和农膜的大量施用已成为近代农业的重要标志之一，但由此也带来一系列环境污染，如水体的富营养化、农药残留超标、白色污染等，直接影响到环境质量并危害人类健康。改革开放初期，乡镇企业的蓬勃发展对农业环境也造成了许多不良的影响。因此，合理利用农业资源，保护农业环境是实现农业可持续发展的一条重要途径，农业环境质量的日趋改善和不断提高，生态环境的良性循环将成为农业持久发展的动力，而这一切都需要一种有效的控制手段——农业资源与环境管理和综合治理。因此，农业环境管理和综合治理不但是国家总体环境保护工作的一个重要组成部分，而且它也应该成为农业部门不可忽视的一项主要工作。

1. 农业资源管理

根据自然资源利用部门的不同，习惯上将自然资源划分为农业资源、工业资源、交通资源等。所谓农业资源，一般是指农业自然资源，即一切可以用来为农业生产服务的自然条件和农业生产对象，包括农用的土地资源、气候资源、生物资源、水资源以及植物养分的矿产资源等。农业资源是自然资源的主体组成部分，具有自然资源的共同属性，包括整体性、地域性、有限性、多用性、国际性、层次性等，因此自然资源的可持续利用原则和自然资源管理原则和内容，同样适用于农业自然资源的管理。

许多农业资源属于权属关系不明确的“共有资源”，而产权不明晰的公共物品，往往会造成误用。例如，改革开放前在没有明晰产权的条件下，我国耕地和草地的掠夺性使用，就在很大程度上与此有关。因而，实行农业资源的产业管理是为了实现农业资源的保护、改良和利用，促进资源不断再生和良性循环，实现农业资源的高效利用。因此，必须从组织结构、经济政策和科技政策方面进行强化。

2. 农业环境管理

农业环境管理是指环境管理机关为了使农业经济与农业环境协调发展,依据农业生态环境科学理论和规范,运用经济、法律、行政、教育等手段,对农业环境进行的决策、计划、组织、指挥和控制。它是国家环境保护管理的重要组成部分。从范围来看,农业环境管理的内容主要包括以下几方面。

(1)农业资源环境管理　农业资源环境管理是指农业资源保护和最佳利用。当前我国农业资源管理上存在的问题主要是资源利用不当,浪费严重,这是由于没有科学地选择资源使用方法所造成的,而浪费更是不合理使用的一种形式。我国人均资源量少,再加上浪费大,这必然导致资源的"枯竭",对于非再生性资源而言,则更是如此。因此,如何采用对农业环境无害化或损害最小化的技术来合理地利用现有资源,达到对资源的永续利用;怎样从持续、稳定、协调发展农业的长远目标来进一步设计一个新的农业生态经济体系,是农业环境管理必须研究的课题。

(2)农业区域环境管理　农业区域环境管理是指某一地区的农业环境管理,主要是预测经济发展对农业环境管理影响,制订区域农业环境保护规划,包括研究农业发展目标与农业环境保护目标。

(3)农业专业环境管理　农业专业环境管理是指对某一专项环境问题进行管理,如渔业环境管理、农村可再生能源管理和农村生态环境管理等。其中负责渔业环境管理、农村可再生资源管理的是农业行政主管部门,而协调指导农村生态环境管理是国家环保主管部门。

从管理性质来看,农业环境管理的内容主要包括农业环境规划管理、农业环境质量管理、农业环境技术管理。

现阶段我国经济发展迅速,人们的环境意识也正在不断的提高,但是环境问题仍在加剧,对我国的环保工作者提出了一种挑战。针对农业环境问题,农业环境管理目前应加强以下几方面的工作。

①加强农村环境保护工作的领导和农村环境保护队伍的建设。

②重视和加强对农村环境保护的宣传教育工作。

③加强执法,严格监督,严格检查管理。

④认真编制和严格执行乡镇环境保护规划。

⑤建设乡镇工业小区,实现乡镇企业的集中化管理。

⑥实施生态农业工艺,组织好大农业生产。

⑦做好计划调控,实行科学种田,控制面源污染。

⑧建立和健全农业环境监测体系。

健全农业环境的管理体制是强化农业环境管理的必然要求。管理体制是管理关系制度化和秩序化的表现形式,它包括管理组织体系、管理机构设置、经济和政策实施权限、控制调节机制、监督管理方法和工作制度等内容。管理体制是否健全合理,是决定这项事业能否正常运行和发展的关键性因素。农业环境管理涉及许多经济部门和农业内部各个行业。因此,应建立有权威的环境管理机构,并建立从上到下比较完整的农业环境管理系统。

我国农业环境管理工作是从 20 世纪 80 年代后期开始的。由于起步较晚,至今环境管理专门机构仍然不够健全,尚未形成从上到下完整的农业环境管理系统,主要问题是着重解决环境管理的公益化。目前，农业环境管理体制正在逐步形成和不断健全，但由于国家对行政机构人员扩编的严加控制，各级农业环境管理机构建设发展较慢。但是，随着农业环境保护事业的进一步发展，有望在不远的将来，在全国逐步形成一个较完整的农业环境管理体制。这对农业环境保护事业的深入发展至关重要。

为了实现农业环境管理的目标，还必须正确运用各种管理手段，包括法律手段、行政手段、经济手段、技术手段和宣传教育手段等。

第二节　资源利用区划与环境规划

一、资源区划与环境规划

环境污染和环境破坏等环境问题的产生，在很大程度上是由于人类过度开发和不适当利用自然资源以及盲目的社会经济活动所造成的，而资源利用与环境规划正是为了有计划地合理安排和调整人类社会经济活动，以促进国民经济和社会持续、稳定地发展，防止环境污染和环境破坏。资源利用与环境规划既是实施实现资源的可持续利用和环境保护战略的重要手段，也是协调社会经济发展与环境保护的重要手段。

1. 自然资源利用区划

资源利用规划主要是区域性的资源利用规划，简称区划。由于自然资源在特定地域集中的数量、分布、组合及变动状况不同，人类对资源要素的干扰、调控以及开发利用强度的差异，导致了自然资源的地域差异性，因而，为了高效和合理利用自然资源，有必要对自然资源利用进行区划。所谓自然资源利用区划，就是将区域内自然资源的一致性和区域间的差异性进行系统揭示和归纳，根据自然资源利用的基本原则，并结合区域内的社会经济发展状况，提出因地制宜开发利用自然资源的方式。

制定自然资源利用区划的原则是：兼顾经济、社会和生态环境效益；兼顾当前利益和长远利益；因地制宜；保持生态平衡和综合利用。进行自然资源利用区划的目的是实现区域内和区域间资源的优化配置，以实现区域功能最优和各区域协调发展。资源利用区划具有明显的地域性、综合性和宏观性特征。在制定资源利用区划时，要体现长期性、超前性和战略性的特点。

制定自然资源利用区划，首先要确定目标，并对自然资源状况和社会经济条件进行全面调查的以及综合分析与评价，在此基础上，筛选出分区指标和进行综合处理，以确定系统边界和分区体系，对系统的自然资源利用方向、重点、途径和措施、系统内部各区域的协调、系统与系统之间的协调等进行全面分析，提出适合自然资源适度利用的区域战术模式和整体战略模式，并提出报告。

自然资源利用区划按自然条件划分为气候、地貌、水、地质、土壤、植被和农业综合区划等；按部门分为种植业、畜牧业、林业、渔业区划等。

2. 环境规划

制定环境规划的法律依据是《中华人民共和国环境保护法》。环保法第 4 条规定："国家制定的环境保护规划必须纳入国民经济和社会发展规划，国家采取有利于环境保护的经济、技术政策和措施，是环境保护同经济建设和社会发展相协调。"第 12 条又规定："县级以上人民政府的环境保护主管部门，应当会同有关部门对管辖区范围内的环境状况进行调查和评价，拟定环境保护规划，经计划部门综合平衡后，按同级人民政府批准实施。”

环境规划是环境决策者为实现环境与经济社会的协调发展，对环境决策在时间和空间上的安排，包含有对一定时期内环境保护目标和措施所做出的具体规定，是一种带有指令性的环境保护方案。环境决策依据是环境预测，而环境规划则是环境决策的具体安排。环境预测是对环境变化趋势的科学分析。在此基础上制定的环境规划，是环境管理的重要内容和手段。

环境规划首先要确定环境质量目标，并对生态环境状况提出要求。根据这些要求，对人类经济和社会活动提出约束和要求，如确定经济发展和生产规模，产业结构和布局，采取有利于环境的技术与工艺，实行正确的产业政策和措施，提供必要的环保资金等。同时，根据人们对环境质量越来越高的要求，对环境的保护和建设活动做出时间和空间的安排与部署。

制定环境规划的基本目的是不断改善和保护自然环境，合理开发和利用自然资源，以维护生态平衡。因而，制定环境规划必须依据的原则是：保障环境与经济、社会的协调发展；遵循生态规律和经济规律；实现环境保护方案的优化。

按照环境组成要素，划分为大气污染防治、水质污染防治、噪声污染防治等规划；按区域特征划分为城市环境规划、乡镇环境规划和流域环境规划；在范围和层次上，环境规划划分为国家环境规划、区域环境规划和部门环境规划；从性质上划分，环境规划有生态规划、污染物综合防治规划和自然保护规划。此外，对一些特定的保护区，还制定有专门的环境规划，如对饮用水源地保护、重点风景名胜区、历史古迹等环境保护制定的规划等。

环境规划的基本内容包括环境调查与评价、环境预测、环境功能区划、环境规划目标、环境规划方案的选择和实施环境规划的支持与保证等。

(1)环境调查与评价　包括自然环境和社会环境的调查、污染源调查和环境质量评价。

(2)环境预测　包括对经济社会发展、环境污染、生态环境、资源破坏和污染的经济损失以及环境治理和投资等的预测。

(3)环境功能区划　是指从环境特征或环境承载与人类活动和谐的角度，区分对经济与社会发展起特定作用的地域或环境单元，以合理布局来协调环境与经济、人口的关系。

(4)环境规划目标　包括环境质量目标和污染总量控制目标。

(5)环境规划方案的设计　根据国家或地方的有关政策规定、环境问题和环境目标、污染状况和污染物消减量、投资能力与效益，提出环境区划和功能分区以及污染综合治理方案。开始要拟定多种方案，并进行优选以确定环境规划方案。

(6)实施环境规划的支持与保证　纳入国民经济与社会发展规划，资金的保证，制定年度计划，定期检查、总结等。

二、农业区划

农业是对自然资源依赖程度最大的部门之一，自然资源的区域性特征决定了农业包括农、林、牧、渔各业的产业结构和生产布局的区域化。因而，农业区划是自然资源利用区划的一个重要组成部分，是对农业资源进行优化配置的过程。

农业区划所涉及的实体对象是农业区域。区域是为某种目的而划定的连续、有界限的地理空间。区域的划分可以是行政的，如行政区划，也可以根据自然和社会经济条件或自然地理和社会经济单元，如生物气候带和各类经济区等。区域内存在着自然与社会经济要素的同质性。农业区域是指农业生产特征类似且在空间上密切联系的地区，即在农业生产上具有类似的条件、特征和发展方向的一定区域。农业区域的形成主要取决于自然环境因素，因为农业生产对自然界绝对依赖。同时，也受农产品市场因素和区位因素的影响。当自然、社会、经济和技术条件发生变化时，农业区域也会发生演变。

所谓农业区划，就是要在查明农业自然资源和社会资源的基础上，综合考虑自然、经济和技术条件，根据农业资源的时空变化规律、农业生产的地域分工规律、区域资源的优势、劣势和生产发展的潜力，并按市场需要对农业产业结构和布局进行的安排。农业区划依据的理论基础是自然地域分异规律和劳动地域分工理论，并考虑农业资源经济理论、农业资源优化配置理论和农业生态经济理论进行。农业区划具有强烈的地域性、综合性和宏观性特征。在制定农业区划时，也要体现长期性、超前性和战略性的特点。制定农业区划所应当遵循的原则，与自然资源利用区划的原则相同。

农业区划分为农业自然区划、农业部门区划、农业技术区划和综合农业区划。

(1)农业自然区划　农业自然资源如气候、地质地貌、水文、土壤、植被等具有明显的地域分异，这是农业生产地域分工的基础和前提，也是进行农业自然区划的依据。农业自然资源区划按要素划分为地貌区划、土壤区划、水文区划、植被区划、景观区划等，也有综合多因子进行的农业综合自然区划。农业自然区划是其他农业区划的基础和依据。

(2)农业部门区划　农业生产的各部门或作物从生态条件上来说，都可以划分为最适宜区、适宜区、次适宜区和不适宜区。然而，由于历史、经济与社会的各种原因，各部门和作物的实际分布和发展，又总是与生态适宜程度不完全一致。因而，为了因地制宜进行农业各部门和作物合理布局，需要在研究各部门或各作物发展条件、分布现状和进一步发展方向和途径基础上，进行农业部门和作物区划，包括种植业区划、畜牧业区划、林业区划和渔业区划。部门区划中，可以根据作物、畜禽、林木种类，划分出各作物、树种、林种、畜种等的区划。

(3)农业技术区划　发展农业各种重要技术、途径和措施，如良种推广、耕作制度的采用、农业机械化、水利化、土壤改良、农业生产资料的投入等都有一个因地制宜的问题，由此需要进行各种农业技术措施的区划。农业技术区划包括农业机械化、水利化、化学肥料、土壤改良等的区划。

(4)综合农业规划　就是在综合分析各种农业自然区划、农业部门区划、农业技术措施区划的基础上，根据合理布局农业生产的原则和要求，从农业生产的总体和全局出发，阐述农业各部门生产布局现状和地区差异，按照一定的分区原则划分综合农业区，分区提出农业生产发展方向、农业生产合理布局、建立正确的农业生产结构和产品生产基地的建议，并提出因地制宜实行农业技术改革的关键措施。

制定农业区划的基础是对区域内自然资源和社会资源的充分了解。为此，必须进行资源调查和评价。农业资源调查的对象通常包括土地资源、水资源、气候资源、生物资源和农业社会资源。调查的方法有普查、统计报表调查、重点调查、典型调查、抽样调查、遥感调查。在此基础上，就农业自然资源对人类有用的程度进行评价，并通过科学的分析、论证，提出分区方案。

三、农业环境规划

农业环境规划是农业经济社会发展规划的重要组成部分。农业环境规划是农业环境保护的长远计划，是一定时期内农业环境决策在时间和空间上的具体安排。它作为农业环境管理的核心，又是农业环境保护工作的依据。编制好农业环境规划对于促进农业环境保护工作有步骤地开展具有重要作用。

农业环境规划的类型按范围和层次，可分为国家级的农业环境规划和区域农业环境规划；按其性质分，又可分为农村生态环境污染综合防治规划、生态农业规划、农村生态环境保护规划、农业环境立法规划等。除生态农业规划外，其他类型的农业环境规划只是国家和地方总体环境规划的一部分。

同其他环境规划一样，农业环境规划也是一个反复协调决策的过程，一个最佳实用的规划方案应该是整体与局部、局部与局部、主观与客观、现状与未来、农业生产发展与农业环境质量、需要与可能等各方面的统一，其中农业环境质量与农业生产发展之间协调与否往往是评价农业环境规划的基本依据。这些问题在工作中往往表现为社会各部门、各阶层之间的协调统一问题。所以，实际上整个规划过程就是在寻求一个最佳的折中方案。

农业环境规划的基本原则包括：①协调农业、农村发展与农业环境保护的关系。②农业环境保护必须充分体现“预防为主”的精神。③规划应成为各级环保部门和农业部门开展环境保护工作的依据。④规划应成为农业和农村经济社会发展规划提供科学依据。⑤把农业环境规划纳入农业和农村经济发展规划，保证它所需要的资金和其他物质条件。⑥制定农业环境规划必须从实际出发。

农业环境规划的内容包括：农业环境规划由农业和农村环境保护工作和环境现状、奋斗目标和主要任务、实现规划的措施构成。农业环境保护工作的现状，主要指工作发展情况，取得的主要成绩和存在的主要问题，农业和农村环境现状主要包括农业和农村环境质量状况、污染状况和生态环境状况。奋斗目标是指在规划期间内，通过努力，农业和农村环境要改善到何种程度、环境质量达到什么水平，目标明确及合理与否是农业环境规划好坏的重要标志。主要任务是指规划期间内，为实现奋斗目标必须开展的主要工作，以及各项工作完成的主要要求。实现规划的措施主要包括完成规划所需的资金和物质条件及其解决途径、宣传和人才培养等内容，措施必须切实可行。

农业环境规划中的主要任务部分，一般包括：农业和农村环境管理；农业和农村环境监测；乡镇企业及农业系统企业的污染防治；合理利用农业自然资源，维护农业生态平衡；防治农用化学品污染，逐步建立并完善农用化学品的登记制度；合理利用城市和工业废弃物；建设和推广生态农业试点；建立和管理农业类自然保护区；发展农业和农村环境保护科学研究、技术推广和宣传教育工作等。

农业环境规划编制的步骤如下。

回顾和总结过去一段时间内农业和农村环境保护工作开展情况，取得的成绩、经验和存在的问题。

通过对农业和农村生态环境的调查和农业环境评价（包括回顾评价、现状评价和预断评价），广泛搜集有关农业环境现状及预测的基础性资料信息，掌握农业环境质量现状及变化趋势。

进行农业和农村环境预测。

根据现时的自然条件、物质条件、技术条件和管理水平，确定规划期内恰当的农业和农村环境保护目标。

根据技术能力、自然条件、经济条件和其他社会因素，制定出切实可行的农业和农村生态环境保护和污染综合防治的技术方案。

确定当地农业和农村生态环境的主要问题并分类排队，根据环境目标确定规划期间重点应抓好的几项工作及完成程度。

根据规划任务的需要及农业经济的发展状况，确定规划的主要措施。

编制的规划初稿和图幅，在反复多次广泛征求意见进行完善，修改后送审稿报有关机关审批。

第三节　环境监测与质量评价

一般认为，人类活动排放的有害物质和因子进入环境，并积累到一定程度，危害人类健康或对其他生物的正常生存和发展产生不利影响的现象是环境污染。也有人强调人为活动导致环境中有害物质和因子的增加，即超过环境背景值的量就是环境污染。

环境背景值是指各种环境要素如空气、水、岩石、土壤、生物体等在未受污染的情况下，所存在的化学元素、化学物质以及物理能量的正常值，主要受自然地理因素的影响。由于各地的母质、气候、地形和植被条件差异，特别是成土母质的不同，导致各地的环境背景值差异较大。例如，我国南方的部分省份土壤重金属的背景值就较高，青藏高原的放射性背景值较高等。鉴于没有受人为干扰的地区很少，环境背景值选点困难，因而常用区域环境基线值来代替环境背景值。区域环境基线值是指某一区域在一定时间内未直接接受工业排放物污染的情况下，各环境要素的基本化学组分及含量。

一、环境标准

环境标准是进行环境监测和环境评价的基本依据，也是国家资源与环境保护法律体系中的一个重要组成部分。

1. 环境标准的概念、种类与制定原则

环境标准是国家(或部门)或地区权力机构根据人类健康、生态平衡和社会经济发展对环境结构、状态的要求，在综合考虑本国或本地区自然环境特征、科学技术水平和经济条件的基础上，对环境要素间的配置、各环境要素的组成所规定的技术规范。按其性质，环境标准分为环境质量标准、污染物排放标准和污染物控制技术标准。环境标准有国家标准和地方、行业标准之分，均为强制性标准。

2. 环境质量标准

环境质量标准是国家或地区权力机构为保障人体健康、保护生物资源和环境，根据人群和生态系统的综合要求，而制定的各种环境参数允许水平的技术规范。按照环境要素的不同，有环境空气质量标准、水环境质量标准和土壤环境质量标准。制定环境质量标准的原则是既要符合人体健康和环境功能区的要求，也要考虑技术经济条件。与环境质量标准配套的，有相应的测定方法的技术标准。例如《环境空气质量标准》(GB 3095—1996)规定了环境空气质量功能区划分、标准分级、污染物项目、取值时间及浓度限值，采样与分析方法及数据统计的有效性等。

比较重要的环境质量标准还有《地表水环境质量标准》(GB 3838—2002)、《地下水环境质量标准》(GB/T 14848—93)《海水水质标准》(GB 3097—1997)和《土壤环境质量标准》

(GB 15618—1995)等。

3. 污染物排放标准

污染物排放标准是以实现环境质量标准为目标,对污染源排入环境的污染物或有害因子的排放量或排放浓度所作的限度规定。污染物排放标准按污染物形态分为气态、液态、固态以及物理性污染物(如噪声)排放标准。按适用范围,污染物排放标准分为综合排放标准和行业排放标准。综合性污染物排放标准规定一定范围(全国或一个区域)内普遍存在或危害较大的各种污染物的容许排放量,适用于各个行业。有的综合性排放标准按不同排向(如水污染物按排入下水道、河流、湖泊、海域)分别规定容许排放量。行业的污染物排放标准规定某一行业所排放的各种污染物的容许排放量,只对该行业有约束力。

此外,各地区还根据当地的环境容量、污染源的分布和地区特点,在一定经济水平下实现排放标准的可行性,制订适用于本地区排放标准即地方排放标准。行业和地方的污染物排放标准应严于国家的综合性排放标准,且国家标准和行业或地方标准不交叉执行。

比较重要的污染物综合排放标准有:《大气污染物综合排放标准》(GB 16297—1996)、《污水综合排放标准》(GB 8978—1996)、《危险废物填埋污染控制标准》(GB 18598—2001)、《工业企业厂界噪声标准》(GB 12348—2008)、《恶臭污染物排放标准》(GB 14554—93)。

对实行总量控制的主要污染物(COD、SO_2、氮氧化合物、氨氮等),各污染物排放单位应在不超出国家对污染物总量控制指标内,实行达标排放。

4. 污染物控制技术标准

污染物控制技术标准是对污染物排放标准的一种辅助规定,是根排放标准和环境质量标准的要求,结合生产工艺特点,对必须采取的污染控制措施加以具体规定,如各种技术规范和导则等。

此外,还有环保基础标准和环保方法标准。环保基础标准是对环境标准中的有关词汇、术语、图式、原则、量纲单位等进行的统一技术规定。环保方法标准是指对采样、分析测定、试验和统计等方法所制定的统一规定。

二、环境监测

1. 环境监测概念与原则

(1)概念　环境监测是指测定代表环境质量的各种标志数据的过程。控制和消除环境污染,保护环境,首先需要了解环境状况,了解造成污染的范围、程度以及污染产生的原因,然后在此基础上提出控制和改善环境质量的措施。环境监测就是间断或连续地收集和测定环境中污染物质的浓度,分析其变化规律及对环境的影响。环境监测是环境质量评价的基础,是进行环境科学研究的手段,为环境管理,评价、规划和立法、执法提供科学依据。环境检测的目的是检验和判断环境质量是否合乎国家规定的环境质量标准,判断污染源造成的污染影响,确定污染物浓度分布的现状、发展趋势和发展速度。

(2)环境监测的原则

①质量优先和实用性原则。监测的目的是为了评价环境质量和保证环保措施的实施,监测数据不是越多越好,而是越有用越好,监测手段不是越现代越好,而是越准确、可靠、实用越好。因此,在进行环境监测时,在确保监测质量要求下,尽可能做到经济、实用。

②优先控制污染物优选监测。优先控制污染物包括:毒性大、危害严重、影响范围广的污

染物质；污染呈上升趋势，对环境具有潜在危险的污染物质；具有广泛代表性的污染因子。另外，优先监测的污染物一般应具有相对可靠的测试手段和分析方法，能获得正确的测试数据；已有规定环境标准和评价标准，能对监测数据做出正确的判断。

③统一安排，合理布局原则。环境问题的复杂性决定了环境监测的多样性，为了使所测得的少数数据能确切地反映环境质量，要对监测布点、采样、分析测试及数据处理做出合理安排。

2. 农业环境监测

农业环境监测包括定点连续观测和定点或选点的间断观测。其中选点的间断观测就是调查，在一定时段内，大范围的调查为普查。例如，近年来，为摸清全国土壤污染状况、保证农产品质量和人类健康，根据国务院的部署，2006 年起环境保护部会同国土资源部开展了全国土壤现状调查及污染防治专项工作，目前各地正在进行数据审核和分析。摸清全国范围的土壤污染现状、污染范围、主要污染物和污染程度，将为土壤环境管理和治理奠定基础。这种调查就具有普查的特征。

国家还以 2007 年 12 月 31 日为标准时点，开展了第一次全国污染源普查。普查表明，农业特别是畜禽养殖业，已经成为主要污染源之一，主要污染物为 COD、总氮、总磷、铜和锌等。

农业环境监测的范围主要有下列几个方面。

(1)农用水质监测　包括农田灌溉用水、农村家畜家禽用水和水产养殖用水等。

(2)农田土壤监测　包括用来种植各种粮食作物、蔬菜、水果、纤维和糖料作物、油料作物，以及农区森林、花卉、药材，草料等作物的农业用地土壤。

(3)农作物监测　以我国常见的水稻、小麦、玉米等粮食作物和水果、蔬菜、茶叶、烟草为主要监测对象，同时包括其他农作物。

(4)农田大气监测　包括农田大气监测以及乡镇村落大气监测。

(5)工业三废监测　主要是对危害农业区的工业三废进行监测。

(6)背景值调查测定　包括水体、大气、土壤、作物、沉积物背景值的测定。

(7)农业点源污染监测　主要是对集中式畜禽养殖场的污染监测，监测的污染物包括 COD、氮、磷、重金属、抗生素和激素等。

(8)农业非点源污染监测　农业已经成为重要的非点源污染源，主要污染物为进入大气的氮氧化物、氨、农用化学药剂等，进入地下或地表水体的氮、磷和农药等。由于技术上的原因，目前这方面的监测主要具有研究性质。

3. 农业环境监测方案简介

进行环境质量监测的第一步工作是制定监测方案，能否从监测结果中正确和准确地得到关于环境质量的信息，除了仪器设备的先进程度和所处的工作状态外，更重要的是取决于监测方案是否得当。一个完整的监测方案应包括以下内容：监测项目、监测范围、监测周期和监测点位。

(1)大气环境质量监测方案　大气环境质量监测项目一般选择总悬浮微粒、飘尘、二氧化硫、氮氧化物、一氧化碳和光化学氧化剂(臭氧)等几种。

大气环境质量监测范围应根据污染源种类而定，如以高架源为主的建设项目，监测范围的半径可定为扩散模式估算的最大落地浓度距离 1～2 倍。采样布点类型也根据实际需要而设，常见的有扇形布点、网络布点、功能布点、放射形布点几种。

监测周期一般根据工作的精度来确定，采样频率越高，数据的准确性越好。一般大气监测工作时间有短期，间歇和长期监测三种，由于受人力、物力的限制，我国常见的例行监测属于间歇行监测。短期监测是为了特种目的服务，只能说明特定条件下的环境问题，不能说明一般规律，如事故后监测就属于此类。

(2)水环境质量监测方案　水环境监测项目种类很多，既包括各种污染源排放的主要污染物，又包括反映水质特征的常规监测项目，如温度、pH、悬浮物、全盐量(电导率)、BOD_5、重金属、氰化物、氟化物、氨氮、主要有机污染物等。

水环境监测采样点的布设是根据监测目的、水的用途所处位置以及对数据要求进行选择。如为了了解地面水的自净过程，采样点应在废水排出口上游清洁断面及排出口 5、12、24、48、100 h 流程的断面处，各断面的采样点应在断面上均匀分布，这样可以了解断面处废水的混合情况。对于农业水质监测的布点则要从水污染对农业生物的危害出发，按污染分布和水系流向布点，把监测重点放在农业环境污染问题突出和对国家农业经济发展有重要意义的地方，如城郊引灌污水和施用垃圾较多的农区，工矿区周围受工业"三废"污染严重的农区，农药、化肥施用多的高产农区，国家投资建设的农业商品基地和创汇农业基地等。

水环境质量监测频率可根据要求而定，一般为了解河流水质随季节变化，应在丰水期、平水期与枯水期分别采样，同时还应进行水文调查，具体采样按《地下水环境监测规范》(HJ/T 164—2002)和《地表水和污水监测规范》(HJ/T 91—2002)进行。

(3)土壤监测调查方案　土壤调查一般分析土壤中重金属元素、微量元素、农药和其他污染物质。由于土壤性质本身在空间分布上具有不均一性，所以一个采样单元是由若干个不同的样品经过均匀混合后所得。采样点的设置也应尽量照顾到土壤的全面情况，不可太集中。采样布点一般采用网格布点、对角线布点、梅花形布点、棋盘式和蛇形布点几种方法。具体采样和测定方法按《土壤环境监测规范》(HJ/T 166—2004)进行。

采样时间随测定目的而定，为了了解土壤污染状况可随时采集土样测定，但往往也需同时了解在土壤上生长的作物污染状况，则可在植物收获季节同时采集土壤和植物样品。

4. 农业环境监测方法

农业环境监测方法，可概括为 3 类，即化学污染监测法、物理污染监测法和生物污染监测法。

(1)化学污染监测法　化学污染监测法是以分析化学为基础，利用化学原理，即氧化与还原、中和、络合、沉淀等化学反应或物理分离等为基础建立起来的分析方法，包括重量法、容量法和比色法等。随着电子技术的发展，大量的分析仪器出现，由于分析仪器具有简便、快速、准确、灵敏的优点，而且对微量元素有较好的测定精度，现在已广泛应用于环境分析。

(2)物理污染监测法　目前在农业环境监测中尚未普遍开展，如噪声、放射性、电磁辐射对农业环境的污染，还有待于进一步研究，逐步展开。

(3)生物污染监测法　生物对环境中的污染物质会产生各种各样的反应，人们利用生物在各种污染环境中所发出的各种信息，来监测和评价环境污染状况，这就是生物监测。目前常用的主要有生物群落监测法、生物残毒监测、细菌学监测、急性毒性试验和致畸致突变试验等。

生物群落监测，实际上是生态监测的一部分。根据野外调查和室内分析研究，找出不同环境的指示生物受污染所造成的群落结构变化，即种群出现频率和相对的数量变化，通过数学计算所得的简单指数来判别环境污染程度。生物群落监测法目前在水污染监测方面应用较多，如污水生物体系法、生物指数法、水生植物法等。水生生物依其种类不同，采用不同的样品处理来计数检验确定污染程度，又可分为浮游藻类监测法、浮游动物监测法和底栖动物监测法等。

生物残毒分析法，是通过测定污染物在生物体内的富集量来监测环境污染程度的方法。在农业环境监测中，生物残毒分析对农、畜和水产品的监测具有特殊意义，在生物残毒监测中，对试样的采集、保存、制备和样品预处理等环节都要有严格的规范化要求，其分析测试方法，大部分采用化学或物理的方法来进行。

细菌学检验方法，目前应用较多的是细菌总数监测法和大肠杆菌监测法，根据农、畜和水产品中的细菌总数多少，反映其污染和腐败程度。

在生物监测中，利用指示植物监测大气污染是行之有效的方法。大气污染对敏感指示植物造成的伤害显而易见。通过大量试验研究，编制出植物污染症状检索表和污染损害原色图谱，可根据生物污染受害的可见症状，参照分析环境污染的危害程度。

农业环境监测的3种方法中，生物监测的灵敏度和可靠性不及理化分析方法，所以它不能替代常规方法，只能作为一种补充。

三、环境质量评价

1. 环境评价与环境质量评价

环境质量是指一个具体的区域内环境的总体和环境的某些要素对人群社会生存和发展的适宜程度。环境质量包括环境的整体质量或综合质量（如城市环境质量）和各环境要素的质量，如大气环境质量、水环境质量、土壤环境质量、生态环境质量等。

环境评价就是指按照一定环境评价标准和评价方法评估环境质量的优劣，以预测一定区域范围内环境质量发展趋势和评价人类活动的环境影响。按时间属性，环境评价分为环境质量回顾评价，环境质量现状评价和环境影响评价。环境质量回顾评价是根据一个地区或某个特定范围内历年积累的环境历史资料进行分析评价，据之回顾该地区环境质量发展和演变状况。环境质量现状评价是根据近两三年的监测和调查资料，对该地区环境质量进行分析；了解目前该地区的环境质量状况。环境影响评价则是根据一个地区经济建设和发展规划，预测该地区将来环境质量的变化。

按评价所涉及的环境要素，环境评价有综合环境评价和单要素如大气、水、土壤环境质量的评价等。

按评价的区域类型，环境评价又分为行政区域评价和自然地理区域评价，如流域环境质量评价等。

2. 农业环境质量评价

农业环境质量评价是对农业环境要素的质量优劣进行的定量描述。通过定量地揭示和预测人类活动对农业环境质量的影响，农业环境质量评价为制定农业环境区划与规划、农业环境法规和农业环境管理提供科学依据，从而找到协调农业经济发展和保护农业环境的有效途径。

农业环境质量评价是农业环境管理工作的重要手段之一。通过区域环境质量评价，可以摸清区域农业环境质量变化发展规律，有的放矢地进行区域农业环境系统分析、制定区域农业环境系统工程方案、控制该区域的农业环境污染和农业生态破坏。因此，区域农业环境质量评价是区域农业环境污染或生态破坏综合防治的基础。

环境质量评价的程序因其目的、要求及评价的要素不同，可能略有差异，但基本过程如下。

(1)确定评价目的,制定实施计划　进行环境质量评价首先要确定评价目的,划定评价区的范围、确定评价精度、制定评价工作大纲及实施计划。

(2)资料收集和系统监测　收集、整理、分析现有的、长期的、系统的资料是环境质量评价中的一项重要工作。在资料收集整理、分析的基础上,确定主要监测因子,对污染源、农业环境污染与破坏开展调查和监测工作。

(3)确定本底值,找出污染起始值　以划分污染与非污染的界限,用等级法或指数法等区分污染破坏的程度和质量等级。

(4)对区域农业环境质量进行综合评价和预测　选择几个主要的环境要素,以及主要污染物作为参数,并对各参数给以合理的加权,计算质量综合指数,反映区域环境综合质量状况,在此基础上预测各环境要素的发展状况。

(5)提出区域农业环境污染与破坏的综合防治对策　根据评价结果和区域环境目标,制订区域农业环境污染与破坏的综合防治对策。

(6)编写农业环境质量报告书　在上述工作完成后,分析工作成果,编写环境质量报告书,并附相关的图件。

国内外使用的农业环境质量评价方法很多,但大体上可以分为以下几类:经验判断与分析方法、定量化方法和系统分析方法,每一类方法又分成许多种不同方法。具体他说,经验判断与分析方法是定性描述为主辅以部分定量信息的一种方法。它实质是根据野外实地调查与收集的资料通过加工处理,提取主导因素或采用多因子叠加,综合判断,做出农业环境质量的区域分异及等级差别。定量化方法是一种数学方法,是用指数系统来评价农业环境质量,用数学模型特别是用指数系统来研究,可以使农业环境质量建立在比较精确的定量数据之上。系统分析方法是运用系统理论来揭示区域农业环境要素质量特征对于区域农业环境总体质量特征的贡献程度,同时也反映各环境单要素之间的关系。目前在环境质量评价中最常运用的方法是定量化的数学方法。

我国的农业环境质量评价中所采用的数学方法主要是指数法。指数通常指污染指数,主要用来分析现有污染程度、划分污染等级、确定污染类型。环境质量评价中的指数主要有两种类型,即单因子指数和综合指数。

单因子污染指数的计算公式为:

$$P_i = \frac{c_i}{S_i} \tag{10-1}$$

式中:P_i 为污染物污染指数;c_i 为污染物 i 的实测浓度;S_i 为污染物 i 的环境评价标准值。综合污染指数有以下几种形式:

叠加型指数:

$$I = \sum_{i=1}^{n} \frac{c_i}{S_i} \tag{10-2}$$

均值型指数:

$$I = \frac{1}{n}\sum_{i=1}^{n} \frac{c_i}{S_i} \tag{10-3}$$

加权均值型指数:

$$I = \frac{1}{n}\sum_{i=1}^{n} W_i P_i \tag{10-4}$$

均方根型指数:

$$I = \sqrt{\frac{1}{n}\sum_{i=1}^{n} P_i^2} \tag{10-5}$$

内梅罗指数：

$$I=\sqrt{\frac{(\overline{P}_i)^2+[\max(P_i)]^2}{2}} \quad (10-6)$$

$$\overline{P}_i=\frac{1}{n}\sum_{i=1}^{n}P_i$$

式(10-2)至式(10-6)中：I 为综合污染指数；n 为评价因子数；W_i 为污染物 i 的权系数，$\max(P_i)$为土壤中污染物的最大污染指数。加权均值型指数突出的优点是简单明确，可用来比较污染源或不同污染物对环境影响的贡献程度，有助于识别环境质量和污染问题，但不足之处也是明显的，如权值的确定比较模糊，受人为因素干扰大。

第四节 环境影响评价

一、环境影响及环境影响评价

环境影响是指人类活动对环境的作用和导致环境变化以及由此引起的对人类经济和社会的效应。这种影响有直接的，也有间接的或累积性的；影响效果有有利的，也有不利的；有长期的，也有短期的；有地方或区域性的，也有国家或全球性的。按其影响的性质，环境影响又可分为可恢复影响和不可恢复影响。一般认为，在环境承载力范围内的影响是可以恢复的，超出环境承载力的范围，则是不可恢复的。

环境影响评价简单说来就是对项目、规划等活动的环境影响进行评价。环境影响评价制度 1969 年在美国建立，1985 年欧洲开始推广，后来逐渐扩大到全世界。中国在 20 世纪 90 年代中期开始试行，直到《中华人民共和国环境影响评价法》2003 年 9 月 1 日实施后，环境影响评价制度才在全国普遍推广。国际上通行的评价程序及步骤如图 10-1 所示。

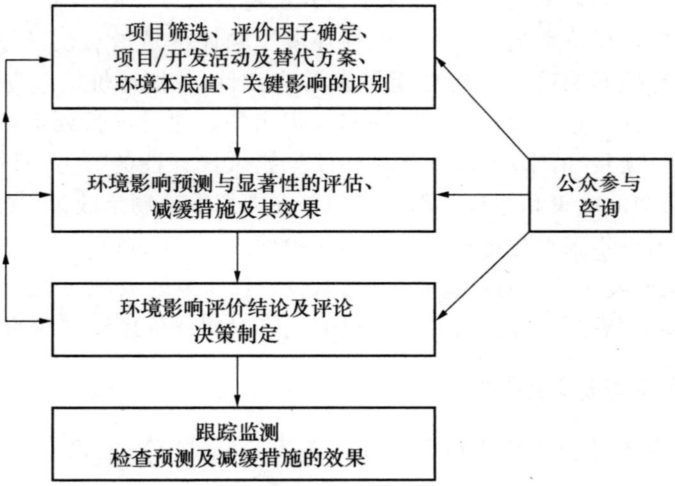

图 10-1 环境影响评价程序及步骤

环境影响评价定义可表述为，是对一项拟议中开发活动的行动方案或规划，可能对环境产生的物理性、化学性或生物性的作用及其造成的环境变化和对人类健康和社会福利的可能影响，进行系统分析和评估，并提出减少这些影响的对策措施。环境影响评价依据国家的资源与环境保护法律、法规、规章、环境标准，以及环境管理制度和产业政策等法律性文件规定，将社会、经济、资源与环境等因素结合起来进行的综合性分析与评价，对维持资源平衡和保证资源的合理利用、保护环境，促进可持续发展具有重要意义。环境影响评价通过加强生态影响评价，使得资源管理和环境管理统一起来。

环境影响评价的内容包括：建设和区域开发项目对自然环境、社会与经济环境的影响；污染物对大气、土壤、水体等环境要素的污染途径；污染因子在环境中的传输、迁移、转化规律以及对人体和生物的危害程度；并通过制定有效的防治对策，把环境影响限制在可以接受的水平。进行环境影响评价是为社会、经济、环境的协调发展提供决策依据。评价的环境要素包括大气环境、水环境、海洋环境、固体废弃物、噪声、环境健康、生态环境以及环境风险，以及对区域的环境影响和社会经济环境的影响等。环境影响评价的基本功能是判断、预测、选择和导向。

进行环境影响评价时，首先需要对环境质量现状进行评价。在开发建设活动实施后，还需要对环境的实际影响程度进行系统调查和评估，检查对减少环境影响措施的落实程度和实施效果，验证环境影响评估的正确可靠性，判断提出的环保措施的有效性，对一些评价中尚未认识到的影响进行分析研究，这一过程就是环境影响后评估。

环境影响评价是分析预测认为活动造成环境质量变化的一种科学方法与技术手段，并被法律强制规定为指导人们开发活动的必须行为，这就是环境影响评价制度。我国的环境影响评价制度，开始时以建设项目环境影响评价为主。要求所有建设项目，包括区域和流域开发、工业基地的发展计划、开发区建设等，必须执行环境影响评价制度。近年来，扩大到对区域性发展规划的环境影响评价。环境影响评价制度具有法律的强制性，并纳入基本建设程序，对从事环境影响评价的单位和个人实行评价资格审核认定制度。

我国对造成不同程度环境影响的建设项目实行分类管理。此外，依据环境影响评价制度的法规体系，还对环境影响评价的管理程序、工作程序和环境影响报告书等进行了规范。

根据拟开发建设行动方案的不同，分为单个开发建设项目环境影响评价、区域开发建设的环境影响评价和战略性环境影响评价。战略性环境影响评价是指对政策、规划或计划及其替代方案可能产生的环境影响进行规范的、系统的综合评价，并把评价结果应用于负有公共责任的决策中。它是为了针对单个项目环评的缺陷而提出的。建设项目处于整个决策链（战略—政策—规划—计划—项目）的末端，因此项目环评只能做修补性的努力；对单个项目的认可或否决，并不能影响最初的决策和布局。而环境问题在人们着手制定政策、规划和计划时就已经潜在地产生了。我国近年来首先进行了战略环评的试点，并在 2009 年开始在全国实行。

目前，我国环境影响评价的对象包括工业建设项目、工程建设项目、资源开发利用项目、区域的开发计划和区域发展规划等。对政策进行的战略影响评价还没有开始。

二、建设项目环境影响评价

建设项目环境影响评价工作大体分为 3 个阶段：准备阶段、正式工作阶段和报告书编制阶段。

(1)准备阶段　工程项目确定后，建设单位委托有相应资质的评价单位研究有关文件，进行初步的工程分析和环境现状调查，筛选重点评价项目，确定各单项环境影响评价的工作等级，在此基础上编制评价大纲内容包括建设项目总况、建设地点的自然和社会环境状况、评价工作的依据、环境保护的目标和对象、评价的标准、评价的技术方法、工作进度以及经费和成果清单。

(2)正式工作阶段　其主要工作为进一步做工程分析和环境现状调查,并进行环境影响预测和评价环境影响。其中环境现状调查包括开展现场调查和监测。调查和监测的内容有环境资料的收集以及建设项目影响所及范围内的污染源和可能对评价区域产生影响的污染源等。

(3)报告书编制阶段　主要是汇总、分析第二阶段工作所得的各种资料、数据,给出结论,完成环境影响报告书的编制。报告书的内容有下列方面。

①总则,包括编制目的、编制依据、采用标准、控制污染与保护环境的目标。

②建设项目概况,包括建设项目的名称、地点及建设性质,建设规模,土地利用情况和发展规划,产品方案和主要工艺方法,职工人数和生活区布局。

③工程分析,包括对主要原料、燃料及其来源和储运,物料平衡,水的用量与平衡,水的回用情况的分析;工艺过程;废物等的种类、排放量和排放方式,以及其中所含污染物种类、性质、排放浓度;产生的噪声、振动的特性及数值等;废弃物的回收利用、综合利用和处理、处置方案;交通运输情况及厂地的开发利用。

④建设项目周围地区的环境现状,包括地理位置,地质、地形、地貌和土壤情况,河流、湖泊(水库)、海湾的水文情况,气候与气象情况;大气、地面水、地下水和土壤的环境质量状况;矿藏、森林、草原、水产和野生动物、野生植物、农作物等情况;自然保护区、风景游览区、名胜古迹、温泉、疗养区以及重要的政治文化设施情况;社会经济情况,包括:现有工矿企业和生活居住区的分布情况,人口密度、农业概况,土地利用情况,交通运输情况及其他社会经济活动情况;人群健康状况和地方病情况;其他环境污染、环境破坏的现状资料。

⑤环境影响预测,环境影响的时段、范围,预测内容及预测方法,预测结果及其分析和说明。

⑥评价建设项目的环境影响,建设项目环境影响的特征,建设项目环境影响的范围、程度和性质,如要进行多个厂址的优选时,应综合评价每个厂址的环境影响并进行比较和分析。

⑦环境保护措施的评述及技术经济论证,提出各项措施的投资估算。

⑧环境影响经济损益分析。

⑨环境监测制度及环境管理、环境规划的建议。

⑩环境影响评价结论。

三、区域环境影响评价

区域性开发项目如经济技术开发区、高新技术产业区、旅游度假区等的建设项目,需要在一个相同的地区或相近时间内相继开展多个建设项目。此时,如果对各个建设项目分别进行环境影响评价,则不能预测最终的环境变化,也不能说明区域开发的总体环境影响。为了保证采取合理的环境保护对策,以实现环境质量目标,需要将此类开发建设项目看作一个整体,考虑所有的区域开发建设行为,开展区域开发环境影响评价,简称区域环境影响评价。

所谓区域开发环境评价就是在一定区域内,从整体上综合考虑区域内拟开展的各种社会经济活动对环境产生的影响,并据此制定和选择维护区域良好循环,实现可持续发展的最佳行动规划或方案,同时也为区域开发规划和管理提供决策依据。

区域环境影响评价的范围广、内容复杂。需要从区域发展规模、性质、产业布局、产业结构及功能布局、土地利用规划、污染物总量控制、污染综合治理等方面论述区域环境保护和经济发展战略性对策。由于区域开发是逐步、滚动发展的,因而区域环境影响评价具有一定的不确定性。区域环境影响评价在实践上应是超前的，评价方法多样化，既有定性的也有定量的。

区域环境影响评价的主要类型有：开发区建设环境影响评价、城市建设与开发环境影响评价和流域开发环境影响评价。区域环境影响评价也可以分为新经济开发区和老工业基地环境影响评价。

区域环境影响评价的基本内容包括：区域环境现状调查与评价；区域总体发展规划；环境问题的识别与筛选；区域环境影响分析，包括区域环境污染物总量控制分析、区域环境承载力分析以及土地利用和生态适宜度分析；环境保护综合对策研究。完成后编制区域环境影响评价报告书。

四、规划环境影响评价

规划环境影响评价是指对国家有关部门、地方人民政府及其有关部门组织编制的土地利用的有关规划，区域、流域、海域的建设、开发利用规划进行的环境影响评价。规划环境影响评价又称为战略性环境影响评价。规划环评的工作开展的较晚，其法律依据是《中华人民共和国环境影响评价法》和国务院于2009年颁布的《规划环境影响评价条例》。规划环境影响评价的目的是为了具体实施可持续发展战略，在规划编制和决策过程中，充分考虑所拟议的规划可能涉及的环境问题，预防规划实施后可能造成的不良环境影响，协调经济增长、社会进步与环境保护的关系。

规划环境影响评价的基本内容包括：规划实施可能对相关区域、流域、海域生态系统产生的整体影响；规划实施可能对环境和人群健康产生的长远影响；规划实施的经济效益、社会效益与环境效益之间以及当前利益与长远利益之间的关系。

规划环境影响报告书至少包括9个方面的内容：总则、拟议规划的概述、环境现状描述、环境影响分析与评价、推荐方案与减缓措施、专家咨询与公众参与、监测与跟踪评价、困难和不确定性、执行总结。规划环境影响篇章至少包括4个方面的内容：前言、环境现状描述、环境影响分析与评价、环境影响减缓措施。

对规划环评还要进行跟踪评价，对规划实施所产生的环境影响进行监测、分析、评价，用以验证规划环境影响评价的准确性和判定减缓措施的有效性，并提出改进措施的过程。

五、生态环境影响评价

生态环境影响评价的基本对象是生态系统，即评价生态系统在外力作用下的动态变化。生态环境影响评价是建设项目、区域开发和战略环评的一个十分重要的内容。在我国的环境影响评价中，生态环境评价开始的较晚，其评价体系在不断完善中。

生态系统是一个完整的综合系统，是一个有层次结构的整体。生态系统保护的基本任务就是要保护生态系统的完整性，包括其地域分布的连续性、物种多样性、生态组成的协调性和环境条件的匹配性。

在对生态环境影响进行评价时，首先要进行影响识别，包括影响因素识别、影响对象识别、影响效应识别和重要生境的识别，并开展生态环境调查与现状评价，调查和评价内容包括物种、群落、栖息地(生境)、生态系统质量等。

建设项目、区域开发和规划对生态环境的影响是多方面的，在时间、空间、作用方式、影响性质等方面有多种方式，所有这些影响都应涉及。此外，还需要对重大开发建设项目的生态风险进行预测评价，做出预测生态功能变化的结论。

生态环境影响评价的内容包括：生物多样性影响评价、水资源影响评价、土壤污染影响评价、土地退化影响评价、污染的生态效应评价、放射性核素的动植物污染影响评价、生态环境影响综合分析与评价等。根据地区特点和建设项目的类型不同，评价的内容有所侧重。

国外的生态环境影响评价，还包括了对生物地球化学循环影响的评价。评价对象有碳、氮、磷、硫、重金属和有机污染物。

六、农业环境影响评价

农业环境影响评价在农业环境质量评价中占有十分重要的位置。虽然农业环境评价是生态环境影响评价一部分，但农业环境影响评价有其特殊性，应给予重视。加强农业环境影响评价，可以防止人类的建设和开发活动对农业环境产生的不良影响和保证食品安全，促使人们从建设和开发活动的开始，就注意保护农业环境，实现合理布局，采取有效的防治对策，把人类活动对农业环境和食品安全的不良影响解决在建设之前和建设过程中，或限制在最小程度，求得经济效益、社会效益和环境效益的统一。

由于农业环境是以农业生物为主体，并围绕主体的一切客观物质条件和社会条件的总和，因此，农业环境影响评价的对象可分为以下3个方面：①对农业环境产生影响的基本建设项目，主要是农业区域内新建的工矿企业以及农田基本建设项目等；②农业区域开发计划项目，如农业自然资源开发利用活动，开荒造田，围湖养鱼等；③实施新的农业政策和某些农业措施，如施用新农药、新化肥、污水灌溉等。

农业环境影响评价是通过评价，找到存在的环境影响问题，提出环保对策和减缓影响的措施，对于不同的评价项目，其产生的环境影响也不同，因而防止和减缓影响的措施也不同，通常可供选用的环保对策有以下几种。

(1)改革工艺，减少排放　尽量采用清洁工艺，减少污染物的产生，对于已产生的污染物要加以处理，达标排放。

(2)更换原料或燃料品种　燃煤含硫量高的可换用低硫燃料，以便减少排气中 SO_2 的量。

(3)控制排放时间　根据水文、气象条件和农作物生长情况，控制排放时间。对于数量少而浓度高的污水，在经过测算后，旱季贮存，丰水期排放。在农作物受害敏感期，减少或禁止排放大气污染物。

(4)统筹协调排放源，使排放方案最优化　对污染源进行合理布局，加强管理，使污染源对环境产生的影响最小。

(5)替代方案和补充方案　环境影响评价工作中尽可能提出几种替代方案和补充方案，与设计方案相比较，以确定最佳方案。替代方案和补充方案的提出是非常必要的，目前我国有关的环评文件对此作了规定。

第五节　资源与环境法律体系

一、资源与环境保护法

法律在广义上的理解泛指国家制定的具有规范性的各种法律文件，在我国包括宪法、全国人大及其常委会制定的法律、国务院制定的行政法规、地方立法机关制定的地方性法规等。狭义上的理解仅仅是指全国人大及其常委会制定、颁布的法律，或简称法。法律的产生由国家制定和认可、是用以调整人们社会关系的行为规范、规定权利与义务的社会规范，并由国家强制力保证实施。

有关资源与环境保护方面的法律具有法律的一般属性和特征。研究资源与环境法律体系的学科称为环境与资源保护法学，是一门新兴的法学分支学科，是法学与资源科学、环境科学相交叉的一门边缘学科，具有明显的自然科学和社会科学相互渗透的特点。

资源与环境保护法，由国家制定或认可，并由国家强制保证执行的关于合理开发利用与保护自然资源、保护与改善环境，防治污染和其他公害的法律规范的总称。资源与环境保护法的特征体现在其综合性、技术性、社会性和共同性。资源与环境保护法的任务是合理地利用资源和环境，防止环境污染和生态破坏；建设一个清洁适宜的环境，保护人民健康；协调环境与经济的关系，促进经济社会可持续发展。

资源与环境保护法的基本原则是：资源利用、环境保护与经济建设、社会发展相协调的原则；预防为主、防治结合的原则；开发者养护、污染者治理的原则；奖励综合利用的原则和环境保护的民主原则。

二、资源与环境保护法律体系与制度

资源与环境保护法律体系是指国家制定的开发利用自然资源、保护改善环境的各种法律规范所组成的相互联系、相互补充、内部协调一致的统一整体。资源与环境保护法律体系各层次的关系如(图 10 - 2)所示。

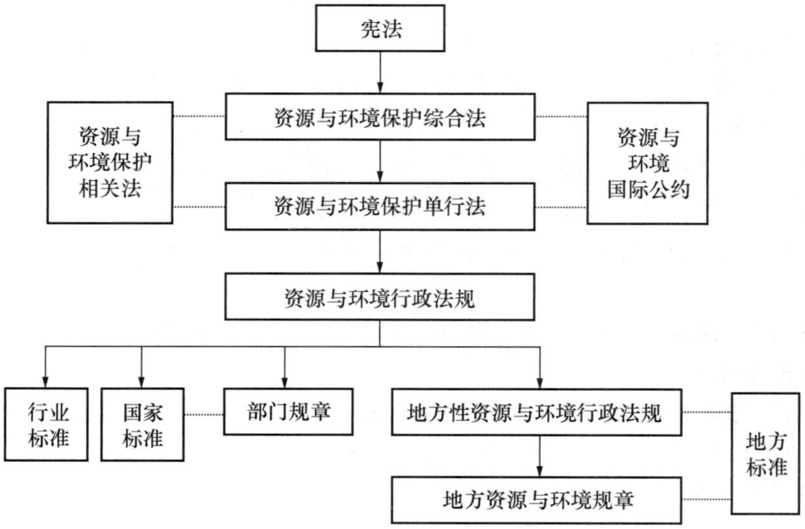

图 10 - 2 资源与环境保护法律体系框架图

我国的资源与环境保护法体系包括：

1. 宪法

《中华人民共和国宪法》是国家的根本大法，是所有资源环境法律制定的基础和依据。宪法中关于资源保护利用的条款有：

第 9 条规定："矿藏、水流、森林、山岭、草原、荒地、滩涂等自然资源，都属于国家所有，即全民所有；由法律规定属于集体所有的森林和山岭、草原、荒地、滩涂除外。""国家保障自然资源的合理利用，保护珍贵的动物和植物。禁止任何组织或者个人用任何手段侵占或者破坏自然资源。"

第 10 条规定："城市的土地属于国家所有。农村和城市郊区的土地，除由法律规定属于国家所有外，属于集体所有。""一切使用土地的组织和个人必须合理地利用土地。"

第 26 条规定："国家保护和改善生活环境，防治污染和其他公害。"

2. 资源与环境保护基本法

1989 年颁布的《中华人民共和国环境保护法》是环境保护的基本法也具有对资源保护的基本法性质。环保法规定了保护资源和环境的任务、对象、应采取的基本原则和制度、基本要求，以及开发利用资源的法律义务和防治环境污染的基本要求和义务等。

3. 资源与环境保护的单行法和法规

资源与环境保护的单行法是依据宪法和环境保护基本法(其中资源法的主要依据是宪法)，针对特定的保护对象，即某种资源和环境要素或者特定的环境与社会关系，而进行专门调整的立法。有关资源的单行法主要有：

中华人民共和国水法 (1988 年制定，2002 年修订)

中华人民共和国节约能源法 (1997 年制定，2007 年修订)

中华人民共和国防沙治沙法(2001 年制定)

中华人民共和国草原法 (2002 年制定)

中华人民共和国煤炭法(1996 年制定)

中华人民共和国森林法 (1984 年制定，1998 年修订)

中华人民共和国渔业法 (1986 年制定，2000 年和 2004 年两次修订)

中华人民共和国矿产资源法 (1986 年制定)

中华人民共和国土地管理法 (1986 年制定，1988 年、1998 年和 2004 年修订)

中华人民共和国水土保持法 (1991 年制定，2010 年修订)

中华人民共和国野生动物保护法 (1988 年制定，2004 年修订)

中华人民共和国防洪法 (1997 年制定)

中华人民共和国海岛保护法 (2009 年制定)

中华人民共和国循环经济促进法 (2008 年制定)

环境保护的法律包括：

中华人民共和国大气污染防治法 (1987 年制定，1995 年和 2000 年两次修订)

中华人民共和国水污染防治法 (1984 年制定，1996 年和 2000 年两次修订)

中华人民共和国环境噪声污染防治法 (1997 年制定)

中华人民共和国固体废物污染环境防治法 (1995 年制定，2004 年修订)

中华人民共和国海洋环境保护法 (1982 年制定，1999 年修订)

中华人民共和国放射性污染防治法　(2003 年制定)

中华人民共和国清洁生产促进法 (2002 年制定)

中华人民共和国环境影响评价法(2002 年制定)

其他相关法律

中华人民共和国城乡规划法（2007年制定，1989年制定的《中华人民共和国城乡规划法》同时废止）

中华人民共和国食品安全法（2009年制定）

中华人民共和国农业法（1993年制定，2002年修订）

中华人民共和国畜牧法（2005年制定）

中华人民共和国标准化法（1998年制定）

中华人民共和国文物保护法（1982年制定，1992年、2002年和2007年修订）

中华人民共和国乡镇企业法（1997年制定）

中华人民共和国农村土地承包法（2002年制定）

中华人民共和国行政许可法（2003年制定）

国务院颁布的行政法规中，除了资源和环境保护法的实施细则，如《中华人民共和国大气污染防治法实施细则》等外，还制定并颁布施行了一些单行的条例。这些条例中涉及资源的有：《土地复垦条例》、《基本农田保护条例》、《草原防火条例》、《森林防火条例》、《中华人民共和国耕地占用税暂行条例》、《气象灾害防御条例》、《公共机构节能条例》、《中华人民共和国濒危野生动植物进出口管理条例》、《取水许可和水资源费征收管理条例》、《森林病虫害防治条例》、《中华人民共和国海洋石油勘探开发环境保护管理条例》、《水生野生动物保护实施条例》、《陆生野生动物保护实施条例》等。其中最后两个条例是经国务院批准、分别由主管部门颁布的。

涉及环境保护的行政法规有：《中华人民共和国自然保护区条例》，《风景名胜区管理条例》，《危险废物管理条例》、《中华人民共和国防治海岸工程建设项目污染损害海洋环境管理条例》、《中华人民共和国核材料管理条例》、《中华人民共和国海洋倾废管理条例》、《中华人民共和国防止拆船污染环境管理条例》、《中华人民共和国防治陆源污染物污染损害海洋环境管理条例》、《消耗臭氧层物质管理条例》、《放射性物品运输安全管理条例》、《防治船舶污染海洋环境管理条例》、《规划环境影响评价条例》、《全国污染源普查条例》、《放射性同位素与射线装置安全和防护条例》、《淮河流域水污染防治暂行条例》等。

其他相关行政法规包括《中华人民共和国河道管理条例》、《风景名胜区条例》、《饲料和饲料添加剂管理条例》、《植物检疫条例》、《农业转基因生物安全管理条例》、《农药管理条例》等。

4. 环境标准

国家、地方和行业制定的各类环境标准，是具有法律效力的技术规范。

5. 其他法律中关于环境保护的法律规定

刑事诉讼法、民事诉讼法、行政法、文物保护法、标准化法、农业法、畜牧法、渔业法等部门法中，含有关于资源与环境保护的一些法律规范。此外，国务院行政法规、部门规章和地方性法规或规章等法律文件中，有些也有关于环境和资源保护的法律条款和内容。

6. 法律制度

依据有关资源与环境法律，我国形成了资源与环境保护的基本法律制度。这些制度主要有下列方面。

(1)自然资源保护方面的法律制度　包括自然资源权属制度、自然资源规划制度、自然资源调查和档案制度、自然资源许可制度、自然资源有偿使用制度。

(2)环境保护方面的法律制度　包括环境保护规划制度、环境影响评价制度、“三同时”制度、许可证制度、排污收费制度、污染物总量控制制度、环境监测制度和经济刺激制度等。

(3)自然保护方面的法律制度　包括生物多样性保护、自然保护区、水土保持与荒漠化治理、风景名胜区保护等。

(4)公众参与制度　公众参与是指社会群众、社会组织、单位或个人作为主体，在其权利义务范围内有目的的社会行动。资源开发和环境保护涉及公众利益，公众需要知情并发表意见。同时，公众参与也有助于与公众的相互理解，使有关措施更具有可操作性，实施更加顺利并避免冲突。公众参与也是提高环境影响评价质量的要求。

在资源开发和环境保护领域的公众参与是一种法律制度。例如《中华人民共和国环境影响评价法》第五条规定“国家鼓励有关单位、专家和公众以适当方式参与环境影响评价”。第十一条规定“规划的编制机关对可能造成不良环境影响并直接涉及公众环境权益的规划，应当在该规划草案报送审批前，举行论证会、听证会，或者采取其他形式，征求有关单位、专家和公众对环境影响报告书草案的意见。但是，国家规定需要保密的情形除外”。“编制机关应当认真考虑有关单位、专家和公众对环境影响报告书草案的意见，并应当在报送审查的环境影响报告书中附具对意见采纳或者不采纳的说明”。

为了贯彻这一法律，国家环保总局于2006年2月颁布了《环境影响评价公众参与暂行办法》。办法中规定，对要有公众参与的建设项目和规划项目的环境影响评价的范围、信息公开、征求公众意见形式和公众参与的组织方式进行了明确规定。办法着重指出，“公众参与实行公开、平等、广泛和便利的原则”。关于环评公众参与的技术规范，《环境影响评价技术导则——公众参与》正在征求意见中。

7. 资源与环境政策

资源与环境政策是指由国务院制定并公布，或者由国务院有关主管部门，省级地方政府负责制定，经国务院批准发布的资源与环境保护的规范性文件(包括决定、办发、批复等)。这些政策性规定是法律和法规的重要补充，具有指令性。其中重要的文件包括《国务院关于落实科学发展观加强环境保护的决定》(2005年12月)、《全国生态环境保护纲要》(2000年11月)、《全国生态脆弱区保护规划纲要》(国家环保部2008年9月颁布)、《矿山生态环境保护与污染防治技术政策》(国家环保总局、国土资源部、科技部，2005年9月)等。

此外，为使我国国民经济按照可持续发展战略的原则，改善投资结构，促进产业进步，有利于节约资源和改善生态环境，促进经济结构的合理化，国家还制定了一系列产业发展政策，颁布了《产业结构调整指导目录》，对能耗高、资源浪费严重的行业实行限制，对可再生能源开发、污染排放量少、节能减排效果显著的产业实行鼓励的政策等。

三、农业环境保护法

1. 定义与目的

所谓农业环境保护法，是指调整人们在保护、管理和改善农业环境，开发利用农业自然资源以及防治农业环境污染与生态破坏活动中所产生的社会关系的法律规范的总称。它所规定的保护与防治农业环境的方针、政策、原则、制度等，都体现了既反映生态规律的要求、又反映经济规律的要求。农业环境保护法的保护对象是农业环境，包括组成农业环境的各种要素及各种农业资源。虽然我国还未颁布综合性农业环境保护法，但《中华人民共和国环境保护法》和许多资源与环境的单行法律和法规对农业环境保护都有原则性的规定，或者充分体现了对农业环境的保护。

所有涉及农业环境保护的法律和法规的目的是:合理开发和利用农业资源,防治农业环境污染,保障农产品质量和人体健康,保护和改善农业环境,促进农业的可持续发展。

2. 农业环境保护法体系

农业环境保护法体系,是指由相互联系的关于保护和改善农业环境,合理开发利用农业资源,防治农业环境污染和破坏的法律规范组成的有机整体。

(1)宪法 制定农业环境保护法系的基础和依据。

(2)环境保护基本法和行业法 《中华人民共和国环境保护法》第二十条规定"各级人民政府应当加强对农业环境的保护,防治土壤污染、土地沙化、渍化、贫瘠化、沼泽化、地面沉降和防治植被破坏、水土流失、水源枯竭、种源灭绝以及其他生态失调现象的发生和发展,推广植物病虫害的综合防治,合理使用化肥、农药及植物生长激素"。

农业法、森林法、草原法、畜牧法、水土保持法、土地管理法等行业法,均对保护农业资源与环境有专门的章节和条款。特别是农业法,设有"农业资源与农业环境保护"一章,强调"发展农业和农村经济必须合理利用和保护土地、水、森林、草原、野生动植物等自然资源,合理开发和利用水能、沼气、太阳能、风能等可再生能源和清洁能源,发展生态农业,保护和改善生态环境"。并对制定农业资源区划和建立农业资源监测制度,防止农用地的污染、破坏和地力衰退,控制水土流失和防治土地沙化,防止草原退化,植树造林和保护天然林,保护渔业水域生态环境,保护农业生物多样性,防止畜牧业造成的环境污染和生态破坏,农业废弃物循环利用,防止污染物对农业生态环境污染等方面做了较为详细的规定。

(3)农业环境保护的行政法规、部门规章 涉及农业资源和环境保护的行政法规有《草原防火条例》、《森林防火条例》、《中华人民共和国耕地占用税暂行条例》、《全国污染源普查条例》、《中华人民共和国濒危野生动植物进出口管理条例》、《取水许可和水资源费征收管理条例》、《森林病虫害防治条例》、《饲料和饲料添加剂管理条例》、《植物检疫条例》、《农业转基因生物安全管理条例》、《农药管理条例》、《淮河流域水污染防治暂行条例》、《水生野生动物保护实施条例》和《陆生野生动物保护实施条例》等。此外,还有环境主管部门和农业主管部门颁布的部门规章。

(4)农业环境标准 农业环境标准是根据农业生产对农业环境的要求所制定的,它既是农业环境管理的手段,又是农业环境管理的依据,是制定农业环境保护法规、评价农业环境质量的基础。

农业环境标准体系在我国环境标准体系中处于相对独立的位置。它是在总结和吸取国内外有关农业环境标准的制定和执行方面的经验基础上,结合我国国情制定的。已经颁布的农业环境标准有《农田灌溉水质标准》(GB 5084—1992)、《渔业水质标准》(GB 11607—1989)、《土壤环境质量标准》(GB 15618—1995)、《保护农作物的大气污染物最高容许浓度限值》(GB 9137—1988)、《农用污泥中污染物控制标准》(GB 4284—1984)、《城市垃圾农田控制标准》(GB 8172—1987)、《农用粉煤灰中污染物控制标准》(GB 8173—1987)及《农药安全使用标准》(GB 4285—1989)、《土壤环境监测规范》(HJ/T 166—2004)、《地下水环境监测规范》(HJ/T 164—2002)、《地表水和污水监测规范》(HJ/T 91—2002)、《农村生活污染控制技术规范》(HJ 574—2010)、《农药使用环境安全技术导则》(HJ 556—2010)、《农村生活污染控制规范技术》(HJ 574—2010)、《农业固体废弃物污染控制技术导则》(HJ 588—2010)、《食用农产品产地环境质量评价标准》(HJ 332—2006)、《温室蔬菜产地环境质量评价标准》(HJ 333—2006)、《畜牧养殖场地环境评价规范》(HJ 568—2010)等。

3. 农业环境保护法的基本原则

农业环境保护法的基本原则，是对农业环境保护实行法律调整的指导思想，是农业环境保护立法、执法和守法必须遵循的基本准则。它是由农业环境保护法的性质与任务决定的，并且贯穿在全部农业环境保护法中。我国尚未制定综合性农业环境保护法，关于农业环境保护法的基本原则在国家法律中尚无明确规定，我们认为，在制定农业环境保护法时应确定以下几项基本原则：农业经济建设和农业环境保护协调发展的原则；统筹规划，综合防治的原则；农业自然资源的开发利用和保护相结合的原则；污染、破坏者负担的原则；依靠群众保护农业环境的原则。

(1)农业经济建设和农业环境保护协调发展的原则　农业经济的发展应当符合自然生态规律和社会经济规律的要求，做到农业经济与农业环境保护协调发展。第二次全国环境保护会议提出，我国环境保护的基本指导原则是经济建设、城乡建设与环境建设同步规划、同步实施、同步发展，做到经济效益、社会效益与环境效益的统一。在农业经济建设中，如果只顾眼前利益，忽视农业环境保护，使农业环境与农业自然资源遭受污染与破坏，就会影响到农业经济的发展。要使农业经济建设与农业环境保护协调发展，应把农业环境保护规划和计划切实纳入农业发展规划和计划；把农业环境保护作为国家环境保护的重要组成部分，纳入国民经济和社会发展计划。

(2)统筹规划，综合防治的原则　农业环境问题具有整体性、复杂性和社会性，这决定了保护农业环境不能依靠单一的防治措施，而必须实行统筹规划，综合防治的原则，并将其以法律形式固定下来。实施这项原则，首先必须根据不同地区的农业资源和环境条件，因地制宜、宜农则农、宜林则林、宜牧则牧、宜渔则渔，农、林、牧、副、渔业全面发展，促进农业生态系统良性循环。其次，必须在国家和区域农业环境规划以及各项农业环境专项规划中，根据国家的有关方针、政策，从实际出发，全面考虑农业经济发展的需要和农业环境保护的要求，统筹规划，合理布局，采取各种有效的防治措施。

(3)农业自然资源的开发利用和保护相结合的原则　农业自然资源是进行农业生产的物质基础，合理开发利用农业自然资源，是发展农业生产的前提条件。随着工农业生产的需要和科学技术发展，人们对农业自然资源的利用程度和改造能力日益提高，同时农业环境的污染日趋严重，这就导致资源的有限性和农业生态系统的负荷能力与对资源的需求日益增长之间的矛盾。某些西方资源经济学和生态学者，企图用停止生产和缩减产量的方法，以寻求解决这一矛盾的途径。这种主张，违背了社会发展的规律，也是行不通的。我们认为，为了满足经济社会发展和人民生活的需要，同时又要维持农业生态系统平衡，做到资源的永续利用，必须把农业自然资源的开发利用和保护很好地结合起来，在开发利用过程中注意保护农业资源与农业环境，促进农业生态系统良性循环。总之，实行农业自然资源的开发利用和保护相结合的原则，是实现资源永续利用和保护农业环境的需要，也是保障农业生产持续稳定发展的基本前提。

(4)污染、破坏者负担的原则　是指造成农业环境污染和破坏的单位和个人，应当按照有关法律的规定，承担治理或者整治农业环境的责任并负担其费用。为了促进自然资源的合理利用，防止环境污染和生态破坏，早在 20 世纪 70 年代初期，国际经济合作与发展组织环境委员会首先提出了“污染者负担”原则。这一原则，后来得到国际上的广泛承认，很多国家都把它作为环境保护的一项基本原则用法律形式固定下来。我国参照这项原则的精神，在《环境保护法》中，明确规定了“谁污染谁治理”的原则。实行污染、破坏者负担的原则，对于有效地保护和改善农业环境具有重要意义。

(5)依靠群众保护农业环境的原则　由于农业环境问题的社会性、广泛性和复杂性，保护和改善农业环境只有发动和依靠有关部门、有关单位和全体公民，群策群力，才能搞好这项工作。《环保法》规定，一切单位和个人都有保护环境的义务，并有权对污染和破坏环境的单位和个人进行检举和控告。实行这一原则，有利于一切单位和个人根据农业环境保护法的要求，自觉地开发利用农业自然资源，保护农业环境；也有利于发动群众对污染和破坏农业环境的行为进行监督。

四、国际环境公约

为调整国际法主体在利用、保护和改善资源与环境中所形成的各种国际关系的法律规范总称为国际环境法。其中，大多采取多边和双边条约的形式。条约是两个或两个以上国际法主体，依据国际法确定其相互权利与义务的一致性意志的表示。多边签订的条约为公约，涉及资源与环境问题包括下列方面。

①大气层和外层空间的环境保护，如联合国《气候变化框架公约》、《保护臭氧层的维也纳公约》和《关于消耗臭氧层的蒙特利尔议定书》、《京都议定书》等。

②海洋污染防治，如《联合国海洋法公约》和《防止倾倒废物及其他物质污染海洋的公约》等。

③陆地和海洋生物资源保护，如《生物多样性公约》、《关于特别是作为水禽栖息地的国际重要湿地保护公约》、《濒危野生动植物物种国际贸易公约》等，以及《控制危险废物越境转移及其处置巴塞尔公约》、《联合国关于在发生严重干旱和/或荒漠化的国家特别是在非洲防治荒漠的公约》、《乏燃料管理安全与放射性废物管理安全联合公约》等。

制定国际环境公约的基本原则包括：可持续发展原则、人类共同利益原则、国际环境合作原则、共同但有差别的责任原则、充分考虑发展中国家特殊情况和需要的原则，各国环境主权和不损害管辖范围以外环境的责任原则。

《中华人民共和国环境保护法》第四十六条规定：“中华人民共和国缔结或者参加的与环境保护有关的国际条约，同中华人民共和国的法律有不同规定的，适用国际条约的规定，但中华人民共和国声明保留的条款除外。”

第六节　资源安全与保护

资源安全是资源与环境管理非常重要的目标之一，也是国家可持续发展和长治久安的物质保证。为了保障资源安全，我们必须有效地保护资源，特别是那些关系到国计民生的战略性资源。

一、资源安全

资源安全是指保证一个国家或地区可以持续、稳定、及时、足量和经济地获取所需自然资源的状态或能力。或者说，是指自然资源对经济发展和人民生活的保障程度。由此决定了国家必须把自然资源维持在一定的存量状态、并具有一定的资源产品生产能力，只有这样国家的长期繁荣才有可靠的物质保障。资源安全的概念是我国学者在20世纪90年代中后期提出来的，与我国经济的快速发展对资源承载能力已经造成了巨大压力密不可分。国际上只有能源安全的概念，而没有资源安全的提法。由于绝大多数人为引起的环境问题都是由资源不当利用的结果，因而注重资源安全才是根本。

与资源安全关系密切的是环境安全。按照我国学者的定义，环境安全是指人类赖以生存发展的环境处于一种不受污染和破坏的安全状态，表示的是自然生态环境和人类生存和发展风险的大小。我国定义的环境安全并不等同于国际上的Environmental Security，后者更多地用于指社会环境安全，与战争和冲突有关。

资源安全是一种非传统安全问题，是各种资源安全的统称。按照自然资源在国家安全中的重要程度，可以把资源安全区分为战略性资源安全和非战略性资源安全。其中战略性资源安全水资源安全、粮食安全、能源安全、土地资源安全(主要是耕地资源安全)、矿产资源安全(包括战略性矿产资源安全)、生物资源安全(包括基因资源安全)、海洋资源安全等。

资源安全的基本含义包括：数量充裕、质量有保证、结构合理(即资源供给的多样性)、均衡性(地区平衡与人群平衡)和经济上容易获取。资源安全明显体现其主体性或利己性的特征，希望有资源为我所有和所用。当然，在经济全球化的今天，从战略的角度考虑，在和平时期更多地利用全球资源为我服务，是一种明智的选择。与此同时，我们必须保护好自己的资源，这样才具有较高的资源供应安全性。

二、资源保护

1. 资源保护的概念

资源保护是指用法律、行政、经济和技术手段保护资源，包括维护资源存量、防治资源污染和质量下降以及对退化资源进行恢复和重建等。资源保护的核心是生态保护，同时还有对战略性资源和特种资源实行的特殊保护措施等。

资源保护既是资源管理的一部分，也是资源管理的重要目的之一。资源存在于环境之中，但不能简单地理解环境保护就是资源保护。虽然环境保护包含了资源保护的含义，但由于研究问题的角度不同，实际上环境保护并非包括了资源保护的所有内容。总体上来看，环境保护主要还是保护资源质量，防止资源退化。而且，在我国资源保护的责任主体是行业主管部门。此外，环境保护主管部门则侧重于自然生态系统的保护和污染控制，而对人为生态系统的污染治理和生态恢复，则主要靠行业主管部门。

2. 资源保护的对象及类型

资源保护的对象包括土地资源、水资源、生物资源、矿产资源和典型景观等，不仅保护现有的野生资源和未受人为扰动的资源，也要保护正在开发的资源和已被利用的资源。自然资源保护的主要内容包括：建立自然保护区保护典型的生态系统及其动植物；水产资源繁殖保护，对鱼虾等水生生物繁殖地的保护，如禁渔和休渔等；农业动植物种质资源和微生物资源；森林保护，包括防火、防治病虫害、限量采伐等；自然景观保护；水源保护，特别是饮用水源地和江河源头的保护；水土保持；防护林带建设；基本农田保护；生态恢复工程；土壤和水环境污染治理以及特种矿产资源的保护等。

资源保护的类型有维护、保护、恢复和重建4种。

(1)维护　就是保持自然陆地和水体的现有模式不变,适用于生态极为敏感、景观独特、不宜开发利用的地区。

(2)保护　是指对于生态敏感、景观较好、有重要的生物资源,虽然已经受到人为干扰影响,面临严重破坏的危险,但是若干扰解除后,可以自然恢复的地区,实行的人为保护,如划定自然保护区、草地控制载畜量和一定时期的禁牧、封山育林活动等。

除此之外,保护还包括国家运用法律、行政和经济等手段对有关国家安全的耕地资源、水资源、战略性矿产资源、珍稀和药用动植物资源、农业生物的品种资源和基因资源等的特殊保护,以及保护这些资源的技术措施。

(3)恢复　是指受到严重干扰破坏的生态系统,在解除干扰或减轻干扰的情况下,采取人为措施,使其结构和功能尽快回到类似干扰前的状况。例如,对污染或退化的土地和对污染的水体进行的生物修复、化学修复、工程修复或工程治理等。

(4)重建　是指对那些受到严重干扰和破坏,难以恢复到原来的结构和功能的生态系统,进行人工生态设计和生态重建,如矿产复垦、退耕还林、退耕还草等。

3. 资源保护的手段

我国资源和环境保护法以及相关行政法规和部门规章,为利用法律手段进行资源保护提供了依据和强制性的行动规范。

利用经济手段进行资源保护是一个重要措施,包括排污费和资源税、费的征收,以及海关税收的调节等。

依法运用行政手段进行资源保护是一种非常有效的保护资源途径。如制定资源利用规划、资源区划,划定基本农田、禁牧区、封山育林区、天然林保护区、自然保护区等进行特殊保护;禁止或限制某些资源的开发和贸易活动,以及实行退耕还林和退耕还草等的政策措施。

用于资源保护的技术手段有宏观的,也有微观的。宏观的技术包括地理信息技术、遥感技术和全球定位系统在资源保护方面的应用。微观技术包括土地复垦技术、退化生态系统的生态恢复和重建技术、水土保持的工程和技术措施、污染土壤和水体的生物修复与工程修复技术、动植物种质资源和微生物资源保存技术等。

三、农业资源保护

在农业自然资源中,土地、水、生物等资源都是需要特别保护的对象,农业资源保护包括农用土地(耕地、林地、牧草地和园地等)、灌溉水源、作物和畜禽品种和种质资源、农区野生动植物、野生资源生物的保护等。

农业资源保护的核心是保护农地。从大农业的角度,农地是指用于农业生产的生产资料,主要包括:直接用于生产生物产品的耕地、园地、林地、草地、养殖水面等,和间接服务于生产生物产品的排灌沟渠、田间道路、晒谷场、畜舍等一切农业生产性建(构)筑物。从资源的角度讲,农地是土壤资源、生物资源、气候资源、水资源等具有同一水平投影面而共生的三维空间系统。在水平空间范围上,农地是土地资源的一部分,但农地的内涵比土地资源丰富得多。

农地保护是指为实现对农地的可持续利用,以满足经济、社会可持续发展中对农产品数量和质量不断增长的需要,在稳定和扩大农地面积、维持和提高农地物质生产能力、预防和治理农地的环境污染的过程中,所采取的一切措施和行动。按照这一概念,农地保护的内容包括3个方面:一是对农地面积的保护,实践上是根据一定发展时期,为满足对农产品的需要,把必需的农地面积划入保护区，对其实行特殊保护，保持农地面积的稳定，同时农地面积的保护还要根据需要与可能，开发可垦为农地的废弃地、荒地等，适当扩大农地面积；二是农地物质生产能力的保护，实践上是在农地的利用过程中，避免土地水土流失、沙化等问题的发生，维持农地的物质生产力水平，同时要增加投入以加大对中低产农地的建设力度，提高农地的物质生产力水平；三是农地生态环境的保护，实践上应对已污染的农地进行治理和在农地利用中要加强农地污染的预防，特别要减少或防止工业“三废”向农地区域的排放。由于农地物质生产力的大小和农地生态环境的污染程度可合称为农地质量的高低，所以，农地物质生产力保护和农地生态环境保护可并称为农地质量保护。

农地保护的3项内容是相互支持的一个有机整体，对它们的保护要同时进行，不可只偏向于其中的一项或两项，也只有同时对农地进行这三项内容的保护，才能真正达到保护农地的目的。其原因是：第一，只有保证了一定的农地面积，农业生产才有必要的空间和基地，否则再好的农业技术也无用武之“地”。而我国在迈向现代化的过程中，各种建设，特别是非农建设又可能要占用农地的情况下，为稳定或按需要与可能适当扩大一定的农地面积，就需要进行农地面积的保护；第二，由于中国的经济基础薄弱和后备农地潜力有限，实现农地面积的增加十分困难，人口却不断地增长，人对农产品的需求量不断提高。为满足这一不断增长的需求，唯一的办法就是要提高单位面积农地的物质生产力水平，这在客观上要求开展农地物质生产能力的保护。农地面积保护与物质生产能力的保护是相互消长的，在一定的农产品需求条件下，所保护的农地面积越大，则农地物质生产能力的保护任务就可减轻，反之亦然；第三，如果通过强有力的农地面积和物质生产能力的保护措施，在未来的社会实践中确能达到要求的农地面积，农地物质生产能力也能提高到要求的水平，但农产品是在农地环境被污染的条件下所生产的，这样，所生产的农产品不仅不能给人类带来益处，相反地，污染的农产品还会带来疾病和灾难。这样，所保护的农地面积再多、农地的物质生产能力保护再好都是没有意义的。所以，对农地环境的保护，是中国今后对农产品质量要求不断提高的唯一选择。

对农地进行保护的核心是要建立相应的制度，也就是以实现农地的可持续利用为目标，建立约束和规范人们在农业生产活动中利用农地的行为准则。农地保护制度的具体内容包括：农地所有权和使用权保护、农地用途保护和农地利用方式保护等。其中，农地用途保护体现在对各类农地数量的保护，农地利用方式保护是对农地质量的保护。

国家对农地中的基本农田采取了特殊的保护措施。并为此于1998年由国务院颁布了《基本农田保护条例》。

思　考　题

1. 比较自然资源管理和环境管理的异同。
2. 环境管理制度有哪些？
3. 农业环境管理的特点有哪些？
4. 为什么要进行资源利用规划和环境规划？
5. 简述环境标准概念及种类。
6. 简述农业环境监测的内容。
7. 如何进行环境质量评价？
8. 简述开展生态影响评价的意义。

9. 简述我国资源与环境法律的构成。

10. 为什么要对战略性资源实行特殊保护?

参考文献

[1] Bashkin V. N. Modern Biogeochemistry: Environmental Risk Assessment,(原著第二版中译本,鞠美庭等翻译). 北京:化学工业出版社,2009.

[2] 陈英旭. 环境学. 北京:中国环境出版社,2001.

[3] 封志明. 资源科学导论. 北京:科学出版社,2004.

[4] Glasson J., Therivel R., & Chadwick A. Introduction to Environmental Impact Assessment (原著第三版中译本,鞠美庭等翻译). 北京:化学工业出版社,2007.

[5] 郭士勤、彭守约,农业环境管理概论. 天津:天津科技翻译出版公司,1991.

[6] 国家环境保护总局监督管理司. 中国环境影响评价. 天津:化学工业出版社,2000.

[7] 黄文秀,等. 农业自然资源. 北京:科学出版社,1998.

[8] 金浩,欧阳讷,程子峰. 环境管理与技术. 北京:中国环境科学出版社,1994.

[9] 金瑞林. 环境与资源保护法学. 北京:高等教育出版社,1999.

[10] 李应中. 中国农业区划学. 北京:中国农业科技出版社,1997.

[11] 林肇信,等. 环境保护概论(修订版). 北京:高等教育出版社,1999.

[12] 钱易,唐孝炎. 环境保护与可持续发展. 北京:高等教育出版社,2000.

[13] 叶文虎,栾胜基. 环境质量评价学. 北京:高等教育出版社,1994.

[14] 张玉龙. 农业环境保护. 北京:中国农业出版社,2004.

[15] 周永康. 资源与环境读本. 北京:地质出版社,2000.

第十一章　可持续发展

发展(development)的概念最初来自胚胎学，代表一种自然的生命演变过程。第二次世界大战以后，随着经济规模的扩大，发展一词作为经济增长的代名词，逐渐得到普遍使用。今天，发展的概念具有更深刻、广泛的内涵。发展概念的转变实际上是人类发展观的演变，而发展观的转变与深化，则是生产力在意识形态上的反映不断提高的结果。发展观是人类对发展问题的基本认识。一个民族或一个社会在某一历史时期的发展观指导和制约着该民族或该社会的行为(生产和生活)方式；社会行为方式作用于环境，引起环境变化，这种变化又反过来影响和制约人类社会的发展。

人类社会的延续与发展是一部利用自然资源和与环境相互作用的历史。资源是有限的，而人类向大自然的索取常常是无限的，如果人类不能理智地选择适当的生产方式、消费方式和发展模式，自然资源与生态环境的供给能力与人类需求之间的矛盾将不断加剧，致使人类生产生活受到限制，最终社会势必难以正常继续下去。这使人类不得不关注保护生态环境、合理利用自然资源的问题，重新审视自己的发展历程和认真考虑今后应选择的发展道路。

第一节　可持续发展的定义与原理

一、可持续发展思想的产生

1. 可持续发展思想的渊源

(1)古代中国可持续发展思想的萌芽　可持续发展的思想在中国源远流长。朴素的可持续发展(sustainable development)的思想由来已久，在中国春秋战国时期(公元前 6 世纪至公元前 3 世纪)就有保护正在怀孕和产卵的鸟兽鱼鳖以利“永续利用”的思想和封山育林定期开禁的法令。老子主张顺应、尊重自然规律，与大自然和谐共处的“道法自然”思想，对当代可持续发展思想来说，包含着深刻和丰富的营养。孔子主张“钓而不纲，弋不射宿”(《论语·述而》)。周文王主张顺时取物，指出“山林非时，不升斤斧，以成草木之长；川泽非时，不入网罟，以成鱼鳖之长”(《逸周书·文传解》)。管仲从发展经济、富国强兵的目标出发，十分注意保护山林川泽及其生物资源，反对过度采伐，他提出：“为人君而不能谨守其山林菹泽草莱，不可以为天下王”(《管子·地数》)。孟子则认为：“不违农时，谷不可胜食也；数罟不入洿池，鱼鳖不可胜食也；斧斤以时入山林，材木不可胜用也。谷与鱼鳖不可胜食，林木不可胜用，是使民养生丧死无憾也。养生丧死无憾，王道之始也”(《孟子·梁惠王上》)，虽是借以进谏于梁惠王，但从另外一个角度看也是提出了一些持续利用的措施。

战国时期的荀子也把自然资源的保护视作治国安邦之策，特别注重遵从生态学的季节规律(时令)，重视自然资源的持续保存和永续利用(专栏 11 - 1)。1975 年在湖北云梦睡虎地 11 号秦墓中发掘出 1 100 多枚竹简，其中的《田律》规定“春二月，毋敢伐材木山林及雍隄水。不夏月，毋敢夜草为灰，取生荔、麛卵鷇，毋……毒鱼鳖，置阱罔，到七月而纵之。唯不幸死而伐棺槨者，是不用时。”是说从春季2月起，不准到山林中砍伐树木，不准堵塞林间山道。不到夏季，不准进山砍柴、烧野草作肥料，不准采集刚发芽的植物或取获幼兽、鸟卵和幼鸟（掏鸟蛋），不准毒杀鱼鳖，不准设置捕捉鸟兽的陷井和网罟。到7月，才可以解除上述禁令。其他还有住在养牛马之处和其他禁苑附近的人，当幼兽繁殖时不准带着狗去狩猎。只有突然死亡的人需用棺木可以不受上述时限的限定。这些要求体现了可持续发展的思想，是中国和世界最早的环境法律之一。

专栏11-1 荀子的可持续发展思想

荀子（约公元前313—前238年）名况，字卿。战国末期赵国猗氏（今山西安泽）人。著名思想家、文学家、政治家，儒家代表人物之一。荀子在继承前期儒家学说的基础上，又吸收了各家的长处加以综合改造，建立起自己的思想体系，故在儒家中自成一派。荀子在关注自然界时，形成了自己独特的生态思想理念和实践操作系统。他认为在自然界中，万物各得其和以生，人只有按照自然界的规律对其进行合理的开发利用，才能维持生态系统的平衡。如在《王制》中有这样的记述：

“圣王之制也，草木荣华滋硕之时，则斧斤不入山林，不夭其生，不绝其长也。鼋鼍、鱼鳖、鳅鳣孕别之时，罔罟毒药不入泽，不夭其生，不绝其长也；春耕、夏耘、秋收、冬藏四者不失时，故五谷不绝而百姓有余食也。污池、渊沼、川泽，谨其时禁，故鱼鳖优多，而百姓有余用也。斩伐养长不失其时，故山林不童，而百姓有余材也。”

荀子这一思想，既有明确的目标，即为了发展农、林、牧、渔业生产以满足百姓的生活需要；又有具体的措施，即不是绝对禁止开发自然资源，而是有开有禁，保证永续利用。

（2）近现代西方可持续发展思想的演进 西方的一些经济学家如李嘉图（D. Ricardo）、马尔萨斯（T. R. Malthus）和密尔（J. S. Mill）等也较早认识到人类消费的物质限制，即人类的经济活动范围存在着生态边界。其中，马尔萨斯的理论或学说具有特殊重要的意义。在1798年出版的《人口原理》一书中，他系统地阐述了人口增长与土地生产力之间的关系，指出人口的非限制性增长势必导致困扰人类生存与发展的诸多问题。

19世纪下半叶到20世纪初，随着现代工业的蓬勃发展，西方许多国家越来越多的森林资源、野生动植物资源遭到严重破坏，工业城市则出现了严重的空气污染和水体污染事件。许多有识之士开始重新审视人与自然的关系，并自发组织起来发起了西方第一次自然环境保护运动。如当时的美国林业局局长平肖（G. Pinchot）就提出了“明智利用自然”的持续利用思想。而缪尔（J. Muir）为代表的自然保存主义者提出的“自然保存”主张则是现代生物多样性保护思想的奠基石。

20世纪60年代末美国学者鲍尔丁（K. E. Boulding）的“宇宙飞船经济理论”认为：人类赖以生存的最大的生态系统就是地球，而地球只不过是茫茫无垠的太空中的一艘小小的宇宙飞船。人口和经济的不断增长最终将使这艘小小的飞船内有限的资源开发完，人类生产、消费所排出的废物最终将使这飞船舱内完全被污染。此时飞船会坠落，社会随之崩溃。为了避免这种悲剧，必须改变这种经济增长方式，要从“消耗型”改为“生态型”；从“闭环式”转为“开放式”。经济发展目标应以福利和实惠为主，而并非单纯地追求产量。这也是循环经济思想的源头。

1971年,"绿色和平组织"在荷兰阿姆斯特丹成立,绿色组织运动含有许多可持续发展的思想,如"人与自然的协调一体,保护生态环境,不破坏生态系统的稳定性,社会问题和生态问题相互联系"等。但绿色组织运动更强调"持续",而不重视"发展",绿色经济是一种不以增长为目的的稳衡状态的经济。

1972年罗马俱乐部发布了由梅都斯(D. L. Meadows)等撰写的报告《增长的极限》从推论中得出结论:"是许多有洞察力的人已经认识到那一种——就是人类的许多活动的加一倍的时间短促,加上被加倍的数量巨大,将使我们非常之快地接近于这些活动的增长极限。"该报告的主要论点是:人类社会的增长由五种相互影响、相互制约的发展趋势构成,即加速发展的工业化、人口剧增、粮食私有制、不可再生资源枯竭和生态环境日益恶化,它们都是以指数的形式增长,五种趋势的增长都是有限的,一旦达到它们的极限,增长就会被迫停止,而等待自然极限来迫使增长停止又是社会难以接受的,人类必须自我限制增长,实现协调发展。

几乎与罗马俱乐部同时开展全球问题研究,倡导可持续发展观的是美国世界观察研究所。该所成立于1975年,它的指导思想一是预警,即描绘现实困难,预告将要到来的严峻问题;二是提出全球协调发展的新思路、新建议、新措施。将其与罗马俱乐部相比较不难发现,罗马俱乐部更注重全球问题的理论框架和理论思考,而世界观察研究所则侧重于全球问题的实证分析和决策运用。该所所长布朗(L. R. Brown)于1981年发表的《建设一个持续发展的社会》的专著论述了持续发展的思想,提出了控制人口增长、保护资源和开发再生能源三大实现持续发展的途径,并论证了向持续发展社会过渡的诸多问题。应当说,这是比较明确谈及可持续发展概念与思想的著作,因而在可持续发展观的形成中有重要地位。

上述"绿色思想"并不等同于可持续发展思想,但它却促进了可持续发展思想的形成和发展。

2. 可持续发展思想的形成

联合国环境规划署自1973年建立以来,始终如一地主张"没有破坏的发展"。1980年3月5日,联合国大会向全世界发出呼吁:"必须研究自然的、社会的、生态的、经济的以及利用自然资源过程中的基本关系,确保全球的持续发展。"可持续发展第一次作为当代的科学术语,是在1980年制定的《世界自然保护大纲》(专栏11-2)中明确提出并系统阐述的。这一大纲是国际自然保护联盟受联合国环境开发署的委托,在世界野生生物基金会的支持和协助下制订的,许多国家的政府和非政府组织和个人参加了这一大纲的起草工作,并在数以千计的科学家和政府组织中广泛征求意见,这一文件虽然主要是针对自然资源的保护提出的,但其涉及的范围远远超过了单纯的保护,而是把保护与发展看作相辅相成的不可分割的两个方面。书中所提出的可持续发展的概念及其实现的前景和途径,至今仍具有指导意义。

世界自然保护大纲改变了过去"就保护论保护"的做法。明确提出其目的在于把资源保护和发展很好地结合起来。这里所指的发展是指经济的发展,来满足人类的需要和改善人们的生活质量。这里所至的保护是指人类要合理地利用生物圈(生物居住及赖以生存的地球表面的薄覆被层),既要使目前这一代人得到最大的持久性利益,又要保持其潜力,以满足后代的需要和愿望。这一定义虽然经过不断修改,但是却为可持续发展的概念奠定了基本的轮廓。为达到大纲提出了生物资源保护的目标,要求国家和国际承担责任,并从政策、计划、立法、培训、科研、群众参与的方面的综合措施探索解决问题的途径。

专栏 11-2 世界自然保护大纲

国际自然资源保护同盟(International Union for Conservation of Nature and Natural Resources,IUCN)受联合国环境规划署的委托起草,并经有关国际组织审定,于1980年3月5日在世界大多数国家首都同时发布的一项保护世界生物资源的纲领性文件。目的在于使广大公众认识到人类在谋求经济发展和享受自然财富的过程中,自然资源和生态系统的支持能力是有限的,必须考虑到子孙后代的需要。如果说开发的目的是为取得社会和经济福利,那么保护的目的则是保证地球能够永续开发利用并支持所有生物生存的能力。《大纲》包括引言,保护自然资源的目标和实现这些目标的必要条件,需要国家采取的行动,需要采取的国际行动;共4章20节。《大纲》总目标是通过保护生物资源而有助于尽快达到自然资源永续开发利用的目的。具体目标有3个:①保持基本的生态过程和生命维持系统。②保存遗传的多样性。③保证物种和生态系统的永续利用。《大纲》指出自然保护不仅是少数国家或某些集团所关心的事,而且是关系到全球环境并涉及每个人切身利益的大事。多年来,世界各国陆续接受《大纲》的思想,并依据它的精神制定本国自然保护大纲。中国于1985年制定和颁布了《中国自然保护纲要》。

为使世界自然保护大纲中所提出的观点有更进一步的了解和落实到行动的计划,世界自然保护联盟1981年推出了另一部具有国际影响的文件——《保护地球》。在这一文件中,对可持续发展的概念作了进一步的阐述,指出人们有时把可持续发展与持续增长、持续利用混为一谈,这种观点是不对的。因为"持续增长"这个概念是不确切的。严格地说,没有任何自然事物可以无休止地增长。而"持续利用"只能用于再生资源,当人们的利用不超过其负荷极限时有可能达到持续利用,而不适用于非再生资源。在此纲领性的文件中,对"可持续发展"给出的定义是"改进人类的生活质量、同时不要超过支持发展的生态系统的负荷能力"。

1983年11月成立的以布伦特兰夫人(G. H. Brundtland)为主席的世界环境与发展委员会(WECD),对可持续发展的概念形成和发展起到重要推动作用。该机构通过在世界各地的广泛调查和与有关人士的讨论,于1987年向联合国提交了题为《我们的共同未来》的报告,可持续发展的思想贯穿于整个报告,它对当前人类发展与保护环境方面存在的问题进行了全面和系统的评价,鲜明地指出,在过去我们关心的是经济发展对环境带来的影响,而现在我们则迫切地感到生态的压力,如土壤、水、大气、森林的退化对经济发展所带来的影响。

1991年,由加拿大国际开发署(CIDA)等11个机构发起,在亚洲开展银行、世界银行、联合国粮农组织(FAO)等14个组织的合作下,由国际自然与自然资源保护同盟(IUCN)、联合国环境规划署(UNEP)和世界野生动物保基金会(WWF)共同编写的《保护地球——可持续生存战略》(Caring for the Earth: A strategy for sustainable living)一书发布,是继《我们共同的未来》之后又一本系统阐述可持续发展观的报告,也是关于在地球自然承载阈值内实施可持续生存战略的纲领性文件。该书认为:人类必须在地球承载能力范围内生活,除此没有第二种合理的选择。我们必须尊重自然的限度,并采用在该限度内行得通的生活方式和发展道路。该书提出了9项"可持续生存的原则":尊重并保护生活的社区;改善人类生活质量,保护地球生命力及多样性;对非再生资源的消耗降低到最低程度;维持在地球的承载能力之内;改变个人的态度和行为;使社区和公民团体关心自己的环境;提供协调发展与保护的国家网络;创建全球性联盟。该书对“可持续发展”的界定是:“在不超出支持地球的生态系统的承载能力的情况下改善人类生活质量。”该书最大的特色是倡导可持续生存的道德理念,换言之,为可持续发展观作了伦理的论证,丰富了可持续发展观的伦理内涵。“我们必须开始理解并接受这个现实,我们只是地球上生命大家庭的一部分;我们必须进一步认识到,我们做出的决定能够对其他社会,对我们的子孙以及其他物种产生影响。我们需要完善一种可以持续生活的道德并促进其发展。”

1992年在巴西里约热内卢召开的联合国环境与发展大会(专栏11-3),是人类有史以来规模最大的一次国际会议,也是人类环境保持史上的一座里程碑,会议通过的一系列决议和文件,特别是21世纪议程,第一次把可持续发展由理论和概念推向行动。这次会议,以可持续发展为指导思想,从政治平等,消除贫困,环境保护,资源管理,生产和消费方式,科学技术,立法,国际贸易,动员广大群众参与,特别是妇女、青年和当地群众的参与,以及加强能力建设和国际合作等方面进行了讨论,在许多重要问题上达成共识,为迎接下个世纪的挑战做了必要的准备。由于实现可持续发展需要进行一系列的改革,其中不仅包括科学、技术的改革,同时也包括社会组织机构改革,国与国之间的新型关系的建立,以及意识形态和行动规范的适应与财政的支持,因此在落实过程中必然会遇到各种困难和多方面的阻力。然而,当社会的发展在严峻的人口、资源、环境的挑战面前,人类已别无选择的时候,只能按照目前所能具有的良知,尽快地促进这一转变,以免为时过晚。

专栏11-3　联合国环境与发展大会

联合国于1992年6月3—14日在巴西里约热内卢召开的会议。这是继1972年6月瑞典斯德哥尔摩联合国人类环境会议之后,环境与发展领域中规模最大、级别最高的一次国际会议。有183个国家代表团,70个国际组织的代表参加了会议;有102位国家元首或政府首脑到会讲话。

这次大会是在全球环境持续恶化、发展问题更趋严重的情况下召开的。会议围绕环境与发展这一主题,在维护发展中国家主权和发展权,发达国家提供资金和技术等根本问题上进行了艰苦的谈判。最后通过了《关于环境与发展的里约热内卢宣言》、《21世纪议程》和《关于森林问题的原则声明》3项文件。会议期间,154个国家签署了《气候变化框架公约》,148个国家签署了《保护生物多样性公约》。这些会议文件和公约有利于保护全球环境和资源,要求发达国家承担更多的义务,同时也照顾到发展中国家的特殊情况和利益。会议把可持续发展确定为人类共同追求的目标,提出了全球可持续发展战略框架,号召人们面向未来,改变传统的生产与消费模式,全面接受可持续发展思想。本次环境与发展大会在可持续发展战略的认识上达成了空前的一致,标志着人类理智地选择了可持续发展的道路。

二、可持续发展的定义

可持续发展一经提出,便受到各界的广泛关注和热烈响应,学者们从自然、环境、社会、经济、科技、政治等诸多方面诠释和定义可持续发展。据统计,关于可持续发展概念的定义或解释已有70余种。

1. 着重于普遍性的定义

世界环境与发展委员会给出的可持续发展概念的定义是:"可持续发展是既满足当代人的需要又不危及后代人满足其需求的发展。"这个定义自提出以来,即被公认为经典的定义。这个定义强调了发展的必要性和发展的限制性。

这一定义的核心思想是:健康的经济发展应建立在生态可持续能力、社会公正和人民积极参与自身发展决策的基础上。它所追求的目标是:既要使人类的各种需要得到满足,个人得到充分发展,又要保护资源和生态环境,不对后代人的生存和发展构成威胁。它特别关注的是各种经济活动的生态合理性,强调对资源、环境有利的经济活动应给与鼓励。在发展指标上,不单纯用国民生产总值作为衡量发展的唯一指标,而是用社会、经济、文化、环境等多项指标来衡量发展。这种发展较好地把眼前利益与长远利益、局部利益与全局利益有机地统一起来,使经济能够沿着健康的轨道发展。

2. 着重于自然属性的定义

可持续性的概念源于生态学,即所谓"生态持续性"(ecological sustainability)。它主要指自然资源及其开发利用程度间的平衡。世界自然保护同盟(IUCN)1991 年对可持续性的定义是"可持续地使用,是指在其可再生能力(速度)的范围内使用一种有机生态系统或其他可再生资源"。同年,国际生态学联合会(INTECOL)和国际生物科学联合会(IUBS)进一步探讨了可持续发展的自然属性。他们将可持续发展定义为"保护和加强环境系统的生产更新能力",即可持续发展是不超越环境系统再生能力的发展。此外,从自然属性方面定义的另一种角度是从生物圈概念出发,即认为可持续发展是寻求一种最佳的生态系统以支持生态的完整性和人类愿望的实现,使人类的生存环境得以持续。美国景观生态学家福尔曼(R. T. T. Forman)认为可持续发展是"寻找一种最佳的生态系统和土地利用的空间结构以支持生态的完整性和人类愿望的实现,使环境的持续性达到最大"。

3. 着重于社会属性的定义

1991 年,由世界自然保护同盟、联合国环境规划署和世界野生生物基金会共同发表了《保护地球——可持续生存战略》,提出的可持续发展定义是:"在生存不超出维持生态系统涵容能力的情况下,提高人类的生活质量",并提出了可持续生存的 9 条基本原则。这 9 条基本原则既强调了人类的生产方式与生活方式要与地球承载能力保持平衡,以保护地球的生命力和生物多样性,又提出了可持续发展的价值观和 130 个行动方案。报告还着重论述了可持续发展的最终目标是人类社会的进步,即改善人类生活质量,创造美好的生活环境。报告认为,各国可以根据自己的国情制定各自的发展目标。但是,真正的发展必须包括提高人类健康水平、改善人类生活质量、合理开发和利用自然资源,必须创造一个保障人们平等、自由、人权的发展环境。

4. 着重于经济属性的定义

这类定义均把可持续发展的核心看成是经济发展。当然,这里的经济发展已不是传统意义上的以牺牲资源和环境为代价的经济发展,而是在不降低环境质量和不破坏世界自然资源基础上的经济发展。巴比尔(E. B. Barbier)在《经济、自然资源、不足和发展》中把可持续发展定义为:"在保护自然资源的质量及其所提供的服务的前提下,使经济发展的净利益增加到最大限度。"普朗克(J. Pronk)和哈克(M. Hag)在 1992 年为可持续发展所作的定义是:"为全世界而不是为少数人的特权提供公平机会的经济增长,不进一步消耗自然资源的绝对量和涵容能力"。英国经济学家皮尔斯(D. Pearce)和沃福德(J. Warford)在 1993 年合著的《世界无末日》一书中，提出了以经济学语言表达的可持续发展定义："当发展能够保证当代人的福利增加时，也不应使后代人的福利减少。"而经济学家科斯坦萨（R. Costanza）等则认为，可持续发展是能够无限期地持续下去——而不会降低包括各种"自然资本"存量（量和质）在内的整个资本存量的消费数量。他们还进一步定义："可持续发展是动态的人类经济系统与更为动态的，但在正常条件下变动却很缓慢的生态系统之间的一种关系。这种关系意味着，人类的生存能够无限期地持续，人类个体能够处于全盛状态，人类文化能够发展，但这种关系也意味着人类活动的影响保持在某些限度之内，以免破坏生态学上的生存支持系统的多样性、复杂性和基本功能。"

5. 着重于科技属性的定义

这主要是从技术选择的角度扩展了可持续发展的定义，倾向这一定义的学者认为："可持续发展就是转向更清洁、更有效的技术，尽可能接近零排放或密闭式的工艺方法，尽可能减少能源和其他自然资源的消耗。"还有的学者提出："可持续发展就是建立极少产生废料和污染物的工艺或技术系统。"他们认为污染并不是工业活动不可避免的结果，而是技术水平差、效率低的表现。他们主张发达国家与发展中国家之间进行技术合作，缩短技术差距，提高发展中国家的经济生产能力。

6. 其他定义

很多学者对可持续发展的定义已超出一般意义上的学科属性。如叶文虎认为："可持续发展是不断提高人均生活质量和环境承载力，满足当代人需求又不损害子孙后代满足其需求能力的，满足一个地区或一个国家人群需求又不损害别的地区或国家满足其需求能力的发展。"杨开忠认为可持续发展是"既满足当代人需要又不危害后代人满足需要能力，既符合局部人口利益又符合全球人口利益的发展"。恭建华认为可持续发展可以从三个不同层次，即高层次、中层次和低层次上理解。从高层次理解，可持续发展就是要保持人和自然的共同协调进化，达到人和自然的共同繁荣，着重于人类和整个大自然的关系，即"天人"关系。从中层次理解，可持续发展既满足当代需求，又不危及后代满足其需求的能力，着眼于地球和地球上的人类的关系，即"人地"关系。从低层次理解，可持续发展是资源、环境、经济和社会的协调发展，重点在于区域的，在于"人人"之间的关系。

三、可持续发展的内涵

1. 可持续发展是一种全新的发展模式，它强调发展，发展是核心，发展是第一位的

发展是人类社会的延续，是一个地区、一个民族和一个国家走向富裕、走向现代化的过程。为了保证迅速增长的人口生存需要和满足人类不断提高生活水平的要求，发展始终是人类追求的共同目标。显然，当没有食物、没有住所、没有衣物，当这些基本生活条件难以保证时，人们很难更多地考虑如何保护环境、如何进行生态环境建设，再好的环境保护计划也难以实行；而雄厚的经济实力和高水平的科学技术，则是做好环境保护工作的必要条件。也就是说，可持续发展思想认为停滞是消极的，是不可取的，也是没有出路的；因为消极停滞虽然可能会减少资源的消耗和污染物质的排放，但不能从根本上解决人类所面临的各种危机，特别是广大发展中国家，只有通过发展才能摆脱贫困与愚昧，使解决生态环境危机成为可能。

2. 可持续发展既包括经济发展，也包括社会发展以及保持、建设良好的生态环境

可持续发展强调经济发展与社会发展、资源利用与环境保护相协调，反对片面强调发展而忽视对资源、生态环境的保护，要求摒弃不顾资源、环境和社会效益的高消耗、高投入、高消费的传统发展模式。经济发展追求的是社会发展，而社会、经济的发展是以生态环境为条件的，三者密切联系；失去了良好的生态环境，经济发展不可能持续，同样即使以牺牲环境为代价获得了一时的经济发展，这种发展难以持续下去，人类也难以在遭到破坏了的环境中生存，因此这种发展不是人类社会发展要追求的目标。控制由环境污染导致的一系列重大灾难，是全世界今后相当长时期内的重要任务，没有与大自然的和平相处，就没有人类生存环境的和平，也就没有人类社会持久的繁荣昌盛。

3. 自然资源的永续利用是可持续发展的物质基础

经济的发展依赖于自然资源，失去了自然资源，经济发展就成了无源之水。只有将发展与环境保护、资源的合理利用结合起来，环境、资源作为物质基础保持长期稳定的供应，经济和社会发展才能持续；因此，在经济高速增长的情况下，尤其要加强对环境、资源的保护。对于那些数量无限的自然资源，要尽可能地加以利用，对于那些数量有限的自然资源要合理开发，尽可能地节约使用，并积极寻找替代资源；对于那些可再生资源要将其寓于生态系统之中，维持良好的生态平衡，保证利用强度控制在其自身的更新能力范围之内，使之免遭破坏，达到人类可以永续利用的目的。特别要强调的是必须全力防止地球上生物资源的衰竭与生物物种灭绝，切实加强生物多样性保护，因为在目前条件下，使一个物种灭绝容易，但再造一个物种绝不可能。

4. 控制人口增长与消除贫困，对于实现可持续发展战略具有决定性意义

人类在环境和生态系统中占据着中心位置，环境容量与资源数量的有限性决定了要实现人类社会的可持续发展，人类就不能不控制自身的增长。控制人口增长是实现可持续发展的前提；合理的人口数量与人口结构，有助于提高人口素质，发展教育事业，消除贫困，摆脱愚昧，为社会经济持续发展提供条件。

5. 可持续发展强调建立和推行一种新型的生产和消费方式

可持续发展要求人们无论是生产还是消费，都要尽可能地有效利用可再生资源，减少排放废气、废水、废渣，以代替那种依靠高消耗、高投入刺激经济发展的模式。在发展指标上也与传统发展模式不同，不应再把 GDP（专栏 11 - 4）作为衡量发展的唯一指标，而应该使用社会、经济、文化、环境、生活等多方面指标全面衡量。有人将可持续发展解释为“节制性的发展”，即人类要节制自身数量的增长，实行计划生育；人类要节制欲望，自然资源与环境只能满足人类的需要，而不能满足贪婪，这就要求人们必须改变传统的消费观念，要重新确立对人与自然之间的关系的认识，确定新的经济发展战略与生产方式，实现经济增长方式的转变。

专栏 11 - 4 国内生产总值(GDP)

国内生产总值（Gross Domestic Product，简称 GDP），是指在一定时期内（一个季度或一年），一个国家或地区的经济中所生产出的全部最终产品和劳务的价值，常被公认为衡量国家经济状况的最佳指标。它不但可反映一个国家的经济表现，更可以反映一国的国力与财富。一般来说，国内生产总值共有四个不同的组成部分，其中包括消费、私人投资、政府支出和净出口额。用公式表示为：GDP＝CA＋I＋CB＋X 式中：CA 为消费、I 为私人投资、CB 为政府支出、X 为净出口额。

GDP 存在着不能反映经济发展对资源环境所造成的负面影响，不能反映某些重要的非市场经济活动，不能全面地反映人们的福利状况等缺陷，但的确能够表示社会财富的增加，目前还找不到可替代的更好概念。

为了校正GDP不能反映经济发展对资源环境所造成的负面影响这一缺陷，世界银行在1997年推出了“绿色国内生产总值国民经济核算体系”。即将国民经济发展中的能源耗竭、矿产品耗竭和二氧化碳的排量等记录进绿色账簿。将这些资源耗量与二氧化碳的排量等折合成美元，再对GDP进行核减，形成绿色GDP。用以衡量各国扣除了自然资产，包括环境损失之后的真实国民财富。

6. 可持续发展要求人类与大自然和谐相处，人类必须善待大自然

人类应当学会珍重自然，爱护自然，把自己当作自然界中的一员；要彻底改变那种认为人类是自然界的主人、自然界是人类可以任意盘剥和利用的对象的错误态度。人类应时刻牢记，自然界是人类生存与发展的基础，善待自然就是善待人类自己，破坏大自然必然遭到大自然的报复。

7. 可持续发展追求当前利益与长远利益、局部利益与整体利益的统一

可持续发展强调要处理好当代人发展与后代人发展的关系，当代人在利用自然资源与环境时，要充分考虑后代人的发展，给后代人留有与当代人享有同等的发展权利与均等的发展机会。《世界自然保护大纲》中有一句名言：“地球不是我们从父辈那儿继承来的，而是我们从自己的后代那儿借来的”，它告诫我们这一代人不能因为滥用资源、破坏环境而让后代谴责我们的贪婪、无知和短见，我们每一位当代人应该清醒地认识到自己所肩负的历史责任。因为地球是宇宙间唯一能维持生命的地方，也正因为只有一个地球，才使得环境保护成为当代乃至未来全人类的共同事业，才必须实施可持续发展战略。

总之，可持续发展是社会、经济、资源、人口、环境相协调的发展，其思想实质是，在人类理智地控制自身数量增长、节制消费的前提下，一方面要求人类在生产时应尽可能地少投入、多产出，另一方面又要求人类在消费时要尽可能地多利用、少排放。因此，人类在转变传统发展模式、实行可持续发展战略的过程中，必须纠正过去那种单纯靠增加投入、加大消耗实现发展的模式和以牺牲环境来增加产出的错误做法，从而使经济、社会发展更少地依赖地球上有限的资源而更多地与地球的承载能力相适应、相协调。

四、实施可持续发展战略的原则

可持续发展的概念明确，内涵丰富，其社会观主张公平分配，以满足人类当代和后代的基本需求；其经济观主张建立在保护地球自然生态系统的基础之上的经济持续增长；其自然观主张人类与大自然和谐相处，人类要善待自然。可持续发展是全人类发展的总目标，体现出了公平性、持续性和共同性原则。

1. 公平性原则

人类需求和欲望的满足是发展的主要目标，而人类需求存在着很多不公平因素，为此，可持续发展强调和追求公平性原则。所谓公平性又包涵当代人与后代人之间公平、国际间公平和有限自然资源的公平分配三个方面的含义。资源分配是可持续发展的根本性问题。这种分配指当代人与后代人，也指国家、地区和全球范围内的资源与环境的分配与使用。后代人与当代人有着同等的发展权利，当代人没有权利贪婪地占有资源，无节制地利用资源与环境，而使后代人的发展受到损害。世界上不同国家、不同地区和不同民族享有同等的发展权利；但由于历史的原因，发达国家比发展中国家有着更高的社会生产力，占用了世界上更多的自然资源，他们高水平的消费给环境造成了更大的负荷；大多数经济发达国家在资本主义社会起步阶段，资本积累靠的是世界性资源掠夺，时至今日广大发展中国家也不得不以低廉的价格大量地向发达国家出卖本国资源，从而导致本国生态环境遭到破坏，恶劣的生态环境使这些广大发展中国家人民生活难以维计，又加剧了资源环境破坏，从而形成恶性循环。不合理的国际经济秩序是当今世界资源、环境问题产生的重要原因之一，因此，在保护环境这一问题上发达国家比发展中国家负有更大的责任。总之，自然资源是人类社会发展的基础，要实现人类公平、持续的发展，必须公平地分配和使用自然资源，积极地担负起各自的保护环境的义务。

2. 持续性原则

持续性原则的核心是人类的经济和社会发展不能超过自然资源与环境的承载力。目前，人们愈来愈认识到导致环境不断恶化的根源不在于环境本身，而在于当今的不完善的经济体系和落后的不合理的经济发展模式。由于人类的经济发展是以物质财富的不断积累为目标的，所以如果在经济发展过程中，不把环境看作是一个有机的自然平衡系统，而将其当作一个静止世界，当作有待人类开发利用、满足人类消费需要的资源、环境要素的集合体，只顾向自然和环境索取，不对自然资源和环境进行有效合理的保护，结果必然是资源逐渐被耗竭，环境不断被破坏，最终人类自食其果，人类经济、社会发展失去基础，人类社会终究有一天会持续不下去。这就是说人类在追求发展而利用自然资源时，必须充分考虑到自然资源的有限性，考虑到各种自然资源的特点，很好地保护资源与环境，使社会、经济、环境、资源相协调，保证自然生态系统能够永续地支持地球上的生命，即自然资源能够永续地得到利用，经济得到持续增长，人类社会得以永续发展。

3. 共同性原则

可持续发展是全人类的共同选择，人类已经认识到“只有一个地球”，地球作为一个整体需要全世界联合起来，采取共同行动对其进行保护。保护环境、保护地球具有整体性、相互依存性，诸如全球气候变暖、臭氧层耗竭、物种消失等全球性环境问题，受害的不是局部而是地球全体，同样要解决这些问题也不是哪一个或哪几个国家所能做得到的。另外，保护好我们的家园—地球，不仅是我们当代人的责任，也是每代人都应承担的义务。因此，形成共同的认识、共同的责任感，共同遵守保护环境、持续发展的原则，对于保护地球、保护资源与环境，对于实现人类社会的可持续发展是绝对必要的。

第二节 走可持续发展道路是中国的必然选择

一、中国走可持续发展道路的必然性

改革开放以来中国经济发展迅速，目前正处在工业化高速发展的起步阶段；当代中国人正肩负着实现中华民族伟大复兴的重任。与世界其他国家相比，在人口、资源、环境方面所面临的问题更多，也更复杂。

第一，中国人口众多。据第六次人口普查结果，截止到2010年，我国人口已达13.39亿，虽然增长率降到了0.57%，但由于基数大，每年仍净增739万人，相当于塞浦路斯的总人口数。人口膨胀对资源和环境造成的巨大压力，成为我国实现环境、资源与经济协调发展的首要限制因子。

第二，资源相对短缺。虽然我国有广阔的国土和丰富的自然资源，但按人口平均就显得严

重不足了，多种资源人均占有量远低于世界平均水平。如我国人均淡水资源不足2 100 m^3、耕地0.091 hm^2、森林0.145 hm^2、草地0.298 hm^2，分别为世界平均水平的1/4、2/5、1/4、1/2。多数矿产资源人均占有量不到世界平均水平的1/2，我国占有的煤、油、天然气人均资源只及世界人均水平的55%、11%和4%。资源的不合理开采与浪费，相对落后的生产工艺与生产水平，又加剧了资源的短缺。所以，资源不足成了我国经济持续发展的硬约束条件。

第三，生态条件依然严峻。人口持续增长和自然资源的不合理利用，造成生态环境的恶化，导致生态失衡。尽管荒漠化土地由20世纪末每年增加1 000 km^2，转变为现在每年减少7 500 km^2，但荒漠化土地面积仍高达263.62万km^2，森林覆被率仍未达到世界平均水平；我国有1/3以上的国土受到水土流失的威胁，自然灾害频发，有4 600多种植物和400多种动物处于濒危状态，自然生态环境承载能力不断下降。

第四，环境质量问题仍然比较突出。"十一五"期间中国的环境变化态势是稳中有好——环境质量基本保持平稳状态，某些区域的少数指标开始转好。但有些问题仍然比较突出，一是地表水的污染依然严重，长江、黄河、珠江、松花江、淮河、海河、辽河七大水系水质总体为中度污染，湖泊富营养化问题突出，近岸海域水质总体为轻度污染。二是部分城市空气污染仍然较重，重点城市未达到空气质量二级标准的城市比例较高，城市空气质量优良率天数没有很大的提高。三是农村环境问题日益突出，生活污染加剧，面源污染加重，工矿污染凸显，饮水安全存在隐患，农村环境呈现出"小污易成大污、小污已成大害"的局面。值得警惕的是，在中国人群总体健康水平显著提高的大背景下，"十一五"期间一些与环境污染相关的疾病的死亡率或患病率出现了持续上升趋势。

第五，资源利用效率低，技术经济水平与发达国家相比存在着明显的差距。过去60年，中国基本上走的是一条粗放型的经济增长道路，资源消费增长超过了GDP增长。2007年中国单位GDP一次能源消费量是世界平均水平的2.7倍，为主要发达国家的3～8倍；单位GDP成品钢材使用量是世界平均水平的5.6倍，约为主要发达国家的5～20倍；单位GDP有色金属消耗量是世界平均水平的5.1倍，为主要发达国家的5～10倍；单位GDP臭氧层消耗物质是世界平均水平的6.8倍，是美国的14.4倍、加拿大的16.1倍；单位GDP化石燃料燃烧CO_2排放量是世界平均水平的3.4倍，为主要发达国家的4～10倍；单位耕地化肥施用量为420 kg/hm^2，是国际公认的化肥环境安全上限标准的1.9倍。至于单位产品的能源消耗，则一般比国际先进水平高出20%～40%。

中国是社会主义国家，也是一个最大的发展中国家。社会主义社会制度决定了我国现代化建设、发展社会经济的根本目的在于持续地最大限度地满足人民对物质和文化的需求，为全体人民创造一个安全、富庶、清洁、舒适的生活条件。现实的国情决定了中国的社会主义现代化建设，不能采取资源粗放型、浪费型的发展模式。一方面，我国没有那么多的资源投入；另一方面，粗放、浪费式的发展造成生态环境破坏的严重后果，与社会主义现代化建设的根本目标相背离；所以，必须寻求一条使人口、资源、环境、经济和社会相互协调，兼顾当前与长远、当代人和后代人利益的发展道路，这就是可持续发展道路。走可持续发展道路是中国社会经济发展的必然选择。

二、可持续发展与《中国21世纪议程》

1992年8月经国务院批准，由国家计委、国家科委牵头，由52个国务院部门参加，组成起草小组开始编制《中国21世纪议程》，经过一年多时间的工作，1994年这一文件得以完成。中国是世界上第一个编制国家级21世纪议程的国家。《中国21世纪议程》是中国21世纪人口、环境与发展的白皮书，它从我国人口、环境与发展的总体出发，提出了促进经济、社会、资源与环境相互协调、可持续发展的总体战略、对策和行动方案，集中地体现了我国实施可持续发展战略的基本思路和主要内容。

1.《中国21世纪议程》的主要内容

《中国21世纪议程》是参照联合国《21世纪议程》的框架结构和基本格式而编制的，内容分为4个部分，有78个方案领域，494个行动，总计近30万字。

(1)第一部分，可持续发展总体战略 这部分论述了中国实施可持续发展战略的背景、必要性，阐明了中国的可持续发展战略及其对策，将中国的可持续发展目标确立为建立可持续发展的经济体系、社会体系和与之相适应的可持续利用的资源和环境基础，提出了到2000年各主要产业的发展目标、社会发展目标，包括建立中国的与可持续发展战略相适应的法律法规制度体系，推进有利于可持续发展的经济政策、技术政策和税收政策，广泛争取民间和国际支持，筹集资金，建立《中国21世纪议程》发展基金，加强实施可持续发展战略的能力建设等。

(2)第二部分，社会可持续发展 主要包括控制人口增长和提高人口素质，引导公众采用新的消费和生活方式；在工业化、城市化进程中，发展中小城市和小城镇，发展社区经济和第三产业；加强城乡建设规划，合理使用土地；注意使环境的分散治理走上集中治理；逐步建立城市供水用水和污水处理协调统一管理机制；增强贫困地区自身经济发展能力，尽快消除贫困；建立与社会经济发展相适应的自然灾害监测和防治体系。

(3)第三部分，经济可持续发展 主要包括利用市场机制和经济手段推动可持续发展，提供新的就业机会；完善农业和农村经济可持续发展综合管理体系；在工业生产中积极推广清洁生产(专栏11-5)，尽快发展环保产业，加强交通、通信业持续发展；提高能源利用效率与节能；推广少污染的煤炭开发开采技术和清洁煤技术，开发利用新能源和可再生能源。

专栏11-5 清洁生产

清洁生产(cleaner production)是指既可满足人们的需要又可合理使用自然资源和能源并保护环境的实用生产方法和措施，其实质是一种物料和能耗最少的人类生产活动的规划和管理，将废物减量化、资源化和无害化，或消灭于生产过程之中。

清洁生产在不同的发展阶段或者不同的国家有不同的叫法，例如“废物减量化”、“无废工艺”、“污染预防”等。但其基本内涵是一致的，即对产品和产品的生产过程、产品及服务采取预防污染的策略来减少污染物的产生。

清洁生产包括3个内容：①清洁能源。包括开发节能技术，尽可能开发利用再生能源以及合理利用常规能源。②清洁生产过程。包括尽可能不用或少用有毒有害原料和中间产品。对原材料和中间产品进行回收，改善管理、提高效率。③清洁产品。包括以不危害人体健康和生态环境为主导因素来考虑产品的制造过程甚至使用之后的回收利用，减少原材料和能源使用。

清洁生产包含两个全过程控制：生产全过程和产品整个生命周期全过程。对生产过程而言，清洁生产包括节约原材料与能源，尽可能不用有毒原材料并在生产过程中就减少它们的数量和毒性；对产品而言，则是从原材料获取到产品最终处置过程中，尽可能将对环境的影响减少到最低。

“清洁生产”概念的出现，最早可追溯到1976年欧共体举行的“无废工艺和无废生产国际研讨会”提出的“消除造成污染的根源”的思想；1979年欧共体宣布推行清洁生产政策；1989年，联合国开始在全球范围内推行清洁生产。我国于1994年提出了“中国21世纪议程”，将清洁生产列为“重点项目”之一。2002年6月全国人大常委会通过，2003年1月1日起实施的《清洁生产促进法》。

(4)第四部分，资源的合理利用和环境保护 主要包括在自然资源管理决策中推行可持续发展影响评价制度，对重点区域和流域进行综合开发整治；完善生物多样性保护法律体系，建立和扩大国家自然保护区网络；建立全国土地荒漠化的监测和管理信息系统；采用新技术和先进设备控制大气污染和防治酸雨；开发消耗臭氧层物质的替代产品和替代技术；大面积造林；建立有害废物处理、利用的法规和制定相应的技术标准等。

2.《中国21世纪议程》的特点

与联合国《21世纪议程》相比，《中国21世纪议程》所确立的可持续发展的战略目标及行动方案体现了中国国情，也突出了发展中国家的特点。

(1)以发展为核心 《中国21世纪议程》把发展经济放在第一位，结合中国国情，提出逐步将我国的经济发展由资源型转变为技术型，靠科技安邦兴国。

(2)注重处理好人口与发展的关系 人口众多是中国的突出特点，要继续实行计划生育，控制人口数量，提高人口素质，改善人口结构；发展第三产业，扩大就业容量，使众多人口转变为人力资源优势。

(3)突出对资源的有效保护、合理利用 资源短缺和人口剧增是制约中国社会经济发展的主要因素，要树立资源危机感，构建自然资源节约型经济体系，运用市场经济规律，逐步推行自然资源的有偿使用政策，实行资源保护、利用与增殖并重的政策，建立起与可持续发展相适应的资源环境管理模式。

(4)强调与全世界环境保护及经济发展战略相协调 对于防止全球气候变化和臭氧层耗竭、保护生物多样性、制止有害物质污染转嫁以及治理水土流失和荒漠化等全球性环境问题，中国提出了相应的战略、对策和行动方案，以强烈的历史使命感和责任感承担在国际社会上应承担的义务，努力为全人类的共同事业做出更大的贡献。

(5)突出实施可持续发展的能力建设 从动作机制、立法、教育、科技和公众参与等方面提出了加强可持续发展能力建设措施，以提高全民族的资源、环境意识，并为国际合作创造良好条件与环境。

三、中国可持续发展战略的实施

中国选择可持续发展道路是历史的必然，从中国国情出发，实施可持续发展战略有大量工作要做，当前要做的工作主要有以下几个方面。

1. 加强宣传教育，牢固树立人口意识和环境、资源意识

实行计划生育、保护环境、十分珍惜和合理利用土地是我国的三项基本国策，也是我国实施可持续发展战略的基本内容。对于可持续发展战略的实施，计划生育、控制人口、优化人口结构是必要条件，防治污染和改善生态条件是基本措施，而保护与合理利用自然资源则是实施可持续发展战略的物质保证。从根本上说，可持续发展战略的实现有赖于全民族的觉悟提高和共同努力，为此要继续不断地开展可持续发展的宣传教育，增强全民族的人口意识、环境意识和资源意识，提高生态文明水平。

2. 建立高效益、资源节约型的国民经济体系

传统发展模式正逐渐被淘汰，新的发展模式时代已经开始。面对日趋强化的资源环境约束，必须增强危机意识，树立绿色、低碳发展理念，以节能减排为重点，健全激励与约束机制，加快构建资源节约、环境友好的生产方式和消费模式，增强可持续发展能力。按照减量化、再利用、资源化的原则，减量化优先，以提高资源产出效率为目标，推进生产、流通、消费各环节循环经济（专栏11-6）发展，加快构建覆被全社会的资源循环利用体系。如推行循环型生产方式，在工业生产方面推行清洁生产和鼓励优先发展环境保护产业和生产环境保护型绿色产品，在农业生产方面推广生态农业，保障食品安全。健全资源循环利用回收体系，推行绿色生活方式和消费模式。

3. 强化环境管理

我国的可持续发展战略是在社会主义市场经济条件下实施的，因此，必须建立完善的法律体系、政策体系，依靠强有力的执法监督、科学决策和严格管理，才能使可持续发展战略很好地得到贯彻落实。另外，还要运用经济规律，使用经济手段对环境、资源进行管理；资源核算、资源计价和环境成本核算，使市场价格能准确地反映经济活动造成的环境代价，是当前国内、国外环境管理的发展趋势。通过实施环境成本核算，使环境污染重、“三废”排放量大的企业成本上升，经济效益下降，从而促使这些企业进行改造或产品转移，更多地采用新工艺、新技术，实行清洁生产。

专栏 11-6 循环经济

循环经济（cyclic economy）即物质闭环流动型经济，是指在人、自然资源和科学技术的大系统内，在资源投入、企业生产、产品消费及其废弃的全过程中，把传统的依赖资源消耗的线形增长的经济，转变为依靠生态型资源循环来发展的经济。

循环经济强调“3R”原则，即“减量化（reduce）、再利用（reuse）、再循环（recycle）”它们排列是有科学顺序的。减量化——属于输入端，旨在减少进入生产和消费流程的物质量；再利用——属于过程，旨在延长产品和服务的时间；再循环——属于输出端，旨在把废弃物再次资源化以减少最终处理量。

其基本特征是：

在资源开采环节，要大力提高资源综合开发和回收利用率。

在资源消耗环节，要大力提高资源利用效率。

在废弃物产生环节，要大力开展资源综合利用。

在再生资源产生环节，要大力回收和循环利用各种废旧资源。

在社会消费环节，要大力提倡绿色消费。

我国从20世纪90年代起引入了关于循环经济的思想。2008年8月全国人大常委会通过，2009年1月1日起实施《循环经济促进法》。

4. 充分发挥智力与人才资源优势

当今世界经济、社会发展主要依靠科学技术的推动，经济竞争也主要表现为科技竞争。自然资源是重要的，但一个国家、一个地区自然资源的匮乏并不能说明这个国家、地区不能发展。

我国各种资源的人均占有量在世界上几乎都处于劣势，但智力和人力资源却具有相当的优势。人力、人口也是资源，这些为我国走可持续发展道路、建设社会主义现代化强国提供了可能，也是当今我国可以依赖的主要资源优势。我们应清醒地认识到，发展经济、保护环境和合理开发利用资源都必须依靠科技水平的提高；科技进步是可持续发展必需的技术支撑，要实现可持续发展战略，重要的是推动科技进步、实施科教兴国战略和提高全民族的创新意识，促进科学技术与人力资源的结合，才能为加快转变经济发展方式、实现科学发展提供人才优势和保障。

5. 积极发展国际合作与交流

全球性的环境问题将整个人类的命运联系在了一起，而世界经济正在形成全球化格局，因此无论是发展经济，还是保护环境，都需要国际间的广泛合作。当今世界虽然经济、贸易、人才、科技竞争日趋激烈，但环境保护领域的合作却逐步加强，这为我国学习外国的先进技术，赶超世界先进水平提供了良好的机遇；也正是在发展经济与保护环境两者的一致性上，积极地变革传统落后的发展模式，推进科技进步，加强国际间的交流与合作，这必将极大地推进我国可持续发展战略的实现。

第三节　中国农业的持续发展

一、农业与农业的可持续发展

1. 农业及农业生产的本质

农业是第一产业，因此它是人类历史上最古老的产业。农业生产的对象是植物、动物和微生物，它们都是生命有机体，都依赖于环境条件而生长繁殖，所以农业是人类通过社会劳动而有意识地对有机体的生长繁殖过程及其所处环境条件进行干预，从而获取人类生活所必需的食物、纤维及其他工业原料的产业。从本质上说，农业生产是人类向大自然索取的过程；依照生产对象划分，农业可分为有依靠农作物种植的种植业（狭义农业）、依靠动物生产的畜牧业、依靠水产的养殖业、依靠林木栽植采伐生产的林业以及以农产品加工为主的副业（在我国也包括乡镇企业），这些产业集合在一起构成了广义的农业。在上述各业中种植业利用绿色植物的光合作用，将二氧化碳、水合成为有机化合物，将太阳能转变为化学潜能，这是任何其他行业所代替不了的；光合作用所积累的能量是地球上其他一切生命活动所需能量的直接或间接来源，而农作物光合作用积累能量这一初级生产过程，决定了一个国家、一个民族乃至全人类的生存和发展。所以说农业是当今世界上利用光合作用生产人类所需食物和有机原料的唯一基础产业，农业生产的根本目的在于生产出足量、优质的食粮及其他副食品，以满足人类不断增长的需要；人类要生存和发展，农业生产就必须进行下去。

另外，农业作为人类社会多种产业中的一种，它又受经济规律的支配，因此，农业生产既是一个自然再生产过程，也是一个经济再生产过程。农业生产将自然再生产与经济再生产组合为一体，在世界人口急剧增加、资源与环境承受压力日趋加大的形势下，如何在不违反自然规律的前提下，稳定、持久地获得农业的最大生产力与最佳经济效益，已成为当今农业发展要解决的根本问题。

2. 农业生产与环境问题

（1）石油农业与环境问题　农业是国民经济的基础，而农业的持续发展就成了人类社会持续发展的基础。持续农业是可持续发展战略中的主要组成部分，它的产生与整个可持续发展思想建立过程基本同步，但又有其特点。

20世纪以来尤其是第二次世界大战之后，世界农业发生了巨大变化。发达国家开始将现代化科学技术大规模地应用于农业，以现代工业武装农业，尤其是对现代化农业起到关键性作用的化肥、农药和农业机械广泛地应用于农业之后，农业劳动生产率、土地生产率和农产品的商品率大幅度提高；例如，若以每个劳动力能养活的人数计，美国约为56人，加拿大39人，澳大利亚39人，法国26人，日本17人，显然这一数字远远高于传统农业。传统农业发展为现代化农业，更多地依赖于工业和石油能源，这就是所谓的“石油农业”。石油农业的实质是用高能量投入换取高额农业产量，例如，美国在第二次世界大战后的40年里，投入农业的能源大约增长了80倍，至20世纪80年代末每年农业大约要消耗6 000万t石油、800万t钢材和16万t橡胶。

随着能源投入的大量增长，在农业生产力得到迅速提高的同时，也产生了一系列的经济、生态和环境方面的严重后果，主要表现在以下几个方面。

一是石油能源的大量投入，极大地加剧了能源危机。以石油为原料的化肥、农药的大量使用以及农业生产过程的耕作、灌溉、运输和加工全面使用机械，使得石油消耗大量增加，加剧了能源危机。例如，目前美国每年每公顷玉米生产大约需要消耗石油760 L，生产4.2 kJ能量的水果和蔬菜大约需要8.4 kJ的石油能源，可见对于大多数国家来说是不可能按照石油农业的方式去发展农业、进行农业生产的。

二是大量采用机械作业，加剧了对自然生态环境的破坏。土壤受到大型农业机具行走镇压而板结，地面缺少覆被，造成了土壤有机质含量下降、土壤物理性状变坏和风蚀、水蚀加剧的严重后果。如美国自20世纪30年代开始用机械取代畜力耕作，中西部农民无计划地将大片草原开垦为农田，致使地面裸露，导致风蚀加剧，土壤严重退化。据估计，全世界100年内有2亿hm^2土地遭到侵蚀，每年流失的表层土壤约达250亿t。

三是造成严重环境污染。大量使用化肥、农药，可能会造成环境污染，导致农产品品质下降。世界化肥和农药用量逐年上涨，据估计所使用的农药约有90%、化肥约有70%进入生态系统。

另外，石油农业大量投入能源，使得农业成本提高，经济效益下降，也造成农产品数量结构性短期过剩。

(2)“绿色革命”与环境问题　进入20世纪50年代以后，为迅速增加的世界人口提供食品供应，成了农业发展的当务之急。为此，从20世纪60年代初开始在发展中国家兴起了一场以推广、使用农作物高产良种为中心的农业“新”技术革命，其主要内容是大规模地推广矮秆、半矮秆、抗倒伏、产量高、适应性广的小麦、水稻等农作物优良品种，并配合灌溉、施肥等技术的改进，大幅度提高农业产量；这一活动成效十分显著，使农业生产取得了革命性的进展，因而被誉为“绿色革命”。

“绿色革命”在第三世界国家特别是以小麦和水稻为主要作物的地区和国家，取得了巨大的成功。例如，墨西哥从1960年推广矮秆小麦，在短短的3年时间里，矮秆小麦种植面积达到总面积的95%，产量也比第二次世界大战结束前的1944年增加了4倍。印度在实施绿色革命战略过程中，于1966年自墨西哥引进高产小麦品种，并同时增加化肥、农机、灌溉等方面的投入，至1980年粮食产量已较1966年翻了一番。实际上我国推广优良品种时间更早，规模更大，成效也更显著：如 1965 年在南方稻区基本实现了籼粳矮秆化，使水稻亩量由 200～250 kg 提高到了 300～350 kg；1973 年实现了“三系”配套，杂交水稻栽培面积由 1976 年的 15 万 hm^2 扩大到了 1990 年的 1 600 万 hm^2，使全国水稻平均亩产由 230 kg 左右上升至 330 kg 以上，而且形成了将高产品种与精耕细作的优良传统相结合的特色。

“绿色革命”的实践体现了科学技术是第一生产力的思想，事实证明农业的发展必须依靠科学技术的进步。另外，从事物发展过程看“绿色革命”也有自身的不足甚至是对农业的消极影响。例如，新品种一般总是要求有更高的养分、水分供应条件作为保证才能使其增产作用很好地发挥出来，但许多农民不顾具体条件的限制而广泛采用了新品种，不但未能增产，还造成了减产；也正是由于这些高产品种的引入推广，使不少农民放弃了传统的精耕细作的优良传统，过分地依赖于化肥、农药等农用物质的投入，导致了农业投入的增加和地力下降，也造成了对农产品和环境的污染。又如，大面积相同遗传基因品种作物的种植，会带来虫害、病害和杂草不断增长的严重后果，杀虫剂、杀菌剂和除草剂的大量使用使有益和有害昆虫一起被杀死，加剧了生态环境的恶化。此外，单一推广高产品种，也造成大量地方传统优良品种的丧失。这些都说明现代农业科学技术应该在正确的理论、发展战略的指导下，多种措施配合使用才能使其真正发挥作用，实现经济、生态环境、资源和社会的持续发展。

3. 当今农业所面临的时代挑战

(1)人口急剧增加，粮食需求压力过大　1970—1990 年的 20 年间世界人口增加了 16 亿，1987 年达到了 50 亿，1999 年达到了 60 亿，2011 年达到 70 亿。人口的过快增长给农业带来了巨大的压力，成为当代人类所面临的重大挑战之一。这一压力首先就是来自粮食供应不足的威胁，现阶段很多发展中国家粮食的增长速度赶不上人口增长速度；自 1990 年以来，全球粮食产量只增加 2.3%，而人口增长了 10%。2010 年世界粮食储备只够人类维持 50 d 左右，大大低于 2007 年初的 169 d。据联合国测算表明，到 2030 年全球粮食产量必须提高 50%，才能满足因人口增长等因素而不断增加的需求。其次，是造成人民生活贫困化，过多的人口数量成为社会发展包袱，贫困人口大量增加；第三，给资源、环境带来了巨大、持久的负荷，为了满足迅速增长人口的生活基本需要，人们不得不进一步加大对资源、环境的开发利用，使得资源环境遭到了严重破坏。

(2)资源退化　主要包括森林面积减少，水土流失面积扩大，土壤因受到过度利用而退化、荒漠化，水资源严重不足，生物多样性遭到破坏等。根据联合国粮农组织发表的报告，全球由于过度开发，引起地力衰退，使农业生产条件变得非常恶劣；在 20 世纪后半叶中，全球共有约 800 多万 hm^2 的土地变为不毛之地，有 2.96 亿 hm^2 土地因水土流失而退化，有 9.6 亿 hm^2 农田因过度耕作而地力衰退。世界上土地荒漠化面积正以每年 5 万～7 万 km^2 的速度扩展着，每年仅此一项要损失掉耕地 600 万 hm^2。各国专家普遍认为，进入 21 世纪水资源将越来越紧张，特别是在干旱半干旱地区，水将成为人类生存和工农业生产的短缺资源，限制经济和社会发展。

(3)自然灾害频繁发生　世界范围内重大、突发性的自然灾害主要有干旱、洪涝、台风、霜冻、冰雹、农作物和森林病虫害以及森林火灾等；自然灾害对人类生产生活，尤其是给农业生产带来巨大的损失，而这些灾害以目前人类干预自然的能力还不能按人类意志加以有效地控制，人类活动则常常给资源、环境造成破坏，成为诱导自然灾害发生的直接或间接因素。

综上所述，随着科学技术的进步，世界农业得到了巨大的发展，从经济、技术多方面为今后的进一步发展准备了条件,但同时面临着一系列的困难,潜伏着深刻的危机。发达国家面临的主要问题是环境污染、农业投入过大和成本过高,发展中国家主要面临的则是人口急剧增加、资源与环境的破坏及食物短缺和安全,而实践也已证明科学技术应用于可持续发展战略,才能使之持久地为经济社会发展做出积极贡献。正是在面临着既要发展农业、又要保护生态环境这一难题的背景下,在全球范围内人们逐渐认识到农业必须走持续性发展的道路,可持续农业由此应运而生,可持续农业也就较其他农业发展思想更易于被广泛接受。

4. 农业可持续发展及其目标

面对现代农业发展中的问题与挑战,许多国家开始探索新的农业发展方向和道路。经过长期的实践和反思,农业可持续发展的思想逐渐被世人所接受;20 世纪 80 年代末,开始出现在一些国际组织的文件和报告中。1987 年 FAO 制定了“可持续发展农业生产:对国际农业研究的要求”的政策性文件;1991 年 FAO 与荷兰政府共同组织召开了“农业与环境”国际会议,会上制定了“关于可持续农业与农村发展(SARD)的丹波行动宣言”,对各国提出了可持续农业与农村发展行动的主要要求。1992 年世界环境与发展大会以后,农业可持续发展思想为全世界各国所广泛接受。

农业可持续发展包括经济持续、生态持续和社会持续三个方面的目标。经济持续要求保持农业生产率的稳定增长,提高产量,保障食物安全,并改善农业产业结构,不断提高农业和农村经济持续发展的能力;生态持续要求保护和改善区域生态环境,使自然资源得到合理、永续的利用;社会持续是指农业与其他各业协调发展,农产品供应充足、市场繁荣,农村人口享受公平的社会权利,人民安居乐业、社会稳定。因此,农业可持续发展一词用农业与农村可持续发展表述更为准确。

农业与农村的可持续发展是一个十分广泛的领域。在《中国 21 世纪议程》中,设立了 7 个农业与农村可持续发展方案领域:①推进农业可持续发展的综合管理;②加强食物安全和预警系统;③调整农业结构,优化资源和生产要素组合;④增加农业投入,提高农业综合生产力;⑤保证农业自然资源可持续利用,加强生态环境保护建设;⑥提高发展可持续农业科学技术;⑦发展乡镇企业和建设农村中心乡镇。

二、可持续农业

1. 可持续农业的定义与内涵

“可持续农业(sustainable agriculture)”是“可持续发展”概念在农业及农村经济发展领域的应用或延伸。1991 年,FAO 提出了可持续农业的概念,指出可持续农业是要“管理和保护自然资源基础,调整技术和机制变化的方向,以确保持续地满足当前和今后世世代代人们的需要”,在此基础上把可持续农业定义为“是一种能够保护和维护土地、水和动植物资源,不会造成环境退化,同时在技术上适当可行、经济上有活力、能够被社会广泛接受的农业”。可见“可持续农业”至少有两层含义:一是不能以牺牲子孙后代的生存发展权益作为换取当今发展的代价,二是要兼顾经济、社会和生态效益。即可持续农业应该做到:①维护生态健康,要正确处理人类与自然的关系,为农业和农村发展奠定和维护健全的资源和环境基础;②保持经济上的活力,不应因为要保护环境和资源而牺牲生产力目标,降低农业竞争力;③尊重社会可接受性,应控制和避免由于环境污染和生态条件恶化引发社会问题,并保证社会分配的公正性等公众的其他权益。

由此可见,可持续农业要求农业能够持续不断地满足人类社会的需要,其内涵是要重视可更新资源的合理利用，更多地依赖于生物措施来培肥和改良土壤，减少石油能源的投入，增加农业产量，在发展生产的同时，保护资源、改善环境和提高人类食物的质量，以维持经济、社会的持续发展。

2. 各国可持续农业的主要类型

石油农业虽然创造了高的生产效率，但同时也带来了资源破坏、环境污染、能源短缺等全球性的生态危机问题，使农业的发展陷入新的困境。近半个世纪以来，人们为了摆脱这一困境，先后提出了“有机农业(organic agriculture)”(美国等)、“生物农业(biological agriculture)”(西欧各国)、“自然农法(natural agriculture)”(日本等)、“精久农业(intensive & sustainable agriculture)”(美英及第三世界国家)和狭义的“生态农业”(欧美及一些亚洲国家)等替代农业(alternative agriculture)模式(专栏 11 - 7)，不断地探索农业发展的新途径。经过世界各国的实践，人们发现在众多的替代农业模式中，大多数都因过于强调资源和环境的保护，减少或拒绝化学石油能源的投入，在保护了环境的同时，大幅度地降低了产出和效益，使农业发展十分缓慢。而生态农业汲取了传统农业与现代农业的精华，能够形成高效、稳定的新型农业生产体系，表现出了顽强的生命力和广阔的发展前景。

专栏 11 - 7 有 机 农 业

有机农业是遵照一定的有机农业生产标准，在生产中不采用基因工程获得的生物及其产物，不使用化学合成的农药、化肥、生长调节剂、饲料添加剂等物质，遵循自然规律和生态学原理，协调种植业和养殖业的平衡，采用一系列可持续发展的农业技术以维持持续稳定的农业生产体系的一种农业生产方式。

有机农业的概念于 20 世纪 20 年代首先在法国和瑞士提出。20 世纪 30 年代英国植物病理学家 Howard 在总结和研究中国传统农业的基础上，积极倡导有机农业，并在 1940 年写成了《农业圣典》一书。英国“土壤协会”于 20 世纪 70 年代率先创立了有机产品的标识、认证和质量控制体系。从 20 世纪 80 年代起，随着国际和一些国家有机标准的制定，一些发达国家才开始重视有机农业，并鼓励农民从常规农业生产向有机农业生产转换，这时有机农业的概念才开始被广泛接受。

有机农业的发展可以帮助解决现代农业带来的一系列问题，如严重的土壤侵蚀和土地质量下降，农药和化肥大量使用造成环境污染和能源消耗，物种多样性的减少等等；还有助于提高农民收入，发展农村经济。据美国的研究报道有机农业成本比常规农业减少 40%，而有机农产品的价格比普通食品要高 20%～50%。同时有机农业的发展有助于提高农民的就业率，有机农业是一种劳动密集型的农业，需要较多的劳动力。

我国现代有机农业的发展起始于 20 世纪 80 年代，1988 年国家环保局南京环科所开始进行有机食品的科研工作，并成为国际有机农业运动联盟的会员。2004 年 11 月国家质量监督检验检疫总局颁布《有机产品认证管理办法》；2005 年 1 月国家质量监督检验检疫总局和中国国家标准化管理委员会联合发布了《有机产品》(GB/T 19630. 1～19630. 4—2005)国家标准，标志着中国有机农业发展走上标准化道路。

(1)美国的"低投入可持续农业(low input and sustainable agriculture,LISA)" 20世纪70年代以来,以高成本、高度专业化、高度化学集约化、高产量、高污染为特征的现代农石油农业遇到了前所未有的挑战,为建立一个能维持肥力、减少污染、控制病虫害和抵抗自然灾害的农业系统,美国陆续推出了生物农业、有机农业、再生农业等运行模式,企图从某一个侧面突破,来解决农业发展与资源环境的矛盾问题,但都因收效不大和难以实施而不能扩展,以致推出了作为上述模式的替代低投入可持续农业模式。所谓低投入可持续农业,是指通过尽可能减少化肥、农药等外部合成品投入,围绕农业自然生产特性利用和管理农业内部资源,保护和改善生态环境,降低成本,以求获得理想的收益。目前,美国已形成了一套完整的持续农业理论和目标、措施,内容主要包括:土壤管理、持续农作制度创立、生物技术和作物育种技术应用、对有害生物的综合防治、牧场管理、森林栽培与管理、水资源管理。

(2)日本的环保型可持续农业 20世纪60年代以来,日本在农业领域大量采用以石油制品为原料的化肥和农药,推动了农业的迅速发展,结果大量消耗了资源,污染了环境,破坏了土壤结构,造成水土流失,又造成了社会公害,日本也被斥之为"公害大国"。当农业可持续发展浪潮到来之时,日本很快接受这一理念,推出了环保型的农业持续发展模式。这一模式要求:一是降低农场外部如化肥、机械、农药等投入来保护环境,防止土地盐碱化,保持和逐步提高土地肥力;同时利用现代生物技术培育适于水地、盐碱地、荒漠和生态敏感区耕作的作物品种,扩大耕地面积,弥补耕地不足。二是以提高效率来保护环境。重视农业系统内部各部门的效率及其与资源系统关系的协调,强调种植业、渔业、林业和畜牧业的比例结构与区域农业自然资源及其组合特点的相吻合,以防止自然资源的浪费和自然生态结构的破坏。三是对农业资源特别是森林进行经济效益评价和测算,指出了森林在防止水土流失和动植物多样性及净化空气等方面的价值,以期保护绿色资源。

(3)欧洲的综合型持续农业 所谓综合农业,是指所有能够满足人民生活需要而又不破坏自然环境的农业经营方式。它针对现代农业持续增产离产而造成土壤重金属元素增加、水资源趋于紧张、氮磷元素和农药残留物对环境污染、生物多样性遭到破坏、农产品的品质下降、生产过剩、自然资源和劳动资源浪费而提出,包括保护生态平衡、保护土壤、综合植保、综合保护水资源、综合经营农业等内容。这种模式要求政府积极参与,统一部署,充分调动各方面力量进行资源深度开发,并协调各方利益。目前,德国政府通过制定一系列法律、规章制度和政策措施等实行综合农业。他们的法规很多,如固定和非固定设备安装规定、废弃物排除规定、污泥用作肥料规定、防止施肥过量规定、资源保护规定、化肥销售规定、环境污染刑事处罚规定及农牧结合、轮作方式、少耕免耕、再生资源开发、自然优势试验奖励等。

三、中国农业发展持续性评价

当前中国农业正处在传统农业向现代化农业的转变之中,要实现农业的可持续发展,首先要对中国农业可持续现状及发展趋势有一正确的认识和判断。

1. 中国农业持续发展特征及持续性评价

中国农业有着悠久的发展历史,几千年来,我国各族人民在和大自然的斗争中,创造了光辉灿烂的文化与农业技术,世世代代积累了丰富的生产经验。建国后特别是改革开放以来,现代农业科技成果不断引进和应用,我国农业的优良传统与先进科学技术相结合,使农业生产水平得到了迅速提高。从总体看,我国农业基本呈持续发展态势,农业生产条件得到改善,生产能力不断提高，但也存在着非持续性因素和局部非持续性问题；这些问题主要是迫于人口迅速增长的压力以及对环境、资源、人口、经济的关系认识不够，部分地区的自然资源利用不合理，使当地生态环境遭到破坏。这些非持续性问题需要认真解决，才能实现农业持续、稳定、健康发展。

(1)种植业　种植业作为农业发展基础部门，最近10多年来基本上满足了社会发展和人民生活需要，1978年以来我国粮食生产稳定增长，总产量相继登上了3.5亿t、4.0亿t、4.5亿t和5.0亿t 4个台阶，成为世界上最大的粮食生产国，13亿多中国人口的温饱问题基本得到解决，以占世界7%的耕地养活了20%的世界人口，以至近年来出现了农产品结构性过剩。在种植业生产过程中对我国耕地资源、农作物物种资源和水资源的开发利用是有效而且基本是合理的；改革开放以来通过大规模的农业商品粮基地建设、农业综合开发、大江大河大湖治理等措施，加强了农业的基础，大大改善了农业生产条件。截止到2009年，全国共建成水库8.7万座，总库容5 842亿m^3，全国有效灌溉面积5 926.1万hm^2，占全国耕地面积的49.4%。近年来大力推广滴灌、喷灌、渠道防渗和管道输水灌溉技术，目前全国节水灌溉面积已达2 575万hm^2。三北防护林、天然林资源保护、退耕还林、三北及长江等重点防护林等林业重点生态工程以及小流域治理等水土保持和生态建设工程，在大面积改善农村生态环境、保护农业生产上发挥了积极作用。尤其要指出的是近30年来在全国范围内坚持推广的平衡施肥(测土配方施肥)技术，不仅提高了农民的科技意识与科技水平，保证农产品产量持续增加，也做到了用地养地相结合，使农业基础得到加强，生态环境持续改善。

存在的主要问题有在部分山地丘陵区，过度开垦及不合理耕作造成严重的水土流失和地力下降；农业化学物质的大量使用对环境造成污染以及环境污染对农业生产构成严重威胁。

(2)畜牧业　畜牧业近10多年来已迅速发展为一个相对独立部门，进入20世纪80年代以来，保持着持续、快速、稳定发展。2010年全国猪、牛、羊肉总产量达7 925万t，比1978年增长7.9倍，奶产量3 570万t，增长32.9倍。畜牧产品的增长速度远远高于人口增长速度，为改善中国人民的膳食营养结构起到了主导作用。畜牧业内部生产结构也得到了调整，例如，在肉类生产中消耗饲料较多的猪肉比重下降，禽肉和牛羊肉的比重迅速上升。

我国草地畜牧业有待进一步发展，而草地资源严重退化、草原超载过牧是主要要解决的问题。

(3)水产业　我国水产业近十多年来发展很快，产量迅速增长，2010年全国水产品产量达到3 906.5万t，比1978年增长9倍；特别是增加人工养殖、加速发展加工业方面的水产业内部的结构调整，为今后的水产业持续发展创造了条件。

海洋资源利用不尽合理，近海过分捕捞使渔业资源遭到破坏，海洋污染以及养殖业病害频繁发生是影响渔业持续发展的重要限制因素。

(4)林业　近十多年来发展林业的重大意义为社会普遍认识，通过大力植树造林、育林护林，森林覆被率得到了持续的增加。据2008年完成的第七次森林资源清查报告显示，全国森林面积达到1.95亿hm^2，比2003年清查净增0.21亿hm^2；森林覆被率达到20.36%，净增2.15个百分点；活立木蓄积量达到149.13亿m^3，净增11.28亿m^3；人工林面积达到0.62亿hm^2，净增0.08亿hm^2，继续保持世界首位。森林龄组结构、树种结构和林种结构也得到改善，用材林比重下降，防护特用林及薪炭林比重上升。此外，林地的生产能力也有所提高。虽然林业的社会效益、生态与环境效益很大，但经济效益较差，林业仍然是一弱质产业，需要政府和全社会予以重视和重点扶持；林业内部树种结构需要做进一步的调整，高效的林产加工业有待大力发展。

回顾几十年来我国农业发展历程，既有成功经验，也有深刻教训；造成生态环境衰退的原因既有客观上的，也有主观上的。分析其主观原因，主要是由于长期以来我们对于生态环境、对于农业生态平衡问题认识不足，在一定程度上受到了西方石油农业的影响，片面追求高能量投入，没有正确处理好发展生产和保护生态环境、开发利用资源和保护增殖资源之间的关系；违背了生态学规律，片面追求产量，用单一的粮食生产结构去代替多层次和复杂结构的农业系统；特别是在人口不断增加和耕地不断减少的情况下，许多地方盲目提高复种指数，毁林毁草开荒，围湖围海造田，结果造成了生态平衡的破坏，生态状况日趋恶化，土地荒漠化，水土流失严重，自然灾害频繁，农村能源严重不足，土壤有机质及营养元素含量大幅度下降，给农业的进一步发展带来了巨大的困难。另外，从技术方面看，由于农业科学技术的相对落后，农业技术支持不足，缺乏给予农业、农民以必要的指导，也是限制农业可持续发展的重要因素。从以上讨论可以看出，中国农业发展呈可持续态势，但面临着巨大的困难和严峻的挑战。

2. 中国农业持续发展面临的问题和挑战

(1)农业资源与生态承载过重　耕地资源日益减少，有的省份人均占有耕地面积已经减少到了1亩以下，中国科学院国情分析研究小组估测全国有666个县的人均耕地低于联合国粮农组织规定的0.05 hm^2 警戒线，其中有463个县人均耕地低于0.03 hm^2；水资源日益不足，随着人口增加，人均水资源占有量已从1949年的5 000 m^3/年左右，减少到了目前的2 128 m^3/年，北方农村和大多数城市缺水日趋严重；湖泊面积及其水量在不断减少，自20世纪50年代以来，全国大于10 km^2 湖泊中，干涸面积4 326 km^2，萎缩减少面积9 570 km^2，减少蓄水量516亿 m^3；部分水域酷渔滥捕造成了水产资源破坏；草原过牧超载严重，严重退化草原近1.8亿 hm^2，并以每年200万 hm^2 的速度继续扩张，天然草原面积每年减少65万～70万 hm^2，同时草原质量不断下降；森林资源蓄积量和森林覆被率虽然在增加，森林覆被率还不是很高，且用材林的消耗仍大于林木生长量，局部林地遭到破坏。

(2)农业与农村环境污染加重　突出表现为农村生活污染治理基础薄弱，面源污染日益加重，农村工矿污染凸显，城市污染向农村转移有加速趋势。一方面，农业环境受到工业污染的威胁。截至20世纪末，我国受污染的耕地面积达2 000多万 hm^2，约占耕地总面积的1/5，其中工业"三废"污染面积达1 000万 hm^2，污水灌溉面积为130多万 hm^2。每年因土壤污染粮食减产就达1 000万t，还有1 200万t粮食受污染，二者的直接经济损失达200多亿元。利用污水灌溉的农田面积为361.84万 hm^2，占我国总灌溉面积的7.33%。污染导致每年造成渔业经济损失达几十亿元。另一方面，农业自身造成的污染日趋严重。化肥、农药过量使用产生的面源污染问题加剧，地膜污染及农业废弃物、畜禽粪便等污染也呈上升趋势。农业已经成为一个主要的污染源，据2010年发布的第一次全国污染源普查公报，来自农业源中主要水污染物排放(流失)量为：化学需氧量1 324.09万t，总氮270.46万t，总磷28.47万t，铜2 452.09 t，锌4 862.58 t。其中化学需氧量占全国各类污染源化学需氧量排放总量的43.7%。其结果是导致农产品污染加剧，2002年，农业部稻米及制品质量监督检验测试中心对全国市场稻米的安全性抽检结果显示，稻米中铅超标率28.4%，镉超标率10.3%。2005年4月，农业部组织有关质检机构对我国37个城市蔬菜农药残留状况的监测结果：52种蔬菜3 845个样品中，农药残留超标样品318个，超标率为8.3%。

(3)农业经济投入效益不高　化肥利用率只有40%左右,灌溉水的利用率一般也仅在40%～50%;农业生产资料价格逐年上涨,农业投入报酬率下降,生产成本逐渐上升;农业种植结构不合理,粮食出现结构性过剩,农产品加工落后,农业产值低下;农村滞留大量的农业剩余劳动力,不仅影响了科技进步作用的发挥,而且难以扩大农业经营规模从而阻碍了生产力的提高。

(4)人口压力不断增加　据预测到2020年中国人口为14.36亿,以人均粮食420～435 kg计,全面小康社会的粮食需求总量为6.03亿～6.25亿t;到2033年中国人口实现零增长,人口规模将达到14.73亿,以人均粮食450～470 kg计,人口高峰时期的粮食需求总量在6.63亿～6.92亿t。中国至少还要通过自己的国土资源解决5.5亿～6.0亿t的粮食生产和供给,这比中国现阶段5亿t的粮食综合生产能力要高出10%～20%,中国农业仍将面临人口增加与消费扩张的双重压力。此外,农业剩余劳动力不断增加,虽然在乡镇企业高速发展期已经吸纳了超过1.1亿农业剩余劳动力,但今后这种转移速度将会放慢;在农村城镇化过程中,如何协调农村劳动者的文化素质偏低与劳动力转移需求之间的矛盾,是实现农业与农村持续发展要解决的课题之一。

在这样的资源、环境、人口和经济条件下,中国农业要实现可持续发展,必须采取适合中国国情的发展战略和发展模式。

四、中国农业持续发展的战略目标

根据中国的国情,中国农业持续发展的战略目标是,在实现农业高产优质高效、确保粮食安全、促进农业经济不断增长的同时,维护资源的合理利用,建设良好的生态环境,逐步形成一个协调、平衡的农业经济、技术、生态系统和健全、繁荣的社会系统,以实现农业和农村的持续发展。这是通过长期的农业发展实践和总结世界各国农业发展经验教训而获得的,它的核心内容是不能以破坏资源与环境为代价来加快经济的发展,而是既要高速度发展农业,又要保护好资源和环境。为此,农业持续发展目标又可以分为两部分,即农业经济发展目标和农业生态环境建设目标,农业经济发展目标主要包括提高粮食产量以确保食物安全、增加农民收入和农村就业人数以及加强农田基本建设、培肥地力、增加农业机械总动力以提高农业综合生产能力;农业生态环境建设目标主要包括保护耕地、严格限制占用耕地、改变草原过牧超载局面、提高灌溉水利用系数和扩大水浇地面积、建立自然保护区和保护生物多样性,加快水土流失治理步伐、提高森林覆被率、调整化肥结构和实行科学施肥、用地养地相结合,减少农药使用数量、防治工业和乡镇企业"三废"对农业和农村的污染以及降低自然灾害的受灾率和成灾率等。显然在不同地区、不同时期持续农业的发展目标是不相同的,应当根据当地实际具体地加以确定。

要实现农业持续发展目标,需要确定农业发展模式,选择相应的具体措施,而这一目标的实现过程又是一个复杂的系统工程。从系统工程的角度可以将持续农业分为若干个子系统:①可持续农业技术系统,主要包括选育抗逆性强、高产优质的作物、林木、畜禽和水产新品种,建立用地与养地相结合的耕作制度,逐步推广农业病虫害的生物防治技术体系等;②可持续发展经济系统,包括在增加农业投入的同时,降低生产成本,推进农业产业化和农产品商品化,用经济手段加强管理以支持可持续性技术措施的实施以及环境生态工程建设;③可持续农业生态系统,主要包括对农用土地、水资源、森林、草地、生物资源进行合理开发利用,使开发利用、保护治理与资源增殖三者很好地结合起来；发展生态农业、立体农业、绿色食品和无污染、无公害农业；实行山、水、林、田、路统一规划、综合治理等；④可持续的社会系统，主要包括控制农村人口数量，提高农村人口身体和文化素质，大力推进科教兴国、科技兴农战略，普及农业科学知识，广辟就业门路，安置农村剩余劳动力，适时地调整与农业持续发展相关的农村社会发展政策。

总之，按照可持续发展原理，根据我国国情，发挥各地区优势，因地制宜地建立起产业结构合理、经济效益明显，能保护资源与环境的农业生产体系，是我国实现可持续发展迫切需要解决的问题，而生态农业是对各种农业技术的综合运用，它为解决这一问题提供了一条理想的途径。

五、中国的生态农业

经过世界各国的实践，人们发现在众多的替代农业模式中，大多数都因过于强调资源和环境的保护，减少或拒绝化学石油能源的投入，在保护了环境的同时，大幅度地降低了产出和效益，使农业发展十分缓慢。而生态农业汲取了传统农业与现代农业的精华，能够形成高效、稳定的新型农业生产体系，表现出了顽强的生命力和广阔的发展前景。

20 世纪 80 年代初，在世界替代农业研究运动的推动下，为了寻求中国农业持续发展模式，我国一批科学家和农业工作者，在借鉴国外经验和深入分析我国国情的基础上，提出“中国生态农业”概念。到 20 世纪初，我国的“生态农业”在含义、内容和方法各个方面日趋完善，而这些与西方国家所说的生态农业又有着较大的差别。

我国的生态农业是以生态学原理和系统科学的方法，把现代科技成果与传统农业精华结合起来而建立的具有高功能、高效益的农业体系，是继传统农业、石油农业之后，在我国背景条件产生的一种人与自然协调发展的新型农业模式。也可以说，生态农业是按照生态学原理，建立生态上能自我维持或低输入、经济上可行的农业生产系统，该系统能在长时间不对其周围环境造成明显改变的情况下具有最大的生产力。中国生态农业按照“整体、协调、循环、再生”的原则，以生态、经济和社会三大效益的协调统一为目标，把农业生产、农村经济发展和生态环境治理与保护、资源的培育与高效利用融为一体，运用生物和生态工程技术，提高太阳能的转换率、生物能的利用率和农业废弃物的再循环率，因地制宜地开发利用自然资源，使农、林、牧、副、渔各业综合发展。它要求把发展粮食与多种经济作物生产，发展大田种植与林、牧、副、渔业，发展大农业与第二、三产业结合起来，协调经济发展与环境之间、资源利用与保护之间的矛盾，形成生态上与经济上两个良性循环。因此，生态农业以提高经济效益为中心，以保护农业生态环境为重点，以系统科学的方法为手段，要实现的目标是社会、经济、生态三大效益的统一。在具体做法上既吸收了我国传统农业和现代农业的精华，也不拒绝化肥、农药的适度投入；它能够合理利用和保护自然资源，使生态系统保持适度的物质循环强度和能流通量，高产出、高效益、少污染；它强调经济效益、生态效益、社会效益的综合协同提高，使农业生产与资源的永续利用和环境的有效保护紧密结合起来，从而使我国的农业、农村纳入了持续、稳定、协调发展的轨道。

我国生态农业具有两个显著特征：①对农业结构的优化，体现出系统性、整体性和综合性，有利于生物种间互利作用的发挥，有利于提高外部投入的效率；②生产、经济发展与环境保护同步，通过对可再生资源的利用及各种促进土壤肥力提高的生物学措施，提高系统的自我维持能力，加强农业持续发展的内部机制，从而形成与常规农业所不同的运行方式，实现生态与经济的良性循环。

我国的生态农业在其发展过程中也形成了有别于西方生态农业的鲜明特点：①强调把发展生产、发展经济放在首位，兼顾生态与社会效益。这是因为我国是发展中国家，不具备西方发达国家的经济实力，人口多，粮食需求量大，在发展生态农业的过程中也不可能着重追求生态效益而较少考虑经济效益；②强调有机无机相结合，既要提高土地的生产力，又要提高能量的产投比。西方发达国家过分地强调农业生产的生物学过程和系统的自我维持，主张尽量减少化肥、农药的投入；我国的长期农业生产实践已经证明，这种仅靠系统的自我维持，仅靠少量的有机肥投入，土地的生产力难以提高，产出数量受到明显限制；③强调生态农业的系统性、整体性。西方发达国家的生态农业仅限于种植业或种植与养殖业结合的微观技术上，而我国的生态农业实际上包括了三个不同层次：在宏观上作为促进农业持续发展的战略思想，在中等尺度区域上作为协调农业内部各业全面发展的系统理论与方法，对于具体的生产单位或农户而言是一套经济而又高效的农业实用技术体系。这些就形成了中国生态农业的特色。

1. 生态农业的定义与特征

(1)生态农业的定义　生态农业是运用生态学原理和系统科学的方法，把现代科技成果与传统农业技术精华结合起来而建立的具有高功能、高效益的农业生产模式。它以保持和改善系统内的生态动态平衡为主导思想，合理地安排生产结构，努力提高太阳能固定率和利用率，促进物质在系统内部循环和多次重复利用，以尽可能少的燃料、肥料、饲料及其他原材料的外部投入，求得尽可能多的农、林、牧、副、渔产品及其加工制品的输出，从而获得生产发展、生态环境保护、能源再生利用、经济效益统一的综合性效果。

某一区域的农业是一个生态系统，和其他任何系统一样，其内部具有结构，而每一组成部分又有各自的功能。图 11-1 是一个农业生态系统的模型，由图可见农业生态系统包括生物（动物、植物和微生物）和环境条件（光、热、水、气、土壤和地形地貌等）两大部分，在其内部存在着时刻不停的能量和物质流动过程，图中的箭头表示的是能量和物质的流动方向。

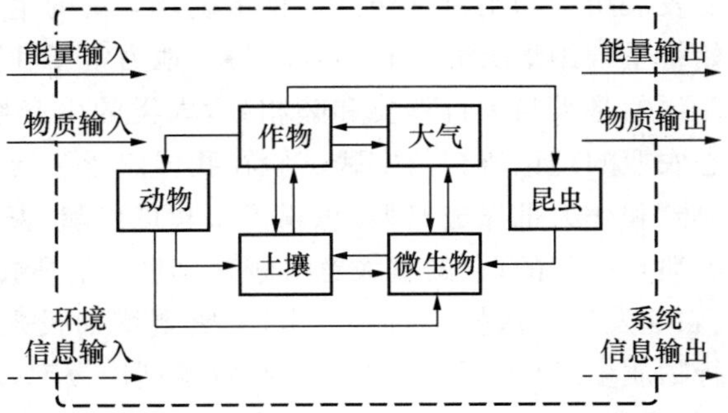

图 11-1　农业生态系统模型(据卞有生等《生态农业技术》)

太阳能是地球上一切生命过程能量的总来源，它通过绿色植物的光合作用被固定，然后就开始了生物与生物、生物与环境之间的流动和转化过程；例如牧草被食草动物采食之后，能量就流入了食草动物体内，当食草动物被食肉动物捕食之后，能量就又流入到了食肉动物体中，人类再以植物、动物为食，于是能量就又流入了人体中。这种能量的流动和转换服从于热力学第一定律和第二定律，即能量的利用与转化是有限度的，其效率不可能达到百分之百，而能量在生态系统中的流动是沿着生产者至各级消费者的顺序方向进行的，且在这一过程中能量逐级减少。这是由于能量流动贯穿于各个生命过程，能量的大部分被用于维持生物的新陈代谢和在呼吸过程中以热的形式散发到环境中去了，只有较少部分被用于合成新的生物组织而作为潜能贮存起来。

生态系统中的能量流动大都是依附于物质流动进行的，但物质流动和能量流动又有所不同，物质的流动和转化可以是以循环的方式在农业生态系统中进行的。例如，绿色植物不断地从周围环境中吸收各种营养元素，完成着自己的生长发育；当食草动物采食了绿色植物后，植物体内各种营养物质就转入到了食草动物体内，食草动物再被食肉动物捕食，该营养物质就被转入到了食肉动物体内，当这些植物、动物死亡后，它们的残体和尸体又被微生物分解，使构成动、植物残体和尸体的复杂的有机化合物被分解成简单的无机物，那些营养物质重新归还于环境，以后可以再次被绿色植物吸收，开始新的一次循环。生态系统内最为常见、也最为重要的物质循环有碳、氧、氮、磷、钾、硫等营养元素循环和水循环等。

(2)生态农业的特征　显然农业生态系统与自然生态系统不同，农业生态系统强烈地受人类生产活动和社会经济条件影响与控制。如随着农畜产品的收获和移走，一部分营养物质常常要流出农业生态系统之外，要想使这一生态系统维持下去，损失部分必须人为地加以补充；另外，人们为了获得高额的农业产量，需要不断加大对农业生态系统的投入，也就是说，农业生态系统既受自然规律的支配，又受社会经济规律的支配。

因此，一个高效的农业生态系统应至少具有两个显著特征：一是农业内部结构得到优化，体现出系统性、整体性和综合性，有利于系统内部各子系统作用的发挥，有利于提高外部投入的效益，即生物产量高、物质与能量利用合理和经济效益好；二是生产、经济发展与环境保护相协调，通过对再生资源的利用能够提高系统的自我维持能力，加强农业持续发展的内部机制，从而实现生态与经济的良性循环。由此可见，生态农业是持续农业的一种实现方式，持续农业使我国的生态农业具有更明确的方向，但生态农业较持续农业概念更具体，内涵更明确，技术更具有可操作性。

我国具有悠久的农业发展历史和精耕细作的优良传统及丰富的生产经验，例如，千百年来我国农民在生产实践中始终重视用地与养地相结合，保持“地力常新壮”；强调物质循环利用和降低能耗；“天地人合一”，说的是人与大自然要和睦相处，人类的生产生活要与自然环境相协调。最近10多年来，生态农业的理论研究与实践试验在我国广泛开展，获得了不少研究成果，涌现出了数个“全球五百佳”和一大批先进典型，积累了宝贵的经验；从总体上说，生态农业建设与我国优秀传统农业习惯是一致的，它的重大意义越来越被人们所接受。另外，现代农业明显不同于传统农业，现代农业发展既依赖于高新技术，又需要增加投入，因此只有运用生态学原理，合理配置资源，实行物质多级循环利用，不断提高资源利用效率，农业才能在新的更高水平上实现可持续发展，由此可见现阶段在我国推行生态农业更具实用价值和推广意义。

2. 生态农业技术

生态农业是通过一系列具体技术措施予以实施的，它是传统有机农业和现代农业相结合的综合体；各地自然资源、社会经济条件以及所面临的生态环境问题不同，相应地，所选用的具体技术也应不同。我国劳动人民和科技人员在农业生产实践中创造了多种多样的技术措施，最为常用的有以下几种。

(1)多样化种植和多样化养殖　在种植业中根据植物、动物在自然界中共生共存理论和各种生物在时间和空间上对光能及其他生态条件多层次利用的特点，充分利用农业生物多样性，将具有不同植株形态的作物、不同生态习性的动物组合在一起，发挥物种间相互促进、相互补充作用，实行多样化种植和养殖，使农业生态系统的结构和功能得到优化，从而提高光、温、水、土地资源的利用效率。例如，农作物的间、混、套作虽然是传统农业技术，但在生态农业建设中得到充实和更新，创造出种类繁多、结构巧妙的种植方式，既保证了产量的提高，又发挥了改善生态环境的作用；又如，林木和农作物及其他作物间作，形成复合农林系统，其良好的经济效益与生态环境效果已为国际所公认。

在养殖业中将不同生态习性的动物混养在一起，如将食性和栖息空间层次不同的鲢鱼、草鱼、鲤鱼、鲫鱼混合放养，鱼、鳖、虾、蛤及鸭、鱼、珠蚌等多种水生动物、畜禽及经济动物搭配养殖，都可以有效地利用水体空间、水中营养和水中溶解氧，提高单位面积的生产能力，增加经济收入。

(2)延长食物链　延长食物链是将一个系统的产出(包括废弃物)作为另一个系统的投入，对有机物料实行多级利用，使物质在整个系统中形成稳定的良性循环机制，可以充分利用自然资源，增强生态系统的稳定性和提高经济效益。

目前常见的延长食物链技术有：①利用作物秸秆养猪，猪粪养蛆，蛆喂鸡，鸡粪施于作物，这样投入的物质被多次利用，既提高了收益，也减少了环境污染。再如，粪肥和沼气液可以用于喂鱼，能够获得产量高、经济效益好的效果。②有机物料培养食用菌，将棉籽壳、稻草、玉米芯、甘蔗渣等含粗纤维高的有机物料作原料，按一定的配比做成培养基，可以生产蘑菇等多种食用菌。③有机废料生产动物蛋白饲料，用各种有机废料喂养蚯蚓、蝇蛆、蜗牛等小动物，它们体内蛋白质含量高，加工以后可以作为优质的动物饲料。

(3)农村能源开发和节能技术　我国农村大部分地区生活燃料不足，且燃料以作物秸秆等为主，能量利用效率低，为了解决农村能源不足和提高秸秆燃料的利用效率，一些新技术作为生态农业建设措施而被开发和应用。①沼气发酵，是将农作物秸秆、家畜及人的粪便等作为原料，经生物发酵生成沼气；沼气用作生活燃料，热效率可达 60%，比秸秆直接燃烧的热效率提高 6 倍左右，而且清洁、卫生、使用方便；沼液、沼渣不仅是优质的有机肥料，也可用做养鱼的饲料。②太阳能利用技术，主要有太阳灶和太阳能热水器，以太阳能直接作为生活能源；另外，设施农业如温室、塑料大棚、地膜覆被栽培都是提高太阳能利用效率的有效形式。③水能、风能利用技术，在风力资源丰富地区，利用风能可以发电用于当地的生产生活；我国的水力资源也很丰富，可开发利用的小水电资源约有 7 000 万 kW，为此在有条件的地区大力兴建小型水电站，能够在很大程度上缓解农村能源紧张的局面，而这种资源的开发与当地生态建设相结合，又可以起到保护生态环境的作用。

(4)病、虫、草害综合管理　运用农学、生物、物理和化学的防治技术对病、虫、草等有害生物综合管理(专栏 11-8)，尽量减少或不用农药，特别是剧毒农药，以防止对环境、对农产品造成污染。①农业措施，利用耕作栽培、施肥、灌溉、选育抗病品种等农业技术手段，改善农田生态环境条件，以控制病、虫、草害的发生从而减少或避免使用农药的一类方法。如轮作和间混套作，耕翻与晒垡，合理地进行水肥管理，选用抗性强的作物品种等。②生物措施，人们利用害虫的天敌去防治害虫的方法被称之为生物防治，而害虫天敌有昆虫病原微生物、寄生线虫、天敌昆虫和食虫脊椎动物等。在生产上利用最多的是天敌昆虫和病原微生物，这就是所谓的以虫治虫和以菌治虫，如以赤眼蜂防治玉米螟，以七星瓢虫捕食棉花蚜虫，用苏云金杆菌防治农作物和树木上的鳞翅目害虫，用白僵菌防治玉米螟、大豆食心虫、松毛虫等。这些被用于生物防治的微生物或昆虫、动物对人、畜及高等植物无害，不污染环境，不危害其他天敌，被防治的昆虫也不产生抗性。③物理措施，即采用物理方法消灭害虫或改变其物理环境，创造一种对害虫有害或阻隔其侵入的方法。各种害虫对温、湿、光、电、声、色等物理因素很敏感，人们可以利用这些特点诱捕和消灭害虫；其具体方法有多种，如高温杀虫、低温杀虫、缺氧杀虫、光能杀虫或利用昆虫趋光性杀虫、利用高频和微波加热杀虫、利用电离辐射杀虫及利用辐射使其不育杀虫等。④化学措施，在生态农业建设中，并不排除化学防治技术，但要筛选高效、低毒、低残留和高选择性的新农药和除草剂，并合理使用，以尽量减少对环境的污染和对食品安全的威胁。

专栏 11-8 有害生物综合管理(IPM)

有害生物综合管理(integrated pest management，IPM)是对有害生物进行科学管理的体系。它从农业生态系统总体出发，根据有害生物和环境之间的相互关系，充分发挥自然控制因素的作用，因地制宜，协调应用必要的措施。将有害生物控制在经济受害允许水平之下，以获得最佳的经济、生态、社会效益。

有害生物综合治理在理论上的特点有以下三方面。

第一，理论基础和指导原则。有害生物综合治理是以系统论、信息论和灭变论作为理论基础，以生态学的原则作为指导，把病虫害看作是农业生态系统中的重要组成部分，并认为农业的高产与稳定必须建立在植物与周围的生物和非生物环境之间协调的基础上，保持良好的农业生态系统，不断保护和培养环境资源。病虫害的防治不是孤立的，要从农业生态系统的总体出发，在防治措施的选择、运用和协调时，必须考虑生态系统的平衡和稳定。

第二，防治措施的选择和运用。没有一种防治措施是万能的，各种防治措施都各有其长处，也各有局限性。因此，有害生物综合治理的策略，要求各种措施取长补短，协调运用，特别重视自然控制因素的运用。所有人为防治措施应与自然控制相协调。

第三，就是防治目的。有害生物综合治理是管理系统，它不要求将有害生物彻底消灭，而是要将有害生物的种群数量控制在经济受害允许水平之下。

3. 生态农业系统的主要技术类型

生态农业技术的组合构成生态农业系统的技术类型，它体现了一个地区生态农业的特色。各地选用的生态农业系统技术类型都应合乎以下一些最基本的生态学要求：一是生产结构合理、稳定，农业生产形式与内容必须切实做到因地制宜，与当地的自然资源、环境条件相匹配；二是对自然资源的利用不能超过资源的可更新能力；三是在能量和物质的利用上，要做到有取有补，维护生态平衡；四是在利用可更新资源的同时，要注意抚育和增殖自然资源，使整个生产与发展走上良性循环的道路。

(1)农、林立体结构生态系统类型　农、林立体结构生态系统类型是利用自然生态系统中各物种的生物学特点，通过对多种生物合理组合，建立起一种立体结构，从而达到充分利用空间，提高农业生态系统光能利用率和土地生产力，增加物质产出和合理利用资源、保护环境目的的。为此，这一类型把生长时间、占据空间不同的生物组合在一起，使每种生物(作物)各得其所，相得益彰，形成一定时间上多序列、空间上多层次的种植结构，最为常用的有各种农作物轮作、间作和套种，农林间作，林、药间作等。

（2）物质、能量多层次分级利用系统类型　该类型是模拟不同种类生物群落共生、能量和物质分级利用功能建立起来的，每种生物各取所需，物质和能量能被连续多次利用，因此，经济效益、生态效益明显。例如，将农业废弃物秸秆先通过糖化过程变为饲料，然后用牲畜的排泄物及秸秆的残渣培养食用菌，生产的食用菌的残余废料又可用来养蚯蚓，最终才把剩下的残余物返回农田（图 11 - 2）。再如，近年来我国北方地区创造出的“四位一体”生产模式，也是其中的一例。所谓“四位一体”是将日光温室、沼气池、猪圈和厕所结合在一起，日光温室提高了室内温度，不仅能进行蔬菜生产，也有利于猪的饲养，还解决了沼气池越冬问题，低温季节沼气池可以照常产气，厕所和猪圈为沼气池提供原料，沼气液和沼渣又是日光温室内蔬菜生产的优质肥料，猪呼吸放出的 CO_2 有利于蔬菜的光合作用，由此形成了一个良性循环系统，大大地提高了物质、能量的利用效率。

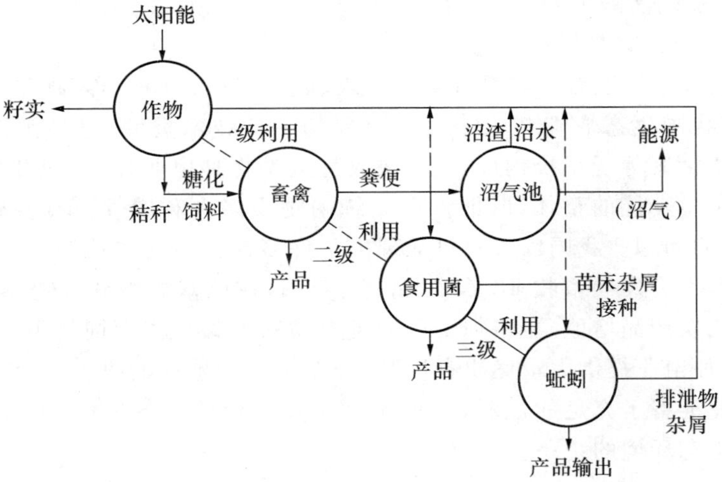

图 11 - 2　作物秸秆多级利用示意图

（据马世骏等《中国的农业生态工程》）

（3）水陆交换物质循环生态系统类型　这一类型生态系统主要由陆地和水面两个子系统构成，我国南方广东、江苏等省多年在农业生产中广泛应用，并被实践证明行之有效。当地将这种农业生态系统叫做桑基鱼塘、蔗基鱼塘、果基鱼塘和草基鱼塘等。以桑基鱼塘为例，该系统中由两个分别叫做基面子系统和鱼塘子系统构成，每一子系统中都有生产者和消费者，即基面种桑，桑叶喂蚕，蚕沙养鱼，鱼粪肥塘，塘泥为桑树和蔬菜施肥，由此构成了一个完整的水陆相互作用的人工生态系统，使桑、蚕、鱼、菜等各业得到协调发展，整个系统没有废弃物，保证系统内物质、能量处于一个良性循环之中。

（4）生物物种共生生态系统类型　这一模型是将两种或两种以上相互促进的物种组合在一个系统内，利用物种间互惠互利关系，达到改善生态环境、增产增收的目的。目前我国农业上推广应用的稻田养鱼、鱼蚌共生、稻鸭共生、稻—鱼—萍共生、苇—鱼—禽共生等都属此种类型；如在稻鱼共生的水田，水稻为鱼提供遮荫条件、适宜的水温和充足的饵料，鱼在稻田中拱泥觅食，为稻田除草、灭虫，排出的粪便是水稻生长的优质肥料，稻鱼相互得益，不但促进了养鱼业的发展，也提高了水稻的产量，一般可提高产量10%左右，同时还减少了化肥、农药、除草剂用量，提高了土壤肥力。

(5)山区综合开发复合生态系统类型　这种类型适合于低山丘陵地区，常用的模式为林—果—茶—草—牧—渔—沼气；一般是先从植树造林入手，努力改善生态环境，在山梁顶部植树、高坡上栽种果树和茶树，在缓坡引种优良牧草，以此饲养奶牛、山羊、兔、禽等，发展畜牧业，在平地种植农作物，在山谷低洼处开挖鱼塘实行立体养鱼；畜牧业为农田提供肥料、为鱼塘养鱼提供饲料，塘泥又可作为肥料施于农作物和牧草。这种模式充分地利用了当地的自然资源，农、林、牧、副、渔及多种经营全面发展，可以获得良好的经济效益，又很少有废弃物排放，能够保护生态环境。最近我国西部开发大规模退耕还林种草，就是这一生态模式的具体实现。

(6)以庭院经济为主的院落农业生态系统类型　这种类型是运用生态学原理规划和建设农村居民自己的庭院，将居住环境和生产环境有机地结合在一起，以求充分利用土地资源，并获得良好的经济效益、生态环境效益和社会效益。进入20世纪90年代以来，院落生态系统农业得到了迅速的发展，实践证明，建立这些庭院规模的小型生态系统不会过大地增加农民负担，而且运行灵活、高效，农民易于接受。

(7)多功能农、副、工联合生态系统类型　农、副、工联合和种、养、加结合的多功能农业生态系统是当前我国生态农业建设中最为重要的一种技术类型，这种类型一般由农业生产、加工业以及生活区等子系统构成，它的最大特点是将种植业、养殖业和加工业有机地结合起来，形成一个多功能的整体，既能保证系统内物质多次利用，减少废物排放，又能解决农民增产不增收的问题。我国广大农村涌现出了许多这方面的成功例子，他们在努力提高粮食产量的同时，大力发展畜牧业，养牛、养羊、养鸡，在此基础上建立屠宰厂、肉食加工厂和食品加工厂，使农产品增值，再将加工厂的废弃物和下脚料作为饲料用于池塘养鱼；畜牧及水产养殖业为种植业提供大量优质有机肥，降低了对种植业的投入，培肥了地力；肥多粮多，粮多为加工业准备了充足的原料，从而推动了加工业的发展，由此形成了良性循环，实现了经济效益、生态环境的统一。

思考题

1. 简述可持续发展思想的形成过程。
2. 简述可持续发展的定义与基本内涵。
3. 简述可持续发展的原则。
4. 简述中国走可持续发展道路必然性。
5. 简述中国农业可持续发展面临的主要挑战。
6. 中国农业如何实现可持续发展？

参考文献

[1] 卞有生. 生态农业技术. 北京：中国环境科学出版社，1992.
[2] 蔡拓. 可持续发展——新的文明观. 西安：陕西教育出版社，1999.
[3] 陈厚基，持续农业和农村发展. SARD的理论与实践. 北京：中国农业科技出版社，1994.
[4] 鲁中明，等. 中国环境生态学——中国人口经济与生态环境关系初探. 气象出版社，1994.

[5] 马世骏,李松华.中国的农业生态工程.北京:科学出版社,1987.
[6] 张坤民.可持续发展论.北京:中国环境科学出版社,1999.
[7] 张玉龙.农业环境保护.2 版.北京:中国农业出版社 2004.
[8] 中国环境报社.中华人民共和国部长论环境与发展.北京:中国环境科学出版社,1992.
[9] 中国科学院可持续发展战略研究组编.2010 年中国可持续发展战略报告:绿色发展与创新.北京:科学出版社.
[10] 中国农业持续发展和综合生产力的研究课题组.中国农业持续发展和综合生产力的研究.济南:山东科学技术出版社,1995.
[11] 中国社科院环境与发展研究中心.中国环境与发展评论(第一卷).北京:社会科学文献出版社,2001.

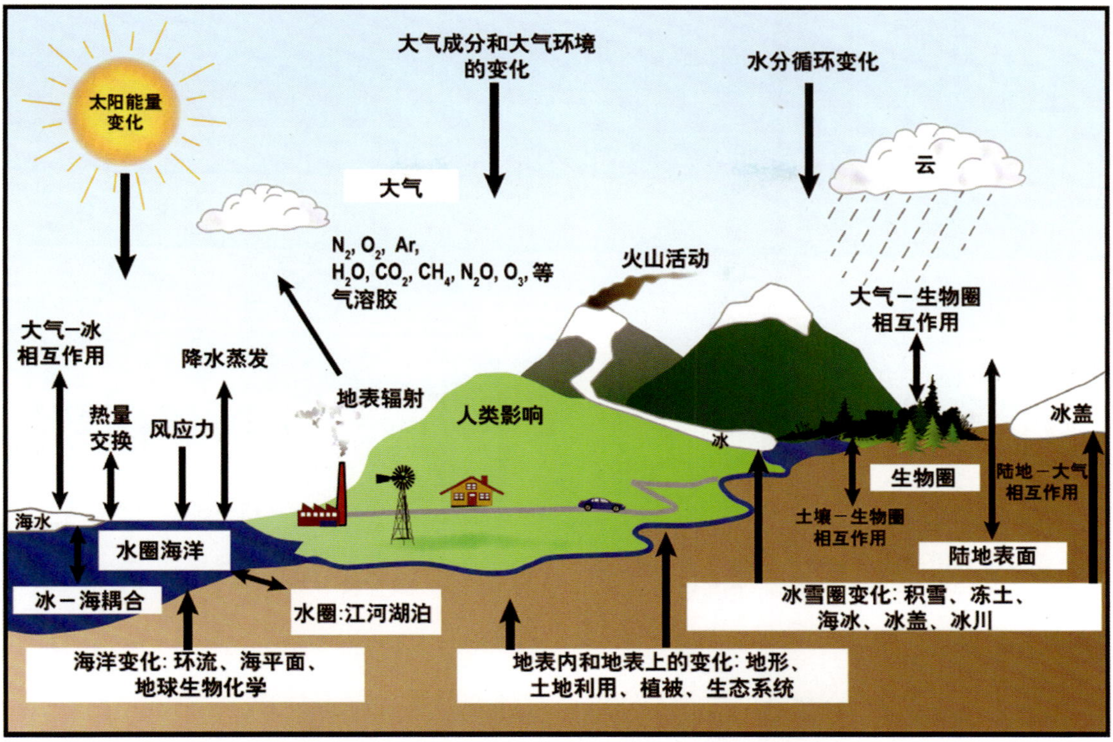

彩图 1　气候系统的组成、过程及相互作用

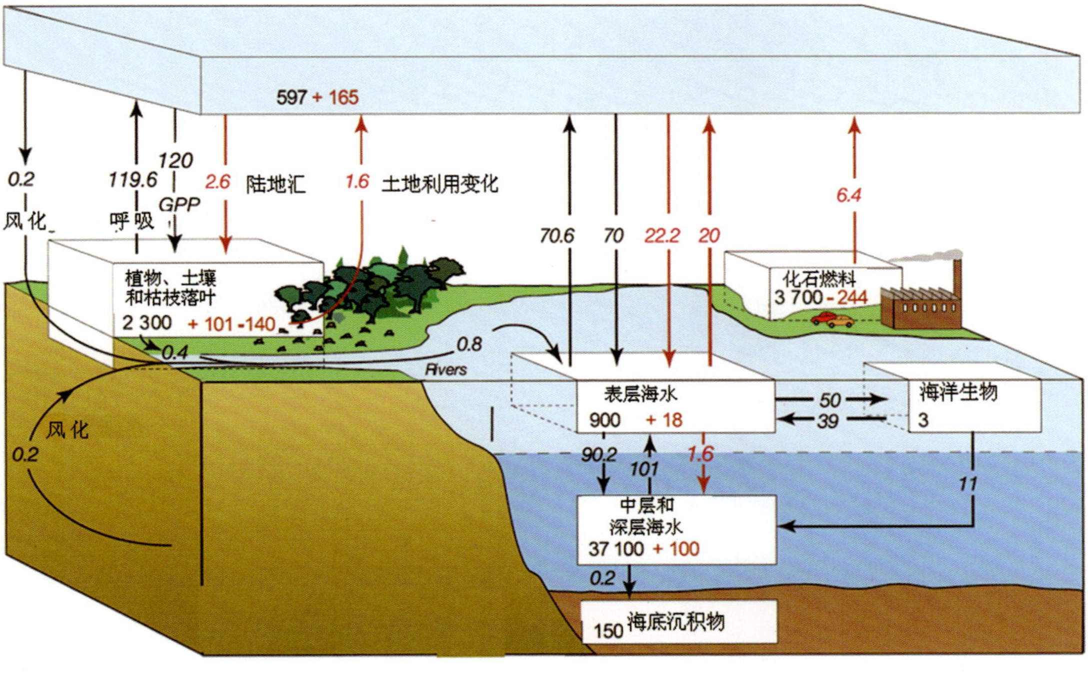

彩图 2　人类活动对碳的生物地球化学过程的影响

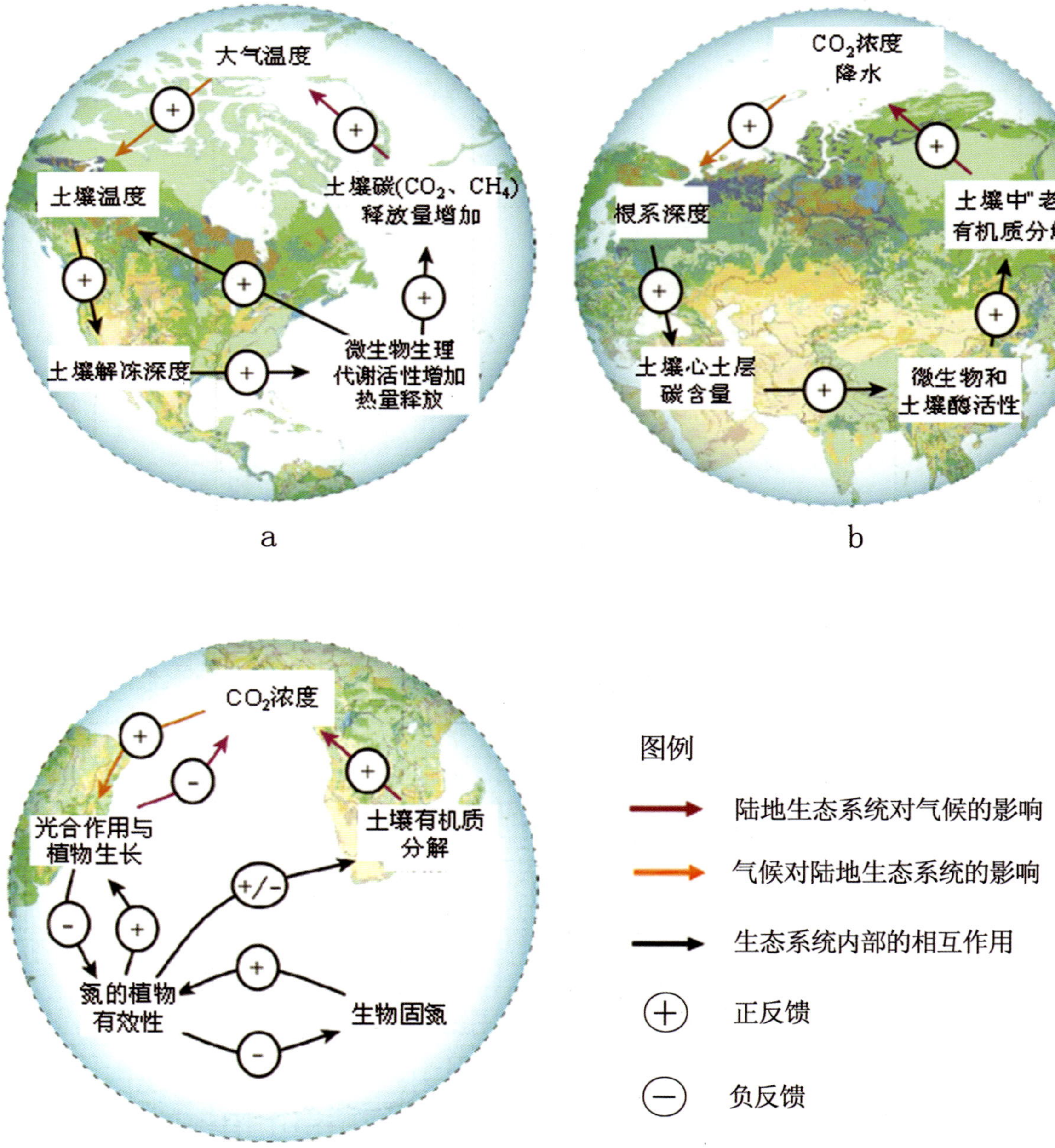

彩图 3 在气候变化诱导产生的地下生态系统（土壤）碳平衡的反馈环

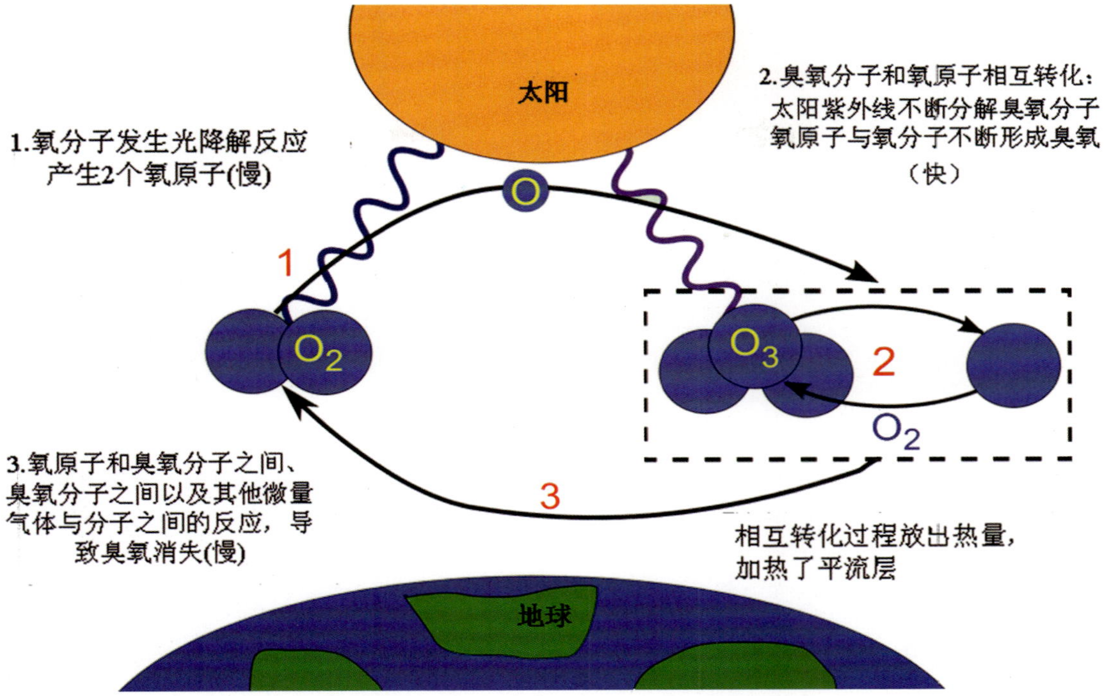

彩图 4 臭氧层中的臭氧循环

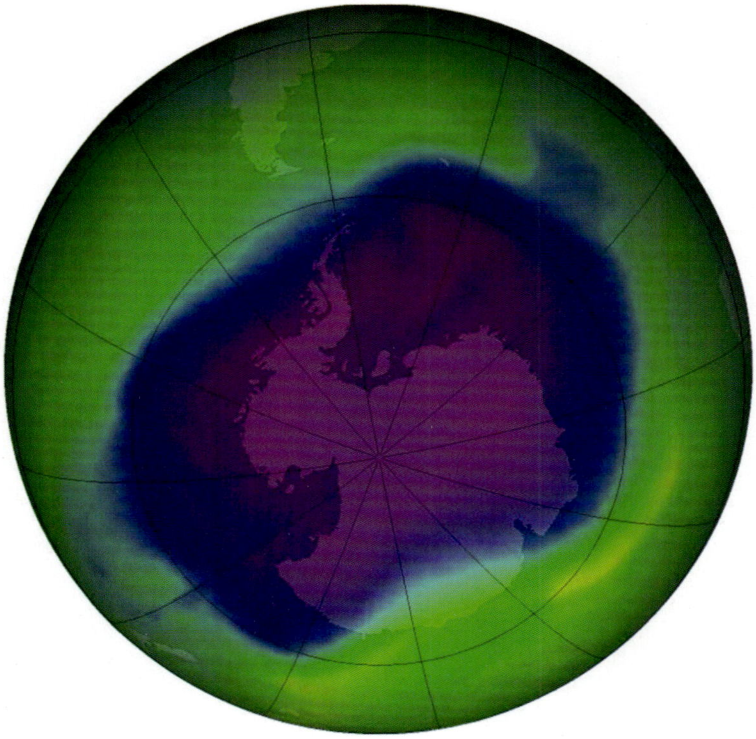

彩图 5 南极上空的臭氧黑洞（2006 年 9 月）